單元操作

流力與熱傳分析

Unit Operations of Chemical Engineering, 7e

Warren L. McCabe
Julian C. Smith
Peter Harriott
著

黃孟槺
譯

國家圖書館出版品預行編目(CIP)資料

單元操作：流力與熱傳分析 / Warren L. McCabe, Julian C. Smith, Peter Harriott 著；黃孟棟譯. -- 三版. -- 臺北市：麥格羅希爾，臺灣東華，2017.1
　　面；　公分
　　譯自：Unit operations of chemical engineering, 7th ed.
　　ISBN　978-986-341-304-2 (平裝)

　　1. 單元操作

460.22　　　　　　　　　　　　　　　　105024636

單元操作：流力與熱傳分析

繁體中文版 © 2017 年，美商麥格羅希爾國際股份有限公司台灣分公司版權所有。本書所有內容，未經本公司事前書面授權，不得以任何方式（包括儲存於資料庫或任何存取系統內）作全部或局部之翻印、仿製或轉載。

Traditional Chinese Abridged copyright © 2017 by McGraw-Hill International Enterprises, LLC., Taiwan Branch

Original title: Unit Operations of Chemical Engineering, 7E (ISBN: 978-0-07-284823-6)

Original title copyright © 2005 by McGraw-Hill Education

All rights reserved.

作　　　者	Warren L. McCabe, Julian C. Smith, Peter Harriott
譯　　　者	黃孟棟
合 作 出 版	美商麥格羅希爾國際股份有限公司台灣分公司
暨 發 行 所	台北市 10044 中正區博愛路 53 號 7 樓 TEL: (02) 2383-6000　　FAX: (02) 2388-8822
	臺灣東華書局股份有限公司 10045 台北市重慶南路一段 147 號 3 樓 TEL: (02) 2311-4027　　FAX: (02) 2311-6615 郵撥帳號：00064813 門市：10045 台北市重慶南路一段 147 號 1 樓 TEL: (02) 2371-9320
總 經 銷	臺灣東華書局股份有限公司
出 版 日 期	西元 2017 年 1 月 三版一刷

ISBN：978-986-341-304-2

譯者序
PREFACE

　　本書於 1956 年首次出版，是歷史最悠久的化學工程學教科書，至今仍在世界各地的大學或學院中被廣泛地使用著。最新一版為第七版，於 2005 年出版，一如以往，依然是許多化學工程學系大學部所青睞的教學用書。

　　原文書共計 29 章，為配合教學，將本書分為 2 冊：第 1 章至 16 章為第 1 冊，內容包含「流力與熱傳分析」；第 17 章至 29 章為第 2 冊，內容包含「質傳與粉粒體操作」。

　　化工流體力學、熱傳遞與質量傳遞是化工類各專業的重要基礎課程，它們擔負著由理論到應用、由基礎到專業的橋樑。同學們！請以你們的智慧和勤奮去耕耘這一片新的知識領域。

　　本書如有詞意難以理解或文字誤植之處，尚祈讀者諸君指正。編譯期間承蒙王滿生博士撥冗指教，特此致謝。

序
PREFACE

　　新版的化學工程單元操作(第七版)增添了許多新的學習材料和習題，但編排的基本結構、通識的處理以及全書的總內容量大致上維持不變。本書屬於基本教科書，專為修完基礎物理、化學、數學課程和化學工程概論的大三或大四學生而編寫。此外，學生們還需具有質能均衡的基本知識。

　　由於本書的內容涵蓋熱傳遞和質量傳遞與儀器設備設計相關的知識，所以它對化學家和業界的一般工程師亦適用。

　　本書的章節分別討論每個單元操作的原理，但就整體而言，可歸類成四大主題：流體力學、熱傳遞、質量傳遞，以及相關的分離操作，包括粉粒體。一個學期的課程足夠討論任何一個主題或更多。生物工程沒當做單一課題論述，但相關的例子，如食品加工、生物分離，以及生物系統內的擴散現象，分別在相關的章節中討論。

　　本書所有的方程式大都採用 SI 單位，但早期流行的 cgs 和 fps 系統也會偶爾出現，身為化學工程師必須熟悉這三個單位系統。絕大部分的方程式是無因次，所以採用任一單位系統，其一致性是相同的。

新版增添的資料

(1) 每章的習題份量約增加三成，它們幾乎都可用一般工程用的計算器求解，少數題目若使用電腦，效果會更好。
(2) 第 3 章關於流體黏度部分，包括氣體與液體的簡單理論。在後續的章節中，導熱係數與擴散係數的相似理論亦列入討論並加以比較。
(3) 關於動量傳遞、擴散和熱傳導之間的類比關係有更多的論述，在暫態擴散的章節中，加入藥物控制與釋放的內容。
(4) 第 25 章新增的材料討論如何利用碳粉處理槽內廢水的問題，以及利用擴張床的吸附技術純化發酵液。
(5) 第 29 章加入新的章節討論二重過濾。它是一個常用的純化蛋白質的程序，也應用在蛋白質和高分子溶液的超過濾和微過濾的延伸處理。
(6) 關於清洗過濾餅的技術，做了徹底的改正，其中包含一些新的數據。
(7) 熱管和盤狀交換器的討論，列在熱交換器裝置的章節中。
(8) 在蒸餾那一章，關於急驟蒸餾、溢流限制和板效率都做了修訂。

(9) 關於乾燥速率與乾燥器熱效率處理之關係,已加入新版的材料中。

網路資訊

這個網址:http://www.mhhe.com/mccabe7e. 提供有關教學的資源,包括每章習題的解答、教科書上各個圖示的 PowerPoint 圖片以及其他有關教科書的資料。

感謝

我們感謝默克公司的科學家 Ann Lee、Russel Lander、Michael Midler 和 Kurt Goklen 提供有關生物分離技術的資料。我們也感謝 Klickitat 能源服務公司的 Joseph Gonyeau 所提供的自然通風 (natural-draft) 冷卻塔的照片。我們也要向下列提供評議與意見的諸位先進表示感謝:

B. V. Babu
Birla Institute of Technology and Science

James R. Beckman
Arizona State University

Stacy G. Bike
University of Michigan, Ann Arbor

Man Ken Cheung
The Hong Kong Polytechnic University

K. S. Chou
National Tsing Hua University

Tze-Wen Chung
Yun-Lin University of Science and Technology

James Duffy
Montana State University

Raja Ghosh
McMaster University

Vinay K. Gupta
University of Illinois–Urbana Champaign

Keith Johnston
University of Texas

Huan-Jang Keh
National Taiwan University

Kumar Mallikarjunan
Virginia Polytechnic Institute and State University

Parimal A. Parikh
S. V. National Institute of Technology

Timothy D. Placek
Auburn University

A. Eduardo Sáez
University of Arizona

Baoguo Wang
Tianjin University

G. D. Yadav
University Institute of Chemical Technology, India

I-Kuan Yang
Tung Hai University

Shang-Tian Yang
Ohio State University

Gregory L. Young
San Jose State University

Julian C. Smith
Peter Harriott

目錄
CONTENTS

譯者序	iii
序	v

第 1 篇　緒論　1

CHAPTER 1　定義與原理　3
- 單元操作　3
- 單位制度　4
- 因次分析　17
- 基本概念　21

第 2 篇　流體力學　31

CHAPTER 2　流體靜力學及其應用　33
- 流體靜力平衡　33
- 流體靜力學的應用　37

CHAPTER 3　流體流動現象　47
- 層流、剪切率與剪應力　48
- 流體的流變性質　50
- 亂流　55
- 邊界層　63

CHAPTER 4　流體流動的基本方程式　71
- 流動流體的質量均衡；連續方程式　71
- 微分動量均衡；運動方程式　78
- 巨觀的動量均衡　85
- 機械能方程式　90

CHAPTER 5　不可壓縮流體在管路與渠道內的流動　105
- 管內的剪應力與表皮摩擦　105
- 管路與渠道之層流　109
- 厚管與渠道中的亂流　115
- 改變速度或方向所引起的摩擦　130

CHAPTER 6　可壓縮流體的流動　143
- 定義與基本方程式　143
- 可壓縮流動的過程　148
- 流經噴嘴的等熵流動　150
- 絕熱摩擦流動　157
- 等溫摩擦流動　162

CHAPTER 7　通過沉浸物的流動　169
- 拖曳力與拖曳係數　169
- 通過固體床的流動　177
- 粒子在流體中的移動　182
- 流體化　193

CHAPTER 8　流體的輸送和計量　211
- 管、管件與閥　211
- 泵　219
- 風扇、送風機與壓縮機　232
- 流動流體的量測　243

CHAPTER 9　液體的攪拌與混合　265
- 攪拌槽　266
- 摻合與混合　288
- 固體粒子的懸浮液　294
- 分散操作　300
- 攪拌器的選擇與放大　309

第3篇　熱傳遞及其應用　321

CHAPTER 10　熱傳導　325
- 傳導的基本定律　325
- 穩態熱傳導　327
- 非穩態熱傳導　335

CHAPTER 11　流體中熱流的原理　355
- 典型熱交換器裝置　355
- 能量均衡　359
- 熱通量和熱傳係數　360

CHAPTER 12　無相變化的流體熱傳遞　379
- 邊界層　379
- 層流中強制對流的熱傳遞　362
- 亂流中強制對流的熱傳遞　390
- 層流與亂流間的過渡區之熱傳遞　402
- 液態金屬的熱傳遞　405
- 管外流體在強制對流下的加熱和冷卻　407
- 自然對流　410

CHAPTER 13　有相變化的流體熱傳遞　423
- 冷凝蒸汽的熱傳遞　423
- 沸騰液體的熱傳遞　436

CHAPTER 14　輻射熱傳遞　453
- 輻射的放射　454
- 不透明固體的輻射吸收　458
- 面與面之間的輻射　460
- 半透明物質的輻射　469
- 結合傳導-對流和輻射的熱傳遞　471

CHAPTER 15　熱交換裝置　477
- 殼管式熱交換器　478
- 板式熱交換器　493
- 擴展表面裝置　497
- 熱管　503
- 刮面式熱交換器　505
- 冷凝器與蒸發器　507
- 攪拌槽中的熱傳遞　510
- 充填床中的熱傳　513

CHAPTER 16　蒸發　525
- 蒸發器型態　527
- 管狀蒸發器的性能　531
- 蒸汽再壓縮　554

附錄　561

索引　562

第1篇 緒論

CHAPTER 1

定義與原理

化學工程就是利用工業製程將原料加以改變或分離成有用的產品。化學工程師必須開發、設計與籌劃所有的製程與使用的裝置；選擇合適的原料，以有效、安全與經濟的方式運作整個工廠，製造符合於顧客需求的產品。化學工程可以說是兼容科學與藝術的學問。當科學可以幫助工程師解決問題時，工程師就必須使用科學原理。當科學在某些情況無法提供一個完整的答案時，我們就需要利用過往的經驗與判斷來協助。一個工程師的專業價值在於如何使用所有的資訊來針對製程的問題提供一個實際的解決方案。

由於製程與工業的多樣性，也就亟需化學工程師的專業服務。從前，化工專業最關注的領域是採礦、石油提煉以及各種化學品及有機物的製造，例如硫酸、甲醇與聚乙烯。如今使用於電子工業的高分子微影、高強度的複合材料、食品加工業基因改造的生化試劑、藥物製造與藥物傳輸等日趨重要。所有化學技術上的標準製程以及生化產業的製程都給化學工程領域提供了很好的揮灑空間。[1†]

由於近代製程的多樣性與複雜性，採用單一的思考方向去涵蓋整個化學工程是不切實際的，因此整個領域將按方便陳述的方式來區分成章節。本教科書主要是涵蓋化學工程有關單元操作的部分。

■ 單元操作

合乎經濟法則去組織化學工程的許多課題是基於兩件事實：(1) 雖然個別的製程數目繁多，但是每一個製程是可以拆解成一連串的步驟，稱之為操作，而這些操作依序出現在各種製程當中；(2) 個別的操作具有共同的技術和相同的科學原理，例如，固、液體在大部分的製程當中必須被移走；熱或其它形式的能源必須從某一物質轉移到其它物質；其它製程，如乾燥、大小尺寸、減縮、蒸餾

---

† 本書中，上標的數字意指每章最後所附的參考文獻的編號。

以及蒸發也都必須予以執行。所謂單元操作的概念是這樣的：藉著有系統地學習每個操作——操作是跨越工業與製程的界線——所有的製程，因此可以被單一化與簡化。

化學製程較為嚴密的部分將在化學工程的反應動力學中討論。單元操作主要用於執行下列的物理步驟：反應物的製備、分離與純化生成物、回收殘餘的反應物，以及控制化學反應器的能量進出。

單元操作可應用於許多物理與化學程序。例如，製鹽的程序是由一連串的單元操作組成：固體與液體的輸送、熱傳遞、蒸發、結晶、乾燥與篩選，其中並沒有任何化學反應參與其中，在另一方面，石油裂解，不管有無藉助於催化劑，就是一個典型的大規模的化學反應操作。其中用到的單元操作——固、液體的輸送、蒸餾以及各種機械式的分離等——都是必須的，沒有這些的話，則裂解無法完成。化學反應本身是靠著物質與能源進出反應器才得以完成的。

因為單元操作是工程學的一支，它們必須以科學與經驗為依據，結合了理論與實務才能設計出能夠製造、組裝、操作與維修的設備。對每一個操作做平衡式的討論是必須將理論與設備一起列入考慮，而本書顯示的正是一個平衡的處理方式。

單元操作的科學基礎

單元操作包含許多基本的科學原理與技術，其中不乏基礎的物理與化學定律，像質能守恆、物理平衡、動力學以及一些材料的物性。本章的部分內容將描述它們的應用，至於其它化學工程專用的技術，將在適當之處討論。

■ 單位制度

正式國際制度的單位為 SI (Système International d'Unités)，為了使 SI 制成為所有工程和科學普遍採用的單一制度，人們還在努力中，但舊的制度，特別是公分-克-秒 (cgs) 和呎-磅-秒 (fps) 工程重力系統，仍然被採用並且會使用一段時間。化學工程師發現許多物理化學數據均為 cgs 制，而許多計算採用 fps 制則最具便利性；在科學與工程上使用 SI 制逐漸增多，因此熟悉此三種制度的用法是必要的。

以下的研討是先討論 SI，再由 SI 導出其它制度。這步驟與歷史順序相反，原因是 SI 是由 cgs 制逐步發展而成的。因為 SI 的重要性日益增加，在邏輯上應列為優先討論。若時機成熟，其它制度將逐步停用且被忽略，SI 將獨占鰲頭。

物理量

任何物理量包含兩部分：一是單位，它是用來表示數量是以何種標準來量測；另一是數值，是指需要多少標準單位的量才能構成此數量。例如，介於兩點之間的距離為 3 m，此敘述表示：要量測固定長；以標準長度——米，作為量測單位，需要 3 個 1 m 單位，以端點接端點的方式量測距離。若用整數個單位來涵蓋某一個距離，不是短少就是過多時，可將原單位分成許多等分，如此的量度可以更精確地用分數單位來表示。一個物理量若非數值與單位兼具，此物理量無任何意義。

SI 單位

SI 單位涵蓋科學與工程的所有領域，包括電磁學和照明。對於本書而言，將 SI 單位的一部分用於化學、重力、力學與熱力學已經足夠。單位的導出是來自：(1) 四種化學和物理的比例式；(2) 質量、長度、時間、溫度與莫耳的任意標準；(3) 任意選取兩個比例常數的數值。

基本方程式

將附有各自比例因數的基本比例式寫成方程式如下：

$$F = k_1 \frac{d}{dt}(mu) \tag{1.1}$$

$$F = k_2 \frac{m_a m_b}{r^2} \tag{1.2}$$

$$Q_c = k_3 W_c \tag{1.3}$$

$$T = k_4 \lim_{p \to 0} \frac{pV}{m} \tag{1.4}$$

其中[†]　　$F = $ 力
　　　　　$t = $ 時間
　　　　　$m = $ 質量
　　　　　$u = $ 速度

[†] 每章末都附有符號表。

r = 距離
W_c = 功
Q_c = 熱
p = 壓力
V = 體積
T = 熱力學絕對溫度
k_1, k_2, k_3, k_4 = 比例因數

(1.1) 式為牛頓第二運動定律，表示作用於質量為 m 的物體之所有合力與該物體在合力方向的動量增加率成正比。

(1.2) 式為牛頓重力定律，表示相隔距離為 r 的兩質量 m_a 與 m_b 之間的吸引力。

(1.3) 式為熱力學第一定律的一種陳述。它證實了在一循環的密閉系統中所作的功與同一循環系統所吸收的熱成正比。

(1.4) 式表示一定質量的任何氣體，在壓力趨近於 0 時，熱力學絕對溫度與壓力乘以體積之積成正比。

每一個方程式均顯示，若方程式中所有變數之值均可用方法量測，且可求出 k 的數值，則 k 的值為常數，並且僅與量測方程式中的變數所採用的單位有關。

標準

國際間同意，對於質量、長度、時間、溫度與莫耳的量其標準均為任意固定的。這些是 SI 制的五種**基本單位** (base unit)。目前，採用的標準如下：

質量的標準為仟克 (kg)，將保存在法國 Sèvres 的白金圓柱定義為國際仟克的質量。

長度的標準為米 (m)，定義[5] (從 1983 年起) 為在一秒的 1/299,792,458* 的時間間隔內[†]，光在真空中所經路徑的長度。

時間的標準為秒 (s)，定義為 ^{133}Cs 原子內量子轉移 9,192,631,770* 個週期所持續的時間。

溫度的標準為開耳文 (kelvin, K)，定義為純水在其三相點，即液態水、冰和水蒸氣平衡共存的唯一溫度，將此溫度指定為 273.16* K。

莫耳 (簡寫成 mol)，定義[7] 為與 12 g 的 ^{12}C 的原子數一樣多所構成的物質之量。莫耳的定義可說是以公克表示純物質一莫耳的質量，其數值等於由標準的原子量表中計算而得的分子量，其中碳的原子量為 12.01115，此數與 12 不同，

[†] 數字後的星號代表所定義的數字是完全精確的。

因為它是應用在自然界中碳同位素的混合物,而非純 ^{12}C。在工程計算上,仟克莫耳與磅莫耳常用於表示純物質的質量,其值是以仟克或磅計算。

一克莫耳的分子數為亞佛加厥 (Avogadro) 數,6.022×10^{23}。

常數的計算

由基本單位的標準,(1.1) 和 (1.2) 式中的 m、m_a 與 m_b 是以仟克來量測,而 r 以米,u 以米 / 秒來量測。常數 k_1 與 k_2 並非獨立,其關係式可由 (1.1) 與 (1.2) 式消去 F 後得到

$$\frac{k_2}{k_1} = \frac{d(mu)/dt}{m_a m_b / r^2}$$

k_1 或 k_2 兩者之一可任意固定。則另一常數必須由實驗得到,亦即由 (1.1) 式計算的慣性力與 (1.2) 式計算的重力比較而得。在 SI 制,k_1 固定為 1 而 k_2 由實驗求得,(1.1) 式則變成

$$F = \frac{d}{dt}(mu) \tag{1.5}$$

以 (1.5) 式作為定義且用於 (1.2) 式中的力,稱為**牛頓** (newton, N)。由 (1.5) 式

$$1 \text{ N} \equiv 1 \text{ kg} \cdot \text{m/s}^2 \tag{1.6}$$

常數 k_2 記做 G,稱為**重力常數** (gravitational constant),其推薦值為 [4]

$$G = 6.6726 \times 10^{-11} \text{ N} \cdot \text{m}^2/\text{kg}^2 \tag{1.7}$$

功、能量與功率

在 SI 制,功與能量均以牛頓・米來量測,此一單位稱為**焦耳** (joule, J),因此

$$1 \text{ J} \equiv 1 \text{ N} \cdot \text{m} = 1 \text{ kg} \cdot \text{m}^2/\text{s}^2 \tag{1.8}$$

功率是以焦耳 / 秒來量測,單位為**瓦特** (watt, W)。

熱

(1.3) 式的常數 k_3 可任意固定。在 SI 制,k_3 如同 k_1 一樣其值設定為 1。(1.3) 式變成

$$Q_c = W_c \tag{1.9}$$

熱量與功一樣是以焦耳量測。

溫度

(1.4) 式中的 pV/m 的值可以用 $(N/m^2)(m^3/kg)$ 或 J/kg 量測。以任意選擇的氣體，將 m kg 的氣體浸入恆溫槽中，量測其 p 與 V，則可求得 (pV/m) 之值。在此實驗中，僅需在定溫下進行，而與溫度的高低無關。在定溫及不同壓力下求出 pV/m 的值。然後再外插到壓力為零，如此可得到 (1.4) 式所欲求的恆溫槽溫度的極限值。在特殊情況下，當恆溫槽內的水溫是水的三相點的溫度時，將極限值記做 $(pV/m)_0$。對於此實驗，由 (1.4) 式可得

$$273.16 = k_4 \lim_{p \to 0} \left(\frac{pV}{m}\right)_0 \tag{1.10}$$

而在溫度為 T K 的實驗，則可利用 (1.4) 式，消去 (1.10) 式中的 k_4，得到

$$T \equiv 273.16 \frac{\lim_{p \to 0}(pV/m)_T}{\lim_{p \to 0}(pV/m)_0} \tag{1.11}$$

(1.11) 式是開耳文 (Kelvin) 溫標的定義，它來自真實氣體由實驗而得的壓力 - 體積性質。

攝氏溫度

在實用上，溫度以攝氏溫標 (Celsius scale) 表示，而將一大氣壓下，冰與含飽和空氣的水的平衡溫度定義為冰點，並將此冰點定為攝氏零度。由實驗得知，冰點比水的三相點低 0.01 K，其值為 273.15 K。攝氏溫度定義為

$$T\,°C \equiv T\,K - 273.15 \tag{1.12}$$

以攝氏溫標而言，實驗量測的蒸汽溫度 100.00°C 就是水在 1 atm 下的沸點。

十進單位

在 SI，對每一量均賦予一個單位，且其十進的倍數和約數亦被認可。將它們列於表 1.1。時間的表示是用非十進單位：分 (min)、時 (h)、日 (d)。

▼ 表 1.1　SI 和 cgs 使用在巨數與微數的字首與縮寫

數量級	字首	縮寫	數量級	字首	縮寫
10^{12}	tera	T	10^{-1}	deci	d
10^{9}	giga	G	10^{-2}	centi	c
10^{6}	mega	M	10^{-3}	milli	m
10^{3}	kilo	k	10^{-6}	micro	μ
10^{2}	hecto	h	10^{-9}	nano	n
10^{1}	deka	da	10^{-12}	pico	p
			10^{-15}	femto	f
			10^{-18}	atto	a

標準重力

在某些情況下，會用到地球重力場的自由落體之加速度。基於 (1.2) 式可推導出此量，記做 g，其值幾乎是常數。g 隨著緯度與海平面以上的高度稍有變化。為了精確的計算，任意標準 g_n 已被設定，定義為

$$g_n \equiv 9.80665^* \text{ m/s}^2 \tag{1.13}$$

壓力單位

在 SI，壓力的單位為牛頓 / 平方米 (N/m^2)。此單位稱為**巴斯卡** (pascal, Pa)，其值很小，使用上並不方便，需改用倍數較高的單位，稱為 **bar**，其定義是

$$1 \text{ bar} \equiv 1 \times 10^5 \text{ Pa} = 1 \times 10^5 \text{ N/m}^2 \tag{1.14}$$

壓力中較常用的經驗性單位且與所有單位通用的是**標準大氣壓力** [standard atmosphere (atm)]，定義為

$$1 \text{ atm} \equiv 1.01325^* \times 10^5 \text{ Pa} = 1.01325 \text{ bars} \tag{1.15}$$

CGS 單位

從前老舊的 cgs 制，藉用下列的定義，可從 SI 制導出。質量的標準為克 (g)，定義為

$$1 \text{ g} \equiv 1 \times 10^{-3} \text{ kg} \tag{1.16}$$

長度的標準為厘米 (cm)，定義為

$$1 \text{ cm} \equiv 1 \times 10^{-2} \text{ m} \tag{1.17}$$

時間、溫度與莫耳的標準維持不變。

如同 SI 制，(1.1) 式中的常數 k_1 固定為 1。力的單位稱為**達因** (dyne)，定義為

$$1 \text{ dyn} \equiv 1 \text{ g} \cdot \text{cm/s}^2 \tag{1.18}$$

能量與功的單位為耳格 (erg)，定義為

$$1 \text{ erg} \equiv 1 \text{ dyn} \cdot \text{cm} = 1 \times 10^{-7} \text{ J} \tag{1.19}$$

(1.3) 式的常數 k_3 不是 1。熱量的單位稱為**卡** (calorie, cal)，可用於將熱量的單位轉換成耳格。以 J 替代常數 $1/k_3$，它所表示的量稱為熱的機械當量，是以焦耳 / 卡來量測。(1.3) 式變成

$$W_c = JQ_c \tag{1.20}$$

卡的定義有兩種。[7] 一種是用在化學、化工熱力學以及反應動力學的**熱化學卡** (thermochemical calorie, cal)，定義為

$$1 \text{ cal} \equiv 4.1840^* \times 10^7 \text{ ergs} = 4.1840^* \text{ J} \tag{1.21}$$

另一種是用在熱動力工程的**國際水蒸氣表卡** (international steam table calorie, cal_{IT})，定義為

$$1 \text{ cal}_{IT} \equiv 4.1868^* \times 10^7 \text{ ergs} = 4.1868^* \text{ J} \tag{1.22}$$

若卡以此定義則水的比熱近似於 $1 \text{ cal/g} \cdot °C$。

在 cgs 制，自由落體的標準加速度為

$$g_n \equiv 980.665 \text{ cm/s}^2 \tag{1.23}$$

FPS 工程單位

一些國家，在商業和工程上長期採用非十進重力單位。當形成下列的定義，FPS 制就可由 SI 制導出。

質量的標準為常衡磅 (lb)，定義為

$$1 \text{ lb} = 0.45359237^* \text{ kg} \tag{1.24}$$

長度的標準為吋 (in.)，定義為 2.54* cm。這相當於將呎 (ft) 定義為

$$1 \text{ ft} \equiv 2.54 \times 12 \times 10^{-2} \text{ m} = 0.3048^* \text{ m} \tag{1.25}$$

時間的標準仍然是秒 (s)。

熱力學溫標為朗肯溫標 (Rankine scale)，其溫度是以 °R 表示，定義為

$$1°\text{R} \equiv \frac{1}{1.8} \text{ K} \tag{1.26}$$

朗肯溫標的冰點為 $273.15 \times 1.8 = 491.67$ °R。

類似於攝氏溫標的是華氏溫標 (Fahrenheit scale)，其讀數是以 °F 表示，華氏溫標是由朗肯溫標導出的，華氏溫標的零點設定為比朗肯溫標的冰點低 32°F，也就是

$$T°\text{F} \equiv T°\text{R} - (491.67 - 32) = T°\text{R} - 459.67 \tag{1.27}$$

攝氏溫標與華氏溫標之間的關係為

$$T°\text{F} = 32 + 1.8°\text{C} \tag{1.28}$$

由此方程式可知，溫度差之間的關係為

$$\Delta T°\text{C} = 1.8 \, \Delta T°\text{F} = \Delta T \text{ K} \tag{1.29}$$

蒸汽溫度為 212.00 °F。

磅力

fps 制其特色是採用力的重力單位，稱為**磅力** (pound force, lb$_f$)。在一標準重力場中，作用於質量為一常衡磅的力稱為一磅力。在 fps 單位中，自由落體的標準加速度 (五位有效數字) 為

$$g_n = \frac{9.80665 \text{ m/s}^2}{0.3048 \text{ m/ft}} = 32.174 \text{ ft/s}^2 \tag{1.30}$$

磅力定義為

$$1 \text{ lb}_f \equiv 32.174 \text{ lb} \cdot \text{ft/s}^2 \tag{1.31}$$

則可將 (1.1) 式定義為

$$F \text{ lb}_f \equiv \frac{d(mu)/dt}{32.174} \qquad \text{lb} \cdot \text{ft/s}^2 \tag{1.32}$$

將 (1.1) 式中的 k_1 以 $1/g_c$ 替代：

$$F = \frac{d(mu)/dt}{g_c} \tag{1.33}$$

比較 (1.32) 與 (1.33) 式可知，為了使兩個方程式能夠保持數值相等和單位一致，需要定義 g_c，稱為**重力單位的牛頓定律比例因數** (Newton's law proportionality factor for the gravitational force unit)

$$g_c \equiv 32.174 \text{ lb} \cdot \text{ft/s}^2 \cdot \text{lb}_f \tag{1.34}$$

在 fps 制，功與機械能的單位為**呎・磅力** (foot-pound force, $\text{ft} \cdot \text{lb}_f$)。功率是以經驗單位，**馬力** (horsepower, hp) 來量測，馬力定義為

$$1 \text{ hp} \equiv 550 \text{ ft} \cdot \text{lb}_f/\text{s} \tag{1.35}$$

熱的單位為 **Btu** (British thermal unit)，以隱式關係來定義

$$1 \text{ Btu/lb} \cdot °\text{F} \equiv 1 \text{ cal}_{IT}/\text{g} \cdot °\text{C} \tag{1.36}$$

如同在 cgs 制，將 (1.3) 式的常數 k_3 以 $1/J$ 取代，其中 J 為熱的機械當量，等於 $778.17 \text{ ft} \cdot \text{lb}_f/\text{Btu}$。

Btu 的定義要求比熱的數值在兩種單位系統中均相同，而且在每一種單位，水的比熱均近似於 1.0。

▼ 表 1.2　氣體常數 R 的值

溫度	質量	能量	R
Kelvins (K)	kg mol	J	8,314.47
		cal_{IT}	1.9859×10^3
		cal	1.9873×10^3
		m^3-atm	82.056×10^{-3}
	g mol	cm^3-atm	82.056
Degrees Rankine (°R)	lb mol	Btu	1.9858
		$\text{ft} \cdot \text{lb}_f$	1,545.3
		$\text{hp} \cdot \text{h}$	7.8045×10^{-4}
		kWh	5.8198×10^{-4}

氣體常數

如果質量以仟克或克量測,則 (1.4) 式的常數 k_4 會因不同的氣體而變。但當使用莫耳作為質量的單位時,則 k_4 可由通用氣體常數 R 取代,依據亞佛加厥定律,對所有氣體而言,氣體常數 R 均相同,R 的值僅與所選的能量、溫度和質量之單位有關。因此 (1.4) 式可寫成

$$\lim_{p \to 0} \frac{pV}{nT} = R \tag{1.37}$$

其中 n 為莫耳數。若 n 為構成體積 V 的所有分子物種的總莫耳數,則此方程式亦可應用於氣體混合物。

可接受的 R 之實驗值為 [6]

$$R = 8.31447 \text{ J/K} \cdot \text{mol} = 8.31447 \times 10^7 \text{ ergs/K} \cdot \text{mol} \tag{1.38}$$

對於能量、溫度與質量而言,表 1.2 列出其它單位的 R 值。

雖然定義莫耳時質量是以克表示,但是莫耳的觀念很容易延伸到其它質量單位。因此,仟克莫耳 (kg mol) 是以仟克來表示一般的分子量或原子量,以常衡磅表示磅莫耳 (lb mol)。若未標示質量的單位時,則是指克莫耳 (g mol)。分子量 M 是一數字。

標準莫耳體積 (standard molar volume) 由表 1.2 可知,在標準狀況 (1 atm, 0°C) 下,1 kg mol 氣體的體積為 $82.056 \times 10^{-3} \times 273 = 22.4 \text{ m}^3$ 或 22.4 (L/g mol)。在 fps 單位,1 atm 和 32 °F 標準體積為 359 ft^3/lb mol。

單位的轉換

由於三種單位系統共通使用,常需要將量的大小由一單位轉換成另一單位,此可利用轉換因數來達成。只需要定義基本單位的轉換因數,因為所有其它單位的轉換因數可由基本單位的轉換因數計算而得。SI 制與 cgs 制之間的相互轉換較為簡單。因為對於時間、溫度與莫耳,這兩種單位系統均使用相同標準,所以只需要以 (1.16) 和 (1.17) 式所定義的十進位因數轉換即可。SI 制與 fps 制兩者均採用秒當作時間的標準;而質量、長度和溫度的三種轉換因數則分別是以 (1.24)、(1.25)、(1.26) 式定義,此時介於這兩系統之間所有單位轉換就足夠了。

例題 1.1 描述如何由 SI 制和 fps 制所定義的正確值來求轉換因數。在 fps 單位，若含有 g_c 的轉換，建議使用正確數值比 9.80665/0.3048 來取代 32.1740，這樣才會在最後結果中得到最大精確值，而且還具有在計算過程中可以將數字消去的好處。

例題 1.1

僅使用正確的定義和標準，計算轉換因數 (a) 牛頓轉換成磅力，(b) 英制熱單位轉換成 IT 卡，(c) 大氣壓轉換成每平方吋的磅力，(d) 馬力轉換成仟瓦。

解

(a) 由 (1.6)、(1.24) 和 (1.25) 式，

$$1 \text{ N} = 1 \text{ kg} \cdot \text{m/s}^2 = \frac{1 \text{ lb} \cdot \text{ft/s}^2}{0.45359237 \times 0.3048}$$

由 (1.30) 式

$$1 \text{ lb} \cdot \text{ft/s}^2 = \frac{0.3048}{9.80665} \text{ lb}_f$$

因此

$$1 \text{ N} = \frac{0.3048}{9.80665 \times 0.45359237 \times 0.3048} \text{ lb}_f$$

$$= \frac{1}{9.80665 \times 0.45359237} \text{ lb}_f = 0.224809 \text{ lb}_f$$

由附錄 1 可知，將牛頓轉換成磅力必須乘以 0.224809。顯然，由磅力轉換成牛頓必須乘以 1/0.224809 = 4.448221。

(b) 由 (1.36) 式

$$1 \text{ Btu} = 1 \text{ cal}_{IT} \frac{1 \text{ lb}}{1 \text{ g}} \frac{1°\text{F}}{1°\text{C}}$$

$$= 1 \text{ cal}_{IT} \frac{1 \text{ lb}}{1 \text{ kg}} \frac{1 \text{ kg}}{1 \text{ g}} \frac{1°\text{F}}{1°\text{C}}$$

由 (1.16)、(1.24) 和 (1.29) 式

$$1 \text{ Btu} = 1 \text{ cal}_{IT} \frac{0.45359237 \times 1,000}{1.8} = 251.996 \text{ cal}_{IT}$$

(c) 由 (1.6)、(1.14) 和 (1.15) 式

$$1 \text{ atm} = 1.01325 \times 10^5 \text{ kg} \cdot \text{m/s}^2 \cdot \text{m}^2$$

由 (1.24)、(1.25) 和 (1.34) 式，因為 1 ft = 12 in.，

$$1 \text{ atm} = 1.01325 \times 10^5 \times \frac{1 \text{ lb/s}^2}{0.45359237} \frac{0.3048}{\text{ft}}$$

$$= \frac{1.01325 \times 10^5 \times 0.3048}{32.174 \times 0.45359237 \times 12^2} \text{ lb}_f/\text{in.}^2$$

$$= 14.6959 \text{ lb}_f/\text{in.}^2$$

(d) 由 (1.31)、(1.35) 式

$$1 \text{ hp} = 550 \text{ ft} \cdot \text{lb}_f/\text{s} = 550 \times 32.174 \text{ ft}^2 \cdot \text{lb/s}^3$$

利用 (1.24)、(1.25) 式可得

$$1 \text{ hp} = 550 \times 32.174 \times 0.45359237 \times 0.3048^2$$

$$= 745.70 \text{ J/s}$$

將 (1.8) 式代入，並除以 1,000，

$$1 \text{ hp} = 0.74570 \text{ kW}$$

雖然當需要的時候，轉換因數可由計算而得，但若使用表中所列的通用因數則較具有效率，本書用到的轉換因數列表於附錄 1 中。

單位與方程式

雖然 (1.1) 式到 (1.4) 式足以描述單位系統，但它們僅是本書所需要方程式的一小部分。許多方程式具有代表物質性質的項，將在需要時予以介紹。所有新的量由已定義的單位之組合加以量測，並且以質量、長度、時間、溫度、莫耳五種基本單位的函數來表示。

計算的精確度

在上述的討論中，實驗常數值其最多有效數字位數與目前已知精確值的估計相符合，而且保留所定義常數值的所有數字。在實用上，很少需要這種極端精確值，並且可截取所定義和實驗常數的有效位數以符合手中問題的需要，雖

然有了數位計算機，可用最低的成本保留最高的精確度。工程師應該在所欲解決的特定問題中，判斷如何設定適當的精確度。

一般方程式

除了出現比例因數 g_c 和 J 以外，三種單位系統的方程式是類似的。本書的方程式是採用 SI 單位，當例題中是 cgs 或 fps 單位，則會用到 g_c 和 J。

無因次方程式與單位一致

由物理科學的基本定律直接導出的方程式是由相同單位的項或可寫成相同單位的項所組成，我們利用導出量的定義，以五種基本單位來表示複合單位，而這些複合單位可寫成相同單位。滿足此項要求的方程式稱為**齊因次方程式** (dimensionally homogeneous equations)，當方程式除以其中任何一項，則每一項的單位都被消去，只留下數值大小，此時的方程式稱為**無因次方程式** (dimensionless equations)。

齊因次方程式可採用任何一組的單位，只要五種基本單位是使用相同單位。滿足此種要求的單位稱為**單位一致** (consistent units)。當使用一致單位時，就不需要轉換因數。

例如，考慮一自由落體其初速度為 u_0，經過時間 t 後，所移動的垂直距離為 Z，則方程式為

$$Z = u_0 t + \frac{1}{2} g t^2 \tag{1.39}$$

由檢視可知，(1.39) 式中之每一項的單位均可化為長度。將方程式除以 Z 可得

$$1 = \frac{u_0 t}{Z} + \frac{g t^2}{2Z} \tag{1.40}$$

核對 (1.40) 式的每一項，可知每一項的單位均消去，而每一項均成了無因次。將可消去所有因次的變數組合稱為**無因次群** (dimensionless group)。只要使用一致的單位，則對於無因次群所包含量的數值與使用的單位無關。(1.40) 式的右側兩項均為無因次群。

因次方程式

以實驗方法導出方程式，將實驗方程作為實驗結果的關係式而未考慮因次

的一致，因此通常並不是齊因次，而是含有各種不同單位的項。此類型的方程式稱為**因次方程式** (dimensional equations)，或非齊因次方程式。在這些方程式中，使用一致的單位並無便利之處，在同一方程式中，會出現兩種或多種長度單位，例如，吋與呎，或兩種或多種時間單位，例如，秒與分。例如，熱量經由傳導和對流從一水平管傳到大氣中，其熱損失率的公式為

$$\frac{q}{A} = 0.50 \frac{\Delta T^{1.25}}{(D'_o)^{0.25}} \tag{1.41}$$

其中 q = 熱損失率，Btu/h
A = 管子的表面積，ft^2
ΔT = 管壁溫度高於周圍溫度 (外界大氣) 的度數，°F
D'_o = 管子的外徑，in.

顯然，q/A 的單位並非 (1.41) 式右側的單位，並且此方程式是因次式。代入 (1.41) 式的量必須使用上述的單位，否則方程式會得到錯誤的答案。若使用其它單位則必須將係數改變。例如，以攝氏度數表示 ΔT，其係數必須改為 $0.50 \times 1.8^{1.25} = 1.042$，因為攝氏溫差 1 度等於華氏溫差 1.8 度。

除非有其它註明，本書所有方程式均為齊因次。

因次分析

許多工程學的重要問題無法以理論或數學的方法完整求解。這類型的問題，在流體力學、熱傳遞和擴散相關的操作特別容易碰到。解決這類無從借助於數學方程式的問題的一種方法就是採取實驗法。例如，在一根直且長又平滑的圓管中，肇因於摩擦所造成的壓力降，和管的直徑與長度、液體的流率、密度與黏度等因素相關。當上述的任何一個變數改變了，壓力降的值也隨之改變。有一個實驗的方法可獲得壓力降與這些因數間的關係方程式，就是在固定其它的因數下，輪流調變各個因數，來觀察其結果，這個步驟不僅耗時費力，所得到的結果也不容易加以組織而應用於後續的計算。

因此一個介於正統的數理推演與純實驗的方法產生了。[2] 這個模式的理論基礎是：當諸多變數影響一個物理現象時，存在的理論方程式在因次上必須是協調的。因為這種需要，我們可以將眾多因數匯集成少數幾個無因次的變數群，使出現在方程式中的不是個別的變數，而是這些變數群。

這種只考慮諸因數的單位而不計其大小的代數處理方式稱之為**因次分析**

(dimensional analysis)，它可以大大地簡化將實驗數據套入設計方程式的工作。這對於核對方程式單位的一致性、單位轉換以及將實驗模型所得的數據規模放大來預測量產規模的設備十分有用。

做因次分析時，先挑選重要的變數，然後將其因次列表。如果數學推演當中所用到的物理定律可以事先推定，變數的選擇會相對比較容易。例如，流體流動結合熱傳遞與擴散的問題上，以基礎微分方程式，來建立因次與無因次變數群，對解決化學工程上的諸多問題十分適用。在其它的場合，選擇變數或許帶有猜測的性質，因此需要測試結果，從而發現某些變數其實可以忽略甚或根本不需要。

假設某些變數之間存在著冪級數的關係，且每一變數的因次經整合後與主物理量的因次一致，那麼可以寫成一個指數的關係式，使得對於某一物理量（如長度）的方程式兩邊的指數關係趨於一致。例題 1.2 說明這種代數上的指數關係。

例題 1.2

以亂流 (turbulent flow) 流動的穩定流體，流經一長又直的加熱管，假設管子的溫度高於液體平均溫度一個定值，欲求一關係式以預測管壁處之流體的熱傳速率。

解

此程序的機制將於第 12 章討論，由程序的特性，將預測與熱傳速率 q/A 有關的物理量及其因次均列於表 1.3。若此問題的理論方程式存在，則其通式可寫成

$$\frac{q}{A} = \Psi(D, \bar{V}, \rho, \mu, c_p, k, \Delta T) \tag{1.42}$$

若 (1.42) 式是正確的關係式，函數 Ψ 中所有項之因次必須與方程式左邊 q/A 的項具有相同因次，以中括號表示**因次** (dimension)，則在函數內的任何項必須符合因次式

$$\left[\frac{q}{A}\right] = [D]^a [\bar{V}]^b [\rho]^c [\mu]^d [c_p]^e [k]^f [\Delta T]^g \tag{1.43}$$

若以符號上方的橫棒表示該符號的因次。則 $\bar{L}$ 是指長度的因次。將表 1.3 中的因次代入，可得

$$\bar{H}\bar{L}^{-2}\bar{t} = \bar{L}^a \bar{L}^b \bar{t}^{-b} \bar{M}^c \bar{L}^{-3c} \bar{M}^d \bar{L}^{-d} \bar{H}^e \bar{M}^{-e} \bar{T}^{-e} \bar{H}^f \bar{L}^{-f} \bar{t}^{-f} \bar{T}^{-f} \bar{T}^g \tag{1.44}$$

由於假設 (1.43) 式為齊因次，因此方程式左側與右側各因次的指數必須相等，由此可得下列方程組：

$\bar{H}$ 的指數：
$$1 = e + f \tag{1.45a}$$

$\bar{L}$ 的指數：
$$-2 = a + b - 3c - d - f \tag{1.45b}$$

$\bar{t}$ 的指數：
$$-1 = -b - d - f \tag{1.45c}$$

$\bar{M}$ 的指數：
$$0 = c + d - e \tag{1.45d}$$

$\bar{T}$ 的指數：
$$0 = -e - f + g \tag{1.45e}$$

方程組中有七個變數但只有五個方程式。五個未知數可以用剩餘的二個未知數來求得。可任意選取二個未知數作為保留數，對所有不同的選取而言，最後的結果是相同。本例題保留速度 $\bar{V}$ 和比熱 c_p 的指數，也就是保留 b 與 e。其餘五個變數可由消去法求得如下。由 (1.45a) 式：

$$f = 1 - e \tag{1.46a}$$

由 (1.45e) 和 (1.46a) 式：

$$g = e + f = e + 1 - e = 1 \tag{1.46b}$$

由 (1.45c) 和 (1.46a) 式：

$$d = 1 - b - f = 1 - b - 1 + e = e - b \tag{1.46c}$$

由 (1.45d) 和 (1.46c) 式：

$$c = e - d = e - e + b = b \tag{1.46d}$$

由 (1.45b)、(1.46a)、(1.46c)、(1.46d) 式：

▼ 表 1.3　例題 1.2 中的物理量與因次

物理量	符號	因次
單位面積的熱流	q/A	$\bar{H}\bar{L}^{-2}\bar{t}^{-1}$
管子的內徑	D	$\bar{L}$
液體的平均速度	$\bar{V}$	$\bar{L}\bar{t}^{-1}$
液體的密度	ρ	$\bar{M}\bar{L}^{-3}$
液體的黏度	μ	$\bar{M}\bar{L}^{-1}\bar{t}^{-1}$
液體在恆壓下之比熱	c_p	$\bar{H}\bar{M}^{-1}\bar{T}^{-1}$
液體的導熱係數	k	$\bar{H}\bar{L}^{-1}\bar{t}^{-1}\bar{T}^{-1}$
管壁與流體間的溫差	ΔT	$\bar{T}$

$$a = -2 - b + 3c + d + f$$
$$= -2 - b + 3b + e - b + 1 - e$$
$$= b - 1 \qquad (1.46e)$$

將 (1.46a) 至 (1.46e) 式的 a, c, d, f 代入 (1.43) 式可得

$$\left[\frac{q}{A}\right] = [D]^{b-1}[\bar{V}]^b[\rho]^b[\mu]^{e-b}[c_p]^e[k]^{1-e}[\Delta T] \qquad (1.47)$$

將具有整數指數的所有因數合併成一群，具有 b 指數的所有因數合併成另一群，具有 e 指數的因數合併成第三群，可得

$$\left[\frac{qD}{Ak\,\Delta T}\right] = \left[\frac{D\bar{V}\rho}{\mu}\right]^b \left[\frac{c_p\mu}{k}\right]^e \qquad (1.48)$$

在 (1.48) 式中三個括號內之變數群的因次均為 0，亦即所有變數群均為無因次。為了滿足這三個變數群的任何函數是齊因次，而且方程式為無因次，我們可令此種函數為

$$\frac{qD}{Ak\,\Delta T} = \Phi\left(\frac{D\bar{V}\rho}{\mu}, \frac{c_p\mu}{k}\right) \qquad (1.49)$$

或

$$\frac{q}{A} = \frac{k\Delta T}{D}\Phi\left(\frac{D\bar{V}\rho}{\mu}, \frac{c_p\mu}{k}\right) \qquad (1.50)$$

(1.49) 與 (1.50) 式所列的關係是因次分析的最後結果。函數 $\Phi\mu$ 的形式可由實驗求得，亦即藉由函數 Φ 括號內的群組對 (1.49) 式左側項的影響來決定。此關聯式在第 12 章會遇到。

(1.49) 式中三個變數群的實驗值所形成的關聯或遠比 (1.42) 式中每一個變數造成的效應來得簡單。

其它無因次群的形成

若所選取的保留數不是 b 與 e，還是會得到三個無因次群，只是有一個或多個與 (1.49) 式的變數群不同，例如，若固定 b 與 f，則結果為：

$$\frac{q}{A\bar{V}\rho c_p \Delta T} = \Phi_1\left(\frac{D\bar{V}\rho}{\mu}, \frac{c_p\mu}{k}\right) \qquad (1.51)$$

也可能求得其它的群組。但是要得到額外的群組，並不需要重複使用代數步驟。對 (1.49) 式的三個群組而言，可將群組本身，藉由乘、除、倒數、倍數等運算將 (1.49) 式組合成任何想要的形式。在尋求新群組時，每一原始變數群至少會用到一次且最後的組合恰含三個群組。例如，(1.51) 式是將 $(\mu/D\bar{V}\rho)(k/\mu c_p)$ 乘以 (1.49) 式的兩邊而得：

$$\frac{qD}{Ak\Delta T}\frac{\mu}{D\bar{V}\rho}\frac{k}{\mu c_p} = \Phi\left(\frac{D\bar{V}\rho}{\mu}, \frac{c_p\mu}{k}\right)\frac{\mu}{D\bar{V}\rho}\frac{k}{c_p} = \Phi_1\left(\frac{D\bar{V}\rho}{\mu}, \frac{c_p\mu}{k}\right)$$

此即 (1.51) 式。注意函數 Φ_1 不等於函數 Φ，以此方法可將任何無因次方程式改變成各種形式。這對於欲將單一變數僅出現在一變數群中是有用的。因此，在 (1.49) 式中，c_p 僅出現於一變數組中，在 (1.51) 式中，k 只能在一變數組中找到，對某種目的而言，(1.51) 式比 (1.49) 式有用，可於第 12 章得知。

推測性因次分析　學者 Churchill 指出因次分析可視為推測性的程序。[3] 一方面是因為縱使後續的實驗程序能證實完全滿足關係式 (1.48)，但因次分析無法保證可以得到如 (1.48) 式的簡單指數關係。另一方面在因次分析中，選擇的變數應常視為嘗試性的變數，假如含有不需要的變數，經過分析可證實此變數確實是不需要；假如忽略了某重要變數，因次分析仍可產生有效的結果，但此僅是對某些極限或漸近狀況而言，例如，在極低或極高流率時。將因次分析正確的使用，則它將是設計一實驗程式的非常有用的工具。

有命名的無因次群

有些無因次群常會出現，因此需要命名並且予以特殊的符號。最重要的無因次群列於附錄 2。

基本概念

化工單元操作有一些基本概念，包括氣體狀態方程式、質量均衡以及能量均衡。由於這些主題在化學和化工導論課程中已有大量的論述，所以在此僅作簡短的結論。本章之末有問題和解答，提供需要應用這些觀念的讀者練習。

氣體的狀態方程式

一純氣體含有 n 莫耳，在溫度為 T 及壓力為 p 下，占有的體積為 V。若固定其中任意三個量，則可求得第四個量，而且僅三個量是獨立的。這可由函數方程式

$$f(p, T, V, n) = 0 \tag{1.52}$$

來表示。這種關係的特定形式稱為**狀態方程式** (equations of state)。許多這類方程式已被提出，其中一些很常用。最符合要求的狀態方程式可寫成下列形式：

$$\frac{pV}{nRT} = 1 + \frac{B}{V/n} + \frac{C}{(V/n)^2} + \frac{D}{(V/n)^3} + \cdots \tag{1.53}$$

此方程式稱為**維里方程式** (virial equation)，可由分子氣體理論予以證實。係數 B、C、D 分別稱為第二、第三、第四維里係數，每一係數是溫度的函數，而與壓力無關，可以增加更多的係數，超過 D 係數的數值少有人知且超過三個係數就很少使用。維里方程式也適用於氣體混合物，維里係數與混合物的溫度和組成有關，由個別純氣體的混合定律來估計混合物的 B、C、D 值。[8]

壓縮因數與莫耳密度

為了工程上的目的，(1.53) 式常寫成

$$z = \frac{p}{\rho_M RT} = 1 + \rho_M B + \rho_M^2 C + \rho_M^3 D \tag{1.54}$$

其中 z 為壓縮因數且 ρ_M 為莫耳密度，其定義為

$$\rho_M = \frac{n}{V} \tag{1.55}$$

理想氣體定律

高壓下的真實氣體由 ρ_M 和 T 計算出精確的 z 值，需要使用三個維里係數。降低壓力造成密度減小，雖然係數值保持不變，但維里項的數值會變小。當 D 的效應變得可忽略時，則級數可去除此項，然後輪到含 C 的項等等，直到低壓（一般氣體約為 1 atm 或 2 atm），所有三個維里係數均可忽略，結果為簡單的氣體定律

$$z = \frac{pV}{nRT} = \frac{p}{\rho_M RT} = 1 \tag{1.56}$$

顯然,此方程式與 (1.11) 式一致,該式含有絕對溫度的定義。(1.11) 式所表示的極限式是消去維里係數以提供一精確的定義;在實際計算上,(1.56) 式在實際計算上涵蓋了有用的密度範圍而 (1.56) 式稱為**理想氣體定律** (ideal gas law)。

分壓

分壓是處理個別成分在氣體混合物中的一種有用的量。例如,在混合物中 A 成分的分壓,定義為

$$p_A \equiv P y_A \tag{1.57}$$

其中　p_A = 混合物中成分 A 的分壓
　　　y_A = 混合物中成分 A 的莫耳分率
　　　P = 混合物的總壓

若將所予混合物的所有分壓相加,則結果為

$$p_A + p_B + p_C + \cdots = P(y_A + y_B + y_C + \cdots)$$

由於莫耳分率的總和為 1,

$$p_A + p_B + p_C + \cdots = P \tag{1.58}$$

所以將混合物中的所有分壓加起來就等於總壓。此式適用於理想以及非理想氣體混合物。

質量均衡

物質守恆定律是說物質不能創造或毀滅。由此導出質量的觀念,此定律可敘述為參與任何程序的物質其質量是不變的。對於以接近光速運動的物質或進行核反應的物質則不受此限制。在此情況下,能量與質量可以互相轉換,而不是僅是不變的一種,且兩者的總和為一常數。但是,在多數的工程上,此種轉換因太小而不易偵測,所以本書假設質量與能量各自獨立。

質量守恆要求進入任何程序的物質不是累積就是離開程序。其中沒有損失也沒有獲得。本書所考慮的大部分程序並無累積也無消耗,質量守恆定律成了輸入等於輸出的簡單形式。在質量均衡的形式中常用到此定律,若以借入表示

物料進入程序，以貸出表示物料離開程序，則貸出的總和必須等於借入的總和。質量均衡對整個程序或裝置以及其中的任何一部分都必須成立，質量均衡可應用於進入及離開程序的所有物料，以及流經整個程序而無變化的任何單一物料。

能量均衡

質量均衡適用於整個程序或部分程序，而這些程序是以假想的邊界與外界分離的。當質量均衡時，通過邊界的輸入必等於輸出加上任何累積的量；若為不隨時間改變的穩定狀態，則輸入等於輸出。

能量均衡包含了能量的所有形式。但是，在大部分流動程序中的一些形式，例如磁能、表面能以及機械應力能等不會改變，也不需要考慮。最重要的能量形式為動能、位能、焓、熱及功；在電化學程序，則必須加入電能。

單一物流程序的能量均衡　以處理單一物質流作為穩態流動程序的例子，所考慮的程序如圖 1.1 所示。裝置是指可讓物料通過的任意元件，假定物料以一恆定質量流率通過此系統，考慮有 m kg 的物料流動。物料在高於水平面 Z_a m 處以 u_a (m/s) 的速度進入。其焓值（隨後會討論的量）為 H_a (J/kg)，物料流出的對應量為 u_b、Z_b、H_b。在一段時間內 m (kg) 的物料進入裝置內，此時有 Q (J) 的熱量經由裝置邊界傳遞給物料。如果裝置包括渦輪機或引擎，其可能藉由旋轉軸對外作功。假設此裝置單元包括一泵，則由外界對物料作功，推動物料，再經轉軸的機構傳遞機械功。裝置通過轉動的機械軸傳遞給外界的機械功稱為**軸功** (shaft work)，假設軸功為 W_s (J) 則是指裝置對外作功。對此程序而言，可應用下列的方程式：[9]

$$m\left[\frac{u_b^2 - u_a^2}{2} + g(Z_b - Z_a) + H_b - H_a\right] = Q - W_s \qquad (1.59)$$

此方程式是從技術性熱力學標準教科書中導出的。或以 fps 單位來表示則為

$$m\left[\frac{u_b^2 - u_a^2}{2g_c J} + \frac{g(Z_b - Z_a)}{g_c J} + H_b - H_a\right] = Q - \frac{W_s}{J} \qquad (1.60)$$

其中 J、g 與 g_c 所代表的意義與一般情況相同。

應用 (1.59) 或 (1.60) 式於特定情況時，需精確選取裝置的邊界。進出的物料必須先確定，定出入口與出口位置以及記下轉軸，所有介於裝置與邊界之熱傳區域必須標示。裝置的邊界與所有轉軸的橫截面以及入出口處形成**控制面**

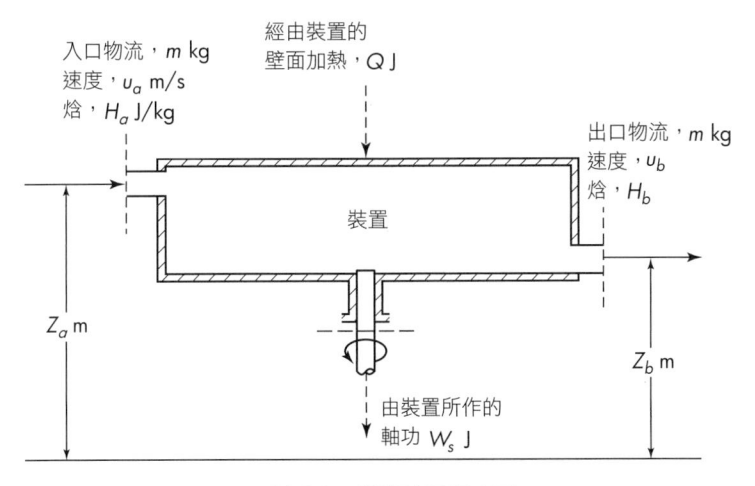

圖 1.1 穩態流動程序圖

(control surface)，而此控制面必須是無缺口的密閉區。(1.59) 式可應用於控制面內部的裝置與物料，例如：程序的控制面其界定的範圍是由裝置的壁面、轉軸的橫截面以及入出口處所形成，如圖 1.1 的點線所示。由控制面所圍的空間稱為**控制體積** (control volume)。

由慣例，當熱量由控制面外流入裝置內，則熱效應 Q 取正值，當熱量流出則為負。裝置對控制面外作的軸功 W_s 為正，由控制面外輸入至裝置內的軸功為負。因此控制面內的泵所需的功為負。Q 與 W_s 兩者皆為淨效應；若有一個以上的熱流或軸功則將個別值相加而得到 Q 與 W_s 的淨值，再將淨值用於 (1.59) 式和 (1.60) 式。

最後，注意在 (1.59) 式與 (1.60) 式均無摩擦的項，摩擦是機械能內部轉換成熱並在控制面的內部發生，其效應包含在方程式的其它項。

■ 符號 ■

一般而言，數量是以 SI、cgs 與 fps 為單位：

A ：加熱表面積，ft^2 [(1.41) 式]

B ：狀態方程式的第二維里係數，$m^3/kg\ mol$、$cm^3/g\ mol$ 或 $ft^3/lb\ mol$

C ：狀態方程式的第三維里係數，$m^6/(kg\ mol)^2$、$cm^6/(g\ mol)^2$ 或 $ft^6/(lb\ mol)^2$

c_p ：比熱，$J/g \cdot °C$ 或 $Btu/lb \cdot °F$

D ：直徑，m 或 ft；亦為狀態方程式的第四維里係數，$m^9/(kg\ mol)^3$、$cm^9/(g\ mol)^3$ 或 $ft^9/(lb\ mol)^3$

D'_o ：管的外徑，in. [(1.41) 式]

F ：力，N、dyn 或 lb_f

f ：函數

G ：質量速度，$kg/s \cdot m^2$ 或 $lb/h \cdot ft^2$；亦為重力常數 $N \cdot m^2/kg^2$，$dyn \cdot cm^2/g^2$ 或 $lb_f \cdot ft^2/lb^2$

g ：自由落體的加速度，m/s^2、cm/s^2 或 ft/s^2；g_n 標準值，9.80665^* m/s^2，980.665 cm/s^2，32.1740 ft/s^2

g_c ：比例因數，(1.33) 式中的 $1/k_1$，32.1740 $ft \cdot lb/lb_f \cdot s^2$

$\bar{H}$ ：熱量、能量或功的因次

H ：焓，J/kg

H_a ：進口處的焓

H_b ：出口處的焓

h ：熱傳係數，$W/m^2 \cdot °C$ 或 $Btu/h \cdot ft^2 \cdot °F$

J ：熱的機械當量，4.1868 J/cal_{IT}，778.17 $ft \cdot lb_f/Btu$

k ：導熱係數，$W/m \cdot °C$ 或 $Btu/h \cdot ft \cdot °F$；亦為比例因數；(1.1) 式的 k_1；(1.2) 式的 k_2；(1.3) 式的 k_3；(1.4) 式的 k_4

$\bar{L}$ ：長度的因次

M ：分子量

$\bar{M}$ ：質量的因次

m ：質量，kg、g 或 lb；m_a, m_b，粒子的質量 [(1.2) 式]

n ：莫耳數

P ：混合物的總壓力，Pa、dyn/cm^2 或 lb_f/ft^2

p ：壓力，Pa、dyn/cm^2 或 lb_f/ft^2；p_A, p_B, p_C，成分 A、B、C 的分壓

Q ：熱量，J、cal 或 Btu；Q_c，一循環內，系統吸收的熱量

q ：熱傳速率，Btu/h [(1.41) 式]

R ：氣體定律常數，8.31447×10^3 $J/K \cdot kg$ mol，8.31447×10^7 $ergs/K \cdot g$ mol 或 1.98588 $Btu/°R \cdot lb$ mol

r ：兩質量 m_a 與 m_b 之間的距離 [(1.2) 式]

T ：溫度，K、°C、°R 或 °F；熱力學絕對溫度 [(1.11) 式]

$\bar{T}$ ：溫度的因次

t ：時間，s；$\bar{t}$，時間的因次

u ：線性速度，m/s、cm/s 或 ft/s；u_0，自由落體的初速度

V ：體積，m^3、cm^3 或 ft^3

$\bar{V}$ ：流體的平均速度，m/s, cm/s 或 ft/s

W ：功，J、ergs 或 $ft \cdot lb_f$；W_c，在循環內由系統所傳遞的功

y ：氣體混合物的莫耳分率，y_A, y_B, y_C，成分 A、B、C 的莫耳分率

Z ：高於基準面的高度，m、cm 或 ft

z ：壓縮因數，無因次

◼ 希臘字母 ◼

ΔT ：溫度差，°F [(1.41) 式]
μ ：絕對黏度，kg/m·s 或 lb/ft·s
ρ ：密度，kg/m³、g/cm³ 或 lb/ft³
ρ_M ：莫耳密度，kg mol/m³、g mol/cm³ 或 lb mol/ft³
Ψ ：函數
Φ, Φ_1 ：函數

◼ 習題 ◼

1.1. 對於質量、長度、時間與溫度而言，利用已定義的常數與轉換因數，計算下列各題的轉換因數 (a) 呎 - 磅力轉換成仟瓦 - 小時；(b) 加侖 (1 gal = 231 in.³) 轉換成升 (10^3 cm³)；(c) Btu/lb mol 轉換成 J/kg mol。
答案：參閱附錄 1

1.2. 微世紀 (microcentury) 大約有多少分鐘？

1.3. 布里奇曼 (Beattie-Bridgeman) 方程式是有名的真實氣體狀態方程式，可寫成

$$p = \frac{RT[1 - c/(vT^3)]}{v^2}\left[v + B_0\left(1 - \frac{b}{v}\right)\right] - \frac{A_0}{v^2}\left(1 - \frac{a}{v}\right) \tag{1.61}$$

其中 a、A_0、b、B_0 與 c 為實驗常數，v 為莫耳體積，1/g mol。(a) 證明此方程式可化為 (1.54) 式的形式，並以 (1.61) 式中之常數來表示維里係數 B、C、D。(b) 對空氣而言，常數為 $a = 0.01931$，$A_0 = 1.3012$，$b = -0.01101$，$B_0 = 0.04611$ 與 $c \times 10^{-4} = 66.00$，其單位為 cgs 制 (atm, l, g mol, K, R = 0.08206)。若採用 SI 單位，計算空氣的維里係數的值，(c) 計算當空氣在溫度為 300 K 且莫耳體積為 (0.200 m³/kg mol) 時的 z 值。

1.4. 25% 氨氣與 75% 空氣的混合物 (dry basis)，向上流經一直立的洗氣塔，並且將水泵至塔頂。含有 0.5% 氨氣的氣體從塔頂離去，而含有 10 wt% 氨氣的水溶液由塔底離開。進入及離去的氣體均與水蒸氣達成飽和。進入塔內的氣體溫度為 37.8°C，離開時為 21.1°C。兩個氣體流和整個塔內的壓力為 1.02 atm 的表壓 (gauge)。空氣 - 氨氣的混合氣體以 28.32 m³/min 的流率進入塔內，此為乾燥氣體在 15.6°C 及 1 atm 下所量測的，試問進入塔內的氨氣有多少百分比未被水吸收？每小時有多少立方米的水被泵至塔頂？
答案：1.5%；2.71 m³/h

1.5. 含有 75% 空氣和 25% 氨蒸汽的乾燥氣體，進入直徑為 2 ft 的圓柱形填充吸收塔的底部，塔頂上的噴嘴將水噴灑在填充床上。氨的水溶液由塔底排出，被吸收的氣

體由頂部離去。氣體進入時為 80°F 及 760 mm Hg 的壓力，離開時為 60°F 及 730 mm Hg。以乾基 (dry basis) 為準，離去的氣體含有 1.0% 氨氣。(a) 若進入的氣體以 1.5 ft/s 的平均速度 (向上) 流經空塔底時，則每小時可處理多少立方呎的進入氣體？(b) 每小時可吸收多少磅的氨氣？

答案：(a)16,965 ft^3/h；(b)177 lb

1.6. 將含有 10% NaOH、10% NaCl、80% H$_2$O 的溶液，以 [25 t (metric tons)/h] 連續注入一蒸發罐內。在蒸發過程中，將水分除去，而鹽類沈澱形成結晶。沈降的結晶。由殘留的溶液中排出。離開蒸發罐的濃縮液體中含有 50% NaOH、2% NaCl、48% H$_2$O。

試計算 (a) 每小時可蒸發多少仟克的水，(b) 每小時有多少仟克的鹽沈澱，(c) 每小時產生多少仟克的濃縮液。

答案：(a) 17,600 kg/h；(b) 2,400 kg/h；(c) 5,000 kg/h

1.7. 空氣穩定地流經一水平加熱管。空氣進入管內為 40°F 且速度為 50 ft/s。離開管子為 140°F 及 75 ft/s。空氣的平均比熱為 0.24 Btu/lb·°F。試問對於每磅的空氣而言，需經管壁傳遞多少 Btu 的熱？

答案：24.1 Btu/lb

1.8. 下列是有關於流動流體與一球面的熱傳遞經驗式 (參閱第 12 章)，試檢視其因次的一致性

$$h = 2.0kD_p^{-1} + 0.6D_p^{-0.5}G^{0.5}\mu^{-0.17}c_p^{0.33}k^{0.67}$$

其中　　h ＝熱傳係數
　　　　D_p ＝球的直徑
　　　　k ＝流體的導熱率
　　　　G ＝流體的質量速度
　　　　μ ＝流體的黏度
　　　　c_p ＝流體的比熱

1.9. 在第 8 章討論到銳孔流量計，在直徑為 D 的平盤中心開一直徑為 D_o 的孔徑，當流體流經銳孔流量計所造成的壓力降測得為 Δp。假定量測的 Δp 與管路中流體之平均流速 $\bar{V}$、流體密度 ρ、流體黏度 μ 及平盤直徑 D 與銳孔的孔徑 D_o 等變數有關，換言之

$$\Delta p = \Phi(\bar{V}, \rho, \mu, D, D_o)$$

試找出一組可以關聯這五個因數的無因次群。

答案：$\frac{\Delta p}{\rho \bar{V}^2} = \Phi\left(\frac{D_o V \rho}{\mu}, \frac{D}{D_o}\right)$

1.10. 輸出為 360 megawatts 的燃煤電廠，其將熱轉換為功的效率為 38%。若煤的熱值 (heating value) 為 30,000 kJ/kg，則每小時要燃燒多少噸 (1 ton ＝ 1,000 kg) 的煤？

1.11. 當華氏溫度等於攝氏溫度時的溫度是多少？是否有 Kelvin 溫度等於 Rankine 溫度？

1.12. 在南美有許多國家，將含有 65% 水分的木薯根塊乾燥至含有 5% 的水，然後研磨成木薯粉。若每小時產生 1,200 kg 的木薯粉，則乾燥器的進料率 (kg/h) 為何？有多少水被移除？

1.13. 含有 66% 濕氣的濕紙漿經過乾燥後移除了原紙漿內 53% 的水。乾紙漿的濕氣含量為何？每仟克的濕紙漿可產生多少乾紙漿？

1.14. 製造魚粉首先要萃取魚油，剩下的是含 82 wt % 水分的濕魚餅。此魚餅經研磨後，乾燥了一部分，使濕氣含量降到 40%。若每小時產生 800 kg 的乾魚餅，則每小時需要多少 kg 的濕魚餅？

1.15. 熱傳遞數據有時是以 j 因數表示，其中

$$j_H = \left(\frac{h}{c_p G}\right)\left(\frac{c_p \mu}{k}\right)^{2/3} = f(\mathrm{Re})$$

證明此關係式可轉換成另一形式，亦即可將 Nusselt 數 (Nu = hD/k) 寫成雷諾數 (DG/μ) 與 Prandtl 數 ($c_p\mu/k$) 的函數。

1.16. 在 1 atm 與 0°C，一磅莫耳的空氣有多少氧的分子？在 1 atm 與 30°C，一仟克莫耳的空氣有多少 O_2 的分子？

1.17. 解釋 (1.59) 式與熱力學教科書中所示的簡單方程式 $\Delta E = Q - W$ 之間的差異。此簡單方程式是否可由 (1.59) 式導出？

參考文獻

1. Austin, G. T. *Shreve's Chemical Process Industries*. 5th ed. New York: McGraw-Hill, 1984.
2. Bridgman, P. W. *Dimensional Analysis*. New York: AMS Press, 1978.
3. Churchill, S. W. *Chem. Eng. Education*, **30**(3):158 (1997).
4. *CRC Handbook of Chemistry and Physics*. 69th ed. Boca Raton, FL: CRC Press, 1988, p. F-191.
5. Halladay, D., and R. Resnick. *Fundamentals of Physics*. 3d ed. New York: Wiley, 1988, p. 4.
6. Moldover, M. R., et al. *J. Res. Natl. Bur. Std.* **93**(2):85 (1988).
7. *Natl. Bur. Std. Tech. News Bull.* **55**:3 (March 1971).
8. Prausnitz, J. M., R. N. Lichtenthaler, and E. G. de Azevedo. *Molecular Theory of Fluid-Phase Equilibria*. Englewood Cliffs, NJ: Prentice-Hall, 1986.
9. Smith, J. M., H. C. Van Ness, and M. M. Abbott. *Introduction to Chemical Engineering Thermodynamics*. 5th ed. New York: McGraw-Hill, 1996.

第 2 篇 流體力學

　　流體的行為對於程序工程而言通常是重要的，並且構成研習單元操作的基礎之一。瞭解流體是有必要的，不但是為了能夠精確地處理流體在管線移動、泵以及各類程序裝置的問題，而且也是為了研究熱流以及與擴散和質量傳遞有關的許多分離操作。

　　流體包括液體、氣體和蒸汽，與流體行為有關的工程科學的分支稱為**流體力學** (fluid mechanics)。流體力學是**連體力學** (continuum mechanics) 的一部分。連體力學包含應力固體的研究。

　　流體力學在單元操作的研究上相當重要，它有兩分支：**流體靜力學** (fluid statics) 是處理流體中沒有剪應力的平衡狀態，而**流體動力學** (fluid dynamics) 是研究流體的一部分與其它部分的相對運動，亦即研究運動中流體的狀態與規律。

　　本篇的章節是討論單元操作中重要的流體力學。主題的選取僅是自流體力學廣大領域中作一般抽樣式的取材。第 2 章討論流體靜力學及一些重要的應用。第 3 章討論出現在流動流體的重要現象。第 4 章處理基本定量定律及流體流動的方程式。第 5 章處理不可壓縮流體流經管線的流動。第 6 章討論可壓縮流體的流動。第 7 章描述流體經過沈浸固體的流動。第 8 章研究流體流經程序裝置，以及量測與控制流動流體等的重要工程作業。最後，第 9 章涵蓋混合、攪拌以及分散操作，本質上這些屬於應用流體力學。

流體靜力學及其應用

流體的本質

　　流體不是永遠抗拒變形的物質。如果改變了流體的形狀則會引起流體中的各層由一層滑過另一層，直到產生新的形狀為止。在形狀改變期間，會有剪應力 (shear stress) 存在[†]，剪應力的大小與流體的黏度和滑動速率有關；當流體達到最後的形狀時，所有剪應力就會消失。流體在平衡狀態是沒有剪應力的。

　　在一已知的溫度和壓力下，流體具有一定的密度。在工程通常是以每立方公尺的仟克數 (kg/m^3) 或每立方呎的磅數 (lb/ft^3) 來量測。雖然流體的密度與溫度和壓力有關，但是密度隨著溫度與壓力的改變其變化有小有大。若適度的改變溫度和壓力，而密度僅微量改變者，稱為**不可壓縮 (incompressible)** 流體；若密度有顯著改變者，稱為**可壓縮 (compressible)** 流體。液體通常視為不可壓縮的，而氣體是可壓縮的。這種說法是相對的，若壓力和溫度的改變超過很大的極限，則液體的密度會有相當大的改變。此外，當氣體受到微量壓力和溫度的變化時，其行為可視為不可壓縮流體，則在此情況下，密度的變化可以忽略而不會有嚴重的誤差。

　　壓力是流體對單位面積的容器壁產生的表面力。壓力存在於流體體積內的每一點。壓力是一純量；在一已知點的任何方向，其壓力之大小均相同。

流體靜力平衡

　　在一固定質量的靜態流體中，與地球表面平行的任一橫截面上，其壓力是一定的，但壓力會隨著高度而改變。考慮直立柱內的流體，如圖 2.1 所示，假設直立柱的截面積為 S，於柱底上方，高度為 Z 之處其壓力為 p，而密度為 $ρ$。作用於由高度為 dZ，而截面積為 S 所形成的小體積內的流體，其合力必為零。

[†] 剪應變 (shear) 就是在外力之下，一個材料層相對於另外一層所造成的側面位移。剪應力 (shear stress) 定義為外力對材料層面積的比，詳見第 3 章。

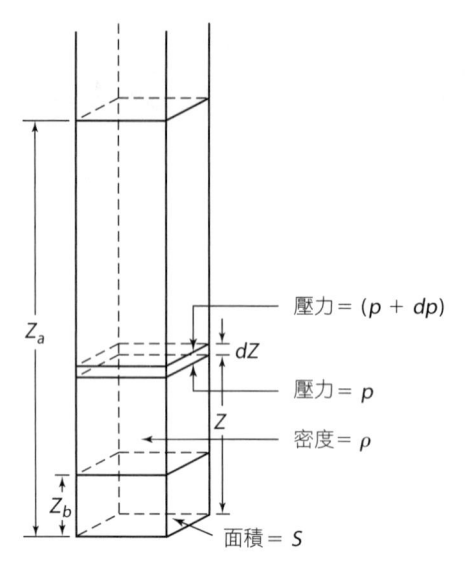

▲ 圖 2.1 流體靜力平衡

有三種垂直力作用於此體積：(1) 由壓力 p 所產生的向上作用力 pS；(2) 由壓力 $p + dp$ 所產生的向下作用力 $(p + dp)S$；(3) 向下的重力 $g\rho S\,dZ$，則

$$+pS - (p+dp)S - g\rho S\,dZ = 0 \tag{2.1}$$

式中，向上的力取正，向下的力取負。經化簡再除以 S，(2.1) 式變成

$$dp + g\rho\,dZ = 0 \tag{2.2}$$

對可壓縮流體而言，(2.2) 式是無法積分的，除非整個流體柱中密度隨著壓力的變化為已知。但是，在工程計算上常將 ρ 視為定值。對於不可壓縮流體而言，密度為常數，而對可壓縮流體而言，除非高度有很大變化，其密度也可視為常數。假設 ρ 為常數，將 (2.2) 式積分，可得

$$\frac{p}{\rho} + gZ = 常數 \tag{2.3}$$

或，如圖 2.1 所示，介於兩固定高度之間，有

$$\frac{p_b}{\rho} - \frac{p_a}{\rho} = g(Z_a - Z_b) \tag{2.4}$$

(2.3) 式是流體靜力平衡的數學表示法。

液體的高差

(2.4) 式顯示液柱高度與壓力之間的關係式。壓力通常是以**高差** (head) 表示，高差是液柱的高度，它施予液柱底部一定量的壓力。[高差較精確的定義，則需考慮泵 (pump) 操作，如第 8 章所述。] 高差 Z 與壓力 p 之關係式為 $Z = p/\rho g$ 或以 fps 單位表示時為 $Z = pg_c/\rho g$。

氣壓方程式

對理想氣體而言，密度與壓力的關係式為

$$\rho = \frac{pM}{RT} \tag{2.5}$$

其中　　M = 分子量

T = 絕對溫度

將 (2.5) 式代入 (2.2) 式，可得

$$\frac{dp}{p} + \frac{gM}{RT} dZ = 0 \tag{2.6}$$

假設 T 為常數，將 (2.6) 式由 a 積分到 b，得到

$$\ln\frac{p_b}{p_a} = -\frac{gM}{RT}(Z_b - Z_a)$$

或

$$\frac{p_b}{p_a} = \exp\left[-\frac{gM(Z_b - Z_a)}{RT}\right] \tag{2.7}$$

(2.7) 式稱為**氣壓方程式** (barometric equation)。

在各種情況下，估計壓力分布的方法，可於文獻中獲得[3]，例如，深井中的氣體不是理想氣體，溫度也不是定值。

離心力場的流體靜力平衡

旋轉離心機內的液體層，受到離心力的作用，由旋轉軸向外拋出，依附在離心機的缽 (bowl) 壁。液體的自由表面其形狀呈旋轉的拋物面，[2] 但工業用的離心機，因為旋轉速率非常快，造成離心力遠大於重力，使得液面呈直立圓柱狀

且與旋轉軸共軸。圖 2.2 說明此情況，圖中 r_1 是由旋轉軸到自由液面的徑向距離，而 r_2 為離心缽 (bowl) 的半徑。如圖 2.2 所示，液體的全部質量有如剛體般的旋轉，液體中的層與層之間無滑動。在此情況下，液體內的壓力分布可由流體靜力學的原理求得。

任何旋轉液環的壓力降 (pressure drop) 可計算如下。考慮如圖 2.2 所示的液環，是在半徑為 r 處，厚度為 dr 的體積單元：

$$dF = \omega^2 r\, dm$$

其中　$dF =$ 離心力
　　　$dm =$ 單元內液體的質量
　　　$\omega =$ 角速度，rad/s

若 ρ 為液體的密度，且 b 為環的寬度，則

$$dm = 2\pi \rho r b\, dr$$

消去 dm，得

$$dF = 2\pi \rho b \omega^2 r^2\, dr$$

單元內壓力的改變是由液體單元產生的力除以環的面積：

$$dp = \frac{dF}{2\pi r b} = \omega^2 \rho r\, dr$$

整個環的壓力降為

$$p_2 - p_1 = \int_{r_1}^{r_2} \omega^2 \rho r\, dr$$

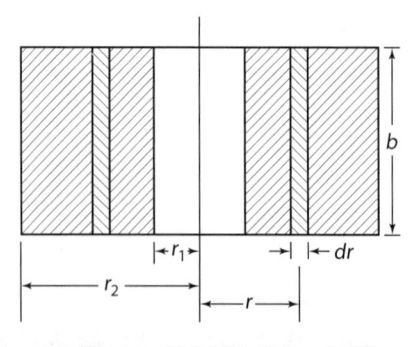

▲ 圖 2.2　離心缽內的單一液體

假設密度為常數,由積分,可得

$$p_2 - p_1 = \frac{\omega^2 \rho (r_2^2 - r_1^2)}{2} \tag{2.8}$$

(2.8) 式僅限用於 r_1 與 r_2 相差不大的情況,但對實際系統而言,誤差很小。

流體靜力學的應用

壓力計

壓力計 (manometer) 是量測壓差的一種重要裝置。圖 2.3 顯示最簡單型的壓力計。假設斜線部分的 U 型管裝有密度為 ρ_A 的液體 A;U 型管兩臂,位於液體 A 上方裝有密度為 ρ_B 的流體 B。流體 B 與液體 A 不互溶,且 B 的密度小於 A;B 通常為氣體,如空氣或氮氣。

壓力 p_a 作用於 U 型管的一臂,壓力 p_b 作用於另一臂。由於壓差 $p_a - p_b$ 的結果,使得 U 型管一支的彎形液面比另一支高,且介於兩彎形液面之間的垂直距離 R_m,可用於量測壓差。欲導出 $p_a - p_b$ 與 R_m 之間的關係式,可由壓力為 p_a 的點 1 開始;然後,如 (2.3) 式所示,點 2 的壓力為 $p_a + g(Z_m + R_m)\rho_B$。由流體靜力學的原理,此亦是點 3 的壓力。點 4 的壓力比點 3 小 $gR_m\rho_A$,而點 5 的壓力為 p_b,比點 4 小 $gZ_m\rho_B$。這些敘述可總結成下列方程式

$$p_a + g[(Z_m + R_m)\rho_B - R_m\rho_A - Z_m\rho_B] = p_b \tag{2.9}$$

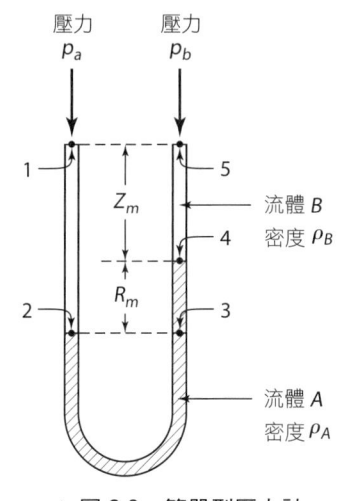

▲ 圖 2.3 簡單型壓力計

化簡此方程式,可得

$$p_a - p_b = gR_m(\rho_A - \rho_B) \tag{2.10}$$

注意,若在同一水平面量測壓力 p_a 與 p_b,則此關係式與距離 Z_m 以及管徑無關。若流體 B 為氣體,當 ρ_B 與 ρ_A 比較時,可將 ρ_B 忽略,亦即將 (2.10) 式的 ρ_B 省略。

例題 2.1

圖 2.3 所示的壓力計可用於量測經過一銳孔 (orifice) (參閱圖 8.17) 的壓力降。液體 A 為水銀 (密度 13,590 kg/m³),而流經銳孔及充滿壓力計上端的流體 B 是鹽水 (密度 1,260 kg/m³)。當在分接頭 (taps) 處的壓力相等時,壓力計中的水銀液面較銳孔分接頭低 0.9 m。操作時,上游分接頭處的表壓†為 0.14 bar,而下游分接頭處的壓力比大氣壓力低 250 mm Hg。試問壓力計的讀數為多少 mm?

解

將大氣壓力視為零;則代入 (2.10) 式的數值為

$$p_a = 0.14 \times 10^5 = 14{,}000 \text{ Pa}$$

由 (2.4) 式

$$\begin{aligned} p_b &= Z_b g \rho_A \\ &= -\tfrac{250}{1000} \times 9.80665 \times 13{,}590 \\ &= -33{,}318 \text{ Pa} \end{aligned}$$

代入 (2.10) 式,可得

$$14{,}000 + 33{,}318 = R_m \times 9.80665 \times (13{,}590 - 1{,}260)$$

$$R_m = 0.391 \text{ m 或 } 391 \text{ mm}$$

圖 2.4 所示的**斜管壓力計** (inclined manometer) 可用於量測較小的壓差。此壓力計的一支臂是傾斜的,即使 R_m 很小,斜管內的彎形液面也會移動一段頗長的距離。此距離就是 R_m 除以 $\sin \alpha$,α 為斜角。若 α 愈小,則 $R_1 = R_m / \sin \alpha$ 愈大,

---

† 表壓 (gauge pressure) 是表示高出大氣壓多少壓力。

流體靜力學及其應用 39

▲ 圖 2.4 斜管壓力計

因此小的壓差可由大的讀數顯示，故有

$$p_a - p_b = gR_1(\rho_A - \rho_B)\sin\alpha \tag{2.11}$$

在此類型的壓力計中，垂直的一支要有擴大槽，使得在儀器的操作範圍內，擴大槽內的彎形液面之移動可忽略。

連續式重力傾析器

圖 2.5 所示的重力傾析器 (gravity decanter) 是將不同密度且不互溶的兩種液體作連續性的分離。混合物進料由分離器的一端進入；兩種液體慢慢地流經容器而分成兩層，並且由分離器的另一端的溢流管排出。

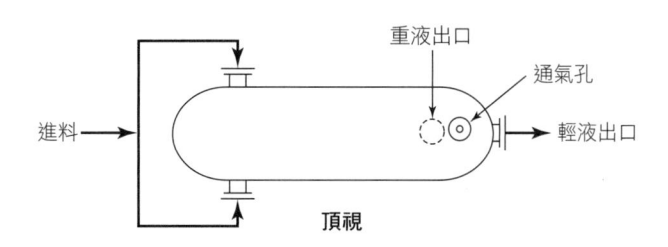

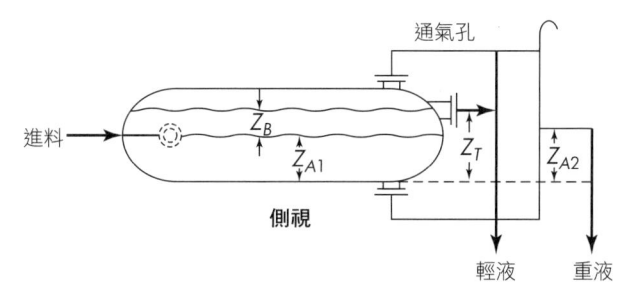

▲ 圖 2.5 不互溶液體的連續式重力傾析器

假設溢流管很大，使得液體流動的摩擦阻力可忽略，又假設液體排放處的壓力與容器內液面上氣體空間的壓力相同，則傾析器的特性可利用流體靜力學的原理加以分析。

例如，圖 2.5 所示的傾析器，假設重液的密度為 ρ_A，而輕液的密度為 ρ_B，重液層的深度為 Z_{A1}，輕液層的深度為 Z_B。容器內液體的總深度 Z_T 固定在輕液溢流管的位置。重液是由與容器底部相連接的溢流管排出，溢流管出口比容器底部高 Z_{A2}。溢流管與容器頂端均與大氣相通。

由於忽略了液體在排放管流動的摩擦力，因此在重液溢流管中的重液柱必須與容器內兩液稍高的深度達到均衡。由流體靜力學均衡可得方程式

$$Z_B\rho_B + Z_{A1}\rho_A = Z_{A2}\rho_A \tag{2.12}$$

由 (2.12) 式，解出 Z_{A1}

$$Z_{A1} = Z_{A2} - Z_B\frac{\rho_B}{\rho_A} = Z_{A2} - (Z_T - Z_{A1})\frac{\rho_B}{\rho_A} \tag{2.13}$$

而容器內液體的總深度 $Z_T = Z_B + Z_{A1}$。由此可得

$$Z_{A1} = \frac{Z_{A2} - Z_T(\rho_B/\rho_A)}{1 - \rho_B/\rho_A} \tag{2.14}$$

由 (2.14) 式得知，在分離器內，液-液界面的位置與兩液體的密度比以及溢流管的高度有關，而與液體的流率無關。當 ρ_A 趨近於 ρ_B 時，交界面的位置對於重液溢流管高度 Z_{A2} 的改變顯得非常敏感，當液體密度相差很大時，高度 $Z_A{}^2$ 就不是關鍵點，但當液體密度幾乎相同，就必須留意。通常將溢流管頂做成可移動式的，使得在操作中藉調整得到最佳的分離。

傾析器的大小是依分離所需的時間來確定，而時間是依兩液體的密度差與連續相的黏度而定。假設液體是清澈的且不形成乳化液 (emulsions)，則分離時間可由經驗式估計[1]

$$t = \frac{100}{\rho_A - \rho_B} \tag{2.15}$$

其中　　t = 分離時間，h
　　　　ρ_A, ρ_B = 液體 A 與液體 B 的密度，kg/m³
　　　　μ = 連續相的黏度，cP

(2.15) 式不是無因次，必須使用指定的單位。

例題 2.2

一水平圓柱形連續傾析器，由等體積的酸洗液分離出液狀石油分餾 1,500 bbl/d (day)(9.93 m³/h)。石油是連續相，在操作溫度下，黏度為 1.1 cP 且密度為 54 lb/ft³ (865 kg/m³)。酸液的密度為 72 lb/ft³ (1,153 kg/m³)。試計算 (a) 容器的大小，(b) 酸液溢流高出容器底部的高度。

解

(a) 由分離時間求出容器的大小。代入 (2.15) 式可得

$$t = \frac{100 \times 1.1}{1{,}153 - 865} = 0.38 \text{ h}$$

或是 23 分鐘。因為 1 bbl = 42 gal，所以各流的流率為

$$\frac{1{,}500 \times 42}{24 \times 60} = 43.8 \text{ gal/min}$$

全部液體的囤積量為

$$2 \times 43.8 \times 23 = 2{,}014 \text{ gal}$$

液體約占容器的 95%，所以容器體積為 2,014/0.95 或 2,120 gal (8.03 m³)。槽的長度約為直徑的 5 倍，因此直徑為 4 ft (1.22 m)，長度為 22 ft (6.10 m)，在端點有標準碟形頂，總體積為 2,124 gal 的槽可滿足需求。

(b) 液體占槽體積的 95%，對水平圓柱而言，這表示液體深度是槽直徑的 90%。[4] 因此

$$Z_T = 0.90 \times 4 = 3.6 \text{ ft}$$

若交界面位於容器底部與液體表面的中間，則 $Z_{A1} = 1.80$ ft。解出 (2.14) 式之重液溢流的高度 Z_{A2}，可得

$$Z_{A2} = 1.80 + (3.60 - 1.80)\tfrac{54}{72} = 3.15 \text{ ft } (0.96 \text{ m})$$

一傾析器的操作是否能成功與分散相的沈積以及聚合有關。假如被分離的液體並不清澈而含有會降低聚合速率的粉粒體、界面活性劑或高分子膜，則由 (2.15) 式求得的時間就會太短。如此的污染物也會在液-液界面形成未聚合之滴狀物的污穢層──稱做「斷層」(rag)。符合需求的分離操作常需要多孔固體床、

薄膜或高壓電場等聚合裝置。對於較清澈的液體常可利用放置水平或稍微傾斜的管路或平板使得傾析器的大小能夠大量減少。如此，重液相液滴在到達重液層之前僅需作短距離的沈降。

離心傾析器

當兩液體的密度相差不大時，在合理的時間內，重力可能太弱而無法分離液體。此種分離可利用如圖 2.6 的液−液離心機來完成。它是由圓柱狀的金屬缽構成，通常是直立式的，對軸心作高速旋轉。在圖 2.6a 中，缽呈靜態且含兩種不同密度的不互溶液體。重液層在缽底，輕液在其上。如圖 2.6b，若缽開始旋轉，則形成一緊靠缽內壁的重液層，即圖中所示的 A 區。而 B 區是輕液層，它在重液層內側形成，半徑 r_i 處是將兩層分開的圓柱界面。由於離心力比重力大很多，兩者相較之下，可將重力忽略，所以界面是垂直的，此稱為**中間區** (neutral zone)。

機器操作時，進料是由靠近缽底處連續注入，輕液經由缽軸附近的點 (2) 出口排出；重液在一環下通過，向內流向旋轉軸，越過點 (1) 的出口閘排出。若不計液體離開缽時的摩擦力，則可由流體靜力均衡以及 (1)(2) 溢流口的相對高度 (由軸算起的徑向距離) 確定液−液界面的位置。

假設密度 ρ_A 的重液在半徑 r_A 的閘溢出，而密度 ρ_B 的輕液在半徑 r_B 處的出口流出。若兩液隨缽旋轉且忽略摩擦，則 r_B 與 r_i 之間輕液的壓力差，必與 r_A 與 r_i 之間重液的壓力差相等。此原理與連續重力傾析器的原理相同。

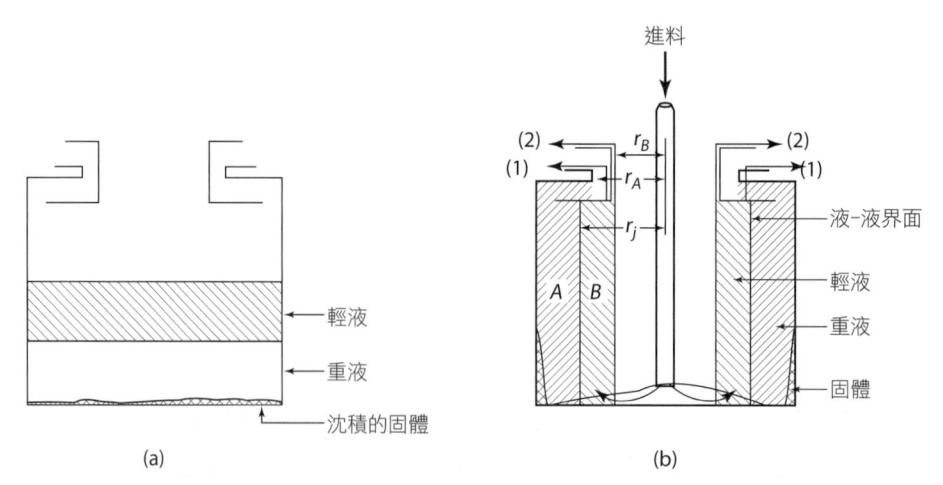

▲ 圖 2.6 不互溶液體的離心分離：(a) 靜止缽；(b) 旋轉缽。A 區，重液區，B 區，輕液區。(1) 重液排出口；(2) 輕液排出口。

因此

$$p_i - p_B = p_i - p_A \tag{2.16}$$

其中　$p_i =$ 液 - 液界面的壓力
　　　$p_B =$ 輕液在 r_B 處自由表面的壓力
　　　$p_A =$ 重液在 r_A 處自由表面的壓力

由 (2.8) 式

$$p_i - p_B = \frac{\omega^2 \rho_B (r_i^2 - r_B^2)}{2} \quad 且$$

$$p_i - p_A = \frac{\omega^2 \rho_A (r_i^2 - r_A^2)}{2}$$

令此兩壓力降相等並化簡，可得

$$\rho_B (r_i^2 - r_B^2) = \rho_A (r_i^2 - r_A^2)$$

解出 r_i

$$r_i = \sqrt{\frac{r_A^2 - (\rho_B/\rho_A) r_B^2}{1 - \rho_B/\rho_A}} \tag{2.17}$$

(2.17) 式與重力沈降槽的 (2.14) 式類似。中間區半徑 r_i 對於密度比是敏感的，尤其是當密度比接近 1 的時候。若兩流體的密度太接近，則縱使旋轉速度足以快速地將液體分離，中間區可能會不穩定，為了操作穩定，ρ_A 與 ρ_B 相差不要小於大約 3%。

(2.17) 式亦顯示若 r_B 維持不變，而增加重液排出口的半徑 r_A，則中間區會向缽壁移動。若減少 r_A，則中間區會向軸心移動。假設 r_A 不變，而增加 r_B，中間區也是向軸心移動；減少 r_B 則導致移向缽壁。中間區的位置實際上是重要的。在 A 區，輕液由重液移出；而在 B 區，重液自輕液中脫除。如果其中一個程序較另一個程序困難，則對較困難的步驟應給予較多的時間。例如，若分離 B 區比分離 A 區困難，則 B 區應該大，而 A 區小，可由增加 r_A 或減少 r_B，使中間區移向缽壁來達成。在 A 區欲得較大的時間因數時，則需作相反的調整。許多離心分離器的建構是可以改變 r_A 或 r_B 以控制中間區的位置。

通過連續傾析器的流動

表示連續傾析器界面位置的 (2.14) 式及 (2.17) 式是完全根據流體靜力均衡。只要在排放管內流動的阻力可忽略，則界面位置是相同的，與液體的流率以及進料中兩液體的相對量無關。如前所述，分離速率是最重要的變數，因為它決定重力傾析器的大小，也決定是否需要高離心力。分散相流經連續相的運動速率將於第 7 章討論。

■ 符號 ■

b ：寬度，m 或 ft

F ：力，N 或 lb_f

g ：重力加速度，m/s^2 或 ft/s^2

g_c ：牛頓定律的比例因數，32.174 $ft \cdot lb/lb_f \cdot s^2$

M ：分子量

m ：質量，kg 或 lb

p ：壓力，N/m^2 或 lb_f/ft^2；p_A，離心機內重液的表面壓力；p_B，離心機內輕液的表面壓力；p_a，在 a 點的壓力；p_b，在 b 點的壓力；p_i，液 – 液界面壓力；p_1，在自由液體表面的壓力；p_2，離心缽壁的壓力

R ：氣體定律常數，8314.47 J/kg mol · K 或 1545 ft · lb_f/lb mol · °R

R_m ：壓力計的讀數，m 或 ft；R_1，傾斜壓力計讀數

r ：從軸心算起的徑向距離，m 或 ft；r_A，由軸心至重液溢流的距離；r_B，由軸心至輕液溢流的距離；r_i，由軸心至液 - 液界面的距離；r_1，由軸心至離心機內自由液體表面的距離；r_2，由軸心至離心缽壁的距離

S ：截面積，m^2 或 ft^2

T ：絕對溫度，K 或 °R

t ：分離時間，h

Z ：高度，m 或 ft；Z_{A1}，傾析器內重液層的高度，Z_{A2}，重液溢流管的高度；Z_B，傾析器內輕液層的高度；Z_T，液體的總深度；Z_a, Z_b 在 a 和 b 點的高度；Z_m，壓力計中，高於測量液體壓力連接面的高度

■ 希臘字母 ■

α ：與水平面的夾面

μ ：連續相的黏度，cP

ρ ：密度，kg/m^3 或 lb/ft^3；ρ_A，A 流體的密度；ρ_B，B 流體的密度

ω ：角速度，rad/s

習題

2.1. 一簡單 U 型管壓力計，橫跨銳孔流量計安裝於管子上。壓力計內裝有水銀 (比重 13.6)，而水銀上方為四氯化碳液體 (比重 1.6)。壓力計讀數為 200 mm。求壓力計上的壓力差，以每平方米的牛頓數 (N/m^2) 表示。

2.2. 在地球表面上，每升高 1,000 m，地球的大氣溫度約降低 5°C。若地面上的空氣溫度為 15°C 且壓力為 760 mm Hg。試問當壓力為 380 mm Hg，高度應為多少？假設空氣為理想氣體。

2.3. 假設密度的值是在 0°C 而壓力是取算術平均的情況下求得，採用 (2.4) 式的流體靜力學平衡方程式，則在習題 2.2 的答案中，會有多少誤差產生？

2.4. 一連續重力傾析器，將密度為 1,109 kg/m^3 的氯苯，由密度為 1,020 kg/m^3 的水洗液中分離。若分離器的總深度為 1 m，其交界面與容器底部相距 0.6 m，(a) 重液溢流管的高度是多少？(b) 若此高度誤差為 50 mm，則對交界面的位置之影響為何？

2.5. 於習題 2.4 中，由 2,100 kg/h 的水溶液，分離出 1,600 kg/h 的氯苯，則分離器的體積是多少？假定水溶液是連續相，在操作溫度為 35°C 時，其黏度與水的黏度相同。

2.6. 內徑為 250 mm 的離心缽以 4,000 r/min 旋轉。缽內含有一層 50 mm 厚的苯胺。若苯胺的密度為 1,002 kg/m^3，而液面上是大氣壓力，則對離心缽壁施加多少表壓？

2.7. 如習題 2.4 所描述的液體，要在一個內徑為 150 mm，轉速是 8,000 r/min 的管式離心缽中進行分離，缽內離旋轉軸 40 mm 以內為無液體的空間，假如離心缽包含兩種等體積的液體，試問從旋轉軸至較重液體溢流壩頂的徑向距離是多少？

2.8. 以 U 型管差壓力計測得通過一空氣過濾器之壓力降為 10 in. 的水柱，若空氣的溫度為 26°C，壓力是 60 psig。試問 (a) 其壓力降為多少 psi 及 atm？(b) 如果空氣密度在壓力計內可以忽略不計，則引入的誤差百分比為多少？

2.9. 設計一研究型潛水艇能在海平面下 3 km 處運轉，假設該潛水艇的內部壓力為 1 atm，那麼它的直徑為 15 cm 的視窗的總壓力為多少？海水的平均密度是 1,028 kg/m^3。

2.10. 一含有極細砂粒的水懸浮液，可從密實的岩石粒中，分離出煙煤 (bituminous coal)。假若理想懸浮液的密度是 1,500 kg/m^3，則使用的細砂的體積分率和重量分率各是多少？

2.11. 有一裝 10°C 水的圓柱。若欲使水壓達到 1 atm，試問水的高度為多少米？合多少呎？

2.12. 有一高差 (head) 為 10 m 的乙醇，試問它相當於多少 kPa 的壓力？乙醇的密度為 785 kg/m^3。

2.13. 世界第一高峰聖母峰頂峰的海拔為 8,848 m。假設頂峰的平均溫度是 0°C，試估計其大氣壓。

2.14. 將實驗型反應器取出的油、水混合物，注入一直徑 0.6 m，長度 3 m 的水平傾析器 (decanter) 中，滯留時間為 20 分鐘。(a) 如果混合物進入傾析器的流率增為 12 倍，試問大傾析器的直徑與長度該是多少？(b) 若考慮最小液滴的沈降速度，討論 (2.15) 式用於將設備規模放大 (scaleup) 的適用性。

2.15. 有一直徑 3 m，高 5 m 的加壓反應器，藉通過空氣於液體之中以進行局部氧化反應，從反應器的頂端與底部所裝設的壓力計量得液體的最初水位為 4.0 m。當通氣時，液體水位預計會上升 10% 至 20%，依空氣的流率而定，但是當開始通氣之後，壓力計的讀數並無改變。(a) 說明何以當液體通氣後，壓力計的讀數並無任何變化。(b) 證明當第二個壓力計被妥善地裝在一合適的地方之後，通氣的液體水位高度可以計算出來。敘述任何所做的假設。

2.16. 在 0°C 到 100°C 之間，比較正辛烷對水以及甲苯對水之密度隨溫度的變化。

參考文獻

1. Barton, R. L. *Chem. Eng.* **81**(14):111 (1974).
2. Bird, B., W. E. Stewart, and E. N. Lightfoot. *Transport Phenomena.* New York: Wiley, 1959, pp. 96-98.
3. Knudsen, J. G., and D. L. Katz. *Fluid Dynamics and Heat Transfer.* New York: McGraw-Hill, 1958, pp. 69-71.
4. Perry, R. H., and D. Green (eds.). *Perry's Chemical Engineers' Handbook.* 7th ed. New York: McGraw-Hill, 1997, p. **10**-139.

流體流動現象

CHAPTER 3

流體的流動行為和它是否受到鄰近的固態邊界的影響有相當大的關係。在流體受壁面影響很小的區域，其剪應力可以忽略，那麼該流體就接近於黏度為零、不可壓縮的所謂理想流體 (ideal fluid)，此理想流體的流動稱為**位勢流** (potential flow)，它遵循牛頓力學與質量守恆的原理。關於位勢流的數學理論已有相當多的論述，也就不在本書的討論範圍之內。位勢流有兩個重要的特性：(1) 在其流域內，循環流 (circulation) 與渦流 (eddy) 並不存在，所以它又稱為不旋轉流 (irrotational flow)；(2) 流體內無摩擦現象，因此沒有將機械能消耗而轉換為熱能的問題。

位勢流可能存在於離固態邊界不遠之處。1904 年 Prandtl 率先敘述有關流體力學的基本原理。[8] 他說除非流體具有高黏度或以低速流動，否則固態邊界對流體流動的影響僅侷限在緊鄰壁面的一層流體中。這流體層一般稱為**邊界層** (boundary layer)，而流體的剪切 (shear) 與剪力 (shear force) 都發生在這個區域內。邊界層以外就是位勢流存在的區域。研習流體的流動過程，最好是將流域分成兩個部分，就是邊界層以及其外圍的流域。在某些情況下，例如，匯聚噴嘴 (converging nozzle) 內流體的流動可忽略邊界層；另外像流體流經管子時，如果邊界層充滿整個管道，那麼管中就無位勢流存在。

受到固態邊界的影響，在一個不可壓縮的流體中，會造成四個重要的效應：(1) 速度梯度和剪應力場同步出現，(2) 亂流的起始，(3) 邊界層的形成與成長，和 (4) 邊界層從所接觸的固態邊界分離開來。

當一個可壓縮的流體流經固態邊界時，由於密度的顯著改變，會出現更多的其它效應，這就是可壓縮流體的特質，這些將在第 6 章有關可壓縮流體的流動中討論。

速度場

當大量流體流過固體壁時,在固體和流體的界面,會有流體附著在固體上。此種附著是由於邊界力場所引起的,而此力場也是固體與流體間形成界面張力的原因。因此,若在選取的參考座標內,固體 - 流體系統的壁是靜止的,則在**交界面上流體的速度為零**。由於遠離固體的流體,其速度不為零,故在流域中,速度會逐點變動。因此,任意一點的速度是該點空間座標的函數,而速度場 (velocity field) 存在於流體所占有的空間。在一已知位置的流體其速度會隨時間改變。當每一位置流體的速度均為定值時,也就是速度場不隨時間改變,則稱此流動為**穩態流** (steady flow)。

一維流動 速度是向量,通常在一點的速度有三個分量,每一分量具有空間座標。很多簡化的情況下,場內的速度向量是平行的或幾乎平行,故只要一個速度分量,此時可將此一分量視為純量。此情況稱為**一維流動** (one-dimensional flow),它顯然比一般的向量場簡單很多,流經直管的穩態流是一維流動的例子。以下的討論是假設一維的穩態流。

層流、剪切率與剪應力

層流

低速度的流體傾向不含側邊混合的流動,而其相鄰層的流動如同玩紙牌一般一層滑過一層,既無交錯流動也無渦流,這種現象稱為**層流** (laminar flow)。在較快的速度下則會產生亂流和渦流且會引起側邊混合,這些將在後面的章節討論。

速度梯度與剪切率

考慮沿著固體平面的不可壓縮流體以穩定一維層流流動。圖 3.1a 顯示此流域的速度分布。速度以橫座標 u 表示,縱座標 y 是由壁面開始垂直量起的距離,因此 y 與速度的方向成直角。在 $y=0$ 時,$u=0$,而 u 隨著離壁面的距離增加而遞增,但遞增率是逐漸減少的。將注意力集中在相隔 Δy 的兩鄰近平面 A 和 B 的速度上,令沿著平面的速度分別為 u_A 與 u_B,且設 $u_B > u_A$,$\Delta u = u_B - u_A$。在 y_A 的速度梯度 (velocity gradient) du/dy 定義為

$$\frac{du}{dy} = \lim_{\Delta y \to 0} \frac{\Delta u}{\Delta y} \tag{3.1}$$

顯然,圖 3.1a 中速度分布曲線的斜率之倒數就是速度梯度。局部速度梯度亦稱為**剪切率** (shear rate),或剪切的時間率。在流域中,速度梯度通常是位置的函數,因此將它定義為場,如圖 3.1b 所示。

剪應力場

由於實際的流體會抗拒剪切 (shear),因此無論在何處有剪切率就有剪力 (shear force) 存在。在一維的流動下,剪力作用於和剪切平面平行的方向上。例如,在離壁面距離 y_C 的平面 C 上,剪力 F_s 作用於圖 3.1a 所示的方向。此力是由平面 C 上方的流體作用於平面 C 與壁面間的流體。依據牛頓第三定律,平面 C 下方的流體會形成相等且方向相反的力 $-F_s$ 作用於平面 C 上方的流體。為了方便起見,不使用總力 F_s,而是用剪切面 (shearing plane) 上,每單位面積的力,稱為**剪應力** (shear stress),以 τ 表示,即

$$\tau = \frac{F_s}{A_s} \tag{3.2}$$

其中 A_s 是平面的面積。因為 τ 隨 y 改變,因此剪應力也形成一個場。剪應力在層流與亂流中都會產生。由黏稠流 (viscous flow) 或層流所引起的剪應力記做 τ_v。稍後將會描述亂流的影響。

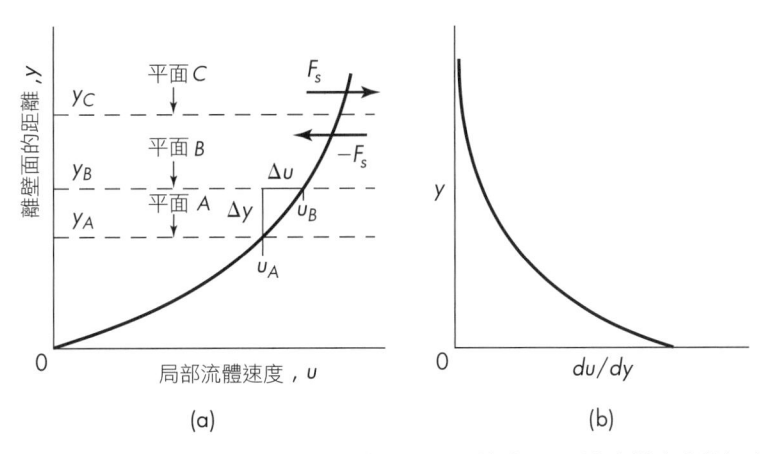

▲ 圖 3.1 在層流中,速度與速度梯度的分布:(a) 速度;(b) 速度梯度或剪切率

流體的流變性質

牛頓流體與非牛頓流體

實際的流體中,剪應力與剪切率之間的關係是流變學 (rheology) 的一部分。圖 3.2 顯示流體流變行為的一些例子。

圖中的曲線顯示在定溫及定壓下,剪應力對剪切率的關係。曲線 A 所表示的是最簡單的行為,它是一條通過原點的直線。遵循這種簡單線性的流體稱為牛頓流體。氣體與大多數的液體均為牛頓流體。圖 3.2 的其它曲線所代表的則是非牛頓流體的流變行為。某些液體,例如污水泥漿,起初並不流動。當剪應力大於臨界剪應力 τ_0 時,則呈線性流動或近似如此。曲線 B 就是這種關係。具有這種行為的液體稱為**賓漢塑膠** (Bingham plastics)。曲線 C 代表**擬塑膠流體** (pseudoplastic fluid),此曲線通過原點,在低剪力時,曲線向下凹,而在高剪力時變成線性。乳膠就是這種流體。曲線 D 表示**膨脹性流體** (dilatant fluid),低剪力時,曲線向上凹,高剪力時,則幾乎成了線性。流砂和一些填砂的乳膠體具有這種行為。擬塑膠又稱為**剪切率漸薄** (shear rate-thinning) 流體,而膨脹性流體又稱為**剪切率漸厚** (shear rate-thickening) 流體。

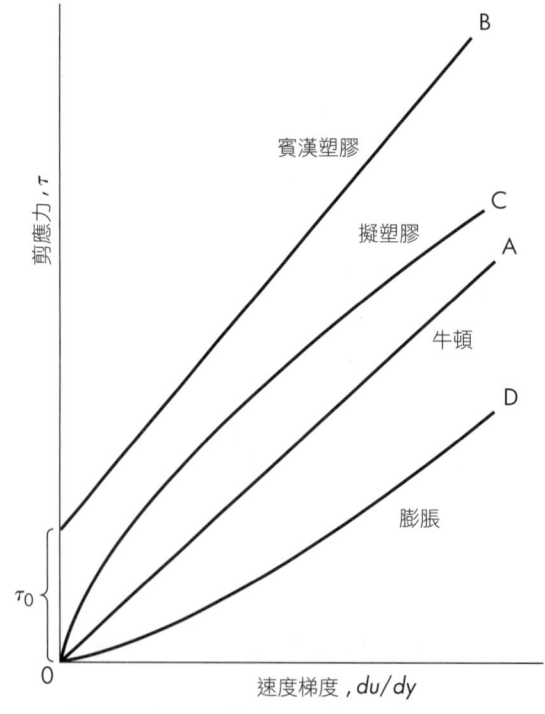

▲ 圖 3.2 牛頓與非牛頓流體之剪應力對速度梯度的關係

與時間有關的流動

圖 3.2 中,並無任何曲線是與流體的過去有關,對一已知的物質而言,不論施加多久的剪應力,均顯現相同的行為。而對某些非牛頓流體而言,並非如此,亦即剪應力對剪率的關係曲線依剪力作用的時間長短而定。**觸變性** (thixotropic) 液體受連續的剪力下斷裂,在一定的剪切率下,將該液體混合可得較小的剪應力;亦即其視黏度 (apparent viscosity) 隨時間而降低。**流凝性** (rheopectic) 物質呈現相反的行為,剪應力隨時間而增加,視黏度亦如此。通常靜置後可恢復原結構與視黏度。

流體流變的特性歸納於表 3.1。

黏彈性流體 黏彈性流體 (viscoelastic fluids) 顯示黏性與彈性的性質。將流動時產生的變形彈性回復,但通常只有部分變形在移除應力時才被回復。例如麵粉糰以及某些高分子融熔體。

黏度

在牛頓流體中,剪應力與剪切率成正比,其比例常數稱為黏度 (viscosity)[†]。

$$\tau_v = \mu \frac{du}{dy} \tag{3.3}$$

在 SI 單位,τ_v 是以每平方米的牛頓數 (N/m^2) 量測,而 μ 是以每米 - 秒的仟克數 (kg/m·s) 或 pascal- 秒 (Pa·s) 量測。在 cgs 系統中,黏度以每厘米 - 秒的克數

▼ 表 3.1 流體的流變特性

名稱	增加剪切率的影響	是否與時間有關	例子[2]
擬塑膠	變薄	無	高分子溶液、澱粉懸浮液、蛋黃醬、塗料
趨流性流體	變薄	有	某些高分子溶液、奶油、某些塗料
牛頓	無關	無	氣體、大多數簡單液體
膨脹	增稠	無	玉米粉 - 糖溶液、濕沙灘砂、水中澱粉
流膠	增稠	有	膠質狀黏土懸浮液、石膏懸浮液

[†] 有些教科書在 (3.3) 式的右側加上負號。

(g/cm·s) 表示，此單位稱為泊 (poise, P)。由於大多數流體的黏度遠小於 1 Pa·s，所以一般黏度數據是以 millipascal·秒 (mpa·s) 或厘泊 (centipoises, cP = 0.01 P = 1 mPa·s) 表示。

在 fps 單位，黏度採用牛頓定律的轉換因數 g_c 來定義。μ 的單位是每呎 - 秒的磅數 (lb/ft·s) 或每呎 - 小時的磅數 (lb/ft·h)，其定義為

$$\tau_v = \frac{\mu}{g_c} \frac{du}{dy} \tag{3.4}$$

表 3.2 列出不同系統的轉換因數 (conversion factor)。

黏度與動量通量

雖然 (3.3) 式可定義流體的黏度，但黏度亦可用動量通量來解釋。距離壁面上方很近的移動流體具有某些動量，而緊臨壁面的流體其速度為零且無動量。移動流體由位於其上方的快速移動層取得動量，此快速移動層又由其上方層取得動量，等等。每一層由其上方層拖曳。因此，x- 方向的動量沿 $-y$ 方向傳遞，一直到 $u = 0$ 的壁面，因為壁面不會移動，動量傳遞至壁面如同剪力，此剪力稱為壁剪力 (wall shear)。壁面上的剪應力 (單位面積的剪力) 以 τ_w 表示。

動量由高流速區傳遞至低流速區，如同熱由高溫流向低溫。單位面積動量傳遞率，或**動量通量** (momentum flux) 取決於速度梯度 du/dy。因此，(3.3) 式指出與流體流動方向垂直的動量通量正比於速度梯度，而以黏度為比例常數。速度梯度可視為動量傳遞的「驅動力」。動量通量的單位與 t 的單位相同，是 (kg·m/s)/m²·s 或 kg/m·s²，因為 1 N/m² 等於 1 kg/m·s²。

動量傳遞與由溫度梯度產生的熱傳導類似，熱通量與溫度梯度之間的比例常數稱為**導熱係數** (thermal conductivity)，此由第 10 章的 Fourier 定律可知。在層流中，由於速度梯度，動量藉黏稠運動而傳遞，黏度可視為動量傳遞中產生的傳導率 (conductivity)。動量傳遞亦類似於以分子擴散傳遞物質，而分子擴散中的比例因數為質量的**擴散率** (diffusivity)。這個總結於第 17 章的 Fick 定律。

▼ 表 3.2　黏度的轉換因數

Pa·s	P	cP	lb/ft·s	lb/ft·h
1	10	1,000	0.672	2,420
0.1	1	100	0.0672	242
10^{-3}	0.01	1	6.72×10^{-4}	2.42

氣體和液體的黏度

氣體的動量會藉著分子的運動,行徑相當長的距離自高速區域移往低速區。黏度與分子的平均動量有關,而平均動量與分子量乘以平均速度成正比。因為速度與 $(T/M)^{1/2}$ 成正比,所以黏度與 $(MT)^{1/2}$ 成正比。黏度亦與**平均自由徑** (mean free path) 有關,當分子的大小增加時,平均自由徑就減小。對於無交互作用的分子的簡單理論為 [9a]

$$\mu = 0.00267 \frac{(MT)^{1/2}}{\sigma^2} \tag{3.5}$$

其中　μ = 黏度,cP
　　　M = 分子量
　　　T = 絕對溫度,K
　　　σ = 分子直徑,Å

注意,分子量的預估影響是很小的,因為在分子的 $M^{1/2}$ 項幾乎與分母中的 σ^2 抵消。利用 (3.5) 式來估計黏度,其平均誤差約為 20%。

對於氣體黏度的嚴格理論中,在 (3.5) 式的分母包含碰撞積分 (collision integral) Ω_v 以符合碰撞分子間具有交互作用。不同的方法來計算 Ωv 可以參考 Reid。[9] 預估氣體黏度的平均誤差為 2% 到 3%。預估氣體混合物的黏度較為困難,一般誤差在 6% 到 10%。在室溫,氣體黏度通常介於 0.005 與 0.02 cP 之間。氣體黏度與分子量無簡單關聯。在 20°C,空氣的黏度為 0.018 cP,氫為 0.009 cP,苯蒸氣為 0.007 cP。其它物質的黏度請參考附錄 8。

氣體黏度隨溫度增加的值,比用簡單動力理論所預估的稍微快速。近似計算式為:

$$\frac{\mu}{\mu_0} = \left(\frac{T}{273}\right)^n \tag{3.6}$$

其中　μ = 在絕對溫度 (K),K 的黏度
　　　μ_0 = 在 0°C (273 K) 的黏度
　　　n = 特定氣體的常數

指數 n 的值,對空氣而言約為 0.65,二氧化碳為 0.9,正丁烷為 0.8,水蒸氣為 1.0。

在理想氣體定律適用的區域內,氣體的黏度幾乎與壓力無關。氣體密度增

加使得穿過單位面積的分子通量增加，但被平均自由徑減小所抵消。在非常高的壓力下，特別是在臨界點附近，氣體黏度隨壓力增加而增加。[9b]

液體的黏度 在相同溫度下，液體的黏度遠大於氣體的黏度，而並無簡單的理論來預測液體的黏度。在碰撞期間，分子在液體內移動非常短的距離，且大部分動量傳遞的發生是在速度梯度下分子滑過彼此。液體黏度通常隨分子量增加而增加而隨溫度的增加而快速減小。溫度改變的主要影響並非來自平均速度的增加，如同在氣體，是來自液體的稍微膨脹，這使得分子較易彼此滑過。例如，水的黏度由 0°C 的 1.79 cP 下降到 100°C 的 0.28 cP，有 6.4 倍的改變，而分子平均速度僅增加 $(373/273)^{0.5}$ 倍，亦即增加 1.17 倍。

黏度是溫度的非線性函數，但對於溫度在正常沸點之下，下式是一個良好的近似公式 [9]

$$\ln \mu = A + B/T \tag{3.7}$$

液體的絕對黏度其變化的幅度相當大，對於接近沸點的液體，黏度大約是 0.1 cP，而熔融高分子的黏度則為 10^6 P。大多數極黏物質均為非牛頓流體，不具有單一黏度且與剪切率無關。

動黏度 絕對黏度與流體密度的比值 μ/ρ 通常很有用。此性質稱為**動黏度** (kinematic viscosity)，記做 ν。在 SI 系統，ν 的單位是每秒平方米 (m^2/s)。在 cgs 系統中，動黏度稱為史托克 (stoke, St)，定義為 1 cm^2/s。fps 單位是每秒平方呎 (ft^2/s)。轉換因數為

$$1 \ m^2/s = 10^4 \ St = 10.7639 \ ft^2/s$$

對於液體而言，動黏度隨著溫度的變化範圍比絕對黏度稍為窄小。對於氣體而言，當溫度增加時，動黏度比絕對黏度增加得快。

非牛頓流體的剪切率對剪應力

於圖 3.2 中，曲線 B 代表的是賓漢塑膠，其所遵循的流變方程式 (rheological equation) 為

$$\tau_v = \tau_0 + K \frac{du}{dy} \tag{3.8}$$

▼ 表 3.3 擬塑膠流體的流動性質指標[2]

流體	n'	$K' \times 10^{-3}$
1.5% 羧甲纖維素溶於水中	0.554	3.13
3.0% 羧甲纖維素溶於水中	0.566	9.31
4.0% 紙漿溶於水中	0.575	20.02
14.3% 石灰溶於水中	0.350	0.173
25% 石灰溶於水中	0.185	1.59
蘋果醬	0.645	0.500
香蕉泥	0.458	6.51
濃縮番茄醬	0.59	0.2226

其中 K 為常數。在剪切率的某些範圍，膨脹性流體與擬塑膠流體常遵循冪次定律 (power law)，因此也稱為**奧斯瓦－德沃爾** (Ostwald–de Waele) 方程式

$$\tau_v = K' \left(\frac{du}{dy}\right)^{n'} \tag{3.9}$$

其中 K' 與 n' 均為常數，分別稱為**流動稠度指標** (flow consistency index) 與**流動行為指標** (flow behavior index)。這種流體稱為**冪律流體** (power law fluids)。對擬塑膠 (曲線 C) 而言，$n' < 1$，而對膨脹性流體 (曲線 D) 而言，$n' > 1$。顯然對牛頓流體而言，$n' = 1$。表 3.3 列出一些擬塑膠流體的 n' 與 K' 的值。

亂流

人們早就知道，流體可用兩種不同的方式通過管子或渠道 (conduit)。在低流率時，流體的壓力降隨流速的增加而增加；在高流率時，壓力降迅速增加，大約是速度的平方。這兩種類型的流動之間的區別首先是由雷諾 (Osborne Reynolds) 於 1883 年在一經典的實驗中證實。[10] 將一水平玻璃管浸在玻璃壁的水槽中，玻璃管入口呈喇叭出口處設一排水閥，打開閥，可控制水在玻璃管中的流速。水槽上方有一燒瓶可將細絲狀染有顏色的水，注入玻璃管入口處的流域中。雷諾發現，在低流率時，注入的染色水並未變動而是沿著主流流動，且無交叉混合發生。色帶的行為，顯示出水的流動是平行直線且流動是層流。當流率增加到**臨界速度** (critical velocity) 時，色線變成波浪狀且逐漸消失，直到染料均勻散布到水域的整個截面。這種染色水的行為顯示水不再以層流運動，而是以交叉流與渦流的形式不規則的移動，這種運動形式稱為**亂流** (turbulent flow)。

雷諾數與由層流過渡到亂流

雷諾研究出由一種形式的流動轉變成另一種形式的流動所需的條件，發現

從層流轉變為亂流的臨界速度與四種量：管徑、液體的黏度、密度、平均線性速度有關。此外，他發現這四個因數可結合成一群組 (group)，而流動種類的改變取決於群組的特定值。所發現的變數群組是

$$\mathrm{Re} = \frac{D\bar{V}\rho}{\mu} = \frac{D\bar{V}}{\nu} \tag{3.10}$$

其中　　D = 管徑
　　　　$\bar{V}$ = 液體的平均速度 [(4.11) 式]
　　　　μ = 液體的黏度
　　　　ρ = 液體的密度
　　　　ν = 液體的動黏度

由 (3.10) 式定義的變數無因次群，稱為**雷諾數** (Reynolds number) Re。它是附錄 2 中命名的無因次群之一。只要單位一致，雷諾數的值與使用的單位無關。

進一步的觀察可知，由層流轉變成亂流確實可以發生在雷諾數較廣的範圍之內。在管內，雷諾數低於 2,100 時流動始終是層流，若將管子入口處所有干擾去除，則圓管內雷諾數高於 2,100 時，仍可維持層流。[1] 若層流在高雷諾數時受到擾動，例如速度起伏，流動立刻變成亂流。在此情況下擾動因而擴大，然而，雷諾數低於 2,100 時，所有的擾動變得低沈，流動仍是層流。在某些流率，擾動既不低沈也不擴大，此時流動稱為中性穩定。一般管子內的流動，雷諾數大約高於 4,000 則是亂流。介於 2,100 與 4,000 之間為**過渡區** (transition region)，其流動是層流或亂流，取決於管子入口的狀況與入口處的距離。

非牛頓流體的雷諾數

因為非牛頓流體的黏度並非與剪切率無關的單一值，所以不能使用 (3.10) 式的雷諾數。這種流體的雷諾數定義有點隨意；對於冪律 (power law) 流體，廣泛使用的雷諾數定義為

$$\mathrm{Re}_n = 2^{3-n'}\left(\frac{n'}{3n'+1}\right)^{n'}\frac{D^{n'}\rho\bar{V}^{2-n'}}{K'} \tag{3.11}$$

這種稍微複雜的定義其基礎將於第 125 頁討論。$n' < 1$ 的擬塑膠流體，當雷諾數高於 2,100 時，開始發生亂流。

亂流的本質

由於在許多工程的分支，亂流具有重要性，所以近年來對亂流已有大量的研究，並且在這個主題上累積了許多文獻。[1,3] 使用改良的量測方法，詳細理解在亂流中渦流 (eddy) 的實際速度起伏，此種量測的結果，已經在定性及定量上清楚的顯示亂流的本質。

除了流體流經管子可產生亂流外，亦可由其它方式產生亂流。通常，流動的流域與固體邊界接觸可形成亂流，或由不同流速的兩層流體之間的接觸而造成。第一種亂流稱為**壁面亂流** (wall turbulence)，第二種是**自由亂流** (free turbulence)。當流體流經密閉或開放的渠道或經過浸在流域中的固體時，會出現壁面亂流。在停滯的流體中注入流體或當邊界層由固體壁面分離且流入大量流體時，會出現自由亂流。自由亂流在混合方面尤其重要，它是第 9 章的主題。

亂流是由共存於流域中的各種不同大小的渦流所組成。大渦流不斷地形成，它們分解成小渦流後，轉而形成更小的渦流，一直到最後，最小的渦流消失。在一已知時間和一已知體積，渦流的大小散布廣闊。最大渦流的大小相當於最小亂流的尺寸，而最小渦流的直徑為 10 到 100 μm。比這個更小的渦流則立刻會被黏稠剪力破壞。在渦流內的流動為層流。因為即使是最小的渦流也會有大約 10^{12} 個分子，所以所有的渦流是巨觀的大小，而亂流不是分子現象。

任何渦流都具有一定量的機械能，極似旋轉的小陀螺 (spinning top)。最大渦流的能量是由流體大量流動的位能所提供。由能量的觀點，亂流是一種傳遞程序，亦即由大量流動形成的大渦流，經過一連串較小的渦流將其旋轉能予以傳遞。當大渦流拆散成小渦流時，機械能轉換為熱能並不顯著，而幾乎是定量的轉換到最小渦流，當最小渦流因黏稠作用而消失時，機械能最後轉換成熱能，由黏稠作用造成的能量轉換稱為**黏稠損耗** (viscous dissipation)。

亂流中的偏差速度

圖 3.3 顯示在亂流場中的一所予點其瞬間速度變化的典型圖形。此速度事實上是真實速度向量的單一分量，所有真實速度的三個分量在大小和方向均快速變化。此外，在同一點的瞬間壓力也會隨著速度的波動而同時快速流動。示波器 (oscillograph) 所顯示的這些波動提供了近代亂流理論所依據的基本實驗數據。

雖然亂流起初看起來似乎是無組織且隨機性，但如圖 3.3 由示波器所研究的結果[14]可知實際上並非完全如此。這種波動雖然束縛在固定範圍內，但其隨機

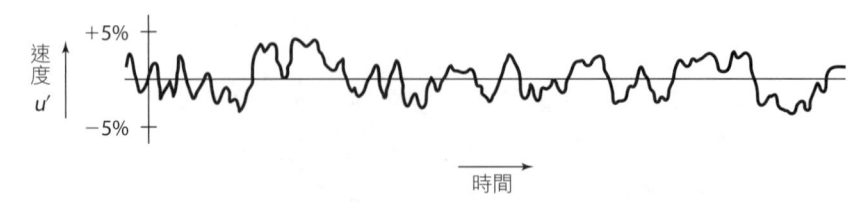

▲ 圖 3.3 亂流中的速度波動。百分率是以恆定速度為依據 [取自 F. L. Wattendorf and A.M. Kuethe, Physics, ^{5}:153 (1934).]

性和不可預測性驗證了某些數學混沌 (chaotic) 非線性函數的行為。[6] 亂流的定量特性描述，通常可由頻率分布的統計分析來完成。

一已知點的瞬間局部速度可由具有快速振動能力的雷射－都卜勒風速計 (laser-Doppler anemometers) 量測。局部速度的分析是將總瞬間速度的每一分量分成兩部分：其中之一是固定部分是取流域流動方向中分量的時間平均或均值；另一部分稱為**偏差速度** (deviating velocity) 是平均值附近速度分量的瞬間波動。淨速度可用普通的流量計予以量測，例如，皮托管 (pitot tube)，不過由於皮托管反應慢而無法追隨快速變化的波動速度。速度分量的分開可依下列方法予以形式化。令瞬間速度在 x、y、z 軸的三個分量 (直角座標) 分別為 u_i，v_i，w_i。假設流域流動的方向是 x 軸，而 y 軸與 z 軸的速度分量 v_i 與 w_i 均垂直於整體流動的方向，則偏差速度定義為

$$u_i = u + u' \qquad v_i = v' \qquad w_i = w' \tag{3.12}$$

其中　　u_i，v_i，w_i = 分別為瞬間總速度在 x、y、z 方向的分量
　　　　　　u = 流域在 x 方向的恆定淨速度
　　u'，v'，w' = 分別為 x、y、z 方向的偏差速度

(3.12) 式中，略去 v 與 w 項，此乃因在一維的流動，y 軸與 z 軸的方向並無淨流，所以 v 與 w 均為零。

偏差速度 u'、v'、w' 的波動均以零為其平均。圖 3.3 事實上是偏差速度 u' 的圖形；但是，只要在此座標上到處均增加定值 u，則瞬間速度 u_i 的圖形將具有與此圖形相同的外觀。

對於壓力，

$$p_i = p + p' \tag{3.13}$$

其中　　p_i = 可變的局部壓力
　　　　 p = 由普通的壓力計或錶壓所量測的恆定平均壓力
　　　　p' = 由渦流引起的壓力的波動部分

因為波動的隨機本質，所以在 t_0 (秒) 的時間間隔內，取速度與壓力的波動分量的平均值，其值為零。因此

$$\frac{1}{t_0}\int_0^{t_0} u'\,dt = 0 \qquad \frac{1}{t_0}\int_0^{t_0} w'\,dt = 0$$

$$\frac{1}{t_0}\int_0^{t_0} v'\,dt = 0 \qquad \frac{1}{t_0}\int_0^{t_0} p'\,dt = 0 \qquad (3.14)$$

此平均值為零的原因是由於對每一波動的正值而言，存在相等的負值，因此代數和為零。

雖然波動分量本身的時間平均值為零，但此性質對其它函數或這些分量的組合並不一定為真。例如，任何一個這些速度分量的均方 (mean square) 其時間平均值並不為零。分量 u' 的均方定義為

$$\frac{1}{t_0}\int_0^{t_0} (u')^2\,dt = \overline{(u')^2} \qquad (3.15)$$

由於 u' 是從正值與負值中選取，當平方後產生正的乘積，所以均方並不為零。因此 $\overline{(u')^2}$ 恆為正且僅當亂流不存在時其值為零。層流中並無渦流；且不存在偏差速度和壓力波動；在流動方向的總速度 u_i 為定值且等於 u；而 v_i 和 w_i 均為零。

亂流的統計性質

在單一點偏差速度的分析，顯示速度的值與該值出現的頻率有關，頻率與值之間的關係式為高斯形式，因此遵循完全隨機統計量的誤差曲線特性。此結果將亂流建立成統計現象，而最成功處理亂流的方式是基於其統計性質。[3]

在不同位置以及不同時間範圍內，量測 u'、v'、w'，可得兩種數據：(1) 可測得在單一點的三種偏差速度分量，且均為時間的函數；(2) 可測得在不同位置，相同時間內單一偏差速度 (例如，u') 的值。圖 3.4 說明在相距垂直距離為 y 的兩點，同時量測其 u' 值。在不同的 y 值所取的數據，顯示兩點間速度的關係是由 y 值很小時的非常密切到 y 值很大時的完全無關。這是可以預期的，因為當量測點間的距離小於一個渦流的大小時，此時是在單一渦流中量測，而不同兩點的偏差速度彼此間有強烈的關聯性。這表示當某一點速度的方向或大小改變時，則另一點的速度亦進行相同的改變 (或相反的改變)。對於相距較遠的兩點，則在分離的渦流上量測，而彼此間並無關聯性。

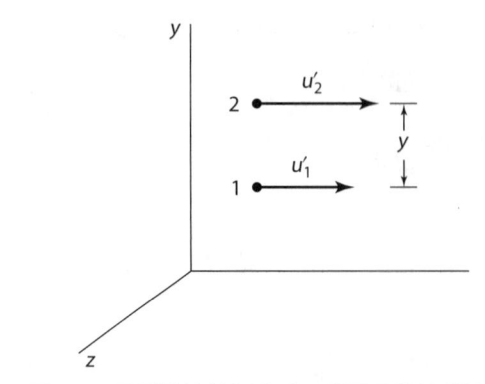

▲ 圖 3.4　量測亂流的標度時，所顯示的波動速度分量

當在同一點量測偏差速度的三個分量時，通常發現其中任何二個是有相互關聯的，若其中一個有改變，則其它二個亦會改變。

這些現象可由定義關聯係數 (correlation coefficient) 予以量化。[5] 一種對應於圖 3.4 所示的情況，其關聯係數定義為：

$$R_{u'} = \frac{\overline{u'_1 u'_2}}{\sqrt{\overline{(u'_1)^2}\ \overline{(u'_2)^2}}} \tag{3.16}$$

其中 u'_1 與 u'_2 分別為 u' 在點 1 與點 2 的值。另一種應用在單一點的關聯係數，則定義為

$$R_{u'v'} = \frac{\overline{u'v'}}{\sqrt{\overline{(u')^2}\ \overline{(v')^2}}} \tag{3.17}$$

其中 u' 與 v' 是在同時、同點量測的。

亂流的強度和標度

亂流場的特性可由兩個平均參數予以描述。第一種參數是量測場的強度，此強度是指渦流的轉速和在特定大小的渦流內所含的能量。第二種參數是量測渦流的大小。強度是以速度分量的均方根 (root mean square) 量測。它通常是以平均速度的百分率或以

$$100\sqrt{\overline{(u')^2}}/u$$

來表示。在柵欄下方產生的亂流，亂流場的強度可達 5% 到 10%。而在無障礙的流動，其強度較小，介於 0.5% 到 2%。對每一個速度分量而言，均有不同的強度。

亂流的標度是基於如 $R_{u'}$ 的關聯係數，而 $R_{u'}$ 是以介於兩點間的距離的函數來量測。若 y 的函數 $R_{u'}$ 為已知，則在 y 方向，渦流的標度 L_y 可由下列積分式計算而得

$$L_y = \int_0^\infty R_{u'} \, dy \tag{3.18}$$

每一方向通常會有不同的 L_y 值，依定義中所選取的速度分量而定。對於以 12 m/s 在管內流動的空氣而言，標度約為 10 mm，這是管內渦流的平均大小的量度。

等向性的亂流

雖然關聯係數通常與速度分量的選取有關，但在某些情況未必是如此，亦即對一已知點而言，均方根分量在任何方向皆相等。在此情況下的亂流稱為等向性 (isotropic)，也就是

$$\overline{(u')^2} = \overline{(v')^2} = \overline{(w')^2}$$

幾乎是等向性的亂流都存在於無速度梯度的地方。例如在管子的中心線或超過邊界層的外緣。幾乎是等向性的亂流也會出現在置有柵欄的流動流體的下游。接近邊界的亂流是異向性 (anisotropic)，產生異向性主要是有較大的渦流。在小渦流中，尤其是因黏稠作用而幾乎消失的小渦流，實際上是等向性的。

雷諾應力

亂流具有的剪力遠大於層流，且亂流跨過的剪力平面亦具有速度梯度。在異向性的亂流，亂流剪力的機制與偏差速度有關。亂流剪應力稱為**雷諾應力** (Reynolds stresses)。它們是由 (3.17) 式所定義的關聯係數 $R_{u'v'}$ 予以量測。

使用動量原理可將雷諾應力與偏差速度的關聯性形成關係式。考慮亂流中的流體，朝著正 x 方向移動，如圖 3.5 所示。平面 S 與流動平行。平面的瞬間速度為 u_i，而平均速度為 u。假設 u 隨 y 而遞增，以垂直於 S 層的方向為正方向，使得速度梯度 du/dy 為正。具有負值 v' 的渦流朝向壁面移動，此移動表示一質量流率 $\rho(-v')$ 進入平面 S 下方的流體，在 x 方向的渦流速度為 u_i 或 $u + u'$；如果每一渦流越過平面 S 後，速度減為平均速度 u，則每單位面積的動量傳遞率為 $\rho(-v')u'$。將所有渦流的動量通量予以時間平均後，可得亂流剪應力或雷諾應力如下：

▲ 圖 3.5　雷諾應力

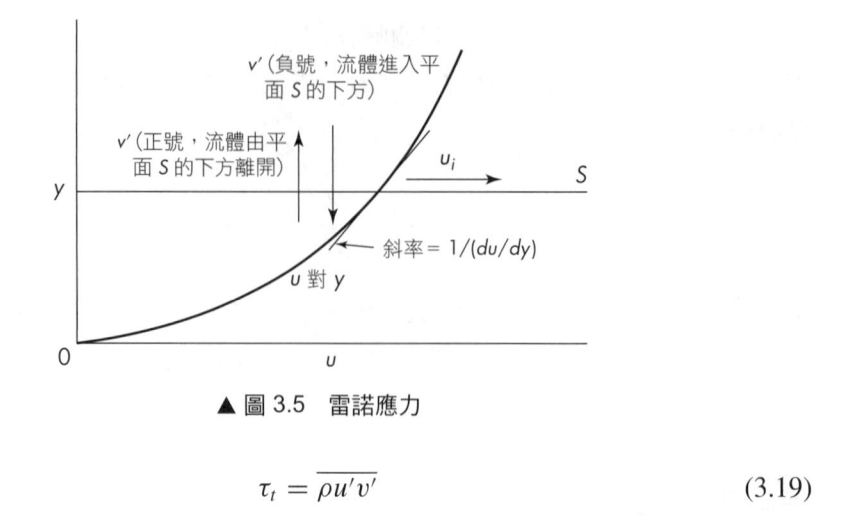

$$\tau_t = \overline{\rho u' v'} \tag{3.19}$$

渦流黏度

與 (3.4) 式類似，利用亂流中剪應力與速度梯度的關係來定義渦流黏度 (eddy viscosity) E_v：

$$\tau_t = E_v \frac{du}{dy} \tag{3.20}$$

E_v 與絕對黏度 μ 類似。此外，ε_M 與動黏度 ν 類似，ε_M 稱為動量的**渦流擴散率** (eddy diffusivity of momentum)，定義為 $\varepsilon_M = E_v / \rho$。

亂流流體中的總剪應力是黏性應力與亂流應力的和，或

$$\tau = (\mu + E_v) \frac{du}{dy} \tag{3.21}$$

$$\tau = (\nu + \varepsilon_M) \frac{d(\rho u)}{dy} \tag{3.22}$$

雖然 E_v 與 ε_M 分別類似於 μ 與 ν，這些量是剪應力與速度梯度之間的關係式的係數，但是介於這兩種量之間仍有基本上的差異。黏度 μ 與 ν 為流體的真實性質，且為無數個分子的平均運動與平均動量的巨觀結果。渦流黏度 E_v 與渦流擴散率 ε_M，不僅僅是流體的性質，而且與流體的速度及系統的幾何形狀有關。它們是影響亂流的細部形態以及偏差速度之所有因數的函數。它們對於亂流場中的位置以及亂流的標度與強度的局部值均特別敏感。黏度可以用流體單獨的樣品來測定且列入物理性質的表或圖內，如附錄 8 和 9 所示。渦流黏度及擴散率必須對流動本身以實驗測得 (這有困難，只能靠特殊儀器)。

邊界層

邊界層內的流動

邊界層定義為流動流體中受到固體邊界影響的部分。考慮一與薄板平行的流體流動作為形成邊界層的例子，如圖 3.6 所示。在平板前端上游的流體，橫跨整個流域其速度是均勻的。在固體與流體的界面，流體的速度為零。離開平板的距離越遠，速度越快，如圖 3.6 所示。每一曲線均對應明確的 x 值，而 x 是指與平板前端之間的距離，在接近平板處，曲線的斜率改變很快；此外局部速度以漸近 (asymptotic) 的方式接近流域的整體速度。

圖 3.6 中，所繪的虛線 OL 是使得速度變化僅侷限於 OL 線與壁面之間。因為速度線隨著離平板的距離呈漸近形式，為了找出虛線位置，我們假設 OL 線通過的點，其速度為整體流速 u_∞ 的 99%。OL 線代表一假想面劃分流域為兩部分：其中一部分其流速為定值；另一部分表示從速度為零的壁面變化到速度幾乎等於未受干擾的流體。此假想面將受平板直接影響的流體與具有恆定的局部速度的流體分開，而局部速度是指接近平板的流體之初速度。介於虛線與平板的區域或層，形成了邊界層。

不但在流體的流動，而且在熱傳 (第 12 章) 和質傳 (第 17 章) 方面，邊界層的形成與行為均有其重要性。

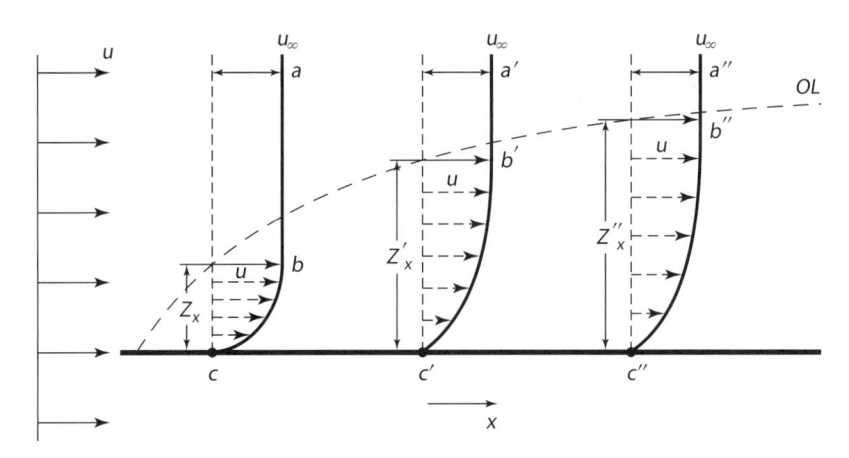

▲ 圖 3.6 Prandtl 邊界層：x，與前端的距離；u_∞，未受干擾之流域的速度；Z_x，在位置為 x 的邊界層厚度；u，局部速度；abc、$a'b'c'$、$a''b''c''$，為點 c、c'、c'' 的速度對板壁距離的分布曲線；OL，邊界層的外部界限 (垂直座標過於放大)

邊界層內的層流與亂流

　　流體在固體與流體的界面其速度為零,且靠近固體表面之流體的速度很小。在接近固體表面之邊界層的流動為層流,事實上,在大部分的時間,它是層流,但是渦流有時會從流動的主要部分或從邊界層的外部區域移動到壁面,對速度分布產生暫時性的干擾。這些渦流對於靠近壁面的平均速度分布影響較小,但當熱量或質量自壁面傳進或傳出時,渦流對溫度或濃度分布則具有較大的影響。這種影響對於在液體中的質傳尤其顯著。

　　遠離固體表面的流速,雖然比未受干擾的流體之流速小,但仍可能相當大,因此在邊界層的流動可能成為亂流。介於已發展完全 (fully developed) 的亂流和層流區域之間的地帶是具有中間特性的過渡或緩衝層。因此,亂流邊界層可視為由三個區域所組成:黏稠副層 (viscous sublayer)、緩衝層 (buffer layer)、亂流區 (turbulent zone)。完全黏稠副層的存在性遭受質疑,因為質傳的研究顯示某些渦流以各種方式穿過邊界層而到達壁面。

　　將平板浸置於均勻速度的流體中,平板前端附近的邊界層很薄,而在邊界層內的流動完全是層流。當遠離前端時,邊界層變厚,一直到有亂流出現的點。開始有亂流的特徵是邊界層的厚度突然快速增加,如圖 3.7 所示。

　　當邊界層內的流動為層流時,層的厚度 Z_x 隨著 $x^{0.5}$ 而增加,其中 x 為與平板前端的距離。[12] 亂流出現後不久,Z_x 隨 $x^{1.5}$ 增加,然後在亂流完全發展後,Z_x 則是以 $x^{0.8}$ 增加。

　　當空氣或水在適當速度下流動,起初,在邊界層完全為層流的部分,其厚度可達 2 mm,然而,一旦開始有亂流時,則邊界層的層流部分的厚度會大量減少,約變成 0.2 mm。

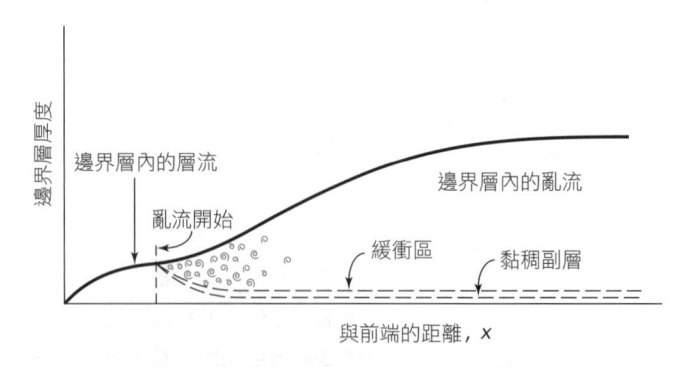

▲ 圖 3.7 平板上亂流邊界層的發展 (垂直座標過於放大)

由層流轉移至亂流；雷諾數　在層流邊界層中，開始出現亂流的因數，可由下列定義的無因次雷諾數方程式來決定

$$\text{Re}_x = \frac{x u_\infty \rho}{\mu} \tag{3.23}$$

其中　　$x =$ 與平板前端的距離
　　　　$u_\infty =$ 整體流速
　　　　$\rho =$ 流體的密度
　　　　$\mu =$ 流體的黏度

沿著平板的平行流動，在臨界雷諾數介於 10^5 與 3×10^6 之間開始出現亂流。當平板粗糙且在流域中的亂流強度高時，在較低的雷諾數會有過渡區的出現，而當平板平滑且在流域中的亂流強度低時，在較高的雷諾數會產生過渡區。

直管內邊界層的形成

考慮一薄壁直管，流體以均勻速度進入管中。如圖 3.8 所示，在管子入口處開始形成邊界層，且當流體流經管道的第一部分，邊界層增厚。在此階段，邊界層僅占有管子橫截面的一部分，而整個流域是由流體以恆速柱狀流的核心部分以及管壁與核心間的環狀邊界層所組成。在邊界層，速度由零 (管壁)，增加到恆定速度 (核心)。當流域再往管內移動，邊界層占據的截面部分增大。最後，在遠離入口的下游，邊界層到達管中心，而柱狀核心消失，邊界層占據流域的整個截面，此時管內速度分布達到其最終形態，此速度分布在管內的其餘部分均保持不變，如圖 3.8 最右邊的曲線所示。具有不變速度分布的這種流動，稱為**完全發展流動** (fully developed flow)。

層流與亂流的過渡長度　邊界層到達管子的中心且建立完全發展的流動，所需入口區域的管長，稱為**過渡長度** (transition length)。因為速度不但隨管長而變化，

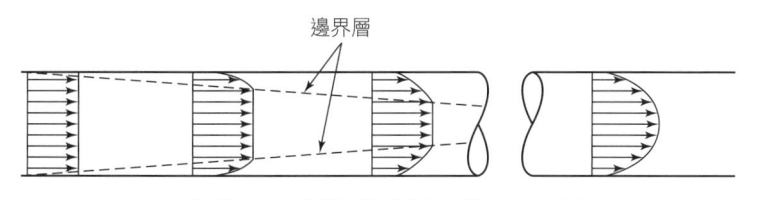

▲ 圖 3.8　管內流體流動時，邊界層的發展

也會隨著由管中心出發的徑向距離而改變，所以在入口區域的流動是二維的。對層流而言，完成最終速度分布所需的直管管長約為

$$\frac{x_t}{D} = 0.05 \text{ Re} \tag{3.24}$$

其中　　x_t = 過渡長度
　　　　D = 管子的直徑

(3.24) 式，最初是由 Nikuradse 提出，而由 Rothfus 和 Prengle 以實驗證實。[11] 由 (3.24) 式可知，內徑為 50 mm (2 in.) 的管子且雷諾數為 1,500，過渡長度為 3.75 m (12.3 ft)。如果流體進入管中為亂流，且在管中的速度超過臨界速度，則過渡長度幾乎與雷諾數無關，其長約為管徑的 40 至 50 倍。離入口處長度為管徑的 25 倍其速度分布與離入口處更遠距離的速度分布，兩者差異很小。

對於內徑為 50 mm 的管子，當流動均為亂流時，則對直管而言，過渡長度為 2 至 3m 即已足夠。若進入管中為層流，然後在管內變成亂流則需較長的過渡長度，大約是管徑的 100 倍。

邊界層分離與尾流的形成

前面的章節已經討論過邊界層的成長。現在考慮一淹沒的物體，當流體離開該固體表面，則在淹沒物體的遠處會有何種現象發生。

在平行於流動方向的平板尾端，平板兩側的邊界層已成長至最大厚度，當流體離開平板時，邊界層與速度梯度持續存在，但是，經過不久，梯度逐漸淡化，邊界層混合後即消失，流體又以均勻速度移動，如圖 3.9a 所示。

假設，現在將平板轉成與流動方向垂直的位置，如圖 3.9b 所示。流體流經上游面形成邊界層。當流體到達平板的邊緣，其動量阻止它沿著邊緣急轉彎，而是與平板分離後向外前進流入整體流體中。平板背面是強烈減速流體的回水區 (backwater zone)，在此區所形成的大渦流稱為**漩渦** (vortices)。此區稱為**尾流** (wake)。尾流中的渦流藉著尾流與分離流之間的剪應力保持運動。它們消耗相當大的機械能，而可能導致流體中大量的壓力損失。

邊界層分離的發生是由於流體的速度在大小或方向變化太大，而使得流體無法附著於固體表面。最常遇到的是在流動管道中有突然的改變，如突然擴大或收縮，急轉彎或流體流動中有阻礙。如第 5 章所討論的，分離也可能是由於平滑擴張管道中減速而造成的。因為尾流的形成會造成大量的能量損失，所以儘量要減少或防止邊界層分離。在某些情況下，這可由吸入流體來完成，亦即，

流動方向　　　　　　　　　　變化的速度　　　　　均勻的速度

均勻的速度

(a)

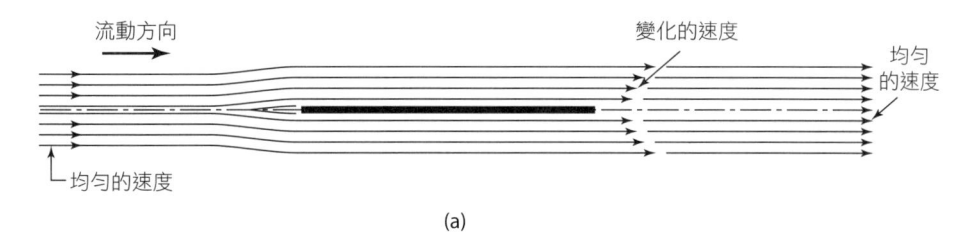

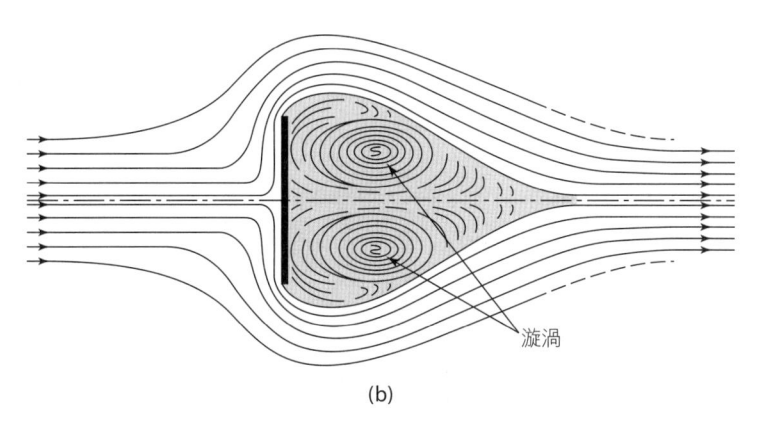

漩渦

(b)

▲ 圖 3.9　經過平板的流動：(a) 平行於平板的流動；(b) 垂直於平板的流動

抽取一部分流體注入可能發生分離的固體表面。但是，減少分離最常用的方法是避免急遽改變流動管道的截面積，而且將流體必須流過的任何物體予以流線化。為了某些目的，例如為了提升熱傳遞或流體的混合，邊界層分離是必要的。

■ 符號 ■

A ：面積，m² 或 ft²；A_s，剪力作用的面積；也是 (3.7) 式中的常數

B ：(3.7) 式中的常數

D ：直徑，m 或 ft

E_v ：渦流黏度，Pa·s 或 lb/ft·s，P

F_s ：剪力，N 或 lb_f

g_c ：牛頓定律的比例因數，32.174 ft·lb/lb_f·s²

K ：(3.8) 式中的常數

K' ：流動稠度指標，g/m·$s^{2-n'}$ 或 lb/ft·$s^{2-n'}$ [(3.9) 式]

L_y ：亂流的標度，m 或 ft

n ：(3.6) 式中的指數

n' ：流動行為指標，無因次 [(3.9) 式]

p ：壓力，N/m² 或 lb_f/ft²；p_i，可變的局部壓力；p'，波動壓力的分量

$R_{u'}, R_{u'v'}$ ：(3.16) 式與 (3.17) 式所定義的關聯係數

Re ：雷諾數，$DV\rho/\mu$；Re_n，用於非牛頓流體；$Re_{n,c}$，由層流轉換成亂流的臨界雷諾數值；Re_x，基於由平板前端算起至距離 x 處的雷諾數

T ：絕對溫度，K

t ：時間，s；t_0，平均時間間隔

u ：速度，m/s 或 ft/s；在 x 軸方向的速度分量；u_A, u_B，在平面 A、B 的速度；u_i，瞬時速度；u_∞，未受干擾的流體的整體速度；u'，偏差速度；u'_1, u'_2，在點 1、2 的偏差速度

$\bar{V}$ ：平均速度，m/s 或 ft/s

v, w ：分別在 y 和 z 方向的速度分量；v_i, w_i，瞬間值；v', w'，偏差速度

x ：與流動方向平行所測的距離，m 或 ft；x_t，過渡長度

y ：與壁面垂直的距離，m 或 ft；y_A, y_C，在平面 A、C

Z_x ：邊界層的厚度，m 或 ft

■ 希臘字母 ■

ε_M ：動量的渦流擴散率，m²/s 或 ft²/s

μ ：絕對黏度，Pa·s 或 lb/ft·s；μ_0，在 $T = 273$ K

ν ：動黏度 μ/ρ，m²/s 或 ft²/s

ρ ：密度，kg/m³ 或 lb/ft³

τ ：剪應力，N/m² 或 lb_f/ft²；τ_t，亂流剪應力；τ_v，層流剪應力；τ_w，壁面上的剪應力；τ_0，賓漢塑膠的門檻應力

Ω_v ：黏度的碰撞積分

■ 習題 ■

3.1. 對於下列各情況的穩態流，判斷為層流或亂流：(a) 10°C 的水以 2 m/s 的平均速度在管徑為 100 mm 之管子內流動；(b) 壓力為 2 atm 及 180°F 的空氣，以 50 ft/s 之速率在管徑為 12 in. 之輸送管流動；(c) 比重為 0.78，黏度為 20 cP 的油，以 5 ft/s 之速率流經 2 in. 的管子；(d) 密度為 900 kg/m³，黏度為 1 Pa·s 的熔融高分子流體以 0.2 m/s 之速率流經 15 mm 的管子。

3.2. 在一平板上，層流邊界層的厚度 Z_x 大約可由方程式 $Z_x = 5.5 \, [\mu x/(u_\infty \rho)]^{1/2}$ 求得。證明在過渡區到亂流的雷諾數是以此厚度替代 (3.23) 式中的 x，而此雷諾數與管子內流動的過渡雷諾數十分接近。

3.3. 利用附錄 8 的圖表，在 0 至 300°C 和 300 至 600°C 的範圍內，求一氧化碳與氫氣在 (3.6) 式中氣體黏度的 n 值。

3.4. (a) 100% 的甘油在 60°C 以 0.3 m/s 的速度流經管徑為 15 mm 的管子，估計入口的過渡長度。甘油的密度為 1,240 kg/m³。(b) 重複 (a) 部分的計算，100% 的正丙醇在 30°C 以 7 ft/s 的速度流經 3 in. 管子。正丙醇的密度為 50 lb/ft³。

3.5. (a) 有一容量為 2 L 的四衝程汽車引擎，轉速為 3,000 rpm，試求排氣管中廢氣的雷諾數。(b) 若觸媒轉化器的截面積為排氣管截面積的 4 倍，則轉化器的通道應為何才能使流體的流動變為層流？

3.6. 將水、己烷、100% 甘油之黏度，畫在半對數座標圖上，並且討論何者的黏度遵循 Arrhenius 關係式 ($\mu = Ae^{-E/RT}$)。

3.7. 畫出鹵素氣體在 20°C，適度壓力下，黏度對分子量的圖形。以類似方法畫出部分正烷烴類的黏度對分子量的圖形，並討論這些圖形所呈現的趨勢。

3.8. 空氣在 30°C，5 bars，流經一個 $\frac{1}{2}$ in.，40 號鋼管 (見附錄 3)。若空氣在標準溫度與壓力下 (0°C 與 1 atm) 其流率為 4.0 ft³/min，則流動可能是層流或亂流？

3.9. 經泵後的原油以 1.5 m/s 的速度流經直徑為 1 m 的管線。油的黏度高於何值才會是層流？將答案以 SI 單位和 cgs 單位表示。

3.10. 非牛頓液體在某一特定剪切率下的**視黏度** (apparent viscosity) 值係用一黏度計在該特定之剪切率下操作所測得。假若此液體為牛頓液體，則黏度計所顯示之值即為黏度。(a) 計算 4% 的紙漿水懸浮液在剪切率 du/dy 分別為 10 s⁻¹ 與 1,000 s⁻¹ 時的視黏度。(b) 計算 25% 的黏土 (clay) 懸浮液在上述剪切率時的視黏度。

3.11. 溫度為 100°C，壓力為 3 atm 的空氣以 1.0 m/s 的速度在一管徑為 1.5 cm 的管中流動。計算的結果顯示氣流為層流，其雷諾數非常接近臨界值。試問氣流是否會變成亂流，如果 (a) 溫度增加到 200°C？(b) 管徑的大小增加為 2.0 cm？(c) 壓力增加到 5 atm？假設莫耳流 (molar flow) 是定值。

3.12. 一直徑為 15 cm 的垂直圓柱以同心的方式置入一直徑為 15.8 cm 的圓柱內，兩圓柱之間的空隙以黏度為 0.21 Pa·s 的油充填著。假若內圓柱以 30 rpm 的速度旋轉，試問對發生在外圓柱的剪切率 (shear rate) 與剪應力 (shear stress) 為多少？

參考文獻

1. Garde, R. J. *Turbulent Flow*. New York: Wiley, 1994.
2. Geankoplis, C. J. *Transport Processes and Unit Operations*. 3d ed. Englewood Cliffs, NJ: Prentice-Hall, 1993, pp. 155-157.
3. Hinze, J. O. *Turbulence*. 2d ed. New York: McGraw-Hill, 1975.
4. Kirchhoff, R. H. *Potential Flows*: *Computer Graphic Solutions*. New York: Marcel Dekker, 1985.
5. Knudsen, J. G., and D. L. Katz. *Fluid Dynamics and Heat Transfer*. New York: McGraw-Hill, 1958, pp. 115-120.
6. Langford, W. F. *Chaos, Fractals and Dynamics*. eds. P. Fischer and W. R. Smith. New York: Marcel Dekker, 1985, pp. 94-95.
7. Perry, R. H., and D. W. Green, eds. Perry's *Chemical Engineers' Handbook*. 7th ed. New York: McGraw-Hill, 1997, p. **2**-320.
8. Prandtl, L. *Proc. 3rd Int. Math. Congress*, 1904.
9. Reid, R. C., J. M. Prausnitz, and B. E. Poling. *The Properties of Gases and Liquids*. 4th ed. New York: McGraw-Hill, 1987, (*a*) p. 391, (*b*) p. 417.
10. Reynolds, O. *Phil. Trans. Royal Soc.*, London, Ser. A: 174 (1883).
11. Rothfus, R. R., and R. S. Prengle. *Ind. Eng. Chem.* 44:1683 (1952).
12. Schlichting, H. *Boundary Layer Theory*. 7th ed. New York: McGraw-Hill, 1979, p. 42.
13. Streeter, V. L., and E. B. Wylie. *Fluid Mechanics*. 8th ed. New York: McGraw-Hill, 1985.
14. Wattendorf, F. L., and A. M. Kuethe. *Physics* **5**:153 (1934).

CHAPTER 4

流體流動的基本方程式

在流體力學的應用中,最有用的方程式其原理是基於質量均衡,或連續方程式;線性動量和角動量均衡;以及機械能均衡。這些方程式可以寫成微分形式,以顯示流體體積單元中某一點的狀況,或寫成積分形式,以應用到有限流體的體積或質量。

微分方程式與殼均衡

將微分方程式積分是解工程問題的一種有用的方法。在某些簡單的情況可用數學積分,但更多的情況是以電腦來計算數值積分。採用不同方式的積分是必要的,舉例而言,在簡單的情況下,例如空氣在裝有擋板的大導管中穩定流動;或非常複雜的問題,例如,一高黏度非牛頓高分子熔融流體流經模具之暫態流動。

以巨觀殼均衡 (shell balance) 對某些已明確定義的系統推導出有用的方程式,此時流經整個系統邊界是以流經一微分體積元素取代,系統可小到如一短管或大到如整個加工廠。

本章將導出一些基本微分方程式,許多積分式是基於殼均衡產生的。更多微分方程式的用法可參閱應用力學與輸送程序的教科書。[1–3, 7]

流動流體的質量均衡;連續方程式

在流體的任何單元 (或在任何有界系統),質量均衡方程式只不過是

(輸入的質量流率) − (輸出的質量流率) = (質量累積率)

如圖 4.1 所示,對於固定在空間的小體積單元 $\Delta x\ \Delta y\ \Delta z$ 而言,其質量均衡可由下列所述的方法求得。密度為 ρ 的流體,在 x 方向 x 面的質量通量為 $(\rho u)_x$;在 $x + \Delta x$ 面之通量為 $(\rho u)_{x+\Delta x}$,其中 u 為流體在 x 方向的流速。**通量**

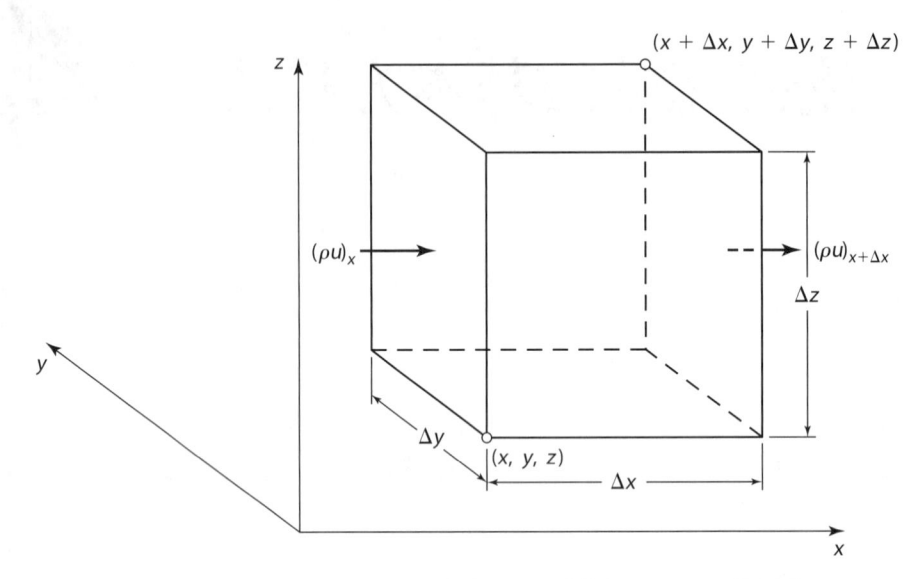

▲ 圖 4.1　流體流經固定於空間且體積為 $\Delta x\, \Delta y\, \Delta z$ 的區域

(flux) 定義為單位面積的流率；因此，在 x 方向進入面積為 $\Delta y\, \Delta z$ 的質量流率為 $(\rho u)_x\, \Delta y\, \Delta z$，而離開面積為 $\Delta y\, \Delta z$ 的質量流率為 $(\rho u)_{x+\Delta x}\, \Delta y\, \Delta z$。對於 y 和 z 方向，同樣可寫出類似的關係，其中 v 和 w 分別為 y 和 z 方向的流速。在體積單元內的質量累積率為 $\Delta x\, \Delta y\, \Delta z\, (\partial \rho / \partial t)$。因此，

$$[(\rho u)_x - (\rho u)_{x+\Delta x}]\, \Delta y\, \Delta z + [(\rho v)_y - (\rho v)_{y+\Delta y}]\, \Delta x\, \Delta z \\ + [(\rho w)_z - (\rho w)_{z+\Delta z}]\, \Delta x\, \Delta y = \Delta x\, \Delta y\, \Delta z\, \frac{\partial \rho}{\partial t} \tag{4.1}$$

將上式除以 $\Delta x\, \Delta y\, \Delta z$ 可得

$$\frac{(\rho u)_x - (\rho u)_{x+\Delta x}}{\Delta x} + \frac{(\rho v)_y - (\rho v)_{y+\Delta y}}{\Delta y} + \frac{(\rho w)_z - (\rho w)_{z+\Delta z}}{\Delta z} = \frac{\partial \rho}{\partial t} \tag{4.2}$$

取 Δx、Δy、Δz 趨近於零的極限，可得流體的質量守恆微分方程式

$$\frac{\partial \rho}{\partial t} = -\left[\frac{\partial (\rho u)}{\partial x} + \frac{\partial (\rho v)}{\partial y} + \frac{\partial (\rho w)}{\partial z}\right] = -(\nabla \cdot \rho \mathbf{V}) \tag{4.3}$$

方程式 (4.3) 亦稱為**連續方程式** (equation of continuity)。方程式右側的量 $\nabla \cdot \rho \mathbf{V}$ 表示質量速度向量 $\rho \mathbf{V}$ 的**散度** (divergence)。進行偏微分並重新整理可得

$$\frac{\partial \rho}{\partial t} + u\frac{\partial \rho}{\partial x} + v\frac{\partial \rho}{\partial y} + w\frac{\partial \rho}{\partial z} = -\rho\left(\frac{\partial u}{\partial x} + \frac{\partial v}{\partial y} + \frac{\partial w}{\partial z}\right) \tag{4.4}$$

方程式 (4.4) 亦可寫成

$$\frac{D\rho}{Dt} = -\rho\left(\frac{\partial u}{\partial x} + \frac{\partial v}{\partial y} + \frac{\partial w}{\partial z}\right) = -\rho(\nabla \cdot \mathbf{V}) \tag{4.5}$$

其中 $D\rho/Dt$ 為**實質導數** (substantial derivative) 或**跟隨運動的導數** (derivative following the motion)。此為觀察者以流體的速度前進，移動至下游處，所觀察到的密度變化率。注意，在 (4.3) 式中 $\partial\rho/\partial t$ 是由定點所觀察到的密度變化率。在穩態時，(4.3) 式與 (4.4) 式中的 $\partial\rho/\partial t = 0$。

固定密度的流體之連續方程式　通常在工程上所遇到的流體幾乎都是不可壓縮的，因此其密度可視為定值而不至於有顯著的誤差。在此情況下，$D\rho/Dt = 0$，而 (4.4) 式變成

$$\nabla \cdot \mathbf{V} = \left(\frac{\partial u}{\partial x} + \frac{\partial v}{\partial y} + \frac{\partial w}{\partial z}\right) = 0 \tag{4.6}$$

當流體流經管子或管道，將連續方程式 (與其他方程式) 以圓柱座標表示有其便利之處。圖 4.2a 顯示圓柱座標與直角座標之間的關係；直角系統的變數 x、y、z 與圓柱系統的變數 r, θ, z 之間的關係式為

$$x = r\cos\theta \qquad y = r\sin\theta \qquad z = z$$
$$r = (x^2 + y^2)^{1/2} \qquad \theta = \tan^{-1} y/x$$

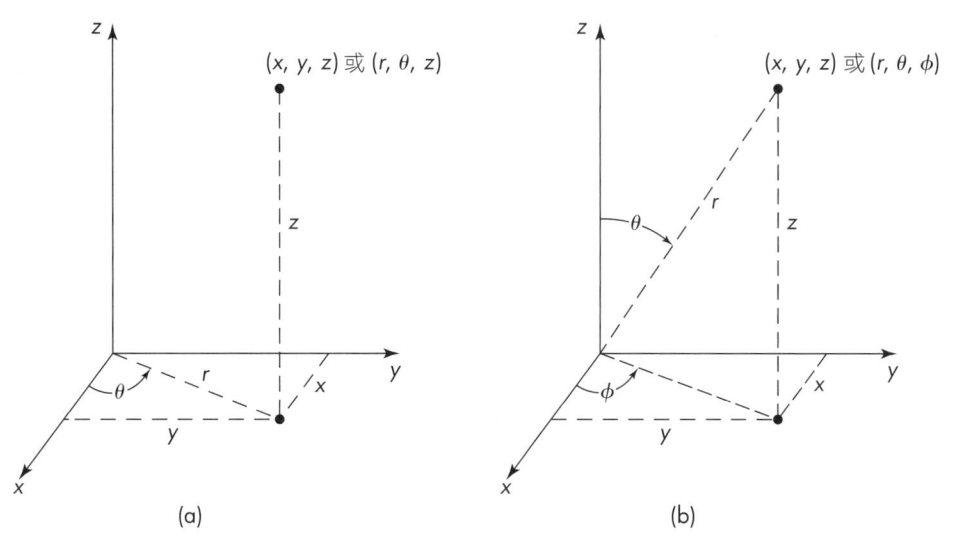

▲ 圖 4.2　(a) 圓柱座標；(b) 球座標

以直角座標轉換成圓柱座標，將連續方程式 (4.3) 式變成

$$\frac{\partial \rho}{\partial t} = -\left[\frac{1}{r}\frac{\partial(\rho r u_r)}{\partial r} + \frac{1}{r}\frac{\partial(\rho u_\theta)}{\partial \theta} + \frac{\partial(\rho u)}{\partial z}\right]$$
$$= -(\nabla \cdot \rho \mathbf{V}) \tag{4.7}$$

其中　　u_r = 徑向速度
　　　　u_θ = 切線方向速度
　　　　u = 軸向速度 (此處為 z 方向)

在球座標中，各變數之間的關係為

$$x = r \sin\theta \cos\phi \qquad y = r \sin\theta \sin\phi \qquad z = r \cos\theta$$
$$r = (x^2 + y^2 + z^2)^{1/2} \qquad \theta = \tan^{-1}\frac{(x^2+y^2)^{1/2}}{z} \qquad \phi = \tan^{-1}\frac{y}{x}$$

連續方程式變成

$$\frac{\partial \rho}{\partial t} = -\left[\frac{1}{r^2}\frac{\partial(\rho r^2 u_r)}{\partial r} + \frac{1}{r\sin\theta}\frac{\partial(\rho u_\theta \sin\theta)}{\partial \theta} + \frac{1}{r\sin\theta}\frac{\partial(\rho u_\phi)}{\partial \phi}\right]$$
$$= -(\nabla \cdot \rho \mathbf{V}) \tag{4.8}$$

其中 u_ϕ 為軸向速度。

一維流動　在討論流體流動時，將流域中的流體路徑想像成流線 (streamline) 是有幫助的。流線是質量流的假想路徑，而流線上每一點的淨速度向量即為該點的切線方向。沒有跨過流線的淨流動。在亂流的流動中，渦流可跨過且重複跨過流線，但如同第 3 章所示，這種渦流除了流動方向外，在任何方向的淨流動均為零。因此，沿著流線之流動是一維的，速度僅需單一項。

流線管 (stream tube) 是具有大或小截面以及任何適當截面的管子，其形狀完全由流線所包圍。流線管可視為一假想的管子，管內有流體流動而無淨流動穿過管壁。若管的微小截面積為 dS，管內的流速以單項 u 表示。

通過此微小面積的質量流率為

$$d\dot{m} = \rho u \, dS \tag{4.9}$$

欲求通過截面積為 S 且無法滲透[†]的導管的總流量，可將 (4.9) 式對整個截面積進行積分。通常，局部速度 u 隨著截面不同而改變。若流體受熱或冷卻，流體的密度也會改變，但通常改變量很小故可忽略。流經整個截面的流率為

$$\dot{m} = \rho \int_S u \, dS \tag{4.10}$$

其中 ρ 在整個截面視為常數。

流經截面積 S 之整個流域其平均速度 $\bar{V}$，定義為

$$\bar{V} \equiv \frac{\dot{m}}{\rho S} = \frac{1}{S} \int_S u \, dS \tag{4.11}$$

速度 $\bar{V}$ 也等於流體的總體積流率除以管道的截面積；事實上，平均速度通常是用此法計算。它亦可視為**體積通量** (flux of volume)，單位是 $m^3/m^2 \cdot s$ 或 $ft^3/ft^2 \cdot s$。因此

$$\bar{V} = \frac{q}{S} \tag{4.12}$$

其中 q 為體積流率。

質量流的殼均衡

平均速度在殼均衡 (shell balance) 或流經一管道或管路系統是有用的。考慮流體流經入口截面積為 S_a，出口截面積為 S_b 的導管，其局部速度隨截面不同而改變，入口處的平均速度與密度為 $\bar{V}_a$ 和 ρ_a；出口處為 $\bar{V}_b$ 和 ρ_b。穩態情況下，入口質量流等於出口質量流，連續方程式變成

$$\dot{m} = \rho_a \bar{V}_a S_a = \rho_b \bar{V}_b S_b = \rho \bar{V} S \tag{4.13}$$

一種重要特例，就是流經圓形截面的通道，則

$$\dot{m} = \tfrac{1}{4}\pi D_a^2 \rho_a \bar{V}_a = \tfrac{1}{4}\pi D_b^2 \rho_b \bar{V}_b$$

[†] 如果導管的管壁是可以滲透的，如同薄膜管，則這些方程式無法適用。

由上式可得

$$\frac{\rho_a \bar{V}_a}{\rho_b \bar{V}_b} = \left(\frac{D_b}{D_a}\right)^2 \tag{4.14}$$

其中 D_a 和 D_b 分別是上游與下游通道的直徑。

質量速度

(4.11) 式可寫成

$$\bar{V}\rho = \frac{\dot{m}}{S} \equiv G \tag{4.15}$$

此方程式定義出質量速度 (mass velocity) G，它是質量流率除以管道的截面積。實際上，質量速度是以 $kg/m^2 \cdot s$，$lb/ft^2 \cdot s$ 或 $lb/ft^2 \cdot h$ 表示。採用 G 的好處是當流動為穩態 ($\dot{m}$ 為定值)，且截面積不變 (S 為定值)，則 G 與溫度和壓力無關。此一事實，對可壓縮流體特別有用，因為此時 $\bar{V}$ 和 ρ 均隨溫度與壓力而改變。此外，稍後本書會出現某些關係式，其中 $\bar{V}$ 和 ρ 組合其乘積，使得質量速度代表此兩變數的淨效應。質量速度 G 亦可描述為質量流密度或質量通量，其中通量通常定義為每單位時間流經單位面積的任何量。(4.12) 式的平均速度 $\bar{V}$，可描述成流體的體積通量。

例題 4.1

比重 60°F/60°F = 0.887 的原油，流經如圖 4.3 所示的管路，A 管為 2 in. (50 mm) Schedule 40，B 管為 3 in (75 mm) Schedule 40，而每支 C 管為 $1\frac{1}{2}$ in. (38 mm) Schedule 40。流經每支 C 管的液體其量是相等的。A 管的流量是 30 gal/min (6.65 m³/h)。求 (a) 各管的質量流率；(b) 各管的平均線性速度；(c) 各管的質量速度。

解

標準管的尺寸與截面積列於附錄 3。2 in. 管的截面積為 0.0233 ft² ; 3 in. 管為 0.0513 ft²，而 $1\frac{1}{2}$ in. 管為 0.01414 ft²。

(a) 流體的密度為

$$\rho = 0.887 \times 62.37 = 55.3 \text{ lb/ft}^3$$

因為 1 ft³ 等於 7.48 gal (附錄 1)，所以總體積流率為

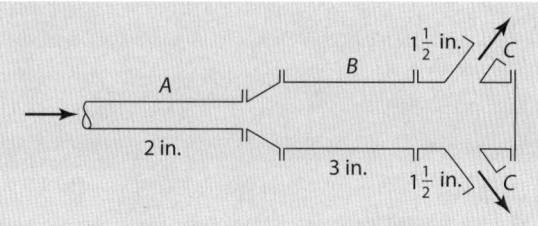

▲ 圖 4.3　例題 4.1 的管路系統

$$q = \frac{30 \times 60}{7.48} = 240.7 \text{ ft}^3/\text{h}$$

A 管與 B 管具有相同的質量流率，而質量流率為密度與體積流率的乘積，亦即

$$\dot{m} = 240.7 \times 55.3 = 13{,}300 \text{ lb/h}$$

流經每支 C 管的質量流率為總量的一半，亦即 13,300/2 = 6,650 lb/h (0.8379 kg/s)。

(b) 利用 (4.12) 式，流經 A 管的速度為

$$\bar{V}_A = \frac{240.7}{3{,}600 \times 0.0233} = 2.87 \text{ ft/s}$$

流經 B 管的速度為

$$\bar{V}_B = \frac{240.7}{3{,}600 \times 0.0513} = 1.30 \text{ ft/s}$$

流經每支 C 管的速度為

$$\bar{V}_C = \frac{240.7}{2 \times 3{,}600 \times 0.01414} = 2.36 \text{ ft/s}$$

(c) 利用 (4.15) 式，流經 A 管的質量速度為

$$G_A = \frac{13{,}300}{0.0233} = 571{,}000 \text{ lb/ft}^2 \cdot \text{h } (744 \text{ kg/m}^2 \cdot \text{s})$$

流經 B 管的質量速度為

$$G_B = \frac{13{,}300}{0.0513} = 259{,}000 \text{ lb/ft}^2 \cdot \text{h } (351 \text{ kg/m}^2 \cdot \text{s})$$

流經每支 C 管的質量速度為

$$G_C = \frac{13{,}300}{2 \times 0.01414} = 470{,}000 \text{ lb/ft}^2 \cdot \text{h } (637 \text{ kg/m}^2 \cdot \text{s})$$

例題 4.2

在 20°C，絕對壓力為 2 atm 的空氣以 15 m/s 的速度流經一個 50 mm 的管進入鰭管 (finned-tube) 水蒸汽加熱器。空氣離開加熱器後，在 90°C，絕對壓力為 1.6 atm 的狀況下，經 65 mm 的管流出。求空氣在出口的平均速度？

解

令下標 a 代表加熱器入口，下標 b 代表出口。使用 (4.14) 式。所需的值為

$$D_a = 0.05 \text{ m} \qquad D_b = 0.065 \text{ m} \qquad p_a = 2 \text{ atm} \qquad p_b = 1.6 \text{ atm}$$
$$T_a = 20 + 273.16 = 293.16 \text{ K} \qquad T_b = 90 + 273.16 = 363.16 \text{ K}$$

由 (1.56) 式可求密度，其中 $\rho = 1/V$，而 V 為 1 kg 空氣的體積。莫耳數 n 等於 $1/M$，其中 M 為空氣的分子量。空氣在入口與出口的密度為 $\rho_a = Mp_a/(RT_a)$ 與 $\rho_b = Mp_b/(RT_b)$。因此

$$\frac{\rho_a}{\rho_b} = \frac{p_a T_b}{p_b T_a}$$

代入 (4.13) 式，可得

$$\bar{V}_b = \frac{\bar{V}_a \rho_a D_a^2}{\rho_b D_b^2} = \frac{\bar{V}_a p_a T_b D_a^2}{p_b T_a D_b^2}$$

$$= \frac{15 \times 2 \times 0.05^2 \times 363.16}{1.6 \times 0.065^2 \times 293.16}$$

$$= 13.74 \text{ m/s}$$

微分動量均衡；運動方程式

對一體積元素作動量均衡，其法與質量均衡相同，但是因為速度是向量，其推導就較為複雜。動量均衡的基本概念如下：

動量累積率 = 進入的動量速率 − 離開的動量速率 + 作用於系統之力的總和　(4.16)

於圖 4.4 中，流體以任意方向流經體積元素的六個面，由於速度是一向量，(4.16) 式在 x、y、z 的各座標方向均有分量。首先我們僅考慮 (4.16) 式各項中的 x 分量。

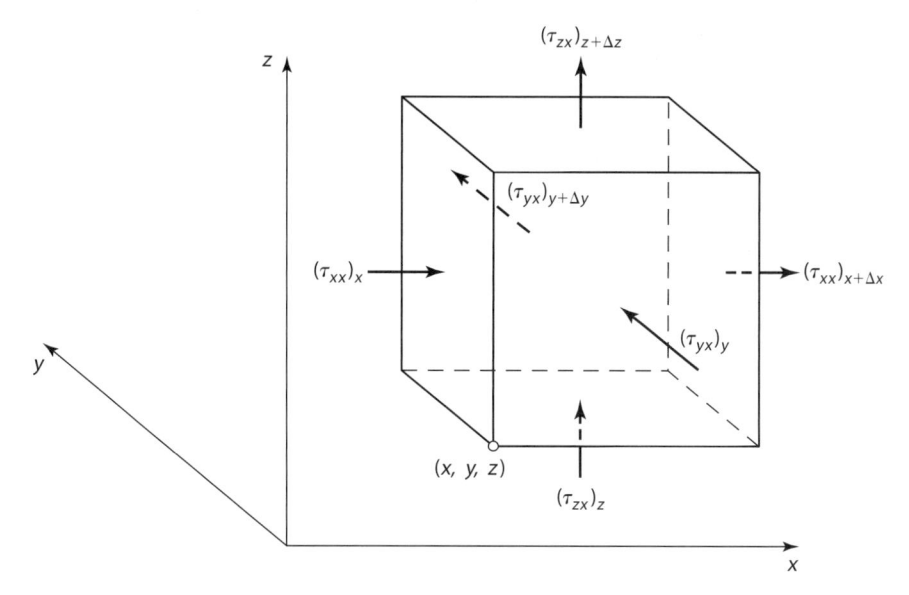

▲ 圖 4.4　體積單元 $\Delta x \, \Delta y \, \Delta z$ 中，箭頭所指的方向是動量的 x 分量傳送時，所通過的各面的方向

考慮在 x 方向上進出圖 4.4 之體積單元的動量流率。進入體積單元的動量，一部分是由整體流體以對流的方式產生，一部分是由速度梯度所導致的黏稠作用所造成。在 x 方向，動量以對流進入 x 處的面其速率為 $(\rho uu)_x \, \Delta y \, \Delta z$，而在 $x + \Delta x$ 處，其離開的速率為 $(\rho uu)_{x+\Delta x} \, \Delta y \, \Delta z$。動量以對流進入 y 處的面 $\Delta x \, \Delta z$ 其速度為 $(\rho vu)_y \Delta x \, \Delta z$，對於其它三個面亦可寫出類似的表示法。因此有 x 方向動量的對流通過元素六個面，而流入體積單元的淨對流為

$$\Delta y \, \Delta z[(\rho uu)_x - (\rho uu)_{x+\Delta x}] + \Delta x \, \Delta z[(\rho vu)_y - (\rho vu)_{y+\Delta y}]$$
$$+ \Delta x \, \Delta y[(\rho wu)_z - (\rho wu)_{z+\Delta z}] \tag{4.17}$$

同理，動量的 x 分量以分子傳送的方式進入在 x 處的面，其速率為 $(\tau_{xx})_x \, \Delta y \, \Delta z$ 在 $x + \Delta x$ 處離開的速率為 $(\tau_{xx})_{x+\Delta x} \, \Delta y \Delta z$，進入在 y 處的面，其速率為 $(\tau_{yx})_y \, \Delta x \, \Delta z$，其它三個面亦可用類似的方法表示。將此六項加起來可得由黏稠作用進入體積單元內之 x 方向動量的淨流動：

$$\Delta y \, \Delta z[(\tau_{xx})_x - (\tau_{xx})_{x+\Delta x}] + \Delta x \, \Delta z[(\tau_{yx})_y - (\tau_{yx})_{y+\Delta y}]$$
$$+ \Delta x \, \Delta z[(\tau_{zx})_z - (\tau_{zx})_{z+\Delta z}] \tag{4.18}$$

其中 τ_{xx} 為 x 面的法向應力，τ_{yx} 為 x 方向的切向應力，或剪應力，是由黏稠力在 y 面造成的。對於 y 與 z 方法的動量流可用類似的方法表示。剪應力是由體積單元的變形所造成；而法向應力主要是與 $\partial u/\partial x$ 的改變以及元素的膨脹有關。[2a,5]

在大多數的情況下，作用於系統的重要力量是由流體壓力 p 與單位質量的重力 **g** 所產生。這些力在 x 方向的合力為

$$\Delta y\, \Delta z(p_x - p_{x+\Delta x}) + \rho g_x\, \Delta x\, \Delta y\, \Delta z \tag{4.19}$$

最後，x 動量在單元內的累積率為 $\Delta x\, \Delta y\, \Delta z\, (\partial \rho u/\partial t)$。將所有這些表示式代入 (4.16) 式並將所得之方程式除以 $\Delta x\, \Delta y\, \Delta z$，當 Δx、Δy、Δz 趨近於零，取其極限值，可得運動方程式的 x 分量：

$$\frac{\partial}{\partial t}\rho u = -\left(\frac{\partial}{\partial x}\rho uu + \frac{\partial}{\partial y}\rho vu + \frac{\partial}{\partial z}\rho wu\right)$$
$$- \left(\frac{\partial}{\partial x}\tau_{xx} + \frac{\partial}{\partial y}\tau_{yx} + \frac{\partial}{\partial z}\tau_{zx}\right) - \frac{\partial p}{\partial x} + \rho g_x \tag{4.20}$$

利用連續方程式 [(4.3) 式]，將此方程式重新整理，可得

$$\rho \frac{Du}{Dt} = -\frac{\partial p}{\partial x} - \left(\frac{\partial \tau_{xx}}{\partial x} + \frac{\partial \tau_{yx}}{\partial y} + \frac{\partial \tau_{zx}}{\partial z}\right) + \rho g_x \tag{4.21}$$

對於 y 與 z 分量，可導出類似的方程式，將三個分量相加，寫成向量的形式，得到

$$\rho \frac{DV}{Dt} = -\nabla p - [\nabla \cdot \tau] + \rho \mathbf{g} \tag{4.22}$$

任意點的應力與速度梯度和流體的流變性質有關。例如，對於牛頓流體，應力張量 (stress μ tensor) 的 x 分量為 [2a]

$$\tau_{xx} = -2\,\frac{\partial u}{\partial x} + \left(\frac{2}{3}\mu - \kappa\right)(\nabla \cdot \mathbf{V}) \tag{4.23}$$

$$\tau_{xy} = \tau_{yx} = -\mu\left(\frac{\partial u}{\partial y} + \frac{\partial v}{\partial x}\right) \tag{4.24}$$

$$\nabla \cdot \mathbf{V} = \frac{\partial u}{\partial x} + \frac{\partial v}{\partial y} + \frac{\partial w}{\partial z} \tag{4.25}$$

其中，κ 為**整體黏度** (bulk viscosity)。關於 κ 的值，仍有許多不確定性。對於單原子氣體而言，κ 的值為零，而對於稠密氣體和液體而言，κ 的值或許是次要的。[2a] 在 Bird、Stewart 與 Lightfoot 所著的書中有列出 y 與 z 方向的應力方程式。[2c]

將 (4.23) 與 (4.24) 式代入 (4.21) 式可得牛頓流體在密度與黏度均可改變的情況下，x 方向的廣義運動方程式 (equation of motion)。

$$\rho \frac{Du}{Dt} = -\frac{\partial p}{\partial x} + \frac{\partial}{\partial x}\left[2\mu \frac{\partial u}{\partial x} - \left(\frac{2}{3}\mu - \kappa\right)(\nabla \cdot V)\right]$$

$$+ \frac{\partial}{\partial y}\left[\mu\left(\frac{\partial u}{\partial y} + \frac{\partial v}{\partial x}\right)\right]$$

$$+ \frac{\partial}{\partial z}\left[\mu\left(\frac{\partial w}{\partial x} + \frac{\partial u}{\partial z}\right)\right] + \rho g_x \quad (4.26)$$

$$\rho \frac{Dv}{Dt} = -\frac{\partial p}{\partial y} + \frac{\partial}{\partial x}\left[\mu\left(\frac{\partial v}{\partial x} + \frac{\partial u}{\partial y}\right)\right]$$

$$+ \frac{\partial}{\partial y}\left[2\mu \frac{\partial v}{\partial y} - \left(\frac{2}{3}\mu - \kappa\right)(\nabla \cdot V)\right]$$

$$+ \frac{\partial}{\partial z}\left[\mu\left(\frac{\partial w}{\partial y} + \frac{\partial v}{\partial z}\right)\right] + \rho g_y \quad (4.27)$$

$$\rho \frac{Dw}{Dt} = -\frac{\partial p}{\partial z} + \frac{\partial}{\partial x}\left[\mu\left(\frac{\partial w}{\partial x} + \frac{\partial u}{\partial z}\right)\right] + \frac{\partial}{\partial y}\left[\mu\left(\frac{\partial w}{\partial y} + \frac{\partial v}{\partial z}\right)\right]$$

$$+ \frac{\partial}{\partial z}\left[2\mu \frac{\partial w}{\partial z} - \left(\frac{2}{3}\mu - \kappa\right)(\nabla \cdot V)\right] + \rho g_z \quad (4.28)$$

納維−史托克斯方程式 完整的 (4.26) 式至 (4.28) 式是用在極為複雜的流動問題。多數的問題是具有條件限制的。對於密度與黏度均為常數的流體，上述的運動方程式可簡化為納維−史托克斯方程式 (Navier-Stokes equations)，亦即

$$\rho\left(\frac{\partial u}{\partial t} + u\frac{\partial u}{\partial x} + v\frac{\partial u}{\partial y} + w\frac{\partial u}{\partial z}\right)$$

$$= \mu\left(\frac{\partial^2 u}{\partial x^2} + \frac{\partial^2 u}{\partial y^2} + \frac{\partial^2 u}{\partial z^2}\right) - \frac{\partial p}{\partial x} + \rho g_x \quad (4.29)$$

$$\rho\left(\frac{\partial v}{\partial t} + u\frac{\partial v}{\partial x} + v\frac{\partial v}{\partial y} + w\frac{\partial v}{\partial z}\right)$$

$$= \mu\left(\frac{\partial^2 v}{\partial x^2} + \frac{\partial^2 v}{\partial y^2} + \frac{\partial^2 v}{\partial z^2}\right) - \frac{\partial p}{\partial y} + \rho g_y \quad (4.30)$$

$$\rho\left(\frac{\partial w}{\partial t} + u\frac{\partial w}{\partial x} + v\frac{\partial w}{\partial y} + w\frac{\partial w}{\partial z}\right)$$

$$= \mu\left(\frac{\partial^2 w}{\partial x^2} + \frac{\partial^2 w}{\partial y^2} + \frac{\partial^2 w}{\partial z^2}\right) - \frac{\partial p}{\partial z} + \rho g_z \quad (4.31)$$

將這些方程式寫成向量的形式

$$\rho \frac{DV}{Dt} = -\nabla p + \mu \nabla^2 V + \rho \boldsymbol{g} \tag{4.32}$$

對於密度與黏度均為常數的流體其圓柱座標方程式為

$$\rho \left(\frac{\partial u_r}{\partial t} + u_r \frac{\partial u_r}{\partial r} + \frac{u_\theta}{r} \frac{\partial u_r}{\partial \theta} - \frac{u_\theta^2}{r} + u_z \frac{\partial u_r}{\partial z} \right)$$
$$= \mu \left[\frac{\partial}{\partial r} \left(\frac{1}{r} \frac{\partial (r u_r)}{\partial r} \right) + \frac{1}{r^2} \frac{\partial^2 u_r}{\partial \theta^2} - \frac{2}{r^2} \frac{\partial u_\theta}{\partial \theta} + \frac{\partial^2 u_r}{\partial z^2} \right] - \frac{\partial p}{\partial r} + \rho g_r \tag{4.33}$$

$$\rho \left(\frac{\partial u_\theta}{\partial t} + u_r \frac{\partial u_\theta}{\partial r} + \frac{u_\theta}{r} \frac{\partial u_\theta}{\partial \theta} + \frac{u_r u_\theta}{r} + u_z \frac{\partial u_\theta}{\partial z} \right)$$
$$= \mu \left[\frac{\partial}{\partial r} \left(r \frac{\partial (r u_\theta)}{\partial r} \right) + \frac{1}{r^2} \frac{\partial^2 u_\theta}{\partial \theta^2} + \frac{2}{r^2} \frac{\partial u_r}{\partial \theta} + \frac{\partial^2 u_\theta}{\partial z^2} \right] - \frac{1}{r} \frac{\partial p}{\partial \theta} + \rho g_\theta \tag{4.34}$$

$$\rho \left(\frac{\partial u_z}{\partial t} + u_r \frac{\partial u_z}{\partial r} + \frac{u_\theta}{r} \frac{\partial u_z}{\partial \theta} + u_z \frac{\partial u_z}{\partial z} \right)$$
$$= \mu \left[\frac{1}{r} \frac{\partial}{\partial r} \left(r \frac{\partial u_z}{\partial r} \right) + \frac{1}{r^2} \frac{\partial^2 u_z}{\partial \theta^2} + \frac{\partial^2 u_z}{\partial z^2} \right] - \frac{\partial p}{\partial z} + \rho g_z \tag{4.35}$$

在 (4.33) 式中，$\rho u_\theta^2 / r$ 為離心力，它是流體在 θ 方向運動造成在 r 方向的有效的力。(4.34) 式中的 $\rho u_r u_\theta / r$ 為科里奧利力 (Coriolis force)，它是流體在 r 與 θ 方向流動產生 θ 方向的有效的力。這些項在直角座標轉換成圓柱座標時會自動產生。

在球座標中，其所對應的方程式為

$$\rho \left(\frac{\partial u_r}{\partial t} + u_r \frac{\partial u_r}{\partial r} + \frac{u_\theta}{r} \frac{\partial u_r}{\partial \theta} + \frac{u_\phi}{r \sin \theta} \frac{\partial u_r}{\partial \phi} - \frac{u_\theta^2 + u_\phi^2}{r} \right)$$
$$= \mu \left(\nabla^2 u_r - \frac{2}{r^2} u_r - \frac{2}{r^2} \frac{\partial u_\theta}{\partial \theta} - \frac{2}{r^2} u_\theta \cot \theta - \frac{2}{r^2 \sin \theta} \frac{\partial u_\phi}{\partial \phi} \right) - \frac{\partial p}{\partial r} + \rho g_r \tag{4.36}$$

$$\rho \left(\frac{\partial u_\theta}{\partial t} + u_r \frac{\partial u_\theta}{\partial r} + \frac{u_\theta}{r} \frac{\partial u_\theta}{\partial \theta} + \frac{u_\phi}{r \sin \theta} \frac{\partial u_\theta}{\partial \phi} + \frac{u_r u_\theta}{r} - \frac{u_\phi^2 \cot \theta}{r} \right)$$
$$= \mu \left(\nabla^2 u_\theta + \frac{2}{r^2} \frac{\partial u_r}{\partial \theta} - \frac{u_\theta}{r^2 \sin^2 \theta} - \frac{2 \cos \theta}{r^2 \sin^2 \theta} \frac{\partial u_\phi}{\partial \phi} \right) - \frac{1}{r} \frac{\partial p}{\partial \theta} + \rho g_\theta \tag{4.37}$$

$$\rho\left(\frac{\partial u_\phi}{\partial t} + u_r\frac{\partial u_\phi}{\partial r} + \frac{u_\theta}{r}\frac{\partial u_\phi}{\partial \theta} + \frac{u_\phi}{r\sin\theta}\frac{\partial u_\phi}{\partial \phi} + \frac{u_\phi u_r}{r} + \frac{u_\theta u_\phi}{r}\cot\theta\right)$$
$$= \mu\left(\nabla^2 u_\phi - \frac{u_\phi}{r^2\sin^2\theta} + \frac{2}{r^2\sin\theta}\frac{\partial u_r}{\partial \phi} + \frac{2\cos\theta}{r^2\sin^2\theta}\frac{\partial u_\theta}{\partial \phi}\right) - \frac{1}{r\sin\theta}\frac{\partial p}{\partial \phi} + \rho g_\phi \quad (4.38)$$

其中

$$\nabla^2 = \frac{1}{r^2}\frac{\partial}{\partial r}\left(r^2\frac{\partial}{\partial r}\right) + \frac{1}{r^2\sin\theta}\frac{\partial}{\partial \theta}\left(\sin\theta\frac{\partial}{\partial \theta}\right) + \frac{1}{r^2\sin^2\theta}\left(\frac{\partial^2}{\partial \phi^2}\right) \quad (4.39)$$

歐勒方程式 (Euler's equation)　對於密度為常數而黏度為零的流體，如位勢流 (potential flow)，其運動方程式稱為歐勒 (Euler) 方程式。亦即

$$\rho\frac{DV}{Dt} = -\nabla p + \rho\boldsymbol{g} \quad (4.40)$$

例題 4.3

一牛頓流體侷限在寬闊平行且相距為 B 的兩垂直平板間，如圖 4.5 所示。左側板為固定；右側板以恆定速度 v_0 垂直向上移動。假設流體為層流，求此流體的穩態速度分布。

解

利用 y 座標的納維 – 史托克斯方程式，(4.30) 式。穩態下 $\partial v/\partial t = 0$，且流體只在 y 方向流動，所以速度 u 與 w 均為零。由連續方程式 [(4.6) 式]，可知 $\partial u/\partial y = 0$。此外，$\partial v/\partial z = 0$ 且 $\rho g_y = -\rho g$。偏導數變成導數，(4.30) 式變成

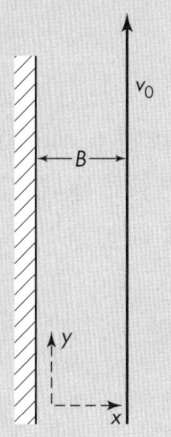

▲ 圖 4.5　例題 4.3 中，介於兩垂直平板之間的流動

$$\mu \frac{d^2v}{dx^2} - \frac{dp}{dy} - \rho g = 0 \tag{4.41}$$

因為 (4.29) 式與 (4.31) 式顯示 p 與 x, z 無關，所以壓力梯度 dp/dy 為常數，將 (4.41) 式積分，可得

$$\frac{dv}{dx} - \frac{x}{\mu}\left(\frac{dp}{dy} + \rho g\right) = C_1 \tag{4.42}$$

再積分，得到

$$v - \frac{x^2}{2\mu}\left(\frac{dp}{dy} + \rho g\right) = C_1 x + C_2 \tag{4.43}$$

邊界條件如下，在 $x=0$，$v=0$ 且在 $x=B$，$v=v_0$，解出常數，得到 $C_1 = v_0/B - [B/(2\mu)](dp/dy + \rho g)$ 且 $C_2 = 0$。代入 (4.43) 式，可得

$$v = -\frac{1}{2\mu}\left(\frac{dp}{dy} + \rho g\right)(Bx - x^2) + v_0 \frac{x}{B} \tag{4.44}$$

庫埃特流

　　如同例題 4.3 的系統，將平板水平置放 (或任何可忽略重力的情況)，則流體的速度隨著與靜止之平板的距離呈現線性變動，且速度梯度為常數。流體的黏度與剪應力 F_s/A 之關係式為

$$\mu = \frac{F_s B}{A v_0} \tag{4.45}$$

其中 A 為每一平板的面積。在這種狀況下的流動稱為**庫埃特** (Couette) 流。介於旋轉圓柱與靜止同心圓柱之間的流動亦稱為庫埃特流，或圓形**庫埃特流** (circular Couette flow)。共軸圓柱可作為某些流體力學的測試。當圓柱間的間隔小於圓柱半徑時，速度梯度幾乎是常數。

　　下一節將討論自由表面 (表面與大氣接觸) 的層狀流動。

巨觀的動量均衡

如圖 4.6 所示，假設流體是 x 方向的穩態單一流動，對於控制體積而言，可寫出一總動量均衡式。依據 (4.16) 式，在 x 方向上，作用於流體的總力等於流體動量流率的增量，亦即

$$\sum F = \dot{M}_b - \dot{M}_a \tag{4.46}$$

總流體的動量；動量修正因數

質量流率為 $\dot{m}$ 且均以速度 u 移動的流體，其動量流率 $\dot{M}$ 等於 $\dot{m}u$。但是，若速度在流體的截面上隨位置的不同而改變時，則總動量流率就不等於質量流率與平均速度的乘積 $\dot{m}\bar{V}$；通常其值會比 $\dot{m}\bar{V}$ 稍微大一點。

所需要的修正因數最好是由對流動量通量求得，亦即，在單位時間內，移動流體流經通道的單位截面積所攜帶的動量。此即與截面垂直的線性速度與質量速度 (或質通量) 的乘積。對於一微分截面積 dS，則動量通量為

$$\frac{d\dot{M}}{dS} = (\rho u)u = \rho u^2 \tag{4.47}$$

對於密度為常數的流體，總流體的動量通量為

$$\frac{\dot{M}}{S} = \frac{\rho \int_S u^2 \, dS}{S} \tag{4.48}$$

動量修正因數 (momentum correction factor) β 其定義為

$$\beta \equiv \frac{\dot{M}/S}{\rho \bar{V}^2} \tag{4.49}$$

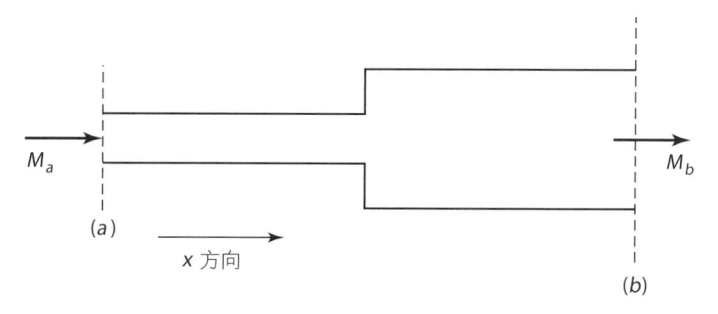

▲ 圖 4.6　動量均衡

將 (4.48) 式代入上式可得

$$\beta = \frac{1}{S} \int_S \left(\frac{u}{V}\right)^2 dS \tag{4.50}$$

對於任何已知的流動狀況，欲求 β，則必須知道 u 在截面位置的變化。

因此 (4.46) 式可寫成

$$\sum F = \dot{m}(\beta_b \bar{V}_b - \beta_a \bar{V}_a) \tag{4.51}$$

使用此關係式，必須小心確認所有作用於流體的分力是否與式中速度分量同方向，並且是否均包含於 $\sum F$ 中。幾種可能出現的力為：(1) 流動方向的壓力改變；(2) 流體流域與管道之間的邊界的剪應力，或 (若考慮管道本身為系統的一部分) 作用於固體壁的外力；(3) 當流域傾斜時，適當的重力分量。假設 x 方向的一維流動，其典型情況可由下列方程式表示

$$\sum F = p_a S_a - p_b S_b + F_w - F_g \tag{4.52}$$

其中　p_a, p_b = 入口與出口處的壓力
　　　S_a, S_b = 入口與出口處的截面積
　　　F_w = 通道壁對流體的淨力
　　　F_g = 重力分量 (流動方向朝上)

具有自由表面的層狀流動

一種層狀流動的形式是具有自由表面的液體層，受重力的影響在一傾斜或垂直面上流動。假設此種流動為穩態，有完全發展的速度梯度，流動層的厚度不變。由於在液體的自由表面上的拖曳力很小，因此剪應力可忽略不計。若流動為層流，液體表面平坦且無波紋，則流體運動可由數學予以分析。

考慮有一層牛頓液體，在平板上穩定流動，其速率與厚度均恆定不變，如圖 4.7 所示。平板與垂直方向的傾斜角為 ϕ，該液體層的寬度為 b，方向係垂直於圖形的平面，液體層的厚度為 δ，其方向垂直於平板。劃分出一塊控制體積，如圖 4.7 所示。此控制體積的上層表面與大氣接觸，其兩端為相距為 L 且垂直於平板的平面，而下層表面與平板壁平行，且與上層表面的距離為 r。

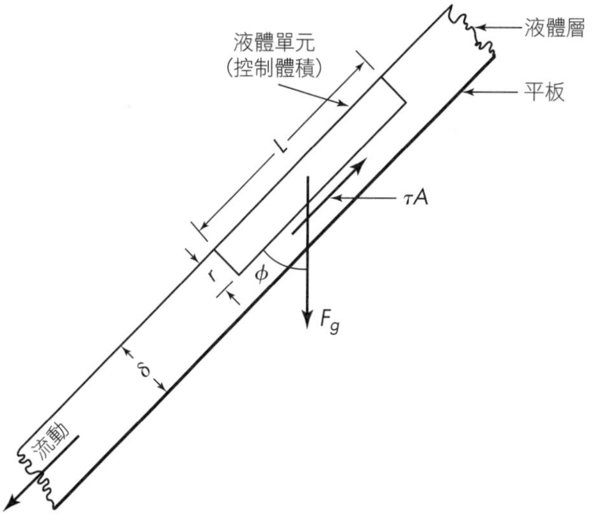

▲ 圖 4.7　層狀流動中，作用於液體單元的力

因為液體層是無加速度的穩定流，依據動量原理，所有作用於控制體積之力的總和為零。作用於控制體積的力為：平行於流動方向的端點壓力，在上層面與下層面的剪力，以及重力在流動方向的分量。因為在外表面的壓力為大氣壓力。所以作用於控制體積兩端的壓力大小相等，而方向相反，因此互相抵消。此外，假設控制體積上層表面的剪力可忽略不計，則剩下的兩種力為作用於控制體積下層表面的剪力，以及流動方向的重力。因此

$$F_g \cos\phi - \tau A = 0 \tag{4.53}$$

其中　F_g = 重力
　　　τ = 控制體積之下層表面的剪應力
　　　A = 控制體積之下層表面的面積

注意 $A = bL$ 且 $F_g = \rho rLbg$，由此方程式可得

$$\rho rLbg \cos\phi = \tau Lb$$

或

$$\tau = \rho rg \cos\phi \tag{4.54}$$

因為流動是層流，因此 $\tau = -\mu \, du/dr$ 且

$$-\mu \frac{du}{dr} = g\rho r \cos\phi \tag{4.55}$$

整理後,並在上、下限之間積分,可得

$$\int_0^u du = -\frac{g\rho \cos\phi}{\mu} \int_\delta^r r\,dr$$
$$u = \frac{\rho g \cos\phi}{2\mu}(\delta^2 - r^2) \qquad (4.56)$$

其中 δ 為液體層的總厚度。(4.56) 式顯示平板上的層流其速度分布為拋物線。

今考慮截面積為 dS 的微分單元 (differential element),其中 $dS = b\,dr$。流經此單元的微分質量流率 $d\dot{m}$ 等於 $\rho u b\,dr$,則流體的總質量流率為

$$\dot{m} = \int_0^\delta \rho u b\,dr \qquad (4.57)$$

將 (4.56) 式代入 (4.57) 式,積分得

$$\frac{\dot{m}}{b} = \frac{\delta^3 \rho^2 g \cos\phi}{3\mu} = \Gamma \qquad (4.58)$$

其中 $\Gamma \equiv \dot{m}/b$ 稱為**液體負載量** (liquid loading)。Γ 的單位為每秒每米寬的仟克數 (kg/m · sec) 或每秒每呎寬的磅數 (lb/ft · sec)。

整理 (4.58) 式,可得液體層的厚度為

$$\delta = \left(\frac{3\mu\Gamma}{\rho^2 g \cos\phi}\right)^{1/3} \qquad (4.59)$$

對於由平板流下的流動,其雷諾數定義為

$$\mathrm{Re} = \frac{4r_H \bar{V} \rho}{\mu} = 4\delta \frac{\dot{m}}{\rho L_p \delta}\frac{\rho}{\mu} = \frac{4\Gamma}{\mu} \qquad (4.60)$$

其中 r_H = 水力半徑,其定義如 (5.10) 式。液體由管的內部或外部流下時,其流層的厚度通常僅是管徑的很小比例,且其雷諾數之定義與流體流經平板之情況相同,亦即 (4.60) 式。

層流落下的薄膜厚度,其方程式是由納塞 (Nusselt) 最先提出,[4] 他利用這些結果預測凝結蒸汽的熱傳係數。(4.59) 式中所示的垂直表面 ($\cos\phi = 1$) 上薄膜厚度的量測,對 $\mathrm{Re} \approx 1{,}000$ 而言,幾乎是正確的,此時厚度大約是依雷諾數的 0.45

次方而改變，但是在 Re 低的時候，液體層厚度比預測值薄，而在 Re 高於 1,000 時，液體層厚度比預測值厚。此種偏差可能是由於薄膜中的波紋或波動所引起，這些波紋或波動即使在很小的雷諾數仍是十分明顯。

由於膜非常薄，因此要察覺從層流到亂流的過渡區，就不如管子內的流動那樣容易，而且波紋會使觀察薄膜中的亂流變得困難。對於層狀流動常用的臨界雷諾數為 2,100，但薄膜厚度的量測[6]顯示過渡區是在 Re ≈ 1,200。若要比這個值高，則厚度大約是依流率的 0.6 次方增加。

角動量方程式

欲分析操作流體所用到的旋轉機械之性能，如泵、渦輪與攪拌器，則利用力矩 (force moment) 及角動量較為便利，力 **F** 關於 O 點的力矩為 **F** 與由 O 點至作用線上一點所成位置向量 **r** 之間的向量積。當有一力 F_θ，其作用方向與由 O 點至半徑為 r 的位置向量垂直，則此力的力矩等於轉矩 (torque) T，或

$$F_\theta r = T \tag{4.61}$$

繞著旋轉中心而移動的物體，其**角動量** (angular momentum) [亦稱為**動量力矩** (moment of momentum)] 為位置向量與物體動量的切線向量 (質量乘以速度在切線方向的分量) 之向量積。圖 4.8 所示為涉及二維旋轉流的情形：在 P 點的流體以速度 V 繞著 O 點移動，其徑向及切線方向的分量分別為 u_r 與 u_θ。因此在 P 點質量為 m 的流體，其角動量為 rmu_θ。

假設圖 4.8 表示離心泵或渦輪的葉輪 (impeller) 部分，流體以一定的質量流率流經該葉輪。流體由 Q 點進入，此 Q 點靠近旋轉中心且與 O 點的徑向距離為 r_1，而流體在徑向距離為 r_2 處離去。在這兩點的切線速度分別為 $u_{\theta 1}$ 與 $u_{\theta 2}$。流體在點 P 的切線力 F_θ 與流體角動量的變化率成正比，因此由 (4.61) 式得知，轉矩為

$$T = F_\theta r_2 = \dot{m}(r_2 u_{\theta 2} - r_1 u_{\theta 1}) \tag{4.62}$$

(4.62) 式為穩定二維流動的角動量方程式，它與 (4.51) 式的動量方程式類似。在導出 (4.62) 式時，我們假設在任何已知的徑向距離 r，所有流體都以相同速度移動，因此 $\beta_1 = \beta_2 = 1$。第 8 章和第 9 章有 (4.62) 式的應用。

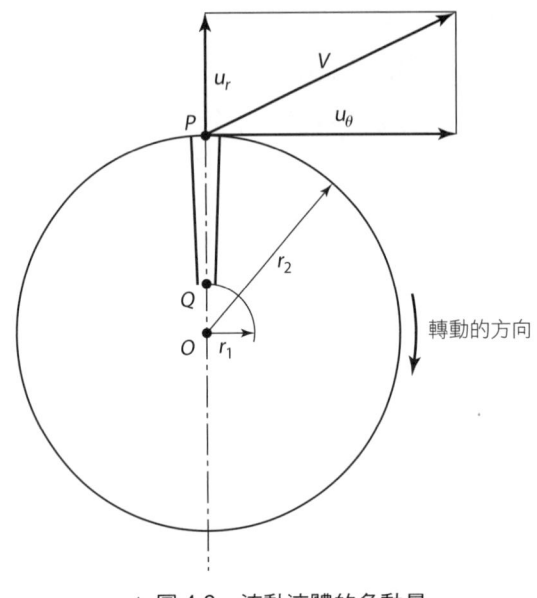

▲ 圖 4.8　流動液體的角動量

機械能方程式

對於一流動流體，描述能量轉換的方程式或許可由局部速度 **V** 與運動方程式的純量積推導而得。應用此步驟於 (4.20) 式可得一通用方程式，此方程式是說單位質量的動能增加率等於由對流輸入的淨動能速率減去下列各項：(1) 外界壓力所作的功率；(2) 可逆轉換成內能的速率；(3) 黏稠力所作的功率；(4) 不可逆轉換成內能的速率；(5) 重力所作的功率 (此項可為正或負值)[2b]。正如我們所看到的，藉泵或鼓風機或許亦可將機械能加入流體。

此處的推導首先限定為密度不變，無黏度的單向流，使用 Euler 方程式。

位勢流的能量方程式；無摩擦的伯努利方程式

Euler 方程式 [(4.40) 式] 的 x 分量為

$$\rho\left(\frac{\partial u}{\partial t} + u\frac{\partial u}{\partial x} + v\frac{\partial u}{\partial y} + w\frac{\partial u}{\partial z}\right) = -\frac{\partial p}{\partial x} + \rho g_x \tag{4.63}$$

對於單向流動，v 與 w 皆為零。將速度 u 乘以剩餘項可得

$$\rho u\left(\frac{\partial u}{\partial t} + u\frac{\partial u}{\partial x}\right) = -u\frac{\partial p}{\partial x} + \rho u g_x$$

或
$$\rho\left[\frac{\partial(u^2/2)}{\partial t} + u\frac{\partial(u^2/2)}{\partial x}\right] = -u\frac{\partial p}{\partial x} + \rho u g_x \tag{4.64}$$

此為機械能方程式,它適用於當流率隨時間改變而流體的密度不變且為單向位勢流。

如圖 4.9 所示,考慮一流線管的體積單元,其中有大量流體以穩態流動。假設管的截面積隨流動方向逐漸增大,而管軸為向上傾斜的直線且與垂線之夾角為 ϕ。令入口處的壓力、流體速度及高度分別為 p_a、u_a 與 Z_a,出口處分別為 p_b、u_b 與 Z_b。設定 x 軸與管軸平行。

因為是穩態流動,所以 (4.64) 式的左邊項為零。流體流經截面的速度不變,因此為單向流且速度 u 僅為 x 的函數。由於重力作用是負的 x 方向,故 $g_x = -g\cos\phi$,將此值代入 (4.64) 式。若 Z 為沿著管子任意截面的高度,則有 $Z = Z_a + x\cos\phi$,$dZ = \cos\phi\, dx$ 且 $\cos\phi = dZ/dx$。將偏微分改為全微分,則由 (4.64) 式可得

$$u\frac{d(\rho u^2/2)}{dx} + u\frac{dp}{dx} + \rho u g\cos\phi = 0 \tag{4.65}$$

穩態流動下,將上式除以速度 u,再除以 ρ,並以 dZ/dx 取代 $\cos\phi$,則 (4.65) 式變成

$$\frac{d(u^2/2)}{dx} + \frac{1}{\rho}\frac{dp}{dx} + g\frac{dZ}{dx} = 0 \tag{4.66}$$

(4.66) 式為無摩擦的伯努利方程式 (Bernoulli equation) 的點式 (point form)。雖然此方程式是在擴大的截面積以及向上流動等特殊狀況下推導而得,但是此

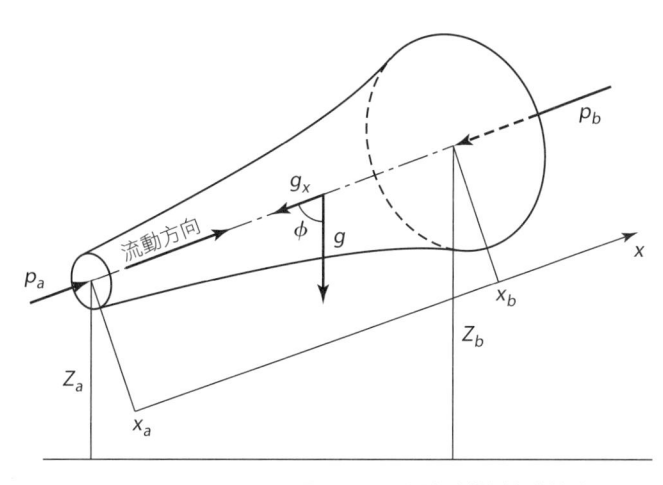

▲ 圖 4.9　通過傾斜管的位勢流

方程式對於截面積固定或縮小以及水平或向下流動的情況仍然適用 (當方向改變時,可由 dZ 的符號予以修正)。

當截面與密度固定時,u 不隨位置改變,$d(u^2/2)/dx$ 項為零,則 (4.66) 式變成與靜止流體的 (2.2) 式相同。在恆定速度單向位勢流,速度的大小對管內的壓力降並無影響,壓力降僅與高度的變化率有關。因此,在水平直管中,恆定速度的穩定位勢流無壓力降。

對如圖 4.9 的系流,將 (4.66) 式積分,可得

$$\frac{p_a}{\rho} + gZ_a + \frac{u_a^2}{2} = \frac{p_b}{\rho} + gZ_b + \frac{u_b^2}{2} \tag{4.67a}$$

在 fps 單位,則為

$$\frac{p_a}{\rho} + \frac{gZ_a}{g_c} + \frac{u_a^2}{2g_c} = \frac{p_b}{\rho} + \frac{gZ_b}{g_c} + \frac{u_b^2}{2g_c} \tag{4.67b}$$

(4.67) 式稱為無摩擦的伯努利方程式,它是機械能均衡方程式的特殊形式。這是因為此特殊形式的導出是將 (4.65) 式除以速度 u 而得到 (4.66) 式,對圖 4.9 中之體積單元,亦可由動量殼均衡推導出 (4.67) 式。但是 (4.67) 式並非伯努利方程式的完整式,本章隨後會討論完整式。

(4.67) 式中的每一項均為純量,且其因次為單位質量的能量,表示由機械能所產生的效應是基於單位質量的流動流體。gZ 與 $u^2/2$ 分別為單位質量流體的位能與動能;p/ρ 表示外力將流體推入管內所作的機械功或由管內離開的流體所回收的功。(4.67) 式顯示無摩擦,當速度 u 減小,則由基準面算起的高度 Z 或壓力 p 或此兩者必須增加。當速度增加,則 Z 或 p 會降低。假設高度改變,則會在壓力或速度的改變上得到補償。

伯努利方程式適用的有效範圍比導出此式所論及的範圍為大。雖然在推導時假設流線管是直的,但能量守恆原理允許將此式推廣到彎曲流線管的位勢流。若管是彎曲的,則速度方向會改變,而在伯努利方程式中應使用速率純量而不採用速度向量。在實際情況中流體會有一些摩擦損失且速度在管的截面會有一些變化,但是在某些情況下,這些都太小可忽略。在其它情況,利用修正因數將方程式修正以適用於邊界流動,此時截面積內會產生速度變化且摩擦效應顯著。這些修正將於下列各節討論。

應用伯努利方程式於特定問題時,應確認是流線或流管,並選定上游與下游位置。位置 a 與 b 的選取是基於便利,通常選取的是具有壓力、速度和高度最多資訊的位置。

例題 4.4

比重 60°F/60°F = 1.15 的鹽水，從頂部無加蓋的大槽的底部，經 50 mm 管子排放，排放管末端位置低於槽中鹽水面 5 m。考慮一流線從槽內鹽水面開始，流經排放管的中心到排放點，假設沿著流線的摩擦可以忽略，求沿著流線，從管子排出的流速。

解

利用 (4.67) 式，選定位置 a 為鹽水面，位置 b 為流線末端的排放點。因為此兩位置的壓力為大氣壓力，所以 p_a 與 p_b 相等，且 $p_a/\rho = p_b/\rho$。在鹽水面的 u_a 可忽略，因此 $u_a^2/2$ 可刪去。用位置 b 作為量測高度的基準點，故 $Z_b = 0$ 而 $Z_a = 5$ m。代入 (4.67) 式可得

$$5g = \frac{1}{2}u_b^2$$

而流線在排放點的速度為

$$u_b = \sqrt{5 \times 2 \times 9.80665} = 9.90 \text{ m/s}$$

注意此速度與密度和管子的大小無關。

伯努利方程式：固體邊界影響的修正

大部分工程中所遇到的有關流體流動問題，其流域都會受到固體邊界的影響，因此含有邊界層。這在流體流經管子及其它設備時特別是如此，在此情況下可能整個流域都在邊界層流動。

為了讓伯努利方程式推廣，以涵蓋實際的情況，有必要做兩項修正。首先，由於邊界層內的局部速度 u 會隨位置的不同而變，因此動能項需要修正，這通常是屬於次要的。其次，當邊界層形成時，由於流體摩擦力的存在，因此需對方程式加以修正，這才是重點。

此外，若在修正後的伯努利方程式中再加上泵對流體所作的功，則對於解決不可壓縮流體的流動更為有用。

流域的動能

(4.67) 式中的 $u^2/2$ 是單位質量的流體以相同速度 u 流動的動能。當通過流

域截面的速度改變時,則可由下列方式求出動能。考慮單元截面積 dS,流經此單元的質量流率為 $\rho u\, dS$。每單位質量的流體流經面積 dS 時,所攜帶的動能為 $u^2/2$,因此流經面積 dS 的能量流率為

$$d\dot{E}_k = (\rho u\, dS)\frac{u^2}{2} = \frac{\rho u^3\, dS}{2}$$

其中 $\dot{E}_k$ 表示動能的流率。假設面積 S 內的密度為定值,則流經整個截面 S 的總動能流率為

$$\dot{E}_k = \frac{\rho}{2}\int_S u^3\, dS \tag{4.68}$$

總質量流率可由 (4.10) 式與 (4.15) 式得知,而每單位質量流動流體的動能為

$$\frac{\dot{E}_k}{\dot{m}} = \frac{\frac{1}{2}\int_S u^3\, dS}{\int_S u\, dS} = \frac{\frac{1}{2}\int_S u^3\, dS}{\bar{V} S} \tag{4.69}$$

上式取代了伯努利方程式中的 $u^2/2$。

動能修正因數　一種便利的方法可消去 (4.69) 式的積分,亦即將 $\bar{V}^2/2$ 乘以一因數使其等於 (4.69) 式。此因數稱為動能修正因數,記做 α,其定義為

$$\begin{aligned}\frac{\alpha\bar{V}^2}{2} &\equiv \frac{\dot{E}_k}{\dot{m}} = \frac{\int_S u^3\, dS}{2\bar{V} S} \\ \alpha &= \frac{\int_S u^3 dS}{\bar{V}^3 S}\end{aligned} \tag{4.70}$$

若 α 為已知,則可利用平均速度計算動能,也就是以 $\alpha\bar{V}^2/2$ 取代 $u^2/2$。由 (4.70) 式計算 α 時,必須知道截面上的局部速度與位置的函數關係,如此就能夠求得方程式中的積分。同樣必須知道速度分布,才可由 (4.11) 式求得 $\bar{V}$ 值。如第 5 章所述,對層流而言,$\alpha = 2.0$,而對高度的亂流而言,α 大約為 1.05。

有流體摩擦的伯努利方程式修正式

機械能的消失顯現了摩擦的存在。帶有摩擦力的流動中,物理量

$$\frac{p}{\rho} + \frac{u^2}{2} + gZ$$

沿著流線並不是常數,如 (4.67) 式所示,而是沿著流動的方向遞減;並且依據能量守恆原理,一個相當於所損失的機械能的熱能產生了。在流動的系統中,流體摩擦可定義為由機械能轉換成熱能的部分。

對於不可壓縮流體,在 (4.67) 式的右邊加入摩擦項,作為對伯努利方程式的修正。因此,將動能修正因數 α_a 和 α_b 加入後,(4.67) 式變成

$$\frac{p_a}{\rho} + gZ_a + \frac{\alpha_a \bar{V}_a^2}{2} = \frac{p_b}{\rho} + gZ_b + \frac{\alpha_b \bar{V}_b^2}{2} + h_f \tag{4.71}$$

h_f 以及 (4.71) 式中所有其它項的單位均為每單位質量的能量。h_f 代表介於位置 a 與位置 b 之間,每單位質量的流體產生的所有摩擦 (此即所有機械能轉換成熱能)。h_f 與 (4.71) 式中的所有其它項有二點不同:

1. 機械能的項是表示在特定位置的狀態,也就是在入口位置 a 與出口位置 b 的機械能,然而 h_f 是表示介於位置 a 與 b 之間所有點的機械能損失。
2. 摩擦與機械能不能相互轉換。

(4.71) 式所定義的 h_f 其符號是取正。當然,如果是位勢流則其值為零。

摩擦力出現在邊界層是因為剪切力作功以維持速度梯度。在層流及亂流中,摩擦力終將藉黏稠作用轉換成熱。在未分離的邊界層內產生的摩擦稱為**表皮摩擦** (skin friction)。當邊界層分離且形成尾流時,在尾流內會有額外的能量消耗,這種類型的摩擦稱為**形態摩擦** (form friction),原因是這類摩擦為固體位置及形狀的函數。

在一所予的情況下,表皮摩擦和形式摩擦會有不同程度的作用。如圖 3.9a 的情況,完全是表皮摩擦;而在圖 3.9b 中,則大部分是形式摩擦,這是因為有大量的尾流,相對而言表皮摩擦變得不重要。(4.71) 式的總摩擦 h_f 包含兩種類型的摩擦損失。

例題 4.5

密度為 998 kg/m³ (62.3 lb/ft³),表壓 (gauge pressure) 為 100 kN/m² (14.48 lb$_f$/in.²) 的水,以 1.0 m/s (3.28 ft/s) 的穩定速度,水平進入一個 50 mm (1.969 in.) 的管件中,如圖 4.10 所示。在相同高度下,與入口方向成 45° 水平地離開管件。出口直徑為 20

mm (0.787 in.)。假設流體密度不變，在入口處與出口處的動能與動量修正因數均為 1，管件中的摩擦損失可以忽略不計，求 (a) 管件出口處的表壓；(b) 在 x 與 y 方向，管件對流體所施的力。

解

(a) $\bar{V}_a = 1.0$ m/s。由 (4.14) 式，

$$\bar{V}_b = \bar{V}_a \left(\frac{D_a}{D_b}\right)^2 = 1.0 \left(\frac{50}{20}\right)^2 = 6.25 \text{ m/s}$$

$$p_a = 100 \text{ kN/m}^2$$

由 (4.71) 式可求得出口處的壓力 p_b。因為 $Z_a = Z_b$ 且 h_f 可忽略不計，(4.71) 式變成

$$\frac{p_a - p_b}{\rho} = \frac{\bar{V}_b^2 - \bar{V}_a^2}{2}$$

由此可得

$$p_b = p_a - \frac{\rho(\bar{V}_b^2 - \bar{V}_a^2)}{2} = 100 - \frac{998(6.25^2 - 1.0^2)}{1,000 \times 2}$$
$$= 100 - 18.99 = 81.01 \text{ kN/m}^2 \text{ (11.75 lb}_f\text{/in.}^2\text{)}$$

(b) 作用於流體的力可由 (4.51) 式與 (4.52) 式合併求出。在 x 方向，因為是水平流動，故 $F_g = 0$，可得

$$\dot{m}(\beta_b \bar{V}_{b,x} - \beta_a \bar{V}_{a,x}) = p_a S_{a,x} - p_b S_{b,x} + F_{w,x} \tag{4.72}$$

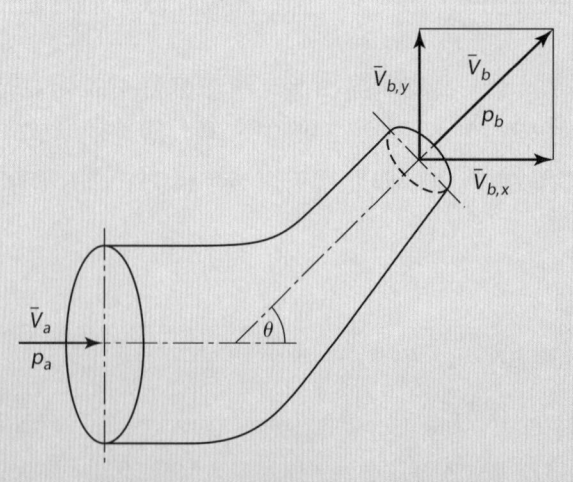

▲ 圖 4.10　例題 4.5 中，從頂部觀看，流體流經逐漸縮小的管件

其中 $S_{a,x}$ 與 $S_{b,x}$ 為 S_a 與 S_b 的投影面積，而此投影面積垂直於最初流動方向。(記住壓力 p 是純量。) 由於流動進入的方向是 x 方向，因此 $\bar{V}_{a,x} = \bar{V}_a$，且

$$S_{a,x} = S_a = \frac{\pi}{4}0.050^2 = 0.001964 \text{ m}^2$$

由圖 4.10

$$\bar{V}_{b,x} = \bar{V}_b \cos\theta = 6.25 \cos 45° = 4.42 \text{ m/s}$$

又

$$S_{b,x} = S_b \cos\theta = \frac{\pi}{4}0.020^2 \cos 45° = 0.000222 \text{ m}^2$$

由 (4.13) 式

$$\dot{m} = \bar{V}_a \rho S_a = 1.0 \times 998 \times 0.001964 = 1.960 \text{ kg/s}$$

代入 (4.72) 式且假設 $\beta_a = \beta_b = 1$，解出 $F_{w,x}$，可得

$$F_{w,x} = 1.96(4.42 - 1.0) - 100{,}000 \times 0.001964 + 81{,}010 \times 0.000222$$
$$= 6.7 - 196.4 + 18.0 = -171.7 \text{ N } (-38.6 \text{ lb}_f)$$

同理，對於 y 方向，$\bar{V}_{a,y} = 0$ 且 $S_{a,y} = 0$，而

$$\bar{V}_{b,y} = \bar{V}_b \sin\theta = 4.42 \text{ m/s} \qquad S_{b,y} = S_b \cos\theta = 0.000222 \text{ m}^2$$

因此

$$F_{w,y} = \dot{m}(\beta_b \bar{V}_{b,y} - \beta_a \bar{V}_{a,y}) - p_a S_{a,y} + p_b S_{b,y}$$
$$= 1.96(4.42 - 0) - 0 + 81.01 \times 0.000222 \times 1{,}000$$
$$= 8.66 + 17.98 = 26.64 \text{ N } (5.99 \text{ lb}_f)$$

伯努利方程式中的泵功

在流動系統中使用泵 (pump) 以增加流動流體的機械能，利用增加的量以維持流動，提供動能，補償摩擦損失，而有時增加位能。假設在位置 a 與 b 之間裝設一泵，其關係式為 (4.71) 式。設 W_p 為泵對每單位質量的流體所作的功。因為伯努利方程式僅為一機械能的均衡關係，因此必須考慮泵內的摩擦。在實際的泵中，不但有流體摩擦，而且在軸承與封口或填料箱均會產生機械摩擦。供

應給泵的機械能相當於負值的軸功 (negative shaft work)，扣除這些摩擦損失，就成了提供給流動流體實際所需的淨機械能。設 h_{fp} 為每單位質量流體在泵中的總摩擦，則對流體所作的淨功為 $W_p - h_{fp}$。在實際應用上是以泵效率 η 替代 h_{fp}，而 η 的定義如下：

$$W_p - h_{fp} \equiv \eta W_p$$

或
$$\eta = \frac{W_p - h_{fp}}{W_p} \tag{4.73}$$

傳遞給流體的機械能因此成為 ηW_p，其中 $\eta < 1$。加了泵功，可將 (4.71) 式修正為

$$\frac{p_a}{\rho} + gZ_a + \frac{\alpha_a \bar{V}_a^2}{2} + \eta W_p = \frac{p_b}{\rho} + gZ_b + \frac{\alpha_b \bar{V}_b^2}{2} + h_f \tag{4.74}$$

對於不可壓縮流體的流動問題，(4.74) 式是伯努利方程式的最後運算式。

例題 4.6

有一裝置如圖 4.11 所示。泵由一儲存槽抽取比重為 1.84 的溶液，流經 3 in. (75 mm) Schedule 40 的鋼管。泵的效率為 60%。在吸入管線中流體的速度為 3 ft/s (0.914 m/s)。然後，泵再經 2 in. (50 mm) Schedule 40 的管，將溶液排放到位於高處的槽內。排放管末端高於進料槽液面 50 ft (15.2 m)。整個管路系統的摩擦損失為 10 ft·lb$_f$/lb (29.9 J/kg)。試問泵所提供的壓力為何？泵傳送到流體的功率為何？

解

利用 (4.74) 式。取槽中液面為位置 a 且以 2 in. 管的排放末端為位置 b。取位置 a 的液面作為高度的基準面。因為在兩個位置的壓力均為大氣壓力，所以 $p_a = p_b$。位置 a 的速度可以忽略，此乃因槽的直徑比管的直徑大很多。對亂流而言，可取動能因數 α 為 1.0 而產生的誤差可忽略不計。以 fps 單位表示的 (4.74) 式變成

$$W_p \eta = \frac{g}{g_c} Z_b + \frac{\bar{V}_b^2}{2g_c} + h_f$$

由附錄 3 可知，3 in. 與 2 in. 管的截面積分別為 0.0513 ft^2 與 0.0233 ft^2。在 2 in. 管中的速度為

$$\bar{V}_b = \frac{3 \times 0.0513}{0.0233} = 6.61 \text{ ft/s}$$

流體流動的基本方程式 99

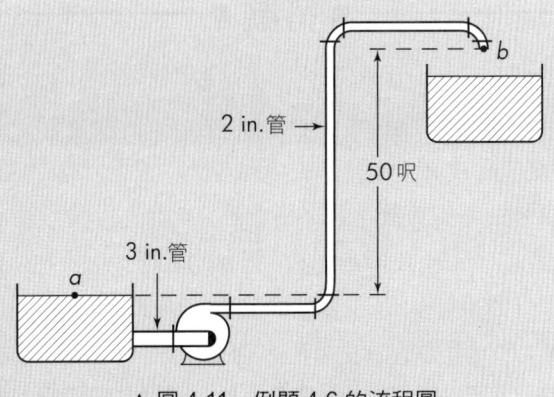

▲ 圖 4.11　例題 4.6 的流程圖

因此

$$0.60W_p = 50\frac{g}{g_c} + \frac{6.61^2}{64.34} + 10 = 60.68$$

且

$$W_p = \frac{60.68}{0.60} = 101.1 \text{ ft·lb}_f/\text{lb}$$

將 (4.74) 式應用於泵本身，可求出泵提供的壓力。令位置 a 為泵的吸入端接頭，位置 b 為泵排放口，吸入端與排放端的高度差可忽略，則 $Z_a = Z_b$，(4.74) 式變成

$$\frac{p_b - p_a}{\rho} = \frac{\bar{V}_a^2 - \bar{V}_b^2}{2g_c} + W_p\eta$$

由泵提供的壓力為

$$p_b - p_a = 1.84 \times 62.37\left(\frac{3^2 - 6.61^2}{2 \times 32.17} + 60.68\right)$$

$$= 6{,}902 \text{ lb}_f/\text{ft}^2 \text{ or } \frac{6{,}902}{144} = 47.9 \text{ lb}_f/\text{in}^2 \text{ (330 kN/m}^2\text{)}$$

傳送到泵的功率 P 為 W_p 與質量流率的乘積再除以轉換因數 1 hp = 550 ft·lb$_f$/s。質量流率為

$$\dot{m} = 0.0513 \times 3 \times 1.84 \times 62.37 = 17.66 \text{ lb/s}$$

功率為

$$P = \frac{\dot{m}W_p}{550} = \frac{17.66 \times 101.1}{550} = 3.25 \text{ hp (2.42 kW)}$$

傳送到流體的功率為

$$3.25 \times 0.60 = 1.95 \text{ hp (1.45 kW)}$$

■ 符號 ■

A ：面積，m^2 或 ft^2

B ：例題 4.3 中，平板之間的距離，m 或 ft

b ：液體層的寬度，m 或 ft

C_1, C_2 ：(4.42) 與 (4.43) 式中的常數

D ：圓形通道的直徑，m 或 ft；D_a，在位置 a 的直徑；D_b，在位置 b 的直徑

E_k ：流體的動能，J 或 $ft \cdot lb_f$；$\dot{E}_k$，動能的流率，J/s 或 $ft \cdot lb_f/s$

F ：力，N 或 lb_f；F_g，重力的分量；F_w，通道壁面對流體的淨力；$F_{w,x}$，F_w 在 x 方向的分量；$F_{w,y}$，F_w 在 y 方向的分量；F_θ，切線力或切線力的分量

G ：質量速度，$kg/m^2 \cdot s$ 或 $lb/ft^2 \cdot s$

g ：每單位質量的重力向量 N/kg 或 lb_f/lb；$\mathbf{g}_x$，x 方向的重力分量

g ：重力加速度，m/s^2 或 ft/s^2

g_c ：牛頓定律的比例因數，$32.174 \, ft \cdot lb/lb_f \cdot s^2$

h ：摩擦損失，J/kg 或 $ft \cdot lb_f/lb$；h_f，介於位置 a 與位置 b 之間的管道摩擦損失；h_{fp}，泵中的總摩擦損失

L ：長度，m 或 ft

M ：分子量；或是動量，$kg \cdot m/s$ 或 $ft \cdot lb/s$；$\dot{M}$，動量的流率，$kg \cdot m/s^2$ 或 $ft \cdot lb/s^2$；$\dot{M}_a$，在位置 a 的動量流率；$\dot{M}_b$，在位置 b 的動量流率

m ：質量，kg 或 lb；$\dot{m}$，質量流率，kg/s 或 lb/s

n ：莫耳數

P ：功率，kW 或 hp

p ：壓力，N/m^2 或 lb_f/ft^2；p_a，在位置 a 的壓力；p_b，在位置 b 的壓力

q ：體積流率，m^3/s 或 ft^3/s

Re ：雷諾數，無因次

r ：徑向距離，m 或 ft；r_1，在位置 1 的徑向距離；r_2，在位置 2 的徑向距離；也是離液面的距離，m 或 ft

r_H ：水力半徑，m 或 ft

S ：截面積，m^2 或 ft^2；S_a，在位置 a 的截面積；S_b，在位置 b 的截面積；$S_{a,x}$、$S_{b,x}$、S_a 與 S_b 在與 x 軸垂直之平面的投影；$S_{a,y}$、$S_{b,y}$、S_a 與 S_b 在與 y 軸垂直之平面的投影

T ：轉矩，$N \cdot m$ 或 $ft \cdot lb_f$；也是溫度，°C 或 °F；T_a，在點 a 的溫度；T_b，在點 b 的溫度

t ：時間，s

u ：速度或 x 方向的速度分量，m/s 或 ft/s；u_a，在位置 a 的速度；u_b，在位置 b 的速度；u_r，在徑向方向的速度；u_θ，在切線方向的速度

V ：總速度向量，m/s 或 ft/s

V ：速度的純量值，m/s 或 ft/s；$\bar{V}$，平均速度；$\bar{V}_a$，在位置 *a* 的平均速度；$\bar{V}_b$，在位置 *b* 的平均速度；也是體積，m³ 或 ft³

v ：速度或在 *y* 方向的速度分量，m/s 或 ft/s；v_0，在例題 4.3 中移動平板之速度

W_p ：單位質量流體的泵功，J/kg 或 ft·lb$_f$/lb

w ：速度或在 *z* 方向的速度分量，m/s 或 ft/s

Z ：基準面以上的高度，m 或 ft；Z_a，在位置 *a* 的高度；Z_b，在位置 *b* 的高度

■ 希臘字母 ■

α ：動能修正因數，由 (4.70) 式定義；α_a，在位置 *a* 的修正因數；α_b，在位置 *b* 的修正因數

β ：動量修正因數，由 (4.49) 式定義；β_a，在位置 *a* 的修正因數；β_b，在位置 *b* 的修正因數；β_1，在位置 1 的修正因數；β_2，在位置 2 的修正因數

Γ ：薄層流的液體負載，kg/m·s 或 lb/ft·s

δ ：液層的厚度，m 或 ft

η ：泵的總效率，無因次

θ ：排放管的角度，圖 4.10

κ ：流體的整體黏度，mPa·s 或 lb/ft·s

μ ：黏度，mPa·s 或 lb/ft·s

ρ ：密度 kg/m³ 或 lb/ft³；ρ_a，在位置 *a* 的密度；ρ_b，在位置 *b* 的密度

τ ：應力，N/m² 或 lb$_f$/ft²；τ_{xx}，作用於體積元素的 *x* 面之法向應力；τ_{yx}，作用於 *y* 面而指向 *x*- 方向的剪應力；τ_{zx}，作用於 *z* 面而指向 *x*- 方向的剪應力

φ ：與垂直方向的夾角

■ 習題 ■

4.1. 一液體以穩定的方式流經 75 mm 的管子。其局部速度隨著與管軸的距離而變化，如表 4.1 所示。計算 (a) 平均速度 $\bar{V}$，(b) 動能修正因數 *α*，(c) 動量修正因數 *β*。

4.2. 圖 4.5 顯示，有一流體在間距固定的兩平板之間流動，速度 v_0 必須大到足以克服重力效應；否則流體會向下流動。在某特定系統，平板間距為 1 mm，流體為一種油，其密度為 900 kg/m³ 且黏度為 50 mPa·s。與 *ρg* 項比較，壓力降 *dp/dy* 可忽略不計。(a) 移動平板的最小向上速度為多少，才能使所有流體向上流動？(b) 若 v_0 設定在這個最小值，則在兩板之間的中點，流體的速度為多少？(c) 在靜止平板、移動平板以及兩板中點處，流體的剪切率各為多少？利用例題 4.3 的方程式。

▼ 表 4.1　習題 4.1 的數據

局部速度 u, m/s	離管軸的距離, mm	局部速度 u, m/s	離管軸的距離, mm
1.042	0	0.919	22.50
1.033	3.75	0.864	26.25
1.019	7.50	0.809	30.00
0.996	11.25	0.699	33.75
0.978	15.00	0.507	35.625
0.955	18.75	0	37.50

4.3. (a) 直徑為 30 ft，垂直深度為 25 ft 的水槽。在槽底出口處連接一直徑為 4 in. 的水平管。若此管在靠近水槽的地方被剪斷，則水由槽中流出的初流率為多少？（切斷後遺留的短管的摩擦損失可忽略不計。）(b) 必須歷經多久，才可以使槽中的水完全流光？(c) 求水的平均流率並與最初流率比較。

4.4. 用泵將 20°C 的水，以恆定的速率 9 m³/h 由地面上的大水池輸送到一實驗用的吸收塔的開放塔頂。排放點高於地面 5 m，且由水池至塔頂間的 50 mm 管，其摩擦損失為 2.5 J/kg。若泵僅能輸送 0.1 kW 的功率，則水池內水位必須維持在何種高度？

4.5. 水以 6 m/s 的速度以及 70 kN/m² 的表壓，進入位於水平面上，內徑為 100 mm 的 90° 肘管 (elbow)。忽略摩擦力，欲使肘管位置維持不動，則作用於肘管上的力，其大小及方向各為多少？

4.6. 直徑為 2.5 m，高為 4 m 的垂直圓柱反應器，將水噴灑於反應器頂部且讓水沿著反應器的外壁流下，而將反應器冷卻。若水的流率為 0.15 m³/min，平均水溫為 40°C，試估算水層的厚度。

4.7. 將密度為 1040 kg/m³ 且黏度為 1.25 mPa·s 的水溶液，從填料為 2.5 × 2.5 cm 拉西環 (Raschig ring) 的塔頂噴灑下來，液體流率為 4,500 kg/m²·h。(a) 試估算液體由填充物的表面流下形成液膜的平均厚度。假設傾斜角為 45°，且液體均勻地流經填料的上層。參閱表 18.1 有關填料的資訊。(b) 液體占塔體積的分率是多少？(c) 如果總填充物的表面僅一半是潤濕的，則液膜的平均厚度是多少？

4.8. 當需求低迷時，泵儲存設備在夜間自河流取水且將水泵到高於河流 500 ft 的山頂水庫。在白天，水經過渦輪機返回以滿足尖峰需求。(a) 有 2 個 30 吋的管子，每支管長 2,500 ft，體積流率為 20,000 gal/min，若泵的效率為 85%，則所需要的泵功率為多少？摩擦損失約為 15 ft 的水；(b) 若用相同的總流率，則由渦輪產生的功率是多少？(c) 作為能量儲存系統，此設備的整體效率為何？

4.9. 流體的速度分布分成三部分，15% 的截面積其流速為 1.6 m/s，35% 的截面積其流速為 3.2 m/s，剩餘的截面積流速為 4.5 m/s。(a) 質量流率和平均速度的乘積與流體的總動量相差多少？(b) 是否有一種速度分布其質量流率乘以平均速度恰等於流體的動量？

■ 參考文獻 ■

1. Bennett, C. O., and J. E. Myers. *Momentum, Heat, and Mass Transfer*. 3d ed. New York: McGraw-Hill, 1982.
2. Bird, R. B., W. E. Stewart, and E. N. Lightfoot. *Transport Phenomena*. New York: Wiley, 1960; (*a*) p. 79, (*b*) p. 81, (*c*) pp. 84-91.
3. Geankoplis, C. J. *Transport Processes and Unit Operations*. 3d ed. Englewood Cliffs, NJ: Prentice-Hall, 1993.
4. Nusselt, W. VDIZ, **60**:541, 569 (1916).
5. Perry, R. H., and D. W. Green, eds. *Perry's Chemical Engineers' Handbook*. 7th ed. New York: McGraw-Hill, 1997, p. **6**-7.
6. Portalski, S. *Chem. Eng. Sci*. **18**:787 (1963).
7. Streeter, V. L., and E. B. Wylie. *Fluid Mechanics*. 8th ed. New York: McGraw-Hill, 1985.

CHAPTER 5
不可壓縮流體在管路與渠道內的流動

化學工程師在工業的實際應用上,常涉及流體流經厚管 (pipe)、薄管 (tube) 以及非圓形截面的渠道 (channel)。通常所遭遇的問題是管路充滿流動流體,而有一些問題則是流體未完全充滿管路的流動,流體薄層自傾斜或垂直面落下,流體流經固體床或在攪拌槽內流動。

本章討論不可壓縮流體流經密閉管路及渠道的穩定流動。第 4 章已討論過薄層流動;第 6 章涵蓋可壓縮流體的流動,第 7 章討論流體通過固體床的流動,第 9 章討論在攪拌槽內的流動。

管內的剪應力與表皮摩擦

剪應力分布

考慮密度不變的穩定流體,充分發展 (fully developed) 的流經一水平管。想像一個與管軸同心,半徑為 r,長度為 dL 的盤形流體單元,如圖 5.1 所示。假設將此單元孤立成自由體,令流體在盤面上游及下游的壓力分別為 p 與 $p + dp$。因為流體具有黏度,所以在此單元的邊緣上有一與流動方向相反的剪力存在。應用動量方程式 (4.52) 於兩盤面之間。由於流動為充分發展,下游的 β_b 等於上游的 β_a,且 $\bar{V}_b = \bar{V}_a$,使得 $\sum F = 0$,欲代入 (4.52) 式的量為

$$S_a = S_b = \pi r^2 \qquad p_a = p \qquad p_a S_a = \pi r^2 p \qquad p_b S_b = (\pi r^2)(p + dp)$$

作用於單元邊緣的剪力 F_s 是剪應力與圓柱側表面積的乘積,亦即 $(2\pi r\, dL)\tau$ [在 (4.52) 式中,力 F_s 等於 $-F_w$]。由於渠道是水平,故 F_g 為零。將這些量代入 (4.52) 式,可得

$$\sum F = \pi r^2 p - \pi r^2 (p + dp) - (2\pi r\, dL)\tau = 0$$

105

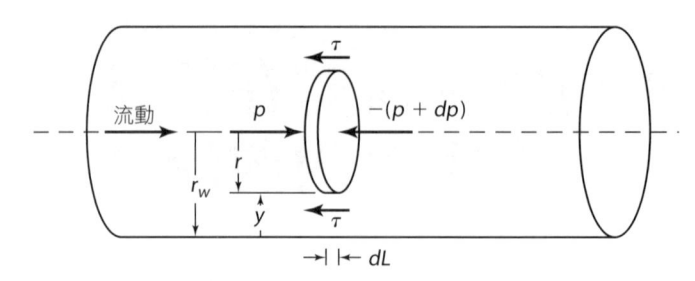

▲ 圖 5.1　穩定流通過管內的流體單元

將上式除以 $\pi r^2 \, dL$，化簡後可得

$$\frac{dp}{dL} + \frac{2\tau}{r} = 0 \tag{5.1}$$

在穩定流中，不論是層流或亂流，在管子的任何已知截面，其壓力均為一定，因此 dp/dL 與 r 無關。若取 $\tau = \tau_w$ 且 $r = r_w$，則 (5.1) 式可寫成對管子的整個截面而言的形式，其中 τ_w 為管壁的剪應力，而 r_w 為管的半徑。(5.1) 式變成

$$\frac{dp}{dL} + \frac{2\tau_w}{r_w} = 0 \tag{5.2}$$

(5.2) 式減 (5.1) 式可得

$$\frac{\tau_w}{r_w} = \frac{\tau}{r} \tag{5.3}$$

又，當 $r = 0$ 時，$\tau = 0$。(5.3) 式中，τ 與 r 之間的簡單線性關係顯示於圖 5.2 中。注意此線性關係可應用於層流與亂流，亦可應用於牛頓流體與非牛頓流體。

表皮摩擦與壁剪力之間的關係

可寫出適用於整個流動中的某一定管長 L 的 (4.71) 式。在第 4 章中，Δp 定義為 $p_b - p_a$，但通常 (不是一定) $p_a > p_b$，因此 $p_b - p_a$ 為負。Δp 常用來表示**壓力降** (pressure drop)，亦即 $p_a - p_b$，而此術語將用於本章及以後的章節。此處 $p_b = p_a - \Delta p$, $Z_b - Z_a = 0$，並消去兩個動能項。此外，表皮摩擦 (skin friction) 是壁面與流體之間唯一的摩擦，而只有表皮摩擦引起壓力降。以 h_{fs} 表示表皮摩擦，而以 Δp_s 表示壓力降，則 (4.71) 式變成

$$\frac{p_a}{\rho} = \frac{p_a - \Delta p_s}{\rho} + h_{fs}$$

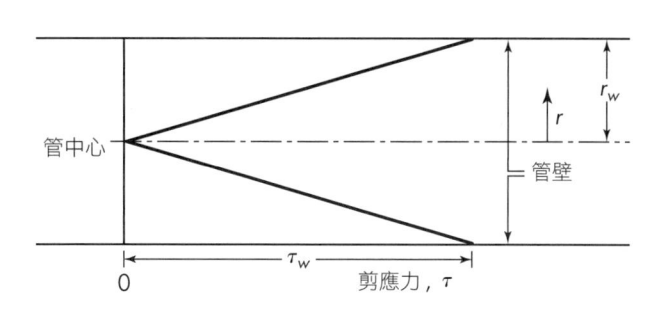

▲ 圖 5.2　管內剪應力的變化

或

$$\frac{\Delta p_s}{\rho} = h_{fs} \tag{5.4}$$

對一定的管長 L 而言，(5.2) 式中的 dp/dL 變成 $\Delta p_s/L$。由 (5.2) 與 (5.4) 式消去 Δp_s，可得 h_{fs} 與 τ_w 之間的關係式：

$$h_{fs} = \frac{2}{\rho}\frac{\tau_w}{r_w}L = \frac{4}{\rho}\frac{\tau_w}{D}L \tag{5.5}$$

其中 D 為管的直徑。

摩擦係數

另一個常用的參數為**范寧摩擦係數** (Fanning friction factor)[†]，此參數在亂流的研究中特別有用。范寧摩擦係數，記做 f，其定義為壁面剪應力對於密度與速度高差 (velocity head) $\bar{V}^2/2$ 乘積的比值：

$$f \equiv \frac{\tau_w}{\rho \bar{V}^2/2} = \frac{2\tau_w}{\rho \bar{V}^2} \tag{5.6}$$

表皮摩擦參數之間的關係

用來量測管中表皮摩擦的四種常用量，h_{fs}、Δp_s、τ_w 以及 f，其間之關係可

[†] 在流體力學文獻中，另一個常用的摩擦係數稱布拉休斯 (Blasius) 或達西 (Darcy) 摩擦係數，其值為 $4f$。

用下列方程式表示

$$h_{fs} = \frac{2}{\rho}\frac{\tau_w}{r_w}L = \frac{\Delta p_s}{\rho} = 4f\frac{L}{D}\frac{\bar{V}^2}{2} \tag{5.7}$$

由此可得

$$f = \frac{\Delta p_s}{2L\rho}\frac{D}{\bar{V}^2} \tag{5.8}$$

且

$$\frac{\Delta p_s}{L} = \frac{2f\rho\bar{V}^2}{D} \tag{5.9}$$

(5.9) 式通常用於計算直管的表皮摩擦損失。(5.7) 式至 (5.9) 式中的 Δp_s 與 h_{fs} 的下標 s 是要提醒當它們與范寧摩擦係數聯繫在一起時，則僅是指**表皮摩擦** (skin friction)。假如伯努利方程式有其它項存在，或形態摩擦 (form friction) 也很活躍，則 $p_a - p_b$ 與 Δp_s 相異。若有邊界層分離發生，則 h_f 大於 h_{fs}。

非圓形渠道內的流動

在計算非圓形截面的渠道內之表皮摩擦時，要將雷諾數中的直徑以及 (5.8) 式摩擦係數定義中的直徑改為**相當直徑** (equivalent diameter) D_{eq}，而 D_{eq} 定義為四倍水力半徑。水力半徑記做 r_H，定義為渠道的截面積對渠道被潤濕的周長的比值：

$$r_H \equiv \frac{S}{L_p} \tag{5.10}$$

其中　S = 渠道的截面積

　　　L_p = 渠道與流體接觸的周長

因此，對特例是圓管的情況，水力半徑為

$$r_H = \frac{\pi D^2/4}{\pi D} = \frac{D}{4}$$

相當直徑為 $4r_H$，或為 D。

另一個重要特例是介於兩同心圓管之間的環形部分，其水力半徑為

$$r_H = \frac{\pi D_o^2/4 - \pi D_i^2/4}{\pi D_i + \pi D_o} = \frac{D_o - D_i}{4} \tag{5.11}$$

其中 D_i 與 D_o 分別為環形的內徑與外徑。因此，環形的相當直徑為其二個直徑之差。此外，邊長為 b 的方形管，其相當直徑為 $4(b^2/4b) = b$。對於介於兩平行板的流動，若兩板之間的距離遠小於板之寬度，則相當直徑 $D_{eq} = 2b$。

在摩擦係數 [(5.7) 式] 與雷諾數 [(3.10) 式] 的定義式中，可用 $2r_H$ 取代 r 或 D_{eq} 取代 D 作為定義之推廣。水力半徑在亂流中特別有用，而在層流中使用較少，但在許多層流的情況，可用數學來計算流體流動的關係，如下節所示。

管路與渠道之層流

若流體為不可壓縮且為穩定及充分發展的流動，則 (5.1) 式至 (5.9) 式可應用於層流與亂流。因為剪應力黏度關係式對層流而言較為簡單，故由這些方程式所做的推導很容易應用於層流。

牛頓流體的層流

對牛頓流體而言，處理某些量就顯得特別直接，如速度分布、平均速度、動量及動能修正因數 (correction factor) 等量可輕易求得。

速度分布　在流域中，局部速度與位置之間的關係可如下求得。在圓形渠道，因為對管軸而言，具有對稱性，因此局部速度 u 僅與半徑 r 有關。考慮一半徑為 r，寬度為 dr 之薄環，其所形成之截面積為 dS，則

$$dS = 2\pi r\, dr \tag{5.12}$$

欲求速度分布可利用黏度的定義 [(3.3) 式]，寫成

$$\mu = -\frac{\tau}{du/dr} \tag{5.13}$$

方程式中的負號是指在管中 u 隨著 r 增加而減少。由 (5.3) 式與 (5.13) 式消去 τ，可得下列關於 u 與 r 的常微分方程式：

$$\frac{du}{dr} = -\frac{\tau_w}{r_w \mu} r \tag{5.14}$$

將 (5.14) 式積分,邊界條件為 $u = 0$,$r = r_w$,可得

$$\int_0^u du = -\frac{\tau_w}{r_w} \int_{r_w}^r r\, dr$$

$$u = \frac{\tau_w}{2r_w}(r_w^2 - r^2) \tag{5.15}$$

局部速度的最大值記做 u_{max},此最大值位於管的中心。以 0 代入 (5.15) 式中的 r,可求得 u_{max} 的值,亦即

$$u_{max} = \frac{\tau_w r_w}{2} \tag{5.16}$$

將 (5.15) 式除以 (5.16) 式,可得下列局部速度與最大速度之比:

$$\frac{u}{u_{max}} = 1 - \left(\frac{r}{r_w}\right)^2 \tag{5.17}$$

(5.17) 式顯示,在層流,速度分布對半徑而言是一拋物線,其頂點位於管的中心線。此速度分布顯示於圖 5.3 之虛線。

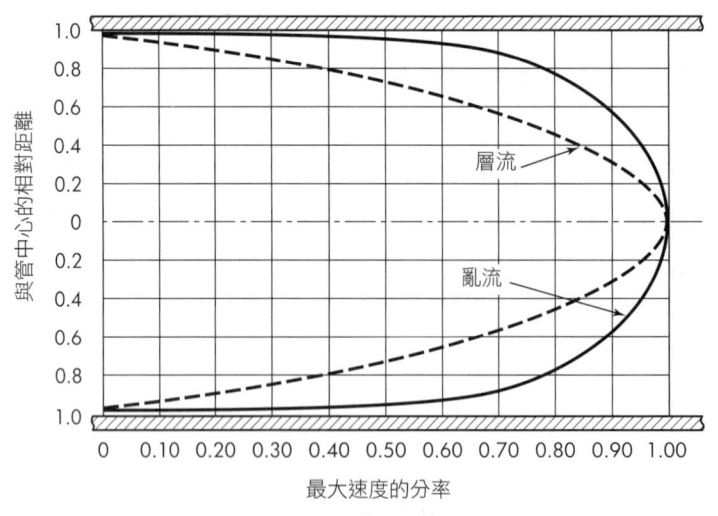

▲ 圖 5.3 對層流與 Re = 10,000 的亂流,流動已充分發展的牛頓流體在管中的速度分布

平均速度 將 (5.12) 式的 dS，(5.15) 式的 u，以及 $S = \pi r_w^2$ 代入 (4.11) 式，可得

$$\bar{V} = \frac{\tau_w}{r_w^3} \int_0^{r_w} (r_w^2 - r^2) r \, dr = \frac{\tau_w r_w}{4} \tag{5.18}$$

比較 (5.16) 與 (5.18) 式，可知

$$\frac{\bar{V}}{u_{\max}} = 0.5 \tag{5.19}$$

平均速度恰好是最大速度的一半。

動能修正因數 動能修正因數 α 是將 (5.12) 式的 dS，(5.15) 式的 u，以及 (5.18) 式的 $\bar{V}$ 代入 (4.70) 式計算而得。最後結果為 $\alpha = 2.0$。因此對於管中的層流，伯努利方程式 [(4.71) 或 (4.74) 式] 中適當的動能項應為 $\bar{V}^2$。

動量修正因數 此外，欲求層流的 β 值，可利用 (4.50) 式的定義式，得到 $\beta = \frac{4}{3}$ 的結果。

Hagen-Poiseuille 方程式

在實際的計算是改變 (5.18) 式，即利用 (5.7) 式以 Δp_s 取代 τ_w，將 τ_w 消去並以管的直徑取代管的半徑，結果為

$$\bar{V} = \frac{\Delta p_s}{L} \frac{r_w}{2} \frac{r_w}{4\mu} = \frac{\Delta p_s D^2}{32 L \mu}$$

解出 Δp_s，可得

$$\Delta p_s = \frac{32 L \bar{V} \mu}{D^2} \tag{5.20}$$

因為 $\Delta p_s = 4\tau_w/(DL)$

$$\tau_w = \frac{8 \bar{V} \mu}{D} \tag{5.21}$$

將 (5.21) 式代入 (5.6) 式，得到

$$f = \frac{16}{D\bar{V}\rho} = \frac{16}{\text{Re}} \tag{5.22}$$

(5.20) 式為 (Hagen-Poiseuille) 方程式，其用途之一為利用實驗量測黏度，亦即量測流經已知管長與管徑的壓力降及體積流率而測得黏度。由流率，則 $\bar{V}$ 可用 (4.12) 式求得且由 (5.20) 式計算 μ。實際上，有必要考慮動能的修正與入口效應的影響。

非牛頓液體的層流

因為非牛頓液體的剪應力與速度梯度之間的關係與牛頓液體相異，故兩者具有不同的速度分布。對於較複雜的非牛頓流動，則可由實驗求出其速度分布。對於較簡單的情形，如冪律模式 (power law model) [(3.9) 式] 或賓漢模式 (Bingham model) [(3.8) 式]，則可將測定牛頓流體的流動參數的方法，應用於此類非牛頓流體。

對於遵循冪律模式的流體，其速度隨著半徑變化的公式為

$$u = \left(\frac{\tau_w}{r_w K'}\right)^{1/n'} \frac{r_w^{1+1/n'} - r^{1+1/n'}}{1 + 1/n'} \tag{5.23}$$

圖 5.4 所顯示的是，當 $n' = 0.5$ (擬塑膠流體)，$n' = 1.0$ (牛頓流體)，及 $n' = 2.0$ (膨脹性流體) 時，由 (5.23) 式所定義的速度分布。假設 K' 值在所有的情況下均相同。膨脹性流體的曲線比真實拋物線狹窄且尖銳，而擬塑膠流體的曲線則呈現鈍形且平坦。

冪律流體的流動其壓力差可利用推導牛頓流體 (5.20) 式的方法求得，所得之結果為

$$\Delta p_s = 2K'\left(\frac{3n'+1}{n'}\right)^{n'} \frac{\bar{V}^{n'}}{r_w^{n'+1}} L \tag{5.24}$$

(5.24) 式相當於牛頓流體的 (5.20) 式。

遵循賓漢塑膠流動模式的流體其行為稍為複雜。圖 5.5a 顯示其 u 對 r 的一般曲線形狀。在管的中央部分，速度並不隨半徑變化，而速度梯度侷限於中央部分與管壁間的環狀空間。中央部分以柱狀流移動，各種形式的流動都會產生剪

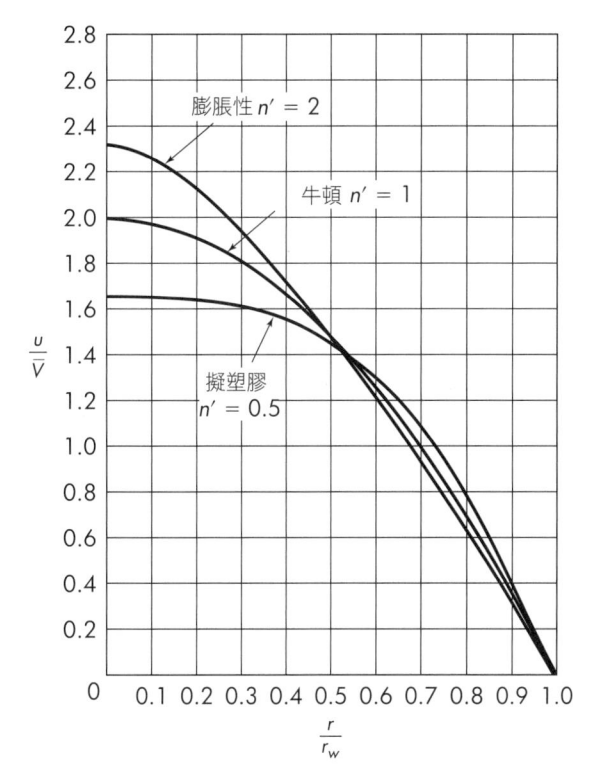

▲ 圖 5.4　牛頓與非牛頓液體，層流的速度分布

應力，但在中央部分的剪應力因太小而無法克服門檻剪應力 (threshold shear) τ_0。圖 5.5b 顯示剪應力的圖形。介於管壁與柱狀流之間的環狀空間，可利用下列方程式求其速度變化：

$$u = \frac{1}{K}(r_w - r)\left[\frac{\tau_w}{2}\left(1 + \frac{r}{r_w}\right) - \tau_0\right] \tag{5.25}$$

其中 K 為常數。欲求柱狀流與其餘流體之間的邊界，可將 (5.25) 式微分且令速度梯度等於零，或只是由圖 5.5b 讀取數值。結果為

$$r_c = \frac{\tau_0}{\tau_w}r_w \tag{5.26}$$

欲求中央區的速度 u_c，即柱狀流移動的速度，可將 (5.25) 式的 r，以 (5.26) 式的 r_c 取代，重新整理後，可得

$$u_c = \frac{\tau_0}{2Kr_c}(r_w - r_c)^2 \tag{5.27}$$

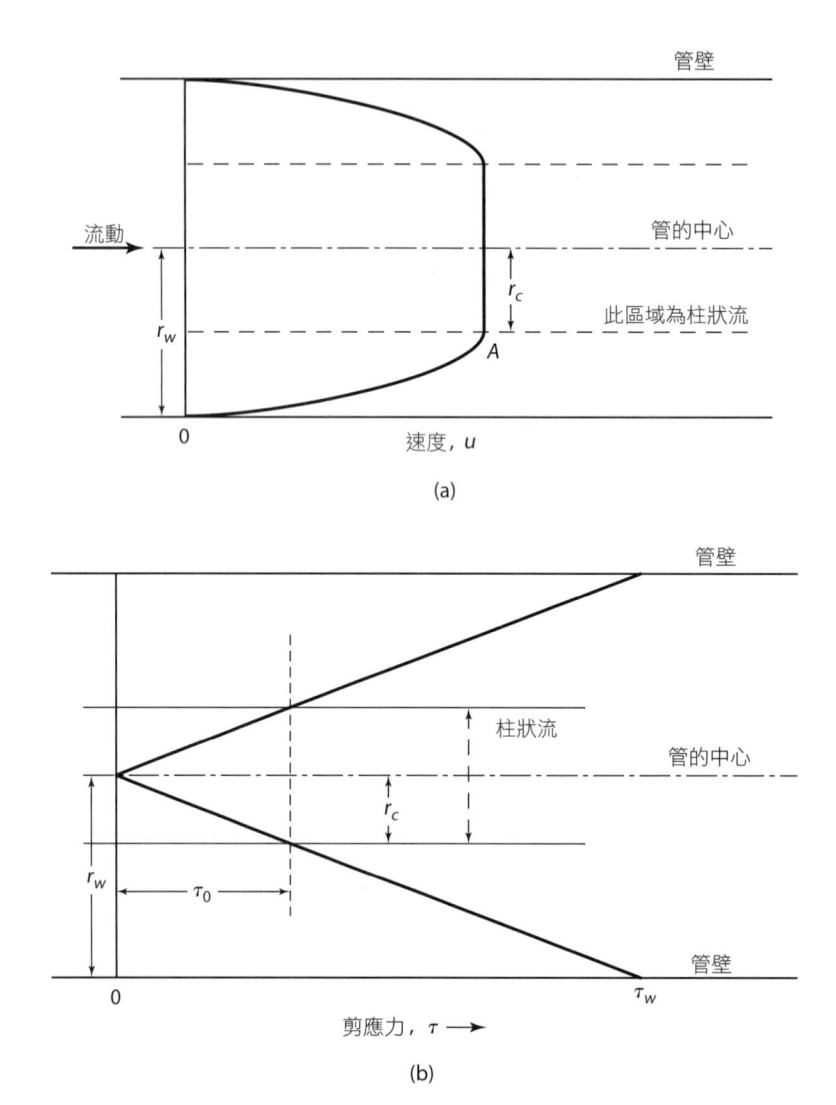

▲ 圖 5.5　賓漢塑膠流動的 (a) 速度分布及 (b) 剪應力圖形

　　由一有趣的觀測可知，一些非牛頓混合物[9]在高剪應力時，出現違反在壁面是零速度的邊界條件。對多相流體而言，如懸浮液及充滿纖維質的高分子，此效應被認為是在靠近壁的薄層，由於缺乏粉體或纖維質，使得此部分的流體其黏度低於整體流體的黏度所造成的結果。這是在壁面出現的「滑脫」(slip) 現象，文獻上常利用實驗式來說明此壁面效應。[14]

環形管內的層流

　　牛頓流體流經環形管空間的層流，其局部速度與徑向位置之間的關係式，可用如同在圓管中的流動所用的方法求得。

此結果由 Bird、Stewart 與 Lightfoot[1] 所導出，其方程式為

$$u = \frac{\Delta p_s r_0^2}{4\mu L}\left[1 - \left(\frac{r}{r_0}\right)^2 + \frac{1-\kappa^2}{\ln(1/\kappa)}\ln\frac{r}{r_0}\right] \quad (5.28)$$

其中　　r_o = 環形管的外半徑

$\kappa = r_i/r_o$ 的比

r_i = 環形管的內半徑

對於環形管中的流動，雷諾數為

$$\text{Re} = \frac{(D_o - D_i)\bar{V}\rho}{\mu} \quad (5.29)$$

其中 D_i 與 D_o 分別為環形管的內徑與外徑。由 (5.28) 式可計算出摩擦係數，如同導出 (5.22) 式。對於流經環形管的層流，摩擦係數與雷諾數之關係式為[5]

$$f = \frac{16}{\text{Re}}\phi_a \quad (5.30)$$

其中 ϕ_a 為 D_i/D_o 的函數，如圖 5.6 所示。對於圓形截面，ϕ_a 的值為 1，而對於平行面，ϕ_a 的值為 1.5。流經其它截面的層流方程式，在各種教科書中均可找到。[5] 例如在射出成型的操作中，黏稠的非牛頓液體流經形狀複雜的渠道，其流動可利用 (4.22) 式以數值近似法予以分析。

厚管與渠道中的亂流

流經密閉渠道的亂流，其速度在流體與固體之界面為零，且 (除了極少) 無垂直壁面之速度分量。在緊鄰壁面的細薄體積內，速度梯度為常數且大部分的時間，流動是黏稠的，此體積稱為**黏稠副層** (viscous sublayer)。以往假定此副層具有一定的厚度且無渦流產生，但由量測證實，當亂流移入此區域偶爾會形成渦流，造成副層內有速度波動。在極接近管壁處，不常出現渦流，但沒有完全無渦流的區域。在黏稠副層內，重要的只是黏稠剪力，而渦流的擴散，即使存在也是次要。

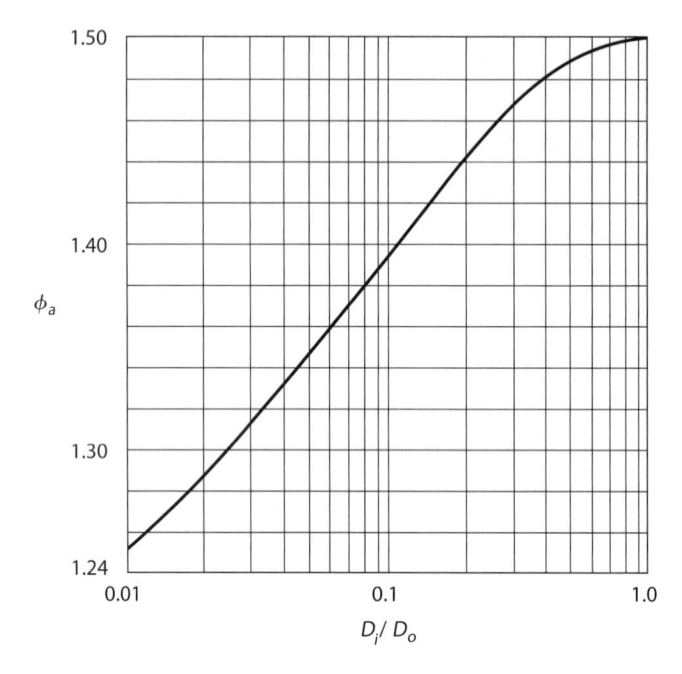

▲ 圖 5.6　(5.30) 式中的 ϕ_a 值

黏稠副層僅占總截面的極少部分，它的上端邊界並不明顯，而且其厚度很難界定。過渡層 (transition layler) 緊鄰黏稠副層，在此層中存在著黏稠剪力以及由於渦流擴散所引起的剪力。過渡層有時又稱為**緩衝層** (buffer layer)，它也是非常細薄。流動流域的整體截面均為亂流占據者，稱為**亂流核心** (turbulent core)。在亂流核心中，黏稠剪力與渦流黏度互相比較時，黏稠剪力可以忽略。

亂流的速度分布

因為重要的流動參數與速度分布有關，所以對於亂流速度分布的測定，不論在理論和實驗上均有相當多的研究。雖然此問題並未完全解決，但已經得到可用於計算亂流之重要特性的關係式；且由理論計算所得的結果與實驗數據核對，還算不錯。

圖 5.3 顯示在平滑管中，牛頓流體以亂流移動，其雷諾數為 10,000 時的典型速度分布。該圖亦顯示層流的速度分布，兩者在管中心具有相同的最大速度。亂流的曲線顯然比層流平坦許多，其平均速度與最大速度相差不大。當雷諾數更高時，其亂流曲線甚至會比圖 5.3 中的亂流曲線更為平坦。

如同在層流一般，亂流在中心線上的速度梯度為零。在亂流核心其渦流大但強度小，而在過渡區則渦流小但強度大。大部分渦流的動能含量位於緩衝區與亂流核心的外側。在中心線上的亂流是等向性 (isotropic) 的，其它區域的亂流

則是異向性 (anisotropic) 的；否則，就不會有剪力。

按照慣例，亂流的速度分布表示法不是用速度對距離的方式，而是用下列方程式所定義的無因次參數來表達：

$$u^* \equiv \bar{V}\sqrt{\frac{f}{2}} = \sqrt{\frac{\tau_w}{\rho}} \tag{5.31}$$

$$u^+ \equiv \frac{u}{u^*} \tag{5.32}$$

$$y^+ \equiv \frac{yu^*\rho}{\mu} = \frac{y}{\mu}\sqrt{\tau_w\rho} \tag{5.33}$$

其中　u^* = 摩擦速度
　　　u^+ = 速度商，無因次
　　　y^+ = 距離，無因次
　　　y = 與管壁的距離

注意 y^+ 可視為基於摩擦速度以及與管壁之距離的雷諾數。介於 y、r 與管的半徑 r_w 之間的關係式為

$$r_w = r + y \tag{5.34}$$

與 u^+ 以及 y^+ 有關的方程式稱為通用 (universal) 速度分布定律。

通用速度分布方程式

由於黏稠副層非常薄，$r \approx r_w$，以 $-dy$ 取代 dr，則 (5.14) 式可寫成

$$\frac{du}{dy} = \frac{\tau_w}{\mu} \tag{5.35}$$

將 (5.31) 式的 u^*、(5.32) 式的 u^+、(5.33) 式的 y^+ 代入 (5.35) 式，可得

$$\frac{du^+}{dy^+} = 1$$

積分，取下限為 $u^+ = y^+ = 0$，可得層流副層中的速度分布

$$u^+ = y^+ \tag{5.36}$$

緩衝層的經驗方程式為

$$u^+ = 5.00 \ln y^+ - 3.05 \tag{5.37}$$

對於亂流核心已經有許多關係式提出，普蘭特 (Prandtl)[11] 提出含有經驗常數的方程式為

$$u^+ = 2.5 \ln y^+ + 5.5 \tag{5.38}$$

圖 5.7 為 (5.36)、(5.37) 與 (5.38) 式的半對數圖。從這三條線的兩個交點可看出各方程式所包含的範圍如下：

(5.36) 式，適用於黏稠副層：$y^+ < 5$
(5.37) 式，適用於緩衝區：$5 < y^+ < 30$
(5.38) 式，適用於亂流核心：$30 < y^+$

通用速度分布定律的限制

通用速度分布方程式有一些限制。可以確定的是緩衝區無法單獨存在，而且在緩衝區與亂流核心之間是連續的。此外，黏稠副層存在的真實性是有疑問的。當雷諾數從臨界值到約 10,000，這些簡單的 y^+-u^+ 關係式並不適用於接近緩衝區的亂流核心或緩衝區本身。最後，雖然已知在管中心線的速度梯度必為零，但 (5.38) 式要求在該線的速度梯度為有限值。

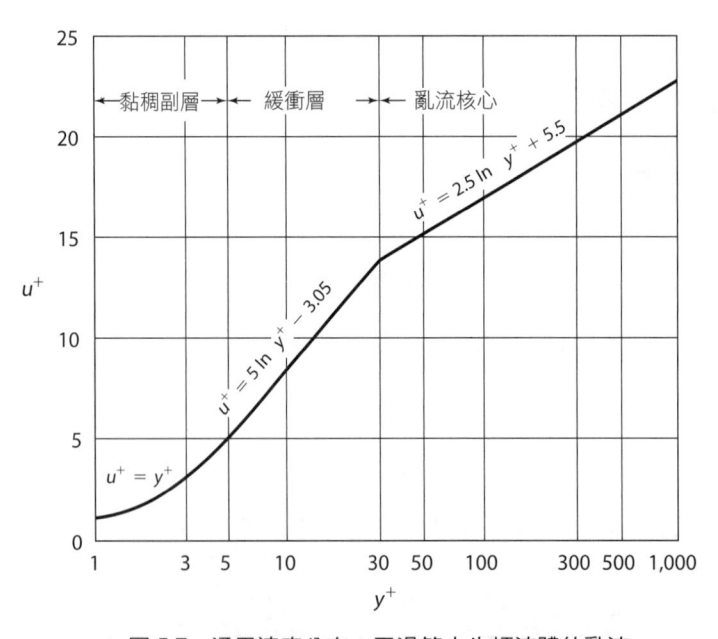

▲ 圖 5.7　通用速度分布；平滑管中牛頓流體的亂流

大量的研究致力於改良速度分布方程式,並消除或減少它們的缺點。此項工作在高等教科書 [3,5,12] 中都有記載,但超出本書的範圍。

亂流在平滑圓管中的流動量

若有速度分布的關係式,則可用一般的方法計算出重要的流動量。我們感興趣的量是:以管中心的最大速度來表示平均速度;以平均速度、最大速度及雷諾數,將流動阻力參數 τ_w 和 f 連接後的關係;動能修正因數 α;以及動量修正因數 β。

流動量的計算,是對管子的半徑積分,即由管中心到管壁積分。嚴格來說,積分應分三部分進行:第一部分的範圍是從 $y^+=0$ 到 $y^+=5$,利用 (5.36) 式;第二部分從 $y^+=5$ 到 $y^+=30$,利用 (5.37) 式;第三部分從 $y^+=30$ 到管中心的 y^+ 值,利用 (5.38) 式。因為前兩項積分所包含的是薄層,可以忽略,因此近似的計算可採用 (5.38) 式由 $r=0$ 到 $r=r_w$ 的單一積分,而此計算是合理的,即使此式預測在管壁之速度為有限值。

平均速度 對於管的中心線,(5.38) 式可寫成

$$u_c^+ = 2.5 \ln y_c^+ + 5.5 \tag{5.39}$$

其中 u_c^+ 與 y_c^+ 分別為 u^+ 與 y^+ 在中心線的值。此外,由 (5.32) 與 (5.33) 式,可知

$$u_c^+ = \frac{u_{\max}}{u^*} \tag{5.40}$$

$$y_c^+ = \frac{r_w u^*}{\nu} \tag{5.41}$$

其中 $u_{\max}$ 是在中心線的最大速度,且 $\nu = \mu/\rho$。

由 (5.38) 式減 (5.39) 式,得到

$$u^+ = u_c^+ + 2.5 \ln \frac{y^+}{y_c^+} \tag{5.42}$$

以 πr_w^2 取代 (4.11) 式的 S,以 $2\pi r\, dr$ 取代 dS,可得平均速度 $\bar{V}$,

$$\bar{V} = \frac{2\pi}{\pi r_w^2} \int_0^{r_w} ur\, dr \tag{5.43}$$

由 (5.34) 式知 $r = r_w - y$ 且 $dr = -dy$。此外，當 $r = 0$ 時，$y = r_w$；且當 $r = r_w$ 時，$y = 0$。消去 r 後，(5.43) 式變成

$$\bar{V} = \frac{2}{r_w^2} \int_0^{r_w} u(r_w - y)\, dy \tag{5.44}$$

將 (5.32) 式的 u、(5.33) 式的 y 代入上式，並利用 (5.42) 式的 u^+，則 (5.44) 式可寫成無因次參數，亦即

$$\bar{V} = \frac{5v^2}{r_w^2 u^*} \int_0^{y_c^+} \left(0.4 u_c^+ + \ln \frac{y^+}{y_c^+} \right)(y_c^+ - y^+)\, dy^+ \tag{5.45}$$

將 (5.45) 式 † 積分，可得 [2]

$$\frac{\bar{V}}{u^*} = \frac{1}{\sqrt{f/2}} = u_c^+ - 3.75 \tag{5.46}$$

將 (5.40) 式的 u_c^+ 與 (5.31) 式的 u^* 代入 (5.46) 式，得到

$$\frac{\bar{V}}{u_{\max}} = \frac{1}{1 + 3.75\sqrt{f/2}} \tag{5.47}$$

以 (5.47) 式計算的值是偏高的，因為它沒有將占總體流量百分之二，接近管壁的，低流速的流體考慮在內。

雷諾數–平滑管的摩擦係數定律　我們所擁有的方程式可用來導出平滑圓管中亂流的 Re 與 f 之間的重要關係。而此方程式可由適當的代入 (5.39) 式導出。由 y_c^+ 的定義 [(5.41) 式] 以及 u^* 的定義 [(5.31) 式]，可得

$$y_c^+ = \frac{r_w \bar{V}}{v} \sqrt{\frac{f}{2}} = \frac{D\bar{V}\sqrt{f/2}}{2v} = \frac{\mathrm{Re}}{2} \sqrt{\frac{f}{2}} = \mathrm{Re}\sqrt{\frac{f}{8}} \tag{5.48}$$

---

† 將 $x = y^+/y_c^+$ 代入，並利用積分表。此外，對於下限而言，當 $x = 0$ 時，$x \ln x = 0$ 且 $x^2 \ln x = 0$，由 (5.31) 式知，$\bar{V}/u^* = 1/\sqrt{f/2}$。

由 (5.46) 式

$$u_c^+ = \frac{1}{\sqrt{f/2}} + 3.75 \tag{5.49}$$

將 (5.49) 式的 u_c^+ 以及 (5.48) 式的 y_c^+ 代入 (5.39) 式，整理後，可得馮卡門方程式 (von Kármán equation)

$$\frac{1}{\sqrt{f/2}} = 2.5 \ln\left(\text{Re}\sqrt{\frac{f}{8}}\right) + 1.75 \tag{5.50}$$

(5.50) 式與實驗結果十分吻合，在雷諾數的範圍 $10^4 < \text{Re} < 10^6$，它所預測的摩擦係數與由圖 5.10 所讀取的摩擦係數相差在 2% 以內。

動能與動量修正因數　α、β 的值在亂流比在層流更接近於 1。將 (4.50) 與 (4.70) 式，即定義式積分，且利用對數速度定律，則可得這些修正因數的方程式。所得的方程式為

$$\alpha = 1 + 0.78f(15 - 15.9\sqrt{f}) \tag{5.51}$$

$$\beta = 1 + 3.91f \tag{5.52}$$

若亂流的 α 與 β 均假設為 1，其誤差通常很小，例如：當雷諾數為 10^4，在平滑管其摩擦係數為 0.0079，α 為 1.084，β 為 1.031；當 $\text{Re} = 10^6$ 時，$f = 0.0029$，$\alpha = 1.032$，$\beta = 1.011$。

若在介於一個位置為層流而另一位置為亂流之間，使用伯努利原理，則動能修正因數或許是重要的。此外，在某些密閉式熱交換裝置，其中流體通道的大小有很多改變且管子或熱傳表面短小[4]，則 α 與 β 因數也是重要的，在大部分的實際情況下，對亂流而言，這兩個因數均取值為 1。

最大速度與平均速度之間的關係

Re 與比值 $\bar{V}/u_{\max}$ 在平均速度與管中心的最大速度之間的關係上是有用的，此關係可作為流動狀況的函數。例如，量測流體流動的一種重要方法是皮托管 (pitot tube)，它可用來量測 $u_{\max}$，而經此單一量測後，即可利用此關係來求平均速度。

實驗量測的 $\bar{V}/u_{\max}$ 值是雷諾數的函數，如圖 5.8 所示，圖中包含從層流到亂流的範圍。對於層流，其比值恰為 0.5，與 (5.19) 式一致，當層流轉為亂流時，

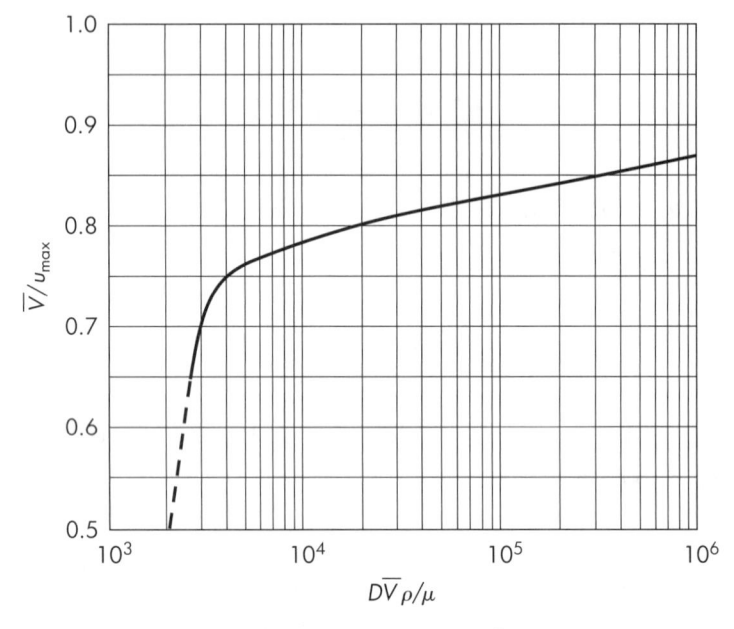

▲ 圖 5.8　$\bar{V}/u_{max}$ 對 $\text{Re} = D\bar{V}\rho/\mu$

比值快速地由 0.5 變到 0.7，然後逐漸增加到 0.87，這時的 $\text{Re} = 10^6$。

粗糙度的影響

到目前所討論的都侷限於平滑管，而未對平滑度 (smoothness) 給予定義。人們早就知道，對一已知的雷諾數而言，亂流流經粗糙管所引起的摩擦係數大於流經平滑管所引起的。若將粗糙管變成平滑，則摩擦係數降低。當進一步的使管子平滑直到對一已知的雷諾數而言，摩擦係數不再減少，此時該管稱為**水力平滑** (hydraulically smooth)。(5.50) 式是指水力平滑管。

圖 5.9 顯示幾種理想化的粗糙度。單位粗糙度的高度以 k 表示，稱為**粗糙度參數** (roughness parameter)。由因次分析得知，f 為 Re 以及相對粗糙度 k/D 的函數，其中 D 為管的直徑。對於已知種類的粗糙度，例如，如圖 5.9a 與 5.9b 所示，可以預期對於每一相對粗糙度的大小，可得不同的 f 對 Re 的曲線。此外，如圖 5.9c 及 5.9d 所示的其它種類的粗糙度，對於每一種粗糙度均可找到不同的 Re 對 f 的曲線。以人工粗糙管作實驗可證實這些結果。我們也發現所有清潔、新的商用管，均具有同類型的粗糙度，而每一種構成的材料有其本身特有的粗糙度參數。第 8 章與附錄 3 和 4 將分別討論與列出管的標準大小。

老舊、積垢又腐蝕的管子非常粗糙，其粗糙度的特性與清潔的管子是不同的。

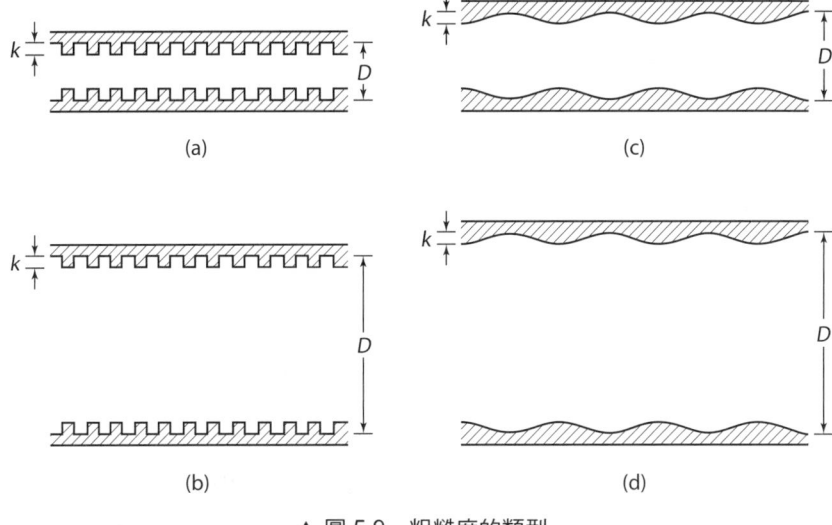

不可壓縮流體在管路與渠道內的流動   123

▲ 圖 5.9　粗糙度的類型

　　粗糙度對於層流的摩擦係數無顯著影響，除非 k 值大到使管徑的量測變得不確定。

摩擦係數圖

　　為了設計上的需要，將平滑與粗糙圓管的摩擦特性，總結於摩擦係數圖 (圖 5.10)。此為 f 對 Re 的 log-log 圖。(5.22) 式為層流的摩擦係數與雷諾數之間的關係式。(5.22) 式的 log-log 圖是斜率為 −1 的直線。此即圖 5.10 中雷諾數小於 2,100 的直線。

　　對於亂流而言，最低的線代表平滑管的摩擦係數，且與 (5.50) 式一致。此線有一更方便使用的實驗方程式，也就是：

$$f = 0.046 \, \text{Re}^{-0.2} \tag{5.53}$$

應用此式時，雷諾數的範圍是由 50,000 到 1×10^6。當雷諾數由 3,000 到 3×10^6 時，可應用另一方程式，即

$$f = 0.0014 + \frac{0.125}{\text{Re}^{0.32}} \tag{5.54}$$

在亂流範圍內的其它曲線，分別代表各類商用管子的摩擦係數，每一種管子均有不同的 k 值。圖中顯示一些常用金屬的參數。例如，清潔的熟鐵管或鋼管，不論其管徑為何，其 k 值均為 1.5×10^{-4} ft。抽製銅管與黃銅管皆可視為水力平滑管。

對於鋼管與其它粗糙管而言，當雷諾數大於 10^6 時，摩擦係數與雷諾數無關。此區域的實驗方程式為

$$f = 0.026(k/D)^{0.24} \tag{5.55}$$

在已知系統內的不同流動機制，壓力降隨流率的變動可由 (5.9)、(5.22)、(5.53) 與 (5.55) 式求得如下：

層流　(Re < 2,100)　　　$\Delta p_s/L \propto \bar{V}$
亂流　(2,500 < Re < 10^6)　$\Delta p_s/L \propto \bar{V}^{1.8}$
極亂流　(Re > 10^6)　　　$\Delta p_s/L \propto \bar{V}^2$

由已知管的大小及流率來計算 h_{fs}，則圖 5.10 是有用的，但若已知壓力降，則無法直接利用圖 5.10 來求流率，此乃因 Re 未知 ($\bar{V}$ 要先確定才可求 Re)。但是，當使用 (5.53) 式時，若已知在某一速度之壓力降，則可求得在不同壓力降之速度，如例題 5.1 所示。

例題 5.1

50°F 的水，以 8 ft/s 之速度流經內徑為 3 in. 之水平長塑膠管。(a) 計算此管每 100 ft 之壓力降為多少 $lb_f/in.^2$。(b) 假設壓力降限制為不超過 2 $lb_f/in.^2$，則水的最大容許速度為多少？

解

(a) 利用 (5.9) 式，以 fps 單位表示如下：

$$\frac{\Delta p_s}{L} = \frac{2f\rho \bar{V}^2}{Dg_c} \tag{5.56}$$

50°F 水的性質，由附錄 6 可知，$\rho = 62.42$ lb/ft³，$\mu = 1.310$ cP。此外，$D = \frac{3}{12} = 0.25$ ft、$\bar{V} = 8$ ft/s、且 $L = 100$ ft。

雷諾數為

$$\text{Re} = \frac{0.25 \times 8 \times 62.42}{1.310 \times 6.72 \times 10^{-4}} = 1.4 \times 10^5$$

由圖 5.10，可知，$f = 0.0041$。代入 (5.56) 式，可得

$$\Delta p_s = \frac{100 \times 2 \times 0.0041 \times 62.42 \times 8^2}{0.25 \times 32.174}$$

$$= 407.2 \text{ lb}_f/\text{ft}^2 \text{ 或 } 2.828 \text{ lb}_f/\text{in.}^2$$

(b) 因為在 8 ft/s，$\Delta p_s = 2.828$ lb$_f$/in.^{2}，且 $\Delta p_s \propto \bar{V}^{1.8}$ [假設應用 (5.53) 式]，故對於 $\Delta p_s = 2.0$

$$\left(\frac{\bar{V}}{8}\right)^{1.8} = \frac{2.0}{2.828}$$

$$\bar{V} = 6.60 \text{ ft/s}$$

由此得到雷諾數為 1.17×10^5，因此可使用 (5.53) 式。

非牛頓流體的雷諾數與摩擦係數

(5.8) 式為摩擦係數與壓力降的關係式，而 (5.24) 式為冪律流體的摩擦壓力損失的方程式，可用做計算擬塑膠流體的摩擦係數。若由此二方程式消去 Δp_s，則 f 的方程式可寫成

$$f = \frac{2^{n'+1} K'}{D^{n'} \rho \bar{V}^{2-n'}} \left(3 + \frac{1}{n'}\right)^{n'} \tag{5.57}$$

由此式可定義非牛頓流體的雷諾數 Re$_n$，其法是假設具有層流的形式

$$f = \frac{16}{\text{Re}_n} \tag{5.58}$$

將 (5.57) 與 (5.58) 式合併，可得

$$\text{Re}_n = 2^{3-n'} \left(\frac{n'}{3n'+1}\right)^{n'} \frac{D^{n'} \rho \bar{V}^{2-n'}}{K'} \tag{5.59}$$

此為 (3.11) 式雷諾數 Re$_n$ 的定義。當 $n' = 1$，此雷諾數即為牛頓流體的雷諾數，對牛頓流體的層流而言，在 f 對 Re 的對數圖中，其斜率為 -1 的線性部分再度呈現。

單元操作
流力與熱傳分析

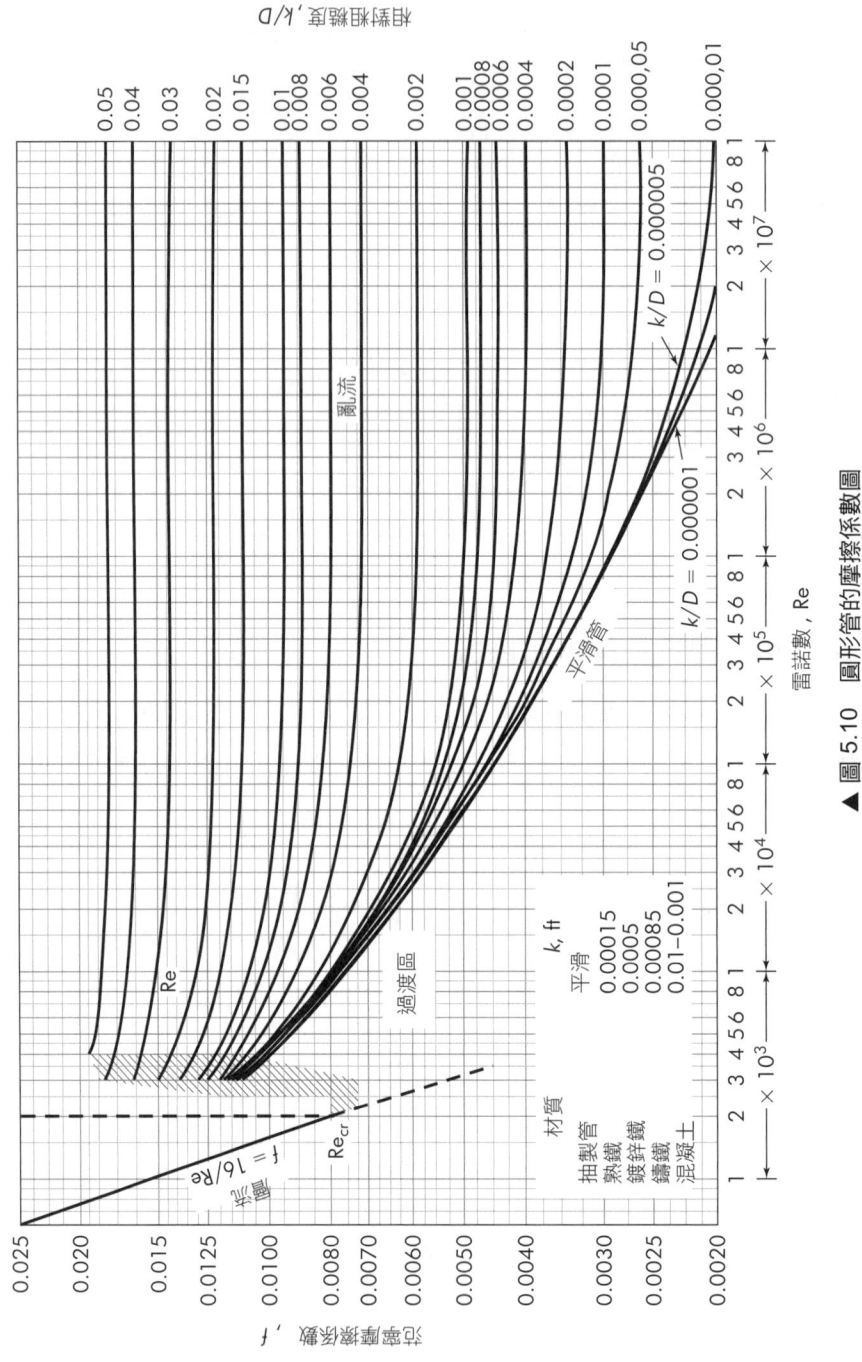

▲ 圖 5.10 圓形管的摩擦係數圖

圖 5.11 是摩擦係數圖，以 f 對 Re_n 作圖，來說明冪律流體在平滑管中的流動。對於亂流，我們需要一系列與 n' 的大小有關的線。類似適用於牛頓流體的 (5.50) 式，這些線可用下列的 (5.60) 式[3] 來表示：

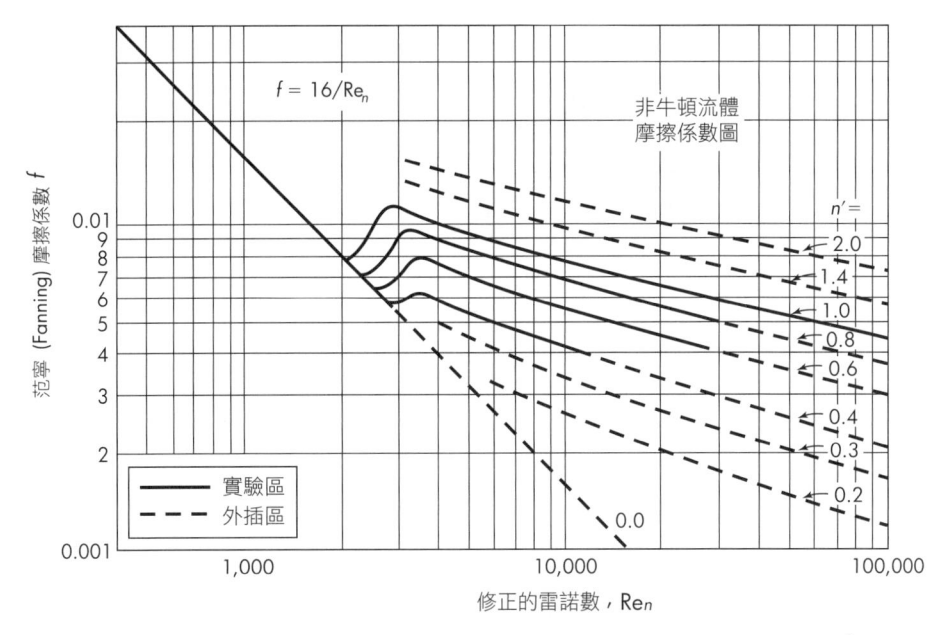

不可壓縮流體在管路與渠道內的流動　　127

▲ 圖 5.11　冪律流體的摩擦係數圖 (摘自 D. W. Dodge and A. B. Metzner.[2])

$$\frac{1}{\sqrt{f}} = \frac{1.74}{(n')^{0.75}}(\ln \text{Re}_n f^{1-0.5n'}) - \frac{0.4}{(n')^{1.2}} \tag{5.60}$$

圖 5.11 顯示出擬塑膠流體 ($n' < 1$) 的層流，可以有較牛頓流體的層流更高的雷諾數。

亂流中拖曳力的減少

聚合物在水中或其它溶劑所形成的稀薄溶液，在亂流中有時會產生拖曳力減少的獨特效應。此現象首先由湯姆斯 (Toms)[13] 發現，促使他作了許多理論研究及一些實際的應用。如圖 5.12 所示，每百萬份的水中只要含有少數幾份的聚合物，就會使摩擦係數大幅低於亂流中的正常值，且在 50 至 100 ppm，拖曳力可減少 70%。對於某些有機溶劑中的聚合物，也會有類似的結果。

通常在高分子量的線性聚合物之稀薄溶液中發現拖曳力減少，此現象與靠近壁面的高亂流剪應力使這些彈性分子伸長有關。這些伸長的分子增加局部的黏度而衰減小渦流，導致黏稠副層的厚度增加[6]。在相同的總流動中，較厚的副層，使 $(du/dy)_w$ 與 τ_w 的值減少，產生較小的壓力降。層流中所量測的視溶液黏度 (apparent solution viscosity)，可能仍然非常接近溶劑的黏度，而與牛頓流體的行為稍有偏差；但經過仔細量測，則顯示其具有黏彈性效果的非牛頓流體行為。

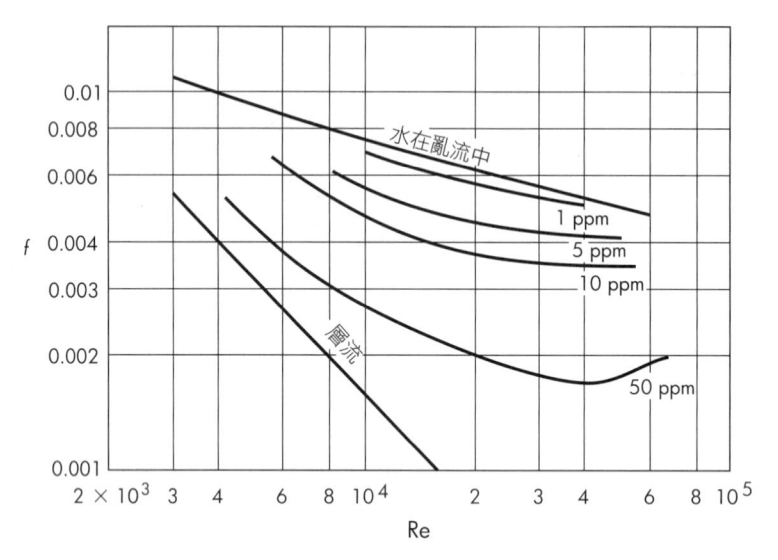

▲ 圖 5.12 聚環氧乙烷 (polyethylene oxide，分子量 $\approx 10^6$) 之稀薄溶液的亂流摩擦係數 [摘自 R. W. Patterson and F. H. Abernathy.[8]]

雖然在大小固定的管線中，降低拖曳力會增加液體流動率，但此效應並未有許多應用。少量聚環氧乙烷 (polyethylene oxide) 可使滅火水管容量加倍，但溶液使管的表面變得非常平滑，對消防隊員產生危害。在阿拉斯加管線中，將降低拖曳力的有機聚合物加入原油以減少摩擦損失。

非等溫流動

當液體流經冷卻或加熱的平滑管，在接近壁面處，因為溫度對黏度的效應使得摩擦係數有增加或減少的現象。當液體被冷卻時，靠近壁面的黏度升高使得速度梯度增加，導致壁面摩擦增加。當液體黏度為溫度的強函數時，此種效應尤其顯著。對氣體而言，由於黏度隨溫度的增加而增加，故所得之效應與液體相反。通常在工程的實際應用上，下列簡單的方法經實驗證實適用於氣體與液體。

1. 雷諾數的計算是在流體溫度等於**平均整體溫度** (mean bulk temperature) 之假設下計算而得，而平均整體溫度定義為入口溫度與出口溫度的算術平均。
2. 對應於平均整體溫度的摩擦係數是將摩擦係數除以因數 ψ，此 ψ 可由下列方程式依次計算而得。[10a]

對於　Re > 2,100: $\psi = \begin{cases} \left(\dfrac{\mu}{\mu_w}\right)^{0.17} & \text{加熱} \quad (5.61a) \\ \left(\dfrac{\mu}{\mu_w}\right)^{0.11} & \text{冷卻} \quad (5.61b) \end{cases}$

對於　Re < 2,100: $\psi = \begin{cases} \left(\dfrac{\mu}{\mu_w}\right)^{0.38} & \text{加熱} \quad (5.62a) \\ \left(\dfrac{\mu}{\mu_w}\right)^{0.23} & \text{冷卻} \quad (5.62b) \end{cases}$

其中　μ = 在平均整體溫度下，流體的黏度
　　　μ_w = 在管壁溫度下，流體的黏度

使用 (5.61) 與 (5.62) 式是基於 μ/μ_w 的值介於 0.1 至 10 的數據，若超出此界限值則不適用。

在粗糙的商用管而非平滑管，流動通常是「完全亂流」，此時摩擦係數與雷諾數無關。在此情況下，f 值不必因受壁面溫度的影響而需要修正。[10a]

黏度散失　將一流體加熱會使摩擦或機械能的黏度散失，尤其是在小渠道中的高黏度流體。在絕熱狀況下，不可壓縮流體流經等截面渠道，由壓力 Δp_s 的減少而轉換成熱能之關係式為

$$\frac{Q}{V} = c_v \rho\, \Delta T = \Delta p_s$$

其中　Q/V = 單位體積產生的熱，J/m^3
　　　c_v = 液體的比熱，J/kg·°C
　　　ρ = 液體密度，kg/m^3
　　　ΔT = 溫度上升，°C

因此，

$$\Delta T = \frac{\Delta p_s}{c_v \rho} \quad (5.63)$$

對於碳氫化合物或聚合物的流動而言，1 MPa 的壓力降會使溫度上升 0.4 至 0.6°C。[10a]

非圓形渠道的亂流

如同前述之討論，只要以相當直徑 D_{eq} (或 4 倍水力半徑 r_H) 取代相關方程式中的直徑 D，管路中的亂流關係式即可應用於非圓形渠道。

改變速度或方向所引起的摩擦

當流體速度的方向或大小改變時，除了流經直管的表皮摩擦外，還會產生其它的摩擦。此類摩擦包含由漩渦造成的形態摩擦，而漩渦是當正常的流線受到干擾且發生邊界層分離時產生的。這些影響通常無法精確的計算而需要仰賴實驗數據。

截面突然擴大所引起的摩擦損失

若管道的截面突然擴大，則流體流域與壁面分離，且以噴流進入擴大區。噴流然後逐漸擴大直到充滿較大管道的整個截面。介於逐漸擴大的噴流與管壁之間的空間，充滿具有邊界層分離的漩渦運動特性的流體。在此空間內產生大量的摩擦，此效應如圖 5.13 所示。

由截面突然擴大所引起的摩擦損失 h_{fe}，與流體在小管道中的速度高差成正比，可寫成

$$h_{fe} = K_e \frac{\bar{V}_a^2}{2} \tag{5.64}$$

其中 K_e 為比例常數，稱為**擴大損失係數** (expansion loss coefficient)，而 $\bar{V}_a$ 為小管或上游管的平均速度。在此情況下，以理論計算 K_e 可得滿意的結果。此計算乃利用連續方程式 (4.13)、穩定流動量均衡方程式 (4.51) 與伯努利方程式 (4.71)。考慮一控制體積是由 AA 與 BB 截面以及介於兩截面間的較大下游管道的內表面所組成，如圖 5.13 所示。因為是水平管，故不考慮重力，又因壁面很短且二截面間的壁面幾乎無速度梯度，故可將壁面摩擦忽略。因此，作用於 AA 與 BB 截面上的力只有壓力。動量方程式為

$$p_a S_a - p_b S_b = \dot{m}(\beta_b \bar{V}_b - \beta_a \bar{V}_a) \tag{5.65}$$

由於 $Z_a = Z_b$，在此情況下，(4.71) 式可寫成

$$\frac{p_a - p_b}{\rho} = \frac{\alpha_b \bar{V}_b^2 - \alpha_a \bar{V}_a^2}{2} + h_{fe} \tag{5.66}$$

不可壓縮流體在管路與渠道內的流動　131

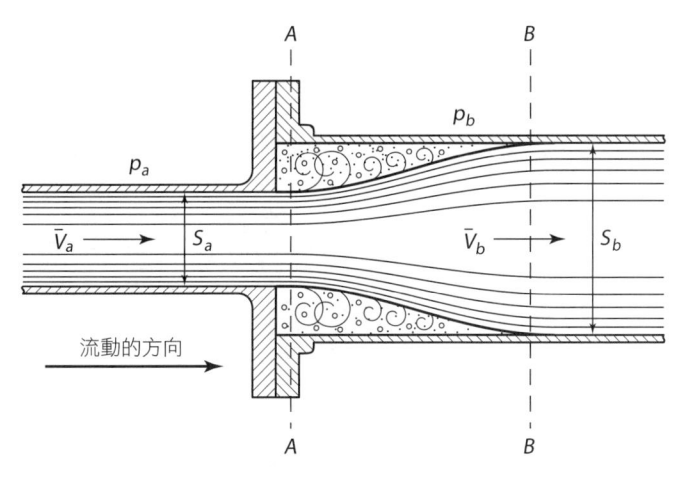

▲ 圖 5.13　截面突然擴大的流動

對於一般的流動情況，$\alpha_a = \alpha_b = 1$ 且 $\beta_a = \beta_b = 1$，此外，由 (5.65) 與 (5.66) 式消去 $p_a - p_b$，又因為 $\dot{m}/S_b = \rho \bar{V}_b$，可得

$$h_{fe} = \frac{(\bar{V}_a - \bar{V}_b)^2}{2} \tag{5.67}$$

由 (4.13) 式，$\bar{V}_b = \bar{V}_a (S_a/S_b)$，由於 ρ 為常數，故 (5.67) 式可寫成

$$h_{fe} = \frac{\bar{V}_a^2}{2}\left(1 - \frac{S_a}{S_b}\right)^2 \tag{5.68}$$

比較 (5.64) 與 (5.68) 式，可知

$$K_e = \left(1 - \frac{S_a}{S_b}\right)^2 \tag{5.69}$$

若介於兩截面間其流動形式不同，則應使用 α 與 β 進行修正。例如，若在大管是層流而在小管是亂流，則在 (5.65) 與 (5.66) 式中 α_b 應取值 2，β_b 取值 $\frac{4}{3}$。

截面突然縮小所造成的摩擦損失

當管道的截面突然縮小，流體無法沿著尖銳角隅流動，並未與角隅管壁接觸。形成噴流後流入較小截面的管道。噴流先收縮然後擴大到充滿小的截面，收縮點的下游最後又建立起正常的速度分布。噴流從收縮變到擴大，其中截面積最小的截面稱為**腔縮截面** (vena contracta)。圖 5.14 顯示突然收縮的流動形態。繪出的 CC 截面為腔縮截面。圖中亦顯示有渦流出現。

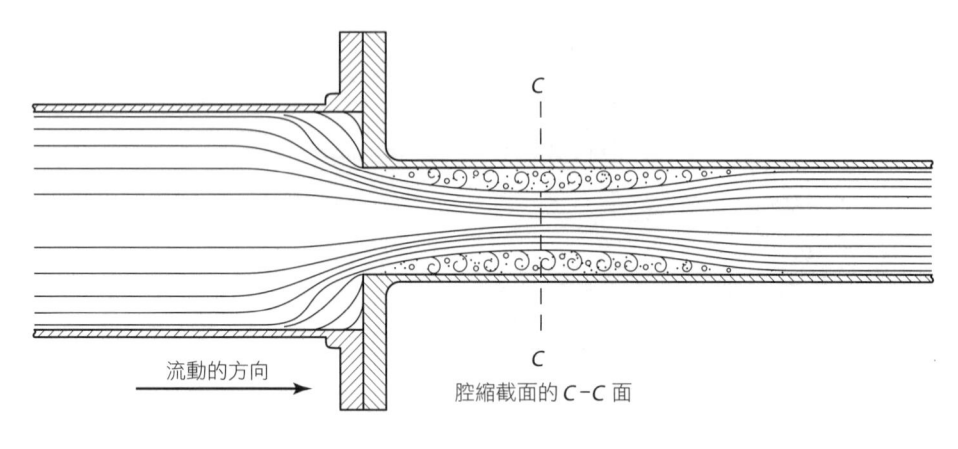

▲ 圖 5.14　截面突然縮小的流動

由突然縮小所造成的摩擦損失，與較小管道的速度高差成正比，且可由下列方程式計算

$$h_{fc} = K_c \frac{\bar{V}_b^2}{2} \tag{5.70}$$

其中比例常數 K_c 稱為**收縮損失係數** (contraction loss coefficient)，$\bar{V}_b$ 為較小截面或下游截面中的平均速度。由實驗可知，對層流而言，$K_c < 0.1$，故收縮損失 h_{fc} 可忽略。對於亂流而言，K_c 可由下列經驗式求得

$$K_c = 0.4\left(1 - \frac{S_b}{S_a}\right) \tag{5.71}$$

其中 S_a 與 S_b 分別為上游管與下游管的截面積。當液體由管內排放 S_b/S_a 大約是零而 $K_c \cong 0.4$。K_c 值無法由理論正確估計，但它所對應的腔縮截面積約為 $0.6 S_b$。在腔縮截面的速度則約為 $\bar{V}_b/0.6$，其動能為 $(1/0.6)^2$ 或 2.8 乘以最終流域的動能。但是，依據 (5.68) 式，當流體膨脹超出腔縮截面其能量損失分率僅 $(1-0.6)^2$，或損失 $0.16 \times 2.8 \times V_b^2/2$，相當於 $K_c = 0.44$。

管件與閥的影響

管件 (fitting) 與閥干擾正常的流線而產生摩擦。在含有許多管件的短管線中，由管件造成的摩擦損失可能大於直管所造成的。由管件所造成的摩擦損失 h_{ff} 可由下列類似 (5.64) 與 (5.70) 式的方程式求得：

$$h_{ff} = K_f \frac{\bar{V}_a^2}{2} \tag{5.72}$$

不可壓縮流體在管路與渠道內的流動　133

其中　K_f = 管件的損失係數

　　　$\bar{V}_a$ = 管內流向管件的平均速度

係數 K_f 由實驗求得，其值隨連結不同的每一種類型而不同。表 5.1 是係數的簡表。

伯努利方程式中的形態摩擦損失　形態摩擦 (form friction) 損失是合併在 (4.74) 式的 h_f 項內。形態摩擦損失與直管的表皮摩擦損失結合而得總摩擦損失。例如，考慮不可壓縮流體流經兩個擴大接頭、連結管及開的球閥，如圖 5.15 所示。設 $\bar{V}$ 為管中的平均速度，D 為管的直徑，L 為管長。以 (5.7) 式，$4f(L/D)(\bar{V}^2/2)$ 計算直管中的表皮摩擦損失；以 (5.70) 式，$K_c(\bar{V}^2/2)$ 計算管入口處的收縮損失；以 (5.64) 式，$K_e(\bar{V}^2/2)$ 計算管出口處的擴大損失；以 (5.72) 式，$K_f(\bar{V}^2/2)$ 計算球

▼ 表 5.1　標準管件的損失係數[10b]

管件	K_f
標準肘管	
45°	0.35
90°	0.75
肘管，焊接	
90° 彎管，半徑 2 × 管徑	0.19
90° 彎管，半徑 4 × 管徑	0.16
90° 彎管，半徑 6 × 管徑	0.21
三通管	
直通式	0.4
肘管式	1.0
折回彎管，180°	1.5
閘閥	
半開	4.5
全開	0.17
角閥，全開	2.0
球閥，全開	6.0

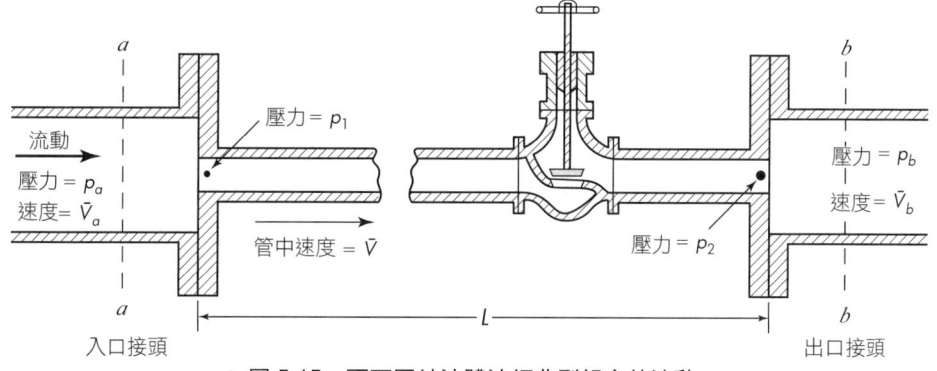

▲ 圖 5.15　不可壓縮流體流經典型組合的流動

閥中的摩擦損失。若將入口與出口接頭的表皮摩擦忽略不計，則總摩擦為

$$h_f = \left(4f\frac{L}{D} + K_c + K_e + K_f\right)\frac{\bar{V}^2}{2} \tag{5.73}$$

對此組合寫出伯努利方程式，令入口接頭為位置 a，出口接頭為位置 b。因為介於位置 a 與 b 之間沒有泵，故 $W_p = 0$；又將 α_a 與 α_b 均視為 1.0，動能項可以消去，所以 (4.74) 式變成

$$\frac{p_a - p_b}{\rho} + g(Z_a - Z_b) = \left(4f\frac{L}{D} + K_c + K_e + K_f\right)\frac{\bar{V}^2}{2} \tag{5.74}$$

例題 5.2

比重 0.93 且黏度為 4 cP 的原油，利用重力由一槽底排放。槽中液體高於排放口的深度為 6 m。排放口的管線為 Schedule 40 的 3 in. 管，該管的長度為 45 m，並含有一個肘管與兩個閘閥。油在低於槽的排放口 9 m 處排放到大氣中。則流經管線的流率 (m³/h) 為多少？

解

所需用到的量為

$$\mu = 0.004 \text{ kg/m} \cdot \text{s} \qquad L = 45 \text{ m}$$
$$D = \frac{3.068}{12} = 0.256 \text{ ft (附錄 3)} = 0.078 \text{ m}$$
$$\rho = 0.93 \times 998 = 928 \text{ kg/m}^3$$

對於管件，由表 5.1 可知

$$\sum K_f = 0.75 + 2 \times 0.17 = 1.09$$

假設 $\alpha_b = 1$ 且因為 $p_a = p_b$、$\bar{V}_a = 0$，由 (4.71) 式，

$$\frac{\bar{V}_b^2}{2} + h_f = g(Z_a - Z_b) = 9.80665(6 + 9) = 147.1 \text{ m}^2/\text{s}^2 \tag{5.75}$$

利用 (5.73) 式。由於最後並無因管線擴大而造成損失，故 $K_e = 0$。由 (5.71) 式，由於 S_a 非常大，故 $K_c = 0.4$。因此

$$h_f = \left(4f\frac{L}{D} + K_c + \sum K_f\right)\frac{\bar{V}_b^2}{2}$$

$$= \left(\frac{4 \times 45f}{0.078} + 0.4 + 1.09\right)\frac{\bar{V}_b^2}{2} = (2{,}308f + 1.49)\frac{\bar{V}_b^2}{2}$$

由 (5.75) 式,

$$\frac{V_b^2}{2} + h_f = \frac{\bar{V}_b^2}{2}(1 + 2{,}308f + 1.49) = 147.1$$

$$V_b^2 = \frac{147.1 \times 2}{2.49 + 2{,}308f} = \frac{294.2}{2.49 + 2{,}308f}$$

利用圖 5.10,查出 f。在此問題中

$$\text{Re} = \frac{0.078 \times 928\bar{V}_b}{0.004} = 18{,}096\,\bar{V}_b$$

$$\frac{k}{D} = 0.00015 \times \frac{0.3048}{0.078} = 0.00059$$

以試誤法可得下列數據:

$\bar{V}_{b,\text{估算值}}$, m/s	$\text{Re} \times 10^{-4}$	f(由圖 5.10)	$\bar{V}_{b,\text{估算值}}$, m/s
4.00	7.23	0.0056	4.37
4.37	7.91	0.0055	4.40
4.40	7.96	0.0055	4.40

管的截面積為 0.0513 ft², 或 0.00477 m² (附錄 3),因此流率為 4.40 × 3,600 × 0.00477 = 75.6 m³/h。

對中形管的液體流動而言,在例題 5.1 與 5.2 中,2 到 4 m/s 的速度是典型的。對已知流率而言,最適速度或最適管路大小與泵成本和資本支出有關,最適速度的經驗式將於第 8 章中討論。氣體流動的最適速度大於液體,此乃因氣體具有較低密度。

速度高差

如 (5.74) 式所示,在複雜流動系統中的摩擦損失,可用許多個**速度高差**來表示。速度高差定義為 $\bar{V}^2/2$ [或 $\bar{V}^2/(2g_c)$,fps 單位]。摩擦損失是流經管路或管件造成動量損失的量測值。例如,使用肘管式三通,當流體轉 90° 流動則失去

其原方向所有動量,而使用標準 90° 肘管時,僅四分之三的動量損失。如圖 5.15 的開球閥,流動時會有兩個 90° 轉彎,然後經過收縮,而在另一邊再度膨脹,由於這些速度及方向的變化,造成有六倍速度高差的摩擦損失。

一種估算直管摩擦損失快速且實用的方法如下:設定 $4f(L/D)=1.0$,由 (5.7) 式,當管長等於管徑的若干倍時,產生的摩擦損失等於一個速度高差。因為,在亂流中,f 約在 0.01 至 0.002 間變化,相當於一個速度高差的管徑個數是由 $1/(4 \times 0.01) = 25$ 到 $1/(4 \times 0.002) = 125$,而管徑個數依雷諾數而定。通常在實用上,假定此因數為 50 個管徑。因此,若圖 5.15 系統中的管子為標準 2 in. 鋼管 (實際 ID = 2.07 in.) 且為 100 ft 長,則表皮摩擦相當於 $(100 \times 12)/(2 \times 50) = 12$ 個速度高差。在此情況下,由單一管件以及擴大與縮小所造成的摩擦與管路的摩擦比較,可忽略不計。而在其它情況下,當管子是短管,且管件以及擴大與縮小的損失很大時,管路的摩擦損失則可忽略不計。

減速引起的分離

若截面連續擴大,截面即使沒有突然改變,也會有邊界層分離發生。例如,流體流經喇叭形管,如圖 5.16 所示。因為在流動方向截面增加,流速降低,由伯努利方程式可知,壓力必定增加。考慮兩條細流,一條是與壁面非常接近的 *aa*,另一條與壁面有一短距離的 *bb*。對此兩細流而言,在一定長度的管道中,所增加的壓力是相同的,此乃因在任何單一截面的壓力都是均勻的。因此兩細流的速度高差損失相同。但是因為細流 *aa* 較接近壁面,故細流 *aa* 的初速度高差小於細流 *bb*。在沿著管道一定的距離,當達到有一點而在此點細流 *aa* 的速度為零,但在該點細流 *bb* 的速度與其它較細流 *aa* 更遠離壁面的細流速度仍為正值,此點為圖 5.16 中的 *s* 點,超過 *s* 點,壁面上的速度改變了符號,介於壁面與細流 *aa* 之間的流體發生回流,而邊界層與壁面分離。圖 5.16 中,幾條曲線是以速度 *u* 對離壁面距離 *y* 畫得的,由圖可知接近壁面的速度在 *s* 點處以何種方式成為零,然後改變了符號。*s* 點稱為**分離點** (separation point)。線 *sA* 稱為**切線速度為零的線** (line of zero tangential velocity)。

超過分離點,介於壁面與分離的流體之間形成漩渦,造成大量的形態摩擦損失。分離發生在層流也發生在亂流。沿著管道,亂流發生分離點的地方比層流遠,若將管道的壁面與軸之間的夾角變小,則可避免分離。在圓錐形擴大管中,不產生分離的可容許最大夾角為 7°。

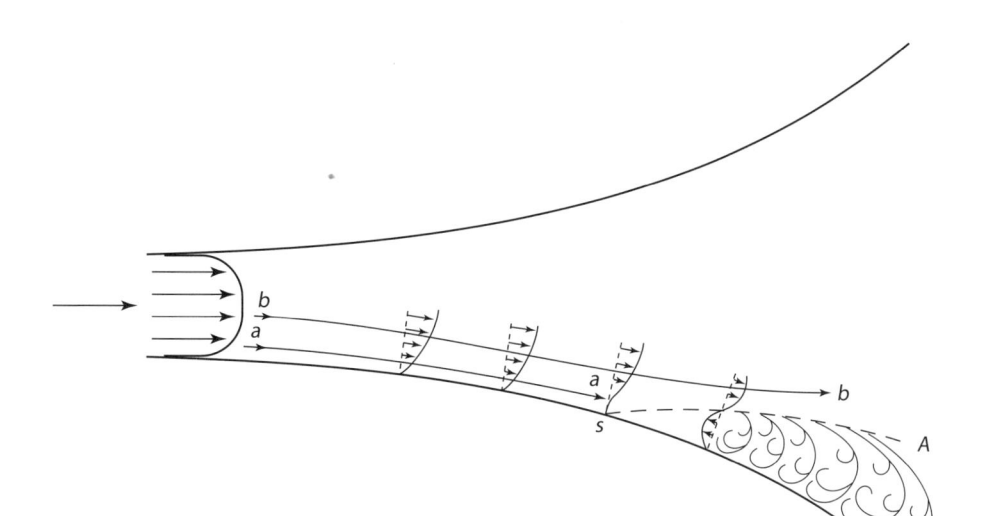

不可壓縮流體在管路與渠道內的流動　　137

▲ 圖 5.16　在逐漸擴大的渠道中之邊界層分離

將擴大及收縮損失減至最低

　　將截面逐漸縮小而非突然縮小，則幾乎可消除收縮損失。例如，圖 5.14 截面的減少是以圓錐形漸縮管或入口是喇叭形的小管，則對所有的 S_b/S_a 值，其收縮係數 K_c 約可減低至 0.05。除非截面突然減小，分離與腔縮是不會發生的。

　　以圓錐形擴大管代替圖 5.13 中的凸緣 (flanges)，亦可將擴大造成的損失降至最小。但是，逐漸擴大的圓錐壁面與管軸之間的夾角必須小於 7°，否則也許會發生分離，對於 35° 或更大的角，在相同 S_a/S_b 的面積比，流經圓錐形擴大管的損失會大於流經管子突然擴大的損失，此乃因由分離所造成的漩渦會產生過多的形態摩擦。

■ 符號 ■

b　：方形管的寬度，m 或 ft；兩平行板之間的距離，m 或 ft。

c_v　：恆容比熱，J/kg·°C 或 Btu/lb·°F

D　：直徑，m 或 ft；D_{eq}，非圖形渠道的相當直徑；D_i，環形管的內徑；D_o，環形管的外徑

F　：力，N 或 lb_f；F_g，重力；F_s，剪力；F_w，渠道壁作用於流體的淨力

f　：范寧摩擦係數，無因次

g_c　：牛頓定律的比例因數，32.174 ft·lb/lb_f·s²

h_f　：摩擦損失，J/kg 或 ft·lb_f/lb；h_{fc}，突然縮小的摩擦損失；h_{fe}，突然擴大的摩擦損失；h_{ff}，流經管件或閥的摩擦損失；h_{fs}，表皮摩擦

K ：(5.25) 與 (5.27) 式中的常數

K_c ：收縮損失係數，無因次

K_e ：擴大損失係數，無因次

K_f ：管件或閥的損失係數，無因次

K' ：流動稠度指數，$kg/m \cdot s^{2-n'}$ 或 $lb/ft \cdot s^{2-n'}$

k ：粗糙度參數，m 或 ft

L ：長度，m 或 ft

L_p ：潤濕周長，m 或 ft

$\dot{m}$ ：質量流率，kg/s 或 lb/s

n' ：流動行為指數，無因次

p ：壓力，N/m^2 或 lb_f/ft^2；p_a，在位置 a 的壓力；p_b，在位置 b 的壓力

Q ：由黏度散失產生的熱量，J

Re ：雷諾數，無因次；Re_n，非牛頓流體的修正雷諾數，由 (5.59) 式定義

r ：管軸的徑向距離，m 或 ft；r_c，流體在柱狀流的圓柱半徑；r_w，管的半徑

r_H ：管道的水力半徑，m 或 ft

S ：截面積，m^2 或 ft^2；S_a，在位置 a 的面積；S_b，在位置 b 的截面積

T ：溫度，°C 或 °F

u ：在 x 方向的局部流體速度 (淨或時間平均)，m/s 或 ft/s；u_c，擬塑膠流體在柱狀流的圓柱的速度；u_{max}，最大局部速度

u^* ：摩擦速度，$\bar{V}/\sqrt{f/2}$

u^+ ：無因次速度高，u/u^*；u_c^+，在管軸的無因次速度高

V ：體積

$\bar{V}$ ：x 方向的平均流速；$\bar{V}_a$, $\bar{V}_b$，在位置 a、b 的平均流速

W_p ：泵功，J/kg 或 $ft \cdot lb_f/lb$

y ：離管壁的徑向距離，m 或 ft

y^+ ：無因次距離，yu^*/v；y_c^+，在管軸的無因次距離

Z ：高於基準面的高度，m 或 ft；Z_a，在位置 a；Z_b，在位置 b

■ 希臘字母 ■

α ：動能修正因數，無因次；α_a，在位置 a；α_b，在位置 b

β ：動量修正因數，無因次；β_a，在位置 a；β_b，在位置 b

Δp ：壓力損失，$p_a - p_b$；Δp_s，表皮摩擦的壓力損失

ΔT ：由黏度散失產生的溫度上升，°C

κ ：環狀管中流動的半徑比，r_i/r_o，[(5.28) 式]

不可壓縮流體在管路與渠道內的流動　　139

μ ：絕對黏度，P 或 lb/ft·s；μ_w，在管壁溫度的絕對黏度

ν ：動黏度，μ/ρ, m²/s 或 ft²/s

ρ ：密度，kg/m³ 或 lb/ft³

τ ：剪應力，N/m² 或 lb_f/ft²；τ_w，在管壁的剪應力；τ_0，塑膠流體中的門檻剪應力

ϕ_a ：對於環狀管層流，(5.30) 式中的因數，無因次

Ψ ：表皮摩擦的溫度修正因數，無因次

■ 習題 ■

5.1. 證明液體在兩無限平行平板之間，以層流流動可表示為

$$p_a - p_b = \frac{12\mu \bar{V} L}{b^2}$$

其中　$L =$ 在流動方向，平板的長度
　　　$b =$ 兩平板間的距離

忽略末端效應。

5.2. 水在平滑 60 mm 管中流動，此時 Re $= 5 \times 10^4$，則黏稠副層的厚度為多少？此厚度占管截面積的多少分率？有多少分率的流動是在黏滯副層？

5.3. 一牛頓流體在具有很大寬高比 (aspect ratio) 的矩形通道中以層流流動。導出局部速度與最大速度之間的關係式，並求 $u_{max}/\bar{V}$ 的比值。

5.4. 在下列條件下，欲使潤滑油流經兩個水平平板之間的空隙，試計算每米流域寬度所需的功率。
平板間的距離，6 mm
每米寬度上油的流率，100 m³/h
油的黏度，25 cP
油的密度，0.88 g/cm³
平板的長度，3 m
假設平板面與平板間之距離比較時是非常寬的，且末端效應可忽略。

5.5. 在習題 5.4 的狀況下，若油的比熱為 0.5 cal/g·°C，密度為 820 kg/m³，由於油的黏度散失使得溫度上升多少？

5.6. 比重為 2.6，黏度為 2.0 cP 的液體，流經一未知管徑的平滑管，造成對於 1.73 mi 的長度有 0.183 lb_f/in.² 的壓力降。若質量流率為 7,000 lb/h，則管徑是多少吋？

5.7. 水以 6 ft/s 的平均速度流經 8 in. 鋼管。管子的下游分為 8 in. 的主幹管及 2 in. 的支管。支管的相當管長為 22 ft；8 in. 管在支管部分的長度為 16 ft。忽略入口與出口

損失，則流經支管的水流佔總水流的分率為多少？

5.8. 管徑為 2 ft 的鋼管，以 15 ft/s 輸送水。若管的粗糙度為 0.0003 ft，插入平滑塑膠襯裡於管內將內徑減為 1.9 ft，則流量是否增加？對於相同的流量而言，計算壓力降的改變以及對於固定的壓力降求其流量的改變。

5.9. 將 60°F 的水從一儲水槽泵到山頂，其間以平均速度為 12 ft/s 流經 Schedule 120 的 6 in. 管。在高於儲水槽 3,000 ft 處將水排放至大氣中。管線長 4,500 ft。若泵及驅動馬達的總效率為 70%，且馬達所需的電能費用每仟瓦-小時為 4 分錢，則泵這些水每小時需多少電能費用？

5.10. 以逆滲透裝置淨化含鹽分的水，此裝置約有 900,000 個空心纖維只容許水的擴散，但阻止鹽分通過。纖維的外徑為 85 μm，內徑為 42 μm，且約 3 ft 長。當進入的壓力為 400 psig，每 24 小時平均有 2,000 gal 的水流經管內，則每單一纖維由進入端至排放端的壓力降為多少？

5.11. 氟氣以 4 lb/min 的流率於 200°C 及 1.5 atm 離開反應器，經壓縮至 1.6 atm 又迴流至反應器。所需管長約 80 ft，管線中有 6 個肘管與 2 個球閥。提出適當的管徑且計算其速度與壓力降。

5.12. 發電廠產生的廢氣以 50 ft/s 的平均速度流經 15 × 20 ft 的長方形管道。管道總長為 250 ft 且有兩個 90° 的彎管，氣體在 180°F 及 1 atm，其性質與空氣類似。計算導管道內的壓力降以及克服此壓力損失所需的功率。

5.13. 一離心泵由一供應槽的底部將鹽水輸送至另一槽的底部。排放槽內鹽水水位高於供應槽 150 ft，兩槽之間的管線為 Schedule 40 的 4 in. 管，長度為 600 ft。流率為 400 gal/min。管線中有兩個開閥，四個標準三通管，4 個肘管。試問此泵運轉 24 小時，所需的能源費用是多少？鹽水的比重是 1.18，鹽水的黏度是 1.2 cP，以 300 d/yr 為基礎，能源費用為 $400/hp-yr。泵與馬達的總效率為 60%。

5.14. 一化學工廠必須由距離工廠 2,500 ft 處的河流泵進冷卻水。起初的設計要求流量為 600 gal/min 及 6 in. 鋼管。試計算壓力降，若功率費用每仟瓦-小時需要 3 分錢，求每年的泵水費用。若採用 8 in. 管所減少的功率費用能否足以補償所增加的管的成本？對於 6 in. 管其安裝成本為 $15/ft，而 8 in. 管為 $20/ft。每年的維修費為安裝成本的 20%。

5.15. 一風扇將靜止空氣吸入，並送入 45 m 長，200 × 300 mm 的矩形管道。空氣在 15°C 及絕對壓力為 750 mm Hg 以 0.6 m^3/s 的速率進入。試問理論上所需的功率是多少？

5.16. 某些聚苯乙烯磺酸鹽水溶液的層流，可用指數 0.500 的奧斯瓦－德沃爾模式表示。溶液是裝在直立圓柱的槽中。溶液由槽底的水平管流出。(a) 若槽中溶液的高度由 10.00 m 降到 9.90 m 需要 30.0 min，則槽中溶液降為一半 (高度由 10.0 m 降至 5.0 m)

需時多少？(b) 若槽的直徑 2.0 m 且管徑為 0.050 m，管長為 200 m，則溶液的流動稠度指數為何？溶液的密度為 1,200 kg/m^3。

5.17. 一防火系統的某部分是由直徑 0.12 m，長度 600 m 及總高度差為 12 m 構成的平滑管。忽略末端效應。欲提高流率至 1.25 倍，需加入多少聚環氧乙烷於 25°C 的水中？(參見圖 5.12)。

5.18. 廢水受重力由 750 m^3 的槽，流經長 1,000 m，管徑為 150 mm 的鋼管，而鋼管末端位於槽底下方 15 m。若槽的深度為 3.5 m。則廢水排放率 (m^3/h) 為多少？

5.19. (a) 若泵排放壓力為 125 lb$_f$/in.^{2} gauge，則經長度為 120 ft，管徑為 2.5 in. 的消防軟管其最大流率為多少 (gal/min)？假設帆布軟管其粗糙度是鋼管的二倍。(b) 若水中含有環氧乙烷 50 ppm，則流率要增加多少？

5.20. 某少量水溶液的化學分析裝置 (一個晶片上的實驗) 具有 100 μm 寬和 10 μm 深的渠道。溶液黏度為 1.3 cP，密度為 1,050 kg/m^3，若平均速度為 0.1 m/s，則雷諾數與每單位長的壓力降各為多少？壓力降以 Pa/m 與 bar/cm 表示。

5.21. 在邊長為 300 μm 的正方形渠道內流動。若流體為 20°C 的水，則對應於雷諾數為 10 的流速為多少？(以 m/s 表示) 若流體改為 70°C 的空氣，則流速為何？

5.22. 在 800°C 和 1 atm 下，由都市焚化爐產生的氣體流經邊長為 3 m 的正方形管道。此氣體的黏度和密度與空氣在 800°C 的值相近。(a) 若氣體速度為 4.0 m/s，則每單位長的壓力降為多少？(b) 估計黏稠副層與緩衝層的厚度，(c) 總流量在這些層的分率是多少？

5.23. 對於 Re = 10^4、10^5 與 10^6，利用通用速度分布計算 $\bar{V}/u_{\max}$ 的比值。利用水在 20°C 的性質，簡化計算。將求出的比值與圖 5.8 的值比較。

參考文獻

1. Bird, R. B., W. E. Stewart, and E. N. Lightfoot. *Transport Phenomena*. New York: Wiley, 1960, pp. 51-53.
2. Dodge, D. W., and A. B. Metzner. *AIChE J.* **5:**189 (1959).
3. Garde, R. J. *Turbulent Flow*. New York: Wiley, 1994.
4. Kays, W. M., and A. L. London. *Compact Heat Exchangers*. 2d ed. New York: McGraw-Hill, 1964.
5. Knudsen, J. G., and D. L. Katz. *Fluid Dynamics and Heat Transfer*. New York: McGraw-Hill, 1958, pp. 97, 101-105, 158-171.
6. Lumley, J. A. *Physics of Fluids* **20**(10):S64 (1977).
7. Middleman, S. An *Introduction to Fluid Dynamics*. New York: Wiley, 1998, p. 469.
8. Patterson, R. W., and F. H. Abernathy. J. *Fluid Mech.* **51**:177 (1972).

9. Pearson, J. R. A. *Mechanics of Polymer Processing*. London: Elsevier, 1985, pp. 191-194.
10. Perry, R. H., and D. W. Green, eds. *Perry's Chemical Engineers' Handbook*. 7th ed. New York: McGraw-Hill, 1997, (a) p. **6**-12; (b) p. **6**-18.
11. Prandtl, L. *VDIZ.* **77:**105 (1933).
12. Schlichting, H. *Boundary Layer Theory*. 7th ed. New York: McGraw-Hill, 1979.
13. Toms, B. A. *Proc. Intern. Congr. Rheology, Holland*. Amsterdam: North-Holland, 1949, p. **II**-135.
14. Vinogradov, G. V., G. B. Froishteter, K. K. Trilisky, and E. L. Smorodinsky. *Rheologica Acta* **14:**765 (1975).

CHAPTER 6
可壓縮流體的流動

流體動力學的許多重要應用都需要將密度的變化考慮進去。可壓縮流體流動的全部領域變得非常龐大，它所涵蓋的壓力、溫度與速度的範圍相當廣泛。化學工程實際上所涉及的僅是這個領域的微小範圍。對於不可壓縮的流動而言，基本參數為雷諾數，此參數在可壓縮流動的某些應用上具有重要性。可壓縮流動在通常的密度與高速下，其更基本的參數為馬赫數 (Mach number)。在密度很低時，分子的平均自由徑與裝置的大小或與氣體接觸的固體比較，是不容忽視的，因此必須將其它因素考慮在內，但此類型的流動在本書中不予討論。

定義與基本方程式

馬赫數，記做 Ma，定義為流體的速度 u 與當時流動之音速 a 的比值

$$\text{Ma} \equiv \frac{u}{a} \tag{6.1}$$

流體的速度是指此流體與束縛此流體的固體，或與浸入流體中的固體之間的相對速度大小，不論將固體視為靜止而流體流經靜止的固體，或將流體假設為靜止，而固體在靜止的流體中移動。前者的情況在化學工程中較為普遍，後者在航空學上是很重要的，例如飛彈、火箭以及其它固體通過大氣的運動。由定義可知，在流體的壓力與溫度下，當流體速度與在相同流體中的音速相等時，其馬赫數為 1，流動分別稱為**次音速** (subsonic)、**音速** (sonic) 或**超音速** (supersonic) 是依據馬赫數小於 1、等於或接近 1，或大於 1 而定。在可壓縮流動中，最有趣的問題是位於高速範圍，此時馬赫數大於 1 亦即為超音速流動。

在簡化上，本章作了下列假設，雖然這些假設似乎是有限制的，但在假設的限制範圍內，許多實際工程上的情況或許能夠以所得到的數學模式來表示。

1. 流動是穩定的。
2. 流動是單向的。
3. 忽略截面內的速度梯度，使得 $\alpha = \beta = 1$ 且 $\bar{V} = u$。
4. 摩擦侷限於壁剪力。
5. 軸功為零。
6. 忽略重力的影響，且忽略機械位能。
7. 流體為具有固定比熱的理想氣體。

利用下列基本關係式：

1. 連續方程式
2. 穩定流總能量均衡
3. 有壁面摩擦的機械能均衡
4. 音速方程式
5. 理想氣體的狀態方程式

這些方程式必須以適當的形式來表達。

連續方程式

為了微分，將 (4.9) 式的右側寫成對數形式：

$$\ln \rho + \ln S + \ln u = 常數$$

微分上式，可得

$$\frac{d\rho}{\rho} + \frac{dS}{S} + \frac{du}{u} = 0 \tag{6.2}$$

總能量均衡

考慮流體以穩定流經過一系統，在位置 a 以速度 u_a 與焓 H_a 進入，而在位置 b 以速度 u_b 與焓 H_b 離開。對於 m kg 之物質的流動，將 Q 焦耳的熱由系統的邊界加到流動的物質中。假設介於位置 a 與位置 b 的高度沒有顯著的改變，系統與外界並無作功，在穩定流總能量方程式 (1.59) 中可將位能與軸功的項刪除，則加到流體中的熱量，可由下列方程式表示：

$$\frac{Q}{m} = H_b - H_a + \frac{u_b^2}{2} - \frac{u_a^2}{2} \tag{6.3}$$

將此方程式以微分的形式表示

$$\frac{dQ}{m} = dH + d\left(\frac{u^2}{2}\right) \tag{6.4}$$

機械能均衡

對短的管道而言，(4.71) 式可寫成下列微分式：

$$\frac{dp}{\rho} + d\left(\frac{\alpha \bar{V}^2}{2}\right) + g\,dZ + dh_f = 0 \tag{6.5}$$

根據假設，若將位能項省略，且 $\alpha_a = \alpha_b = 1.0$，$u = \bar{V}$，而摩擦侷限於壁剪力，則 (6.5) 式變成

$$\frac{dp}{\rho} + d\left(\frac{u^2}{2}\right) + dh_{fs} = 0 \tag{6.6}$$

由 (5.7) 式且 $D = 4r_H$，可得

$$dh_{fs} = \frac{u^2}{2}\frac{f\,dL}{r_H} \tag{6.7}$$

由 (6.6) 與 (6.7) 式消去 dh_{fs}，得到適合處理可壓縮流動的機械能方程式：

$$\frac{dp}{\rho} + d\left(\frac{u^2}{2}\right) + \frac{u^2}{2}\frac{f\,dL}{r_H} = 0 \tag{6.8}$$

音速

通過介質是連續物質的音速，又稱為**聲速** (acoustical velocity)，它是一很小的壓縮－稀疏波，以絕熱無摩擦的方式在介質中移動。以熱力學的觀點，音速的運動為定熵或等熵 (isentropic) 程序。如在物理教科書中所示，聲速在任何介質中的大小為

$$a = \sqrt{\left(\frac{dp}{d\rho}\right)_S} \tag{6.9}$$

其中下標 S 是指等熵程序。

理想氣體方程式

受限於 1 至 6 的假設，(6.2) 式至 (6.9) 式可應用於任何流體。實際上，若假設密度 ρ 為常數，則這些方程式亦適用於不可壓縮流動。

欲將方程式應用於可壓縮流動，必須尋求密度與溫度以及壓力之關聯性。最簡單的關係式，也是工程上最有用的關係式之一，為理想氣體定律 [(1.56) 式]，亦即

$$p = \frac{\rho}{M} RT \tag{6.10}$$

其中 $R =$ 莫耳氣體定律常數，8,314 J/kg mol·K，其中 p 之單位為 N/m^2，T 之單位為 K，或 1,545 ft·lb_f/ lb mol，其中 p 之單位為 $lb_f/in.^2$，T 之單位為 °R。

$M =$ 分子量

氣體可為純物質或混合物，若不是純物質，其組成也不能改變。將 (6.10) 式寫成對數式，然後微分，可得

$$\frac{dp}{p} = \frac{d\rho}{\rho} + \frac{dT}{T} \tag{6.11}$$

由於假設比熱 c_p 與溫度無關，因此在溫度 T，氣體的焓為

$$H = H_0 + c_p(T - T_0) \tag{6.12}$$

其中 $H =$ 在溫度 T，每單位質量的焓
$H_0 =$ 在任意溫度 T_0 的焓

(6.12) 式的微分式為

$$dH = c_p\, dT \tag{6.13}$$

理想氣體的聲速與馬赫數　對於理想氣體，等熵路徑遵循下列方程式

$$p\rho^{-\gamma} = 常數 \tag{6.14}$$

$$Tp^{-(1-1/\gamma)} = 常數 \tag{6.15}$$

其中 γ 為定壓下的比熱 c_p 與定容下的比熱 c_v 的比值。對於理想氣體，

$$\gamma \equiv \frac{c_p}{c_v} = \frac{c_p}{c_p - R/M} \tag{6.16}$$

由於依據假設，c_p 與溫度無關，因此 c_v 與 γ 亦與溫度無關。

將 (6.14) 式的對數式微分，可求得 $(dp/d\rho)_S$，

$$\frac{dp}{p} - \gamma \frac{d\rho}{\rho} = 0 \quad \text{及} \quad \left(\frac{dp}{d\rho}\right)_S = \gamma \frac{p}{\rho}$$

代入 (6.9) 式，可得

$$a = \sqrt{\frac{\gamma p}{\rho}} = \sqrt{\frac{\gamma T R}{M}} \tag{6.17}$$

在 20°C，1 atm，空氣的 a 值為 343 m/s (1,125 ft/s)。

利用 (6.10) 式以建立 (6.17) 式的第二個等式。(6.17) 式證明了理想氣體的聲速僅為溫度的函數。由 (6.1) 與 (6.17) 式可知理想氣體的馬赫數之平方為

$$\mathrm{Ma}^2 = \frac{\rho u^2}{\gamma p} = \frac{u^2}{\gamma T R/M} \tag{6.18}$$

星號狀態

流體以聲速運動的狀態，在某些可壓縮流體流動的過程是重要的，當 $u = a$ 與 $\mathrm{Ma} = 1$ 的狀態，稱為**星號狀態** (asterisk condition)，在此狀態下的壓力、溫度、密度與焓分別記做 p^*、T^*、ρ^* 與 H^*。

停滯溫度

在沒有軸功發生時，如能以絕熱過程使高速流體完全靜止，此時的溫度即為高速流體的停滯溫度。實際流體溫度、實際流體速度與停滯溫度之間的關係式，可利用總能量方程式 (6.3) 以及焓方程式 (6.12) 求得。(6.3) 式的端點 a 是指流動氣體在溫度 T 與焓 H 的狀態，而端點 b 與 (6.12) 式的參考狀態 0 是指停滯狀態。停滯以下標 s 註記。因此，$u_a = u$，此為氣體的速度，而 $u_b = u_s = 0$。由於為絕熱過程，即 $Q = 0$，(6.3) 式變成

$$H_s - H = \frac{u^2}{2} = H_0 - H \tag{6.19}$$

利用 (6.12) 式，消去 (6.19) 式的 $H_0 - H$，可得停滯溫度 T_s，

$$T_s = T + \frac{u^2}{2c_p} \tag{6.20}$$

停滯焓 (stagnation enthalpy) H_s 是以下列方程式定義

$$H_s = H + \frac{u^2}{2} \tag{6.21}$$

(6.3) 式可寫成

$$\frac{Q}{m} = H_{sb} - H_{sa} = (T_{sb} - T_{sa})c_p \tag{6.22}$$

其中 H_{sa} 與 H_{sb} 分別為狀態 a 與 b 的停滯焓。對於絕熱過程，$Q = 0$，$T_{sa} = T_{sb}$，而停滯溫度為常數。

可壓縮流動的過程

本章所考慮的流動過程顯示於圖 6.1 中。假設有大量的供應氣體在指定的溫度與壓力以及速度與馬赫數均為零的情況下可供利用。氣體的來源稱為**儲氣槽** (reservoir)，在儲氣槽內氣體的溫度與壓力稱為**儲氣槽狀態** (reservoir conditions)。儲氣槽溫度為停滯值，此值未必可應用到流動系統中的其它點。

假設氣體由儲氣槽開始流動，在入口處無摩擦損失，然後進入且流經管路。氣體在固定的溫度、速度與壓力下離開管路，並進入排氣接收槽，此處的壓力可獨立控制在某一定值而此值低於儲氣槽的壓力。

在管道中，下列過程的任何一項均可能發生：

1. 等熵膨脹。在此過程中，管道的截面積必須改變，此過程可描述成可變面積的一種。因為是絕熱過程，故管道中的停滯溫度不變，此過程顯示於圖 6.1a。
2. 流經固定截面之管道的絕熱摩擦流動。此過程是不可逆，氣體的熵增加；但如 (6.22) 式所示，因為 $Q = 0$，所以管路的停滯溫度不變。此過程顯示於圖 6.1b。

3. 流經固定截面之管道的等溫摩擦流動，伴隨有熱流經過管壁使得溫度維持不變。此過程為非絕熱且非等熵；停滯溫度在過程中會改變，因為 T 不變，由 (6.20) 式知，T_s 隨 u 而變。此過程顯示於圖 6.1c。

由基本方程式可預測氣體溫度、密度、壓力、速度與停滯溫度的變化。本節的目的是以這些方程式為基礎，描述如何以分析的方法處理此三個過程。[†]

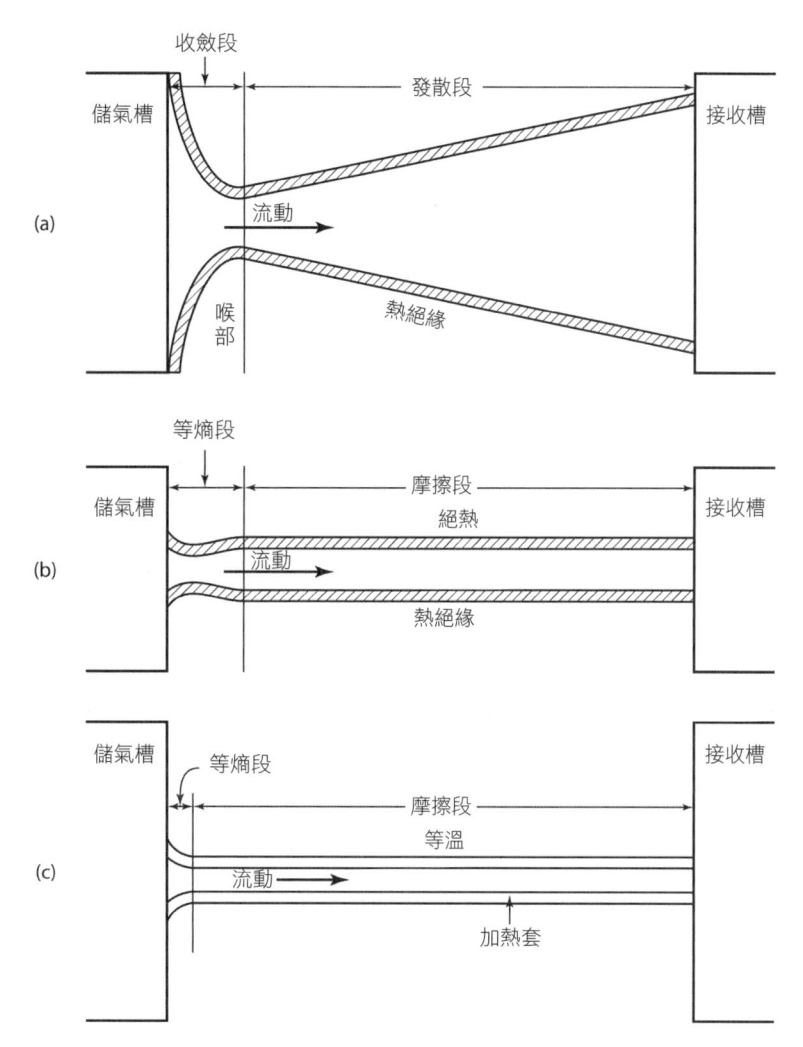

▲ 圖 6.1　(a) 收斂 - 發散噴嘴中的等熵流動；(b) 絕熱摩擦流動；(c) 等溫摩擦流動

[†] 廣義的處理，包括將熱量傳給氣體以及由氣體傳出熱量、將氣體注入管道、比熱與分子量的變化、化學反應、物體內部的阻力，以及相變化等，請參閱參考文獻 1 和 3。

流經噴嘴的等熵流動

適合等熵流動的管道，稱為**噴嘴** (nozzle)。如圖 6.1a 所示，一個完全的噴嘴是由喉部連接的收斂段及發散段所組成，此喉部很短，而管壁與噴嘴的軸互相平行。對於某些應用，噴嘴可僅由發散段組成，而喉部直接與接收槽連接。一個實際噴嘴的組態是由設計師控制，設計師定出截面積 S 與由入口量起的噴嘴長度 L 之間的關係。所設計的噴嘴必須使壁摩擦減為最小，且能抑制邊界層分離。收斂段為短圓形，因為在收斂的通道中不會發生分離。為了抑制在發散段中有邊界層分離，必須使發散角變小，因此這段相對地較長。噴嘴入口比喉部大很多，使得在入口處的速度可取為零，且入口處的溫度與壓力假定與儲氣槽內相等。

收斂段的目的是增加氣體的速度，並且減少氣體的壓力。在低馬赫數時，此過程與不可壓縮流動所用的伯努利關係 [(4.67) 式] 一致。在收斂段中的流動常為次音速，但在喉部則可能變為音速。在收斂噴嘴不可能產生馬赫數大於 1。在發散段，流動可能為次音速或超音速。發散段的目的，在此兩種情況下截然不同。在次音速的流動，此段的目的是降低速度而獲得壓力，此乃依據伯努利方程式得知。這些噴嘴的一種重要應用是流體流動的量測，此部分將於第 8 章討論。在超音速的流動，通常發散段的目的是要得到大於 1 的馬赫數以用在噴射引擎，用在產生非常細噴灑的裝置，或用在如風洞 (wind tunnel) 的實驗裝置上。

流經一已知噴嘴的流動可由固定儲氣槽與接收槽的壓力來控制。對於通過一特定噴嘴的已知流動，沿著噴嘴軸的每一點，均有唯一的壓力存在。此關係可由 p/p_0 對 L 作圖顯示，其中 p_0 為儲氣槽壓力，p 為在 L 點的壓力。圖 6.2 顯示壓力比如何隨距離而變化，以及在固定的儲氣槽壓力下，接收槽的壓力變化如何影響壓力分布。喉部與接收槽中的壓力分別記做 p_t 與 p_r。

若 p_r 與 p_0 相等，則無流動發生，其壓力分布以線 aa' 表示。若接收槽壓力略低於儲氣槽壓力，則發生流動，線 abc 為其壓力分布。線 bc 顯示收斂段的壓力恢復，最大速度發生在喉部。若接收槽的壓力再降低，則整個噴嘴的流率與速度會增加。當喉部的速度變成音速則到達極限，此情況以線 ade 表示，其中 $p_t = p^*$、$u_t = a$ 以及 $Ma = 1$。p^*/p_0 的比稱為**臨界壓力比** (critical pressure ratio)，記做 r_c。在線 ade 上的所有其他點均為次音速的流動。

當接收槽的壓力由點 a' 降至點 e，則流經噴嘴的質量流率增加。當壓力降到低於對應臨界流動的壓力，則流率不受影響。圖 6.3 顯示質量流率如何隨壓力比 p_r/p_0 而變化。在點 A，流率達到最大值，此時喉部的壓力比降到臨界值，若

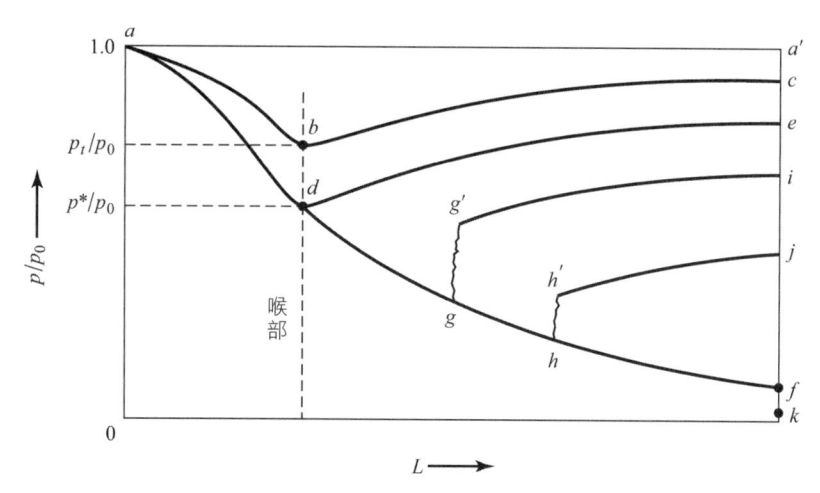

▲ 圖 6.2　壓力比對 L 的變化，其中 L 為由噴嘴入口處量起的距離

再降低壓力 p_r，也不會改變流率。

對此現象其原因如下：當在喉部的速度為音速，且管道的截面積為一定時，聲波不能向上游而移動至喉部內，因此喉部的氣體就無法從下游獲得訊息，再降低接收槽的壓力，也無法傳達到喉部。

若接收槽的壓力降至如圖 6.2 所示的點 f，則壓力分布以連續線 $adghf$ 表示。對於已知的氣體與噴嘴，此線是唯一的。僅有沿著 $dghf$ 的路徑才可能有超音速的流動。假設接收槽的壓力降到低於點 f，例如，降到 k 點，則噴嘴末端的壓力仍然維持在 f 點，而經過噴嘴的流動保持不變。當氣體由噴嘴進入接收槽，則氣體突然受到由點 f 到點 k 的壓力降。在接收槽中壓力的改變伴隨著波動現象。若接收槽的壓力保持在點 e 與點 f 之間的位置，則可得形如 $dgg'i$ 與 $dhh'j$ 的壓力分布曲線。dg 與 dh 段代表等熵超音速流動，突然壓力跳躍 gg' 與 hh' 代表震動波，其中流動突然由超音速變為次音速。對熱力學而言，震動是不可逆的，且依據熱力學第二定律，熵會伴隨增加。曲線 $g'i$ 與 $h'j$ 代表次音速的流動，而一般壓力的恢復在此發生。

線 $adghf$ 以下的區域對任何種類的絕熱流動是不易達到的狀態。等熵的流動侷限於次音速區域 $adea'a$ 及單線 $dghf$。

圖 6.2 與 6.3 的定性討論可應用於任何可壓縮流體的流動。理想氣體流動的定量關係是最容易獲得的。

等熵流動的方程式

理想氣體通過噴嘴的流動中所產生的現象，可用本章先前的基本方程式所導出的方程式來描述。

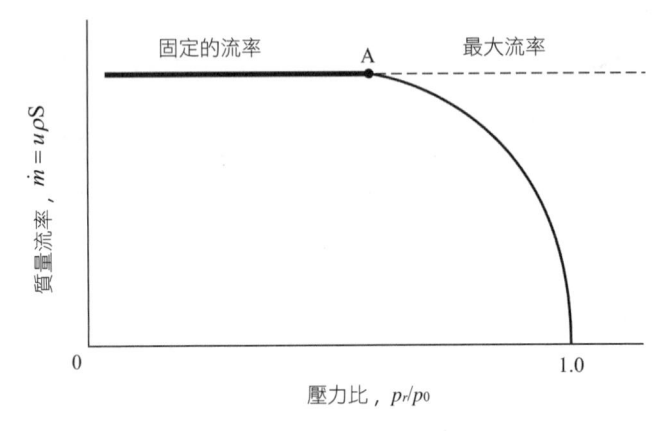

▲ 圖 6.3 流經噴嘴的質量流率

流動期間氣體性質的變化 任何等熵流動的氣體,其密度與溫度的路徑為 (6.14) 與 (6.15) 式,而由儲氣槽的條件可求得方程式中的常數。亦即得到

$$\frac{p}{\rho^\gamma} = \frac{p_0}{\rho_0^\gamma} \tag{6.23}$$

$$\frac{T}{p^{1-1/\gamma}} = \frac{T_0}{p_0^{1-1/\gamma}} \tag{6.24}$$

這些方程式可應用於無摩擦的次音速與超音速流動,不可用於橫跨衝擊波 (shock front)。

噴嘴中的速度 在無摩擦的情況下,機械能均衡 [(6.6) 式] 變成

$$\frac{dp}{\rho} = -d\left(\frac{u^2}{2}\right) \tag{6.25}$$

將 (6.23) 式代入 (6.25) 式,消去 ρ,並以儲氣槽中,$p = p_0$、$\rho = \rho_0$ 與 $u = 0$ 當作積分的下限,進行積分,亦即

$$\int_0^u d\left(\frac{u^2}{2}\right) = -\frac{p_0^{1/\gamma}}{\rho_0} \int_{p_0}^p \frac{dp}{p^{1/\gamma}}$$

將上式積分並且代入上下限,經過整理,得到

$$u^2 = \frac{2\gamma p_0}{(\gamma - 1)\rho_0}\left[1 - \left(\frac{p}{p_0}\right)^{1-1/\gamma}\right] \tag{6.26}$$

(6.26) 式以馬赫數的形式來表示較為方便，將 (6.26) 式的 u^2 代入 (6.18) 式的第一式，並將 (6.23) 式代入以消去 ρ/ρ_0。可得

$$\text{Ma}^2 = \frac{2}{\gamma - 1}\frac{p_0}{p}\frac{\rho}{\rho_0}\left[1 - \left(\frac{p}{p_0}\right)^{1-1/\gamma}\right] = \frac{2}{\gamma - 1}\left[\left(\frac{p_0}{p}\right)^{1-1/\gamma} - 1\right] \tag{6.27}$$

解出壓力比，(6.27) 式變成

$$\frac{p}{p_0} = \frac{1}{\{1 + [(\gamma - 1)/2]\text{Ma}^2\}^{1/(1-1/\gamma)}} \tag{6.28}$$

臨界壓力比 (critical pressure ratio)，記做 r_c，是將 (6.28) 式的 p 以 p^* 取代，Ma 以 1.0 取代而得：

$$r_c = \frac{p^*}{p_0} = \left(\frac{2}{\gamma + 1}\right)^{1/(1-1/\gamma)} \tag{6.29}$$

對 300 K 的空氣而言，$\gamma = 1.4$，而 $r_c = 0.528$。

利用 (6.23) 與 (6.26) 式，由 u 與 ρ 的乘積，可求出**質量速度** (mass velocity)

$$G = u\rho = \sqrt{\frac{2\gamma\rho_0 p_0}{\gamma - 1}}\left(\frac{p}{p_0}\right)^{1/\gamma}\sqrt{1 - \left(\frac{p}{p_0}\right)^{1-1/\gamma}} \tag{6.30}$$

截面積的影響

改變截面積、速度與馬赫數之間的關係，在各種噴嘴流動的相互關係上是有用的。將 (6.25) 式的 ρ 代入連續方程式 (6.2)，可得

$$\frac{du}{u} + \frac{dS}{S} - \left(\frac{d\rho}{dp}\right)_S u\,du = 0 \tag{6.31}$$

下標 S 是表示等熵流動。由 (6.9) 式

$$\left(\frac{dp}{d\rho}\right)_S = a^2 \tag{6.32}$$

由 (6.31) 與 (6.32) 式消去 $(dp/d\rho)_S$，得到

$$\frac{du}{u}\left(1 - \frac{u^2}{a^2}\right) + \frac{dS}{S} = 0$$

將 (6.1) 式的 Ma 代入，

$$\frac{du}{u}(\text{Ma}^2 - 1) = \frac{dS}{S} \tag{6.33}$$

(6.33) 式發現 Ma < 1 的次音速流動，其速度隨著截面的減少 (收斂管道) 而增加，且隨著截面的增加 (發散管道) 而減少。這相當於不可壓縮流動的一般情況。圖 6.2 的線 abc、ade、g'i、h'j 為其例。對於 Ma > 1 的超音速流動，其速度隨著截面的增加而增加，如在噴嘴發散段的情況。此與圖 6.2 的線 dghf 一致。這種超音速明顯的反常，是由於沿著等熵的路徑中，其密度與速度變化的結果。由於在噴嘴中，所有點的質量流率均相同，由連續方程式可知，噴嘴截面積的變化必須與質量速度 $u\rho$ 成反比。速度隨著馬赫數穩定的增加，而密度卻減少。但是，當 Ma = 1 時，G 有極大值。在次音速的範圍內，速度的增加比密度的減少迅速，因此質量速度增加，而 S 減少。在超音速的範圍內，急劇下降的密度勝過速度的增加，因此質量速度減少，而增加 S 以調節總質量流動。G 的行為，可由研究 (6.30) 式的第一與第二導數，觀察其極大與極小值而獲得證實。

例題 6.1

空氣在溫度為 555.6 K (1,000°R) 及壓力為 20 atm 下，進入一個收斂－發散的噴嘴。喉部面積為發散段排氣口面積的一半。(a) 假設在喉部的馬赫數為 0.8，求在喉部處，下列各量，即：壓力、溫度、線性速度、密度及質量速度為多少？(b) 對應於儲氣槽條件，p^*、T^*、u^* 與 G^* 的值為多少？(c) 假設在超音速下使用噴嘴，則發散段排氣口的最大馬赫數為多少？對空氣而言，$\gamma = 1.4$ 且 $M = 29$。

解

(a) 由 (6.28) 式可計算在喉部的壓力：

$$\frac{p_t}{20} = \frac{1}{\{1 + [(1.4-1)/2]0.8^2\}^{1/(1-1/1.4)}} = 0.656$$

$$p_t = 13.12 \text{ atm}$$

由 (6.10) 式,因為 $R = 82.056 \times 10^{-3}$ atm·m³/kg mol·K,所以儲氣槽的密度為

$$\rho_0 = \frac{20 \times 29}{82.056 \times 10^{-3} \times 555.6} = 12.72 \text{ kg/m}^3 \text{ (0.795 lb/ft}^3\text{)}$$

由 (6.10) 式得知 p_0/ρ_0 並將其代入 (6.26) 式,則在喉部的速度為

$$u_t = \sqrt{\frac{2\gamma RT_0}{M(\gamma-1)}\left[1 - \left(\frac{p_t}{p_0}\right)^{1-1/\gamma}\right]}$$

$$= \sqrt{\frac{2 \times 1.4 \times 82.056 \times 10^{-3} \times 555.6}{29(1.4-1)}}\sqrt{1 - 0.656^{1-1/1.4}}$$

$$= 1.1175 \text{ (m}^3 \cdot \text{atm/kg)}^{1/2}$$

下列步驟可將此單位轉換成 m/s。由附錄 1,可知 1 atm = 1.01325×10^5 N/m²,由定義,1 N = 1 kg·m/s²。因此

$$u_t = 1.1175\sqrt{1.01325 \times 10^5} = 355.7 \text{ m/s (1,167 ft/s)}$$

由 (6.23) 式,在喉部的密度為

$$\rho_t = \rho_0 \left(\frac{p_t}{p_0}\right)^{1/\gamma} = 12.72 \times 0.656^{1/1.4} = 9.41 \text{ kg/m}^3 \text{ (0.587 lb/ft}^3\text{)}$$

在喉部的質量速度為

$$G_t = u_t \rho_t = 355.7 \times 9.41 = 3348 \text{ kg/m}^2 \cdot \text{s (686 lb/ft}^2 \cdot \text{s)}$$

[質量速度亦可利用 (6.30) 式直接計算而得。] 由 (6.24) 式,可知在喉部的溫度為

$$T_t = T_0\left(\frac{p_t}{p_0}\right)^{1-1/\gamma} = 555.6 \times 0.656^{1-1/1.4} = 492.5 \text{ K (886.5°R)}$$

(b) 由 (6.29) 式

$$r_c = \frac{p^*}{p_0} = \left(\frac{2}{1.4+1}\right)^{1/(1-1/1.4)} = 0.528 \qquad p^* = 20 \times 0.528 = 10.56 \text{ atm}$$

由 (6.24) 與 (6.29) 式

$$T^* = 555.6\left(\frac{2}{1.4+1}\right) = 463 \text{ K } (833.4°\text{R})$$

由 (6.23) 式

$$\left(\frac{\rho_0}{\rho^*}\right)^\gamma = \frac{p_0}{p^*} \qquad \frac{\rho^*}{\rho_0} = \left(\frac{p^*}{p_0}\right)^{1/\gamma}$$

$$\rho^* = 12.72 \times 0.528^{1/1.4} = 8.06 \text{ kg/m}^3 \ (0.503 \text{ lb/ft}^3)$$

由 (6.30) 式

$$G^* = \sqrt{\frac{2 \times 1.4 \times 12.72 \times 20 \times 1.01325 \times 10^5}{1.4-1}} \, 0.528^{1/1.4}\sqrt{1-0.528^{1-1/1.4}}$$
$$= 3{,}476 \text{ kg/m}^2 \cdot \text{s } (712 \text{ lb/ft}^2 \cdot \text{s})$$
$$u^* = \frac{G^*}{\rho^*} = \frac{3{,}476}{8.06} = 431 \text{ m/s } (1{,}415 \text{ ft/s})$$

(c) 依據連續方程式,因為 $G \propto 1/S$,故在排氣口的質量速度為

$$G_r = \frac{3{,}476}{2} = 1{,}738 \text{ kg/m}^2 \cdot \text{s } (356 \text{ lb/ft}^2 \cdot \text{s})$$

由 (6.30) 式

$$1{,}738 = \sqrt{\frac{2 \times 1.4 \times 12.72 \times 20 \times 1.01325 \times 10^5}{0.4}\left[1-\left(\frac{p_r}{p_0}\right)^{1-1/1.4}\right]}\left(\frac{p_r}{p_0}\right)^{1/1.4}$$

$$\left(\frac{p_r}{p_0}\right)^{1/1.4}\sqrt{1-\left(\frac{p_r}{p_0}\right)^{1-1/1.4}} = 0.1294$$

p_r/p_0 可由此方程式解出,得到

$$\frac{p_r}{p_0} = 0.0939$$

由 (6.27) 式，在排氣口的馬赫數為

$$\text{Ma}_r = \sqrt{\frac{2}{1.4-1}\left(\frac{1}{0.0939^{1-1/1.4}} - 1\right)} = 2.20$$

絕熱摩擦流動

當流體通過管壁的熱傳遞可以忽略不計的話，通過截面積不變的直管的流體可視為絕熱的流動。雖然總是有或多或少的熱傳遞發生，但絕熱流動很接近實際的情形。此過程如圖 6.1b 所示，典型的情況為在已知的壓力及溫度下，氣體進入一長絕熱管，而氣體流率是由管的長度與直徑以及出口處所維持的壓力來決定。在長管線以及低出口壓力下，氣體的速率可能達到音速。但是，氣體不可能由次音速或超音速流動的方向，穿過音障；若馬赫數大於 1 的氣體進入管中，則馬赫數將會降低，但不會變成小於 1。若維持一定的排放壓力，並將管子加長，強制將氣體由次音速變為超音速的流動，或由超音速變為次音速，而質量流率將會減少，以避免這種變化發生。這種效應稱為阻塞 (choking)。

摩擦參數

量測摩擦效應的基本量為摩擦參數 fL/r_H，它是由 (6.8) 式積分產生的。在絕熱的摩擦流動中，氣體的溫度會改變，黏度也會變化，而雷諾數與摩擦係數並非是真實的常數。然而，在氣體的流動中，溫度對黏度的影響很小，而雷諾數對摩擦係數 f 的影響仍然偏低。此外，除非馬赫數接近於 1，否則溫度的變化很小。在計算時，採用 f 的平均值作為常數是令人滿意的。若有必要，f 可由管道的兩端求值，然後取其算術平均作為常數。

超音速流動的摩擦係數尚未建立，顯然，對於相同的雷諾數而言，其摩擦係數約為次音速流動的一半。[2]

在下一節中所有積分的方程式，均假設其管道入口為圓形，以形成等熵收斂的噴嘴。若在管道中需要超音速流動，則噴嘴的入口必須含有一發散段使得產生的馬赫數大於 1。

絕熱摩擦流動的方程式

將 ρ/p 乘以 (6.8) 式,可得

$$\frac{dp}{p} + \frac{\rho}{p}u\,du + \frac{\rho u^2}{2p}\frac{f\,dL}{r_H} = 0 \tag{6.34}$$

欲求此方程式的積分形式。最有用的積分形式,就是包含馬赫數為應變數而摩擦參數為自變數的形式。欲具有此形式,可用 (6.18) 式消去 (6.34) 式中的密度因數,且由 (6.2) 與 (6.11) 式得到 Ma、dp/p 與 du/u 之間的關係。當出現 dT/T 時,則利用 (6.4)、(6.13) 與 (6.18) 式予以消去,結果為

$$\frac{dp}{p} = -\frac{1 + (\gamma-1)\text{Ma}^2}{1 + [(\gamma-1)/2]\text{Ma}^2}\frac{d\text{Ma}}{\text{Ma}} \tag{6.35}$$

以及

$$\frac{du}{u} = \frac{dp}{p} + 2\frac{d\text{Ma}}{\text{Ma}} \tag{6.36}$$

將 (6.35) 與 (6.36) 式代入 (6.34) 式,整理後可得微分方程式

$$f\frac{dL}{r_H} = \frac{2(1-\text{Ma}^2)\,d\text{Ma}}{\gamma\text{Ma}^3\{1+[(\gamma-1)/2]\text{Ma}^2\}} \tag{6.37}$$

將 (6.37) 式在入口位置 a 與出口位置 b 之間進行積分,可得

$$\int_{L_a}^{L_b}\frac{f}{r_H}\,dL = \int_{\text{Ma}_a}^{\text{Ma}_b}\frac{2(1-\text{Ma}^2)\,d\text{Ma}}{\gamma\text{Ma}^3\{1+[(\gamma-1)/2]\text{Ma}^2\}}$$

$$\frac{\bar{f}}{r_H}(L_b - L_a) = \frac{\bar{f}L}{r_H}$$

$$= \frac{1}{\gamma}\left(\frac{1}{\text{Ma}_a^2} - \frac{1}{\text{Ma}_b^2} - \frac{\gamma+1}{2}\ln\frac{\text{Ma}_b^2\{1+[(\gamma-1)/2]\text{Ma}_a^2\}}{\text{Ma}_a^2\{1+[(\gamma-1)/2]\text{Ma}_b^2\}}\right) \tag{6.38}$$

其中 $\bar{f}$ 為端點摩擦係數的算術平均,即 $(f_a+f_b)/2$,而 $L = L_b - L_a$。

性質方程式 下列方程式對於計算壓力、溫度與密度的變化是有用的。

在絕熱摩擦流動中，入口壓力與出口壓力的比，可由 (6.35) 式在上下限 p_a, p_b 與 Ma_a, Ma_b 之間直接積分而得

$$\frac{p_a}{p_b} = \frac{\text{Ma}_b}{\text{Ma}_a}\sqrt{\frac{1 + [(\gamma - 1)/2]\text{Ma}_b^2}{1 + [(\gamma - 1)/2]\text{Ma}_a^2}} \tag{6.39}$$

由 (6.20) 式可求出溫度比，注意 $T_{0a} = T_{0b}$，故

$$T_a + \frac{u_a^2}{2c_p} = T_b + \frac{u_b^2}{2c_p} \tag{6.40}$$

由關於理想氣體馬赫數的 (6.18) 式，以及 (6.40) 式，可得

$$T_a + \frac{\gamma R T_a \text{Ma}_a^2}{2Mc_p} = T_b + \frac{\gamma R T_b \text{Ma}_b^2}{2Mc_p} \tag{6.41}$$

由 (6.16) 式

$$\frac{c_p M}{R} = \frac{\gamma}{\gamma - 1} \tag{6.42}$$

將 (6.42) 式的 $c_p M/R$ 代入 (6.41) 式，解出溫度比

$$\frac{T_a}{T_b} = \frac{1 + [(\gamma - 1)/2]\text{Ma}_b^2}{1 + [(\gamma - 1)/2]\text{Ma}_a^2} \tag{6.43}$$

由氣體狀態方程式 (6.10) 以及 (6.39) 式的壓力比與 (6.43) 式的溫度比，可求出密度比

$$\frac{\rho_a}{\rho_b} = \frac{p_a T_b}{p_b T_a} = \frac{\text{Ma}_b}{\text{Ma}_a}\sqrt{\frac{1 + [(\gamma - 1)/2]\text{Ma}_a^2}{1 + [(\gamma - 1)/2]\text{Ma}_b^2}} \tag{6.44}$$

最長的管道長度　為了確保問題中的條件，不會使穿過音障的不可能現象發生，因此需要一個能求出 $\bar{f}L/r_H$ 的最大值的方程式，而與已知入口的馬赫數一致。此方程式可由 (6.38) 式得到，亦即將管道入口取為 a，並指定位置 b 為星標狀態，其中 $\text{Ma} = 1.0$。則長度 $L_b - L_a$ 代表當 Ma_a 值固定時，所能使用之最長管道的長度。此長度以 $L_{\max}$ 表示。由 (6.38) 式可得

$$\frac{\bar{f}L_{\max}}{r_H} = \frac{1}{\gamma}\left(\frac{1}{\text{Ma}_a^2} - 1 - \frac{\gamma+1}{2}\ln\frac{2\{1+[(\gamma-1)/2]\text{Ma}_a^2\}}{\text{Ma}_a^2(\gamma+1)}\right) \tag{6.45}$$

對於 p/p^*、T/T^* 及 ρ/ρ^* 的對應方程式，可由 (6.39)、(6.43) 及 (6.44) 式得到。

質量速度

需先求出質量速度而後計算雷諾數，進而求出摩擦係數。由 (6.18) 式與 G 的定義，可得

$$\text{Ma}^2 = \frac{(\rho u)^2}{\rho^2 \gamma TR/M} = \frac{G^2}{\rho^2 \gamma TR/M} = \frac{G^2}{\rho \gamma p}$$

以及

$$G = \rho \text{Ma}\sqrt{\frac{\gamma TR}{M}} = \text{Ma}\sqrt{\rho \gamma p} \tag{6.46}$$

因為，對於固定面積的流動，G 與長度無關，所以在氣體性質為已知的任何點，均可算出其質量速度，通常所使用的條件是管道入口。

例題 6.2

空氣由儲氣槽經等熵的噴嘴進入長直管中。儲氣槽中的壓力與溫度分別為 20 atm 與 1,000°R (555.6 K)，在管的入口之馬赫數為 0.05。(a) 試問 $\bar{f}L_{\max}/r_H$ 的值是多少？(b) 當 $L_b = L_{\max}$，則壓力、溫度、密度、線性速度與質量速度之值為何？(c) 當 $\bar{f}L_{\max}/r_H = 400$ 時，質量速度為何？

解

(a) 將 $\gamma = 1.4$ 與 $\text{Ma}_a = 0.05$ 之值代入 (6.45) 式，則

$$\frac{\bar{f}L_{\max}}{r_H} = \frac{1}{1.4}\left(\frac{1}{0.05^2} - 1 - \frac{1.4+1}{2}\ln\frac{2\{1+[(1.4-1)/2]0.05^2\}}{(1.4+1)0.05^2}\right) = 280$$

(b) 等熵噴嘴的前端壓力 p_a，可由 (6.28) 式求得：

$$p_a = \frac{20}{\{1+[(1.4-1)/2]0.05^2\}^{1.4/(1.4-1)}} = \frac{20}{1.0016} \approx 20 \text{ atm}$$

將噴嘴的壓力、溫度與密度之變化忽略不計，除了線性速度外，儲氣槽的條件亦與管入口處相符。由例題 6.1 可知，空氣在 20 atm 與 1,000°R 時的密度為 0.795 lb/ft³。由 (6.17) 式，包括 g_c 在內，可得聲速為

$$a_a = \sqrt{1.4 \times 32.174 \times 1,000 \left(\frac{1,545}{29}\right)} = 1,550 \text{ ft/s } (472.4 \text{ m/s})$$

管入口處的速度為

$$u_a = 0.05 \times 1,550 = 77.5 \text{ ft/s } (23.6 \text{ m/s})$$

當 $L_b = L_{\max}$ 時，氣體在星號狀態下離開管子，其 $\text{Ma}_b = 1.0$。由 (6.43) 式

$$\frac{1,000}{T^*} = \frac{24}{2\{1 + [(1.4-1)/2]0.05^2\}} = 1.2$$
$$T^* = 834°\text{R } (463.3 \text{ K})$$

由 (6.44) 式

$$\frac{0.795}{\rho^*} = \frac{1}{0.05}\sqrt{\frac{2\{1 + [(1.4-1)/2]0.05^2\}}{2.4}}$$
$$\rho^* = 0.0435 \text{ lb/ft}^3 \text{ } (0.697 \text{ kg/m}^3)$$

由 (6.39) 式

$$\frac{20}{p^*} = \frac{1}{0.05}\sqrt{1.2}$$
$$p^* = 0.913 \text{ atm}$$

流經整個管子的質量速度為

$$G = 0.795 \times 77.5 = 0.0435u^* = 61.61 \text{ lb/ft}^2 \cdot \text{s } (300.8 \text{ kg/m}^2 \cdot \text{s})$$
$$a = u^* = 1416 \text{ ft/s } (431.6 \text{ m/s})$$

因為出口速度為音速，u^* 亦可由 (6.17) 式，利用 $T = T^* = 834°\text{R } (463.3 \text{ K})$ 計算而得

$$a = u^* = 1,550\sqrt{\frac{834}{1,000}} = 1,416 \text{ ft/s } (431.6 \text{ m/s})$$

(c) 利用 (6.45) 式，以及 $\bar{f}\,L_{max}/r_H = 400$，可得

$$400 = \frac{1}{1.4}\left(\frac{1}{\mathrm{Ma}_a^2} - 1 - \frac{1.4+1}{2}\ln\frac{2\{1+[(1.4-1)/2]\mathrm{Ma}_a^2\}}{\mathrm{Ma}_a^2(1.4+1)}\right)$$

此方程式必須以試誤法求解 Ma_a。最後的結果為 $\mathrm{Ma}_a = 0.04194$。因此

$$u_a = \frac{0.04194}{0.05}(77.5) = 65.0 \text{ ft/s (19.8 m/s)}$$
$$G = 65.0 \times 0.795 = 51.7 \text{ lb/ft}^2 \cdot \text{s } (252.4 \text{ kg/m}^2 \cdot \text{s})$$

等溫摩擦流動

經一固定截面之管道的可壓縮流動，可由通過管壁的熱傳遞使流體的溫度保持一定。細長而未絕熱的小管與空氣接觸時，因有足夠的熱量傳遞，故能保持接近於等溫的流動。此外，對於小的馬赫數而言，在相同入口條件下，等溫流動的壓力形態與絕熱流動幾乎相同，故可採用較簡單的等溫流動方程式。

等溫流動的基本方程式是簡單的。它是由質量速度代入機械能均衡式 [(6.8) 式]，並直接積分而得。

將 ρ^2 乘以 (6.8) 式，得到

$$\rho\,dp + \rho^2 u\,du + \frac{\rho^2 u^2 f\,dL}{2r_H} = 0 \tag{6.47}$$

因為 $\rho u = G$、$u\,du = -(G^2\rho^{-3})d\rho$ 且 $\rho = Mp/(RT)$，(6.47) 式可寫成

$$\frac{M}{RT}p\,dp - G^2\frac{d\rho}{\rho} + \frac{G^2 f\,dL}{2r_H} = 0 \tag{6.48}$$

將 (6.48) 式重新整理，並且在位置 a 與位置 b 之間進行積分，可得

$$p_a^2 - p_b^2 = \frac{G^2 RT}{M}\left[2\ln\frac{\rho_a}{\rho_b} + \frac{f(L_b - L_a)}{r_H}\right] \tag{6.49}$$

其中 r_H 為管路或渠道的水力半徑。

(6.49) 式的密度比 ρ_a/ρ_b，可用 p_a/p_b 取代。(6.49) 式亦可用於當管道溫度變

化很小時。此時可用算術平均溫度替代 T。例如，絕熱流動在低馬赫數 (約低於 0.3) 時，遵循此方程式。

例題 6.3

空氣在 1.7 atm 錶壓及 15°C，進入長為 70 m 的 75 mm 水平鋼管。進入的空氣其流率 q 為 0.265 m³/s。假設為等溫流動，則管線排放端的壓力為何？

解

利用 (6.49) 式，所需的量為

$$D = 0.075 \text{ m} \quad r_H = \frac{0.075}{4} = 0.01875 \text{ m}$$

$$\mu = 0.0174 \text{ cP (附錄 8)} = 1.74 \times 10^{-5} \text{ kg/m} \cdot \text{s}$$

$$\rho_a = \frac{29}{22.4} \times \frac{2.7}{1} \times \frac{273}{288} = 3.31 \text{ kg/m}^3$$

$$A = \frac{0.075^2 \pi}{4} = 0.00442 \text{ m}^2$$

則有

$$G = \frac{q\rho_a}{A} = \frac{0.265 \times 3.31}{0.00442} = 198.5 \text{ kg/m}^2 \cdot \text{s}$$

$$\text{Re} = 0.075 \times \frac{198.5}{1.74 \times 10^{-5}} = 8.56 \times 10^5$$

$$\frac{k}{D} = 0.00015 \times \frac{0.3048}{0.075} = 0.00061$$

$$f = 0.0044 \text{ (圖 5.10)}$$

令 $(p_a + p_b)/2 = \bar{p}$，因此

$$p_a^2 - p_b^2 = (p_a - p_b)(p_a + p_b) = 2\bar{p}(p_a - p_b)$$

由 (6.49) 式

$$p_a - p_b = \frac{RTG^2}{\bar{p}M}\left(\frac{fL}{2r_H} + \ln\frac{p_a}{p_b}\right)$$

其中 $p_a = 2.7$ atm

$$M = 29$$
$$L = 70 \text{ m}$$
$$R = 82.056 \times 10^{-3} \text{ m}^3 \cdot \text{atm/kg mol} \cdot \text{K (表 1.2)}$$
$$T = 15 + 273 = 288 \text{ K}$$

以試誤法，求得 $\bar{p} = 1.982$ atm 且 $p_b = 1.264$ atm。

驗證：因為 1 atm $= 101,325$ N/m² $= 101,325$ kg/m $\cdot$ s² [(1.14) 式與 (1.15) 式]

$$p_b = 2.7 - \frac{82.056 \times 10^{-3} \times 288 \times 198.6^2}{1.982 \times 29 \times 101,325}\left(\frac{0.0044 \times 70}{2 \times 0.01875} + \ln\frac{2.7}{1.264}\right)$$
$$= 1.264 \text{ atm abs 或 } 0.264 \text{ atm gauge}$$

平均壓力為

$$\bar{p} = \frac{2.7 + 1.264}{2} = 1.982 \text{ atm}$$

解出 (6.49) 式的 G，並對壓力 p_b 微分，得到最大質量速度 $G_{\max} = p_b\sqrt{M/(RT)}$，出口速度 $\bar{V}_{b,\max} = \sqrt{RT/M}$，以及出口馬赫數 $\text{Ma}_b = 1/\sqrt{\gamma}$。但是，這種表面阻塞狀況，對等溫流動並無物理意義，因為在如此高的速度以及高的膨脹速率下，等溫狀況是不可能的。[2]

等溫流動的熱傳遞

將穩定流能量方程式 (6.22) 與停滯溫度方程式 (6.20) 結合，且令 $T_a = T_b$，可得

$$\frac{Q}{m} = \frac{u_b^2 - u_a^2}{2} \tag{6.50}$$

將 G/ρ 代入 u 中，得到 (6.50) 式的質量速度之形式，

$$\frac{Q}{m} = \frac{G^2}{2}\left(\frac{1}{\rho_b^2} - \frac{1}{\rho_a^2}\right) \tag{6.51}$$

在這些方程式中，Q/m 為流入氣體的熱量 (J/kg)。

(6.49) 式至 (6.51) 式僅適用於次音速流動。

符號

- A ：面積，m^2 或 ft^2
- a ：在流體內的聲速，m/s 或 ft/s；a_a，在管入口處的聲速
- c ：比熱 $J/g \cdot °C$ 或 $Btu/lb \cdot °F$；c_p，定壓下的比熱；c_v，定容下的比熱
- D ：直徑，m 或 ft
- f ：范寧摩擦係數，無因次；f_a 在位置 a；f_b，在位置 b；$\bar{f}$，平均值
- G ：質量速度 $kg/m^2 \cdot s$ 或 $lb/ft^2 \cdot s$；G_r，在接收槽；G_t，在喉部；G^*，當 Ma = 1.0 的值；G_{max}，最大值
- g ：重力加速度，m/s^2 或 ft/s^2
- g_c ：牛頓定律的比例因數，$32.174\ ft \cdot lb/lb_f \cdot s^2$
- H ：焓，J/g 或 Btu/lb；H_a，在位置 a；H_b，在位置 b；H_s，停滯值；H_{sa}，H_{sb} 在位置 a 與 b；H_0，在參考溫度；H^*，當 Ma = 1.0 的值
- h_f ：摩擦損失，$N \cdot m/g$ 或 $ft \cdot lb_f/lb$；h_{fs}，表皮摩擦損失
- k ：粗糙度參數，m 或 ft
- L ：長度，m 或 ft；L_a，從入口到位置 a；L_b，到位置 b；L_{max}，在出口處，當 Ma = 1.0 時，管的長度
- Ma ：馬赫數，u/a；Ma_a，在位置 a；Ma_b，在位置 b；Ma_r，在噴嘴排放處
- M ：流體的分子量
- m ：質量，kg 或 lb
- $\dot{m}$ ：質量流率，kg/s 或 lb/s
- p ：壓力，N/m^2 或 lb_f/ft^2；p_a，在位置 a；p_b，在位置 b；p_r，在接收槽；p_t，在收斂-發散噴嘴的喉部；p_0，在儲氣槽；p^*，當 Ma = 1.0 的值；$\bar{p}$，平均值
- Q ：熱量，J 或 Btu
- R ：氣體定律常數，$8.314\ J/g\ mol \cdot K$ 或 $1,545\ ft \cdot lb_f/lb\ mol \cdot °R$
- r_c ：臨界壓力比，p^*/p_0
- r_H ：管道的水力半徑，m 或 ft
- S ：管道的截面積，m^2 或 ft^2
- T ：溫度，K 或 °R；T_a，在位置 a；T_b，在位置 b；T_s，停滯值；T_t，在噴嘴喉部；T_0，參考值；T^*，當 Ma = 1.0 的值
- u ：流體速度，m/s 或 ft/s；u_a，在位置 a；u_b，在位置 b；u_s，停滯值；u_t，在收斂-發散噴嘴的喉部；u^*，當 Ma = 1.0 的值
- $\bar{V}$ ：流體的平均速度；$\bar{V}_{b,max}$，最大排放速度
- Z ：高於基準平面的高度，m 或 ft

希臘字母

α ：動能修正因數；α_a，在位置 a 的動能修正因數；α_b，在位置 b 的動能修正因數

β ：動量修正因數

γ ：比熱的比，c_p/c_v

ρ ：流體的密度，kg/m^3 或 lb/ft^3；ρ_a, ρ_b，在位置 a 與 b；ρ_t，在收斂－發散噴嘴的喉部；ρ_0，在儲氣槽；ρ^*，當 Ma＝1.0 的值

μ ：絕對黏度，kg/m·s 或 lb/ft·s

下標

a ：在位置 a

b ：在位置 b

S ：等熵流動

s ：停滯值

0 ：參考值，儲氣槽條件

習題

6.1. 對於例題 6.2 的入口條件，若管徑為 2 in.，則可使用的最大管長為多少？對於例題 6.3 的入口條件，則又是多少？

6.2. 由甲烷組成的天然氣，在平地上經由內徑為 20 in. 的管線輸送。每個泵站均將壓力增至 100 lb$_f$/in.^{2} abs，而在 50 mi 遠的下一個泵站的入口，壓力降為 25 lb$_f$/in.^{2} abs，則在 60°F 以及 30 in. Hg 的壓力下，所量測的氣體流率是多少 ft^3/hr？

6.3. 表 6.1 所示為某發散－收斂噴嘴所具有的大小。空氣 ($\gamma = 1.40$, $M = 29.0$) 由儲氣槽進入噴嘴，其壓力為 20 atm abs，溫度 550 K。當 (a) 在無震動及次音速排氣的最大流率，(b) 等熵流動及排氣為超音速。畫出壓力、溫度及馬赫數對噴嘴長度的圖。

▼ 表 6.1　習題 6.3 的數據

	管長	管徑		管長	管徑
儲氣槽	0	∞	喉部	0.30	0.25
	0.025	0.875		0.40	0.28
	0.050	0.700		0.50	0.35
	0.075	0.575		0.60	0.45
	0.100	0.500		0.70	0.56
	0.150	0.375		0.80	0.68
	0.200	0.300		0.90	0.84
			接收槽	1.00	1.00

6.4. 一標準 Schedule 40，1 in. 的水平鋼管，用於引導氧氣。氣體由圓形入口進入管子，其壓力為 6 atm abs，溫度 120°C，速度為 35 m/s。(a) 最大可能的管長是多少？(b) 在最大管長時，管末端氣體的壓力及停滯溫度為何？假設為絕熱流動。對氧氣而言，$\gamma = 1.36$，且 $M = 70.91$。

6.5. 在 25°C，表壓為 310 kN/m² 之情況下，空氣以 1,200 kg/h 的流率進入 2 in.，Schedule 40 的鋼管。假設為等溫流動，則在管的 60 m 處，壓力降為多少？

6.6. 空氣在 200°C，1.5 atm 的狀況下流動，若其速度為音速的 0.9 倍，求停滯溫度。

6.7. 空氣在 350 K 及 $p = 5 \times 10^5$ N/m² 的狀況下進入 25 mm (1 in.) Schedule 40 的鋼管。速度為 120 m/s。假設流動是絕熱的，當空氣以音速離開管子，則管長為多少？

6.8. 要運送 13×10^6 (ft³/day, SCFD：標準立方呎 / 天) 的 CO 到 60 mi 遠的客戶，試計算所需的壓力源。根據合約，在客戶的地點，壓力至少是 300 lb$_f$ /in.² gauge。管徑為 10 in.。長管在地面溫度為 60°F 時可視為等溫。標準狀況為 $T = 70$°F，$p = 1$ atm。

■ 參考文獻 ■

1. Cambel, A. B. *Handbook of Fluid Dynamics*. Ed. V. L. Streeter. New York: McGraw-Hill, 1961, pp. 8-5 to 8-12.
2. Cambel, A. B., and B. H. Jennings. *Gas Dynamics*, New York: McGraw-Hill, 1958, pp. 85-86.
3. Shapiro, A. H., and W. R. Hawthorne. *J. Appl. Mech*. 14: A-317(1947).

CHAPTER 7

通過沈浸物的流動

第 4 章與第 5 章所討論的是集中在流體流動的定律，而且集中在流體流經固體邊界，特別是關於流體通過密閉管道，其壓力與速度變化的控制因素。在討論期間，主要強調的是流體。但是，在許多問題中，固體對流體的影響是值得關注的。固體流經靜止的流體；流體流經靜止的固體；或兩者均移動。固體沈浸在流體中，或被流體環繞的情況是本章的主題。通常假定固體或假定流體兩者中的任一相為靜止是無關要緊的，介於兩者之間的相對速度才是重要。但在某些情況下，流體若早已受到固體壁面影響而成為亂流，則成了例外。亂流的標度和強度是製程中的重要參數。

拖曳力與拖曳係數

流體在流動方向上施予固體的力，稱為**拖曳力** (drag)。依據牛頓第三運動定律此物體對流體也施予相等而反向的淨力。當物體的壁面與流動方向平行時，如圖 3.9a 所示薄平板的情況，僅有的拖曳力為壁剪力 τ_w。然而，較普遍的情況則是，一沈浸物的壁面與流動方向形成一個角度，使得壁剪力在流動方向的分量形成了拖曳力。另一種拖曳力則來自於與壁面垂直方向的流體壓力，此時拖曳力就是流動方向的壓力分量。單位面積的總拖曳力由兩個分量加成，一個極端的例子就是垂直於流體流動方向的拖曳力，它完全來自流體的壓力，如圖 3.9b 所示。

圖 7.1 說明作用於面積單元 dA 上的壓力與剪力，此 dA 與流動方向之傾斜角為 $90° - \alpha$。由壁剪力引起的拖曳力為 $\tau_w \sin\alpha\, dA$，而由壓力引起的拖曳力 p 為 $\cos\alpha\, dA$。物體的總拖曳力為這些力的積分和，而積分範圍是指與流體接觸的物體之全部表面。由壁剪力所得的總拖曳力稱為**壁拖曳力** (wall drag)，而由壓力所得的總拖曳力稱為**形態拖曳力** (form drag)。

169

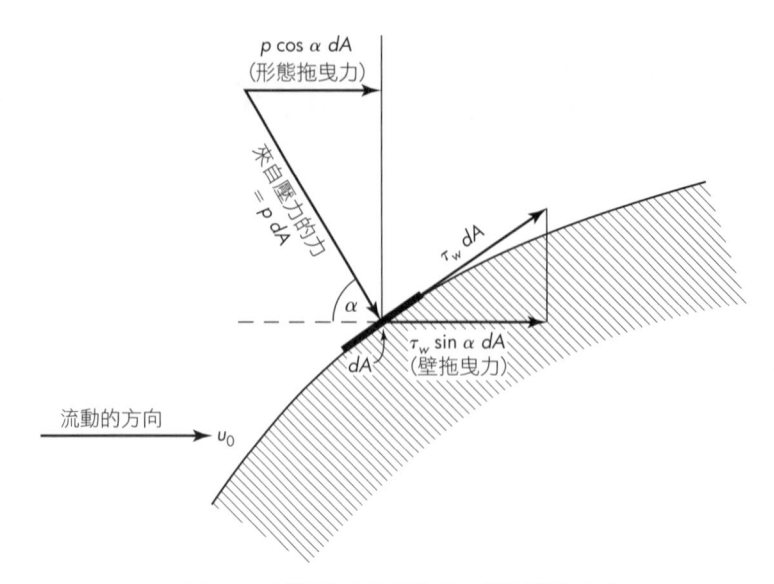

▲ 圖 7.1　沈浸物上的壁拖曳力與形態拖曳力

在位勢流 (potential flow)，$\tau_w = 0$，也就無壁拖曳力。此外，在流動方向的壓力拖曳力，與反方向的相等力達到平衡，因此形態拖曳力的和為零。在位勢流中並無淨拖曳力。

在實際的流體中，由壁拖曳力與形態拖曳力產生的現象是複雜的，通常拖曳力是無法預估的。以低流速流經球形以及其它規則形狀，流動形態與拖曳力可利用已發表之關係式加以估算或使用第 4 章所推導的動量均衡方程式予以數值計算。[16] 對於以高速流經不規則形狀的情況，則易由實驗測得。

拖曳係數

在處理流體流經管子與管道中，摩擦係數 (friction factor) 定義為剪應力對速度落差 (velocity head) 與密度之乘積的比，它顯得十分有用。使用於沈浸固體亦有類似的係數，稱為**拖曳係數** (drag coefficient)。考慮一平滑球體沈浸於流動流體中，當流域與固體邊界距離很遠時，則接近物體的流域具有均勻的速度。固體物體的投影面積定義為物體投影在垂直於流動方向的平面上的面積，如圖 7.2 所示。投影面積以 A_p 表示。對於球體而言，投影面積為其最大的圓，即 $(\pi/4)D_p^2$，其中 D_p 為直徑。若 F_D 為總拖曳力，則每單位投影面積的平均拖曳力為 F_D/A_p。如摩擦係數 f 定義為 τ_w 對流體密度 ρ 與速度落差 $u_o^2/2$ 之乘積的比，故拖曳係數 C_D 定義為 F_D/A_p 與 $\rho u_o^2/2$ 之比，即

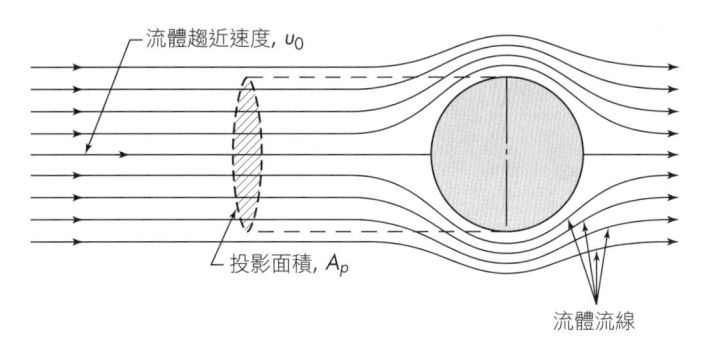

▲ 圖 7.2　通過沈浸球體的流動

$$C_D \equiv \frac{F_D/A_p}{\rho u_0^2/2} \tag{7.1}$$

其中 u_0 為流體的趨近 (approaching) 速度 (假設 u_0 在投影面積上為常數)。

對於具有不同於球形的粒子,則對於物體的大小與幾何形狀以及關於流體流動方向的位向必須詳細說明。選擇一個主要的尺寸作為特性長度,而將其它重要尺寸表示成與特性長度的比,選擇直徑 D 作為圓柱體的定義尺寸,而長度可表示成 L/D。對於粒子與流體之間的位向也要詳細說明。對圓柱體而言,說明了圓柱體的軸與流動方向間的夾角就已足夠,然後確定投影面積再予以計算。若一圓柱體的軸垂直於流動,則 A_p 為 LD_p,其中 L 為圓柱體的長度。若一圓柱體的軸平行於流動,則 A_p 為 $(\pi/4)D_p^2$,此與直徑為 D_p 的球體相同。

由因次分析可知,平滑固體在不可壓縮流體中的拖曳係數與雷諾數以及必要的形狀比有關。對一已知的形狀

$$C_D = \phi(\text{Re}_p)$$

粒子在流體中的雷諾數定義為

$$\text{Re}_p \equiv \frac{G_0 D_p}{\mu} \tag{7.2}$$

其中　$D_p =$ 特性長度
　　　$G_0 = u_0 \rho$

對每一種形狀與位向,存在著不同 C_D- 對 -Re_p 的關係。即使平滑圓球在低雷諾數時已有經過充分證實的理論方程式存在,但是通常這種關係還是必須由實驗決定。

典型形狀的拖曳係數

圖 7.3 顯示球體、長圓柱體與圓盤的 C_D 對 Re_p 的曲線。這些曲線是基於物體保持在流動流域的固定位置所做的拖曳力量測。圓柱體的軸以及圓盤的面，均與流動方向垂直；而這些曲線僅能應用在這種位向。當圓盤或圓柱體受重力經靜止流體而落下，當落下時會扭轉且翻滾，產生完全不同的拖曳係數。球以自由落體落下時，或許會遵循螺旋路徑旋轉，產生稍微不同於固定球的拖曳係數。滴狀物和泡沫的行為，當它們移動時，會改變形狀，這將於後面的章節討論。

由拖曳力的複雜本質可知，C_D 對 Re_p 的變化遠比 f 對 Re_p 的變化複雜是不足為奇的。在不同的雷諾數，C_D 對 Re_p 之曲線的斜率變化是控制形態拖曳力與壁拖曳力的各種因數相互作用的結果。這種效應可由討論球體的情況得知。

當低雷諾數時，球體的拖曳力遵照理論方程式，即所謂的**史托克斯定律**(Stokes' law)

$$F_D = 3\pi\mu u_0 D_p \tag{7.3}$$

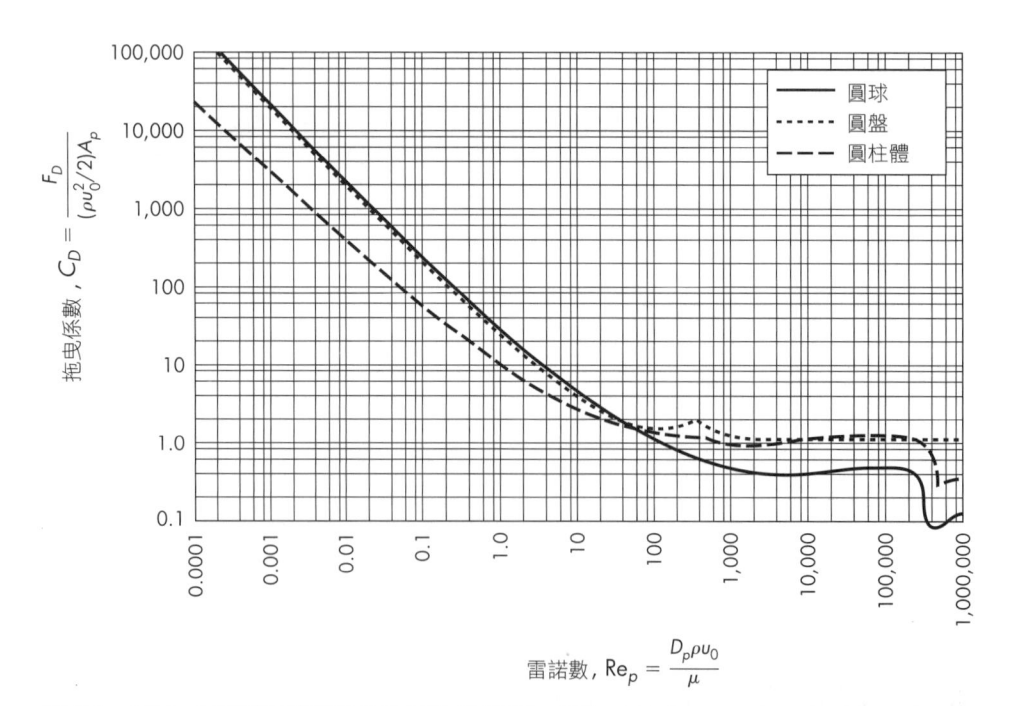

▲ 圖 7.3　圓球、圓盤與圓柱體的拖曳係數 [經許可，摘自 *J. H. Perry and D. W. Green (eds.), Chemical Engineers' Handbook, 7th ed.*, p. **6**-51. Copyright, © 1997, McGraw-Hill Book Company.]

在低雷諾數時，球體的終端速度方程式 (7.40) 亦稱為**史托克斯定律** (Stokes' law)。由 (7.3) 式的史托克斯定律，並利用 (7.1) 式可預測拖曳係數為

$$C_D = \frac{24}{\text{Re}_p} \tag{7.4}$$

理論上，史托克斯定律僅當 Re_p 遠小於 1 時才成立。而實際上，如圖 7.3 左側部分的圖形顯示，對於所有雷諾數小於 1 時，使用 (7.3) 與 (7.4) 式所產生的誤差很小。在史托克斯定律成立下的低速流動，藉由流體的變形使球體通過流體。壁剪力僅為黏稠力的結果，而慣性力可忽略不計。球體的運動會影響與球體距離頗遠的流體，且若在球體直徑的 20 或 30 倍的範圍內有固體壁時，則由於有壁的效應，因此必須將史托克斯定律修正。以此定律處理的這類流動，稱為**蠕動** (creeping flow)。此定律對於計算如粉塵或霧狀的微小粒子，通過低黏度氣體或液體時的阻力，或計算較大粒子通過高黏度液體時的運動阻力均極具價值。

當雷諾數增加超過 $\text{Re}_p = 1$ 時，球體後面的流動形態就變成與球體前面不同，此時拖曳係數大於史托克斯定律限制的 $24/\text{Re}_p$。在雷諾數約為 20 時，在靠近停滯點後方會形成再循環流動區。再循環區或尾波的大小隨著雷諾數的增加而增大，且在 $\text{Re}_p = 100$ 時，尾波會涵蓋幾乎半個球體。在尾波中大的渦流或漩渦會耗盡大量的機械能，而造成球體後方的壓力比上游壓力小很多。這使得形態拖曳力相對大於壁面剪切產生的拖曳力。

在雷諾數為 200 到 300 的區間，尾波內形成振盪，漩渦以規則的方式自尾波中脫離，而在流體的下游形成一連串移動的漩渦，稱為**漩渦道** (vortex street)，如圖 7.4 所示。當流體流經金屬線或長圓柱體也會形成類似的漩渦道，而這是電話線在風中產生嗡嗡雜音的原因。這種震動的頻率可用於量測流體的流率，這將於第 8 章中討論。

▲ 圖 7.4　一直立圓柱下游所形成的漩渦道

對於 $\text{Re}_p = 10^3$ 到 10^5 的範圍，拖曳係數約為 0.40 到 0.45，近乎常數，當邊界層分離點緩慢移向球體的停滯點 (如圖 7.5 中的 B 點) 時，拖曳係數僅會有少許改變。圖 7.5a 顯示 $\text{Re}_p \cong 10^5$ 的流動形態，其中在球體前半部的邊界層仍然是層流而且分離角為 $85°$。當 $\text{Re}_p \cong 300{,}000$ 時，邊界層前緣變成亂流，分離點移向球體的背後，且尾波縮小，如圖 7.5b 所示。此時拖曳係數顯著的降低，由 0.45 降到 0.10，此乃因尾波的大小以及形態拖曳力均減小所造成的結果。[9]

在附著的邊界層，當層流轉變為亂流時的雷諾數，稱為拖曳力的臨界雷諾數。圖 7.3 中所示的圓球拖曳力係數曲線，僅能用於接近球體的流體不是亂流，或當球體通過靜止狀態的流體。若接近的流體是亂流，臨界雷諾數對於亂流的規模會很敏感，當亂流規模增大時，臨界雷諾數會變小。例如，若亂流的規模定義為 $100\sqrt{(u')^2}/u$，當亂流規模為 2% 時，則臨界雷諾數[11] 約為 140,000。量測亂流規模的一種方法是先決定臨界雷諾數，並利用介於兩個量之間的已知關聯式。

對於垂直於流體流向的無限長圓柱體，其 C_D 對 Re_p 的曲線與球體的極為相似，但在低雷諾數時，C_D 的變化並不與 Re_p 的值成反比，因為流體環繞圓柱體是二維流動的特性。對於短圓柱體，例如觸媒顆粒，其拖曳係數落在圓球與長

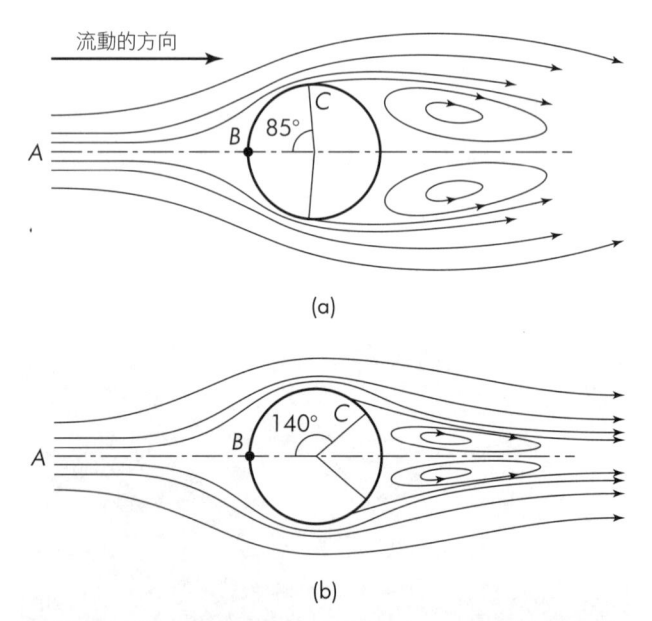

▲ 圖 7.5　通過單一球體的流動，顯示分離和尾波的形成：(a) 在邊界層的層流；(b) 在邊界層的亂流；B，停滯點；C，分離點。[經許可，摘自 J. C. Hunsaker and B. G. Rightmire, *Engineering Application of Fluid Mechanics*, pp. 202–203. Copyright, © 1947, McGraw-Hill Book Company.]

圓柱的拖曳係數之間。當雷諾數很小時，其拖曳係數的變化與雷諾數成反比。對於圓盤，在臨界雷諾數出現時，沒有發生拖曳係數下降的現象。這是因為一旦在圓盤的邊緣發生流體分離的現象，被分離的流體不會回到圓盤的背面，當邊界層變成亂流時，尾波也不會縮小。顯示這種行為的物體，通稱為**陡峭物體** (bluff bodies)。在雷諾數超過 2,000 時，一個圓盤的拖曳係數 C_D 約為 1。

對於不規則形狀的例子，如煤、砂或碎石，其拖曳係數通常大於與它同體積的球體的拖曳係數。圖 7.7 顯示，在 $\text{Re}_p = 4$ 到 400，粉碎石灰石的拖曳係數值。其它對於不規則形狀的固體的測試[6]顯示，當雷諾數在 1,000 到 2,000 之間，這些固體的拖曳係數約為球體的 2 至 3 倍。對於等邊大小的粒子，如正立方體、正四面體，亦有類似的相關結果發表。[20]

形態拖曳力與流線化

迫使分離點朝向物體的背部，可以使形態拖曳力降至最小，這可以靠流線化來達成，常用的流線化方法是將物體的背部按比例逐漸變化使得邊界層壓力的增加 (這是分離的基本原因) 得以舒緩，以延遲分離。流線型通常需要一個帶有尖銳的尾部，就像尖銳的機翼尾端，圖 7.6 所示是一個典型的流線形狀。一個完美的流線型物體必須不帶有尾波，以及只有小的或甚至沒有形態拖曳力。

停滯點　如圖 7.6，當流體的流線流經物體時，流線會分成兩部分，分別流經物體的上部與底部。流線 AB 將這兩部分分開，且 AB 的終點就是物體的突出點 B，此點稱之為停滯點。在停滯點的速度為零。在 (4.67) 式中假設為水平流動且沿

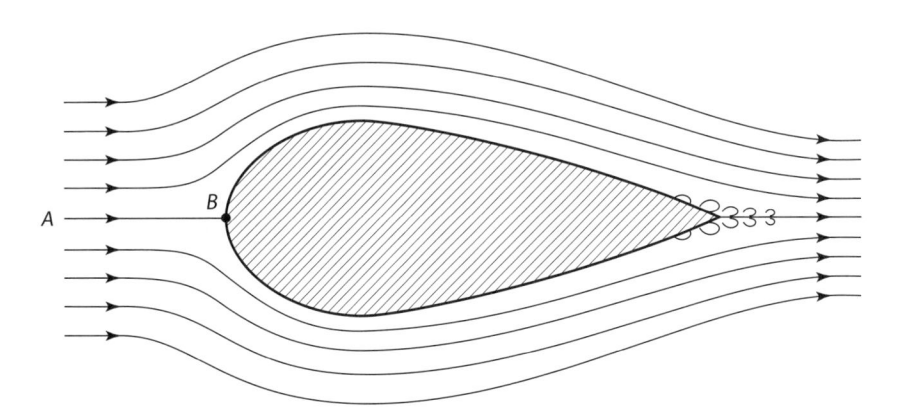

▲ 圖 7.6　流線型物體：AB，流線到停滯點 B

著流線的摩擦可忽略不計，並將未受干擾的流體設定為 (4.67) 式的位置 a，而停滯點設定為位置 b，則

$$\frac{p_s - p_0}{\rho} = \frac{u_0^2}{2} \tag{7.5}$$

其中　p_s = 作用於物體在停滯點的壓力
　　　p_0 = 在未受干擾的流體中的壓力
　　　u_0 = 未受干擾的流體之速度
　　　ρ = 流體的密度

對於流經停滯點的流線，其壓力增量 $p_s - p_0$ 大於其它任何流線的增量，這是因為在該點上，接近中的流體其全部速度落差均轉變成壓力落差所造成的結果。

停滯壓力

(7.5) 式適用於低馬赫數的可壓縮流體，但是，當 Ma 約大於 0.4，則不正確性就會遞增。因此要採用適當的壓力來取代 p_s，亦即採用等熵 (isentropic) 停滯壓力，其定義為當流域等熵靜止時的氣體壓力，而由第 6 章的方程式計算如下。由 (6.24) 式知

$$\left(\frac{p_s}{p_0}\right)^{1-1/\gamma} = \frac{T_s}{T_0} \tag{7.6}$$

其中　p_s = 停滯壓力
　　　T_s = 停滯溫度
　　　T_0 = 接近中的流域 (approaching stream) 的溫度

由 (6.43) 式，利用 $T_a = T_s$、$T_b = T_0$、$\text{Ma}_a = 0$ 和 $\text{Ma}_b = \text{Ma}_0$，得到

$$\frac{T_s}{T_0} = 1 + \frac{\gamma - 1}{2}\text{Ma}_0^2 \tag{7.7}$$

將 (7.6) 與 (7.7) 式合併，可得

$$\frac{p_s}{p_0} = \left(1 + \frac{\gamma - 1}{2}\text{Ma}_0^2\right)^{1/(1-1/\gamma)} \tag{7.8}$$

將 (7.8) 式等號兩邊各減去 1，並將 (7.8) 式右邊以二項式定理展開，則可得與 (7.5) 式相同的形式。利用 (6.18) 式中 Ma 的關係式，經過代入和化簡，並乘以 p_0/ρ_0，結果為

$$\frac{p_s - p_0}{\rho_0} = \frac{u_0^2}{2}\left(1 + \frac{\text{Ma}_0^2}{4} + \frac{2-\gamma}{24}\text{Ma}_0^4 + \cdots\right) \tag{7.9}$$

比較 (7.9) 式與 (7.5) 式，顯示括號內的量是修正因數，它將 (7.5) 式轉換成可壓縮流體適用的形式，其中 $0 \leq \text{Ma} < 1.0$。

通過固體床的流動

很多工業上的製程中，會遇到液體或氣體流經各種固體粒子床。例子包括過濾，以及流經填充塔 (packed tower) 的氣、液兩相的逆向流。過濾時，固體床的粒子係液體流經過濾布或精細濾網所留下的。至於其它的機器設備，例如離子交換器或催化反應器，就是單一流體 (液體或氣體) 流經粒狀的固體床。過濾將在第 29 章討論，而填充塔則安排在第 18 章中研習。目前就單相流體流經靜止固體粒子床予以討論。

流體流經固體床內的空隙，其流動的阻力是床內所有粒子總拖曳力的合力。此阻力與雷諾數 $D_p G_0/\mu$、層流、亂流、形態拖曳力、分離以及尾波的形成有關。單一固體粒子的拖曳力，在層流與亂流之間並無明顯的轉變，就像通過一定截面的管道的流動一樣。

計算通過粒子床的壓力降，最常用的方法是估算粒子床內曲折通道的固體邊界之總拖曳力。實際的通道在形狀上是不規則的，其截面積及位向也是可變的，而且通道間緊密相連。但是，要計算一個相當的通道直徑 (equivalent channel diameter)，可假設有一組均勻圓形通道的床體，其總表面積和孔隙體積與實際床體相同。總表面積是指單一粒子的表面積乘以粒子數，但是，用床體中粒子的體積分率以及粒子的表面積與體積之比值來計算更為方便。對於球形粒子而言，此比值為 $6/D_p$，因為 $s_p = \pi D_p^2$ 且 $v_p = \frac{1}{6}\pi D_p^3$。對於其它形狀或不規則形狀粒子，用以計算表面積與體積之比的方程式需包含一球度 (sphericity) Φ_s，其定義為球形粒子 (直徑為 D_p) 的表面積與體積之比除以同體積之非球形粒子的表面積與體積之比。因此

$$\Phi_s = \frac{6/D_p}{s_p/v_p}$$

或

$$\frac{s_p}{v_p} = \frac{6}{\Phi_s D_p} \tag{7.10}$$

表 7.1 列出幾種不同形狀的球度值。雖然立方體和短圓柱體的球度值為 1.0，但比起體積相同的球體，它們的表面積大於球體。若一個短圓柱和直徑為 D 的球體有相同體積，那麼它的約略相當尺寸 (nominal size) 為 $0.874D$，但是它的表面積為 $3.60D^2$，大於球體的 $3.14D^2$。

床體中固體粒子之體積分率就是 $1-\varepsilon$，此處 ε 為孔隙度 (porosity) 或空隙的體積分率。假如粒子本身是多孔性，而這些孔隙甚小，且小到無法讓任何流體通過，那麼粒子床所指的 ε 值係指粒子外面的孔隙度而非全體的孔隙度總和。

為了決定相當的通道直徑 D_{eq}，考慮 n 個長度為 L 的平行通道，其表面積的值應等於表面積與體積之比乘上粒子體積 $S_0 L(1-\varepsilon)$ 之值，此處 S_0 為粒子床的截面積：

$$n\pi D_{eq} L = S_0 L(1-\varepsilon)\frac{6}{\Phi_s D_p} \tag{7.11}$$

粒子床中的孔隙體積與 n 個通道的總體積相同：

$$S_0 L \varepsilon = \tfrac{1}{4} n \pi D_{eq}^2 L \tag{7.12}$$

將 (7.11) 與 (7.12) 式合併，可得 D_{eq} 如下：

$$D_{eq} = \frac{2}{3} \Phi_s D_p \frac{\varepsilon}{1-\varepsilon} \tag{7.13}$$

對於典型的孔隙度 $\varepsilon = 0.4$，則 $D_{eq} = 0.44 \Phi_s D_p$，亦即相當直徑 (equivalent diameter) 約為粒徑的一半。

▼ 表 7.1　各種不同物質的球度 [†]

物質	球度	物質	球度
球形、立方體、短圓柱 ($L = D_p$)	1.0	渥太華砂	0.95
拉西環 ($L = D_p$)		圓砂	0.83
$\quad L = D_o, D_i = 0.5 D_o$	0.58[‡]	煤灰	0.73
$\quad L = D_o, D_i = 0.75 D_o$	0.33[‡]	火石砂	0.65
貝爾鞍	0.3	粉碎玻璃	0.65
		雲母片	0.28

[†] 經許可，摘自 J. H. Perry (ed.), *Chemical Engineers' Handbook*, 6th ed., p. **5**-54, McGraw-Hill Book Company, New York, 1984。

[‡] 計算值。

壓力降與流體在渠道內的平均速度 $\bar{V}$ 有關，$\bar{V}$ 與表面速度或空塔速度 $\bar{V}_0$ 成正比，而與孔隙度成反比：

$$\bar{V} = \frac{\bar{V}_0}{\varepsilon} \tag{7.14}$$

當平均速度及渠道大小可用 $\bar{V}_0$、D_p 和 ε 等可量測的參數表示時，就可用渠道的模式來預測壓力降關聯式的形式。根據 (5.20) 式，也就是 Hagen-Poiseuille 方程式討論層流在直圓管的行為得知，當雷諾數很低時，壓力降隨速度的一次方而變，但與渠道大小的平方成反比。將 $\bar{V}$ 和 D_{eq} 代入 (5.20) 式計算壓力降 Δp 時，必須加入一修正因數 λ_1，因為這些通道是彎曲的，並不是筆直也不是平行：

$$\frac{\Delta p}{L} = \frac{32\bar{V}\mu}{D^2} = \frac{32\lambda_1 \bar{V}_0 \mu}{\frac{4}{9}\varepsilon \Phi_s^2 D_p^2} \frac{(1-\varepsilon)^2}{\varepsilon^2} \tag{7.15}$$

或

$$\frac{\Delta p}{L} = \frac{72\lambda_1 \bar{V}_0 \mu}{\Phi_s^2 D_p^2} \frac{(1-\varepsilon)^2}{\varepsilon^3} \tag{7.16}$$

許多研究證實了 (7.16) 式的形式是正確的，而由實驗得知實驗常數 $72\lambda_1$ 的值為 150：

$$\frac{\Delta p}{L} = \frac{150\bar{V}_0 \mu}{\Phi_s^2 D_p^2} \frac{(1-\varepsilon)^2}{\varepsilon^3} \tag{7.17}$$

(7.17) 式稱為 **Kozeny-Carman** 方程式，適用於流體流經粒子床，而雷諾數是在 1.0 以下的狀況。在這種低雷諾數的狀況下，它沒有劇轉至亂流的現象，不過在高雷諾數且粒子床內通道的形狀及方向經常改變的情況下，會導致相當大的動能損失。常數 150 相當於 $\lambda_1 = 2.1$，對於彎曲因數而言，這是合理的。對於一既定的系統，(7.17) 式指出，流體的流動速率與壓力降成正比，但與流體的黏度成反比。此敘述稱之為**達西定律** (Darcy's law)，常用來描述液體通過多孔性介質的流動。

當流經充填床 (packed bed) 的流率增加時，則以 Δp- 對 - $\bar{V}_0$ 作圖所得到的斜率亦隨之逐漸增加，且在很高的雷諾數下，Δp 值與表面流速 (superficial velocity) 的 1.9 或 2.0 次方成正比。若將在圓管內呈亂流的常用方程式 (5.7) 應用在充填床，考慮通道的彎曲度 (tortuosity) 因素，則需加入修正因數 λ_2，那麼預估的方程式可書寫如下：

$$\frac{\Delta p}{L} = \frac{2f\rho \bar{V}^2}{D_{eq}} = 2f\lambda_2 \rho \left(\frac{\bar{V}_0}{\varepsilon}\right)^2 \frac{3(1-\varepsilon)}{2\Phi_s D_p \varepsilon} \tag{7.18}$$

或
$$\frac{\Delta p}{L} = \frac{3f\lambda_2 \rho \bar{V}_0^2}{\Phi_s D_p}\frac{1-\varepsilon}{\varepsilon^3} \tag{7.19}$$

當雷諾數高於 1,000 時，有一實驗式叫做 **Burke-Plummer** 方程式

$$\frac{\Delta p}{L} = \frac{1.75\rho \bar{V}_0^2}{\Phi_s D_p}\frac{1-\varepsilon}{\varepsilon^3} \tag{7.20}$$

它可用來計算充填床的壓力降。雖然此方程式與 (7.19) 式有相同的形式，但其常數值 1.75 遠大於在圓管內流動的摩擦係數。假若 Re_p 是 10^4 且以 D_{eq} 計算的 Re 值大約為 4,000，那麼在平滑管的摩擦係數是 0.01，即 $f \cong 0.01$（圖 5.10）。此表示修正因數 λ_2 為 $1.75/0.03 = 58$，而這麼大的值無法藉通道彎曲度或粒子表面的粗糙度來說明，造成這個壓力降的主要原因是通道的橫截面和流動方向改變引起的動能損失。當流體在粒子間流動時，其通道會先變小然後再變大，所以流體的最大速度遠大於平均速度。由於通道的面積快速改變，流體大部分的動能損失可視為是一個擴大的損失 (expansion loss)［參閱 (5.67) 式］。

為強調動能損失的重要性，將 (7.20) 式的壓力降除以 $\rho \bar{V}^2/2$ 就得到速度高差 (velocity heads)。使用 $\bar{V}_0/\varepsilon$ 取代平均速度 $\bar{V}$ 可得到下式

$$\frac{\Delta p}{(\rho/2)(\bar{V}_0/\varepsilon)^2} = 2 \times 1.75\left(\frac{1-\varepsilon}{\varepsilon}\right)\frac{L}{\Phi_s D_p} \tag{7.21}$$

對一典型的孔隙度為 0.4 的球形粒子床來說，每層粒子的壓力降相當於速度高差的 5.25 倍 $(2 \times 1.75 \times 0.6/0.4)$。此值比 1.0 大，原因在於流體在流動通道的狹窄處，其局部速度可能為平均速度的二至三倍，且很多動能損失是在流體通過每一層粒子時發生。

假設黏稠損失及動能損失是可加成的，那麼就可得到一個能夠涵蓋整個流率範圍的方程式，稱為**爾岡** (Ergun) 方程式：

$$\frac{\Delta p}{L} = \frac{150\bar{V}_0\mu}{\Phi_s^2 D_p^2}\frac{(1-\varepsilon)^2}{\varepsilon^3} + \frac{1.75\rho \bar{V}_0^2}{\Phi_s D_p}\frac{1-\varepsilon}{\varepsilon^3} \tag{7.22}$$

爾岡證明 (7.22) 式對於圓球、圓柱體及壓碎的固體在廣泛的流率範圍內與實驗數據吻合。他也改變某些物質的充填密度，證實了 $(1-\varepsilon)^2/\varepsilon^3$ 項屬於黏稠損失以及 $(1-\varepsilon)/\varepsilon^3$ 項是動能損失。請注意，一個小小的 ε 值變動，就會對 Δp 造成很大的影響，因此當粒子床重新充填後，要精確的預估 Δp 及讓實驗數據重現是很困難的。

球體、圓柱和粒狀填充物的孔隙度 (void fraction) 一般是從 0.3 到 0.6，其值視粒徑對床體直徑之比率以及充填方式而定。Leva 和 Grummer[14] 曾對傾卸式充填 (dumped packing) 的孔隙度收集了一些數據，詳見表 7.2。將粒子床振動後，其孔隙度會比傾卸式充填的孔隙度少幾個百分點。表面粗糙的粒子的孔隙度會較表面光滑的粒子的孔隙度略大幾個百分點。粒徑大小不一的粒子的孔隙度會較粒徑均一的粒子為低。

對於拉西環 (Raschig rings) 與貝爾鞍 (Berl saddles)，其孔隙度在 0.60 至 0.75 之間，按 (7.22) 式所預估的壓力降會低於實驗值。對這些物料及其它大表面積及高孔隙度之充填物而言，其壓力降的計算應使用表 18.1 所列之充填因數 (packing factor) 或由廠商所提供的資料。

粒子混合物

若以混合物的表面平均直徑 $\bar{D}_s$ 取代 D_p，則 (7.22) 式可適用於粒子大小不同之混合物所構成的床。這個平均值 $\bar{D}_s$ 可以從每一個粒徑區間的粒子數目 N_i 或質量分率 x_i 計算而得，式子如下：

$$\bar{D}_s = \frac{\sum_{i=1}^{n} N_i \bar{D}_{pi}^3}{\sum_{i=1}^{n} N_i \bar{D}_{pi}^2} \tag{7.23}$$

$$\bar{D}_s = \frac{1}{\sum_{i=1}^{n} (x_i / \bar{D}_{pi})} \tag{7.24}$$

可壓縮流體 當流體的密度變化很小時──通常很少看到壓力降會大到使密度產生很大的變化──可用 (7.22) 式，而式中的 $\bar{V}_0$ 值就是計算進入與出口處的 $\bar{V}_0$ 然後取兩者的算術平均值。

▼ 表 7.2　傾卸式充填的孔隙度

D_p/D_t	圓球的 ε	圓柱的 ε
∼0	0.34	0.34
0.1	0.38	0.35
0.2	0.42	0.39
0.3	0.46	0.45
0.4	0.50	0.53
0.5	0.55	0.60

粒子在流體中的移動

在許多製程的步驟中，特別是機械式的分離，包含了固體粒子或液滴通過流體的移動。該流體可能是氣體或液體，並且它可能是流動或靜止。例如，由空氣或煙囪中消除粉塵及煙氣，從廢液中去除固體，以及由製酸工廠的廢氣中回收酸霧等。

粒子移動的力學

粒子在某一流體中移動時，必須有一外力作用於粒子上。此力可能是由於粒子與流體之間的密度差而產生的，或可能是電場或磁場所產生的結果。本節僅考慮由密度差所造成的重力或離心力。

當粒子在某一流體中移動時，將有三種力作用於粒子上：(1) 外力，即重力或離心力；(2) 浮力，此力與外力平行，但作用的方向相反；及 (3) 拖曳力，它出現於當粒子與流體之間具有相對運動時。拖曳力與粒子移動呈平行而相反的方向。

在一般情況下，粒子相對於流體的移動方向，也許不會平行於外力和浮力的方向，則拖曳力與這二力之間就形成了一個角度。在此情況下，稱為**二維運動** (two-dimensional motion)，拖曳力必須分解為分量，這使得粒子力學的處理變得複雜。對於二維運動雖然是有方程式可用，[12] 但是本書僅討論一維的情況，其中所有作用於粒子上的力，都是在同一直線。

粒子通過流體的一維運動方程式

考慮一個質量為 m 的粒子，在外力 F_e 的作用下通過流體而運動。設粒子對流體的相對速度為 u，作用於粒子上的浮力為 F_b，且設拖曳阻力為 F_D，則作用於粒子上的淨力為 $F_e - F_b - F_D$，粒子的加速度為 du/dt，又因 m 為常數，由 (1.33) 式得到

$$m\frac{du}{dt} = F_e - F_b - F_D \tag{7.25}$$

外力可表示為質量與由此力對該粒子所產生的加速度 a_e 的乘積，亦即

$$F_e = ma_e \tag{7.26}$$

由阿基米德原理，浮力是被粒子所排開的流體質量與由外力所產生的加速度的

乘積。粒子的體積為 m/ρ_p，其中 ρ_p 為粒子的密度，而此粒子排開與其相同體積的流體。流體被排開的質量為 $(m/\rho_p)\rho$，其中 ρ 為流體的密度。則浮力為

$$F_b = \frac{m\rho a_e}{\rho_p} \tag{7.27}$$

由 (7.1) 式知，拖曳力為

$$F_D = \frac{C_D u_0^2 \rho A_p}{2} \tag{7.28}$$

其中　$C_D =$ 無因次拖曳係數
　　　$A_p =$ 粒子在與其運動方向垂直之平面上的投影面積
　　　$u_0 = u$

將 (7.26) 式到 (7.28) 式的三個力代入 (7.25) 式，得到

$$\frac{du}{dt} = a_e - \frac{\rho a_e}{\rho_p} - \frac{C_D u^2 \rho A_p}{2m} = a_e \frac{\rho_p - \rho}{\rho_p} - \frac{C_D u^2 \rho A_p}{2m} \tag{7.29}$$

由重力引起的運動　若外力為重力，則 a_e 即為重力加速度 g，(7.29) 式變成

$$\frac{du}{dt} = g\frac{\rho_p - \rho}{\rho_p} - \frac{C_D u^2 \rho A_p}{2m} \tag{7.30}$$

在離心力場的運動　離心力的出現是當粒子的運動方向有了改變。由圓周運動引起的離心力，其加速度為

$$a_e = r\omega^2 \tag{7.31}$$

其中　$r =$ 粒子路徑的半徑
　　　$\omega =$ 角速度，rad/s

將 (7.31) 式代入 (7.29) 式，可得

$$\frac{du}{dt} = r\omega^2 \frac{\rho_p - \rho}{\rho_p} - \frac{C_D u^2 \rho A_p}{2m} \tag{7.32}$$

在此式中，u 為粒子對流體的相對速度，方向為沿著半徑向外。

終端速度

在重力沈降中，g 為常數。此外，拖曳力總是隨著速度而增加。(7.30) 式顯示加速度隨著時間而減少，並且趨近於零。粒子很快就達到恆定速度，此速度為這種情況下所能達到的最大速度，稱為**終端速度** (terminal velocity)。對於重力沈降，終端速度 u_t 的方程式是由 $du/dt = 0$ 導出。由 (7.30) 式，得

$$u_t = \sqrt{\frac{2g(\rho_p - \rho)m}{A_p \rho_p C_D \rho}} \tag{7.33}$$

離心力的運動，其速度是依半徑而定，若粒子對流體作相對運動，則加速度並不是常數。然而，在許多離心力的實際使用上，(7.32) 式中的 du/dt 比其它兩項小。若忽略 du/dt，則在半徑為已知的情況下，終端速度可由下式定義：

$$u_t = \omega \sqrt{\frac{2r(\rho_p - \rho)m}{A_p \rho_p C_D \rho}} \tag{7.34}$$

拖曳係數

計算時，若要利用 (7.29) 式至 (7.34) 式，必須先知道拖曳係數 C_D 的數值。圖 7.3 顯示拖曳係數與雷諾數之間的函數關係。圖 7.7 是球體與不規則形狀粒子的 C_D 對 Re_p 的關係圖，其中包括粉碎石灰石。可是這些曲線在使用時有其限制的條件，亦即粒子必須是固體；且必須遠離其它粒子及器壁，使得粒子周遭的流動形態不受干擾，而且粒子是以相對於流體的終端速度移動。對於加速中的粒子，其拖曳係數明顯地大於圖 7.7 所示的 C_D 值，因此當一個粒子掉落在一靜止流體中，其達到終端速度所需的時間大於用穩態的 C_D 值所估算的時間。粒子射入一快速流動的流體時，其加速會比預期的慢，在此情況下，拖曳係數小於正常值，可是對於包含小粒子或液滴的許多製程，加速到終端速度所需的時間仍然非常小，以致在進行製程分析時可以忽略不計。[10]

粒子形狀的差異可從各自不同的 C_D 對 Re_p 的圖形來說明，圓柱體與圓盤的狀況如圖 7.3 所示。可是，如前所述，圖 7.3 中圓柱體與圓盤的曲線僅適用於某特定方向的粒子。非球形粒子通過流體的自由運動，其位向是不斷地改變。這種改變會消耗能量，增加在粒子上的有效拖曳力，而且其 C_D 大於流體經過固定粒子的運動。例如，粉碎石灰石粒子的拖曳係數比同粒徑之圓球的 2 倍還要大，結果其終端速度，尤其是圓盤和其它盤狀粒子，小於由固定粒子位向的曲線所預估的。

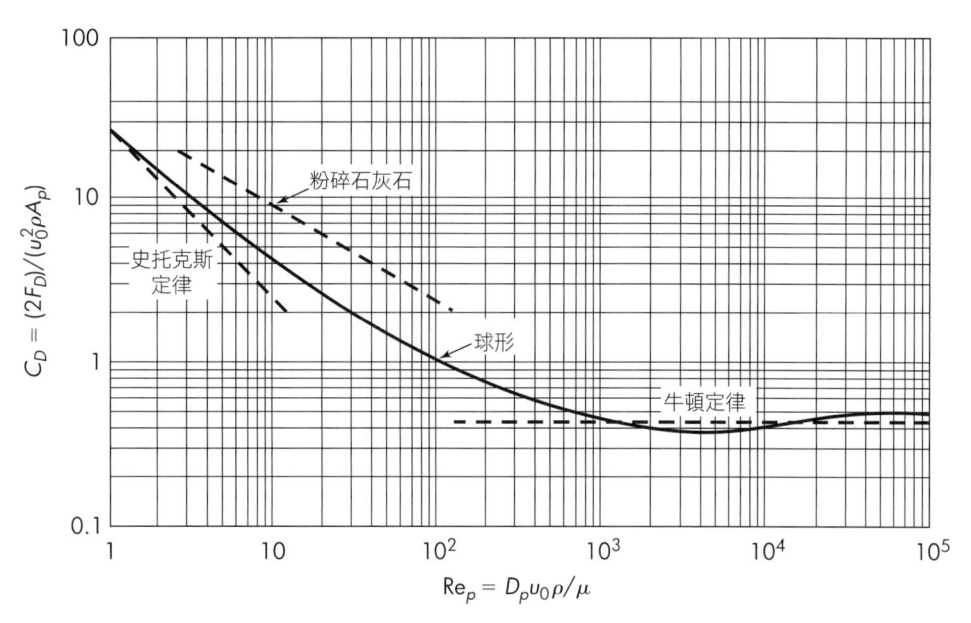

▲ 圖 7.7　圓球及不規則形狀粒子的拖曳係數 [4]

在以下的討論中，粒子設定為球形，一旦知道粒子自由運動時的拖曳係數，就可用同樣的原理應用於任何形狀的粒子。[5, 20]

當粒子與容器的邊界及與其它粒子的距離足夠遠時，此時粒子的落下不受這兩個因數的影響，這種過程稱之為**自由沈降** (free settling)。如果粒子的運動會受其它粒子的阻礙，這種情況發生在粒子互相接近時，即使粒子實際上沒有互相碰撞亦會發生沈降，這個過程稱之為**受阻沈降** (hindered settling)。受阻沈降的拖曳係數比自由沈降大。

如果粒子很小，就會出現布朗運動 (brownian movement)。這是由於粒子與周遭流體的分子間相碰撞，造成粒子隨機運動的行為，當粒子的大小是 2 至 3 μm 時，這種效應就開始顯現出來；如果粒子的大小是 0.1 μm 或更小，布朗運動將超過重力的效應。這種粒子的隨機運動會壓制重力的效應，也就不會發生沈降。離心力的應用就是為了降低布朗運動的相對效應。

球形粒子的運動

設球形粒子的直徑為 D_p，則

$$m = \tfrac{1}{6}\pi D_p^3 \rho_p \tag{7.35}$$

且

$$A_p = \tfrac{1}{4}\pi D_p^2 \tag{7.36}$$

將 (7.35) 式的 m 和 (7.36) 式的 A_p 代入 (7.33) 式,即得圓球重力沈降的方程式:

$$u_t = \sqrt{\frac{4g(\rho_p - \rho)D_p}{3C_D\rho}} \tag{7.37}$$

在一般的情況下,終端速度可用試誤法求得,亦即先猜測 Re_p 而得 C_D 的初始估計值。對於雷諾數很小或很大的極限情形,可用方程式直接求得 u_t。

在低的雷諾數時,拖曳係數的變化與 Re_p 成反比,而 C_D、F_D 與 u_t 的方程式為

$$C_D = \frac{24}{Re_p} \tag{7.38}$$

$$F_D = 3\pi\mu u_t D_p \tag{7.39}$$

$$u_t = \frac{gD_p^2(\rho_p - \rho)}{18\mu} \tag{7.40}$$

如同 (7.3) 式,(7.40) 式是史托克斯定律的一種形式,它適用於粒子雷諾數小於 1.0 的情況。當 $Re_p = 1.0$ 時,$C_D = 26.5$ 而不是由 (7.38) 式所預測的 24,又因為終端速度與拖曳係數的平方根有關,因此史托克斯定律在此點約有 5% 的誤差。若將 (7.40) 式中的 g 以 $r\omega^2$ 取代,則 (7.40) 式可預測小圓球在離心力場中的沈降速度。

對於 $1,000 < Re_p < 200,000$,拖曳係數幾乎是常數,而這些方程式為

$$C_D = 0.44 \tag{7.41}$$

$$F_D = 0.055\pi D_p^2 u_t^2 \rho \tag{7.42}$$

$$u_t = 1.75\sqrt{\frac{gD_p(\rho_p - \rho)}{\rho}} \tag{7.43}$$

(7.43) 式為**牛頓定律** (Newton's law),僅適用於相當大的粒子在氣體或低黏度流體中的沈降。

如 (7.40) 式所示,終端速度 u_t 在史托克斯定律的範圍內與 D_p^2 成正比,而由 (7.43) 式得知,在牛頓定律的範圍,u_t 與 $D_p^{0.5}$ 成正比。

沈降範圍的準則

為了確定粒子是位於何種範圍內運動，可將 (7.40) 式中的 u_t 代入雷諾數中，消去速度項，在史托克斯定律的範圍內，得到

$$\text{Re}_p = \frac{D_p u_t \rho}{\mu} = \frac{D_p^3 g \rho (\rho_p - \rho)}{18 \mu^2} \tag{7.44}$$

若適用史托克斯定律，則 Re_p 必須小於 1.0。為了提供一個便利的準則 (criterion) K，可令

$$K = D_p \left[\frac{g \rho (\rho_p - \rho)}{\mu^2} \right]^{1/3} \tag{7.45}$$

由 (7.44) 式得知，$\text{Re}_p = \frac{1}{18} K^3$。設 $\text{Re}_p = 1.0$，解出 $K = 18^{1/3} = 2.6$。若粒子的大小為已知，則可由 (7.45) 式算出 K 值。若以此算出的 K 小於 2.6，則適用史托克斯定律。

將 (7.43) 式的 u_t 代入雷諾數中，顯示牛頓定律的範圍為 $\text{Re}_p = 1.75 K^{1.5}$。設此值等於 1,000，解出 $K = 68.9$。因此，若 K 大於 68.9 而小於 2,360，則適用牛頓定律。當 K 大於 2,360，則流體速度微小的改變，會引起拖曳係數突然地改變。在這種情況，以及在史托克斯定律與牛頓定律之間的範圍 (2.6 < K < 68.9)，可利用試誤法由圖 7.7 查出 C_D，再由 (7.37) 式求出終端速度。

例題 7.1

(a) 80 至 100 網孔 (mesh) 的石灰石粒子 (ρ_p = 2,800 kg/m³) 在 30°C 的水中落下，估算其終端速度。(b) 若在加速度為 $50g$ 的離心分離器中落下，則其速度會快多少？

解

(a) 由附錄 5，

$$100 \text{ 網孔的 } D_p = 0.147 \text{ mm}$$
$$80 \text{ 網孔的 } D_p = 0.175 \text{ mm}$$
$$\text{平均直徑 } \bar{D}_p = 0.161 \text{ mm}$$

由附錄 6，$\mu = 0.801$ cP 且 $\rho = 62.16$ lb/ft³ 或 995.7 kg/m³。為了得知所適用的沈降定律，需計算 K 值 [(7.45) 式]：

$$K = 0.161 \times 10^{-3} \left[\frac{9.80665 \times 995.7(2,800 - 995.7)}{(0.801 \times 10^{-3})^2} \right]^{1/3}$$
$$= 4.86$$

此值稍高於史托克斯定律的範圍。假設 $\text{Re}_p = 5$；則由圖 7.7 知，$C_D \cong 14$，又由 (7.37) 式

$$u_t = \left[\frac{4 \times 9.80665(2,800 - 995.7)(0.161 \times 10^{-3})}{3 \times 14 \times 995.7} \right]^{1/2}$$
$$= 0.0165 \text{ m/s}$$

核對：

$$\text{Re}_p = \frac{0.161 \times 10^{-3} \times 0.0165 \times 995.7}{0.801 \times 10^{-3}} = 3.30$$

因為在 $\text{Re}_p = 3.30$ 時，C_D 大於 14，因此修正的 u_t 與 Re_p 應小於上述的值，故猜測一個較低的 Re_p 值。亦即猜測

$$\text{Re}_p = 2.5 \qquad C_D \cong 20$$
$$u_t = 0.0165 \left(\tfrac{14}{20}\right)^{0.5}$$
$$= 0.0138 \text{ m/s}$$
$$\text{Re}_p = 3.30 \left(\frac{0.0138}{0.0165}\right) = 2.76$$

此值已足夠接近 2.5，所以

$$u_t \cong 0.014 \text{ m/s}$$

(b) 將 $a_e = 50g$ 代入 (7.45) 式的 g，由於只有加速度改變，故 $K = 4.86 \times 50^{1/3}$ $= 17.90$。此值仍在中間沈降範圍。估計 $\text{Re}_p = 40$；由圖 7.6 得知 $C_D = 4.1$ 及

$$u_t = \left[\frac{4 \times 9.80665 \times 50(2,800 - 995.7)(0.161 \times 10^{-3})}{3 \times 4.1 \times 995.7} \right]^{1/2}$$
$$= 0.216 \text{ m/s}$$

核對：

$$\text{Re}_p = \frac{0.161 \times 10^{-3} \times 0.216 \times 995.7}{0.801 \times 10^{-3}}$$

$$= 43,接近 40$$

$$u_t \cong 0.22 \text{ m/s}$$

由此算出的終端速度比同粒徑的圓球約小 30%。

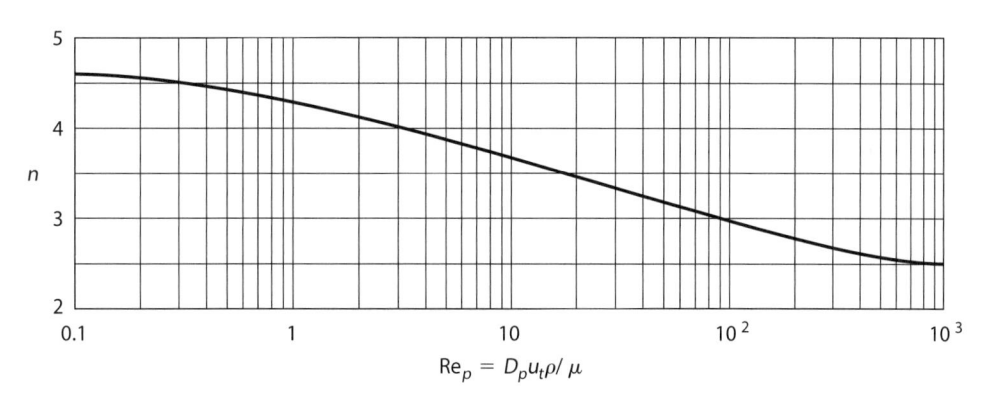

▲ 圖 7.8　(7.46) 式的指數 n 對 Re_p 的關係圖

受阻沈降

在受阻沈降 (hindered settling) 中，環繞每一粒子的速度梯度會受鄰近粒子的出現所影響，因此一般的拖曳力關係式並不適用。而且沈降中的粒子會排開周邊的液體，而使液體向上流，這造成粒子對液體的相對速度會大於沈降的絕對速度。對一均勻的懸浮液，其沈降速度 u_s 可從單一粒子的終端速度來估算。這可應用 Maude 與 Whitmore[17] 經驗方程式

$$u_s = u_t(\varepsilon)^n \tag{7.46}$$

指數 n 約由 4.6 改變到 2.5，亦即由史托克斯定律的範圍改變到牛頓定律的範圍，如圖 7.8 所示。對於很小的粒子，當 $\varepsilon = 0.9$ 時，其計算比值 $u_s/u_t = 0.62$，當 $\varepsilon = 0.6$ 時，$u_s/u_t = 0.095$。對於大的粒子，其對應的比值分別為 $u_s/u_t = 0.77$ 和 0.28；而受阻沈降的影響並不顯著，因為邊界層厚度只是粒子大小的一小部分。在任何情況下，因為沈降速度亦與粒子形狀以及大小分布有關，所以使用 (7.46) 式必須謹慎。對於沈降室的正確設計，則需要實驗數據。

若已知大小的粒子,掉落在一更為細小的固體粒子所形成的懸浮液中,則較大粒子的終端速度,可從該細小粒子懸浮液的密度及黏度來計算。(7.46) 式可用來估算沈降速度,其中 ε 是細微粒子在懸浮液中的體積分率而不是全部空隙分率。利用微細的砂和水形成的懸浮液可用來將煤自重礦物質中分離,此時懸浮液的密度被調得略大於煤的密度使得煤會浮上表面,而礦物質的粒子則沈到底部。

例題 7.2

閃鋅礦 (sphalerite) 粒子 (比重 = 4.00) 在 20°C 的四氯化碳 (CCl$_4$) (比重 = 1.594) 中,受重力而沈降。閃鋅礦粒子的直徑為 0.004 in. (0.10 mm)。閃鋅礦在 CCl$_4$ 中的體積分率為 0.20。試問閃鋅礦的沈降速度為何?

解

粒子與液體之間的比重差為 4.00 − 1.594 = 2.406。密度差 $\rho_p - \rho$ 為 62.37 × 2.406 = 150.06 lb/ft^3。CCl$_4$ 的密度為 62.37 × 1.594 = 99.42 lb/ft^3。由附錄 9 知,CCl$_4$ 在 20°C 的黏度為 1.03 cP。由 (7.45) 式,準則 K 為

$$K = \frac{0.004}{12}\left[\frac{32.174 \times 99.42 \times 150.06}{(1.03 \times 6.72 \times 10^{-4})^2}\right]^{1/3} \tag{7.47}$$
$$= 3.34$$

沈降幾乎是在史托克斯定律的範圍,由 (7.40) 式,閃鋅礦粒子自由沈降的終端速度為

$$u_t = \frac{32.174 \times (0.004/12)^2 \times 150.06}{18 \times 1.03 \times 6.72 \times 10^{-4}}$$
$$= 0.043 \text{ ft/s}$$

在受阻沈降中的終端速度可由 (7.46) 式求得。粒子的雷諾數為

$$\text{Re}_p = \frac{0.004 \times 0.043 \times 99.42}{12 \times 1.03 \times 6.72 \times 10^{-4}}$$
$$= 2.06$$

由圖 7.8 查得 $n = 4.1$。由 (7.46) 式,$u_s = 0.043 \times 0.8^{4.1} = 0.017$ ft/s (5.2 mm/s)。

氣泡與液滴的沈降及上升

與固體粒子不同,當各自分散的液滴 (drops) 或氣泡 (bubbles) 通過一連續相運動時,其形狀或許會改變。一般形態拖曳力會使液滴變成扁平,但表面張力會對抗此拖曳。由於液滴或氣泡單位體積的表面能量大,小於 0.5 mm 的液滴或氣泡幾乎是球狀,其拖曳係數及終端速度大約與固體圓球的相同。拖曳係數並不完全一樣,這是因為表面的摩擦力會在下沈的液滴裡面形成一種循環現象,而且氣、液間界面的相對運動使得總拖曳力較硬球為小。可是集中於介面的雜質會阻礙介面的運動,所以較低的拖曳係數大都在很純的物系中才會被察覺。

直徑大小從 1 到幾個毫米的液滴,如雨滴,在下落的方向會呈現扁平狀,它的落下速度小於與它等同體積的球體。(我們所熟悉的漫畫家筆下的淚滴形狀純屬想像。)當液滴的大小變大,液滴會變成扁的橢圓體,或可能從扁圓的球體因振動變成扁長的形狀。拖曳係數隨著雷諾數的增加而增加,其終端速度會隨著液滴大小的增加,而達到一個最大值,如圖 7.9 所示。它顯示空氣的氣泡在紊亂的水流中的相對運動。它的相對速度稍高於在靜止的流體中的值。可是在許多發表的結果中,對空氣氣泡在水中運動的各種數據,彼此並不十分

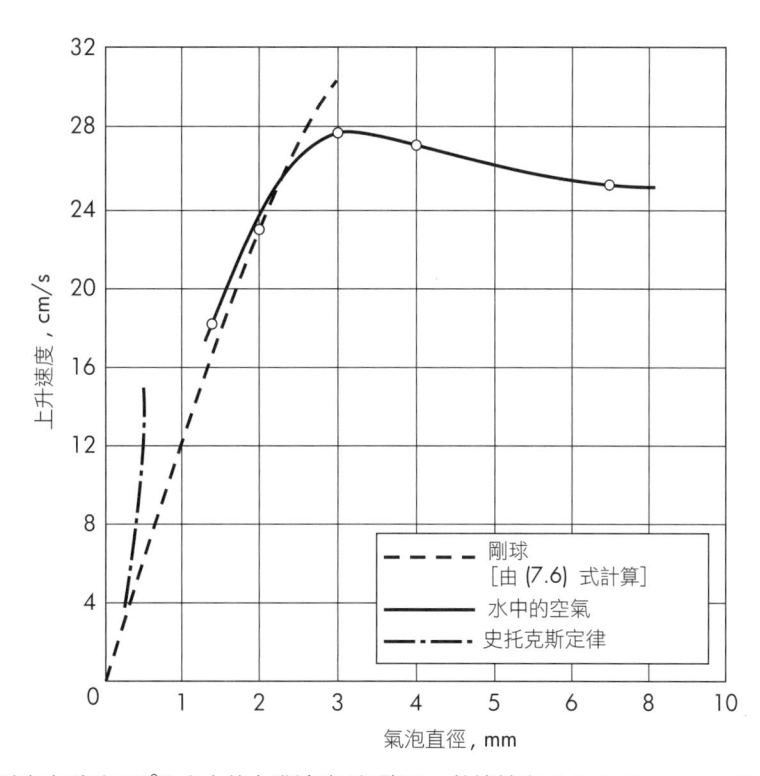

▲ 圖 7.9 空氣氣泡在 70°F 水中的上升速度 [經許可,數據摘自 J. L. L. Baker and B. T. Chao, AIChE J., 11:268 (1965).]

吻合，這可能是因為水的純度、管壁的影響效果與量測的技術等等的差異所導致。一連串的氣泡在噴嘴的中央地帶快速而連續的形成，且比單一氣泡更快速上升，這是因為氣泡會造成中央地區的液體向上移動。這種相似的效果可以在電解槽的直立電極產生的氣泡的事例找到。均勻分布在儀器橫截面的氣泡群，通常其上升的速度比單一氣泡的慢，這是因為受阻沈降效應所引起的。在某些情況下，小圓柱內成群的氣泡的平均速度比單一氣泡的為高，這可能是由於偶而大氣泡或氣團在中央區域上升所致。[7] 更進一步關於氣泡與液滴的討論，可以在 Tavlarides et al.[22] 的論述中找到。

液滴在一不互溶的液體中上升或下沈，當其相當的球體直徑增加時，其終端速度會呈現一個極大值，如圖 7.10 所示。[1] 圖中顯示一些液-液系統中，有關終端速度與液滴直徑相關的數據。終端速度隨著兩種液體之間密度差的增加而增加，它也隨著連續相黏度的減小而增加。終端速度也會受到兩相之間的介面張力和分散相的黏度所影響，但兩者之間仍缺乏一個定量關係的通則。

非常小的液滴呈球狀，其上升的速度會比史托克斯定律所預測的稍慢一點。較大的液滴，或多或少呈現球狀，它的上升速度比小液滴快，但不如預測的那麼快。更大的液滴會呈現扁平狀並有振動的傾向，以致直徑 5 或 6 mm 的液滴的移動速度反而比小的液滴慢，直徑比 10 mm 大的液滴通常會破掉。

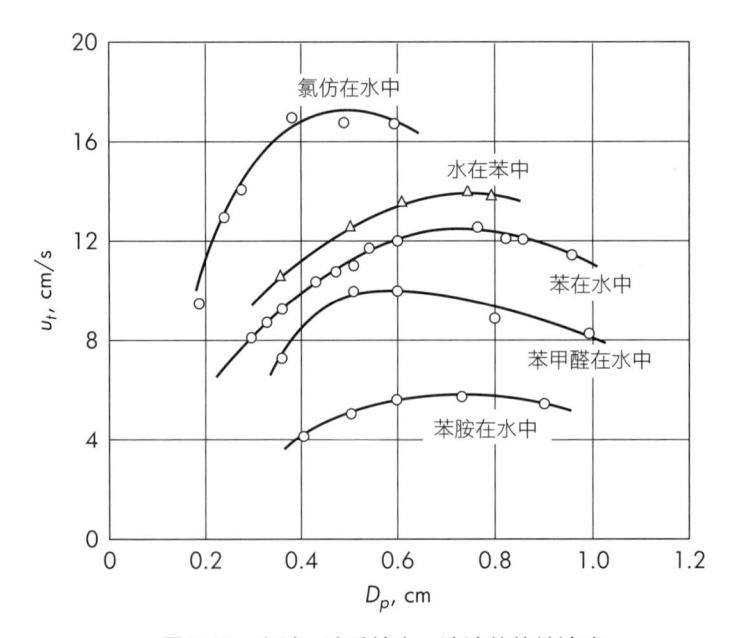

▲ 圖 7.10　在液-液系統中，液滴的終端速度

流體化

　　當一液體或氣體以非常低的速度通過固體粒子組成的床體時，粒子並不移動，而壓力降可由 (7.22) 式的爾岡方程式求得。若流體速度穩定地增加，個別粒子的壓力降與拖曳力也會隨著增加，最後粒子會開始移動，並且懸浮在流體中。**流體化** (fluidization) 及**流體化床** (fluidized bed) 等名詞是用來描述粒子完全懸浮的情況，因為懸浮的狀態猶如一個稠密的流體。若床體呈傾斜狀，則最上層的表面仍然為水平狀態，而較大粒子將會在床中漂浮或下沈，端賴粒子對懸浮液的相對密度的大小來決定。流體化的固體可經由管子和閥從床體內排放，就像液體一般，而這種流動現象為採用流體化來處理固體的主要優點之一。

流體化的條件

　　考慮一直立且部分空間裝有細微物質的管子，例如催化裂解用的觸媒，如圖 7.11 所示。管子頂端是開放的，其底部為一多孔板，以支撐觸媒床體，並使流動均勻地分布在整個橫截面上。空氣在多孔板分布器之下是低流速，但會在不引起任何粒子移動的情況下往上流經床體。如果粒子非常小，粒子間渠道的流動為層流，其通過床體的壓力降與表面速度 $\bar{V}_0$ [(7.17) 式] 成正比，當速度逐漸增加，壓力降就隨著增加，但是粒子並沒有移動而且床體的高度維持不變。在一特定速度下，越過床體的壓力降與粒子上的重力或床體的重量互相抵消，此時若再將速度增加會導致粒子開始移動，此為圖上 A 點的情形。往往粒子仍然互相接觸之下，床體會稍微膨脹，這是因為讓 ε 稍微增加，它會抵消在 $\bar{V}_0$ 上

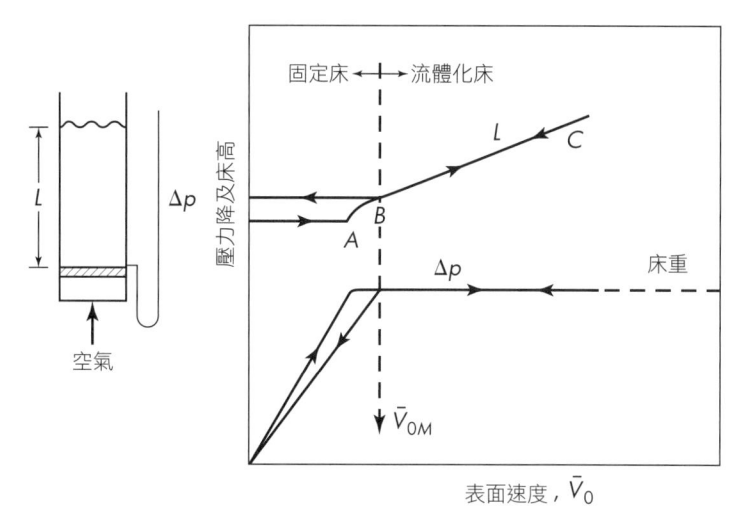

▲ 圖 7.11　固體床的壓力降及床高對表面速度之關係

所增加的幾個百分比而使 Δp 保持不變。若速度持續增加，粒子會分開且開始在床體內移動，這是真正的流體化的開始 (圖中 B 點)。

一旦床體流體化了，則通過床體的壓力降保持不變，但床的高度隨著流動而繼續增加。床體可以在流失極少或甚至不流失固定粒子的情況下，以極高的速度運作，這是因為需要支撐床體粒子的表面速度遠小於單一粒子的終端速度，此點以後會再說明。

若流體化床的流率逐漸減小，壓力降保持常數，且床體高度降低，則沿著 BC 線就是增加速度下所觀察的結果。然而對於固定床，最後的床體高度會高出原先的高度，因為倒進管中的固體會填充得比流體化狀態下緩慢沈降下的更為緊密。低速下的壓力降會小於原來的固定床。當開始再向上流動時，其壓力降會在 B 點與床體的重量相抵消，所以是 B 點而非 A 點提供了最小的流體化速度 $\bar{V}_M$。為了測量 $\bar{V}_{0M}$，必須先有力地使床體流體比，並在關掉氣體之情況下使其沈降，然後逐漸提高流率直到床體開始膨脹。往往從固定床與流體化床的壓力降圖的交叉點，可以得到更多再現性的 $\bar{V}_{0M}$ 值。

最小流體化速度

對於最小流體化速度方程式，可假設通過床體的壓力降等於每單位截面積的床重，並考慮排開流體的浮力而求得：

$$\Delta p = g(1-\varepsilon)(\rho_p - \rho)L \tag{7.48}$$

在開始流體化時，ε 為最小孔隙度 ε_M (若粒子本身為多孔性，則 ε 為床體外部的空隙分率)。因此

$$\frac{\Delta p}{L} = g(1-\varepsilon_M)(\rho_p - \rho) \tag{7.49}$$

在開始流體化的點，可利用 (7.49) 式和爾岡 (Ergun) 方程式 [(7.22) 式] 求得最小流體化速度 $\bar{V}_{0M}$ 的二次方程式：

$$\frac{150\mu \bar{V}_{0M}}{\Phi_s^2 D_p^2}\frac{(1-\varepsilon_M)}{\varepsilon_M^3} + \frac{1.75\rho \bar{V}_{0M}^2}{\Phi_s D_p}\frac{1}{\varepsilon_M^3} = g(\rho_p - \rho) \tag{7.50}$$

對於很小的粒子，只有爾岡方程式中的層流項是有意義的。當 $Re_p < 1$，最小流體化速度方程式變成

$$\bar{V}_{0M} \approx \frac{g(\rho_p - \rho)}{150\mu} \frac{\varepsilon_M^3}{1 - \varepsilon_M} \Phi_s^2 D_p^2 \tag{7.51}$$

許多經驗方程式表示，$\bar{V}_{0M}$ 是隨稍小於粒子大小的 2.0 次方而改變，且不完全與黏度成反比。與預期指數有微小偏差是因為將爾岡方程式的第二項忽略不計造成的誤差以及因為空隙分率 ε_M 會隨著粒子的大小而改變。對於大約是圓球粒子，其 ε_M 一般是介於 0.40 與 0.45 之間，隨著粒子直徑的減小而稍微增加。對於不規則的固體，ε_M 的不確定性可能是由 (7.50) 或 (7.51) 式推測 $\bar{V}_{0M}$ 產生的主要誤差。

粒子在空氣中的最小流體化速度是由 (7.50) 式計算而得，如圖 7.12 所示。注意一直到粒子大小約為 300 μm，最小流體化速度均與 D_p^2 有關；在許多流體化的應用，粒子是在 30 至 300 μm 的範圍。但是，流體化亦用於比 1 mm 大的粒子，例如煤炭在流體化床燃燒。在粒子很大時，層流項變成可以忽略，$\bar{V}_{0M}$ 隨著粒子大小的平方根而變化。對於 $\text{Re}_p > 10^3$，方程式為

$$\bar{V}_{0M} \approx \left[\frac{\Phi_s D_p g(\rho_p - \rho)\varepsilon_M^3}{1.75\rho} \right]^{1/2} \tag{7.52}$$

單一粒子在靜止空氣中落下，其終端速度亦顯示於圖 7.12。對於低雷諾數，u_t 與 $\bar{V}_{0M}$ 均隨著 D_p^2、$\rho_p - \rho$ 以及 $1/\mu$ 變化，故 $u_t/\bar{V}_{0M}$ 主要是由最小流體化時的空隙分率來決定。由 (7.40) 式與 (7.51) 式，

$$\begin{aligned}\frac{u_t}{\bar{V}_{0M}} &= \frac{gD_p^2(\rho_p - \rho)}{18\mu} \frac{150\mu}{g(\rho_p - \rho)\Phi_s^2 D_p^2} \frac{1 - \varepsilon_M}{\varepsilon_M^3} \\ &= \frac{8.33(1 - \varepsilon_M)}{\Phi_s^2 \varepsilon_M^3}\end{aligned} \tag{7.53}$$

對於球體，當 $\varepsilon_M \approx 0.45$ 時，其終端速度為最小流體化速度的 50 倍，故一床體以 10 mm/s 的速度流體化，則其操作的速度可達到 0.5 m/s，而很少有粒子被出口氣體帶走。由於大小不同的粒子分布十分廣泛，有許多比平均的粒子更微小的細粒被順勢納入 (entrainment)，但大部分的這些微細粒子可以藉濾布或旋風分離器 (cyclone) (參閱第 29 章) 加以回收而回到流體床上。某些流體化床以 $\bar{V}_{0M}$ 的 100 倍的速度運作，因此幾乎可完全回收被順勢納入的固體粒子。

對於非球狀的粒子，Φ_s 小於 1，(7.53) 式可用於涵蓋廣大範圍，不含順勢納入粒子的流體化行為。然而，對於不規則粒子的 ε_M 值，通常較圓球為大，對於 $\Phi_s = 0.8$ 以及 $\varepsilon_M = 0.5$，其 $u_t/\bar{V}_{0M}$ 的比值為 52，此與估算球體的結果大約相同。

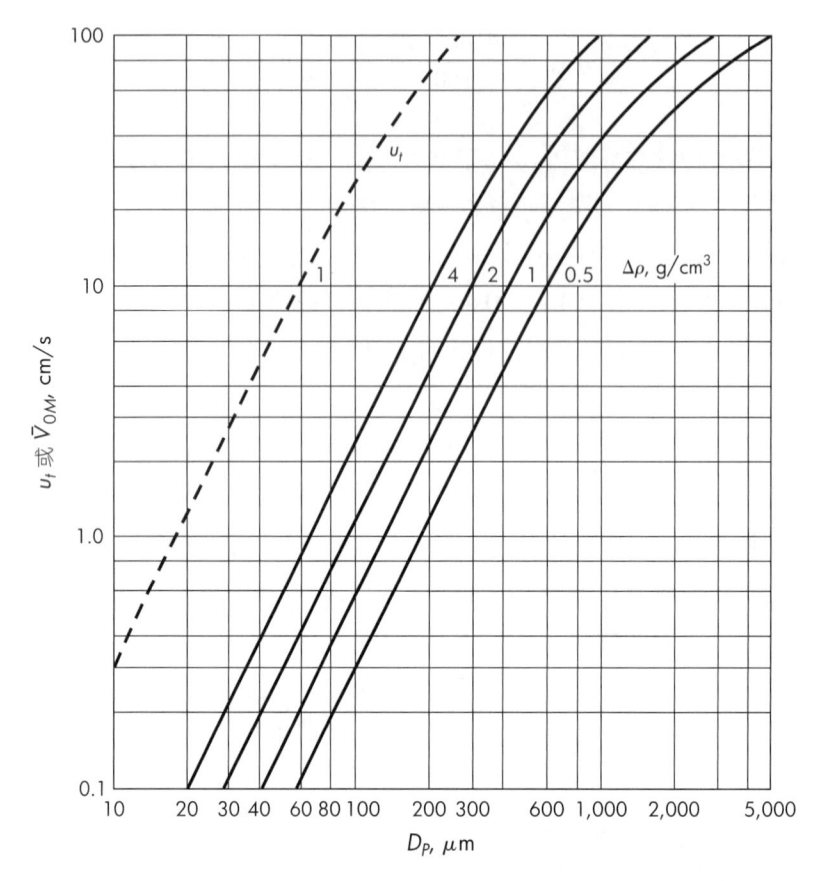

▲ 圖 7.12　在 20°C 及 1 atm 的空氣中,最小流體化速度與終端速度 ($\varepsilon_M = 0.50$,$\Phi_s = 0.8$,$\Delta\rho = \rho_p - \rho$)

關於大的粒子,其終端速度可由牛頓定律 [(7.43) 式] 求得,且可與由 (7.52) 式計算的 $\bar{V}_{0M}$ 比較。對於 Re_p 大於 10^3 的球體,

$$\frac{u_t}{\bar{V}_{0M}} = 1.75 \left[\frac{gD_p(\rho_p - \rho)}{\rho} \right]^{1/2} \left[\frac{1.75\rho}{gD_p(\rho_p - \rho)\varepsilon_M^3} \right]^{1/2}$$
$$= \frac{2.32}{\varepsilon_M^{3/2}}$$
(7.54)

當 $\varepsilon_M = 0.45$,$u_t/\bar{V}_{0M} = 7.7$,此比值遠比細微粒子小,當操作速度為最小流體化速度的數倍時,粒子被順勢納入可能會變得更嚴重。此為流體化床中採用粗粒子的小缺點,但最適當的粒子大小與其它因素有關,例如化學反應器效率、熱傳與質傳速率、研磨成本以及要求的氣體速度。

流體化的型態

我們所導出的最小流體化速度方程式適用於液體及氣體,可是一旦超過 $\bar{V}_{0M}$ 時,床體被液體或氣體流體化的外觀,兩者大不相同。當水將沙予以流體化時,沙粒會分開來而且當速度增加時,沙粒的移動變得更加猛烈。但是在某一特定的速度下,整個床體的任何區段的平均床體的密度是相同的,這種情況稱為**粒子流體化** (particulate fluidization),其特性為在高速下,床體形成一個大而均勻的膨脹。

利用空氣流體化的固體床,通常呈現所謂聚集或泡沫流體化的現象。當表面速度遠大於 $\bar{V}_{0M}$ 時,大部分的氣體以幾乎不含有粒子的氣泡或空隙的形式穿越床體,而且僅有一小部分的氣體在粒子間的通道流動。粒子因有流體的支撐會產生不規律的運動,但在氣泡與氣泡之間的空間裡,空隙所占的比率約與流體化剛開始時相同。床體的不均勻性質起初歸咎於粒子的聚集效應,於是採用**聚集流體化** (aggregative fluidization) 一詞,但是並無粒子黏結一起的證據,於是**氣泡流體化** (bubbling fluidization) 就用來描述這種現象,這種氣泡的形成很像水中的空氣氣泡或沸騰液體的蒸氣,因此有時候**沸騰床** (boiling bed) 一詞被用來描述這種類型的流體化。研究氣泡床的熱傳遞、質量傳遞與化學反應速率的學者們常用「**流體化的兩相理論**」(two-phase theory of fluidization) 來說明,其中氣泡為第一相,懸浮粒子的密集床為第二相。

氣泡流體化床的行為和氣泡的數目與大小有相當的關聯,但這點往往很難預測氣泡的平均大小和粒子的本質與大小分布、分布板的形式、表面速度以及床體的深度有關。當氣泡往上竄升穿過流體化床,它們會有結合與變大的傾向,而最大的穩定氣泡的直徑大小從幾吋到數呎都有,若小直徑的塔柱搭配深的固體床,氣泡可能會一直變大直到它們充滿整個橫截面,然後氣泡群會接連地往塔柱的上方移動,它們被集結的固體粒子所區隔,這種現象一般稱之為**遲滯** (slugging),通常是不想見到的,因為它會造成床體內壓力的波動,增加懸浮夾帶以及把床體放大的困難。

當表面氣體速度增加到遠高於 $\bar{V}_{0M}$ 時,氣泡流體化會轉移到**紊亂流體化** (turbulent fluidization) 或快速流體化。當床體膨脹得很厲害導致分散的氣泡相不再存在就會發生這種轉移現象。氣相是連續的,床體內各點的密度變動是快速的,高或低床體密度存在於一些小區域中。轉移到紊亂流體化的速度通常在 0.3 至 0.6 m/s (1 至 2 ft/s) 的範圍當中,但轉移速度是難以預測的,因為它和粒子的性質以及氣泡的平均大小有關。

在高的氣體速度之下,所有床體內的粒子會捲入氣流之中,不過它們可用

旋風分離器 (cyclone) 回收後送回床體的底部以維持床體的固體粒子量。這種操作系統稱之為**循環流體床** (circulating fluid bed)，儘管它和固體粒子床沒太大的區別，但這種懸浮固體的體積分率相當低，通常僅有幾個百分點而已，像這樣的系統很像氣流輸送 (pneumatic transport) 的例子，詳細內容將在後續的章節討論。

一般的通論是，液體用來流體化固體床，而氣體則造成氣泡床，但實際情形並不全是如此。密度之間的差別常是一個重要的參數，像非常重的固體粒子可以用水呈現氣泡流體化，而高壓的氣體可以使細小的固體形成粒子流體化。此外，中等密度的微細固體粒子，如裂解所用的觸媒，在某一特定的速度範圍內，呈現粒子流體化現象，然後在更高的速度之下，又會變成氣泡流體化。

流體化床的膨脹

兩種類型的流體化，當表面速度增加時，床體會膨脹，由於總壓力降維持常數，當 ε 增加時，每單位長度的壓力降會減小。將 (7.48) 式整理後可得

$$\frac{\Delta p}{L} = g(1-\varepsilon)(\rho_p - \rho) \tag{7.55}$$

粒子流體化　粒子流體化 (particulate fluidization) 的膨脹是均勻的，應用於固定床的爾岡方程式對於稍微膨脹的床體或許適用。假定粒子間的流動為層流，利用 (7.50) 式的第一項，導出有關膨脹床的下列方程式：

$$\frac{\varepsilon^3}{1-\varepsilon} = \frac{150\bar{V}_0\mu}{g(\rho_p-\rho)\Phi_s^2 D_p^2} \tag{7.56}$$

注意此方程式與 (7.51) 式的最小流體化速度相似，但此時 $\bar{V}_0$ 為自變數，而 ε 為因變數。當流體速度大於 $\bar{V}_{0M}$ 時，(7.56) 式預測 $\varepsilon^3/(1-\varepsilon)$ 與 $\bar{V}_0$ 成正比。膨脹床的高度可由 ε，以及開始流體化的 L 和 ε 值，利用下列方程式求得

$$L = L_M \frac{1-\varepsilon_M}{1-\varepsilon} \tag{7.57}$$

圖 7.13 顯示水中[23] 小玻璃珠 (510 μm) 流體化的數據。第一個數據點是在 $\varepsilon_M = 0.384$，$\bar{V}_{0M} = 1.67$ mm/s 處，而理論線正是連接原點與此點的直線。在大部分的範圍內，實際上的膨脹略小於推測值，這或許是因為空隙產生局部變化，因而降低了水力的阻力。注意床的高度幾乎隨著速度呈現線性的增加，並在

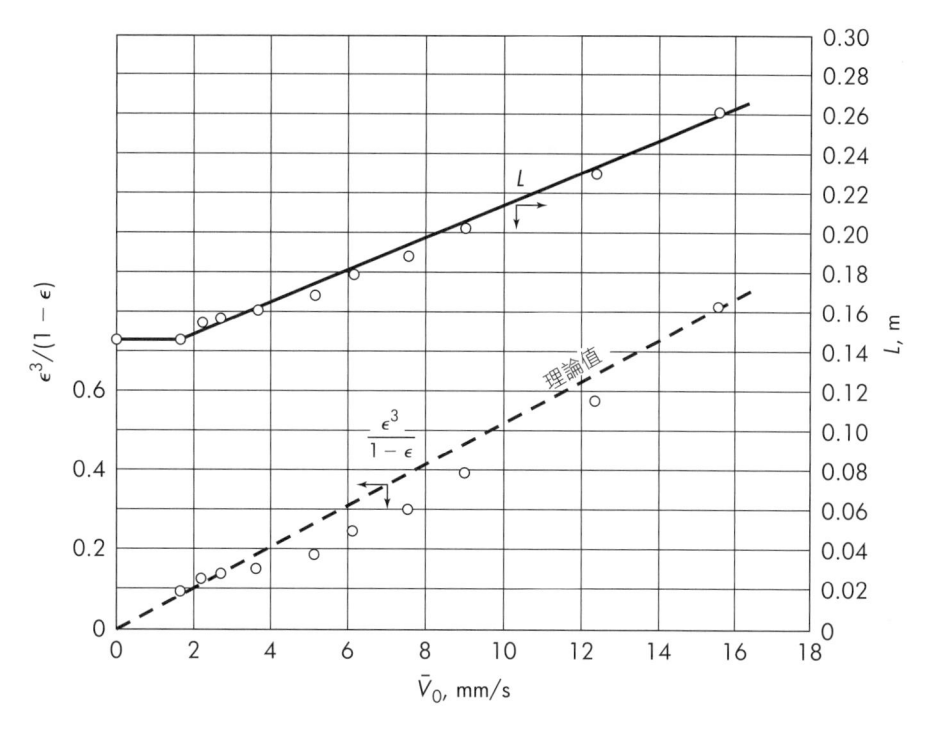

▲ 圖 7.13　在粒子流體化中，床體的膨脹 [經許可，摘自 R. H. Wilhelm and M. Kwauk, Chem. Eng. Prog., 44:201 (1948).]

$\bar{V}_0 = 10\ \bar{V}_{0M}$，床高增為兩倍。

對於大粒子在水中的粒子流體化，預期的床體膨脹會大於 (7.56) 式所推算的，這是因為部分的壓力降決定於流體的動能，而且需要稍微增加 ε 以抵消增加的 $\bar{V}_0$。此膨脹數據和 Lewis、Gilliland 及 Bauer 所提出的經驗方程式 [15]

$$\bar{V}_0 = \varepsilon^m \tag{7.58}$$

有所關聯。

圖 7.14 是兩個大小不同的玻璃珠在流體化床中的數據。[23] 雖然這些數據不全然吻合 (7.58) 式的計算，但採用一條直線可適當地做流體化床膨脹的工程估計，從許多研究做的數據歸納出直線的斜率從層流區域大約 0.22 提高到高雷諾數區的 0.4。這些斜率等於 $1/m$。圖 7.15 顯示 Leva[13] 提供的 m 與雷諾數的關係。想要預測流體化床的膨脹，可以利用在流體化床速度最小時的雷諾數去估計 m 值，再直接套用 (7.58) 式或採用比率的格式 (ratio form)。另外有一種方法就是先決定 $\bar{V}_{0M}$ 和 u_t，再像圖 7.14 畫一直線。

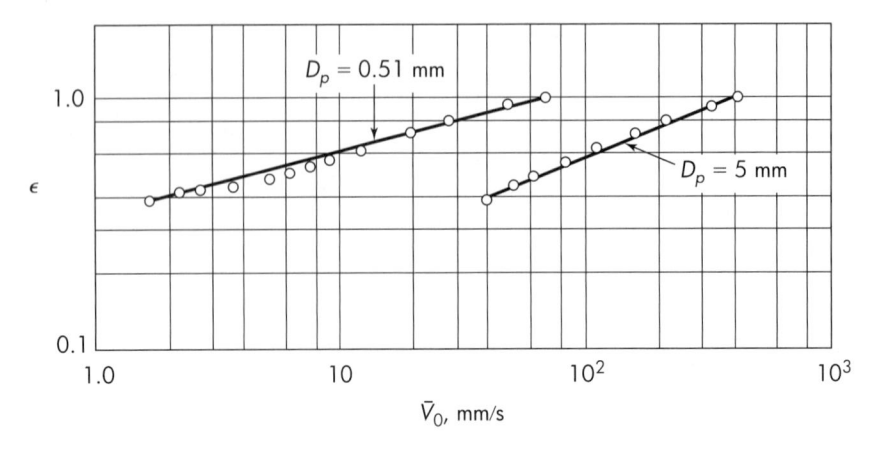

▲ 圖 7.14 流體化床中，孔隙度隨流體速度的變化 [摘自 R. H. Wilhelm and M. Kwauk, Chem. Eng. Prog., **44**:201 (1948)]

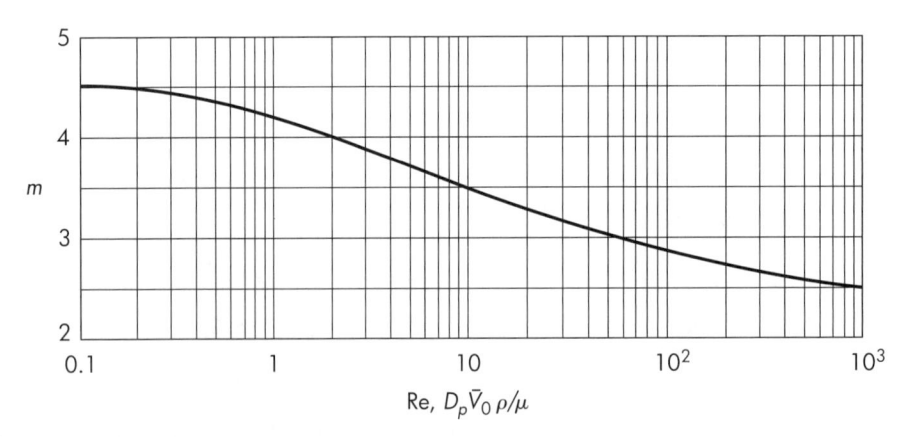

▲ 圖 7.15 床體膨脹關係式中的指數 **m** [(7.59) 式] [摘自 M. Leva, Fluidization, p. 89. Copyright, © **1959**, McGraw-Hill Book Company]

例題 7.3

珠粒狀離子交換的床體，深為 8 ft，用水逆洗以去除污物。粒子密度為 1.24 g/cm³，平均大小為 1.1 mm。若使用 20°C 的水，則最小流體化速度為多少？將床體膨脹 25% 所需的速度為何？假設珠粒為圓球 ($\Phi_s = 1$)，且 ε_M 取為 0.40。

解

所需的量為

$$\mu = 0.01 \text{ P}$$
$$\Delta\rho = 0.24 \text{ g/cm}^3$$

由 (7.50) 式,

$$\frac{150(0.01)\bar{V}_{0M}}{(0.11)^2}\frac{0.6}{0.4^3} + \frac{1.75(1.0)(\bar{V}_{0M})^2}{0.11}\frac{1}{0.4^3} = 980(0.24)$$

$$1{,}162\bar{V}_{0M} + 248.6\bar{V}_{0M}^2 = 235.2$$

由二次方程式公式,得到 $\bar{V}_{0M} = 0.194$ cm/s 或 1.94 mm/s。在 $\bar{V}_{0M}$,

$$\text{Re}_p = \frac{0.11(0.194)(1.24)}{0.01}$$
$$= 2.65$$

由圖 7.15 可知,$m \approx 3.9$。又由 (7.58) 式,

$$\left(\frac{\varepsilon}{\varepsilon_M}\right)^{3.9} = \frac{\bar{V}_0}{\bar{V}_{0M}}$$

對於 25% 的膨脹,$L = 1.25 L_M$ 或 $1 - \varepsilon = (1 - \varepsilon_M)/1.25 = 0.48$。由此可得 $\varepsilon = 0.52$,且 $\bar{V}_0 = 1.94\,(0.52/0.40)^{3.9} = 5.40$ mm/s。

氣泡流體化 氣泡流體化 (bubbling fluidization),其床體的膨脹主要來自於氣泡占有的空間,這是由於增加總流動時,密集相並無顯著的膨脹。在下列的推導中,氣體流經密集相是假定 $\bar{V}_{0M}$ 乘以密集相占床體的分率,而其餘的氣體流動由氣泡輸送。因此

$$\bar{V}_0 = f_b u_b + (1 - f_b)\bar{V}_{0M} \tag{7.59}$$

其中　f_b = 床體被氣泡占有的分率
　　　u_b = 平均氣泡速度

由於所有的固體是在密集相內,膨脹床體的高度乘以密集相的分率必等於開始流體化的床高:

$$L_M = L(1 - f_b) \tag{7.60}$$

將 (7.59) 與 (7.60) 式合併,可得

$$\frac{L}{L_M} = \frac{u_b - \bar{V}_{0M}}{u_b - \bar{V}_0} \tag{7.61}$$

當 u_b 遠大於 $\bar{V}_0$ 時,即使 $\bar{V}_0$ 是 $\bar{V}_{0M}$ 的許多倍,床體只有稍微的膨脹。

在流體化床中,氣泡速度的經驗方程式為 [21]

$$u_b \approx 0.7\sqrt{gD_b} \tag{7.62}$$

粒子的大小或形狀對於 (7.62) 式中的係數,只有很小的影響,雖然大氣泡形似香菇而非圓球狀,但若將 D_b 視為相當的圓球直徑,則此方程式十分適用。對於 $D_b = 100$ mm,u_b 為 700 mm/s,且若 $\bar{V}_{0M} = 10$ mm/s,$\bar{V}_0 = 100$ mm/s,則 L/L_M 為 1.15。若氣泡大小不變,而速度加倍,則將 L/L_M 增加到 1.38,但氣泡大小通常隨著氣體速度而增加,這是因為氣泡結合造成的結果,並且床體高度通常隨著速度而成近似線性的增加。床體的膨脹通常為 20 至 50% 的範圍,甚至在速度達到 50 倍的 $\bar{V}_{0M}$,和粒子流體化中得到大的膨脹是不同的。

以氣體將某些細粉末流體化時,在接近其最小流體化的限定速度範圍內,呈現粒子流體化。當速度增加時,床體均勻的膨脹,直到開始形成氣泡為止,當速度增加超過氣泡點時,則逐漸崩解到最小的高度,當氣泡成為主流時,床體再度膨脹。矽礬土裂解媒顯示這種異常的行為,而且商用觸媒床體膨脹的數據,與圖 7.16 中的細砂並不相同。粒子流體化的範圍是僅以極小或低密度的粒子才能得到。Geldart[3] 曾利用這些性質將固體分類。

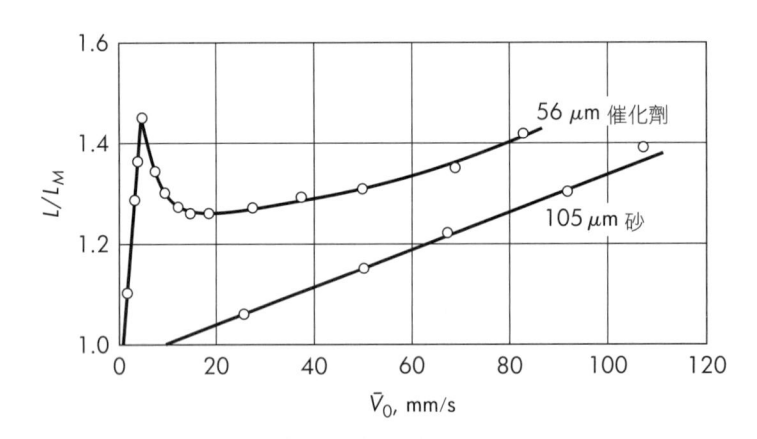

▲ 圖 7.16 砂與裂解催化劑的流體化床之膨脹

流體化的應用

流體化的廣泛使用始於石油工業以流體床進行催化裂解。雖然現今工業界常使用昇起式或輸送線反應器而不是流體床來進行催化裂解，觸媒的再生仍然在流體床反應器中進行，反應器直徑的大小均為 14 米。流體化也用於其它的催化製程，例如，丙烯腈 (acrylonitrile) 的合成以及固-氣體反應的進行。為了降低鍋爐的成本和減少污染物的排放而採用將煤炭在流體化床中燃燒的方法一直引人注意。其它流體化床也會用在礦物的鍛燒、細微固體粒子的乾燥以及氣體的吸收。

流體化的主要優點為流體經過床體，使固體被強烈攪拌，而且即使在完全放熱或吸熱反應時，固體的混合可確保床體實際上沒有溫度梯度。固體的劇烈運動亦引起高熱傳率傳到器壁，或傳給沈浸於床內的冷卻管。因為固體的流動性，使得固體很容易由一容器到達另一容器。

氣-固體流體化的主要缺點是氣體與固體之間不均勻接觸，大部分氣體是以氣泡的型式流經固體床，僅與少量的固體在氣泡的四周形成薄殼式的接觸，稱之為氣泡雲 (bubble cloud)。有一小部分的氣泡會穿過一個幾乎全是固體的密集相 (dense phase)，此時在氣泡與密集相之間，會藉由擴散與亂流程序進行氣體的交換，例如氣泡的分裂與結合，但是對於氣體反應物的整體轉換率通常遠小於在相同溫度下，有均勻接觸的情形，例如在一個理想的柱狀流反應器 (plug-flow reactor)。在亂流流體化 (turbulent fluidization) 之下，其平均的床體密度是低於氣泡流體化 (bubbling fludization) 的，可是它在氣體與固體之間有較佳的質傳效應，因此或可改善一個化學反應器的績效。即使如此，流體化反應器的放大 (scale up) 仍常常存在著不確定的因素。

流體化床還有其它的一些缺點，諸如：床體內部零件的腐蝕。固體粒子的損耗導致微細粉末的流失等等，不過這些都可藉由妥善的設計來解決。大部分的流體床都附有內建或外裝的旋風分離器 (cyclone) 來回收微細的粉末，但濾布或洗滌器仍屬必要。

連續流體化；液漿和氣流輸送

當通過固體床的流體速度足夠大時，所有粒子會被捲入流體中，並隨著移動，此稱之為**連續流體化** (continuous fluidization)。如先前所述，某些氣-固相反應器按此方式操作，但連續流體化的主要用途是將固體從某一點輸送到另一點。

水力或液漿輸送 直徑小於 50 μm 的粒子通常沈降十分緩慢，因此很容易懸浮於移動的液體之中。較大的粒子較不易懸浮，尤其當粒子的直徑為 0.25 mm 或更大時，通常需要較大的液體速度來使粒子移動，特別是對於水平的管線。臨界速度 (critical velocity) $\bar{V}_c$ 和固體與液體的密度差、粒子的直徑、液漿的濃度以及管子大小有關。一般的數值在 1 到 5 m/s 之間，若低於 $\bar{V}_c$，則粒子會沈降下來。臨界速度在大管中比小管的要大。一個用來預測 $\bar{V}_c$ 的半理論通用方程式已被 Oroskar 和 Turian 所提出。[18]

只需稍加調整增加的密度和視黏度 (apparent viscosity)，非沈降粒子在液漿中的壓力降可從均勻液體的方程式求得。至於含沈降粒子的液漿 (settling slurries)，似無令人滿意的單一關聯式可用。在水平管中的壓力降比起與液漿相同密度與黏度的單相流體要大，特別在接近臨界速度時，當速度增加，則壓力降與單相流體的逐漸接近。當速度等於 3 $\bar{V}_c$ 或更大時，液漿的壓力降和單相流體的幾乎相等。在一長的液漿管線中，此速度相當於 1.5 至 2 倍的臨界速度。

氣流輸送 氣流輸送機 (pneumatic conveyor) 中的懸浮流體為氣體，通常是空氣，在直徑為 50 至 400 mm 之間的管子，以 15 至 30 m/s 的速度流動。氣流輸送系統的四種主要型式是：(1) 負壓 (真空) 系統，用於將固體粒子由幾個導入口 (鐵路車廂、船艙出口等等) 傳送至單一排出口；(2) 正壓系統則適合於將固體粒子，由單一進料口輸送一或多個排出點；(3) 真空壓力系統，結合前述 (1) 與 (2) 兩者之優點；(4) 預先流體化系統，比起上述三種系統，它不僅用的空氣量較少，所需的動力也較少。

一般氣流輸送機可以處理的材料從微細粉末到粒徑 6.5 mm 的顆粒，甚至包括整體密度 (bulk density) 從 16 到超過 3,200 kg/m^3 的物質。典型的真空系統限制固體之流率要低於 6,800 kg/h，而且輸送機的長度短於 300 公尺。壓力系統操作時的錶壓力為 1 到 5 atm 之間，且自由流動的固體之粒徑低於 6.5 mm，此時其流率要高於 9,000 kg/h。經由此系統的典型壓力損失約為 0.5 atm。

大多數的氣流輸送系統都是向製造廠商購買；有關初步設計及相關的圖表資料可在 Perry 化工手冊找到。[19]

■ 符號 ■

A ：面積，m^2 或 ft^2；A_p，粒子的投影面積

a_e ：由外力所產生的粒子加速度，m/s^2 或 ft/s^2

通過沈浸物的流動

- C_D ：拖曳係數，$2F_D/(u_0^2 \rho A_p)$，無因次
- D ：直徑，m 或 ft；D_{eq}，填充床中通道的等效直徑；D_i，內徑；D_p，球體粒子的直徑；也是具有與粒子相同體積的圓球直徑或粒子的特性長度；$\bar{D}_{pi}$，在分率 i 的平均粒子直徑；$\bar{D}_s$，粒子混合物的平均有效直徑
- F ：力，N 或 lb_f；F_D，總拖曳力；F_b，浮力；F_e，外力
- f ：范寧摩擦係數，無因次
- f_b ：流體化床被氣泡所占的體積分率
- G_0 ：流體接近粒子的質量速度，$\text{kg/m}^2 \cdot \text{s}$ 或 $\text{lb/ft}^2 \cdot \text{s}$；亦為填充床中的表面質量速度
- g ：重力加速度，m/s^2 或 ft/s^2
- K ：沈降的判定準則，由 (7.45) 式所定義，無因次
- L ：圓柱粒子的長度，m 或 ft；填充床或流體化床的總高度；L_M，開始流體化的床高
- Ma ：馬赫數，無因次；Ma_a、Ma_b 為在位置 a 及位置 b 的馬赫數；Ma_0，接近中的流體的馬赫數
- m ：質量，kg 或 lb；亦為 (7.58) 式中的指數
- N_i ：每一大小範圍的粒子數
- n ：填充床通道的個數；也是 (7.46) 式的指數
- p ：壓力，N/m^2 或 lb_f/ft^2；p_s，在停滯點的壓力；p_0，未受干擾流體的壓力
- Re ：雷諾數，無因次；Re_p，粒子的雷諾數，$D_p G_0/\mu$
- r ：粒子路徑的半徑，m 或 ft
- S ：截面積，m^2 或 ft^2；S_0，空塔的截面積
- s_p ：單一粒子的表面積，m^2 或 ft^2
- T ：溫度，K、°C、°F 或 °R；T_a、T_b，在位置 a 及位置 b 的溫度；T_s，在停滯點的溫度；T_0，接近中的流域之溫度
- t ：時間，s
- u ：流體或粒子的速度，m/s 或 ft/s；u_b，流體化床中的平均氣泡速度；u_s，均勻懸浮液的沈降速度；u_t，粒子的終端速度；u_0，接近中的流域之速度；u'，波動分量的速度
- $\bar{V}$ ：體積平均的流體速度，m/s 或 ft/s；$\bar{V}_c$，水力輸送中的臨界速度；$\bar{V}_0$，表面速度或空塔速度；$\bar{V}_{0M}$，最小流體化的表面速度
- v_p ：單一粒子的體積，ft^3 或 m^3
- x_i ：在混合粒子的床體中，粒子大小為 i 的體積分率

■ **希臘字母** ■

- α ：與垂直於流動方向的夾角

γ ：比熱的比值，c_p/c_v

Δp：在充填床或流體化床中的壓力降

$\Delta \rho$：密度差，$\rho_p - \rho$

ε ：在固體床中，孔隙度或空隙的體積分率；ε_M，流體化床的最小孔隙度

λ_1 ：(7.15) 和 (7.16) 式中的常數

λ_2 ：(7.18) 和 (7.19) 式中的常數

μ ：絕對黏度，cP 或 lb/ft·s；μ_s，懸浮液的有效黏度

ρ ：密度，kg/m^3 或 lb/ft^3；ρ_p，粒子的密度；ρ_0，接近中的流域之密度

τ_w：在渠道邊界的剪應力，N/m^2 或 lb$_f$/ft^2

Φ_s：球度，由 (7.10) 式定義

ϕ ：函數

ω ：角速度，rad/s

■ 習題 ■

7.1. 含有 1.2 莫耳分率 (mol %) 碳氫化合物的空氣，通過裝有 3 mm × 3 mm 圓柱形觸媒粒的 40 mm × 2 m 充填管，進行局部性氧化。進入的空氣溫度為 350°C，壓力為 2.0 atm，其表面速度為 1 m/s。試問通過充填管後的壓力降為多少？若使用 4 mm 的觸媒粒，並假設孔隙度 $\varepsilon = 0.40$，試問壓力降將減少多少？

7.2. 一個高度 40 呎，直徑 18 呎的觸媒塔充填了直徑為 1 吋的球體。氣體進入塔頂的溫度是 450°F，並以相同的溫度離開。觸媒床的孔隙度為 0.40，底部的絕對壓力是 30 lb$_f$/in.^{2}。假如氣體的平均性質類似丙烷，其與觸媒的接觸時間 (基於在孔隙間的流動) 為 8 秒，試問入口壓力為何？

7.3. 空氣流經裝填了 1 in. 陶瓷 Raschig 環的充填塔，若 $G_0 = 80$ lb/ft^2·h 時，其每呎的壓力降為 0.01 in 水柱；當 $G_0 = 80$ lb/ft^2·h 時，其每呎的壓力降變成 0.9 in. 水柱，這兩種情況下的逆流液體質量速度都是 645 lb/ft^2·h。由於液體的質量速度在 645 至 1,980 lb/ft^2·h 的範圍內，隨著液體速率所產生的壓力降變化極小，液體的滯留量 (holdup) 可以忽略不計，設 Raschig 環的壁厚為 $\frac{1}{8}$ in.，試估算孔隙度。利用此孔隙度之值和 Ergun 方程式來推測壓力降，並討論推測值與實驗值的差異。

7.4. 下表是空氣流經粒狀活性碳的床體所收集的數據：

$\bar{V}_0$, ft/min	4 × 6 網孔, Δp, in. H$_2$O/ft	4 × 8 網孔, Δp, in. H$_2$O/ft
10	0.25	0.32
40	1.40	1.80

試將其壓力降和經由 Ergun 方程式所預測之值相比較。另外對這兩種粒徑大小不同所構成的床體，在空氣速度為 100 與 200 ft/min 之下，分別計算其壓力降。

7.5. 流經粒子床造成的壓力降可用來決定粒子的表面積與平均大小。根據空氣以 0.015 ft/s 的表面速度流經壓碎礦粒床體的數據，顯示 $\Delta p/L = 84$ (lb$_f$/in.^{2})/ft。量測所得的孔隙度為 0.47，推測其球度為 0.7。試計算粒子的平均大小及單位質量的表面積，假設固體密度為 4.1 g/cm^3，若 ε 的誤差值為 0.01，對於上述的答案有多大的影響？

7.6. 有一厚度為 150 mm 的除霧墊用來移除氣流中的硫酸液滴，是由 50 μm 之纖維在與氣流方向垂直的平面上，按任意排列的方式構成，其平均的孔隙度為 0.90。在 90°C，1 atm 下，利用個別的拖曳係數分別計算氣體速度為 0.3 及 0.9 m/s 時的壓力降。

7.7. 球狀粒子以終端速度在 20°C 的水中自由沈降，利用表 7.3 的數據，估算各種粒子通過 2 m 的水深所需的時間。

▼ 表 7.3　習題 7.7 的數據

物質	比重	直徑，mm
方鉛礦	7.5	0.25
		0.025
石英	2.65	0.25
		0.025
煤炭	1.3	6
鋼	7.7	25

7.8. 利用旋風分離器從 150°C 的空氣流中除去砂粒。假設分離器本體的直徑為 0.6 m，平均的切線速度為 16 m/s，若砂粒的大小分別是 20 和 40 μm，其靠近壁面的徑向速度為多少？此值比重力沈降的終端速度大多少？

7.9. 尿素的顆粒是將熔融的尿素噴灑在高塔的冷空氣中，當液滴落下時，就冷卻成固體顆粒。直徑 6 mm 的顆粒可以在含有 20°C 的空氣，25 m 的高塔中製得。尿素的密度為 1,330 kg/m^3。
(a) 假定是在自由沈降的條件下，球粒的終端速度為多少？
(b) 當球粒在抵達塔底之前，能否達到 99% 的終端速度？

7.10. 直徑 1 mm 的球體粒子，用水流體化的速度為最小速度的 2 倍，粒子之間的孔隙度是 40%，平均的孔隙直徑為 10 mm，粒子本身的密度是 1.5 g/cm^3。證明流經粒子內部孔隙的流量遠小於流經粒子間的流量，而且在預測流體化行為時，粒子間的孔隙度可以忽略不計。

7.11. 直徑 5 mm 的觸媒球粒用 80°C，1 atm 的空氣以 45,000 kg/hr 的流量在一直立的圓柱形容器內予以流體化。觸媒粒子的密度為 960 kg/m^3，球度為 0.86。假如上述的空氣量足夠將粒子予以流體化，試問該容器的直徑是多少？

7.12. 依照陶氏化學公司 (Dow Chemical Company) 的產品手冊所述，當水流經用 20-50 網孔 (mesh) Dowex 50-X8 樹脂所充填的床體時，其壓力降和流率成正比。如流率是 10 gal/min·ft^2，壓力降的值是 0.80 (lb$_f$/in.^{2})/ft。(a) 使用粒徑的算術平均值和 0.35 的空隙率估算壓力降。(b) 何種粒徑平均值與空隙率可以符合產品手冊所列的壓力降？

7.13. 在回洗 (backwashing) 一個用 20-50 網孔的 Dowex 50-X8 樹脂所充填的床體時發現，當流率是 0.4 gal/min·ft^2，床體會開始膨脹，而且流率達 6 gal/min·ft^2 時，膨脹率高達 45%。試問這些數據符合流體化的理論嗎？

7.14. 根據下列的數據，[1] 計算苯的液滴在水中上升的拖曳係數，將所得的結果對雷諾數作圖並與固體球的拖曳係數比較。

D_p, mm	u_t, mm/s
3.17	82.2
4.27	105
4.76	107
5.40	117
8.20	121
9.61	113

7.15. 從煙囪氣 (flue gas) 移走二氧化碳的製程中，溫度為 410°C，壓力為 1.2 atm 的氣體通過一流體化床，床的充填粒子是鍍銅，大小為 1.5 mm 球狀的 Al$_2$O$_3$ 粒子。假定粒子的密度為 2,300 kg/m^3，氣體的密度和黏度與空氣相同。(a) 估計流體化速度的最小值。(b) 假設最初的床高為 1 m，而且膨脹後的床高最多不會超過 1.5 m。說明要估計膨脹到 1.5 m 高所需的氣體速度是困難的。

7.16. 150°C 的空氣離開一流體化床時，含有 2 到 20 μm 大小不等的灰塵。灰塵粒子的密度是 3,400 kg/m^3。(a) 計算最小與最大粒子的終端速度。(b) 假設灰塵將落在一深度為 1 m 的長方形巨室中，讓灰塵完全自空氣移除所需的滯留時間為何？

7.17. 在一個 10 cm × 50 cm 的實驗塔測試一種新觸媒，當使用的空氣在 20°C 與 1 atm 下，流體化速度的最小值為 6.5 mm/s。如果在一直徑 0.8 m，高度 2 m 的反應器中，使用 300°C，5 atm 的氮氣，試計算 $\bar{V}_{0M}$ 為多少？

7.18. 有一氣相分析儀 (chromatography) 的圓柱體，直徑為 5 mm，充填了 50 μm 的球狀粒子共 1.5 m 長。當溫度為 30°C 的水流過時，其表面速度 (superficial velocity) 為 3 m/h。(a) 假設孔隙度為 0.4，試估算壓力降為多少 Pa、atm 和 lb$_f$/in.^{2}？(b) 壓力降和假設的孔隙度有多大的關聯呢？

7.19. 液滴黏度與表面張力對於液滴在一與其不相溶的液體中的終端速度有何影響？

■ 參考文獻 ■

1. Burgess, W., and P. Harriott. Senior project report, Cornell University, Ithaca, NY. January 1949.
2. Ergun, S. *Chem. Eng*. Prog. **48**:89 (1952).
3. Geldart, D. *Powder Technology* **7**:285 (1973).
4. Hartman, M., O. Trnka, and K. Svoboda. *Ind. Eng. Chem. Res*. **33**:1979 (1994).
5. Heiss, J. F., and J. Coull. *Chem. Eng. Prog*. **48**:133 (1952).
6. Hottovy, J. D., and N. D. Sylvester. *Ind. Eng. Chem. Proc. Des. Dev*. **18**:433 (1979).
7. Houghton, G., A. M. McLean, and P. D. Ritchie. *Chem. Eng. Sci*. **7**:26 (1957).
8. Hughes, R. R., and E. R. Gilliland. *Chem. Eng. Prog*. **48**:497 (1952).
9. Hunsaker, J. C., and B. G. Rightmire. *Engineering Applications of Fluid Mechanics*. New York: McGraw-Hill, 1947, pp. 202-203.
10. Ingebo, R. D. NACA Tech. Note 3762 (1956).
11. Knudsen, J. G., and D. L. Katz. *Fluid Mechanics and Heat Transfer*. New York: McGraw-Hill, 1958, p. 317.
12. Lapple, C. E., and C. B. Shepherd. *Ind. Eng. Chem*. **32**:605 (1940).
13. Leva, M. *Fluidization*. New York: McGraw-Hill, 1959.
14. Leva, M., and M. Grummer. *Chem. Eng. Prog*. **43**:713 (1947).
15. Lewis, W. K., E. R. Gilliland, and W. C. Bauer. *Ind. Eng. Chem*. **41**:1104 (1949).
16. Masliyah, J. H., and N. Epstein. *J. Fluid Mech*. **44**:493 (1970).
17. Maude, A. D., and R. L. Whitmore. *Br. J. Appl. Phys*. **9**:477 (1958).
18. Oroskar, A. R., and R. M. Turian. *AIChE J*. **26**:550 (1980).
19. Perry, J. H., and D. W. Green (eds.). *Chemical Engineers' Handbook*. 7th ed. New York: McGraw-Hill, 1997, pp. **21**-19 to **21**-27.
20. Pettyjohn, E. S., and E. B. Christiansen. *Chem. Eng. Prog*. **44**:157 (1948).
21. Rowe, P. N. *Fluidization*. Eds. J. F. Davidson and D. Harrison. New York: Academic, 1971, p. 145.
22. Tavlarides, L. L., C. A. Coulaloglou, M. A. Zeitlin, G. E. Klinzing, and B. Gal-Or. *Ind. Eng. Chem*. **62**(11):6 (1970).
23. Wilhelm, R. H., and M. Kwauk. *Chem. Eng. Prog*. **44**:201 (1948).

CHAPTER 8 流體的輸送和計量

前面幾章討論了流體運動的理論面，但工程師也得處理流體從某一點輸送到另一點以及測量其流率等實際面的問題，這就是本章討論的主題。

本章的第一部分要探討流體，包括液體與氣體的輸送。固體常常以相似的方法處理，就是將固體懸浮於液體中，形成可用泵運送的漿液，或是利用高速的氣流來運送。運輸流體的成本比固體的便宜，因此儘可能地將物料以流體的形式來運送。在一大氣壓左右的情況下，氣體常在方形或矩形溝渠 (duct) 中運行，但在高壓之下，它們就在圓管中傳送。本章的第二部分將探討測量流率的常用方法。

■ 管、管件與閥

厚管和薄管

流體通常藉由管或管組輸送，它們一般具有圓形的橫截面，各種大小尺寸，不同的壁厚與材質。**厚管** (pipe) 和**薄管** (tubing) 都是管子，兩者之間並無明顯的區分界限。一般而言，pipe 是指壁厚、大直徑，20 或 40 呎 (6 或 12 米) 中等長度的管；tubing 則是壁薄，可以撓捲成數百呎長的管。用金屬製造厚管可刻螺紋 (threaded)，薄管通常沒有螺紋、厚管的管壁通常稍為粗糙，薄管則有非常平滑的管壁。要加長厚管可藉用螺紋、凸緣或熔接管件來接合，薄管則可藉壓縮、火焰和焊接管件來達到連接的目的。最後，薄管通常是用擠壓或冷抽的工藝製成，金屬厚管則以熔接、鑄製或在鑽床上鑽孔製成。

厚管和薄管的材料有很多的選擇，包括金屬、合金、木材、陶瓷、玻璃和各種塑膠。聚氯乙烯 (PVC) 管大大地使用在廢水處理線上。在程序工廠中，低碳鋼是常見的材料，可用來製成黑鐵管。熟鐵管與鑄鐵管則用於特殊的用途。

尺寸大小　管子一般以直徑和壁厚來制訂規格。按照美國通用的實例，鋼管的標準公稱直徑 (standard nominal diameters) 是從 $\frac{1}{8}$ 到 30 in.。對於直徑超過 12 in. 的大管子，其公稱直徑係指實際的外徑；至於小管子，其公稱直徑並不與任何實際的尺寸相關。對於 3 至 12 in. 的管子，公稱直徑接近於內徑，但對於非常小的管子則未必如此。不論管壁的厚薄，公稱直徑大小相同的所有管子，都有相同的外徑，這樣才可確保管件的可互換性。附錄 3 列有鋼管的標準尺寸。用其它材質製成的管子都和鋼管有相同的外徑，這樣才允許管路系統可以互換零件。一般鋼管標準尺寸稱為 IPS (iron pipe size) 或 NPS (normal pipe size)。如此，稱為「2 in. IPS 鎳管」，就是說此鎳管和 2 in. 標準鋼管有相同的外徑。

厚管的管壁厚度以**分類號碼** (schedule number) 來表示，號碼愈大表示管壁愈厚，亦即號碼隨著厚度而增大。一般使用 10 個分類號碼——10、20、30、40、60、80、100、120、140 和 160，但是對於直徑小於 8 in. 的管子，常用的號碼只有 40、80、120 和 160 四個。英國的標準，公稱尺寸 (稱為 DN) 是以毫米 (例如，100、150 到 600) 來表示，而每個公稱尺寸都以最小的鑽洞為規格。

薄管的尺寸是用外徑來表示，其值是非常接近的公差範圍內的實際外徑。壁厚通常以 BWG (Birmingham wire gauge) 數表示，範圍自最輕的 24 號到最重的 7 號。熱交換器管子的大小與壁厚請參考附錄 4。

管子尺寸的選擇　對於特定的設備裝置，管子尺寸的選擇以管子和管件的成本以及輸送流體的能量成本而定。管子的成本和每年的資本支出大約隨著管徑的 1.5 次方的倍數增加，而在亂流狀況下所需的動力費用則隨直徑的負 4.8 次方 (– 4.8 power) 變動。已有文獻導出最適管徑是與流率和流體密度的函數相關的方程式[8]；這些方程可轉換求得最適速度，而它幾乎與流率無關。在管徑大於 1 in. (25 mm) 的鋼管中，呈現亂流的液體的最適速度是

$$\bar{V}_{\text{opt}} = \frac{12\,\dot{m}^{0.1}}{\rho^{0.36}} \tag{8.1}$$

其中　$\bar{V}_{\text{opt}}$ = 最適速度，ft/s
　　　$\dot{m}$ = 質量流率，lb/s
　　　ρ = 流體密度，lb/ft^3

對水及類似的流體，$\bar{V}_{\text{opt}}$ 為 3 至 6 ft/s (0.9 至 1.8 m/s)；對於空氣或低至中度壓力的蒸氣，$\bar{V}_{\text{opt}}$ 是 20 至 80 ft/s (6 至 24 m/s)。至於在熱交換器的管中流動的流體，所設計的最適速度經常高於 (8.1) 式的值，這是因為流體在高速下，其熱傳

遞的效果較佳。

當流體是藉由重力自上方的貯槽流下或是將黏稠的液體用泵輸送時，以 0.2 至 0.8 ft/s (0.06 至 0.24 m/s) 的低速是較適宜的。關於管徑大小、體積流率和流速之間的關係，請參閱附錄 3。

至於大且複雜的管路系統，管路材料的購置成本可能占總投資金額相當大的部分，因此採用精確的計算方法來尋求最適的管路尺寸是必須的。

接頭與管件

連接各種管子的方法，部分視管子的材質而定，但主要還是決定於管壁的厚度。厚壁的管子通常採用有螺紋的管件 (fitting)、凸緣或焊接法來連接。薄壁的管子則可藉軟焊、壓縮或用火焰來連接。對於用脆弱材料如玻璃、碳或鑄鐵所製成的管子，可用凸緣或以插套 (bell-and-spigot) 來接合。

當採用有螺紋的管件接合時，必須將管子終端的外圍用工具製成螺紋。這個螺紋以變細的形式呈現，而且在距離管子終端最遠處的一些螺紋是不完全的，這樣使得管子旋轉進入管件時能夠形成緊密的接合。聚四氟乙烯膠帶常用來包紮在螺紋上面，以確保密封。螺紋會削弱管壁的強度，而且管件通常比管子本身薄弱一些，因此採用有螺紋的管件來進行接合時，必須選取比用其它形式接合更高分類號碼的管子。即使管徑大到 12 in. (300 mm)，仍有標準化的螺紋管件，但因為大管子在螺紋的製作和處理上比較困難，所以這種接合法很少用在 3 in. (75 mm) 以上的管子。

通常管長超過 2 in. (50 mm) 時，凸緣或焊接法是常見的接合方法。凸緣就是將相匹配的金屬圓盤或圓環，在兩面之間夾以墊圈，藉螺栓栓在一起，接著將凸緣像上螺絲般栓在管上或用焊接或硬焊的方式與管子接合。沒有開口的凸緣稱為**盲凸緣** (blind flange) 或**無孔凸緣** (blank flange)，一般用來封管。在程序管路中，欲連接大鋼管時，特別是在高壓的狀況下，焊接已成了標準的接合方法。焊接比螺紋管件的接合更堅固，加上因為它不削弱管壁的強度，對於一特定的壓力，使用較輕的管子即可。穩妥的焊接接合可以防漏，其它形式的接頭 (joint) 則未必。環保法規認為凸緣和螺紋接合或許是揮發性材料洩漏的源頭。焊接接頭的唯一缺點是，除非加以破壞，否則無法打開它。

膨脹的寬限

幾乎所有的管子都會遭遇到溫度的變化，尤其是某些高溫的管線中，溫度的變化非常大。這種改變就會引起管子的膨脹與收縮。如果管子是堅牢地固定

在支座上，它可能會造成撕鬆 (tear loose)、彎曲或甚至破裂的現象。因此，大管線不採用固定的支座；而是將管子鬆散地置於滾輪 (roller) 上，或以鏈條 (chain) 或棍棒從上面懸吊起來。對於全是高溫的管線，應考慮膨脹現象使得管件和閥不受應變 (strain)。解決的方法是將管子彎曲或做迴路，或加裝膨脹接頭或用伸縮管 (bellows) 或用無充填接頭 (packless joints)，有時候會採用可撓曲的金屬管 (flexible metal hose)。

移動組件周邊的防漏

在很多製程設備中，常看到部分的組件會對其他的組件相對地移動，在此過程中，並沒有過多的流體在移動的組件四周洩漏出來。這種現象在組裝膨脹接頭和在閥中確實是如此，像閥有個軸 (stem) 必須進入閥的本體之內且能自由轉動，而且不讓閥內的流體漏出。此外，泵或壓縮機的轉軸 (shaft) 能進入其本體，以及攪拌器的轉軸能穿過壓力槽的壁面和其他類似的組件也是必要的。

允許組件之間的相互移動並能將洩漏降到最低，最常用的裝置是充填箱 (stuffing box) 和機械式封閉。這兩種方法都無法完全止漏，若不能允許有任何的流體洩漏的話，可修改裝置以確保僅有無害的流體滲入或滲出設備。這種可移動組件的運動，可以是往復式 (reciprocating) 或旋轉式 (rotational) 或兩者兼具，它可以是小或暫時性的運動，如組裝膨脹接頭；或連續性的運動，如程序泵 (process pump)。

充填箱 充填箱 (stuffing box) 能對旋轉或軸向運動的轉軸提供其周圍的密封。它和機械式密封不同之處是後者僅適用於旋轉組件的密封。「箱」本身就是一個「室」(chamber)，做成環繞轉軸或管子的固定組件，如圖 8.1a 所示。常常一個突起物 (boss) 會加在器壁上以增加室的深度。在室壁與轉軸之間的環狀空間用繩或環狀的填料充填。這些填料一般是含潤滑劑如石墨的惰性材料所構成。當轉軸受到緊壓時，充填物可以避免流體自充填箱中流出，但仍允許轉軸可以轉動或前後運動。充填料可以用隨動環 (follower ring) 或壓蓋 (gland) 壓縮，然後用凸緣帽 (flanged cap) 或充填螺帽 (packing nut) 壓入充填箱中。轉軸必須具有一個光滑的表面，使得它不會磨損掉充填料。即使如此，充填料的壓力大大地提高了轉軸轉動所需的力。一個充填箱即使在理想的狀況下，仍然無法完全地防止流體滲漏。事實上，充填箱在妥善的操作下，僅會有小小的洩漏。不然，在無潤滑的充填箱中，會造成過度的充填料磨損及動力損失。

當流體具毒性或腐蝕性時，必須設法防止流體從設備中滲出。這可採用類

似燈籠的壓蓋 (lantern gland) (圖 8.1b)。它看似在同一轉軸上有兩個充填箱，用一個**燈籠環** (lantern ring) 將兩組充填料分開。此環的橫截面呈 H 形，由垂直於轉軸方向的 H 形棒上鑽洞所形成。充填箱的室壁上裝有管子，以使流體可以進入或流出燈籠環。將管子抽成真空，任何從第一組充填環 (packing ring) 滲漏出的危險流體會被移到一個安全的地方，不會進入第二組充填環。要不然可以利用像水那樣無害的流體，以高壓送入燈籠壓蓋，如此可確保無危險流體自充填箱外露的尾端滲出。

機械式密封　對於旋轉或機械式的密封 (mechanical seal)，在石墨環與一拋光的金屬面之間滑動的接觸元件，通常是用碳鋼材料。圖 8.2 顯示這種密封組件。它利用彈簧頂住固定在旋轉的金屬圈上的石墨環，如此可以防止流體從轉軸的高壓地帶洩露出來。將橡膠或塑膠製成的固定式 U 杯形墊物，環繞著轉軸安裝在密封本體與壁室之間，如此可以防止流體從密封體的不旋轉部分洩漏出來，但仍然讓石墨環自由地在軸的方向運動，使其緊緊地壓住轉動的金屬圈。旋轉的密封所需要的維修比充填箱少，因此廣泛地使用於處理高腐蝕性流體的設備中。

閥

一個典型的製造工廠用了數以千計各種不同大小與形狀的閥 (valve)，即使閥在設計上變化多端，所有的閥有一個共同的主要目的：減緩或停止流體的流動。有些閥只有開或關的功能，就是完全打開或關閉。有些閥的設計具有節流 (throttle) 功能，為了要降低流體的壓力和流率。也有一些閥僅允許單方向的流動

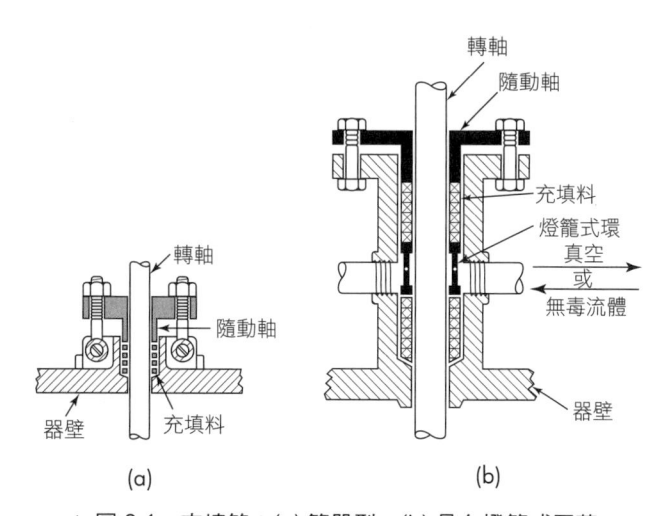

▲ 圖 8.1　充填箱：(a) 簡單型；(b) 具有燈籠或壓蓋

▲ 圖 8.2　機械密封

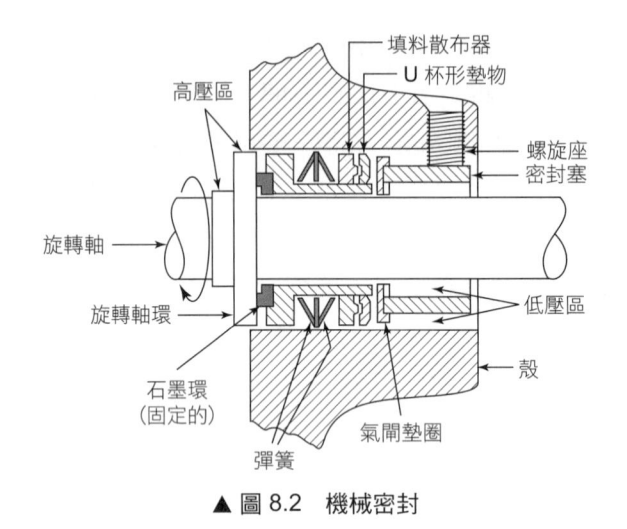

或僅讓流體在特定的壓力與溫度的條件下流動。蒸汽補集器 (steam trap) 是一種特殊形式的閥，它僅允許水和鈍氣穿透而阻止蒸汽外溢。最後，藉助感應器和自動控制系統可調整閥的位置和經過閥的流動，並且控制離閥的遠端流體的溫度、壓力、液位和其它流體性質。

無論如何，在任何情況下，閥最初是用來阻止或控制流動的，就是將一個障礙物放置在流體的通道上，此障礙物可隨意安置於管內任何地點，只要沒有或僅有非常少量的流體漏出管外即可。開閥所引起的流動阻力必定是很小，想達到精確地控制流率的目的，通常需付出大的壓力降的代價，大大地減少流體通道的截面積，以及在狹小的開口處加上一個小的障礙物。

含有波紋管密封 (bellow seal) 的閥常用在具危險性或有毒物質的管線中以確信沒有滲漏的問題。這種閥通常有個上閥桿 (upper stem) 用來上升或下降可膨脹的波紋管的頂端，移動波紋管內部的下閥桿。下閥桿用來上升或下降閥盤，上閥桿可以旋轉，但下閥桿則不行。波紋管的下端可以用墊片密封或焊接到閥的本體。許多種合金材料可用來做波紋管閥 (bellow valve)，其尺寸從 $\frac{1}{2}$ in. (12 mm) 到 12 in. (300 mm) 都有。

閘閥與球閥　閘閥 (gate value) 與球閥 (globe value) 是最常見的兩種閥的類型，如圖 8.3 所示。流體流經閘閥開口處的直徑幾乎等於管子的直徑，並且流體通過閘閥後不會改變方向。因此一個全開的閘閥僅造成少量的壓力降。錐形的圓盤座落在錐形的盤座上，當打開閥時，圓盤升入帽罩 (bonnet) 內，完全離開流體的通道。閘閥通常呈現全開或全閉狀態，一般不是用來控制流量的。

球閥 (此閥最早的外形設計為球形，因而得名) 廣泛地用於控制流量。球閥的開口大小幾乎隨著軸桿 (stem) 的位置呈線性的增加，而磨耗會平均地分布於圓盤周圍。當流體流經一個受限的開口並多次變更流動方向的狀況，可以參考圖 8.3b 的圖示，在這種情況下的壓力降是很大的。

大部分自動控制用的閥與球閥很像，只是用氣動式彈簧膜片啟動器或電動馬達取代了手動輪 (handwheel)，而且用控制器發出的信號來管控閥的位置。圖 8.3b 所示的簡單圓盤可用一個錐形塞 (tapered plug) 或其它形狀的來取代 (圖 8.3c)，使得它能夠提供某些流動升力特性 (flow lift characteristics)。

旋塞與球塞閥 在低於 250°C 的溫度下，金屬旋塞 (plug cock) 在化工製程的管線中十分有用。如同實驗室用的旋塞 (stopcock)，將軸桿 (stem) 轉動 $\frac{1}{4}$ 圈，就使得閥從全開變成全關；此外，當閥全開時，經過旋塞的通道大小就與管的內徑

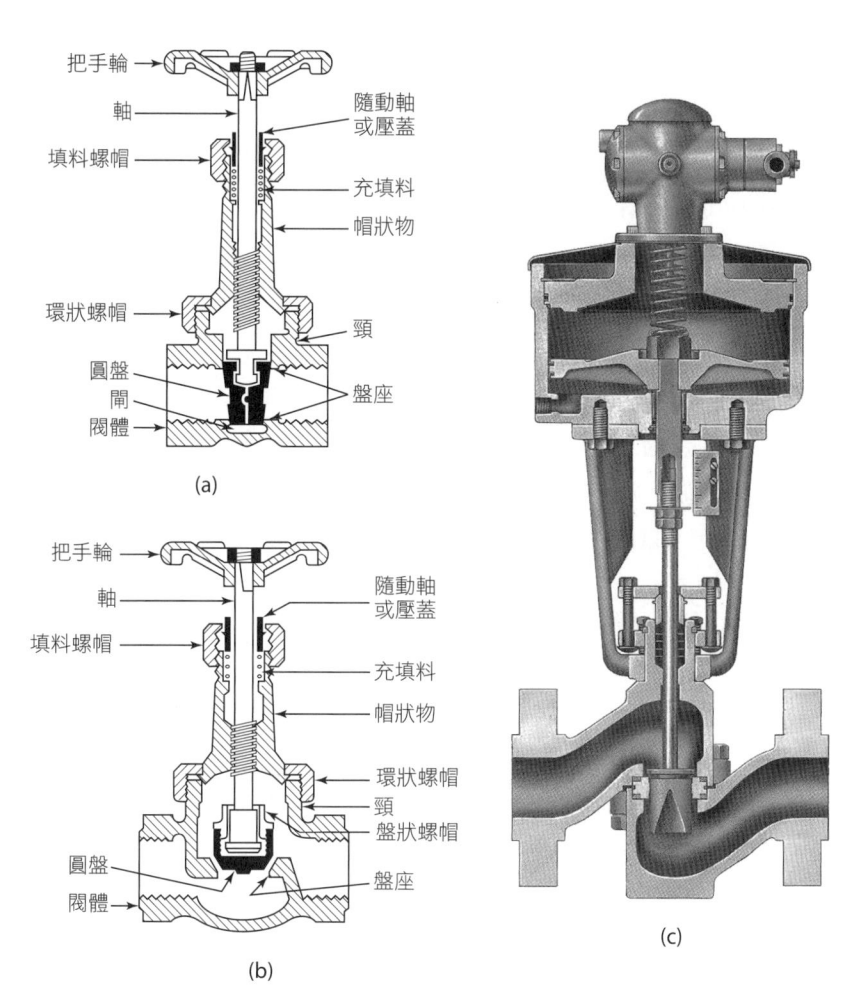

▲ 圖 8.3　常用閥：(a) 閘閥；(b) 球閥；(c) 具有氣動閥開關的控制閥

一樣大,並且壓力降為最小。球塞閥內藏的密封元件為球狀,所以它的對位 (alignment) 與固定 (freezing) 問題要比旋塞閥少。由於旋塞與球塞閥的移動元件和盤座之間的接觸面積不小,所以兩者都具有節流 (throttling) 的功能,球塞閥偶爾也應用在流量的控制。

止回閥　止回閥 (check value) 僅容許流體在單一方向流動。它藉流體的壓力使閥往欲流的方向打開;當流動停止或欲往逆方向流動時,止回閥會因重力或靠彈簧壓住圓盤而自動開關。一般常見的各種止回閥請參閱圖 8.4,其中可移動的圓盤以陰影顯示。

實用技巧建議

　　在設計及安裝管路系統時,必須小心注意其中的許多細節,因為整個工廠的成功操作,可能受到看似無關緊要的管線安排的影響。有些一般性的原則十分重要而值得提出。例如,在安裝管子時,管線必須平行且儘可能使用直角彎頭。在有些比較容易淤塞的管路系統中,必須對於如何打開管線以便清除淤塞設想。聯管 (union) 或凸緣接頭常用在管線中,而在比較嚴竣的地方,可用 T 型管 (tee) 或十字管 (cross) 將多餘的開口予以栓塞,它們亦可用來取代肘管 (elbow)。如果是危險的物質,特別是具有揮發性的,採用凸緣或螺紋管件時,必須小心謹慎。

　　在依賴重力流動的系統中,必須使用特大號的管子,而且儘量少用彎頭的管件。對於這樣的流動系統,管線若有結垢 (fouling) 會特別麻煩,因為在管線受限的情況下,無法靠提升流體的壓力差來保持流率的增加。

　　流體經過閥而洩漏似乎難以避免,因此當流經閥的洩漏會污染貴重產品或危及設備操作員的安全時,使流動完全停止是必須採取的措施,此時光靠一個閥或止回閥不是適當的做法。這種情形下,在兩個普通的凸緣之間安裝了一個

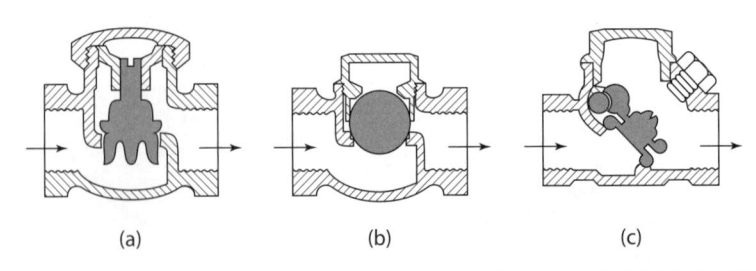

▲ 圖 8.4　止回閥:(a) 升降式止回閥;(b) 球形止回閥;(c) 搖擺式止回閥

盲凸緣會停止全部的流動；或是將聯管或一對凸緣處的管線予以破壞，並在開口端套上管帽或塞入栓塞。

閥必須安裝在容易接近的地方，能夠有良好的支撐且無應變 (strain) 的影響，另外能適當容許鄰近管路的熱膨脹。此外，必須留有容許將閥完全打開與充填箱重新裝填的足夠空間。

泵

本節將處理液體經由管路及通道的輸送。液體常利用重力自高處的槽向下流動或由一個吹氣箱 (blowcase，一種靠外部的壓縮空氣提供壓力的儲存槽) 施加壓力而流動，但是最常見的液體輸送裝置還是泵 (pump)。

泵可增加液體的機械能，從而增加液體的速度、壓力或提升其高度——或三者皆具。兩種主要的泵是正排量泵 (positive-displacement pump) 和離心泵。正排量泵是利用一往復活塞 (reciprocating piston) 直接對液體施加壓力，或由旋轉膜形成的氣室 (chamber) 輪流充滿和排空液體以輸送液體。離心泵可使流體產生高旋轉速度，然後將產生的動能轉換成壓力能 (pressure energy)。

在泵內，液體的密度沒有產生明顯的變化，所以可將它視為常數。

提供的高差

圖 8.5 所示為泵的一個典型應用。將泵裝在管線中，那麼它可以提供所需的能量從儲液槽 (reservoir) 抽取液體，然後以一定的體積流率在高於液面 Z_b m (或 ft) 的管線出口處將液體排出。就泵本身而言，液體在 a 的位置進入吸入端，然後在 b 的位置離開排放端。就位置 a 與位置 b 之間的關係，可以用伯努利 (Bernoulli) 方程式來表示，如 (4.65) 式。

由於僅有的摩擦是發生在泵本身，所以可用機械能效率 η 來說明，其中 $h_f = 0$，則 (4.65) 式可寫成

$$\eta W_p = \left(\frac{p_b}{\rho} + gZ_b + \frac{\alpha_b \bar{V}_b^2}{2} \right) - \left(\frac{p_a}{\rho} + gZ_a + \frac{\alpha_a \bar{V}_a^2}{2} \right) \tag{8.2a}$$

或用 fps 單位，

$$\eta W_p = \left(\frac{p_b}{\rho} + \frac{gZ_b}{g_c} + \frac{\alpha_b \bar{V}_b^2}{2g_c} \right) - \left(\frac{p_a}{\rho} + \frac{gZ_a}{g_c} + \frac{\alpha_a \bar{V}_a^2}{2g_c} \right) \tag{8.2b}$$

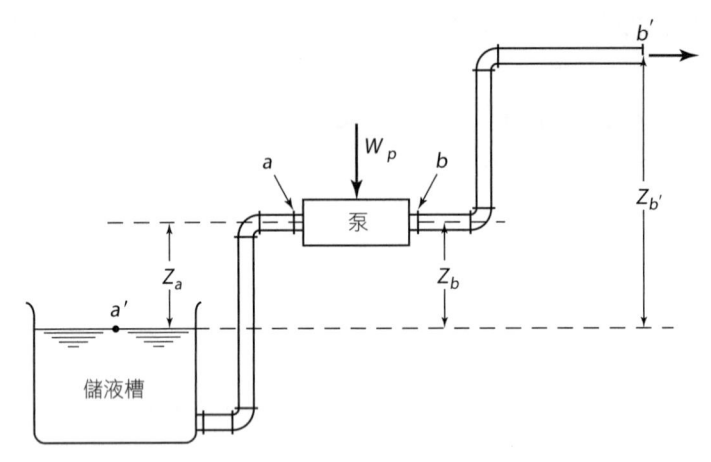

▲ 圖 8.5　泵流動系統

括弧內的量稱為**總高差** (total head)，記做 H，亦即

$$H = \frac{p}{\rho} + gZ + \frac{\alpha \bar{V}^2}{2} \tag{8.3a}$$

以及

$$H = \frac{p}{\rho} + \frac{gZ}{g_c} + \frac{\alpha \bar{V}^2}{2g_c} \tag{8.3b}$$

在泵中，介於吸入端與排放端之間的高度差通常可忽略不計，因此可將 (8.2) 式中的 Z_a 與 Z_b 刪去。若 H_a 為總吸入高差 (total suction head)，H_b 為總排放高差 (total discharge head)，且 $\Delta H = H_b - H_a$，則 (8.2) 式可寫成

$$W_p = \frac{H_b - H_a}{\eta} = \frac{\Delta H}{\eta} \tag{8.4}$$

(8.3) 式中高差 H 的因次為單位質量的功 (或相當於長度平方除以時間平方)。以 $1/g$ 乘以 (8.3a) 式或以 g_c/g 乘以 (8.3b) 式可得

$$\frac{H}{g} = \frac{p}{\rho g} + Z + \frac{\alpha \bar{V}^2}{2g} \tag{8.5a}$$

與

$$\frac{Hg_c}{g} = \frac{pg_c}{\rho g} + Z + \frac{\alpha \bar{V}^2}{2g} \tag{8.5b}$$

在 (8.5a) 與 (8.5b) 式中，每一項的因次都是長度。泵提供的高差 (developed head) 常常是以米或呎來表示，雖然此處出現的 $\Delta H/g$ 或 $\Delta Hg_c/g$ 仍代表高差。

請注意，在 fps 單位系統中，ΔH 與 $\Delta H g_c/g$ 實質上具有相同的數值。

功率需求

外力對驅動泵所提供的功率以 P_B 表示。它可從 W_P 計算

$$P_B = \dot{m} W_p = \frac{\dot{m} \Delta H}{\eta} \tag{8.6}$$

其中 $\dot{m}$ 為質量流率。

傳送給流體的功率是由質量流率以及泵所提供的高差計算而得。它是以 P_f 表示，其定義為

$$P_f = \dot{m} \Delta H \tag{8.7}$$

由 (8.6) 與 (8.7) 式，可得

$$P_B = \frac{P_f}{\eta} \tag{8.8}$$

若以平均密度 $\bar{\rho} = (\rho_a + \rho_b)/2$ 代替 ρ，則 (8.2) 式到 (8.8) 式亦可應用於風扇。

吸程及空蝕

利用 (8.6) 式來計算所需的功率是由排放與吸入端的壓力差來決定，而與壓力的大小無關。從能量的觀點，只要流體能保持在液體狀態，吸入端的壓力小於或遠大於大氣的壓力並不重要。然而，假如吸入端的壓力僅稍微大於流體的蒸汽壓，一些液體在泵內會突沸 (flash) 成蒸汽，這個過程稱之為空蝕 (cavitation)，這種現象會降低泵的輸送量且引起嚴重的腐蝕。如果吸入端的壓力小於蒸汽壓的話，在吸入的管線中會發生蒸發的現象，導致液體無法被吸進泵內。

為了避免空蝕的現象發生，必須讓泵在入口處的壓力大於蒸汽壓的某個特定值，此值稱為**淨正吸入高差** (net positive suction head, NPSH)。對於小的離心泵，所需要的 NPSH 值大約 2 到 3 m (5 到 10 ft)，但它會隨著泵的輸送量、葉輪的速度以及排放端壓力的增加而提高，對於很大的泵，建議的 NPSH 值可能高達 15 m (50 ft)。對於自儲液槽吸液的泵，如圖 8.5 所示，所需要的 NPSH 值，習慣上可用下式計算得之：

$$\text{NPSH} = \frac{1}{g}\left(\frac{p_{a'} - p_v}{\rho} - h_{fs}\right) - Z_a \tag{8.9a}$$

或用 fps 制時，
$$\text{NPSH} = \frac{g_c}{g}\left(\frac{p_{a'} - p_v}{\rho} - h_{fs}\right) - Z_a \tag{8.9b}$$

其中　$p_{a'}$ = 儲液槽液面上的絕對壓力

p_v = 蒸汽壓

h_{fs} = 管線在吸入端的摩擦阻力

泵入口的速度高差 (velocity head) 為 $\alpha_a \bar{V}_a^2/2$，可從 (8.9) 式計算的結果中扣除，如此可得到理論上更正確的 NPSH 值，不過此項約為 30 至 60 cm (1 至 2 ft)，可用泵製造商提供的所需要最小淨正吸入高差 (NPSHR) 值來說明。由於流率循環式的變化，速度高差 (或更適當的說法是加速度高差) 也許在正排量泵上更為重要。[6]

在某特殊的情況下，例如為非揮發性液體 ($p_v = 0$)。摩擦可忽略不計 ($h_{fs} = 0$)，而且在位置 a' 的壓力為一大氣壓，那麼最大的吸程 (suction lift) 可從大氣壓高差 (barometric head) 減去所需要的 NPSH 值求得。對於冷水，其最大的吸程大約是 10.4 m (34 ft)；而實際上的最大值約 7.6 m (25 ft)。

例題 8.1

100°F (37.8°C) 的苯以 40 gal/min (9.09 m³/h) 的流率，用泵打入如圖 8.5 所示的系統中。儲液槽是在大氣壓力下，排放端管線終端的錶壓力為 50 lb$_f$/in.² (345 kN/m²)。排放端與泵吸入端分別高於儲液槽液面 10 ft 與 4 ft，排放線的管路是 $1\frac{1}{2}$ in. 管子。吸入管線的摩擦是 0.5 lb$_f$/in.² (3.45 kN/m²)，排放管線的摩擦為 5.5 lb/in.² (37.9 kN/m²)。泵的機械效率是 0.6 (60%)。苯的密度為 54 lb/ft³ (865 kg/m³)，在 100°F (37.8°C) 的蒸汽壓為 3.8 lb$_f$/in.² (26.2 kN/m²)。計算 (a) 泵所提供的高差，(b) 總輸入動力，(c) 若泵製造商提供所需要的 NPSHR 值為 10 ft (3.05 m)，則此泵是否適用於這個工作？

解

(a) 利用 (4.65) 式可求得泵功 W_p。上游位置 a' 是在儲液槽的液面，下游位置 b' 是在排放管線的末端，如圖 8.5 所示。選取槽內液面作為高度的基準，則 $\bar{V}_{a'} = 0$，(4.65) 式變成

$$W_p\eta = \frac{p_{b'}}{\rho} + \frac{gZ_{b'}}{g_c} + \frac{\alpha_{b'}\bar{V}_{b'}^2}{2g_c} + h_f - \frac{p_{a'}}{\rho}$$

利用附錄 3 的數據，可求得出口速度 $\bar{V}_{b'}$。對於 $1\frac{1}{2}$ in. Schedule 40 號的管子，1 ft/s 的速度相當於流率為 6.34 gal/min，因此，

$$\bar{V}_{b'} = \frac{40}{6.34} = 6.31 \text{ ft/s}$$

當 $\alpha_{b'} = 1.0$ 時，由 (4.65) 式得到

$$W_p\eta = \frac{(14.7+50)(144)}{54} + \frac{g}{g_c}(10) + \frac{6.31^2}{2\times 32.17} + \frac{(5.5+0.5)(144)}{54} - \frac{14.7\times 144}{54}$$
$$= 159.9 \text{ ft}\cdot\text{lb}_f/\text{lb}$$

依據 (8.4) 式，$W_p\eta$ 亦為泵提供的高差，即

$$\Delta H = H_b - H_a = 159.9 \text{ ft}\cdot\text{lb}_f/\text{lb} (477.9 \text{ J/kg})$$

(b) 質量流率為

$$\dot{m} = \frac{40\times 54}{7.48\times 60} = 4.81 \text{ lb/s} (2.18 \text{ kg/s})$$

由 (8.6) 式，輸入的功率為

$$P_B = \frac{4.81\times 159.9}{550\times 0.60} = 2.33 \text{ hp} (1.74 \text{ kW})$$

(c) 利用 (8.9) 式，$p_{a'}/\rho = 14.7\times 144/54 = 39.2 \text{ ft}\cdot\text{lb}_f/\text{lb}$，蒸汽壓相當的高差為

$$\frac{3.8\times 144}{54} = 10.1 \text{ ft}\cdot\text{lb}_f/\text{lb} (30.2 \text{ J/kg})$$

吸入管線的摩擦為

$$h_f = \frac{0.5\times 144}{54} = 1.33 \text{ ft}\cdot\text{lb}_f/\text{lb} (3.98 \text{ J/kg})$$

由 (8.9) 式求得可用的 NPSH 值，假設 $g/g_c = 1$。

$$\text{NPSH} = 39.2 - 10.1 - 1.33 - 4 = 23.77 \text{ ft} (7.25 \text{ m})$$

此可用的 NPSH 值大於最小所需值 10 ft，故此泵應適用。

正排量泵

這是第一種主要的泵，它是將一定體積的液體交替地從入口處引入泵室中，然後以高壓送到排出口將之清空。正排量泵 (positive displacement pump) 有兩種，一種是往復式泵 (reciprocating pump)，其泵室為一固定的汽缸 (cylinder)，它含有一個盤塞 (piston) 或柱塞 (plunger)；另一種是迴轉型泵 (rotary pump)，它的泵室會由入口轉到排出口，然後回到入口處。

往復式泵

盤塞泵 (piston pump)、柱塞泵 (plunger pump) 和隔膜泵 (diaphragm pump) 是往復式泵。在一個盤塞泵中，利用盤塞抽回的動作，讓液體通過入口的止回閥 (check valve) 進入汽缸，然後當盤塞回程時，液體會受迫通過出口的止回閥流出，大部分的盤塞泵具有兩個作用 (double-acting)，就是液體被允許交替地從盤塞的兩邊進入，使得汽缸的一邊在充滿液體時，另一邊同時在排空，常常有兩個或多個汽缸平行排列 (或並聯排列)，它們會共用吸入及排出的端頭 (header)，其外觀可調整，以使排出速率的變動 (fluctuation) 達到最小值，盤塞可藉由減速齒輪 (reducing gear) 用馬達驅動，或利用蒸汽汽缸直接驅動盤塞桿 (piston rod)。一般商業用途的盤塞泵的最大排出壓力 (discharge pressure) 約為 50 atm。

對於更高的壓力，就使用栓塞泵。一個小直徑的厚壁汽缸含有一密合的往復式栓塞 (reciprocating plunger)，這僅是活塞桿的延長，當其達到衝程 (stroke) 的極限時，栓塞幾乎占滿了整個汽缸的空間。栓塞泵為單作用，通常以馬達驅動，它可排出 1,500 atm 或更高的壓力。

隔膜泵的往復式元件是一個柔軟的金屬、塑膠或橡膠隔膜 (diaphragm)。當這種泵曝露於傳送的液體時，它不需要充填或密封零件，因此它的最大優點就是用來處理具有毒性或腐蝕性的液體。隔膜泵適用於處理小或中量液體到 100 gal/min，排出壓力超過 100 atm。

對於小型的往復泵，其機率效率約在 40% 至 50% 之間，至於大型的往復泵，效率則為 70% 至 90%。在正常的操作條件限制下，機率效率幾乎與速度無關，但是當排放壓力增加下，機械效率會稍微降低，這是因為增加了摩擦與洩漏所致。

容積效率　所謂**容積效率** (volumetric efficiency) 是指流體排出的體積與盤塞或栓塞掃過的體積之比值。對於正排量泵，雖然排放壓力增加，容積效率幾乎保持不變，但因洩漏的原因，它還是會稍微下降一點點，因為體積流率為定數，栓塞泵和隔膜泵被廣泛地採用為「定量泵」(metering pump)，它們可以將經過控制但可以調整體積流率的液體注入程序系統中。

迴轉型泵

有許多種迴轉型 (rotary) 正排量泵可供使用,像齒輪泵 (gear pump)、複葉泵 (lobe pump)、螺旋泵 (screw pump)、凸輪泵 (cam pump) 和導葉泵 (vane pump) 都屬於這種。圖 8.7 顯示兩種齒輪泵。迴轉型泵不像往復型泵,是不含止回閥的。在運動組件與固定組件之間的緊密間隙,大大地減少了從排放空間回復到吸入空間引起的洩漏;它們也限定了操作的速度。迴轉泵最適用於乾淨及黏度適中的流體,例如輕質潤滑油。迴轉型泵的排放壓力可高達 200 atm 或甚至更大的壓力。

在正齒輪泵 (spur-gear pump) (圖 8.6a) 的泵殼 (casing) 內,互相咬合的齒輪在極小的間隙下轉動,液體由泵殼底部的吸入端進入管線,經過齒輪與外殼之間的空隙被帶到殼體的頂端的排放口釋出。因為位於泵中央的齒輪緊密咬合著,液體無法循捷徑回到吸入口。

內齒輪泵 (internal-gear pump) (圖 8.6b) 是用一正齒輪 (spur gear) 或小齒輪 (pinion) 和一具有內齒的環狀齒輪互相咬合。兩種齒輪都在殼內。環狀齒輪的位置與殼的內部共軸,而小齒輪由外力驅動,裝在偏離殼中心的地方,一個新月形的金屬固定物被安置在這兩個齒輪之間。液體係利用這兩個齒輪的轉動,從入口沿著齒輪與新月形之間的空隙排出。

蠕動泵

在生化物質的生產線上,小的防漏蠕動 (peristaltic pump) 泵常被採用。像這種類型的泵,它含有一段柔軟可彎曲的管線,藉由安排好的一連串滾筒,將液體

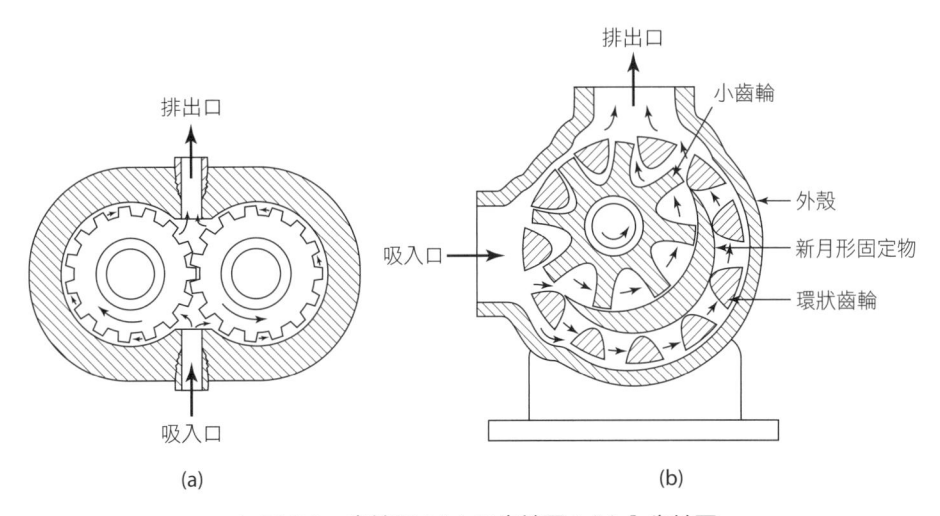

▲ 圖 8.6　齒輪泵:(a) 正齒輪泵;(b) 內齒輪泵

沿著管線擠壓出來。它不像隔膜泵，其排放速率幾乎是保持恆定的。蠕動泵僅僅用於流速非常小的情況，但是當防漏是必要的條件或流體不能暴露於空氣時，它是最好的選擇。

離心泵

這是第二種主流的泵，它是利用離心作用來增加液體的機械能。圖 8.7 顯示一個簡單但常見的離心泵例子。液體經由與稱之為**葉輪** (impeller) 的高速旋轉元件共軸的吸入接頭進入泵。葉輪會帶動一體成型的徑向導葉 (radial vane)。液體從導葉間的空間向外流出，而它離開葉輪的速度比進入葉輪的要大很多。在適當操作情況下的泵，導葉間的空間完全被流動的液體充滿而無空蝕 (cavitation) 的現象。離開葉輪外圍的液體會聚積在稱為渦卷 (volute) 的螺旋型外殼 (spiral casing) 中，然後通過切線方向的排出接頭離開泵。在渦卷中，液體得自葉輪的速度高差將其轉換為壓力高差。動力是利用驅動轉軸的轉矩 (torque) 傳給葉輪，然後經由葉輪施予液體，驅動轉軸一般藉由附屬其上的馬達，以恆定的速度來驅動，最常見的轉速是 1,750 或 3,450 rpm (r/min)。

在無摩擦的理想流動情況下，離心泵的機械效率應當是 100%，也就是 $\eta = 1$。一個理想的泵在設定的操作速度下，對於一特定提供的高差，都會有一定的排放率。實際的泵，由於摩擦阻力以及其它種種不完美的原因，操作效率遠低於理想情況。

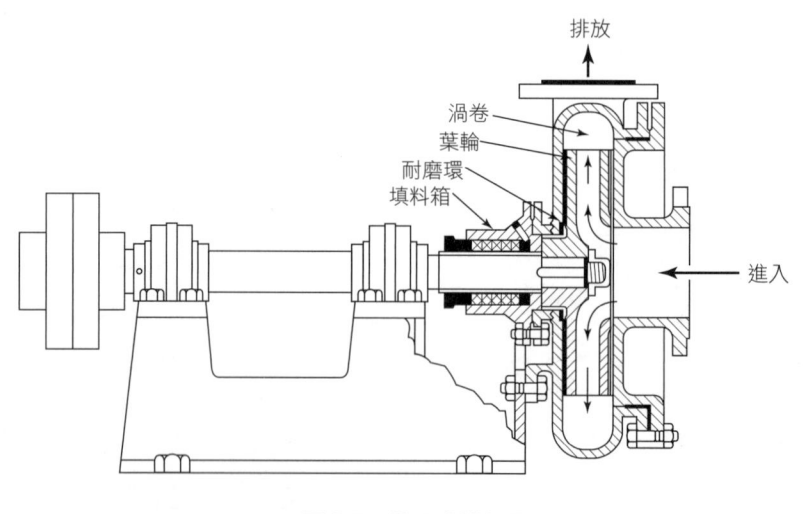

▲ 圖 8.7　單吸式離心泵

在一般工廠的實用上，離心泵是最常用的抽送機械 (pumping machinery)，除了圖 8.7 所示的簡單渦卷式機械外，還有許多其它形式的離心泵，其中一種常見的是使用雙吸式的葉輪，也就是由兩側吸入液體，它的葉輪本身可以是一個簡單的開放式的短金屬盤 (open spider)，或是密閉式或覆蓋式的。各型各類，不同大小與設計的離心泵都可在泵的手冊、教科書，特別是製造商的型錄中搜尋得到。

離心泵的理論

除了非常小的離心泵，葉輪的葉片並非完全徑向，而是向後微彎，反向於轉動的方向，如圖 8.8 與圖 8.9 所示。葉輪圓形邊緣的切線與葉片端點的速度向量所形成的角為 β。角 β 總是小於 90°；假如它大於 90°，葉片則是往前彎，管線的流動會變得不穩定。

圖 8.8 圖解說明液體如何流經離心泵。液體在吸入接頭的 a 處位置從軸心方向進入。在葉輪的旋轉中心，液體以徑向噴灑並進入葉片間的通道位置 1 的地方。液體然後流經葉輪，在葉輪的外圍，位置 2 的地方離開，再聚積於渦卷中，然後從位置 b 處離開泵排出去。

理想的泵

在一個理想的泵中，假設液體以無摩擦力的方式流經泵，以及用相同的速度流經已設定的橫截面。圖 8.9 是一葉片的向量示意圖，液體以 V_2 的速度，在與葉輪邊緣的切線形成 α 角的方向離開葉輪。速度 V_2 的切線分量為 u_2，徑向分量則是 V_{r2}。假設分量 u_2 等於葉片端點的徑向速度；V_{r2} 等於體積流率 q 除以葉輪的周圍面積 (peripheral area) A_p。對隨著葉輪移動的觀察者而言，液體將被視為

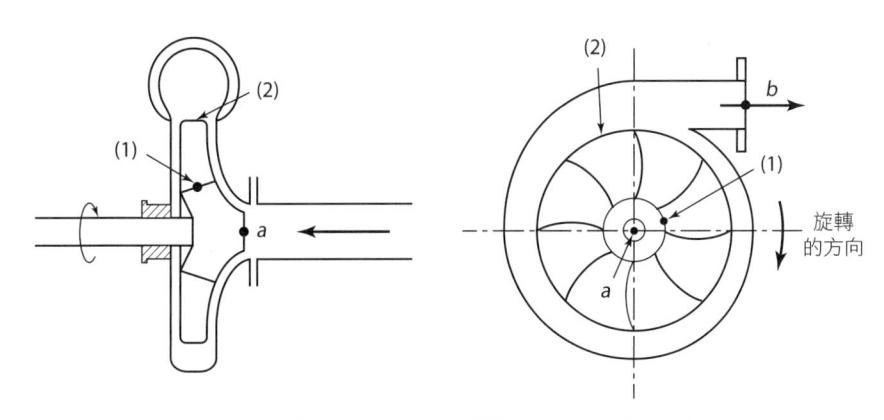

▲ 圖 8.8　離心泵所顯示的 Bernoulli 位置

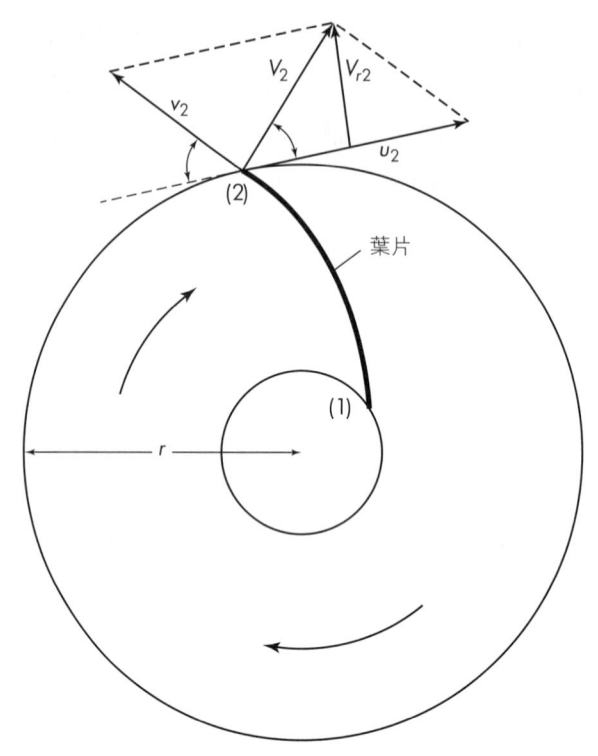

▲ 圖 8.9　離心泵中在葉片排放端的速度向量

以速度 V_2，夾角為 β 的方向離開葉輪。採用上述的假設，可得到一提供的高差如下：

$$\Delta H_r = u_2 \left(u_2 - \frac{q}{A_p \tan \beta} \right) \tag{8.10}$$

下標 r 代表理想泵。由於 u_2、A_p 和 $\tan \beta$ 都是常數，(8.10) 式說明提供的高差 ΔH_r 和體積流率之間呈線性關係。

在圖 8.8 各相關位置之間，如位置 1 與 2，位置 a 與 1 以及位置 2 與 b 之間。寫出伯努利方程式並加以整理，可得下式：

$$\frac{p_a}{\rho} + \frac{\alpha_a \bar{V}_a^2}{2} = \frac{p_b}{\rho} + \frac{\alpha_b \bar{V}_b^2}{2} + \omega r_2 \left(u_2 - \frac{q}{A_p \tan \beta} \right) \tag{8.11}$$

此處 $\bar{V}$ 代表液體在各指定位置的平均速度，ω 是葉輪的角速度，r_2 是葉輪的半徑，將它和 (8.3) 和 (8.4) 式相比較，說明了液體單位質量流經一個理想的泵所做的功就等於所提供的高差。

$$W_p = \omega r_2 \left(u_2 - \frac{q}{A_p \tan \beta} \right) = \Delta H_r \tag{8.12}$$

泵的實際性能

在泵的實際操作上，存在著摩擦阻力與振動損失 (shock loss)，後者是由於液體在離開葉輪，突然改變方向所造成的。由於任一截面上的速度不是均勻分布，於是造成在葉輪通道內，端點至端點的迴旋流 (circulating flow)。液體然後會以遠小於 β 的角度離開葉輪的葉片。因此，實際的高差遠小於應用 (8.11) 式計算得到的結果。此外，效率也小於 1，而且所需的動力也大於理論值。

一個泵的性能通常以實際高差、電力消耗和效率對體積流率作圖來表示。理論上，按照 (8.10) 式，高差和流率 [通常稱之為**高差 - 容量** (head-capacity)] 的關係是一條直線；在某一特定的流率下，實際的高差遠小於理論值，而且當流率增加到某一特定值，它會急劇地降到零。此稱為**零高差流率** (zero-head flow rate)；它是在任何條件下，泵所能運送的最大流量。當然，最佳的流率遠小於此值。最大的高差在零流量時形成，就是當排放管線被阻擋住。(在這種情況下，離心泵只能短時間操作；而對於排量泵則萬萬不可。)

理論與實際性能之間的差異，主要是因為循環流動所引起。造成高差損失 (loss of head) 的因素還有流體的摩擦以及震動損失。最大的摩擦發生在流率最大時；當泵在最佳的操作條件下，震動損失為最小；當最適流率增加抑或減少，震動損失都會變大。

功率消耗　流體的功率 (fluid power) P_f 會隨著流率的增加而增加，在或接近所設定的規格容量 (rated capacity) 時達到最大值，然後會稍微下降。總功率或實際功率的需求 P_B 在整個流率的範圍內會隨著流率的增加而上升。理想與實際的功率之間的差異，代表的是泵的功率損耗，它是因為流體摩擦與震動損失所造成的，這兩個都是由機械能轉換成熱能的結果。其它的損耗還包括洩漏、圓盤摩擦及軸承損耗 (bearing loss)。洩漏是無可避免的逆流，它是從葉輪排出，經過摩損環 (wearing ring) 到吸入軸。洩漏會使泵消耗的單位功率所造成的實際排出量變少。圓盤摩擦是指葉輪葉片的外層表面與葉輪封殼內面的液體之間的摩擦。軸承損耗指的是為了克服軸承和充填箱 (stuffing box) 或墊圈 (seal) 的機械摩擦所需要的功率。

效率　如 (8.8) 式所示，泵的效率是指流體功率與總消耗的功率之比。在低流率時，效率是隨著流率的增加而快速的竄升。在流率達到設定的最適容量或其附近時，效率會達到最高值，然後當接近零高差 (zero-head) 值的流率時，效率會下降。

特性曲線　高差對容量作圖所得的曲線 (head-capacity curve) 稱為泵的**特性曲線** (characteristic curve)。圖 8.10 就是一個葉輪直徑為 5 in. (125 mm) 的離心泵的特性曲線。從這個特性曲線可以讀得，在轉速為 3,450 r/min，高差為 88 ft (27 m) 時，操作容量 (流率) 為 200 gal/min (45.4 m^3/h)，需要的功率為 5.5 hp (4.1 kw)；效率為 80%。如果流率降到 150 gal/min 或增加到 240 gal/min，那麼效率會降到 77%。在較低的葉輪轉速下，所提供的高差，需要的功率以及效率都會較轉速為 3,450 r/min 時為低。例如在轉速為 1,750 r/min 的情況下，操作容量為 105 gal/min，高差為 22 ft，最大的效率為 77%，而所需的功率約為 0.7 hp。在相同的轉速下，一個較小的葉輪會提供較低的流率、較小的功率需求和效率。

類似性定律　當找不到一組完整的性能曲線 (performance curve) 可用時，一個特殊泵的特性，可藉由一個類似的泵以及理想泵的理論方程式來預估。葉輪的大小及轉速對容量 (流率)、高差和功率之間的關係，稱之為**類似性定律** (affinity law)，請參看表 8.1，其中 D 為葉輪的直徑，n 為葉輪的轉速。

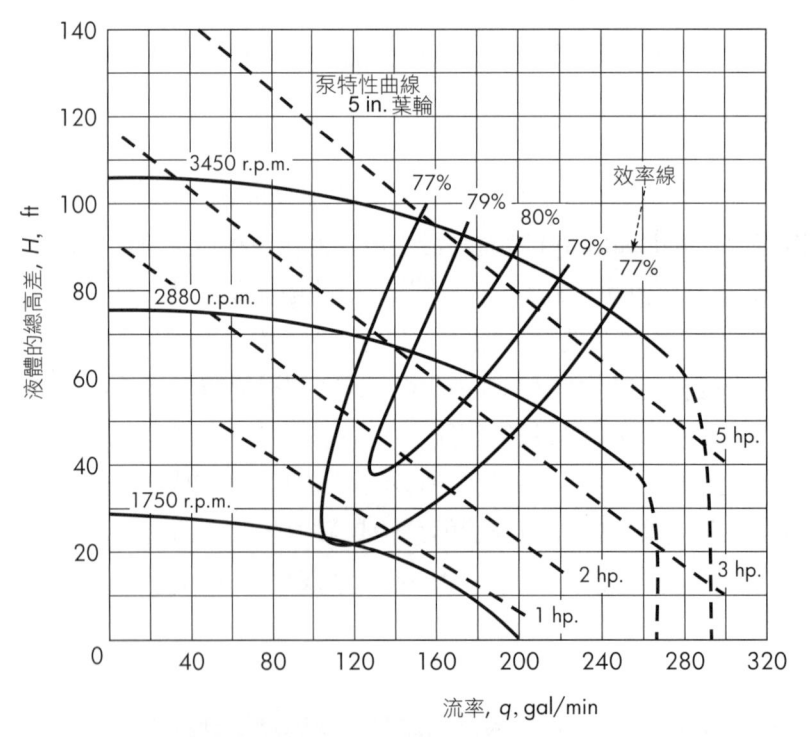

▲ 圖 8.10　離心泵在各種操作速度下的特性曲線 (取自經許可，摘自 *Perry's Chemical Engineers' Handbook*, 7th ed., pp. 10-25. Copyright © 1997, McGraw-Hill.)

▼ 表 8.1　泵的類似性定律

特性	常數 D	常數 n
容量	$q \propto n$	$q \propto D$
高差	$\Delta H \propto n^2$	$\Delta H \propto D^2$
功率	$P \propto n^3$	$P \propto D^3$

當現有的泵必須修改，使適用於較高或較低的高差或不同容量的狀況時，類似性定律就非常好用。改變泵的葉輪大小或轉速，所需的費用通常比買一個新的泵要來得低。

多段式離心泵

對於一個單一葉輪的離心泵，其可獲得的最大高差一般受限於合理可得的周遭速度 (peripheral speed)。一個所謂高能離心泵，在單段式的操作下，能夠產生一個超過 650 ft (200 m) 的高差，但是通常當所需的高差大於 200 ft (60 m) 時，就會採用將兩個或更多的葉輪，串聯在同一個軸上面，如此就得到一個多段式泵，使得從第一段排出的流體就變成了第二段所吸入的，第二段排出的就成為第三段的吸入，由此類推，這樣各段所產生的高差的加成，就變成總高差，它的值通常是單段式泵的好幾倍。

防漏離心泵

基於對環境保護的考量，對於處理危險性液體時，採用防漏離心泵的案例持續在增加之中。主要的防漏離心泵有兩種，它們都不包含墊圈或充填箱。其中之一稱為罐頭旋轉泵 (canned-rotor pump)，它是將馬達轉子 (motor rotor) 用不鏽鋼製成的機箱包成像罐頭一般，使得泵所處理的流體不會和馬達接觸。第二種是磁動泵 (magnetic-drive pump)，它的葉輪上有磁鐵，就藉由在另一端的封殼壁上帶有磁鐵的圓盤來驅動。這兩種泵的執行效率都較一般常規的泵差，不過這種低效率的泵常用於複雜的機械密封和密封沖洗 (seal-flushing) 系統。

泵的啟動

(8.23) 式顯示離心泵依照理論所提供的高差與葉輪的半徑和轉速，以及流體離開葉輪的速度有關。如果這些因數是常數，那麼對於任何密度的流體，無論是液體或氣體，它們所提供的高差都是相同的。可是，壓力的增加是提供的高差與流體密度的乘積。如果泵提供了 100 ft 的高差，並且泵內充滿水，則它所增加的壓力是 $100 \times 62.3/144 = 43$ lb_f/in.^{2} (2.9 atm)。假如這個泵充滿的是一

般密度的空氣，其所增加的壓力變成大約 0.05 lb$_f$/in.^{2} (0.0035 atm)。一個讓空氣在其中運轉的離心泵，既不能從原來是空心的吸入管線中將液體向上抽取，也不能強迫液體沿著裝滿的排出管線流出。封殼內充滿空氣的泵成了**被空氣束縛** (airbound) 的狀態，此時除非將空氣以液體取代，泵無法發揮它的功能。泵內的空氣可藉由起動連接在吸入管線的輔助起動槽 (priming tank) 來驅除；或是採用一獨立的真空源，將液體送進吸入管線。此外，還有多種可以自行起動的泵可資應用。

正排量泵可以壓縮氣體直到所需求的排放壓力，而且通常不受空氣的束縛。

■ 風扇、送風機與壓縮機

這些都是運送和壓縮氣體的機械。風扇 (fan) 可將大量 (體積) 的氣體 (通常是空氣) 排放到開放的空間或大的管道中。它屬於低速的機械，產生大約是 0.04 atm 的低壓。送風機 (blower) 是一種高轉速的旋轉器械 (利用正位移或離心力)，產生的壓力大約是 2 atm。壓縮機 (compressor) 也是利用正位移或離心力的機械，它所排放的壓力從 2 atm 到數千大氣壓。注意，一般所謂泵是指運送液體的裝置，那麼**空氣泵** (air pump) 和**真空泵** (vacuum pump) 則是指壓縮氣體的機械。

對於風扇，其所操作的流體密度因不會有太大的變化，可假定為常數，可是送風機與壓縮機所處理的流體的密度變化很大，使得密度為常數的假設無法成立，所以討論這兩種機械時，必須採用可壓縮流體流動的理論。

風扇

大型風扇通常是離心式，其操作原理與離心泵完全一樣。然而它的葉輪葉片可以是向前彎曲的，若是泵的話即會導致運作不穩定，但卻不會發生在風扇上面。典型的風扇葉輪如圖 8.11 所示，它們通常裝置在輕質金屬薄片製成的殼

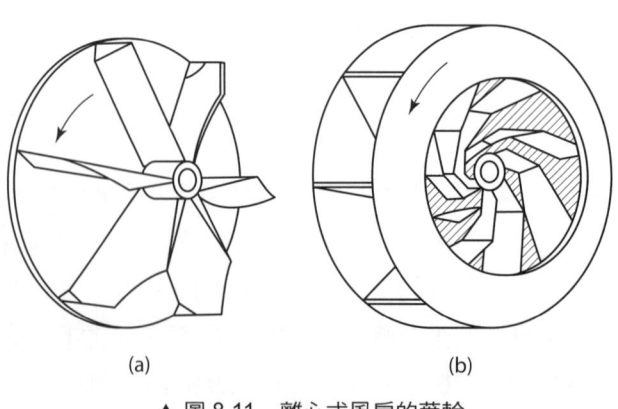

(a)　　　　　　　　　(b)

▲ 圖 8.11　離心式風扇的葉輪

內。間距 (clearance) 大而排出高差 (discharge head) 低，約從 5 到 60 in. 水柱 (130 到 1,500 mm)。像通風扇 (ventilating fan)，幾乎所有加入的能量是轉換成速度能量，而幾乎沒有能量是轉換成為壓力高差的。在任何情況下，速度的增加是吸收掉大部分加入的能量，而且必須包括所估計的效率及動力。如果輸出的動力是指壓力高差加上速度高差，總效率大約是 70%。

因為在風扇中密度的變化小，討論離心泵所採用的不可壓縮流動的方程式，可以適用。泵和輸送氣體的裝置有一點不同，就是在壓力和溫度對進入機械的氣體密度的影響的認知方面。氣體裝置一般以標準立方呎來分類。體積用「**標準立方呎**」(standard cubic feet) 作單位是指在一特定的溫度與壓力下來量度，而和實際進入機械時的氣體的實際溫度和壓力無關。不同的工業採用不同的標準，但最通用的是溫度 32°F (492°R) 與壓力 29.92 in. Hg 之下的條件，這個相當於一莫耳體積：359 ft³/lb mol。另外一個是採用 30 in. Hg 和 60°F，則莫耳體積是 378.7 ft³/lb mol。

例題 8.2

有一離心式風扇，在壓力為 29.0 in. (737 mm) Hg，溫度為 200°F (93.3°C) 下，被用來抽取靜止的瓦斯氣。如果排氣的壓力為 30.1 in. (765 mm) Hg；速度為 150 ft/s (45.7 m/s)。計算在標準條件 29.92 in. Hg 與 32°F 下，欲抽走 10,000 std ft³/min (16,990 m³/h) 的氣體，所需的功率為多少？假設風扇的效率為 65%，而氣體的分子量是 31.3。

解

實際吸入的氣體其密度為

$$\rho_a = \frac{31.3 \times 29.0(460 + 32)}{359 \times 29.92(460 + 200)} = 0.0630 \text{ lb/ft}^3$$

而排出的氣體其密度為

$$\rho_b = 0.0630 \left(\frac{30.1}{29.0}\right) = 0.0654 \text{ lb/ft}^3$$

流動氣體的平均密度為

$$\bar{\rho} = \tfrac{1}{2}(0.0630 + 0.0654) = 0.0642 \text{ lb/ft}^3$$

質量流率為

$$\dot{m} = \frac{10{,}000 \times 31.3}{359 \times 60} = 14.53 \text{ lb/s}$$

所提供的壓力為

$$\frac{p_b - p_a}{\bar{\rho}} = \frac{(30.1 - 29)(144)(14.7)}{29.92 \times 0.0642} = 1{,}212 \text{ ft} \cdot \text{lb}_f/\text{lb}$$

速度高差為

$$\frac{\bar{V}_b^2}{2g_c} = \frac{150^2}{2 \times 32.17} = 349.7 \text{ ft} \cdot \text{lb}_f/\text{lb}$$

由 (8.2b) 式，令 $\alpha_a = \alpha_b = 1.0$，$\bar{V}_B = 0$，且 $Z_a = Z_b$，則

$$W_p = \frac{1}{\eta}\left(\frac{p_b - p_a}{\bar{\rho}} + \frac{\bar{V}_b^2}{2g_c}\right) = \frac{1{,}212 + 349.7}{0.65} = 2{,}402 \text{ ft} \cdot \text{lb}_f/\text{lb}$$

由 (8.6) 式，可得

$$P_B = \frac{\dot{m}W_p}{550} = \frac{14.53 \times 2{,}402}{550} = 63.5 \text{ hp } (47.4 \text{ kW})$$

送風機和壓縮機

在絕熱的情況，增加可壓縮流體的壓力時，流體的溫度也會增加。像這樣溫度的提升會帶來許多缺點，因為流體的比容是隨著溫度的上升而增加，壓縮 1 磅流體所需要的功比在等溫情況壓縮的功還要大。過高的溫度會造成潤滑劑 (lubricant)、充填箱以及建構材料的問題。流體可能因為無法承受高溫而分解。

理想氣體在等熵 (isentropic，絕熱且無摩擦力) 的狀況下，其壓力與溫度之間的變化關係，可藉 (6.24) 式敘述如下：

$$\frac{T_b}{T_a} = \left(\frac{p_b}{p_a}\right)^{1-1/\gamma} \tag{8.13}$$

其中　$T_a, T_b = $ 分別為進口與出口的絕對溫度

$p_a, p_b = $ 對應的進口與出口的壓力

$\gamma = $ 比熱的比值 c_p/c_v

對一已知的氣體，溫度比值會隨著壓縮比值 p_b/p_a 的增加而增加。這個比值是送風機與壓縮機工程的一個基本參數。對於送風機，若壓縮比低於 3 或 4，絕熱溫度的上升不大，因此毋需採取特別的措施去降低它。可是對壓縮機，壓縮比值可能是 10 或更大，等熵 (isentropic) 溫度就顯得過高。此外，由於實際上的壓縮機並非沒有摩擦，由摩擦造成的熱是被氣體吸收的，因此其溫度會比等熵溫度來得高。因此壓縮機必須使用套管 (jacket)，就是藉冷水或冷凍劑 (refrigerant) 在套管中循環來冷卻。一般小型冷卻壓縮機的出口氣體溫度可能和入口的溫度很接近，成了等溫壓縮。對於極小型的壓縮機，光靠附在汽缸 (cylinder) 上的風扇就可達到冷卻的效果。至於大型壓縮機，冷卻容量有限時，會採用一種不同於等溫或絕熱壓縮，稱做多變壓縮 (polytropic compression) 的方式來進行冷卻。

正排量送風機

一種正排量送風機如圖 8.12a 所示。這種機械的操作如同齒輪泵 (gear pump)，除了它的「齒」(teeth) 之間的隙縫 (clearance) 僅有數千分之一吋的特殊設計。葉輪的相對位置是靠外部的重型齒輪予以精確地維持著。一個單段式送風機可排放表壓為 0.4 到 1 atm 的氣體；兩段式的送風機可排放 2 atm 的氣體。圖 8.12a 是兩瓣葉的送風機。三瓣葉的送風機也非常普遍。

離心式送風機

圖 8.12b 是一種單段離心式送風機。它的外觀，除了外殼 (casing) 較窄以及外殼和排放渦旋管 (discharge scroll) 的直徑比離心泵大以外，它就像個離心泵。操作速度高達 3,600 r/min 或更高。對於低密度流體，需要很高的高差 (以 ft 或 m 度量) 才能產生適度的壓力比，故必須利用高速度以及大的葉輪直徑才能做到。因此就像圖 8.9 所示，離心式送風機的速度近乎是離心泵的 10 倍。

正排量壓縮機

迴轉式正排量壓縮機的排放壓力大約是 6 atm。這些機械包括滑動葉片式 (sliding-vane)、螺桿式 (screw-type) 和液體活塞式 (liquid-piston) 壓縮機。(詳見參考文獻 7。) 對於需要高和非常高的排放壓力以及中度流率的情況，往復式壓

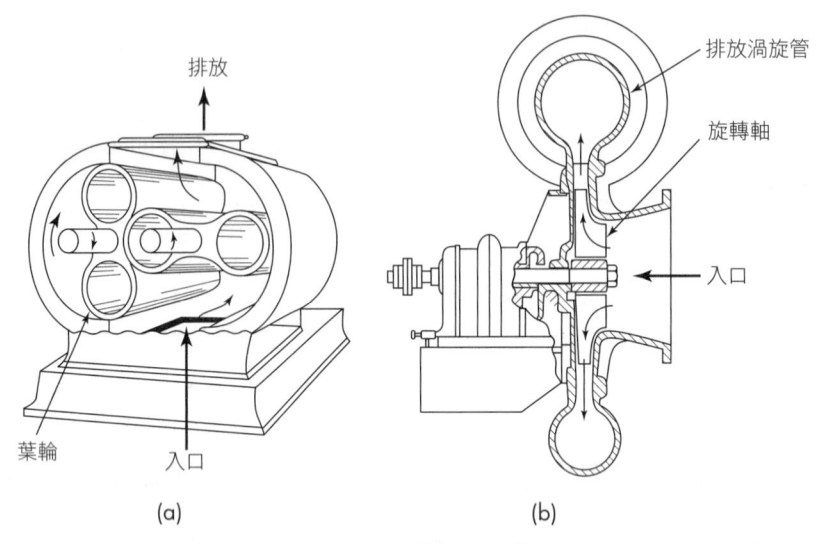

▲ 圖 8.12　典型送風機：(a) 正排量式雙瓣送風機；(b) 單吸離心式送風機

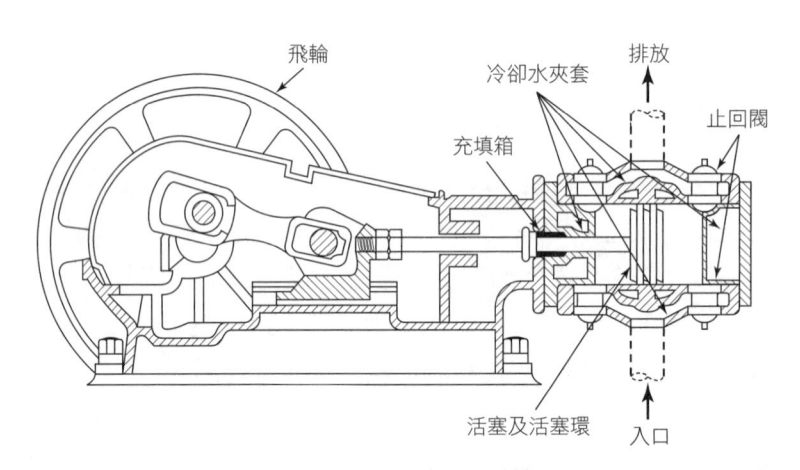

▲ 圖 8.13　往復式壓縮機

縮機是最常見的形式。圖 8.13 所示是一個單段式壓縮機的例子。這些機械的操作與往復泵相同，主要的差別在於防漏較困難而且溫度的上升至為重要。因此汽缸的壁與頭均裝有用水或冷凍劑冷卻的夾套 (cooling jacket)。往復式壓縮機通常用馬達驅動且幾乎全是雙動式 (double-acting) 的。

當所需要的壓縮比大於一個汽缸所能給予的時候，就採用多段式壓縮機。這種情況下，在每一段之間需要有冷卻器，就是以冷水或冷凍劑來冷卻的管狀熱交換器。這些冷卻器都具有足夠的熱傳遞功能，使得各段之間的氣流溫度回復到最初吸入的氣流溫度。另外會使用一個後冷卻器 (aftercooler) 來冷卻從最後段流出的高壓氣體。

離心式壓縮機

離心式壓縮機屬於多段式機械，它的結構是在一個大軀殼內，可以高速轉動的單軸上裝有一連串的葉輪[1,4]，從葉輪排出的氣體經由內部通道可以到達下一個葉輪的入口。這些機械可以壓縮巨量的空氣或其它氣體，其入口的體積流量可以高到 200,000 ft^3/min (340,000 m^3/h) 而出口的壓力則高達 20 atm。較小容量壓縮機的排出壓力可以高達數百大氣壓。對於高壓機械，各段之間的冷卻是必要的。圖 8.14 顯示一個典型的離心式壓縮機。

軸向流機械可以處理更大量的氣體，其體積流率高達 600,000 ft^3/min (1 × 10^6 m^3/h)，但排出的壓力較低，約 2 至 12 atm。像這種機械，其轉動葉片 (rotor vane) 是軸向地推動氣體，從一組葉片直接到下一組葉片。各段之間的冷卻通常是不需要的。

送風機與壓縮機的方程式

因為在可壓縮流動中，密度會發生變化，積分形式的 Bernoulli 方程式是不適用的。可是以微分形式表示的 (4.65) 式可以用來說明軸功 (shaft work) 與壓力高差之間微量改變的關係。

▲ 圖 8.14　離心壓縮機的內部 (取自 *MAN Turbomachinery Inc. USA.*)

由於送風機和壓縮機的機械能、動能和位能並無顯著地改變，速度和靜態高差可省略不計，而且，假設壓縮機無摩擦力，$\eta = 1.0$ 及 $h_f = 0$。利用這些簡化的條件，(4.74) 式可寫成

$$dW_{pr} = \frac{dp}{\rho}$$

將上式在吸入壓力 p_a 和排放壓力 p_b 之間加以積分，得到一個理想無摩擦的氣體的壓縮功如下：

$$W_{pr} = \int_{p_a}^{p_b} \frac{dp}{\rho} \tag{8.14}$$

為了使用 (8.14) 式，必須先計算積分項，這需要有流體在機械中由吸入端到排出端依循的路徑。不論壓縮機的型態是往復式、迴轉正排量式或離心式，只要流動是無摩擦的，步驟是完全相同。另外，對往復式的機械，此方程式適用於整數的週期上，使得汽缸內的流體既不會聚積也不會消耗，否則構成 (4.74) 式的穩定流的基本假設無法成立。

絕熱壓縮　對於未經冷卻的機械單體，流體會遵循等熵的途徑 (isentropic path)。對於理想氣體，p 與 ρ 的關係可得自 (6.14) 式，寫成

$$\frac{p}{\rho^\gamma} = \frac{p_a}{\rho_a^\gamma}$$

或

$$\rho = \frac{\rho_a}{p_a^{1/\gamma}} p^{1/\gamma} \tag{8.15}$$

將 (8.15) 式的 ρ 代入 (8.14) 式中，再加以積分，可得

$$W_{pr} = \frac{p_a^{1/\gamma}}{\rho_a} \int_{p_a}^{p_b} \frac{dp}{p^{1/\gamma}} = \frac{p_a^{1/\gamma}}{(1-1/\gamma)\rho_a} \left(p_b^{1-1/\gamma} - p_a^{1-1/\gamma} \right)$$

將式子兩邊乘上 $p_a^{1-1/\gamma}$，移項簡化後，方程式變成

$$W_{pr} = \frac{p_a \gamma}{(\gamma - 1)\rho_a} \left[\left(\frac{p_b}{p_a} \right)^{1-1/\gamma} - 1 \right] \tag{8.16}$$

(8.16) 式顯示壓縮比 p_b/p_a 的重要性。

等溫壓縮　在壓縮過程中完成冷卻，溫度保持常數，此過程為等溫。p 與 ρ 之間的關係僅為

$$\frac{p}{\rho} = \frac{p_a}{\rho_a} \tag{8.17}$$

由 (8.14) 和 (8.17) 式消去 ρ，並且積分可得

$$W_{pr} = \frac{p_a}{\rho_a} \int_{p_a}^{p_b} \frac{dp}{p} = \frac{p_a}{\rho_a} \ln \frac{p_b}{p_a} = \frac{RT_a}{M} \ln \frac{p_b}{p_a} \tag{8.18}$$

　　當壓縮比和吸入條件為已知時，等溫壓縮所需要的功小於絕熱壓縮。這是為何冷卻對壓縮機而言是非常有用的原因之一。

　　在絕熱與等溫的情況之間存在一密切的關係。將上述中的方程式作一比較，顯然若 $\gamma = 1$，絕熱壓縮與等溫壓縮的方程式都相同。

多變壓縮　在大型壓縮機中，流體的路徑不是等溫也不是絕熱。但是，此過程仍可假定為無摩擦。習慣上假定壓力與密度之間的關係式為

$$\frac{p}{\rho^n} = \frac{p_a}{\rho_a^n} \tag{8.19}$$

其中 n 為常數。利用此方程式取代 (8.15) 式可得 (8.16) 式，其中將 γ 換成 n。

　　n 的值是在過程的路徑上，量測兩點的密度與壓力而得，例如，在吸入端和排放端。n 的值可由下列方程式計算得到

$$n = \frac{\ln (p_b/p_a)}{\ln (\rho_b/\rho_a)}$$

此方程式是將 p_b 與 ρ_b 分別代入 (8.19) 式中的 p 和 ρ，再取對數而導出。

壓縮機效率　理論功 (或流體功率) 與實際功 (或總功率輸入) 之比即為效率，通常以 η 表示。往復式壓縮機的最大效率約為 80% 到 85%；離心式壓縮機的效率可達 90%。

功率方程式　絕熱壓縮機所需的功率，可直接由 (8.16) 式計算而得，其**因次** (dimensional) 公式為

$$P_B = \frac{0.371 T_a \gamma q_0}{(\gamma-1)\eta}\left[\left(\frac{p_b}{p_a}\right)^{1-1/\gamma} - 1\right] \tag{8.20a}$$

其中　P_B = 功率，kW

　　　q_0 = 被壓縮的氣體體積，std m³/s，在 0°C 和 760 mm Hg 下計值

　　　T_a = 入口溫度，K

對於等溫壓縮，則

$$P_B = \frac{1.97 T_a q_0}{\eta} \ln \frac{p_b}{p_a} \tag{8.21a}$$

使用標準溫度 32°F，對於絕熱壓縮，在 fps 單位系統的對應方程式為

$$P_B = \frac{1.304 \times 10^{-4} T_a q_0}{\eta} \frac{\gamma}{\gamma-1}\left[\left(\frac{p_b}{p_a}\right)^{1-1/\gamma} - 1\right] \tag{8.20b}$$

其中　P_B = 制動馬力 (brake horsepower)

　　　q_0 = 被壓縮的氣體體積，std ft³/min

　　　T_a = 入口溫度，°R

對於等溫壓縮，n_c fps 單位系統

$$P_B = \frac{1.304 \times 10^{-4} T_a q_0}{\eta} \ln\left(\frac{p_b}{p_a}\right) \tag{8.21b}$$

例題 8.3

一個三段往復式壓縮機將 180 std ft³/min (306 m³/h) 的甲烷由 14 lb$_f$/in.² (0.95 atm) abs 壓縮到 900 lb$_f$/in.² (61.3 atm) abs。入口溫度為 80°F (26.7°C)。在預期的溫度範圍內，甲烷的平均性質為

$$C_p = 9.3 \text{ Btu/lb mol} \cdot \text{°F (38.9 J/g mol} \cdot \text{°C)} \qquad \gamma = 1.31$$

(a) 若機械效率為 80%，則其制動馬力為多少？

(b) 由第一段所排放的溫度是多少？

(c) 若冷卻水的溫度上升了 20°F (11.1°C)，而壓縮的氣體離開每一冷卻器的溫度為

80°F (26.7°C)，試問需要多少水加入中間冷卻器和最後冷卻器中？假設夾層冷卻足夠吸收摩擦熱。

解

(a) 對於一多段式壓縮機，可以證明若每段做同量的功，則總功率為最小。由 (8.16) 式知，此相當於在每段中均採用相同的壓縮比。因此，對於三段式機械而言，每段的壓縮比應為總壓縮比 900/14 的立方根。每段的壓縮比為

$$\frac{p_b}{p_a} = \left(\frac{900}{14}\right)^{1/3} = 4$$

由 (8.20b) 式可求得每段所需的功率，

$$P_B = \frac{(80+460)(1.304 \times 10^{-4}) \times 1.31 \times 180}{(1.31-1)(0.80)}(4^{1-1/1.31} - 1) = 26.0 \text{ hp}$$

三段所需的總功率為 $3 \times 26.0 = 78.0$ hp (58.2 kW)。

(b) 由 (8.13) 式，在每段出口的溫度為

$$T_b = (80+460)4^{1-1/1.31} = 750°R = 290°F (143.3°C)$$

(c) 因為 1 lb mol = 359 std ft³，因此流率為

$$\frac{180 \times 60}{359} = 30.1 \text{ lb mol/h (13.6 kg mol/h)}$$

每一冷卻器的熱負荷為

$$30.1(290-80)(9.3) = 58,795 \text{ Btu/h}$$

總熱負荷為 $3 \times 58,795 = 176,385$ Btu/h。冷卻水的需要量為

$$\frac{176,385}{20} = 8,819 \text{ lb/h} = 17.6 \text{ gal/min (3.99 m}^3\text{/h)}$$

真空泵

所謂**真空泵** (vacuum pump)，就是一個壓縮機在低於一大氣壓下吸入，然後在一大氣壓排出。任何送風機或壓縮機——不論是往復式、迴轉式或離心式——經修改設計使能在吸入端接受低密度的氣體，並得到所需求的大壓縮比，

就可適用在真空應用上。當吸入端的絕對壓力減少，容積效率會下降，並且在該泵所能達到的最低絕對壓力時趨近於零。機械效率也往往低於壓縮機的。當吸入端的壓力減低時，所需要的位移會快速地增加，因此需要大型的機械來移動大量的氣體。真空泵使用的壓縮比高於一般的壓縮機，高達 100 或甚至更高，並隨之產生相當高的絕熱排出溫度，然而由於低的質量流率，加上所暴露的大面積金屬元件有效的散熱效果，此等壓縮近乎在等溫的狀況下進行。

噴射器　有一種重要而不使用可移動的組件的真空泵叫做噴射器 (jet ejector)，它利用一個高速的流體帶走擬被移去的流體，其構造如圖 8.15 所示。這個帶動與擬被移走的流體可以是相同的物質，例如壓縮的空氣被用來移走空氣，但通常它們是不相同的流體。工業上最常用的是一種水蒸氣噴射器，用來抽取高度的真空。如圖 8.15 所示，大約 7 atm 的水蒸氣被導入一個漸縮後漸擴的噴嘴，由此產生了超音速蒸汽，然後進入一擴散的圓錐 (diffuser cone) 中。蒸汽與擬被移走的空氣或其它氣體在擴散器的前端混合後，速度會降至音速或更低的速度，然後在擴散器漸次擴大的那一段，混合氣體的動能會轉換成壓力能，使得它可以直接排放於大氣中，通常這種混合氣體是被導入水冷式的冷凝器中，特別是應用於多段式的系統，否則每一段都必須處理所有被導入前面各段的水蒸氣。在工業的製程上，多達五段的系統被採用。

　　噴射器只需很少的關照與維護，特別適用於含腐蝕性氣體的機械真空泵，比較不會損壞。對於難處理的問題，噴嘴與擴散器可採用抗腐蝕金屬、石墨或其它惰性材料來製作。噴射器，特別是多段式的，會使用大量的水蒸氣和水。它們很少用來產生低於 1 mmHg 的絕對壓力。水蒸氣噴射器已不像從前一度被廣泛使用，因為水蒸氣的成本已大幅度提高了。在許多情況下，若腐蝕問題並不嚴重，可以用機械真空泵來取代，因為對於做同樣工作，它們的耗能較少。

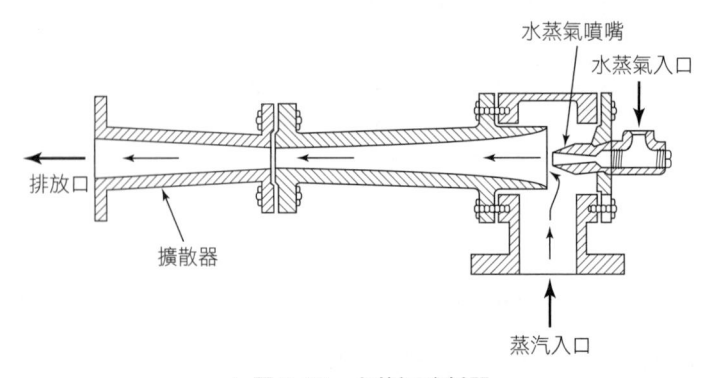

▲ 圖 8.15　水蒸氣噴射器

傳送流體裝置的比較

對於所有流體傳送的裝置，流動容量、功率需求，以及機械效率是非常重要的。可靠度與容易維修與否也常是基本需求。對於小型的設備，簡單且無故障 (trouble-free) 的操作通常比高的機械效率和節省數仟瓦的電力要來得重要。

正排量機械 一般正排量機械 (positive-displacement machine) 用來處理較小量的流體，所排放的壓力較離心式機械為高。正排量泵不受空氣束縛 (air binding) 而且通常是自發式 (self-priming) 的。正排量泵和吹風機的排放速率幾乎與排出壓力的大小無關，因此這些機械被廣泛地應用於控制與計量流動。往復式裝置一般需要許多維護，但它們以脈動流 (pulsating stream) 的形式傳送流體，因此可以產生最高的壓力。迴轉泵最適用於黏稠的潤滑液，排出中等至高度壓力的穩定流，但它們不能用來輸送漿液 (slurry)。單段式的迴轉型送風機通常可以排放高達 2 atm 的氣體。正排量泵的排放管線若關閉會導致停機或甚至破壞泵，因此需加裝帶有壓力釋放閥的旁路管線。

離心式機械 離心泵、送風機及壓縮機都以均勻的壓力運送流體，而無震動或脈動的困擾，它們不需要經過齒輪箱而直接連接到驅動馬達 (motor drive)，可以用比正排量機械更高的速度運轉。此外，它的排放管線可以完全關閉而不會損壞。離心泵可用來處理許多不同種類的腐蝕性液體與漿液。對於一定容量的操作，離心式送風機與壓縮機的大小遠小於往復式壓縮機，而且需要的保養也較少。

真空裝置 在產生真空的裝置中，當絕對壓力降至 10 mmHg 時，以往復式機械較為有效。迴轉式真空泵可將絕對壓力降到 0.01 mmHg，而且在廣大範圍的低壓下，其運作成本比多段式的蒸汽噴射器來得便宜。對於真空要求度很高的情況，特殊裝置如擴散泵會被採用。

流動流體的量測

想要控制工業製程，基本上需要知道進出程序的物料量。因為材料儘可能地以流體的型態輸送，量測流體流經管線或其它通道的速率是件重要的事。工業上已有多種不同形式的量測器。量測器的選擇，基本上以它對特定情況的應

單元操作
流力與熱傳分析

用能力為考量,包括裝設費用、操作成本、可調節的流率範圍 [它的**能力範圍** (rangeability)],以及其操作的精準度。有時候約略的流率顯示即可,但有時候會要求高精準的量測,例如在控制化學反應器進料的質量流率或將流體由某方轉移至另一方。

有少數幾種流量計可以直接量測流體的質量流率,大部分是量測體積流率或平均流速,然後依據平均流速數據計算體積流率,如果要將體積流率換算成質量流率,那麼要先知道操作條件下,該流體的密度。很多的流量計在流體經過的管路或通道上直接量測,這就是所謂**全口徑流量計** (full-bore meter)。其它形式的還有**插入式流量計** (insertion meter),係在某一特定點量測其流率或流速,可是整體的流率常常可以依據這單點量測得到的數據推估出來,其準確性並不差。

關於商業用的流量計的詳細敘述,其優點與使用限制的資料,可由文獻查得。[3]

全口徑流量計

最常見的全口徑流量計包括文氏 (venturi) 與銳孔 (orifice) 流量計以及面積可變的浮子流量計 (rotameter)。其它的全口徑流量裝置還包括:V 型、磁性、漩渦釋放、輪機、正排量式流量計、超音波流量計及量測質量流量的裝置,例如,柯瑞里斯 (Coriolis) 流量計。

文氏流量計

文氏流量計 (venturi meter) 如圖 8.16 所示。它由三段組成,短的圓錐形入口段連接到喉嚨段,然後再接上一個長的圓錐形排出口 (discharge cone)。分別裝設在入口段與喉嚨段的壓力接頭 (pressure tap) 都連接到一個壓力計或微壓力差傳送器。

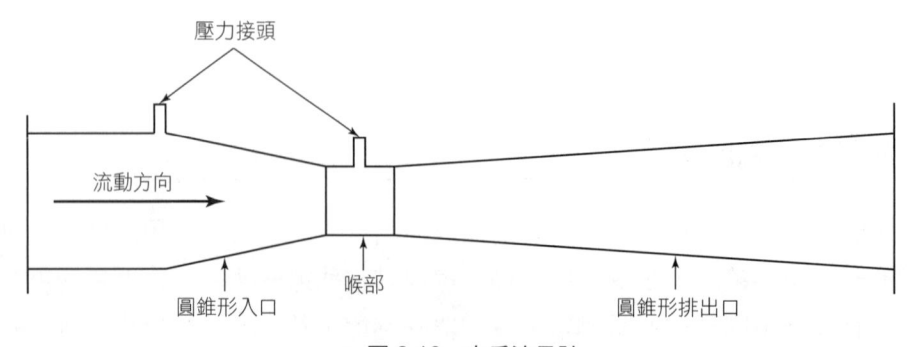

▲ 圖 8.16　文氏流量計

在上游的圓錐段中，流體的速度若增加，壓力反而減小，其壓力降可用來量測流率。到了下游的排出段，速度減小了，原先喪失的壓力絕大部分恢復了。排出段的圓錐角度一般做得很小，大概是 5° 至 15° 之間，這樣不僅避免形成分離的邊界層，而且可將摩擦力降到最小，由於在圓錐收縮處的橫截面沒有流體分離的現象，所以上游的圓錐段可以做得比下游的圓錐段短。一般在上游的圓錐段所減損的 90% 壓力可以恢復過來。

雖然文氏流量計可以用來量測氣體的流率，但它們最常用於液體的量測，尤其是大量的水流，這是因為水流的壓力恢復率大，文氏流量計所需的功率較其它型的各種流量計要低。

藉由不可壓縮流體流經文氏流量計的上游圓錐段的伯努利方程式 (Bernoulli equation)，可得此流量計的基本方程式。亦即 (4.74) 式變為

$$\alpha_b \bar{V}_b^2 - \alpha_a \bar{V}_a^2 = \frac{2(p_a - p_b)}{\rho} \tag{8.22}$$

其中 $\bar{V}_a$ 與 $\bar{V}_b$ 分別是上、下游的平均流速，ρ 是流體密度。因為密度 ρ 為定值，故連續關係式 (4.14) 可寫成

$$\bar{V}_a = \left(\frac{D_b}{D_a}\right)^2 \bar{V}_b = \beta^2 \bar{V}_b \tag{8.23}$$

其中　D_a = 管徑
　　　D_b = 流量計喉部的直徑
　　　β 　= 直徑比 D_b/D_a

從 (8.22) 和 (8.23) 式消去 $\bar{V}_a$，可得

$$\bar{V}_b = \frac{1}{\sqrt{\alpha_b - \beta^4 \alpha_a}} \sqrt{\frac{2(p_a - p_b)}{\rho}} \tag{8.24}$$

文氏計係數　(8.24) 式僅適用於不可壓縮流體的無摩擦流動。如果考慮了位置 a 與 b 之間流體少量的摩擦損失，必須導入一個經驗因素 (empirical factor) C_v 於 (8.24) 式中來修正，而寫成

$$\bar{V}_b = \frac{C_v}{\sqrt{1 - \beta^4}} \sqrt{\frac{2(p_a - p_b)}{\rho}} \tag{8.25}$$

動能因素 α_a 和 α_b 的小小影響被列入 C_v 的定義當中。C_v 稱為**文氏係數** (venturi coefficient) 是由實驗來決定，它不含**接近中的速度** (velocity of approach)。接近中的速度 $\bar{V}_a$ 的影響可由 $1/\sqrt{1-\beta^4}$ 加以說明。當 D_b 小於 $\frac{1}{4}D_a$ 時，接近中的速度和 β 的值可以忽略，因為結果的誤差值小於 0.2%。

對於設計良好的文氏流量計，若管徑在 2 至 8 in. 之間，C_v 值約為 0.98，而對於更大的管子，C_v 值大約是 0.99。[5]

體積與質量流率 流經文氏計喉部的速度 $\bar{V}_b$，通常不是我們想要的物理量。實際上想要知道的是流過流量計的體積和質量的流率。體積流率可將 (8.25) 式的 $\bar{V}_b$ 代入 (4.12) 式求得，

$$q = \bar{V}_b S_b = \frac{C_v S_b}{\sqrt{1-\beta^4}}\sqrt{\frac{2(p_a-p_b)}{\rho}} \tag{8.26}$$

其中　$q = $ 體積流率
　　　$S_b = $ 喉部的截面積

至於質量流率則是將體積流率乘上密度 ρ。

$$\dot{m} = q\rho = \frac{C_v S_b}{\sqrt{1-\beta^4}}\sqrt{2(p_a-p_b)\rho} \tag{8.27}$$

其中 $\dot{m}$ 代表質量流率。

銳孔流量計

在一般工廠的實用上，文氏流量計存在著一些缺失。第一它貴，占用的空間大，而且其喉部的直徑與管徑之比率不能改變。對一附有壓力計的文氏流量計系統，其可量測的最大流率是固定值，所以如果流量的範圍有所改變的話，則喉部的直徑可能太大，導致無法量得精確的讀數，要不然就是太小，以致不能容納下一個新測的最大流率。銳孔流量計正好可以克服文氏流量計的這些缺點，不過它的代價就是會消耗較大的功率。

圖 8.17 顯示一個周邊尖銳的標準銳孔流量計。它的結構是將一個精密機械裁製的鑽孔板，安裝在兩個輪緣 (flange) 之間，其孔需與它安裝上去的管子構成

同心 (偏心或片段開口的情況偶爾也可使用)。板上的開口可以往下游的方向截成斜角。在銳孔板的上面和下方可接上壓力接頭 (pressure tap)，再接到壓力計或微量壓力傳輸器 (differential pressure transmitter) 上。壓力接頭的位置可以任意設定，但流量計的係數取決於壓力接頭的位置。三個公認的不同壓力接頭的置放位置列如表 8.2。輪緣接頭 (flange tap) 是最常用的壓力接頭，圖 8.17 所示的是腔縮 (vena contracta) 式的接頭。

銳孔流量計和文氏流量計的操作原理完全相同。當流體流經銳孔時，橫截面變小，壓力高差 (pressure head) 也減小，如此導致速度高差 (velocity head) 的增加，接頭之間的壓力降可用壓力計量測得知。伯努利方程式可以用來說明增加的速度高差和減少的壓力高差之間的關係。

銳孔流量計有個不可忽視的困擾，是文氏流量計所沒有的。由於銳孔的銳

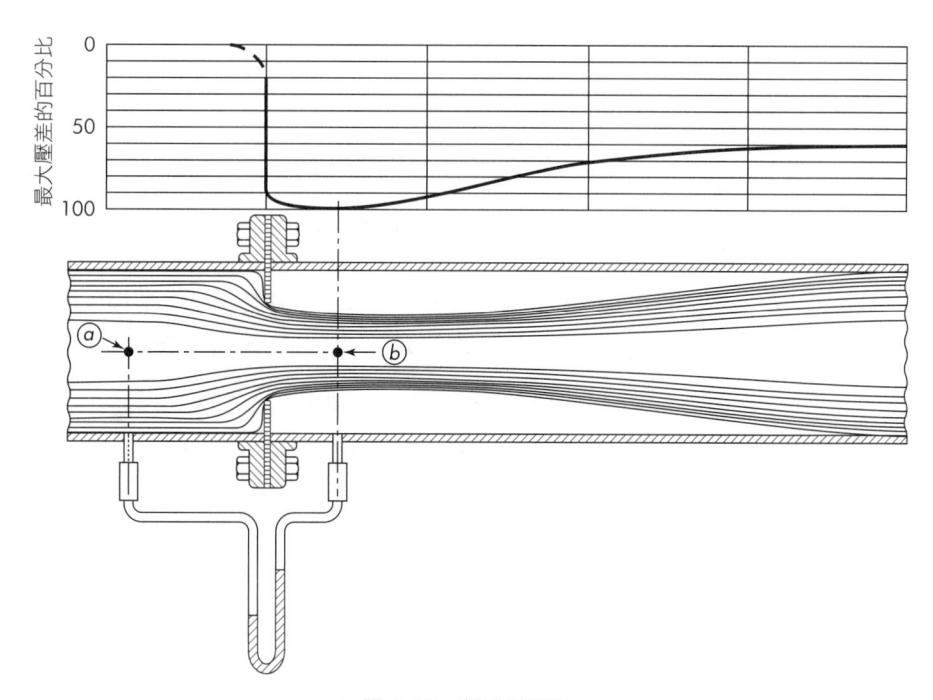

▲ 圖 8.17　銳孔流量計

▼ 表 8.2　銳孔接頭的數據

接頭的形式	由銳孔上游面到上游接頭的距離	由銳孔下游面到下游接頭的距離
輪緣	1 in. (25 mm)	1 in. (25 mm)
腔縮式	一個管徑 (actual inside) (實際內部)	0.3 至 0.8 管徑，與 β 有關
管子	$2\frac{1}{2}$ 倍的公稱管徑	8 倍的公稱管徑

利性，使得流體在流過銳孔板後，會在下游形成分離的現象，變成自由噴射流 (free-flowing jet)，就像圖 8.17 顯示形成了腔縮流動狀。這種噴射流不受固體壁的控制，如同文氏流量計那樣，其面積大小的變化從銳孔計的開口面積變化到腔縮面積。在任何一個點的面積，例如在下游的接頭處，並不容易決定，而且噴流在下游接頭處的速度和銳孔的直徑大小不易找到相互的關聯性。和文氏流量計相比，銳孔計係數較小且充滿變數，因此銳孔流量計的定量處理需要適時予以修正。

關於銳孔流量計廣泛與詳細的設計標準可在文獻中查得。[2] 如果想要精確地預測一個流量計的功用而毋需修正，就必須遵照這些標準。對於初步或概略的設計，利用類似文氏流量計使用的 (8.25) 式，可以得到令人滿意的結果：

$$u_o = \frac{C_o}{\sqrt{1-\beta^4}}\sqrt{\frac{2(p_a - p_b)}{\rho}} \tag{8.28}$$

式中　　$u_0 =$ 流經銳孔的速度
　　　　$\beta =$ 銳孔直徑與管徑的比值
　　　$p_a, p_b =$ 圖 8.17 中，在位置 a 與位置 b 的壓力

此處 C_o 稱為**銳孔計係數** (orifice coefficient)，**接近中的速度** (velocity of approach) 不包含在 (8.28) 式中。C_o 修正了噴流在銳孔和腔縮截面之間的收縮、摩擦，以及 α_a 與 α_b。係數 C_o 值會隨著 β 值的變動以及在銳孔的雷諾數 Re_o 發生極大的變化，因此它總是藉由實驗來決定。Re_o 在此的定義如下：

$$\text{Re}_o = \frac{D_o u_o \rho}{\mu} = \frac{4\dot{m}}{\pi D_o \mu} \tag{8.29}$$

其中 D_o 是指銳孔的直徑。

(8.28) 式對設計很有用，因為當 Re_o 大於 30,000 時，C_o 變得和 β 值無關而幾乎可當常數看待。在這種情況下，對於輪緣接頭和腔縮接頭，C_o 均可視為 0.61。在製程的應用上，β 值應介於 0.20 與 0.75 之間。假若 β 小於 0.25，$\sqrt{1-\beta^4}$ 項與 1 之間的差值可忽略。適用於文氏流量計的 (8.26) 和 (8.27) 式亦可用在銳孔流量計上，只要將式中的 C_v 以 C_o 取代，$\bar{V}_b$ 換成 u_o，以及用銳孔計的截面積 S_o 替代 S_b。

有一件極為重要的事，就是在銳孔的上游與下游安置足夠長的直管，那麼就可以確保流動的形態正常，不會受管件、閥或其它附件所干擾。要不然速度的分布將變得不正常，而且銳孔係數 C_o 會多少受到不可預期的影響。已有數據

提供，到底銳孔的上、下游各需要至少多長的直管，才能確保正常的速度分布。[2] 如果在銳孔的上游無法得到所需要的管長時，或許可以在接近的管線中使用伸展片 (straightening vanes)。

壓力回復　因為在腔縮段的下方，由再度膨脹的噴流所產生的渦流會引起大量的摩擦耗損，於是銳孔流量計的壓力回復變得很差。如此導致的功率損耗就成了銳孔流量計的一個缺點。銳孔計壓差的損失分率是永久性，無法回復的，此分率與 β 值有關，圖 8.18 顯示損失分率和 β 的關係，對於 β 值等於 0.5 的情況，銳孔壓差的損失分率約為 73%。

利用管子的接頭 (pipe tap) 來測定壓力差時，通常將它置於銳孔下游 8 倍於管徑的地方，事實上這是永久損失的量測，而不是銳孔壓差的測定。

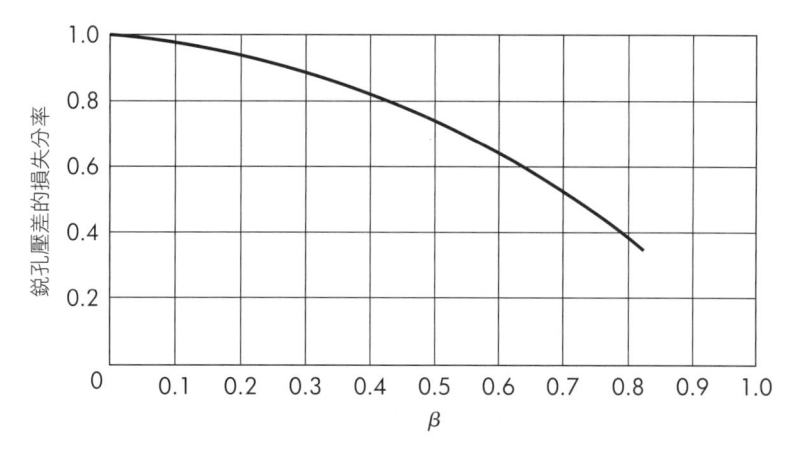

▲ 圖 8.18　銳孔流量計中的總壓力損失 (取自 *American Society of Mechanical Engineers.*[2])

例題 8.4

一銳孔流量計以凸緣接合方式安裝於直徑為 100 mm 的管線上，藉以量測水的流率。在 15°C，最大預期流率為 50 m³/h。壓力計內充填水銀以量測差壓，而水銀面上充滿水。水溫一直維持在 15°C。(a) 假設壓力計的最大讀數為 1.25 m，則銳孔流量計的銳孔直徑應為多少 mm？(b) 欲使此銳孔流量計的操作維持在全負載，則所需功率為多少？

解

(a) 使用 (8.27) 式計算銳孔直徑。欲代入的數值為

$$q = \frac{50}{3{,}600} = 0.0139 \text{ m}^3/\text{s}$$

$$\rho = 62.37 \times 16.018 = 999 \text{ kg/m}^3 \qquad (\text{附錄 6})$$

$$C_o = 0.61 \qquad g = 9.80665 \text{ m/s}^2$$

由 (2.10) 式,

$$p_a - p_b = 9.80665 \times 1.25 \times (13.6 - 1.0)(999)$$
$$= 154{,}300 \text{ N/m}^2$$

將這些值代入 (8.27) 式可得

$$0.0139 = \frac{0.61 S_o}{\sqrt{1-\beta^4}} \sqrt{\frac{2 \times 154{,}300}{999}}$$

因此

$$\frac{S_o}{\sqrt{1-\beta^4}} = 1.296 \times 10^{-3} = \frac{\pi D_o^2}{4\sqrt{1-\beta^4}}$$

採近似值的方法,令 $\sqrt{1-\beta^4} = 1.0$,則

$$D_o = 40.6 \text{ mm} \qquad \beta = \frac{40.6}{100} = 0.406$$

且

$$\sqrt{1-\beta^4} = \sqrt{1-0.406^4} = 0.986$$

對最後結果的期望準確度而言,此項的影響可忽略。此銳孔流量計的喉部直徑為 41 mm。

驗證雷諾數。由附錄 6 查得水在 15°C 的黏度為 1.147 cP 或 0.001147 kg/m·s

$$S_o = \frac{\pi D_o^2}{4} = \frac{\pi \times 0.041^2}{4} = 0.00132 \text{ m}^2$$

$$u_o = \frac{q}{S_o} = \frac{0.0139}{0.00132} = 10.53 \text{ m/s}$$

由 (8.29) 式,雷諾數為

$$\text{Re}_o = \frac{0.041 \times 10.53 \times 999}{0.001147} = 376{,}000$$

此雷諾數大到足以取 $C_o = 0.61$。

(b) 由圖 8.18 得知 $\beta = 0.406$ 時，銳孔壓差的損失分率為 81%。因為最大體積流率為 0.0139 m³/s，欲使銳孔流量計維持全流量的操作所需的功率為

$$P = 0.81 q(p_a - p_b) = \frac{0.81 \times 0.0139 \times 154{,}300}{1{,}000} = 1.737 \text{ kW}$$

可壓縮流體通過文氏與銳孔流量計的流動

前述所討論的關於流體流量計，僅考慮密度不變的流體流動。當流體是可壓縮時，類似的方程式及排放係數亦適用於各種流體流量計。適用於文氏流量計的 (8.27) 式可稍加修改變成

$$\dot{m} = \frac{C_v Y S_b}{\sqrt{1 - \beta^4}} \sqrt{2(p_a - p_b)\rho_a} \tag{8.30}$$

至於銳孔流量計，β 值若很小，則方程式為

$$\dot{m} = 0.61 \, Y S_o \sqrt{2(p_a - p_b)\rho_a} \tag{8.31}$$

在 (8.30) 和 (8.31) 式中，Y 是無因次的膨脹因子，ρ_a 為流體在上游條件下的密度。對於理想氣體以等熵流動 (isentropic flow) 的模式流經文氏流量計時，Y 可藉著將 (6.25) 式在位置 a 與位置 b 之間積分求得，再將其結果與 (8.30) 式合併，得到下列的結果：

$$Y = \left(\frac{p_b}{p_a}\right)^{1/\gamma} \left\{ \frac{\gamma(1-\beta^4)[1-(p_b/p_a)^{1-1/\gamma}]}{(\gamma-1)(1-p_b/p_a)[1-\beta^4(p_b/p_a)^{2/\gamma}]} \right\}^{1/2} \tag{8.32}$$

(8.32) 式顯示 Y 是 p_b/p_a、β 和 γ 的函數，不過此方程式並不適用於銳孔流量計，因為它存在著腔縮現象。對於標準周邊尖銳的銳孔流量計，一個以 p_b/p_a、β 和 γ 為變數構成的經驗方程式是：[2]

$$Y = 1 - \frac{0.41 + 0.35\beta^4}{\gamma}\left(1 - \frac{p_b}{p_a}\right) \tag{8.33}$$

當 p_b/p_a 小於 0.53 時，(8.32) 和 (8.33) 式一定不能使用，因為 0.53 是氣流 (airflow) 變成音速時的臨界壓力比。

V 型流量計

這種類型的流量計是在管壁的某處打成 V 形 (V-shaped) 的凹槽或將一金屬楔形物插入管中，以阻止管流，如圖 8.19 所示。它們是價格比較昂貴的裝置，但它們的量測值具有高度的正確性，和所量測的流率的誤差僅有 ±0.5%。此外，它們也適用於難以操控的流體，例如含有固態粒子或無法溶解氣體的液體以及帶有冷凝液滴的氣體，它們的流動係數大約是 0.8，與銳孔流量計的係數不同，在低流率時，此係數是常數，甚至當雷諾數低到 500 仍可適用。

面積流量計：浮子流量計

當流體流經銳孔計、噴嘴或文氏流量計時，雖然通過的面積不變，若流率有所變化時會造成壓力降，其值與流率有關。有一種**面積流量計** (area meter) 可以讓壓力降保持不變或近乎不變。因為流體流經這種流量計的面積不是恆定而是隨著流率有所變化。換言之，流體流經的面積與流率之間是經過適度的刻度校正 (calibration)，才能造成這種壓力降保持恆定的效果。

最重要的面積流量計叫做**浮子流量計** (rotameter)，其結構如圖 8.20 所示。它

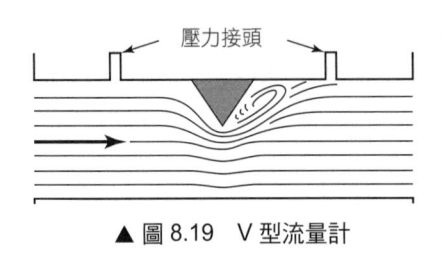

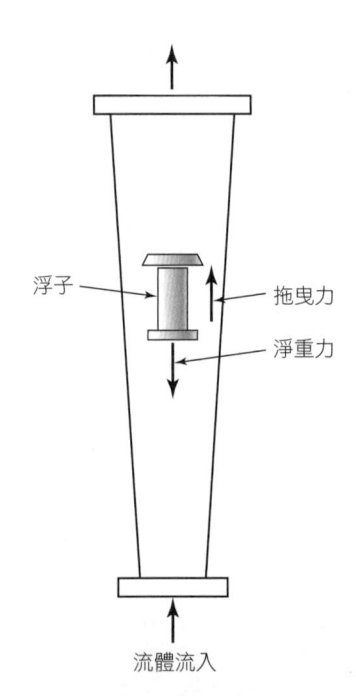

▲ 圖 8.19　V 型流量計

▲ 圖 8.20　浮子流量計的原理

是一個錐形的玻璃管，大的一端朝上，垂直地安裝在框架上。流體向上流經錐形管，使得浮子 (float) 自由地懸浮其中 (其實並不是浮著，而是完全浸於流體之中)。浮子是個指示用的元件，當流率愈大時，浮子在水中的位置愈高。整個流體都必須流經浮子與管壁之間的環狀空間。錐形管上面標有刻度 (division)，浮子最上端所讀到的刻度就是流量計的讀數。浮子流量計可用於液流和氣流的量測。

　　管子本身可以是單純的錐形管或上面有三個瞄準孔的錐形管或與管子的軸線平行的凹槽。圖 8.20 所顯示的是一個錐形管，浮子可以有各種不同的形狀，圖 8.20 的浮子是典型的一種。對於流量小的情況，常用球形的浮子。對於不透明的液體，以及在高溫或高壓下，或玻璃管不適用的其它情況下，就會改用金屬管。金屬管是一個單純的錐形管，但因為看不到浮子在其中的位置，因此必須裝設能夠指示或傳送此流量計的讀數。這個可在浮子的頂端或底部連接一個測量管，或稱**延伸管** (extension)，使用它來作為一個電樞 (armature)。此延伸管必須密封在一個流體不侵 (fluid-tight) 的管子內，再安裝於附件 (fitting) 上。因為此管的內部可以直接和浮子流量計的內部相互傳輸 (communicate)，所以延伸管並不需要充填箱 (stuffing box)。管子的外部繞有感應線圈 (induction coil)，而延伸管暴露在感應線圈的長度是隨著浮子在管中的位置而變。這個會依次改變線圈的電感 (inductance)，其變化值可藉電氣測定來操作控制閥或由記錄器上得知讀數。同時將一個磁性從動器 (magnetic follower) 安裝在延伸管的外面使其鄰近一個直立刻度計，這樣也可當做延伸管頂端的可見式指示器 (visual indicator)。藉著這些改良，浮子流量計已可從玻璃管做的可見的指示儀器，發展成多樣化的記錄和控制裝置。

　　浮子的構成材料可以是不同密度的金屬，從鉛到很輕的鋁都有，其它材料如玻璃或塑膠都可以。不鏽鋼製的浮子是很常見的，浮子的形狀和比例大小也常隨著應用而有所變化。

　　浮子流量計的流量與浮子的位置幾乎呈現線性的關係，不像銳孔流量計的修正曲線所顯示的流率和讀數的平方根成正比。浮子流量計的校正和銳孔流量計的不同，它對接近流 (approaching stream) 的速度分布不敏感，因此不需要直長的入口管，也不需要附加伸展片 (straightening vane)。

目標流量計

　　目標流量計 (target meter) 就是將一個邊緣尖銳的圓盤裝設在與流動呈垂直的方向，藉以量測流體流經圓盤時的拖曳力 (drag force)，其構造如圖 8.21 所示。流體的流率係與拖曳力的平方根以及流體的密度成正比。目標流量計是一種粗

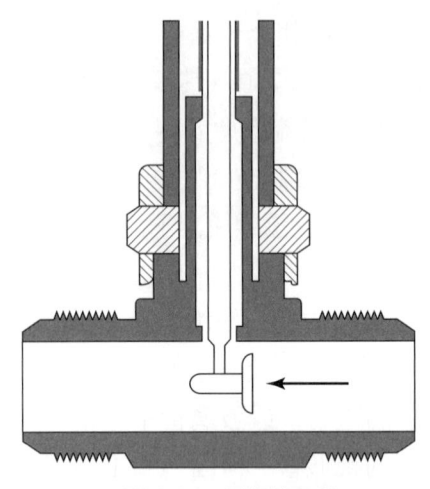

▲ 圖 8.21　目標流量計

製而價廉的流量計並且適用於各種流體的量測,包括黏稠的液體及漿液 (slurry),不過對於高固體含量的漿液,其阻礙流動的機制可能導致故障。

漩渦釋出流量計

漩渦釋出 (vortex-shedding) 流量計的「標的」(target) 是一個直立寬面的物體,其橫截面常呈梯形 (trapezoidal),如圖 8.22 所示,當流動呈亂流狀時,此寬面物體 (漩渦釋出器) 會在流動的軌跡上形成一「漩渦」(vortex street)。用鄰近於漩渦釋出器的感測器 (sensor) 可量測壓力的波動及漩渦釋出的頻率。從這兩個數據可推算流動的體積流率。這種流量計適用於多樣式的流體,包括高溫的氣體和水蒸氣,想要讓量測結果呈現線性對應關係所需的最小雷諾數是相當高的,因此這種流量計不適用於黏稠的液體。

渦輪流量計

圖 8.23 所示的渦輪流量計 (turbine meter),含有一懸置於與流體流動同軸向的葉輪,其轉速與流體流動的速度成正比。有些葉輪採用磁性材料,旋轉時可以在訊號檢測線圈 (signal pickoff coil) 中誘導一個交流電壓。其它的設計可利用無線射頻檢測 (radio-frequency pickoff) 來偵測轉動的速率,再藉葉輪的旋轉誘導出一高頻攜帶訊號。在適當條件的操作下,使用渦輪流量計有相當高的精確度,缺點是它極為脆弱,維護費用可能很高。

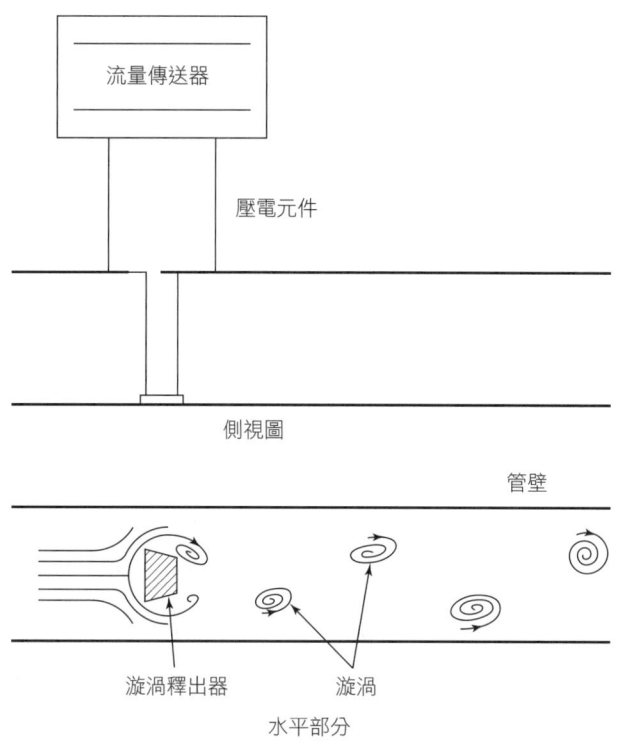

▲ 圖 8.22 漩渦釋出流量計

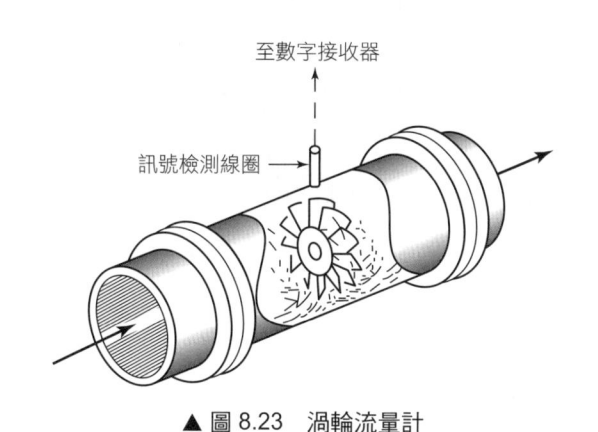

▲ 圖 8.23 渦輪流量計

正排量式流量計

先前敘述過的很多排量式泵和送風機可以做為流量計使用,基本上是計算移動艙 (moving compartment) 填滿與排空的次數。摩擦損失可從流體的壓力降得知,雖然有些流量計直接顯示流率,但大部分的正排量式流量計是量測流體流經某個單位的總體積。擺盤、振動活塞、滑動葉片以及其它形式的正排量式流量計都是目前市面上使用的。它們具有高精確度的特點,可應用在乾淨的氣體

單元操作
流力與熱傳分析

與液體，甚至黏稠的流體；事實上，黏度愈高，功能愈佳。不過，這種流量計並不用於量測骯髒的液體與漿液，正排量式流量計是相對價格昂貴的流量計，操作的成本亦高。

磁性流量計；超音波流量計

這兩類流量計屬非侵入性 (nonintrusive) 的，也就是說它們不置放於流體之中，不會妨礙或降低流體的流動。它們不會造成壓力降，流率自管外直接測得。

在一個磁性流量計 (magnetic meter) 中，流量計的管子被非導電性材料當內襯似地包覆，再用兩個或更多的金屬電極銜接至襯墊壁。電磁線圈纏繞流量計的管子以產生均勻的電磁場。由法拉第電磁感應定律，導電性流體穿過磁場會誘導出一個和流體的流速呈線性比例的電壓。商業用的磁流量計幾乎可以量度所有液體的速度，但碳氫化合物除外，因為它的導電度太小。因為被誘導的電壓僅和速度有關，液體的黏度或密度的改變不會影響電壓的讀數。

超音波流量計 (ultrasonic meter) 有兩種類型：傳送時間 (transit time) 與都卜勒移位 (Doppler shift)。第一種是將一個高頻壓力波收聚後，以一特定角度貫穿流體流動的管路，壓力波的速度可由傳送的時間得知。當壓力波的傳送與流體同一方向，波速會增快，反之就減慢。在靜止的流體中，從傳送時間的變化可以測出流體的速度。這種傳送時間流量計僅適用於乾淨的流體。

另一方面，都卜勒移位流量計是利用流體中同速流動的懸浮粒子或氣泡的壓力波的反射來量測，壓力波係以與流體流動方向成一定角度投射於流體中，而投射波與反射波之間的頻率差和流體的速度成正比，據此可測得流速。

雖然量測的準確度並不高，超音波流量計仍有不少用途，包括腐蝕性流體的流率量測。

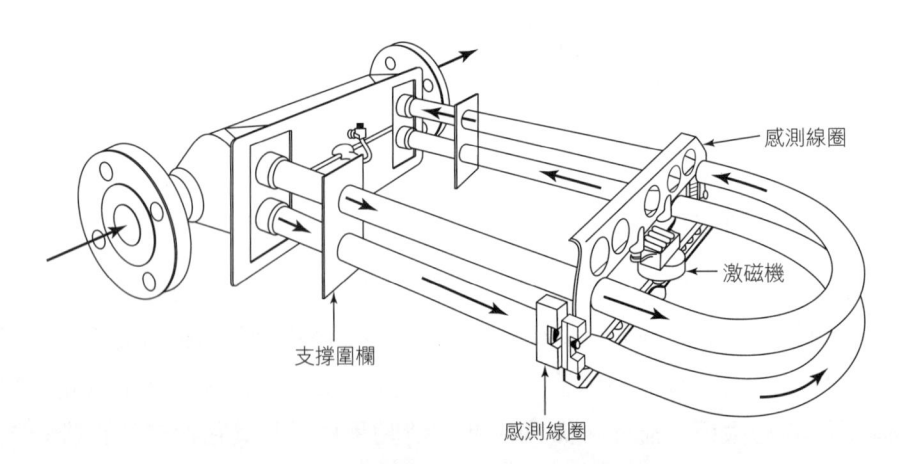

▲ 圖 8.24　典型的柯瑞里斯質流感測器的幾何構圖

柯瑞里斯流量計

當一個物體在旋轉的系統中移動時，有一作用力和它本身的質量、前進速度以及系統的角速度三者成正比，此力稱為柯瑞里斯力 (Coriolis force)。此力和物體的行進方向以及系統的角速度方向垂直。在柯瑞里斯流量計中 (圖 8.24)，流體流經兩個 U 型管，而 U 型管以它們自有的頻率 (natural frequency) 振動，因而產生一個交互的柯瑞里斯力，後者會造成管子小小的彈性變形，而由這個變形的大小可以計算流體的質量流率。流體的密度也可以根據充滿流體的 U 型管自有的頻率來決定。

雙管式柯瑞里斯流量計有極高的精確度，並且可以直接量測質量流率，最常用於小管路中。由於裝置與操作費用都很高，它們的應用較侷限於不易處理的流體或在高準確度可彌補較高花費的情況。有一種較簡化的柯瑞里斯流量計是使用單一的直線管，將兩端固定，然後在管的中間施力使其振動。

插入型流量計

這種類型流量計的感測元件的特點是它的體型比起管線的大小要小，是直接插入流線中量測。有些插入型流量計 (insertion meter) 量測平均流速，但大部分是量測某定點附近的速度。如欲測知流體的整體流率，那麼感測元件的置放位置就變得很重要。在某定點量得的流速必須是常數，並且和流體的平均流速之間存在著已知的定量關係。

量測點也許是在管線的中心線上，而平均流速或可從平均流速與最大流速之間的比率求得 (見第 5 章)。另外，感測器或可置於管線的**臨界點** (criticial point) 上，該處量得的局部速度就是平均速度。不論上述的哪種情況，事前都必須小心謹慎，通常是在流量計的上游提供一個長的靜流段作量測，確保速度分布已完全展開而無失真的現象。

皮托管

皮托管 (pitot tube) 是在流線 (streamline) 上量度局部速度的一種裝置，其設計的原理如圖 8.25 所示。衝擊管 (impact tube) a 的開口與流動方向垂直，而靜置管 (static tube) b 的開口則與流動的方向平行。這兩根管子會連接到壓力計或類似的裝置做為量測微小的壓力差之用。靜置管因為沒有與開口垂直的速度分量，因此用來量測靜止壓力 (static pressure) p_0。衝擊管包含一停滯點 (stagnation point) B，它是流線 AB 的終點。

▲ 圖 8.25　皮托管的原理

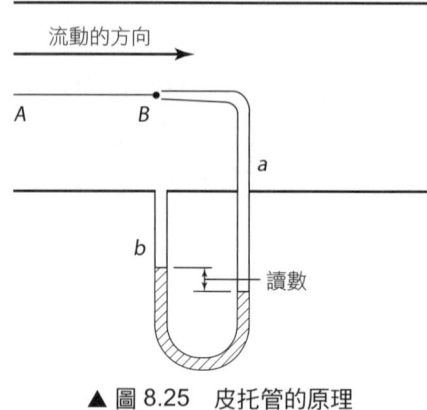

衝擊管量測的壓力 p_s，是將已知流體當做理想氣體，按 (7.8) 式推算的停滯壓力 (stagnation pressure)。從 (7.9) 式可整理得到 u_0 如下：

$$u_0 = \left(\frac{2(p_s - p_0)}{\rho_0 \{1 + \text{Ma}^2/4 + [(2-\gamma)/24]\text{Ma}^4 + \cdots\}} \right)^{1/2} \quad (8.34)$$

其中 p_0 是 b 管所測得的靜止壓力 (static pressure)。因為皮托管的壓力計可測得壓力差 $p_s - p_0$，(8.34) 式提供了衝擊管的放置點附近的速度，在正常的情況下，只有方程式中的第一個馬赫數 (Mach number) 項是值得重視的。

對於不可壓縮流體，馬赫數修正因子為 1，所以 (8.34) 式可簡化如下：

$$u_0 = \sqrt{\frac{2(p_s - p_0)}{\rho}} \quad (8.35)$$

一個理想的皮托管量測到的速度，應與 (8.34) 式計算的完全吻合。良好設計的儀器所產生的誤差，應該不會超過理論值的 1%。若想得到精確的量測，皮托管必須加以校正 (calibrated)，並採用適當的修正因素。此修正因素通常以係數置於 (8.34) 式的括弧項之前。對良好設計的皮托管，此係數近乎 1。

皮托管有兩大缺點：(1) 大部分的設計無法直接提供平均速度；(2) 量測氣體時，其讀數非常小。當皮托管用來量度低壓氣體時，必須採用像圖 2.4 那種可放大讀數的壓力計。

例題 8.5

將 200°F (93.3°C) 的空氣強制流經直徑為 36 in. (914 mm) 的長圓形煙道管。將皮托管置於遠離流動干擾處,以確保正常的速度分布,讀取煙道管中心的皮托管讀數。皮托管的讀數為 0.54 in. (13.7 mm) 水柱,而且量測點的靜壓為 15.25 in. (387 mm) 水柱。皮托管的係數為 0.98。

在 60°F (15.6°C) 及 29.92 in. (760 mm) Hg 的大氣壓力下,計算空氣的流量為多少 ft^3/min?

解

假設馬赫數的修正可忽略不計。以皮托管量測煙道管中心的速度,而速度是以 (8.35) 式利用 fps 單位系統以及修正係數為 0.98 計算而得。(8.35) 式變成

$$u_0 = 0.98\sqrt{\frac{2g_c(p_s - p_0)}{\rho}} \tag{8.36}$$

所需的量如下,儀器所測的絕對壓力為

$$p = 29.92 + \frac{15.25}{13.6} = 31.04 \text{ in. Hg}$$

由於 1 lb mole 的空氣在 32°F 和 1 atm 下所占的體積為 359 ft^3,因此空氣的密度為

$$\rho = \frac{29 \times 492 \times 31.04}{359(460 + 200)(29.92)} = 0.0625 \text{ lb/ft}^3$$

壓力計的讀數為

$$p_s - p_0 = \frac{0.54}{12}(62.37) = 2.81 \text{ lb}_f/\text{ft}^2$$

由 (8.36) 式,最大速度為

$$u_{max} = 0.98\sqrt{2 \times 32.174\left(\frac{2.81}{0.0625}\right)} = 52.7 \text{ ft/s}$$

此值足夠小,所以可忽略馬赫數的修正。利用圖 5.8 可由最大速度求得平均速度。基於最大速度,雷諾數可計算如下。由附錄 8 得知空氣在 200°F 的黏度為 0.022 cP,因此

$$\text{Re}_{max} = \frac{(36/12)(52.7)(0.0625)}{0.022(0.000672)} = 670,000$$

由圖 5.8，查出 $\bar{V}/u_{max}$ 的比值略大於 0.86。以 0.86 作為估計值，可得

$$\bar{V} = 0.86 \times 52.7 = 45.3 \text{ ft/s}$$

若雷諾數 Re 為 $670{,}000 \times 0.86 = 576{,}000$，則 $\bar{V}/u_{max}$ 恰為 0.86 與估計值相同。體積流率為

$$q = 45.3 \left(\frac{36}{12}\right)^2 \left(\frac{\pi}{4}\right) \left(\frac{520}{660}\right) \left(\frac{31.04}{29.92}\right)(60) = 15{,}704 \text{ ft}^3/\text{min} \, (7.41 \text{ m}^3/\text{s})$$

熱流量計

這種流量計量測流體流率的方法是利用流體流過一加熱裝置，量測流體上升的溫度，或量測由加熱表面熱傳到流體的速率。最常見的熱流量計 (thermal meter) 是插入式流量計，用來量測大型溝渠 (duct) 的氣體流量。

一個典型的熱流量計由下列元件組成：一個用電加熱的不鏽鋼管，鄰近於一具有電阻溫度計的類似管子，以及一個不加熱的管子，鄰近於一含有相匹配的電阻溫度計的管子。當氣體橫向通過這些管子時，靠近加熱裝置的管子會比另一個管子熱，而這兩個管子的溫差是和氣體的質量流率成反比。當沒有氣流時，溫差最大，如果流率增加的話，溫差就變小。當流速在 0.08 和 46 m/s (0.25 和 150 ft/s) 之間，熱流量計的精確度是 ±1%。當速度分布呈對稱型，一個量測點就已足夠，對於不對稱的速度分布，使用單一儀器，至多 8 個量測點就可以提供精確的速度量測。特殊的熱流量計能夠承受 455°C (850°F) 的高溫、高輻射或溝渠的強烈振動。

其它插入式流量計

改良式磁性流量計、渦輪流量計、超音波流量計，以及其它形式的流量計都是現成可用的插入式流量計 (insertion meter)，它們對某些特定的用途都有各自的優點。插入式流量計的價格一般比全口徑 (full-bore) 流量計便宜，在量測大管路的流量方面，它是最具經濟效益的方法。

■ 符號 ■

- A ：面積，m² 或 ft²；A_p，泵葉輪外圍通道的截面積
- C_o ：銳孔係數，不含接近流的速度
- C_p ：定壓莫耳比熱，J/g mol·°C 或 Btu/lb mol·°F
- C_v ：文氏計係數，不含接近流的速度
- c_p ：定壓下的比熱，J/g·°C 或 Btu/lb·°F
- c_v ：定容下的比熱，J/g·°C 或 Btu/lb·°F
- D ：直徑，m 或 ft；D_a，管徑；D_b，文氏計喉部的直徑；D_o，銳孔的直徑
- g ：重力加速度，m/s² 或 ft/s²
- g_c ：牛頓定律的比例因數，32.174 ft·lb/lb$_f$·s²
- H ：總高差，J/kg 或 ft·lb$_f$/lb；H_a，在位置 a 的高差；H_b，在位置 b 的高差
- h_f ：摩擦損失，J/kg 或 ft·lb$_f$/lb；h_{fs}，泵吸入管線內的摩擦損失
- IPS ：鐵管大小，標準鋼管用
- M ：分子量
- Ma ：馬赫數，無因次
- m ：質量，kg 或 lb
- $\dot{m}$ ：質量流率，kg/s 或 lb/s
- NPS ：公稱管徑，標準鋼管用
- NPSH ：淨正吸入高差；NPSHR，最小需求值
- n ：轉速，r/s；(8.19) 式中的指數
- P ：動力，W 或 ft·lb$_f$/s；P_B，供給泵的動力；kW 或 hp；P_f，在泵中的流體動力；P_{fr}，在理想泵中的流體動力
- p ：壓力，atm 或 lb$_f$/ft²；p_a，在位置 a 的壓力；$p_{a'}$，在位置 a' 的壓力；p_b，在位置 b 的壓力；$p_{b'}$，在位置 b' 的壓力；p_s，衝擊壓力；p_v，蒸汽壓；p_0，靜壓；p_1, p_2，在位置 1 及位置 2 的壓力
- q ：體積流率，m³/s 或 ft³/s；q_r，通過理想泵的體積流率；q_0，壓縮機的容量，std ft³/min
- R ：氣體定律常數，8.314 N·m/g mol·K 或 1,545 ft·lb$_f$/lb mol·°R
- r ：半徑，m 或 ft
- Re ：管中的雷諾數，$D\bar{V}\rho/\mu$
- Re$_{max}$ ：管中最大的局部雷諾數，$Du_{max}\rho/\mu$
- Re$_o$ ：在銳孔的雷諾數，$D_o u_o \rho/\mu$
- S ：截面積，m² 或 ft²；S_b，文氏計喉部的截面積；S_o，銳孔的截面積
- T ：絕對溫度，K 或 °R；T_a，在壓縮機入口的絕對溫度；T_b，在壓縮機排放口的絕對溫度；亦為轉矩，J 或 ft·lb$_f$

u	:	局部的流體速度，m/s 或 ft/s；u_{max}，管中的最大速度；u_o，在銳孔的速度；u_0，在皮氏管衝擊點的速度；u_2，泵葉輪排放口的速度
V	:	在泵葉輪的絕對速度，m/s 或 ft/s；V_{r2}，速度 V_2 的徑向分量
$\bar{V}$	:	平均流體速度，m/s 或 ft/s；$\bar{V}_a$，在位置 a 的平均流體速度；$\bar{V}_b$，在位置 b 的平均流體速度；$\bar{V}_{opt}$，管中最佳速度
v	:	相對於泵的葉輪的流體速度，m/s 或 ft/s；v_1，在吸入端的流體速度；v_2，在排放端的流體速度
W_p	:	泵功，J/kg 或 ft·lb$_f$/lb；W_{pr}，理想泵的泵功
Y	:	流量計的膨脹因素
Z	:	高於基準面的高度，m 或 ft；Z_a，在位置 a 的高度；Z_b，在位置 b 的高度

■ 希臘字母 ■

α	:	動能修正因數；α_a，在位置 a；α_b，在位置 b；$\alpha_{b'}$，在位置 b'；亦為絕對速度與泵葉輪外圍速度之間的夾角
β	:	泵葉輪的葉片角；亦為比值，即銳孔直徑或文氏計的喉部與管徑的比值
γ	:	比熱的比值，c_p/c_v
ΔH	:	泵所形成的高差；ΔH_r，在無摩擦或理想泵中所形成的高差
η	:	泵、風扇或送風機的總機械效率
μ	:	絕對黏度，cP 或 lb/ft·s
ρ	:	密度，kg/m³ 或 lb/ft³；ρ_a，在位置 a 的密度；ρ_b，在位置 b 的密度；$\bar{\rho}$，平均密度 $(\rho_a + \rho_b)/2$
ω	:	角速度，rad/s

■ 習題 ■

8.1. 就下面的情況，對所需的管子約略大小做初步的估計：

(a) 有一橫跨大陸的管線，在 20 atm 的絕對壓力與 20°C 的溫度下，要輸送 250,000 std m³/h 的天然氣。

(b) 運送水中含對－硝基酚 (p-nitrophenol) 晶體的漿液到一連續離心式分離機中，運送速率為 1 t (metric ton)/h 的固體。漿液的固體含量是 45 wt%，對－硝基酚的密度 $\rho = 1,475$ kg/m³。

8.2. 欲將 114°C，絕對壓力為 1.1 atm 的甲苯以 10,000 kg/h 的流率從一蒸餾塔的再沸器 (reboiler) 泵至第二個蒸餾塔，且甲苯在進入泵之前沒經過冷卻。假若再沸器與泵之間管線的摩擦損失為 7 kN/m²，而甲苯的密度為 866 kg/m³，試問為了得到 2.5 m

的淨正吸入高差 (net positive suction head)，再沸器的液體位置必須高於泵多少？

8.3. 在習題 8.2 中，若泵要將甲苯提升 10 米高，第二蒸餾塔的壓力是一大氣壓，而且排放管線內的摩擦損失為 35 kN/m²。泵的排放速度為 2 m/s。試計算驅動該泵所需的功率為多少？

8.4. 溫度為 70°F，壓力為一大氣壓的空氣，以 125 std ft³/min 的速率進入往復式壓縮機後，被壓縮成錶壓力 (gauge) 為 4,000 lb$_f$/in.² 的氣體。假設每段的壓縮比都相同，試問需要幾段式的壓縮機？對於無摩擦的絕熱壓縮，每一標準立方呎的空氣，所需要的理論軸功 (shaft work) 為多少？假若每一段的效率為 85%，則制動馬力 (brake horsepower) 為多少？空氣的 $\gamma = 1.40$。

8.5. 在習題 8.4 中，從第一段所排放的空氣溫度為何？

8.6. 在例題 8.4 中，安裝了銳孔流量計以後，對於不變的流率所顯示的壓力計讀數為 45 mm。試計算在 15°C 時，流經管線的流量為多少 m³/h？

8.7. 有一比重為 0.60 (相對於空氣)，黏度 0.011 cP 的天然氣流經一個 6 in. Schedule 40 號的管線，該管線裝有一個附帶凸緣接頭的標準銳緣銳孔流量計。氣體在上游接頭處的溫度與絕對壓力分別為 100°F 和 20 lb$_f$/in.² abs。在 60°F 時，壓力計的讀數是 46.3 in H$_2$O。天然氣比熱的比值為 1.30。銳孔計的直徑為 2.00 in.。在壓力為 14.4 lb$_f$/in.² 以及溫度為 60°F 之下，計算氣體流經管線的流速為每分鐘多少立方呎？

8.8. 一個喉部直徑為 20 mm 的水平文氏流量計，被裝置在一個內徑為 75 mm 的管線中。溫度為 15°C 的水流經這條管線。一含水銀的壓力計裝在水的下方以量測各點之間的壓力差。當壓力計的讀數為 500 mm 時，試問水的流率為多少 m³/h？如果 12% 的壓力差屬於永久的損失，則流量計的功率消耗是多少？

8.9. 一 V 型流量計被使用來量測水中含 15% 離心交換粒子的漿液的流動。該漿液流經一個 3 in.，Schedule 40 的管線，預期的流率範圍是 30 至 150 gal/min。粒子的密度為 1,250 kg/m³，平均粒徑大小為 250 μm。(a) 如果 V 形或楔形流量計跨過了整個管子內徑的三分之二，當流率呈現最大值時，期望的壓力降為多少？(b) 如果壓力差傳輸器的準確度是 0.05 lb$_f$/in.²，當流量計在量測最大及最小流率時，其準確度為多少？

8.10. 煙氣 (flue gas) 流經一個 1.2 m × 2 m 的長方形溝渠的質量流率是由一熱流量計量測。一般煙氣的組成成分是 76% N$_2$、3% O$_2$、14% CO$_2$ 和 7% H$_2$O；在溝渠條件為 150°C，1 atm 之下，煙氣的平均流速為 12 m/s。(a) 如果將一個 5,000 W 的加熱器放置於溝渠的中央，當加熱的煙氣與其餘的氣體混合之後，溫度會上升多少？如果上、下游的溫度可精確地量到 ±0.01°C，則流量的量測準確度是多少？(b) 如果流量計是用一般的氣體組成進行校正，將煙氣的 CO$_2$ 改為 12%，其效果如何？

8.11. 氨在 10°C，1 atm 下被一單級 (single-stage) 絕熱壓縮機壓縮至 5 atm，流率為 50

kg/h。(a) 如果是理想的壓縮機，計算出口溫度與所需的功率。(b) 如果壓縮機只有 80% 的效率，出口溫度與所需的功率為多少？

8.12. 某氣體的比熱為 9.2 cal/mol·°C 在一個單級絕熱壓縮機，由原來 25°C，1 atm 的氣體被壓縮到 8 atm，而壓縮機的工作效率為 75%。(a) 每莫耳的該氣體所做的功為多少？(b) 如果是附有冷卻功能的雙級 (two-stage) 壓縮機將氣體溫度降為 20°C，則每莫耳氣體所做總功為多少？

8.13. 當壓力比 p_b/p_a 趨近於 1.0 時，導出從絕熱壓縮變成等溫壓縮所需的功率方程式。

8.14. 一個皮托管裝在一大溝渠的中心以量測一含有 20% CO_2 和 80% 空氣的某氣體在 250°C，1.1 atm 下的流率。(a) 若壓力計的讀數為 15 mm H_2O，試問該氣體在溝渠中心的流速？(b) 考慮下列的條件範圍：20 ± 5% CO_2、250 ± 1°C、1.1 ± 0.05 atm，那麼對所計算的氣體流速會導致的最大誤差為多少？

8.15. 有一浮子流量計是線性錐形管，其底部的直徑大約等於浮子的直徑。假設拖曳係數是常數，導出一個關係式說明為何流量和浮子在管中的高度幾乎呈線性關係。

■ 參考文獻 ■

1. Dwyer, J. J. *Chem. Eng. Prog.* **70**(10):71 (1974).
2. *Fluid Meters: Their Theory and Applications*. 6th ed. New York: American Society of Mechanical Engineers, 1971, pp. 58-65.
3. Ginesi, D., and G. Grebe. *Chem. Eng.* **94**(9):102 (1987).
4. Haden, R. C. *Chem. Eng. Prog.* **70**(3):69 (1974).
5. Jorissen, A. L. *Trans. ASME* **74**:905 (1952).
6. Neerken, R. F. *Chem. Eng.* **94**(12):76 (1987).
7. Perry, R. H., and D. W. Green (eds.). *Chemical Engineers' Handbook.* 7th ed. New York: McGraw-Hill, 1997, p. **10**-50.
8. Peters, M. S., K. D. Timmerhaus, and R. E. West. *Plant Design and Economics for Chemical Engineers.* 5th ed. New York: McGraw-Hill, 2003, pp. 401-406.

CHAPTER 9

液體的攪拌與混合

許多製程的成功端賴於其中流體有效的攪拌與混合 (agitation and mixing)。雖然經常被混淆，攪拌與混合並非同義語。攪拌是指在一特殊種類的容器內，使一種材料以特定的方式運動。通常它是循環狀的。混合是讓兩種或以上原本分離的相，經過彼此之間互相進出的動作，形成一種不規則的分布。一個單相均匀的材料，例如一桶冷水可被攪拌，但它不能被混合，直到加進其它材料 (諸如一些熱水或粉狀固體)。

混合一詞可應用於各種製程，不同的是，各種經過混合的材料其均匀度彼此不同。考慮這樣的一個情況，將兩種氣體放在一起，它們會完全摻合 (blended)，在另外的情況下，沙、碎石、水泥和水可以放在一旋轉鼓 (rotating drum) 中翻滾一段時間予以混合。在這兩種狀況下，最終的產品都可稱為混合物。可是這兩種混合物的均匀度是不同的。即使是非常少量的試料，混合氣體一定是具有相同的組成成分。另一方面鋼筋混凝土試料的組成，彼此就大不相同。

本章主要討論液體的攪拌與混合，液體與氣體在其它液體的分散，以及固體在液體中的懸浮。至於黏稠的糊漿、彈性體 (elastomer) 以及乾燥固體粉末的混合則留待第 28 章再討論。

攪拌的目的

液體的攪拌有許多目的，主要看製程步驟的需要而定。這些目的包括：

1. 使固體顆粒懸浮。
2. 摻合彼此互溶的液體，如甲醇和水。
3. 使氣體以小氣泡的形式分散在液體中。
4. 將兩種互不相溶的液體攪成乳液或形成一種帶細小液滴的懸浮液。
5. 促進液體與旋管 (coil) 或套管 (jacket) 之間的熱傳遞。

一個攪拌裝置通常同時具有多種功能，例如以觸媒進行液體的氫化反應。在一個氫化反應槽中，催化劑顆粒懸浮於液體中，當通入氫氣後，它分散於液體裡且促進了液體與固體粒子之間的質量傳遞，同時反應熱會藉由冷卻旋管或套管移出。第 15 章將討論攪拌槽的熱傳遞；至於液滴、氣泡和固體粒子的質傳效應則在第 17 章討論。

攪拌槽

液體最常在巨槽 (tank) 或容器中攪拌，而槽或容器通常為圓柱狀，並且帶有一垂直軸。攪拌槽大多是封閉式的，但有的沒有頂蓋，開口迎向大氣。槽有各種大小比例，端看攪拌本質的需要。可是，圖 9.1 顯示的是一種標準化的攪拌槽設計，適用於很多種情況。攪拌槽不是平底而採用圓弧形，這是為了消除尖銳的角落或區域，因它們是流體無法滲入的地方。液體的深度大約等於攪拌槽的直徑。轉軸 (shaft) 由頂端固定而懸空，葉輪 (impeller) 裝置其上。轉軸由馬達驅動，馬達可直接和轉軸連接，但更常見的是它有接上一個減速箱。其它附屬配片包括出入口管線、旋管、套管和溫度計套管或其它量測溫度的裝置。

葉輪會帶動液體在槽內循環流動，然後回到葉輪上。擋板的作用是降低切線方向的運動。攪拌槽中流體的流動型態將在本章後續的章節討論。

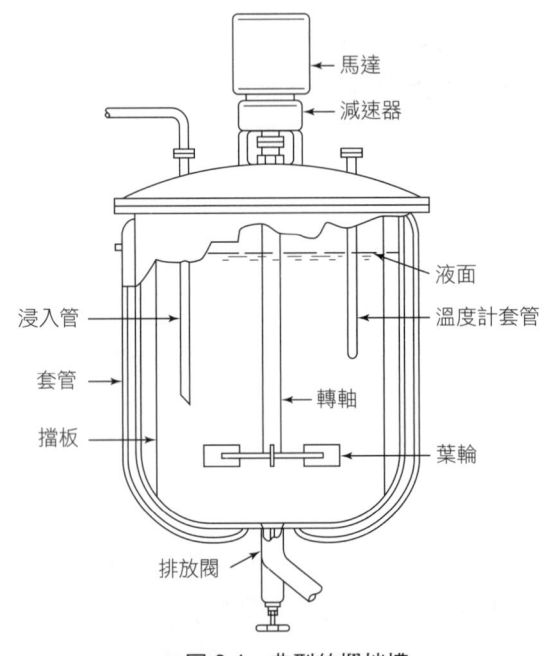

▲ 圖 9.1 典型的攪拌槽

葉輪

葉輪攪拌器一般分成兩類：一種會產生與葉輪轉軸平行的流動，稱之為**軸向流葉輪** (axial-flow impeller)；另外一種稱為**徑向流葉輪** (radial-flow impeller)，其產生的流動是沿著徑向或切線方向。

從低到中等黏度液體的攪拌葉輪，主要有下列三種：螺旋槳 (propeller)、渦輪 (turbine) 和高效率葉輪。每一種型式包含許多的變化以及分支 (subtype)，不過這些細節不在這裡討論。對於很黏稠的液體，廣為使用的是螺旋狀葉輪和錨式攪拌器。

螺旋槳 螺旋槳 (propeller) 是軸向流、高轉速的葉輪，適用於低黏度的液體。小型螺旋槳以 1,150 或 1,700 rpm 的馬達全速運轉；較大型的轉速大約是 400 到 800 rpm。葉輪轉動的方向是選擇能使液體向下，而且當液體離開葉輪仍然能夠繼續流動，直到碰到容器的底部才翻轉。離開葉輪的高度亂流漩渦液柱，當其移動時會帶走一些停滯的液體，而這些葉輪的葉片會強力地剪切這些液體。由於液流在其中的持久性，螺旋槳攪拌器可以有效地用於大型容器。

一個旋轉的螺旋槳會在流體中以螺旋線 (helix) 的方式移動，而且如果液體與螺旋槳之間沒有滑動的現象，則螺旋槳旋轉一圈會將液體在縱向帶動一個固定的距離，其值取決於葉片的傾斜角度，此距離與螺旋槳的直徑的比率稱為螺旋槳的**螺距** (pitch)。一螺旋槳的螺距，若是 1.0，就稱為**正方形螺距** (square pitch)。

一個典型的螺旋槳如圖 9.2a 所示。帶有正方形螺距的標準三葉式航海用螺旋槳是最常見的；四葉式、鋸齒狀和其它設計的螺旋槳則用於特殊用途。不管槽的大小，螺旋槳的直徑很少是超過 18 in. 的。在深槽中，可在同一軸上裝上兩個或更多的螺旋槳，但通常它們需將液體導引至同一個方向。

渦輪 圖 9.2 顯示四種渦輪 (turbine) 葉輪。簡單的直葉型渦輪葉輪如圖 9.2b 所示，它將葉輪上的液體往徑向和切線方向推，而不是垂直方向。它所產生的液流因此向外朝向槽壁，然後往上或向下流動。這種葉輪常常稱為槳 (paddle)，它在製程貯槽中的典型轉速是在 20 至 150 r/min 之間。盤形渦輪是在一水平的轉盤上安裝數個直立的葉片 (圖 9.2c)，以產生高剪切率的數個區域；這樣特別有助於氣體在液體中的分散；因為只要在中等的轉速下，氣體就會被強迫徑向地流往葉片的尖端，在那裡遇到高剪切力，助其分散於液體中，另外廣為使用於氣體分散操作的還有凹形葉片 (concave-blade) CD-6 盤式渦輪 (圖 9.2d)。當需要良好的整

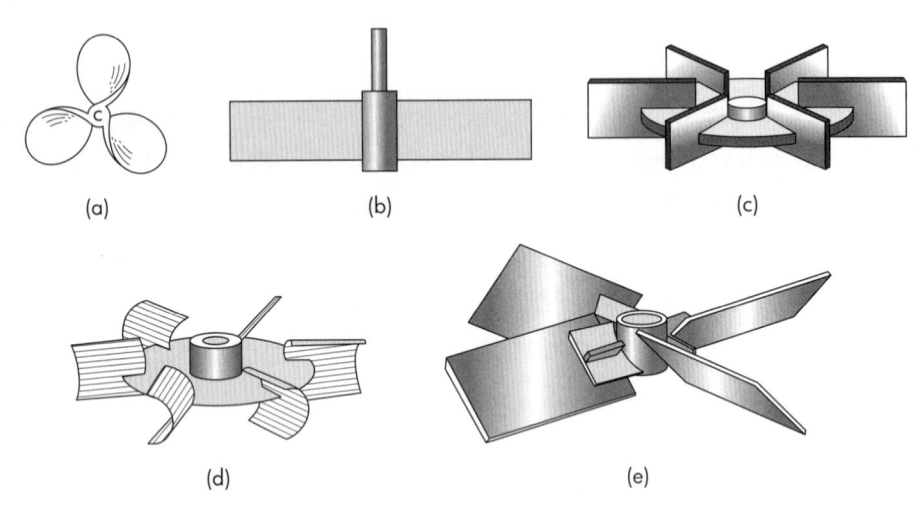

▲ 圖 9.2 適用於中黏度之液體的葉輪：(a) 三葉式航海用螺旋槳；(b) 單一直線型渦輪；(c) 圓盤式渦輪；(d) 凹形葉片 CD-6 葉輪 (Chemineer, Inc.)；(e) 傾斜式葉片渦輪

體循環時，有一種傾斜式葉片 (pitched-blade) 渦輪 (圖 9.2e) 可以使用，因為它除了徑向流之外，也提供軸向流動。

「標準」渦輪設計　攪拌容器的設計師必須就下列幾個因素做出抉擇，包括葉輪的形式與位置、槽的比例大小、擋板 (baffle) 的數目和比例等等。上述的每一個決定，都會影響液體的循環速率、速度型態以及消耗的功率。對於一般攪拌問題的設計，始於像圖 9.3 所示的渦輪攪拌器，其典型的比例如下：

$$\frac{D_a}{D_t} = \frac{1}{3} \qquad \frac{H}{D_t} = 1 \qquad \frac{J}{D_t} = \frac{1}{12}$$

$$\frac{E}{D_t} = \frac{1}{3} \qquad \frac{W}{D_a} = \frac{1}{5} \qquad \frac{L}{D_a} = \frac{1}{4}$$

擋板的數目通常是 4；葉輪葉片的數目從 4 至 16，但通常是 6 到 8。當然在特殊的情況下，可以指定不同於上列的比例；例如將攪拌器放置於槽中較高或較低的位置，或是採用一個較深的攪拌槽以達到所需的製程結果，或許都有好處。即使如此，上列的標準比例仍然廣泛地被接受，成為許多已發表的攪拌器性能相關文件的基礎。

高效率葉輪　傾斜式葉片渦輪經過改變後，在既定的流率下，可以提供更均勻的軸向流動和更好的混合，而且還可減少功率的消耗。高效率葉輪 HE-3 是將三片傾斜的葉片壓彎以減小它的邊緣的角度。A310 流體 - 葉形 (fluid-foil) 葉輪 (圖

9.4) 使用翼形 (airfoil-shaped) 葉片，採前端比底部窄的設計。這些葉輪雖廣泛地使用於攪拌低或中黏度的流體，但不建議用於非常高黏度的液體或用於氣體分散的操作。

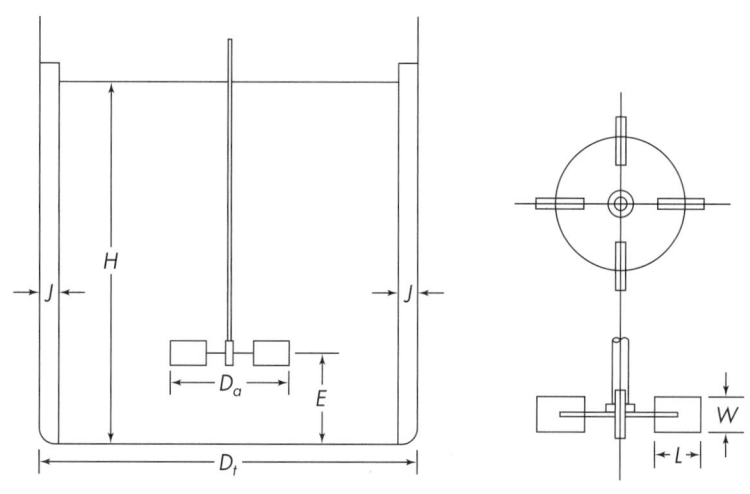

▲ 圖 9.3　渦輪攪拌器的關鍵尺寸 [摘自 *Rushton et al.*[45]]

▲ 圖 9.4　A310 流體 - 箔葉輪 (Lightnin–SPX 設備) [摘自 *Perry and Green*[40]]

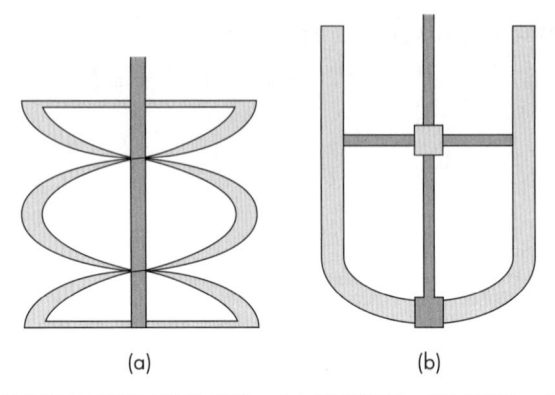

▲ 圖 9.5　適用於高黏度液體的葉輪：(a) 雙轉螺旋 - 帶狀葉輪；(b) 錨式葉輪

適用於高黏度液體的葉輪　設計良好的渦輪葉輪系統可用於攪拌黏度高達 50 Pa·s 的液體。對於黏度高於 20 Pa·s 的液體，使用圖 9.5a 所示之螺旋 - 帶狀 (helical-ribbon) 葉輪，往往更有效率。螺旋葉片的直徑非常接近於槽的內徑，這保證即使對於非常黏稠的物質，液體也會流向槽壁。螺旋帶狀葉輪已非常成功地用於黏度高達 25,000 Pa·s 的液體之攪拌。[1]

為了使接近槽底的液體獲得良好的攪拌，可使用一種如圖 9.5b 所示的錨形葉輪 (anchor impeller)。因為它不會產生垂直方向的流動，它的混合效果不如螺旋帶狀的葉輪，但它促進了流體與槽壁之間良好的傳熱效果。錨形與螺旋帶狀葉輪都可和刮片 (scraper) 一起配置，這有助於從槽壁清除液體。

流動型態

攪拌槽內液體的移動狀況和下列的許多因素有關，諸如：葉輪的形式、液體的特性，特別是它的黏度；以及槽、擋板和葉輪的大小及比例等等。槽內任何點的液體速度有三個分量，而槽內液體的流動型態視三個速度分量從點到點的變化而定。第一個速度分量是徑向的 (radial)，作用在葉輪轉軸的垂直方向。第二個分量是縱向的，其作用的方向與轉軸平行。第三個分量在切線或旋轉，它作用在轉軸附近圓形路徑的切線方向。對於直立的轉軸，其徑向與切線方向的速度分量同在一個水平的平面上，而縱向的分量則在垂直面上。對於混合的操作，其徑向和縱向分量比較有用，它們是流動所需要的因素，對於位在槽的中央而且是直立的轉軸，切線分量的存在是不利的。直平葉片 (flat-blade) 的渦輪中，如圖 9.6 所示，切線方向的流動會在轉軸周圍繞著圓形路徑運動而在液體中形成漩渦。完全相同的流動形式也出現在傾斜葉片的渦輪或螺旋槳的攪拌。這個打旋的動作會持續不停地在不同的液位 (level) 形成液層 (stratification)，

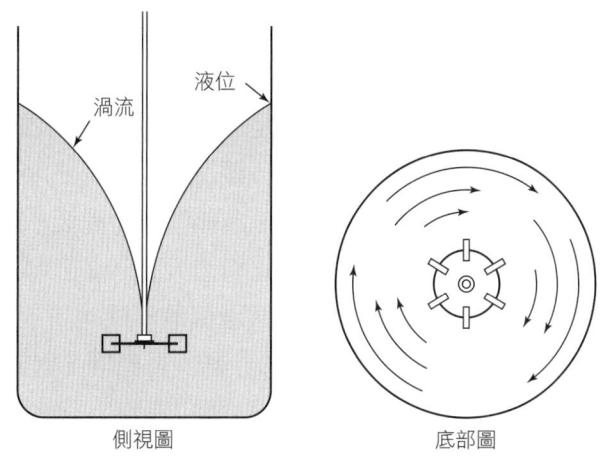

▲ 圖 9.6　在一未加擋板的槽中，使用徑向流渦輪，流體的漩渦模式 (摘自 *Oldshue*[37])

而在液位之間卻沒有縱向的流動。如果液體中含有固體粒子，循環的液流會藉離心力將這些粒子往外拋，從而這些粒子會向下移動囤積在槽的中央底端，此時不是混合，而是發生了反其道而行的濃縮結果。因為液體在循環流動中是沿著葉輪葉片轉動的方向流動，於是液體與葉片之間的相對速度會減小，而且液體所吸收的功率也受到限制。在一個沒加擋板的槽中，任何種類的葉輪都會產生循環流，不論是軸向流 (axial flow) 或徑向流 (radial flow)。如果造成的是強的漩渦，不管葉輪是怎樣的設計，液體的流動型態實際上是相同的。當葉輪以高速運轉時，渦流 (vortex) 可深到觸及葉輪，以致液面上的氣體被吸入液體之中，一般這是不良的。

打漩的防制　有三種方法可以防制循環流和打漩的發生。對於小型槽，可以將葉輪裝在偏離中心的地方，如圖 9.7 所示。將轉軸從槽的中心線移開，且斜置於

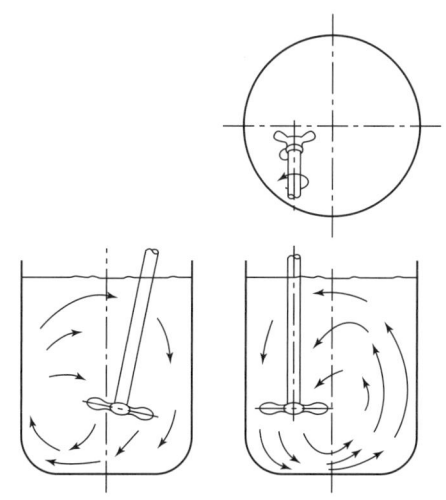

▲ 圖 9.7　偏離中心螺旋槳的流動模式 (摘自 *Bissell et al.*[5])

與液體的移動方向成垂直的平面上；對於大型槽，可將攪拌器裝置在槽的一邊，轉軸則在一水平面上並且與半徑形成一個夾角。

裝有直立攪拌器的大型槽，裝置擋板是減少打漩的好方法，因為可以阻止旋轉流的產生，而不干擾徑向和縱向流。一個簡便又有效的擋板，乃是在槽壁的垂直方向裝上直立的條片 (vertical strip)。這種型態的擋板，請參閱圖 9.1。除非是極大型的槽，一般四片擋板已足以防止打漩及渦流的形成。如果無法加裝更多的擋板，即使是一或二片擋板，對於循環流的形成也會有很大的影響。對一般渦輪，擋板的寬度以不超過容器直徑的 $\frac{1}{12}$ 為設計原則，對於裝螺旋槳的槽，則擋板寬度不可超過槽的直徑的 $\frac{1}{18}$。[5] 對於黏稠的液體，即使採用較窄的擋板，事實上當黏度 $\mu > 10$ Pa·s，擋板是不需要的。其它如果是在側邊裝入、傾斜的，或偏離中心的螺旋槳，擋板也是不需要的。

一旦打漩被制止了，槽內的流動型態就和葉輪的型式有關。螺旋槳攪拌器通常會將液體送到槽底，液流會全方位以徑向朝槽壁流動，然後液體會沿著壁面向上流，再從頂端回到螺旋槳的吸入端。當想要得到強力的垂直流，就使用螺旋槳攪拌器，例如將重的固體粒子保持在懸浮液中。不過當液體的黏度超過 5 Pa·s 時，螺旋槳就不適用。傾斜葉片渦輪具有 45° 向下推動的葉片，也使用在固體懸浮液，以產生強力的軸向流。可是當黏度非常高時，軸向流葉輪趨向於改變它們的排放流動模式，從低黏度液體的軸向流動到高黏度液體的徑向流動。[38]

平板葉片渦輪可以在葉輪的平面上產生良好的徑向流，它們會在槽壁分開，然後形成兩股循環型的流動，其中之一沿著槽壁向下流動，然後從下方回到葉輪的中心。另一股流動是沿著槽壁往上流，再從上而下回到葉輪。在一個沒有擋板的槽中，中等攪拌速度會產生強力的切線流，也會形成渦流。加裝擋板後，垂直方向的流動增快，液體的混合速度跟著變快。

一般直立圓柱槽中的液體深度必須等於或大於槽的直徑。如果液體深度遠比直徑大，可在同一個轉軸上安裝兩組或更多組的葉輪，通常位置最低的是徑向流葉輪，像直葉式渦輪；位置較高的常是軸流式葉輪。位置最低的葉輪是裝置於離槽底約一個葉輪直徑 (大小) 的地方。

導流管 任何形式的葉輪回流，由各個方向接近葉輪，因為它不受固體表面的控制。例如流體進出螺旋槳。基本上就像空氣流進和流出一個室內的風扇相似。對大部分葉輪混合機械 (impeller mixer) 的應用而言，這無關緊要，不是一個限制，可是當流體被吸到葉輪上的流動方向和速度變得重要而必須加以控制時，就要使用導流管 (draft tube)，如圖 9.8 所示。當需要在葉輪上面產生很高的剪切

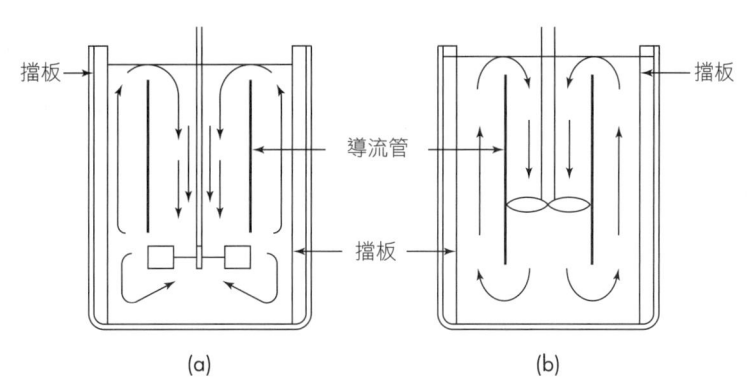

▲ 圖 9.8 導流管、擋板槽：(a) 渦輪式；(b) 螺旋槳式 (摘自 Bissell et al.[5])

力時，例如，製造某些乳膠或是固態粒子易浮游在槽內液體的表面，而我們欲讓它們分散於液體之中，這些裝置或許用得上。對於螺旋槳攪拌器，導流管安裝在葉輪的周圍，對於渦輪式攪拌器，它們就裝在葉輪的上方。如圖 9.8 所示。導流管會增加系統中流體間的摩擦力，對於一個設定的功率輸入，這些管的存在也會減小流率，因此除非必要，否則不予採用。

循環速率

不管攪拌問題的本質如何，想要一個加工製造的槽能有效地運作，在一合理的時間內，葉輪使流體循環所帶動的體積必定足夠掃過整個容器。而且流體離開葉輪的速度必須快到足夠將它送到槽內最遠的地方。在混合與分散 (dispersion) 的製程中，循環速率 (circulation rate) 不是唯一的因素，或甚至不是最重要的一個因素；亂流在移動的流體中才是影響有效操作的關鍵因素。亂流來自於液體中適度導向的流動，它還是由較大的速度梯度所造成。循環與亂流的產生都要消耗能量；至於輸入的能量與攪拌容器的設計參數之間的關係，將在稍後的章節中討論。一些即將碰到的有關攪拌的問題，有的要求較大的流量或較高的平均速度，另有一些則要求較高的局部性亂流或功率的消耗。雖然流率和功率的消耗隨著攪拌速度的增加而增加，葉輪的形式與大小的選擇也會影響流率以及功率消耗的相對值。一般大葉輪配上中等速度是使用在促進流動，小葉輪當需要強力亂流時，則採用高速運轉。

流量數 基本上，渦輪或螺旋槳攪拌器是一種泵葉輪，它在沒有外殼也沒有導引方向的輸入和輸出流動下操作。控管渦輪攪拌器的關係式和第 8 章所討論的離心泵很相似。[19a] 圖 9.9 所示的平板葉片渦輪葉輪，其參數的命名和圖 8.9 的十分相似，除了用實際的速度和角度，代替理想的速度和角度，例如：u_2 是葉片

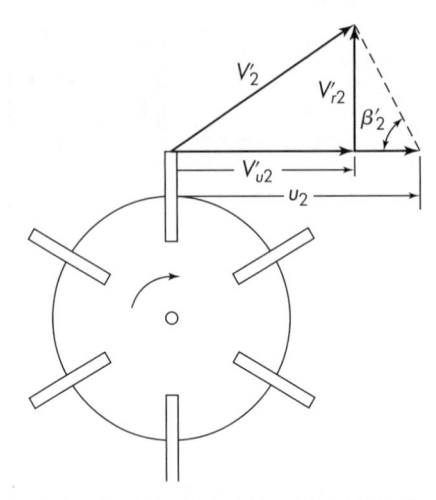

▲ 圖 9.9　在渦輪式葉輪葉片尖端處的速度向量

尖端的速度，V'_{u2} 與 V'_{r2} 分別是液體離開葉片尖端實際的切線方向速度和徑向速度；而 V'_2 是液體在同一點的總速度。假設液體的切線速度是它的葉片尖端速度的 k 倍 ($0 < k < 1$)，即

$$V'_{u2} = ku_2 = k\pi D_a n \tag{9.1}$$

因為 $u_2 = \pi D_a n$。那麼經過葉輪的體積流率 q 可表示如下：

$$q = V'_{r2} A_p \tag{9.2}$$

這裡 A_p 就是葉輪葉片尖端所掃過的圓柱面積，亦即

$$A_p = \pi D_a W \tag{9.3}$$

其中　$D_a =$ 葉輪的直徑
　　　$W =$ 葉片的寬度

由圖 9.9 的幾何圖形，可得如下的關係式：

$$V'_{r2} = (u_2 - V'_{u2}) \tan \beta'_2 \tag{9.4}$$

將 (9.1) 式的 V'_{u2} 代入，可得

$$V'_{r2} = \pi D_a n (1 - k) \tan \beta'_2 \tag{9.5}$$

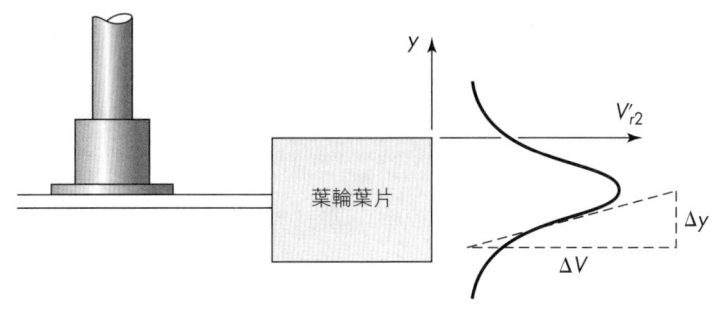

▲ 圖 9.10　由一垂直葉片渦輪流出之典型速度分布，顯示剪切率的定義 (摘自 Oldshue[37])

　　圖 9.10 顯示一個標準的渦輪葉片，液體從它的葉片尖端徑向流出的速度分布。這裡的速度指的都是在葉片尖端速度。徑向速度是葉片中間平面上的最大值，但它遠小於頂端與底端的速度。葉片上任何點的速度視其與尖端的距離多少而定，這個會在稍後的章節討論。體積流率 q 是指流體離開葉輪的總流量，也是在葉片尖端所量得的量。從 (9.2) 式到 (9.4) 式，體積流率 q 可表示如下：

$$q = K\pi^2 D_a^2 n W(1-k)\tan\beta_2' \tag{9.6}$$

此處 K 係一常數，即使實際上徑向速度在葉片的整個寬度上並不是常數。對幾何形狀相似的葉輪，葉片的寬度 W 與葉輪的直徑 D_a 成正比，加上 K、k 與 β_2' 近乎常數。因此

$$q \propto nD_a^3 \tag{9.7}$$

這兩個物理量 q 和 nD_a^3 的比值稱為**流量數** (flow number) N_Q，其定義如下：

$$N_Q \equiv \frac{q}{nD_a^3} \tag{9.8}$$

從 (9.6) 式到 (9.8) 式，它意指對每一種形式的葉輪，N_Q 是常數。對一裝有擋板的槽，一個標準的平板葉片渦輪[23]的 N_Q 可當做 1.3。這裡計算所得的並非產生的總流量，而是從葉輪尖端所排出的流量。當液體的高速流離開葉輪的尖端後，會帶上一些移動較緩慢的液體，噴流的速度會減緩，但總流量卻增加了。對平板葉片渦輪，藉由粒子或溶解掉的追蹤劑的平均循環時間，[23] 可由下式估計總流量：

$$q_T = 0.92nD_a^3\frac{D_t}{D_a} \tag{9.9}$$

對於典型的 $D_t/D_a = 3$ 的比值，q_T 為 $2.76nD_a^3$ 或是在葉輪上測量值的 2.1 倍 ($N_Q = 1.3$)。(9.9) 式僅適用於當 D_t/D_a 的值介於 2 與 4 之間。

對於軸向流的葉輪，例如傾斜葉片渦輪，航海用螺旋槳或特殊形狀葉片渦輪，q 為垂直方向的排放流率，是在緊靠葉輪的正下方量測而得。流量數 N_Q 或可視為一個常數值。要設計裝置了擋板的攪拌槽，下列的 N_Q 值可做參考：

對於航海用的螺旋槳 [19b] (正方形螺距)	$N_Q = 0.5$
對於四葉片 45° 渦輪 [19b] $\left(\dfrac{W}{D_a} = \dfrac{1}{6}\right)$	$N_Q = 0.87$
對於圓盤式渦輪	$N_Q = 1.3$
對於 HE-3 高效率葉輪	$N_Q = 0.47$

速度形態和速度梯度

更多的細節關於葉輪造成流動的形態、局部的速度和總流量，已可藉由使用小型的速度探針[23]或追蹤劑粒子的照相量測而取得。[13] 圖 9.11 是 Cutter[13] 對於在 11.5 吋槽內，裝置一個 4 吋平板葉片渦輪做的某些研究結果。當流體離開葉輪的葉片時，在葉輪中心線的流體速度的徑向分量 V'_r 大約是尖端速度 u_2 的 0.6 倍。徑向速度會隨著離開中心線的垂直距離的減少而減少；但如圖 9.10 所顯示的，噴流因為會帶走液體而變大，然後超過葉片的邊緣，導致累積了 $0.75q_B$ 的總流量，這裡 q_B 是指全部的流體以 u_2 的速度移動，穿過葉片橫掃過所形成的圓柱側邊的體積流量。因此，在這一點所帶走的液體流量是直接從葉片流出量的 25%。

當噴流從葉輪離開的時候，因為流動的面積增加，以及更多的液體被帶入，噴流的移動因此緩慢下來。沿著葉輪的中心線，其速度的降落多少和徑向的距離呈現線性關係，而 V'_r 和 r 的乘積 $V'_r r$ 近乎常數，可由其它的研究得知。[23] 因為帶走了液體，總體積流量會隨著半徑增加到大約 $1.2q_B$。然後在它接近槽壁時，液流開始分成往上及朝下的兩股循環迴路，流量因此降低。比較最大流量的 $1.2q_B$ 和徑向排放速度 $0.6u_2$，它表示總流量是葉輪直接排放速度的兩倍，這與利用 (9.9) 式計算出來的因子 2.1 不謀而合。

液體的攪拌與混合　277

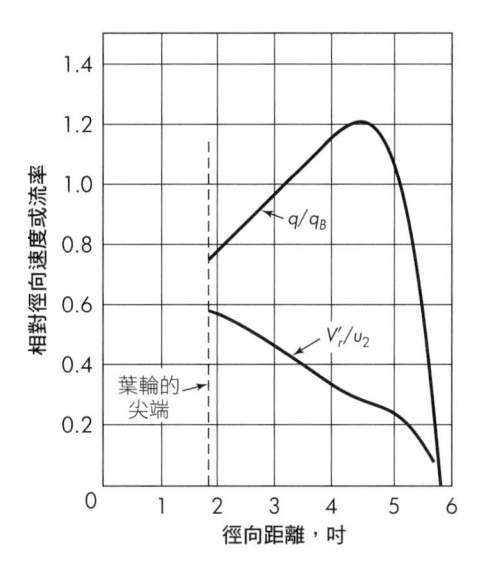

▲ 圖 9.11　渦輪式攪拌槽中的徑向速度 V'_r/u_2 與體積流率 q/q_B (摘自 Cutter[13])

　　攪拌槽內的速度梯度隨著液體中各點的位置的不同,而有很大的變化。如圖 9.10 所示,速度梯度等於 $\Delta V/\Delta y$。在離開葉輪時,噴流邊緣的梯度相當大,這是因為高速加上噴流相對狹窄。根據葉片尖端在垂直方向的速度分布,此點的速度梯度大約是 $0.9u/0.75W$,此處 $0.9u$ 是徑向和切線方向速度的合成值,而 $0.75W$ 是噴流離開葉輪時的一半寬度。因為對於一個標準渦輪,$u = \pi n D_a$,而 $W = D_a/5$,這樣速度梯度等於 $19n$,這個可用來估計渦輪葉輪附近區域的最大剪切率。當噴流離開葉輪時,它的速度會逐漸慢下來,在噴流邊緣的速度梯度也就跟著變小,渦輪葉片的背後有強力渦流,其局部的剪切率可高達 $50n$。[48]

　　圖 9.12 顯示在一個 12 in. 渦輪攪拌器內裝冷水的流動狀況。此為六葉式渦輪,葉片的直徑為 6 in.,轉速為 200 r/min。所觀察的液面流經葉軸的轉軸,並且位在徑向擋板 (radial baffle) 的正前面。[33] 流體在徑向方向離開葉輪,在擋板上分成往上及朝下的兩股縱向分流,然後往內流向葉輪的轉軸,最後回到葉輪吸進流體的地方。在槽底轉軸的正下方,流體以打漩的方式移動;在其它各地若非徑向就是縱向流動。

　　圖 9.12 所指的數字是各點不含向量的流速大小,是以葉輪葉片尖端速度的分率來表示。在上述的使用條件下,葉片尖端速度大約是 4.8 ft/s (1.46 m/s)。當噴流靠近槽壁時,其速度很快地下降到尖端速度的 0.4 倍。槽內其它位置的流體速度大約是尖端速度的 0.25 倍,雖然仍有流體近乎停滯的兩個環狀區域,分別位在葉輪的上面與下面,其速度僅為尖端速度的 0.10 至 0.15 倍。

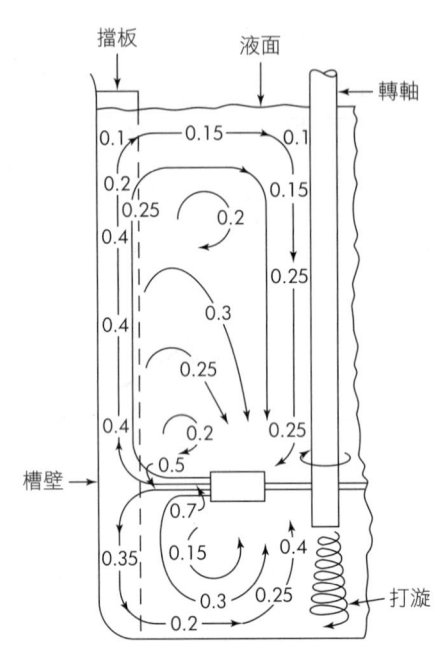

▲ 圖 9.12　渦輪式攪拌器中的速度形態 (摘自 Morrison et al.[33])

當葉輪的轉速增加時，葉片尖端的速度以及循環速率也跟著增加。可是就某個位置而言，流體在該點的速度未必以相等的比例增加，因為對一個快速移動的噴流，它從整個液體帶走的流量比緩慢流動的噴流要來得多，因此噴流的速度會隨著和葉輪距離的增加而急速下降。

對於剪切力會變小的液體或擬塑膠液體 (pseudoplastic liquid)，渦輪或許會使其鄰近葉輪的區域得到高的剪切率，但在靠近槽壁的地方，剪切率會降低很多，而其視黏度 (apparent viscosity) 會高出許多。因此靠近槽壁的速度可能遠比圖 9.12 所示的要低很多。一個軸向流葉輪或螺旋狀絲帶 (helical ribbon) 葉輪可用來避免在槽內形成停滯區。

功率消耗

設計一攪拌槽，需要多少功率才足以驅動葉輪是一個重要的考量。當槽內的流動是亂流時，其所需的功率可由葉輪產生的流量 q 與該流體每單位體積的動能 E_k 的乘積來估算。q 與 E_k 分別是

$$q = nD_a^3 N_Q$$

及

$$E_k = \frac{\rho(V_2')^2}{2}$$

上式中 V'_2 稍小於葉輪的尖端速度 u_2。若將 V'_2/u_2 的比值記為 α，則 $V'_2 = \alpha\pi nD_a$，而功率的需求量 P 就等於

$$P = nD_a^3 N_Q \frac{\rho}{2}(\alpha\pi nD_a)^2$$
$$= \rho n^3 D_a^5 \left(\frac{\alpha^2\pi^2}{2} N_Q\right) \tag{9.10}$$

若寫成無因次形式 (dimensionless form) 則表示如下：

$$\frac{P}{n^3 D_a^5 \rho} = \frac{\alpha^2\pi^2}{2} N_Q \tag{9.11}$$

(9.11) 式等號的左邊稱為功率數 (power number) N_P，定義為

$$N_P \equiv \frac{P}{n^3 D_a^5 \rho} \tag{9.12a}$$

若以 fps 單位，則為

$$N_P \equiv \frac{Pg_c}{n^3 D_a^5 \rho} \tag{9.12b}$$

對於一個標準的六葉渦輪，$N_Q = 1.3$；且若 α 值當做 0.95，則 $N_P = 5.8$。此與後述的觀察相當吻合。

功率關聯式 為了要估計以設定的速度轉動一已知的葉輪所需的功率，必須知道功率 (或功率數) 和該系統其它變數之間的經驗關聯式。這些關聯的形式可藉因次分析求得，假如槽與葉輪的一些重要數據，葉輪與槽底之間的距離、液體深度，以及若有使用擋板時其尺寸大小均為已知的話，擋板的數目與排列以及葉輪葉片的數目也必須固定。參與分析的變數包括槽與葉輪的一些重要的量度數據、液體的黏度 μ 和密度 ρ，以及轉速 n。此外，除非採取行動消除打漩，液體的表面一定會呈現漩渦。部分的液體會往上升起，高於平均的液面或高於未經攪拌前的液面，而這個上升動作必須能克服重力。所以重力加速度 g 也必須考慮為因次分析的一個因數。

在各種線性物理量中，任選一數做為基量，若將各物理量除以基量則各種線性的量測都可轉換成無因次比值，稱為**形狀因數** (shape factor)。葉輪的直徑 D_a 和槽的直徑 D_t 都適用於選作基準的度量，那麼形狀因素可藉由其它的每一個

物理量除以 D_a 或 D_t 而得。如上定義，令形狀因數以 $S_1, S_2, S_3, ..., S_n$ 來註記。葉輪的直徑 D_a 因此可看做是設備大小的一個量度，而做為分析的一個變數，正如管徑用在研究管內摩擦力的因次分析一樣。有兩個幾何比例相同，實體大小不同的混合器，其形狀因數是相等的，但葉輪的直徑 D_a 大小不同。符合此等要求的裝置稱為幾何相似或具有幾何相似性。

當形狀因數可以暫時忽略掉，而且假設液體是牛頓流體，則功率 P 是其餘變數的函數，即

$$P = \psi(n, D_a, \mu, g, \rho) \tag{9.13}$$

應用因次分析的方法，可得到如下的結果：[45]

$$\frac{P}{n^3 D_a^5 \rho} = \psi\left(\frac{n D_a^2 \rho}{\mu}, \frac{n^2 D_a}{g}\right) \tag{9.14}$$

若將形狀因數考慮進去，(9.14) 式可寫成

$$\frac{P}{n^3 D_a^5 \rho} = \psi\left(\frac{n D_a^2 \rho}{\mu}, \frac{n^2 D_a}{g}, S_1, S_2, \ldots, S_n\right) \tag{9.15}$$

(9.14) 式的第一個無因次群，$P/n^3 D_a^5 \rho$ 就是功率數 N_P。第二個無因次群，$n D_a^2 \rho/\mu$ 是雷諾數 Re；第三個，$n^2 D_a/g$ 就是弗勞德數 (Froude number) Fr。(9.15) 式因此可以寫成

$$N_P = \psi(\text{Re}, \text{Fr}, S_1, S_2, \ldots, S_n) \tag{9.16}$$

這裡或許可以給 (9.14) 式的三個無因次群簡單的解釋。首先考慮 $n D_a^2 \rho/\mu$ 這個無因次群。因為葉輪的尖端速度 u_2 等於 $\pi D_a n$，

$$\text{Re} = \frac{n D_a^2 \rho}{\mu} = \frac{(n D_a) D_a \rho}{\mu} \propto \frac{u_2 D_a \rho}{\mu} \tag{9.17}$$

這個群組可從葉輪的直徑和葉輪外圍的速度計算求得，而且它和雷諾數成正比，這是這個群組命名的由來。在低雷諾數 (Re < 10) 時，黏稠的流動是槽內主流，當 Re > 10^4 時，整個槽到處是亂流。介於兩者之間的過渡區域則存在於中度的雷諾數。

功率數 N_P 類於摩擦係數或拖曳係數，它和施予葉輪每單位面積的拖曳力與慣性應力的比值成正比。這表示它和流體的動量流以及大量流動有關。

弗勞德數 (Froude number) Fr 是量測作用在流體單位面積的慣性應力與重力的比值。它出現在液體表面有明顯波動的流體功率狀況下。所以在船舶的設計上特別重要。如果使用擋板或雷諾數 Re < 300，它就不重要了。在高雷諾數的狀況下，攪拌器很少使用不附加擋板的，因此弗勞德數不包括在以下的關聯式中。

特定葉輪的功率關聯式　對於附加擋板且葉輪置於中心位置的攪拌槽，其典型的 N_P 對雷諾數 Re 的關係，顯示於圖 9.13。最上方的曲線是針對六葉的圓盤狀渦輪，其形狀因數和第 268 頁所列的標準渦輪相同。在高雷諾數的情況下，其曲線在功率數 = 5.8 的地方漸趨平緩，這和先前的計算值相符。CD-6 凹式葉片渦輪的曲線與上述的圓盤狀渦輪相似，不過它趨於平緩的值是 $N_P = 2.9$。由四個 45° 角的葉片構成的傾斜渦輪，在低雷諾數的情況下，帶動所需的功率大約是標準渦輪的七成，在高雷諾數時，所需的功率僅為兩成。A310 和 HE-3 等高效率葉輪，其功率數比渦輪低很多，但也具有較低的流動數 (flow numbers) 且通常在較高的速度下操作。上述的五種葉輪在雷諾數 Re > 10^4 時，其功率數都是常數值，當 Re <10 時，功率數與雷諾數呈反比關係。

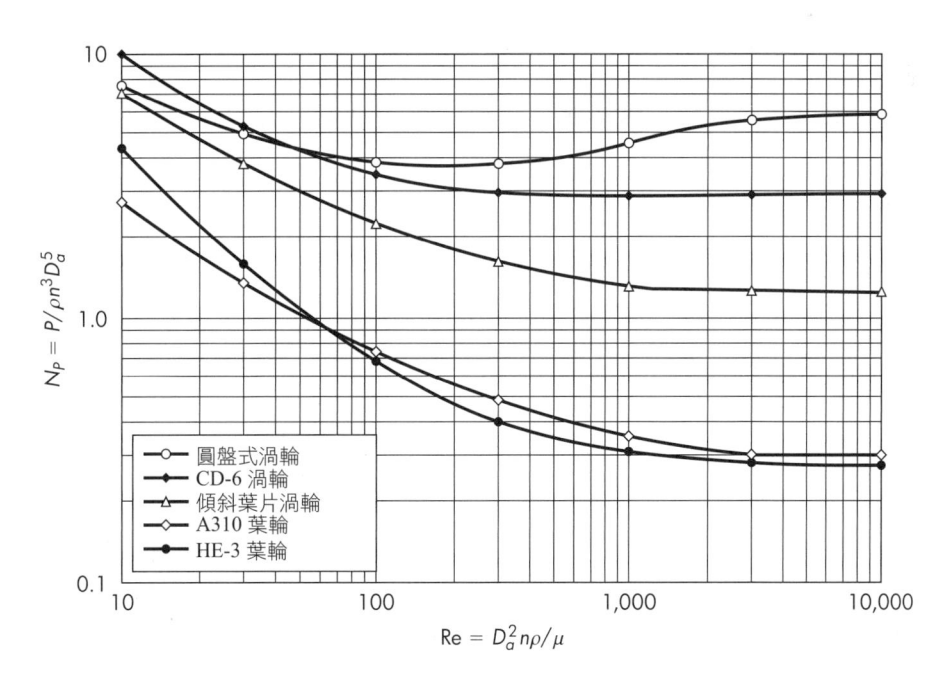

▲ 圖 9.13　渦輪式及高效率葉輪的功率數 N_P 對雷諾數 Re 之關係圖

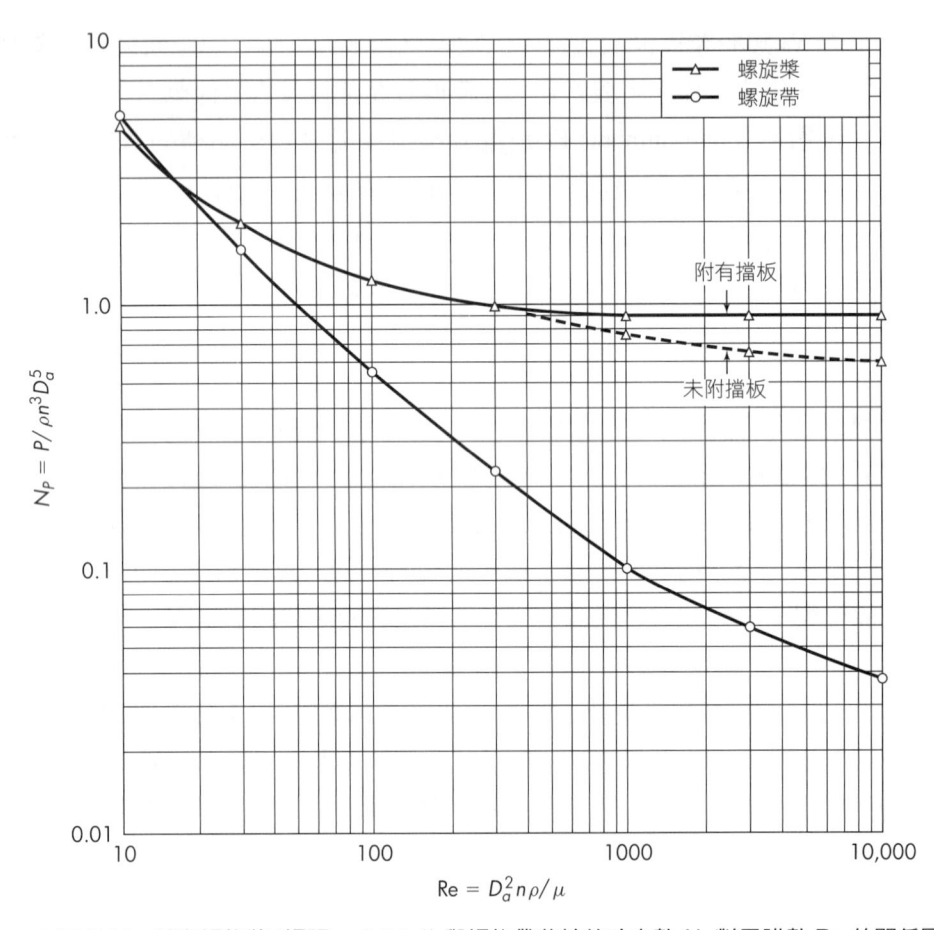

▲ 圖 9.14　航海螺旋槳 (螺距 = 1.5：1) 與螺旋帶葉輪的功率數 N_P 對雷諾數 Re 的關係圖

圖 9.14 顯示航海用的螺旋槳以及螺旋帶 (helical ribbon) 攪拌器的功率數與雷諾數的關係圖。對於螺旋槳，當 Re = 10^4 時，附有擋板的攪拌器的功率數比未附有擋板的多了五成，但在低雷諾數的情況下，兩者的功率數幾乎沒什麼差別。螺旋葉輪攪拌器不使用擋板，其功率數 N_P 隨著雷諾數 Re 的增加而快速地減少。這種螺旋葉輪通常僅用在低雷諾數的情況下，對於 Re > 10^4，無數據可供參考。錨形攪拌器的功率數 (沒有顯示於圖中) 在整個雷諾數的範圍 (10 至 10^4) 稍大於螺旋狀葉輪。

系統幾何形狀的影響　(9.16) 式中的形狀因數 (shape factor) $S_1, S_2, \ldots, S_n$ 對於功率數 N_P 的影響，有時小，有時又很大。有時候兩個或更多的這類型因數會互相牽扯；例如改變 S_1 所造成的影響，可能和 S_2 或 S_3 的大小有關。在一個附加擋板的攪拌槽中，若是一個平板渦輪 (flat blade turbine) 在高雷諾數的情況下運作，

其改變系統幾何的影響可歸納如下：[3]

1. 減少 S_1，也就是減少葉輪直徑對槽直徑的比值，當擋板的數目少而且窄小時，就會增加 N_P；如果擋板寬而且數目多時，就會減少 N_P。如此形狀因數 S_1 和 S_5 之間相互關聯。在實際的工業應用上，最常見的是四個擋板以及 S_5 等於 $\frac{1}{12}$ 的攪拌槽，變更 S_1 對 N_P 值並沒什麼影響。
2. 改變空隙 (clearance) S_2 的效果，取決於渦輪的設計。對於如圖 9.3 所示的圓盤狀渦輪，增加 S_2，則 N_P 跟著增加。對於傾斜葉片的渦輪，增加 S_2，則 N_P 會大幅度降低，如表 9.1 所示。但對於開放型的直葉式渦輪 (straight-blade turbine)，增加 S_2 時，N_P 僅會稍微降低。
3. 對於一個開放型的直葉式渦輪，改變 S_4，亦即改變葉片寬度對葉輪直徑的比值，其效果直接和葉片的數目有關。對於六個葉片的渦輪，N_P 隨著 S_4 的增加而增加；對於四個葉片的渦輪，N_P 隨著 $S_4^{1.25}$ 的增加而增加。如果是傾斜葉片的渦輪，其葉片寬度對功率消耗的影響遠小於直葉式渦輪 (參考表 9.1)。
4. 在同樣轉軸上裝設兩個直葉式渦輪，如果兩個葉輪的間距至少等於葉輪的直徑，則其所需的功率大約是轉動單一渦輪的 1.9 倍。若是兩個渦輪排得非常靠近，其所需的功率為單一渦輪的 2.4 倍。
5. 攪拌槽的形狀對於 N_P 的影響不大。對於水平圓柱狀的攪拌槽，不管有無擋板，或是具有方形截面且有擋板的直立攪拌槽，它們所消耗的功率與直立圓柱狀的攪拌槽相等。對於無擋板的方形攪拌槽，其功率數大約是有擋板的圓柱狀攪拌槽的 0.75 倍。即使功率消耗和槽的形狀無關，循環流動的形態大大地受到攪拌槽形狀的影響。

功率消耗的計算　傳輸到液體的功率可藉由 (9.12) 式與 N_P 和其它因素間的關係計算而得。重新排列 (9.12) 式可得

$$P = N_P n^3 D_a^5 \rho \tag{9.18}$$

▼ 表 9.1　葉片寬度與空隙在六葉 45° 的渦輪對功率消耗的影響 [10, 42]

$W/D_a, S_4$	空隙, S_2	K_T
0.3	0.33	2.0
0.2	0.33	1.63
0.2	0.25	1.74
0.2	0.17	1.91

在低雷諾數的情況，有擋板和無擋板攪拌槽的 N_P 對 Re 的曲線彼此重合，加上該曲線在對數座標的斜率為 -1。因此

$$N_P = \frac{K_L}{\mathrm{Re}} \tag{9.19}$$

由此導出

$$P = K_L n^2 D_a^3 \mu \tag{9.20}$$

在此範圍內，流動是層流，密度不再是個因數。當雷諾數 Re 小於 10 的情況下，可使用 (9.19) 和 (9.20) 式。

對於有擋板的攪拌槽，當雷諾數約大於 10,000 時，功率數不受雷諾數大小的影響，所以黏度不是個因數。在此情況下，流動完全呈現亂流，(9.16) 式變成

$$N_P = K_T \tag{9.21}$$

因此，(9.18) 式可寫成

$$P = K_T n^3 D_a^5 \rho \tag{9.22}$$

關於各種形式的葉輪和攪拌槽，其常數 K_T 和 K_L 的值，請參考表 9.2。

▼ 表 9.2　對於有擋板的攪拌槽，在槽壁裝上四個寬度為槽直徑的 $\frac{1}{10}$ 的擋板，其應用於 (9.19) 和 (9.21) 式的常數值 K_L 和 K_T

葉輪的形式	K_L	K_T
螺旋槳，三葉		
螺距 1.0[43]	41	0.32
螺距 1.5[37]	48	0.87
渦輪式		
六葉盤式[37] ($S_3 = 0.25, S_4 = 0.2$)	65	5.75
六傾斜葉片[42] (45°, $S_4 = 0.2$)	—	1.63
四傾斜葉片[37] (45°, $S_4 = 0.2$)	44.5	1.27
平板槳，二葉式[43] ($S_4 = 0.2$)	36.5	1.70
HE-3 葉輪	43	0.28
螺旋帶	52	—
錨式[37]	300	0.35

例題 9.1

一個具有六個平板葉片的圓盤式渦輪，被安置在直徑 2 m 且具有垂直擋板的攪拌槽正中央的位置。渦輪的直徑為 0.67 m，其安裝的位置距離槽底 0.67 m。渦輪葉片的寬度為 134 mm。此槽裝了 2 m 深的 50% NaOH 水溶液，其溫度為 65°C，黏度為 12 cP，密度為 1,500 kg/m³。若此渦輪葉輪的轉動速度為 90 r/min，試問所需的功率為多少？

解

首先計算雷諾數。需用到的量為

$$D_a = 0.67\,\text{m} \qquad n = \frac{90}{60} = 1.5\,\text{r/s}$$
$$\mu = 0.012\,\text{Pa}\cdot\text{s} \qquad \rho = 1,500\,\text{kg/m}^3$$

因此

$$\text{Re} = \frac{D_a^2 n \rho}{\mu} = \frac{0.67^2 \times 1.5 \times 1,500}{0.012} = 84,169$$

因為 Re > 10^4，$N_P = K_T$。由表 9.2 知，$K_T = N_P = 5.8$，且由 (9.22) 式，可得

$$P = 5.8 \times 1.5^3 \times 0.67^5 \times 1,500 = 3,964\,\text{W 或 3.96 W}$$

例題 9.2

使用如例題 9.1 的攪拌系統，將黏度為 120 Pa·s 以及密度為 1,120 kg/m³ 的橡膠乳膠化合物加以混合，則所需的功率為何？

解

雷諾數為

$$\text{Re} = \frac{0.67^2 \times 1.5 \times 1,120}{120} = 6.3$$

此值在層流的範圍。由表 9.2 知，$K_L = 65$，且由 (9.20) 式，得到

$$P = 65 \times 1.5^2 \times 0.67^3 \times 120 = 5,278\,\text{W 或 5.28 kW}$$

> 此功率需要量與攪拌槽是否裝有擋板無關。有擋板的攪拌槽沒有理由在如此低的雷諾數下操作,因為在此條件下,渦流就無法形成。
>
> 注意當黏度增加 10,000 倍,其運轉所需要的功率,比低黏度液體在有擋板的攪拌槽中操作僅增加約 33%。

非牛頓液體的功率消耗 為得到非牛頓液體相關的功率數據,其功率數 $P/n^3 D_a^5 \rho$ 可如同牛頓液體予以定義。非牛頓液體的雷諾數不容易定義,因為其視黏度 (apparent viscosity) 隨著剪切率 (速度梯度) 而變,而剪切率並非恆定,而是隨著容器內各點位置的不同而有相當大的變化。雖然如此,非牛頓液體中,相關的數學式已被成功地提出,利用平均剪切率 $(du/dy)_{av}$ 計算出平均視黏度 μ_a,從而得出類似 (9.17) 式的雷諾數

$$\text{Re}_n = \frac{nD_a^2\rho}{\mu_a} \qquad (9.23)$$

如同 (3.9) 式所示,對於冪律 (power law) 流體,其平均視黏度可藉由與平均剪切率的關係求得

$$\mu_a = K'\left(\frac{du}{dy}\right)_{av}^{n'-1} \qquad (9.24)$$

將 (9.24) 式代入 (9.23) 式中,從而可得

$$\text{Re}_n = \frac{nD_a^2\rho}{K'(du/dy)_{av}^{n'-1}} \qquad (9.25)$$

對於擬塑膠液體,已被證明其在容器內有效的平均剪切率和葉輪速度有關。對很多種擬塑膠液體,下式成立:

$$\left(\frac{du}{dy}\right)_{av} = k_s n \qquad (9.26)$$

其中 k_s 對某一特殊形態的葉輪是一常數,n 為葉輪的轉速。有些研究報告[9, 18, 27]指出,對於直葉渦輪 $k_s = 11$,這樣算出的平均剪切率大約稍微超過估計的最大值 $19n$ 的一半 (參閱第 277 頁)。其它形態葉輪的 k_s 值請參考表 9.3。[1] 攪拌槽的

▼ 表 9.3　有效剪切率的 k_s 的值 [(9.26) 式][1]

葉輪形式	k_s
高效率	10
傾斜葉片	11
直葉片	11
圓盤式渦輪	11.5

體積平均剪切率可能遠小於 $k_s n$，但其功率消耗的有效值大大地和葉輪附近區域的剪切率有關。

整合 (9.25) 與 (9.26) 式，並重新整理，可得

$$\mathrm{Re}_n = \frac{n^{2-n'} D_a^2 \rho}{k_s^{n'-1} K'} \tag{9.27}$$

圖 9.15 顯示一個六葉渦輪在擬塑膠液體內，功率數與雷諾數的關係。其中的虛線取自圖 9.13，適用於牛頓流體，它的 $\mathrm{Re} = nD_a^2\rho/\mu$。實線則適用於擬塑膠液體，其 Re_n 則源自 (9.23) 與 (9.27) 式。當 Re 低於 10 和高於 100 的時候，擬塑膠液體和牛頓液體有相同的結果；當 Re 介於 10 與 100 之間，擬塑膠液體比牛頓液體消耗較少的功率。對於擬塑膠液體，在雷諾數大約是 40 時，層流轉變成亂流。而牛頓流體在雷諾數為 10 時就發生了這種轉變。

一攪拌擬塑膠液體的流動形態和牛頓液體有很大的不同。擬塑膠液體在靠近葉輪的地方，其速度梯度大而視黏度低。當液體因移動而離開葉輪時，其速度梯度會減少而視黏度則上升。若液體速度急速下降，就會大大減少速度梯度，視黏度因此跟著增加。因此，即使當葉輪附近出現高度的亂流，但是大部分的流體可能還是以緩慢的層流流動，並且消耗很小的功率。如果攪拌的是擬塑膠液體，圖 9.12 所示緩慢移動的液體所形成環狀線圈 (toroidal ring) 會留下明顯的痕跡。

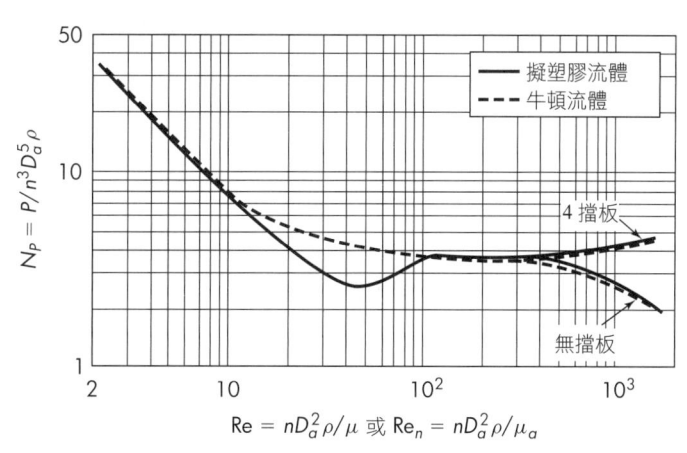

▲ 圖 9.15　六葉渦輪在擬塑膠液體的功率相關性

▍摻合與混合

和攪拌相比，混合 (mixing) 在描述和研習上，是更加困難的一種操作。在一個攪拌容器中，流體流動的形態和速度雖然複雜，但可以合理地界定和重現，而且其功率的消耗量易於量測。另一方面，混合研習的結果很少具有高度的重現性，而且它和特定實驗者如何界定混合所做的一大堆量測有關。良好的混合往往可由視覺來判定，例如利用干涉現象來追蹤氣體在管道中的摻合 (blending) [30] 或由酸 - 鹼指示劑的顏色變化來決定液體的摻合時間。[17, 35] 其它採用的判定標準還包括濃度的衰變率或溫度的微小變化，[25] 從混合物的各部分隨機抽取少量樣品，分析其變化，[25] 溶質從一個液相到另一液相的傳遞速率，以及在固體 - 液體混合物中，觀測懸浮液的均勻度。

互溶液體的摻合

互溶液體通常在較小型的操作容器中藉由螺旋槳、渦輪或高效率葉輪進行摻合，其攪拌裝置通常置於正中央。如果是大型貯存槽或廢水處理槽，則攪拌器採用側進螺旋槳或噴射混合器。在一個操作容器中，所有液體通常充分攪拌且摻合甚快。在一個大型的貯存槽中，攪拌器大部分時間是在怠惰狀況下，它們只在槽裡開始充填而形成層化的液體時才有所運作。層化摻合的速度通常是緩慢的。

操作槽內的摻合　操作槽內因葉輪的轉動而產生高速度的股流，尤其在葉輪附近因為形成了強烈的亂流，使得在該區域的液體混合得非常好。當股流順勢納入其它液體而沿著管壁流動，其流速減慢；當大的渦流破碎變成較小渦流時，會產生一些徑向的混合，而在流體流動的方向則可能會有少許的混合。流體完成一個循環的迴路回到葉輪的地方，就會再產生強力的混合。根據這種模式來計算，流體在槽內如此循環五次，就能達到 99% 近乎完全的混合。至於混合所需的時間，可從各種葉輪產生總流動的相關公式來估算。對於一個標準六葉渦輪，從 (9.9) 式

$$q_T = 0.92 n D_a^3 \frac{D_t}{D_a} \tag{9.28}$$

$$t_T \approx \frac{5V}{q_T} = 5 \frac{\pi D_t^2 H}{4} \frac{1}{0.92 n D_a^2 D_t} \tag{9.29}$$

或

$$nt_T \left(\frac{D_a}{D_t}\right)^2 \left(\frac{D_t}{H}\right) = 常數 = 4.3 \qquad (9.30)$$

對於某一特定的槽和葉輪，或者對於幾何相似的系統，實驗已確認在高的雷諾數之下，混合時間與攪拌速度成反比關係[13, 32]。圖 9.16 顯示幾個不同系統的混合時間因數 nt_T 對雷諾數 Re 的關係。對於一個有擋板的渦輪，當 $D_a/D_t = \frac{1}{3}$ 且 $D_t/H = 1$ 時，在 Re > 2,000，其 nt_T 的值為 36，而由 (9.30) 式計算所得之推測值為 $9 \times 4.3 = 38.7$。

當雷諾數在 10 與 1,000 的區間內，縱使功率消耗與在亂流情況下並無太大的差異，其混合時間卻明顯地變長了。如圖 9.16 所示，在這個雷諾數的範圍內，採用裝設擋板的渦輪，其混合時間的長短是隨著攪拌速度的 −1.5 次方而變化，然後當雷諾數變小，混合時間的增加變得更加陡峭。圖 9.16 也提供了一些葉輪大小與槽大小比值 (即 D_a/D_t) 的數據。對於渦輪，Norwood 和 Metzner[35] 得到一般的關係式，如圖 9.17 所示。若將它們的混合時間因數重新排列，可以看出它與亂流區所推測的結果之間的差異，由 (9.30) 式：

$$f_t = \frac{t_T (nD_a^2)^{2/3} g^{1/6} D_a^{1/2}}{H^{1/2} D_t^{3/2}} = nt_T \left(\frac{D_a}{D_t}\right)^2 \left(\frac{D_t}{H}\right)^{1/2} \left(\frac{g}{n^2 D_a}\right)^{1/6} \qquad (9.31)$$

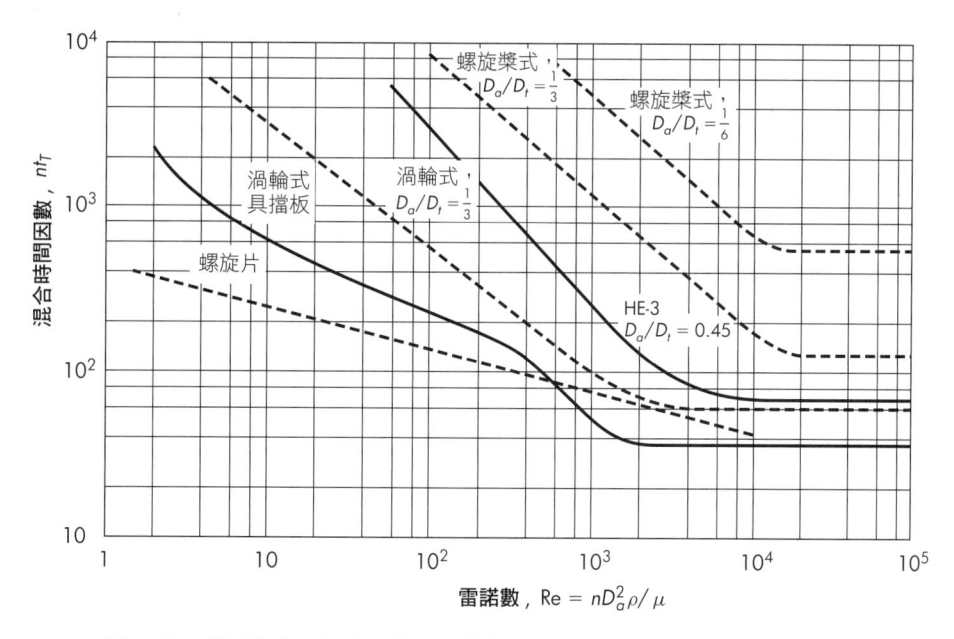

▲ 圖 9.16　攪拌槽內的混合時間。虛線表示無擋板的槽；實線表示有擋板的槽

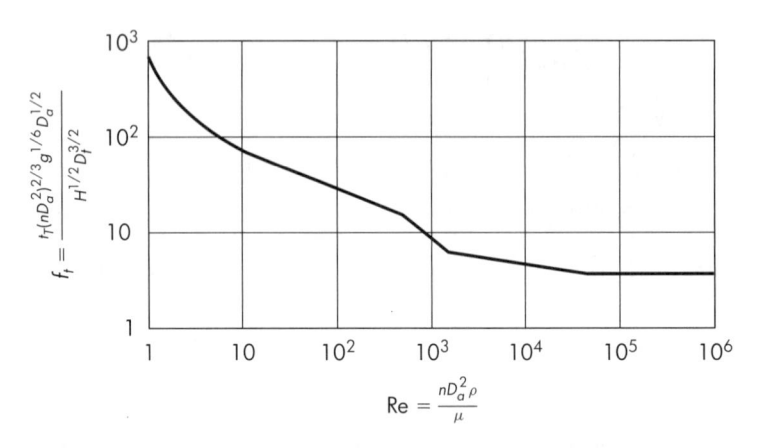

▲ 圖 9.17 在有擋板的渦輪式攪拌槽內，互溶液體的摻合時間的相關性 (摘自 Norwood and Metzner[35])

(9.31) 式的弗勞德數 (Fr) 意指一些漩渦的影響，它可能在低雷諾數時出現，但對於附有擋板的槽且在高雷諾數下，此項是否必須包括在內，則是有疑問的。當 $Re > 10^5$，f_t 幾近於常數 5。若 $D_a/D_t = \frac{1}{3}$，$D_a/H = 1$，而且弗勞德數可以忽略不計的話，nt_T 大約等於 45，稍大於 (9.30) 式的預測值。

對於 HE-3 高效率葉輪，圖 9.16 所示的混合時間因數是基於下述的實驗關聯式，[16] 用於亂流區域或附上一個關聯因數用於低雷諾數區域。

$$nt_T = 16.9 \left(\frac{D_t}{D_a}\right)^{1.67} \left(\frac{H}{D_t}\right)^{0.5} \tag{9.32}$$

在高雷諾數之下，其混合時間都略大於標準渦輪者，但所需的功率卻非常的低 (參見圖 9.13)。因此，高效率葉輪通常用於比渦輪更高的轉速和更高的 D_a/D_t 比。輸入相同的單位體積的功率，在亂流區，高效率葉輪的混合結果比一般渦輪的要稍快一點。

對於非常黏稠的液體，[32] 輸入等值的功率，螺旋帶攪拌器需要的混合時間較短，但如果在較稀的液體，它混合的時間比渦輪要慢。相較於渦輪，螺旋槳需要的混合時間比較長，但是在相同的攪拌速度下，其所需的功率大約少了一個數量級。圖 9.16 中，有關螺旋槳的數據，摘自 Fox 和 Gex[17] 的通用關聯式，它的混合時間函數和 (9.30) 式與 (9.31) 式不同：

$$f'_t = \frac{t_T(nD_a^2)^{2/3} g^{1/6}}{H^{1/2} D_t} = nt_T \left(\frac{D_a}{D_t}\right)^{3/2} \left(\frac{D_t}{H}\right)^{1/2} \left(\frac{g}{n^2 D_a}\right)^{1/6} \tag{9.33}$$

他們所得到的數據是針對 $D_a/D_t = 0.07$ 到 0.18，於圖 9.16 中，將其外插至 $D_a/D_t = \frac{1}{3}$ 則結果是稍微不確定的。由於漩渦經常出現在沒有擋板的槽中，將弗勞德數 (Fr) 包括在 (9.33) 式中，可能是理所當然的。

在相同的葉輪狀況下，擬塑膠液體在雷諾數低於大約 1,000 以下，所需的摻合時間，遠較牛頓液體為長 [18, 32]。在遠離葉輪的低剪切力區域，擬塑膠液體的視黏度大於靠近葉輪處。在這樣的偏遠區域，亂流的渦流很快地衰退，常常形成近乎停滯的液體，這兩種效果導致不良的混合以及較長的摻合時間。一個軸向流動的葉輪加上一個導流管 (draft tube) 可用來提升整個容器內的循環流動。在高雷諾數下，牛頓液體和擬塑膠液體的混合特性只有很小的差別。

當氣泡、液滴以及固體粒子分散在液體中，即使輸入的功率是相同的，[15] 連續相的摻合時間會增加。這種影響會隨著黏度的增加而增加，對於黏稠的液體，即使氣體的貯存量只有 10%，摻合時間可增加到正常值的兩倍之多。

例題 9.3

一個直徑 6 ft (1.83 m) 的攪拌槽，內含一個直徑 2 ft (0.61 m) 的六葉直片式渦輪，裝在高於槽底一個葉輪直徑的地方，並以 80 r/min 的速度轉動。這種攪拌槽可用來中和 70°F 的稀釋氫氧化鈉 NaOH 水溶液，所用的濃硝酸 HNO_3 必須滿足計量式的化學當量。攪拌槽最後的液體高度為 6 ft (1.83 m)。假設是一次將所有的硝酸加入槽中，試問需要多長的時間完成中和？

解

利用圖 9.16。需用到的量為

$$D_t = 6 \text{ ft} \qquad D_a = 2 \text{ ft} \qquad E = 2 \text{ ft}$$

$$n = \frac{80}{60} = 1.333 \text{ r/s}$$

液體的密度： $\rho = 62.3 \text{ lb/ft}^3$ （附錄 6）

液體的黏度： $\mu = 6.6 \times 10^{-4} \text{ lb/ft} \cdot \text{s}$ （附錄 6）

雷諾數為

$$\text{Re} = \frac{nD_a^2 \rho}{\mu} = \frac{1.333 \times 2^2 \times 62.3}{6.60 \times 10^{-4}} = 503,000$$

由圖 9.16，對於 Re = 503,000，$nt_T = 36$。因此

$$t_T = \frac{36}{1.333} = 27 \text{ s}$$

儲存槽內的層化摻合

為了大槽內的流體能有效地摻合，採用側進式螺旋槳時，必須能準確地安置。注意它所形成的兩個角度，一個是它與水平方向所形成的夾角，這影響從頂部到底端的循環。另一個是在水平面上，它與槽的直徑所形成的夾角。對於最佳結果，[37]螺旋槳必須恰在水平方向，其與槽的直徑呈現 7° 與 10° 之間的夾角。關於層化摻合 (stratified blending) 所需的時間，取決於循環流動的速率，但更重要的因素則是層化液體界面層之間的侵蝕速率。對於層化液體的摻合，迄今仍無適用的一般關聯式。

噴流混合器

藉著一個或多個液體的噴流，或許可以誘發一個大容器內液體的循環流動。有時候，噴流可以從槽中的數個地方成串噴出。從單一噴出口的股流會維持一段距離，如圖 9.18 所示，像是從一個噴嘴噴出的圓柱形液體，然後以高速流入停滯的相同液體當中。從噴嘴出來的噴流速度是均一而且恆定。它在一個核心之內一直如此保持，不過其面積隨著離開噴嘴的距離增加而減少。此核心被一直逐漸擴大的亂流噴流所包圍，以致其徑向速度隨著離噴流中心線的距離的增加而減少。這個逐漸收縮的核心在離開噴嘴 $4.3D_j$ 的距離會消失掉，此處 D_j 是指噴嘴的直徑。超過核心消失點很遠的地方，亂流噴流仍保持其完整性，但速度穩定地逐漸下降。依照伯努利原理，噴流內的徑向速度減少，會伴隨壓力的增加。流體流入噴流後會被吸收、加速然後摻入逐漸擴大的噴流之中，這種過程就是所謂**順勢納入** (entrainment)。當距離超過 $4.3D_j$ 時，有個適用的方程式：

$$q_e = \left(\frac{X}{4.3D_j} - 1\right)q_0 \tag{9.34}$$

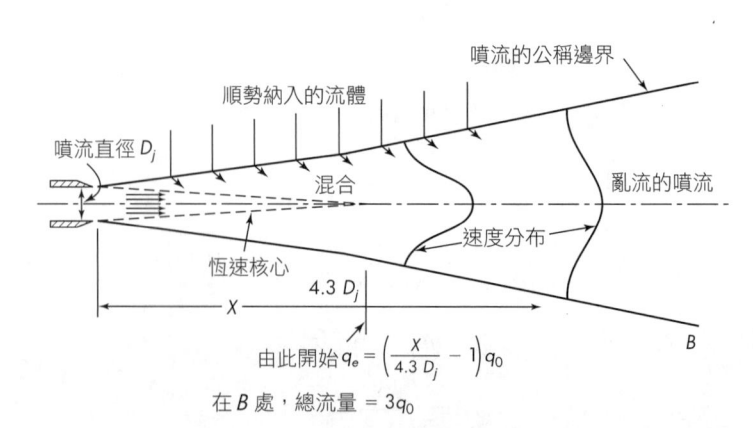

▲ 圖 9.18　沈浸圓形噴流的流動 (摘自 *Rushton and Oldshue*[46])

其中　q_e = 在距離噴嘴 X 處，每單位時間被順勢納入的液體體積

　　　　q_0 = 每單位時間離開噴流噴嘴的液體體積

除了順勢納入液體，在噴流與周遭的液體間的邊界，存在著強剪應力。這些應力會將邊界的渦流撕裂而產生巨大的亂流，這有助於混合的行為。

光靠液體的強大流動，並無法達到滿意的混合，必須提供足夠的空間與時間，以讓串流能藉著順勢納入的機制完全摻合進入流體，才能使混合充分完成。

在小型操作容器，有關其混合所需時間和側進噴流之間的關聯，可在文獻中查得到。[17]

靜態混合器

氣體之間或低黏度的液體之間的摻合，藉由通過開放的長管或內含銳孔板或弓形擋板 (segmented baffle) 的管子，往往能夠得到滿意的結果。在合適的條件之下，管子只需 5 至 10 倍於管徑的長度，但管徑的 50 至 100 倍長度，最常被建議採用。[24]

較困難的混合工作可利用靜態混合器來達成，一般商業用的混合器是在管中置入一系列的金屬插件。螺旋元件混合器 (圖 9.19a) 是常見的一種，主要用於混合黏稠的液體以及糊狀物的混合。每個元件的長度約是 1 至 1.5 倍的管徑，它將股流分成兩部分使其互相有 180° 的扭轉，然後送到一個與第一段元件的尾端構成 90° 角的下一段元件。第二段元件將已切割的股流再予以切割，並以相反的方向將其扭轉 180°，如此由接續的元件進一步分割股流直到形成的股流薄到可藉分子的擴散完成摻合的程序。

對於 Re = 100 至 1,000，建議螺旋元件為 6 段，如果 Re = 10 到 100，就採用 12 段的元件，而在 Re < 10 的情況下，元件的段數則增為 18。對於非常黏稠的液體，因為分子間的擴散率較低，因此需用更多段的元件。當 Re < 10，單位長度的壓力降約為空管時的 6 倍，但是當 Re = 2,000 時，壓力降會增加到空管時的 50 至 100 倍。[34]

另一種適用於氣體和低黏度流體的靜態混合器就是亂流漩渦混合器，如圖 9.19b 所示。它的每一個元件有四個突出翼片，以某個角度鑲入管中。這些翼片造成的渦流會形成反向旋轉縱向渦流，只需二到四個元件，就可以提供氣體或液體有效的摻合。當 Re = 10^4 至 10^5 時，每單位長度的壓力降約是空管時的 25 至 40 倍，但因為只需要少數幾個元件，因此整體的壓力降並不大。

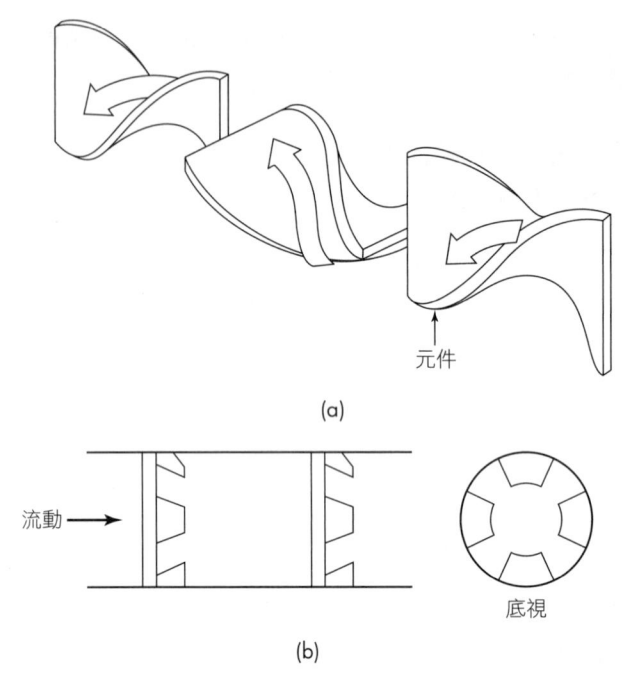

▲ 圖 9.19　靜態混合器：(a) 螺旋元件混合器之元件；(b) 亂流的渦流混合器

固體粒子的懸浮液

　　為了製造均勻的混合物當做加工單元的進料，為了溶解固體、為了催化化學反應，或是為了從過飽和溶液中促進結晶物的成長等目的，我們會讓固體懸浮於液體之中。讓固體在一個攪拌容器中懸浮，和第 7 章所討論的將固體流體化非常相似，就是固體粒子因為流體流經其間而保持分離而流動的狀態。然而，因攪拌器而產生的流動形態，不僅造成區域性的水平方向流動，還有向上與向下的流動，同時為了使固體在槽中能保持懸浮狀態，通常要求比垂直塔中將固體流體化所需要的平均流體速度更高的速度。

懸浮的程度

　　當固體在攪拌槽中成懸浮狀態時，有幾種方式來定義其懸浮的情況。不同的製程需要的懸浮程度也不同，在設計或比例放大上，採用適當的定義和關係式是很重要的事，懸浮的程度依其懸浮均勻度的增加和功率輸入增加的次序列之於下。

帶有片塊的近乎完全懸浮　大部分的固體懸浮於液體中，只有很小的一部分在

槽底的外圍或其它地方形成停滯不動的片塊 (fillet)，在加工單元的進料槽中，這種小量不動的固體是被允許存在的，只要這些片塊不會變大，或固體不會結塊即可。[36] 不過在結晶的製程或是化學反應，是不允許這種片塊的出現。

全部粒子呈移動狀態　固體粒子不是懸浮於液體中，就是沿著槽底移動，而後者比前者有更低的質傳係數，這可能會影響該單元的執行性能。[20]

完全懸浮或完全離開槽底的懸浮　全部的固體粒子離開槽底懸浮著，或在槽底停留的時間不超過一或兩秒。當達到此條件時，通常在懸浮液中會形成濃度梯度，而在接近槽的頂端會有澄清的液體區域出現。在一個溶解槽 (dissolver) 或化學反應器中，這種粒子的濃度梯度的形成不太影響其操作，即使增加攪拌器的速度，質量傳遞係數也不會增加很多。

均勻的懸浮　當攪拌器的速度遠比完全懸浮所需的速度快時，接近槽頂的區域就不會有任何澄清的液體，此時就呈現均勻的懸浮液。可是垂直方向的濃度梯度仍有可能發生，特別是當固體粒子大小的分布是寬廣的，因此想從槽內取用具代表性的樣品，必須特別注意。

懸浮液的關聯式

讓固體粒子完全懸浮可滿足大部分的目的，而用來推測懸浮狀況所開發出來的關聯式，通常採用這種標準。這些關聯式可和放大指南合併在此討論。請注意，這些關聯式提供懸浮所需的最少的攪拌條件。在某些狀況下，對於氣體的分布以及對旋管或套管的最佳熱傳遞，可能需要較高的功率輸入。

固體粒子在液體中懸浮的難易程度和粒子與液體的物理性質，以及槽中循環流動的形態有關，粒子自由沈降的終端速度可以利用前所描述的拖曳係數曲線 (圖 7.3) 計算求得。要讓高沈降速度的粒子懸浮，它的困難度較高，但目前在沈降速度與槽內某些特定的速度之間，諸如葉輪尖端的速度，並無簡單的關聯式存在。有個限定因數，就是接近槽底的液體速度，在那地區的流動幾乎只有水平方向，如果要達到完全懸浮的狀態，在槽底附近的液體速度，通常是沈降速度的好幾倍，由於要量測速度或預測速度分布並不容易，研究人員通常量測要達到完全懸浮需要的臨界攪拌速度，以及對各種攪拌器發展各自的經驗公式。

Zwietering[52] 關聯式是用五種不同的葉輪在六個直徑從 6 in. 至 2 ft 不等的攪拌槽中取得的數據為基準而得，攪拌器的臨界攪拌速度可由下述的無因次方程式求得

$$n_c D_a^{0.85} = S \nu^{0.1} D_p^{0.2} \left(g \frac{\Delta \rho}{\rho} \right)^{0.45} B^{0.13} \tag{9.35}$$

其中　　n_c ＝攪拌器的臨界速度
　　　　D_a ＝攪拌槽的直徑
　　　　S ＝形狀因數
　　　　ν ＝動黏度
　　　　D_p ＝粒子的平均大小
　　　　g ＝重力加速度
　　　　$\Delta \rho$ ＝密度差
　　　　ρ ＝液體密度
　　　　B ＝$100 \times$ 固體重量 / 液體重量

表 9.4 是典型的各類 S 值。要注意的是對於相同的葉輪尺寸比率以及間隙比率，如果是標準渦輪而且是平板槳，其臨界速度大致相同。另外對於螺旋槳葉輪，其 S 值則稍低，可是由於功率數 N_P 之間的極大差異，渦輪需要大約兩倍於槳 (paddle) 的功率，15 至 20 倍於螺旋槳的功率，以達到固體完全懸浮的狀況。當渦輪處在正常的位置，由葉輪所造成的流量，其中有比一半略少的部分是沿著管壁往下流 (見圖 9.12)，而在槽底附近的平均速度也相對較低。換成大小相同的螺旋槳，其所產生的總流量，不如想像中的大，但它的流量全往下流，於是會在底部形成較高的速度和剪切率。如果攪拌器的目的只是為讓固體粒子懸浮，可選擇螺旋槳或其它軸向流動的葉輪，例如傾斜葉片渦輪，而不是徑向流

▼ 表 9.4　(9.35) 式中臨界攪拌器速度的形狀因數 S

葉輪形式	D_t/D_a	D_t/E	S
六葉渦輪式	2	4	4.1
$D_a/W = 5$	3	4	7.5
$N_P = 6.2$	4	4	11.5
兩葉槳式	2	4	4.8
$D_a/W = 4$	3	4	8
$N_P = 2.5$	4	4	12.5
三葉螺旋槳	3	4	6.5
$N_P = 0.5$	4	4	8.5
	4	2.5	9.5

動的葉輪。一個標準渦輪或可用於想要良好的氣體分散或得到較高的剪切率，然後利用 (9.35) 式的關聯式來檢驗固體懸浮所需的條件。

(9.35) 式中，黏度正的指數次方是值得懷疑的，因為在很多的黏稠流體中其終端速度較低，而黏度在 Zwietering 的實驗中並非可以自主變動的，其它的研究[7,50]已證明當黏度增加時，葉輪的臨界速度會稍微減少，Wichterle[50] 所導出的關於攪拌器速度的理論方程式預測了黏度、粒子大小、密度差等等的指數會隨著粒子的大小而變化，甚至指數的正負值因而改變。他的模式基礎是比較粒子的終端速度和粒子在槽底附近的剪切率與粒徑的乘積而得，這個模式還沒說明固體濃度的影響，以及它需要獨立量測的剪切率，但是它用在說明現有的數據以及規模放大的應用方面足堪應用。

功率消耗

在討論規模放大的程序時，所有的研究者都說只要能夠維持幾何的相似性，大攪拌槽用較小的轉速就可以帶動固體粒子的懸浮。可是，因為單位體積所需的功率 P/V 隨著 $n^3 D_a^2$ 而變動，關於在 n_c 的方程式中，D_a 的指數微小的變動就會造成功率的大變動。圖 9.20 顯示使用 45° 傾斜的葉片渦輪 [泵送朝下 (downward-pumping)]，使砂懸浮於水的一些數據。圖上的一些點是直接觀測所

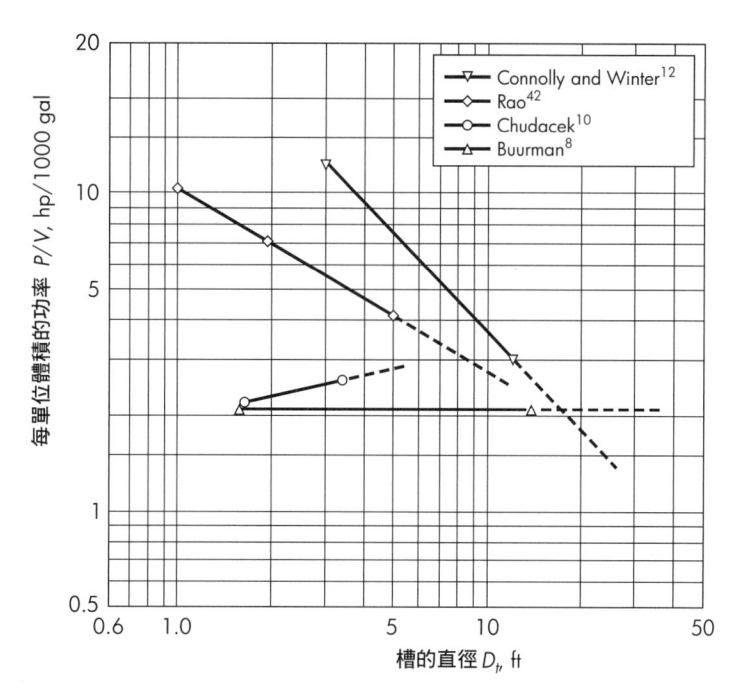

▲ 圖 9.20　以傾斜葉片渦輪將攪拌槽內的固體完全懸浮所需的功率

得，其它的是在 $D_p = 200~\mu m$、$D_a/D_t = \frac{1}{3}$ 以及 $E/D_t = \frac{1}{4}$ 的條件，作者根據關聯式計算所得，實線部分是槽的直徑範圍內的實驗數據，虛線則是利用外插法得到的值。縱座標 P/V 值的明顯差別在於完全懸浮的標準不同或是幾何形狀的些微差異所造成的。

  Rao et al. 的研究[42]結果指出，n_c 隨著 $D_a^{-0.85}$ 而變動，這和 Zwietering 的研究相吻合，也就是說 P/V 隨 $D_a^{-0.55}$ 而變 [指數 $-0.55 = 3 \times (-0.85) + 2$]。當 $W/D_a = 0.30$ 使用一個六片的渦輪，此時若粒子在槽底停滯的時間沒有超過兩秒，則可視為完全懸浮。Chudacek[10] 使用較窄的葉片渦輪 ($W/D_a = 0.20$)，在相同的懸浮標準之下，所得到的關聯式指出 P/V 的值隨著 D_a 的增大略有增加。他同時也論述了不同標準條件下的研究結果，例如完全懸浮只達 98% 的情況下，其 P/V 值大約比從圖 9.20 所讀得的少了 30% 到 50%，一般當 D_a 增加時，P/V 值會稍微減少。Buurman 等人的試驗[8]是在底部為碟形的槽，使用 $W/D_a = 0.25$ 的四葉攪拌器中進行的。一個超音波都卜勒儀 (ultrasound Doppler meter) 可用來量測靠近槽底的流體速度，且從速度的轉移 (transition) 顯示完全懸浮的存在。這些測試證實 n_c 是隨著 $D_a^{-2/3}$ 而變，而且 P/V 不受 D_a 變化的影響。還有其它的研究指出 D_a 更高的負指數是不正確的攪拌器葉片的厚度所致。

  Connolly 和 Winter[12] 指出影響 P/V 最大的因素為 D_a 與最高的功率消耗量，所以他們建議使用恆定的單位體積的轉矩 (torque)，也就是讓 nD_a 保持常數以及 P/V 和 D_a^{-1} 成正比關係，可是他們沒有量測最小的攪拌速度，而只是顯示每個攪拌槽要達到近乎均勻懸浮的條件。均勻懸浮比起完全離開底部的懸浮需要更大的功率，且對於小型的攪拌槽，這種功率差異的比率更大。Buurman 發現在一個槽徑 14 ft 的攪拌槽，使粒子近乎均勻懸浮的轉速為 $1.2n_c$，同樣的懸浮狀況，槽徑若為 1.5 ft，則需 $1.9~n_c$ 的轉速。

  假若在小槽可得到滿意的懸浮效果，這可藉由目視觀察、粒子速度或質傳速率來判定，要將槽予以放大的完全規則是保持其幾何的相似性及單位體積恆定的功率。相關的比率 $D_a/D_t = \frac{1}{3}$ 以及 $E/D_t = \frac{1}{4}$ 常被推薦使用，雖然對於固體粒子懸浮，$D_a/D_t = 0.4$ 為某些人所喜愛，一般臨界速度可藉由減少空隙 (clearance) 來降低，但若在非常靠近槽底處有固體層時，此種方式可能會造成攪拌器啟動的困難。

例題 9.4

有一直徑 6 ft (1.8 m)，液體深度為 8 ft (2.44 m) 的攪拌槽用來製備在 70°F 的水中，150 篩孔 (150 mesh) 大小的氟石液漿。固體的比重為 3.18，液漿的固體含量為

25% (重量)。轉動葉輪是直徑 2 ft (0.61 m)，四葉片的傾斜式渦輪，置於離槽底 1.5 ft 處。試問 (a) 達到完全懸浮所需的功率為何？ (b) 攪拌器的臨界轉速為多少？

解

(a) 使用圖 9.20，Buurman 等人所得的數據，並且對物理性質和固體濃度差值做修正。假設使用 (9.35) 式中的指數，且 n_c 隨著 $D_p^{0.2}\Delta\rho^{0.45}B^{0.13}$ 而變動：

	砂	氟石
$D_p, \mu m$	200	104
$\Delta\rho$, g/cm³	1.59	2.18
B	11.1	33.3

n_c 的改變：

$$\left(\frac{104}{200}\right)^{0.2}\left(\frac{2.18}{1.59}\right)^{0.45}\left(\frac{33.3}{11.1}\right)^{0.13} = 1.157$$

P 的改變：

$$(1.157)^3 = 1.55$$

由圖 9.20，對砂而言，$P/V = 2.1$ hp/1,000 gal。對氟石而言，$P/V = 2.1 \times 1.55 = 3.3$ hp/1,000 gal：

$$V = \tfrac{1}{4}\pi \times 6^2 \times 8 = 226.2 \text{ ft}^3$$

$$226.2 \times 7.48 = 1,692 \text{ gal}$$

$$P = 3.3 \times \frac{1,692}{1,000} = 5.58 \text{ hp } (4.16 \text{ kW})$$

(b) $D_a = 2$ ft。由表 9.2，對於四葉渦輪，$K_T = N_P = 1.27$

$$\rho_m = \text{液漿密度} = \frac{1}{0.25/3.18 + 0.75}$$

$$= 1.207 \text{ g/cm}^3 = 75.2 \text{ lb/ft}^3$$

由 (9.12b) 式可得

$$n_c^3 = \frac{Pg_c}{N_P\rho D_a^5} = \frac{5.58 \times 550 \times 32.17}{1.27 \times 75.2 \times 2^5} = 32.3$$

$$n_c = 3.18 \text{ r/s}$$

分散操作

當固體單純地懸浮於液體中時,曝露於液體中的固體粒子大小,表面積以及總體積應是固定的。可是在高的剪切率之下,大塊的固體粒子或被擊碎,造成粒子本身被裂解,它們的直徑變小了,也增加了新的表面積。這個對於發酵以及類似的程序操作特別重要,因為生物的細胞會因槽中某些區域的剪切率過高而遭到徹底的破壞。[40]

在液體-液體和氣體-液體的分散操作 (dispersion operations) 中,液滴或氣泡的大小以及分散相與連續相之間的界面總面積會隨著攪拌的情況和程度而有所變化,針對界面張力,新面積不斷地產生,液滴和氣泡也是不斷地結合和再分散出去。在大多數的氣體-液體的操作中,氣泡會經過液池 (liquid pool) 上升,然後從液面逸出,所以必須有新氣泡取而代之。

在這種動態的場合,在液池中滯留的分散相體積與氣泡上升的速率以及進料的體積流率有關。換成液體-液體的分散場合,滯留量 (holdup) 也許和分散的液滴上升或下降的速度有關,或它藉由調節兩相進料量的比例予以固定。對於氣-液和液-液相的分散,因為預期得到液滴或氣泡大小的分布,以及滯留量和介面面積或許隨著槽中的位置而變,統計的平均值一般被用來表示該系統的特性。

分散相的特性;平均直徑

不管上述的這些變化,滯留量 Ψ(系統中分散相所占的體積分率)、單位體積的界面面積 a,和氣泡或液滴的直徑 D_P 之間存在著一種基本關係。如果分散相的總體積視為 1,根據定義,分散相的體積為 Ψ。令液滴或氣泡在此體積內的數目為 N。那麼假如所有的液滴或氣泡都是直徑 D_P 的球體,則總體積就是

$$\frac{\pi N D_p^3}{6} = \Psi \tag{9.36}$$

在這樣的總體積下的液滴或氣泡的總表面積是

$$\pi N D_p^2 = a \tag{9.37}$$

將 (9.37) 式除以 (9.36) 式,重新整理後可得

$$a = \frac{6\Psi}{D_p} \tag{9.38}$$

分散相單位體積的界面面積 a 和滯留量 Ψ 成正比，但與液滴的直徑 D_P 成反比。我們通常想要一個較大的界面面積，以得到較高的質傳速率或化學反應速率，為了便於說明液滴大小的分布，從分散相的總體積和總面積，我們可以求得一個相當的平均直徑 $\bar{D}_s$，$\bar{D}_s$ 就是體積 - 表面平均直徑 (Sauter mean diameter)，而它可以從 (7.23) 式求得，假如液滴的大小分布為已知的話。假若界面面積和滯留量可以個別量測，那麼平均液滴大小可從 (9.39) 式求得：

$$\bar{D}_s = \frac{6\Psi}{a} \tag{9.39}$$

液體在液體中的分散

有各種類型的設備，可用來分散一種液體於另一與其完全不互溶的液體中，例如苯和水。一個攪拌槽或是在操作線上的混合器，都可用來產生從 0.05 到 1.0 mm 的液滴。像這樣的液 - 液相分散操作可以增加兩相的界面面積，但它們並不穩定，因為當停止攪拌時，液滴會下降 (或上昇) 和聚集。利用界面活性劑 (surfactant) 取止聚結，那麼形成很小液滴的穩定乳化製程可以在膠體研磨機 (colloid mill) 或其他高剪切力設備達成 (詳見第 28 章)。

在一攪拌槽中，平均的液滴大小取決於高剪切力區域大液滴的破裂與低剪切力區域小液滴的結合之間的平衡。液滴表面的剪應力會造成液滴的變形，而這種變形會受到分散相的界面張力及黏度的抗拒。一個重要的無因次群，稱做韋伯數 (Weber number)，記為 We，對於一個攪拌槽而言，就是流體在葉輪尖端的慣性力對與 D_a (槽之直徑) 相關的表面張力之比值：

$$\text{We} = \frac{\rho_c(nD_a)^2}{\sigma/D_a} = \frac{\rho_c n^2 D_a^3}{\sigma} \tag{9.40}$$

其中　$\rho_c =$ 連續相的密度
　　　$\sigma =$ 界面張力

韋伯數的其它定義已被使用於其它的場合中。

對於液 - 液在一標準六葉片渦輪之分散，有一關聯式如下：[31]

$$\frac{\bar{D}_s}{D_a} = 0.058(1 + 5.4\Psi)\text{We}^{-0.6} \tag{9.41}$$

其中 $1 + 5.4\Psi$ 項反映了，當液滴濃度增加時，液滴聚結頻率亦隨之增加的事實。(9.41) 式是以低黏度液體在小型攪拌槽中分散的數據而得。當分散相十分黏稠時，就會形成較大的液滴，這是因為黏滯液滴抗拒變形的緣故。一個修正因數 $(\mu_d/\mu_c)^{0.1}$ 可加入 (9.41) 式，當做對黏度效應的一個粗略估計。迄今尚無液 - 液在大型攪拌槽中分散的數據可用，但因在大槽中，較長的循環時間給予液滴較多的機會聚結，於是形成較大的液滴正如所料。

靜態混合器亦可用於液 - 液分散操作，大約串聯 10 到 20 個元件就可達到一個平衡的分散，由於考慮液滴的表面能量以及亂流速度造成的能量減損，液滴的平均直徑會隨著韋伯數與摩擦係數的冪次而變 [29]

$$\frac{\bar{D}_s}{D} = C\text{We}^{-0.6} f^{-0.4} \tag{9.42}$$

其中　　$\text{We} = \dfrac{\rho_c \bar{V}^2 D}{\sigma}$

$D =$ 管徑

$\bar{V} =$ 平均速度

$f =$ 摩擦係數 $= \dfrac{D \Delta P}{2\rho_c \bar{V}^2 L}$

在小型 Kenics 混合器 ($D = 0.5$ 到 1.0 in.) 中，將低黏度液滴分散於水中，得到的數據套入 (9.42) 式，得到 $C = 0.35$。[4, 29] 當 Re $= 10,000$ 至 $20,000$ 之間時，摩擦係數 $f = 0.42$。當液滴的密度是 20 至 200 cP 時，可以形成非常大的液滴，但所獲得的數據較散亂，而且 Re 和 Ψ 的影響也不確定。在空管子所做的試驗所得到的 $\bar{D}_s$ 值為靜態混合器的數據，這和相當低的 f 值情況下的結果一致。從混合器得到的液滴大小近乎常態分布，它的最大值大約是 $1.5 \bar{D}_s$。

在某些情況下，需要中等大小且分布均勻的液滴，例如在一個逆流噴霧萃取塔中，液滴必須逆著水流上升的情況。液滴可以由銳孔計一個一個生成或將液體噴流打散而成。對於從一沈浸的圓形小孔慢速形成的液滴，它的直徑可以預估，就是藉由作用於液滴的淨浮力等於銳孔邊緣上反向的拖曳力的概念來推算，而後者是和表面張力成正比。

$$F_b - F_g = g\frac{\pi D_o^3 \rho}{6}(\rho_c - \rho_d) = \pi D_o \sigma \tag{9.43}$$

其中　$F_b =$ 總浮力

　　　$F_g =$ 重力

D_o = 銳孔直徑

ρ_d = 分散相的密度

將 (9.43) 式重新整理，可得

$$\frac{D_p}{D_o} = \left(\frac{6\sigma}{gD_o^2(\rho_c - \rho_d)}\right)^{1/3} \tag{9.44}$$

在很低的流率下，所形成的液滴會比 (9.44) 式所計算的要小一點，這是因為當液滴分離出來的，會有少量的液體遺留在後，在高流率之下會形成噴流，然後由於 Rayleigh 不穩定性會打散噴流，形成和噴流的直徑相當的液滴。在噴流情況下的液滴大小受到很多因素的影響，一般的預估僅能得到近似值。[26, 47]

例題 9.5

在一直徑 30 cm，帶有擋板的容器中，環己烷在 25°C 下被分散於水中，其液深為 35 cm。攪拌器為直徑 10 cm，標準的六葉渦輪。(a) 若攪拌速度為 6 r/s，環己烷的懸浮體積為 8%，打算功率消耗量及單位體積所需的功率，以及估算平均的液滴大小。(b) 假如此液體混合物以 1.2 m/s 的速度被泵送經一個 Kenics 螺旋單元混合器，其直徑為 2 cm，共含有 20 個元件，每個元件的長度為 3 cm，摩擦係數為 0.42。試估算平均的液滴大小及功率消耗。

解

(a) 對環己烷，

$$\rho = 760 \text{ kg/m}^3$$
$$\sigma = 46 \text{ dyne/cm} = 46 \times 10^{-3} \text{ N/m}$$

對混合物，

$$\rho = 0.08(760) + 0.92(1{,}000) = 981 \text{ kg/m}^3$$
$$D_a = 0.1 \text{ m}$$
$$n = 6 \text{ s}^{-1}$$

假設黏度如水在 25°C 的黏度 $= 0.09 \text{ cP} = 9 \times 10^4 \text{ Pa} \cdot \text{s}$

$$\text{Re} = \frac{D_a^2 n\rho}{\mu} = \frac{0.1 \times 6 \times 981}{9 \times 10^{-4}} = 6.54 \times 10^5$$

由表 9.2 得知 $N_P = 5.75$,且由 (9.22) 式,

$$P = 5.75 \times 6^3 \times 0.1^5 \times 981 = 12.2 \text{ W}$$

槽的體積 $V = \pi \times 0.3^2 \times 0.35/4 = 2.47 \times 10^{-2} \text{ m}^3$,且

$$\frac{P}{V} = \frac{12.2 \times 10^{-3}}{2.47 \times 10^{-2}} = 0.494 \text{ kW/m}^3 \text{ 或 } 2.50 \text{ hp/1,000 gal}$$

此為適度地劇烈攪拌。欲求液滴的大小,

$$\text{We} = \frac{\rho_c n^2 D_a^3}{\sigma} = \frac{1{,}000 \times 6^2 \times 0.1^3}{46 \times 10^{-3}} = 783$$

由 (9.41) 式,對於 $\Psi = 0.08$,

$$\frac{\bar{D}_s}{D_a} = \frac{0.058[1 + (5.4 \times 0.08)]}{783^{0.6}} = 1.52 \times 10^{-3}$$

因此
$$\bar{D}_s = 1.5 \times 10^{-4} \text{ m 或 } 0.15 \text{ mm}$$

(b) 對於 Kenics 混合器,$\bar{V} = 1.2$ m/s 且 $f = 0.42$。因此

$$\text{We} = \frac{1{,}000 \times 1.2^2 \times 0.02}{46 \times 10^{-3}} = 626$$

由 (9.42) 式,

$$\frac{\bar{D}_s}{D} = \frac{0.35}{626^{0.6} \times 0.42^{0.4}} = 1.04 \times 10^{-2}$$
$$\bar{D}_s = 1.04 \times 10^{-2} \times 0.02 = 2.1 \times 10^{-4} \text{ m 或 } 0.21 \text{ mm}$$

由於未考慮 Ψ 的影響,因此 $\bar{D}_s$ 的實際值可能更高。

對於 Kenics 混合器,長度 $L = 20 \times 0.03 = 0.6$ m,由 (5.9) 式求出的壓力降為

$$\Delta p = \frac{2 \times 0.42 \times 1.2^2 \times 981 \times 0.6}{0.02} = 3.56 \times 10^4 \text{ Pa 或 } 5.16 \text{ lb}_f/\text{in.}^2$$

能量損失(功率消耗)等於體積流率 q 乘以壓力降。

$$P = q\,\Delta p = \frac{\pi \times 1.2 \times 0.2^2}{4} \times 3.56 \times 10^4 = 13.4 \text{ W 或 } 0.0134 \text{ kW}$$

混合器的體積為

$$V = \frac{\pi \times 0.2^2 \times 0.6}{4} = 1.884 \times 10^{-4} \text{ m}^3$$

單位體積的功率消耗為

$$\frac{P}{V} = \frac{0.0134}{1.884 \times 10^{-4}} = 71.1 \text{ kW/m}^3 \text{ 或 } 360 \text{ hp/1,000 gal}$$

雖然總功率消耗量不高，但對於單位體積的功率消耗而言，Kenics 混合器比攪拌槽的平均值大很多。在攪拌槽靠近葉輪處，局部能量散失速率也比槽中的平均值大很多。

氣體 - 液體分散

氣體可以藉由通過帶有多個銳孔的分散器 (sparger)、多孔性陶瓷或金屬板，或一個管子利用渦輪葉片直接釋放氣體於液體之中。在非常低的氣體流率之下，氣泡可以一個個從銳孔釋出於靜止的液體之中，其大小可從 (9.44) 式估算出來。可是在大部分實際情況下，中高速的氣體流速被用來增加氣體滯留量和界面面積。這樣會引起氣泡間的交互作用，其平均大小以及表面積取決於聚集與再分散的速率，而這兩者是受到亂流程度和系統的物理性質的影響。

當氣體在一攪拌槽中分散於液體時，在靠近葉輪尖端的高剪切力地區會有小氣泡形成，但它們會很快地在遠離葉輪的低剪切力地區聚結。空氣在水中的氣泡平均大小通常在 2 到 5 mm 之間，這比由 (9.41) 式計算出來的液 - 液分散的液滴要大得多。界面面積 a (其重要性高於氣泡的平均大小) 會隨著能量消耗率和表面速度的增加而增加，且在低表面張力的系統之下，a 值變得更大。很多如下面形式的方程式被提出，但對於指數及常數並沒有一致性，(9.45) 式因此被用來說明這些變數大概的影響性：

$$a = \frac{C(P/V)^{0.4} \bar{V}_s^{0.5}}{\sigma^{0.6}} \tag{9.45}$$

在電解質溶液，多成分非離子溶液，以及含有極小量界面活性不純物的溶液中，氣泡的聚結可能非常遲緩，在一個裝這種溶液的攪拌槽中，氣泡的平均大小就小於內裝純液體的，且兩者的表面積可能相差數倍之多。對某些特殊系

統，例如在亞硫酸鈉溶液中，類似 (9.45) 式的關聯式已被提出，但還沒有滿足一般系統的關聯式。每一個新系統都可取得相關的實驗數據，然後用類似 (9.45) 式的方程式去導引放大設計。某些適用的通則包括在聚結系統中 P/V 和 $\bar{V}_s$ 的影響力大於純液體的狀況，而且不管氣體是從單向的管路、噴灑器或用於導引氣體的燒結盤，其界面面積在既定的功率消耗速率下是大約相同的。

氣流對功率消耗的影響　用渦輪分散氣體所消耗的功率要比圖 9.13 所示僅僅攪拌液體需要的功率要小。含有氣體與不含氣體功率消耗的比值主要決定於氣體的表面速度，但在某種程度上，它和葉輪的速度、槽的大小、葉輪的設計與直徑以及液體的性質有關。[22] 以標準六葉式渦輪 $D_a/D_t = \frac{1}{3}$，將空氣分散於水中的一些數據示於圖 9.21。在速度為 10 mm/s 時，相對功率 P_g/P_0 值會急速下降到 0.5 或 0.6，然後緩慢地下降到小於 0.3，那時候速度等於 90 mm/s。Pharamond et al.[41] 的研究報告指出在低速度區域，相對功率幾乎與攪拌速率無關，此時 $P_g/P_0 > 0.5$。對於 $D_t = 1.0$ m，相對功率大約比 $D_t = 0.48$ 或 0.29 m 高出 10% 到 15%，但沒有數據顯示這個趨勢會持續到更大型的攪拌槽。

Dickey[14] 的研究涵蓋了較高的氣體速度，而在這個區域範圍內，相對的功率通常隨著增加的攪拌速度和氣體速度而減少，這個以及其它研究[6, 28, 41]顯示 P_g 隨著攪拌速度的 2.1 到 2.9 次方而變。而對於液體而言，其冪次則是 3.0，攪拌速度的冪次和氣體的速度以及其它的變數有關，但迄今仍無簡單的關聯式可供利用。在高的氣體速度區域，P_g/P_0 決定於葉輪的直徑和攪拌槽的直徑的比。當

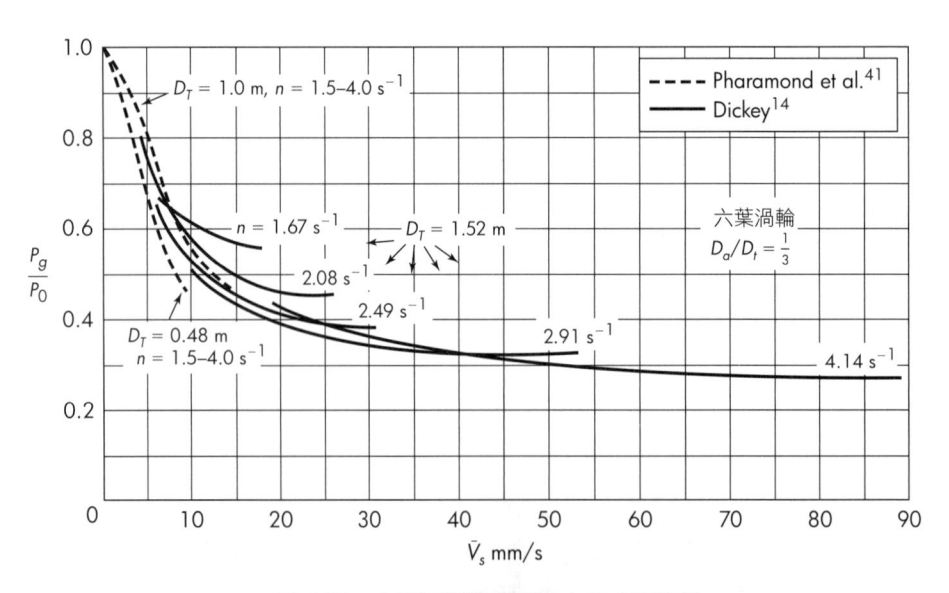

▲ 圖 9.21　在通氣渦輪攪拌槽中的功率消耗

$D_a/D_t = 0.4$ (此處無數據顯示)，其 P_g/P_0 值比起 $D_a/D_t = 0.33$ 時，要低約 0.03 到 0.10。使用大的葉輪的主要效果是它在既定的攪拌速度下會讓較多的氣體分散在液體中。

相對功率消耗的結果，常以無因次群通氣數 $N_{Ae} = q_g/nD_a^3$ 的函數來表示，其中 q_g 是總氣體流量，而 nD_a^3 為自葉輪流出的液體流率。將圖 9.21 的橫座標換成通氣數，就變成圖 9.22。在圖 9.22 中，藉由增加氣體流量 q_g 來增大 N_{Ae} 會使得 P_g/P_0 值降低，但如果是使葉輪轉速變小來增加 N_{Ae} 會得到相反的效果，數組 n 值的曲線分布非常分散。像這種形態的圖形允許包括一些已公開的數據，其中 n、D_a 和 V_s 值未必是已知。圖 9.22 的虛線圖是由帶有六個彎曲及向內凹葉片的 CD-6 葉輪所得到的數據。雖然測試條件沒有特別指定，但明顯地 CD-6 葉輪在處理氣體的分散時，比標準渦輪在功率消耗方面要少一點。

圖 9.21 和圖 9.22 雖然是指空氣和水的系統，但這些數據亦可應用於物理性質相近的其它系統。對於黏度增加四倍，表面張力減少四成的系統而言，P_g/P_0 值受到的影響並不明顯，但對於 Na_2SO_4 溶液，其功率消耗相對地降低一至兩成，這是因為減少聚結，氣泡因此變得較小。

在氣-液體的分散系統中，需要的功率消耗較少，並不全然由於較低的平均密度所致，因為當 P_g/P_0 降到 0.5，氣體的滯留量通常是 10% 或更小。功率消耗減少是和渦輪葉片的後面有氣袋 (gas pocket) 形成有關。[47] 在漩渦的離心場中捕集到的氣泡，會在葉片的水平邊緣集結形成更大的空穴，而干擾著正常的液體流動。

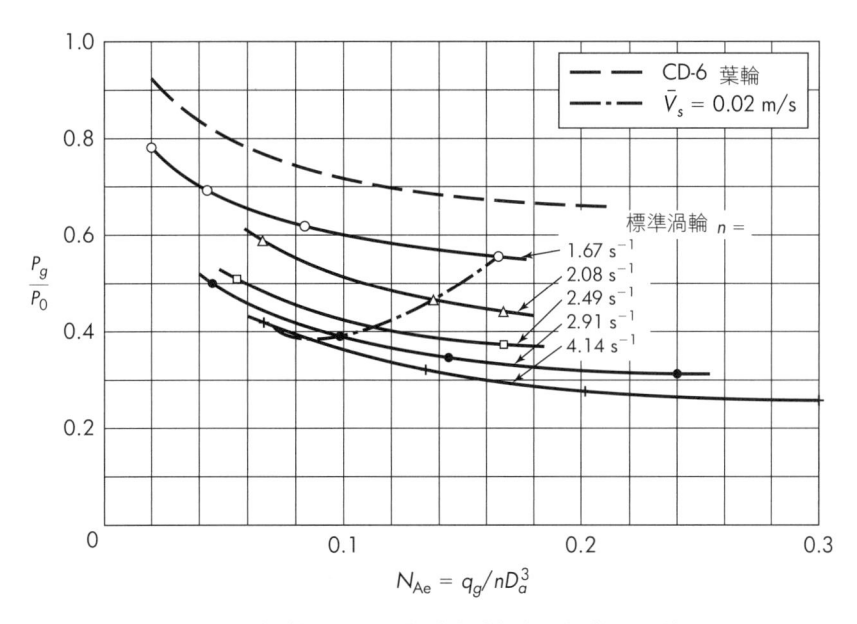

▲ 圖 9.22　在攪拌槽中，相對功率消耗對通氣數 N_{Ae} 的關係圖

在設計大型攪拌槽時，必須將通氣引起的功率消耗的變化列入考慮。一個被選用來處理通氣系統轉矩 (torque) 的攪拌器驅動可能會超出負荷，如果它偶爾用在無氣體流動的系統時，這時選用一個雙速 (dual-speed) 的驅動器或有必要，而且，良好的性能常常需要單位體積的功率消耗為定值，並且放大 (scaleup) 可導出不同的 $\bar{V}_s$ 和 P_g/P_0 值。

渦輪式葉輪的氣體處理容量和泛溢 如果氣體進入渦輪攪拌器的量逐漸增加，早晚葉輪會泛溢，而不再有效地分散氣體。這個泛溢點 (flooding point) 不像流體在充填塔那樣有明顯可區分的轉移 (transition) 現象，因此其它各種的泛溢標準都曾被提出過。有一種泛溢的定義是利用目視察覺到絕大部分的氣泡在渦輪的葉片之間垂直升起，而不是從葉片的尖端徑向地分散到液體中。[14] 發生轉移現象的臨界氣體速度 $\bar{V}_{s,c}$ 是與攪拌器單位體積消耗的功率成正比，而且槽的大小亦稍微有些影響。從槽的直徑分別是 1.54 m 與 0.29 m 以及速度高至 75 mm/s 所得數據，可推得如下的因次方程式：

$$\bar{V}_{s,c} = 0.114 \left(\frac{P_g}{V}\right)\left(\frac{D_t}{1.5}\right)^{0.17} \tag{9.46}$$

在 (9.46) 式中，P_g/V 的單位是 kW/m³，D_t 是 m，而 $\bar{V}_{s,c}$ 是 m/s。假若 $\bar{V}_{s,c}$ 在設計和放大的需要下被固定，此式可用來預測初始的功率消耗，因為當攪拌速度降到一臨界值以下，轉換成泛溢的現象就發生了。

標準渦輪在發生泛溢現象時，通氣數可用另一種關聯式來表示：[2]

$$N_{\text{Ae},f} = 30 \, \text{Fr} \left(\frac{D_a}{D_t}\right)^{3.5} \tag{9.47}$$

其中 Fr $= n^2 D_a/g$。根據 N_{Ae} 的定義，(9.47) 式可重新排列如下：

$$\bar{V}_{s,c} = \frac{120}{\pi g}(n^3 D_a^2)\left(\frac{D_a}{D_t}\right)^{5.5} \tag{9.48}$$

因為對幾何相似的攪拌槽，其單位體積的功率消耗和 $n^3 D_a^2$ 成正比關係，功率消耗對 $\bar{V}_{s,c}$ 的影響符合 (9.46) 式所述。然而，(9.48) 式指出使用較大葉輪的優點。當 D_a/D_t 從 $\frac{1}{3}$ 增加到 $\frac{1}{2}$，在 P_g/V 值不變之下，預測 $\bar{V}_{s,c}$ 可增加 2.76 倍。

使用凹盤渦輪 (concave-disk turbine) 可以得到較高的 $\bar{V}_{s,c}$ 值（或在已知的 $\bar{V}_{s,c}$

下，較低的 P_g/V 值)。對 CD-6 渦輪，其泛溢容量[2] (flooding capacity) 可以將常數設為 70，從 (9.47) 式估算，或把常數設為 280，從 (9.48) 式估算出來。

另一個使用凹盤渦輪研究氣體分散，涵蓋攪拌槽的體積範圍達 10^4，並指出，避免泛溢所需消耗的功率隨著攪拌槽體積的 $-\frac{1}{12}$ 次方或槽徑的 -0.25 次方而減少。這是合理地符合了如 (9.46) 式所表示的 -0.17 次方，同時 (9.48) 式指出槽的大小並沒有影響，因此大的攪拌槽或許可以節省功率的消耗。

攪拌器的選擇與放大

混合器的選擇

功率消耗和攪拌量或攪拌程度之間未必有直接的關係。當一個低黏度液體在一個沒有擋板的容器中打漩，粒子可能無止盡地繞圈運轉造成非常小或幾近不存在的混合，此時幾乎沒有能量用於攪拌，如果加上擋板，會使得攪拌加速，因大部分能量提供做攪拌之用，相對小的能量則用來打轉。

當混合時間顯得十分重要時，最好的混合器就是在所需時間內需要最小量的功率者。在很多的情況下，我們所要的是短的混合時間，但它也不是最基本的需求，因為混合時間實際上是功率消耗的成本考量與混合器設置成本之間的一種妥協。在進料槽中混合試劑或是在儲存槽中將不同批次生產的產品予以混合，一個小型的混合器或許就可以了，因僅需幾分鐘就可以完全混合。

放大

攪拌槽設計的主要問題是如何將實驗室或小型的攪拌器放大到大規模可供實際生產用的單元。我們已討論過使固體懸浮其中的容器放大。對於某些其它的問題產生的關聯式，如圖 9.13 到圖 9.17 可用於放大設計。對於許多其它的問題並無適當的關聯式可用，因此各種放大的方法被建議過，絕大部分是基於實驗室裝置與工廠裝置之間的幾何相似性來決定。可見大小容器之間未必一定具有幾何相似性，再說，即使幾何相似性是可以得到的，但是動態與機動學的相似性卻不可得，如此要放大的結果，未必可以完全預測。這如同大部分工程上的問題，設計師必須依賴判斷和經驗。

大型攪拌槽的功率消耗可以從圖 9.13 與圖 9.14 的 N_P 對 Re 的曲線精確地預估。這些曲線可在已發表的文獻中找到，或是利用設計好的小型攪拌器做實驗

得到數據。對於低黏度液體，經由葉輪消耗的單位體積功率已被當做一種量測混合效率的量測，因為增加消耗的功率，表示液體的擾動會增加，這代表了較佳的混合效果。實驗結果顯示這個論點大致上是正確的。一已知的混合器，所消耗的功率，一般和氣體的溶解速率或某些化學反應的速率，例如氧化反應，有直接的關係，因為這些反應和兩相之間的緊密接觸有關。一個粗略的定性分析指出，對每 1,000 加侖的稀薄液體，若消耗 $\frac{1}{2}$ 至 1 馬力的功率，系統會得到溫和的攪拌 (mild agitation)，若每 1,000 加侖消耗 2 至 3 馬力的功率，會獲得強而有力的攪拌 (vigorous agitation)，如果每 1,000 加侖消耗 4 至 10 馬力時，則發生高強度的攪拌 (intense agitation)。這些圖所顯示的是實際上傳給液體的功率，不包括發動齒輪減速器或在軸承及填料箱中轉動攪拌器轉軸所需的功率。在例題 9.3 中所設計的攪拌器大約每 1,000 加侖液體需要 1.5 馬力的功率以供給一個溫和的攪拌。

對於一已知的輸入功率，葉輪直徑與容器直徑的最佳比率對研究放大是一個重要因素。攪拌的問題本質對這個比值影響頗大：對某些目的而言，相對於容器的大小要用小的葉輪；對其它的目的，則用大尺寸的葉輪。例如，分散氣體於液體中，最佳比值[44]為 0.25，要讓兩個不互溶的液體接觸，例如在液體-液體的萃取容器中，其最佳比值[39]是 0.40。對某些摻合的操作，這個比值可能高達 0.6 甚至更高。在任何已知的操作，因為輸入的功率一直保持恆定值，葉輪的尺寸愈小，其所需的轉速愈大，通常當操作取決於大的速度梯度而不是高循環速率時，最好採用小型高速的葉輪，例如氣體在液體中的分散狀況。反之，如果操作是和高的循環速率而不是很陡的速度梯度有關，就選擇一個大型且慢速轉動的葉輪。

當放大時，若單位體積的功率為定值，且能維持大與小之間的幾何相似性，葉輪的速度會隨 $D_a^{-2/3}$ 而變，如下所示，中括弧中各項均為常數值，所以 $n^3 D_a^2$ 必是常數。單位體積的功率為

$$\frac{P}{V} = \frac{N_P n^3 D_a^5 \rho}{(\pi/4) D_t^2 H} = \left[\frac{4 N_P \rho}{\pi} \left(\frac{D_a}{D_t} \right)^2 \left(\frac{D_a}{H} \right) \right] n^3 D_a^2 \tag{9.49}$$

因此
$$\frac{n_2}{n_1} = \left(\frac{D_{a1}}{D_{a2}} \right)^{2/3} \tag{9.50}$$

在放大時，若 P/V 維持定值，將葉輪的轉速減慢，將延長大型槽的混合時間。想要維持一恆定的混合時間是不實際的，請看下面的例子。

例題 9.6

一直徑為 0.3 m 的小型工廠容器，用一個直徑為 0.1 m 的六葉渦輪攪拌。當葉輪攪拌的液體雷諾數為 10^4，則兩種互溶液體的摻合時間為 15 s，需要的功率為 0.4 kW/m³。(a) 換成直徑 1.8 m 的容器，需要輸入多大的功率以獲得相同的摻合時間？(b) 如果單位體積的輸入功率和小型工廠容器的相同，那麼在 1.8 m 的容器的摻合時間是多少？

解

(a) 由於小型工廠容器中的雷諾數很大，(9.31) 式中的弗勞德數將無法適用，圖 9.16 中的關係將用來取代圖 9.17 中複雜的關係。由圖 9.16，對雷諾數為 10^4 或更高時，其混合時間因數 nt_T 為常數，並且因為假定時間 t_T 為常數，因此速率 n 在兩個容器中均相同。

在幾何相似的容器中，每單位體積輸入的功率與 P/D_a^3 成正比。在高雷諾數時，由 (9.22) 式，

$$\frac{P}{D_a^3} = K_T n^3 D_a^2 \rho$$

對於已知密度的液體，此式成為

$$\frac{P}{D_a^3} = c_2 n^3 D_a^2$$

其中 c_2 為一常數。由此可知，兩容器中每單位體積所輸入功率的比為

$$\frac{P_6/D_{a6}^3}{P_1/D_{a1}^3} = \left(\frac{n_6}{n_1}\right)^3 \left(\frac{D_{a6}}{D_{a1}}\right)^2 \tag{9.51}$$

由於 $n_1 = n_6$，

$$\frac{P_6/D_{a6}^3}{P_1/D_{a1}^3} = \left(\frac{D_{a6}}{D_{a1}}\right)^2 = 6^2 = 36$$

在 1.8 m 容器中，每單位體積所需的功率為 $0.4 \times 36 = 14.4$ kW/m³。此為不切實際的將大量功率傳送至攪拌容器中的低黏度液體。

(b) 如果每單位體積的功率輸入均相同，利用 (9.50) 式，可得

$$\frac{n_6}{n_1} = \left(\frac{D_{a1}}{D_{a6}}\right)^{2/3}$$

> 因為 ntT 為常數，所以 $n_6/n_1 = t_{T1}/t_{T6}$，並且
>
> $$\frac{t_{T6}}{t_{T1}} = \left(\frac{D_{a6}}{D_{a1}}\right)^{2/3} = 6^{2/3} = 3.30$$
>
> 因此，在 1.8 m 容器中的摻合時間為 $3.30 \times 15 = 49.5$ s。

想要大規模的生產單位達到和小型容器同樣的摻合時間的想法並不實際，所以適度增加大型容器的摻合時間可以將功率消耗降到一個合理的水平。像這樣權衡的做法在放大攪拌設備時經常是必要的。

非牛頓液體混合器的放大 非牛頓液體混合器的放大設計比牛頓液體的要更複雜，因為其視黏度受剪切率所影響，而剪切率在容器內隨著位置的不同而有極大的變化。對於薄剪切力的流體，例如高分子熔體和生物液體，其視黏度在靠近葉輪的地方最低，在靠近容器的壁面就更高，此處的液體速度低到可以忽略不計。這個引導我們使用洞穴 (cavern) 一詞來描述葉輪周遭攪拌良好的亂流區域。

Wilkens et al.[51] 導出一個方程式來預估洞穴的直徑。他們也對冪律 (power-law) 的流體，包括擬塑膠與膨脹性流體的放大設計程序做了說明，基於使用相同的雷諾數、相同的洞穴直徑、相等的葉輪葉片尖端速度、相同單位體積的轉矩、同樣的流體速度、相等的單位體積功率、同樣的弗勞德數，以及同樣的摻合時間，在沒有其它明顯的標準下，他們建議放大的準則應基於相等的單位體積消耗的功率。

縮小

如例題 9.6 所顯示的，當放大一個攪拌器時，保持恆定的摻合時間是不切實際的做法。假如摻合時間是十分地要緊，例如，常見的快速反應，那麼縮小容器的設計常被採用。[21] 大容器的摻合時間對實際上的輸入功率是可以事先預估，那麼我們可以在小型容器進行多次實驗，找到和大容器相同摻合時間的攪拌速率。

當質量傳遞的速率要降低，氣泡或懸浮固體粒子會影響整體的反應速率或影響一個複雜系統的選擇性時，這種縮小設計常被考慮。小的實驗型反應器可在 100 到 200 hp/1,000 gal (20 到 40 kW/m^3) 操作以獲得高質量傳遞速率，但把

它放大在恆定單位體積輸入功率 (P/V) 上是不切實際的。大型反應器的攪拌器姑且選擇來提供一個合理的輸入功率，然後同樣地在小的反應器測試一個攪拌速度以獲得同樣的 P/V 值。即使這或許會提供一個較低的整體反應速率，但改變放大設計是不太可能的。

■ 符號 ■

A_p　：葉片尖端所掃過圓柱狀面積，m^2 或 ft^2

a　：單位體積的界面面積，以 m^{-1} 或 ft^{-1} 表示

B　：懸浮液的固體濃度 [(9.35) 式]

C　：(9.42) 式的常數

D　：管之直徑，m 或 ft；D_a，葉輪的直徑；D_j，噴流和噴嘴之直徑；D_o，銳孔之直徑；D_p，粒子、液滴或氣泡之直徑；D_t，槽之直徑

$\bar{D}_s$　：液滴或氣泡的體積 - 表面平均直徑，m 或 ft

E　：葉輪距離容器底部之高度，m 或 ft

E_k　：流體之動能，J/m^3 或 $ft \cdot lb_f/ft^3$

Fr　：弗勞德數，$n^2 D_a/g$

f　：摩擦係數，無因次

f_t　：摻合時間因數，無因次，定義如 (9.31) 式；f'_t 定義如 (9.33) 式

g　：重力加速度，m/s^2 或 ft/s^2

g_c　：牛頓定律的比例因數，其值為 32.174 $ft \cdot lb/lb_f \cdot s^2$

H　：液體在容器內之深度，m 或 ft

J　：擋板之寬度，m 或 ft

K　：(9.19) 式之常數值

K_L, K_T　：K_L 為 (9.19) 式之常數；K_T 為 (9.21) 式之常數

K'　：非牛頓流體之流動，稠度指數

k　：液體在葉片尖端的切線速度與葉片尖端速度的比值

L　：葉輪葉片或靜態混合器的長度，m 或 ft

N　：單位體積的液滴或氣泡數目

N_{Ae}　：通氣數，$q_g/n D_a^3$；$N_{Ae,f}$，泛溢時通氣數

N_P　：功率數，$P/n^3 D_a^5 \rho$；$N_{P,g}$，在氣體再分散點的功率數

N_Q　：流量數，$q/n D_a^3$；$N_{Q,g}$，在氣體再分散點的流量數

n　：旋轉速度，r/s；n_c，固體完全懸浮的臨界速度

n'　：非牛頓流體的流動行為指數

P　：功率，kW 或 $ft \cdot lb_f/s$；P_g，以氣體進行分散所需的功率或在氣體再分散點的功

率；P_0，在不通氣液體中的功率消耗

p ：壓力，N/m^2 或 lb_f/ft^2

q ：體積流率，m^3/s 或 ft^3/s；q_B，離開葉輪葉片的體積流率理論值；q_T，液體的總體積流率；q_e，帶入噴流中的體積流率；q_g，氣體的總體積流率；q_0，離開噴流的噴嘴的體積流率

Re ：攪拌器的雷諾數，$nD_a^2\rho/\mu$；Re_n，擬塑膠流體的雷諾數，如 (9.25) 式定義

r ：由葉輪軸起算的徑向距離，m 或 ft

S ：形狀因數；$S_1 = D_a/D_t$；$S_2 = E/D_t$；$S_3 = L/D_a$；$S_4 = W/D_a$；$S_5 = J/D_t$；$S_6 = H/D_t$；也是 (9.35) 式之因數

t_T ：摻合時間，s

u ：速度，m/s 或 ft/s；u_2，葉輪葉片尖端的速度

V ：體積，m^3 或 ft^3

V' ：葉輪的絕對總合速度，m/s 或 ft/s；V'_r，速度的徑向分量；V'_{r2}，速度 V'_2 的徑向分量；V'_{u2}，速度 V'_2 的切線方向分量；V'_2：葉輪葉片尖端的實際速度

$\bar{V}$ ：液體在管內的平均速度，m/s 或 ft/s；$\bar{V}_s$：氣體在攪拌容器的表面速度；$\bar{V}_{s,c}$：在泛溢時的臨界速度

W ：葉輪的寬度，m 或 ft

We ：韋伯數，$D\rho\bar{V}^2/\sigma$ 或 $D_a^3 n^2 \rho_c/\sigma$

X ：與噴流噴嘴的距離，m 或 ft

y ：與流體流動方向垂直的座標

■ 希臘字母 ■

α ：V'_2/u_2 的比值

β_2 ：葉片尖端和葉片尖端所掃描的圖形其切線間的夾角；β'_2 是液體的實際相對速度向量與上述同一切線方向之間的夾角

Δp ：壓力降，N/m^2 或 lb_f/ft^2

$\Delta \rho$ ：密度差，kg/m^3 或 lb/ft^3

μ ：絕對黏度，P 或 lb/ft·s；μ_a：非牛頓流體的視黏度；μ_c：液-液分散中連續相之黏度；μ_d：液-液分散中分散相之黏度

v ：動黏度，m^2/s 或 ft^2/s

ρ ：密度，kg/m^3 或 lb/ft^3；ρ_c：液-液分散中連續相的密度；ρ_d：液-液分散中分散相的密度；ρ_m：液-固懸浮液的密度

σ ：界面張力，dyn/cm 或 lb_f/ft

Ψ ：氣體或液體滯留於分散液中的體積分率，無因次

Ψ ：函數

習題

9.1. 一個直徑 1.2 m，高度 2 m 的槽，裝入黏度 10 P，密度 800 kg/m³ 的乳膠，其深度有 1.2 m。槽內沒裝擋板。離槽底 360 mm 處裝了一個直徑 360 mm 的三葉螺旋槳。螺距是 1:1 (螺距等於直徑)。馬達的功率為 8 kW。試問此馬達是否可以驅動此攪拌器以 800 r/min 的速度運轉？

9.2. 如同習題 9.1 所述，若槽內裝的是相同密度但黏度為 1 P 的液體，試問攪拌器的最大驅動速度為多少？

9.3. 若習題 9.1 的槽裝有 4 片寬度都是 120 mm 的擋板，而螺旋槳的直徑仍是 360 mm，但轉速改為 15 r/s，試問攪拌的功率應是多少？

9.4. 若將習題 9.1 的螺旋槳改為直徑 400 mm 的六葉渦輪，被攪拌的是一種適用擬塑膠冪律 (pseudoplastic power law) 的液體，當速度梯度 (velocity gradient) 為 10 s⁻¹，其視黏度為 15 P。若欲使液體的攪拌強度為 1 kW/m³，則渦輪葉片的轉速應為多少？液體的 $n' = 0.75$；$\rho = 950$ kg/m³。

9.5. 在一個裝有 4.5 ft 擋板，1.5 ft 六葉渦輪，液體深度為 4.8 ft 的槽，量得的混合時間為 29 秒。渦輪轉速為 75 r/min，流體的黏度為 3 cP，密度是 65 lb/ft³。若改用直徑分別是槽的四分之一和二分之一的葉輪，若轉速可調整使得單位體積的功率與渦輪的相同，分別計算它們所需的混合時間。

9.6. 有一生產單元的縮小模型試驗反應器，其大小約為實際的五百分之一，就是將 1 g 的物料加入試驗反應器，相當於將 500 g 的相同物料加入生產單元，生產單元的直徑和深度各為 2 m，裝有直徑為 0.6 m 的六葉渦輪攪拌器。經由實驗得知，試驗反應器的最佳轉速為 330 r/min。試問：(a) 試驗反應器的重要尺寸為何？(b) 若反應物質具有 70°C 水的性質，且輸入的單位體積功率為定值，則大型反應器葉輪的轉速為多少？(c) 若混合時間保持為定值，轉速該是多少？(d) 若雷諾數維持為定值，轉速應為何？(e) 按比例放大時，該採用什麼當做基礎？為什麼？

9.7. 有一直徑 3 ft 的批式攪拌反應器，內裝一直徑 12 in. 的平板葉片渦輪，加入的試劑的摻合時間是關鍵因素，攪拌速度設為 400 r/min 可獲得滿意的結果。如今想在一直徑為 7 ft 的槽，內裝 3 ft 的標準渦輪，要進行相同的反應。試問 (a) 在大型槽中，何種條件之下可得到相同的摻合時間？(b) 若密度 $\rho = 60$ lb/ft³；黏度 $\mu = 5$ cP，每單位體積的功率變化百分率是多少？

9.8. 有一六片盤式渦輪 ($D_a = 3$ ft) 被用來將氫氣分散到含甲基亞麻仁酸的漿體反應器 (slurry reactor) 中。操作條件為溫度 90°C，錶壓 60 lb$_f$/in.² 且含 1% 懸浮觸媒粒子 ($\bar{D}_s = 50\ \mu m$，$\rho_p = 4$ g/cm³)。反應器的直徑是 9 ft，深度為 12 ft。氣體的流率是 1,800 std ft³/min，在 90°C 之下，油的黏度為 1.6 cP，密度是 0.84 g/cm³。反應器內有擋板裝置。試問 (a) 當進行反應時，若欲得到 5 hp/1,000 gal 的攪拌功率，攪拌器的

轉速為何？(b) 加入與不加入氣體所耗用的功率各是多少？

9.9. 與習題 9.8 相同的條件，欲使觸媒粒子完全懸浮，需要多少的功率？

9.10. 網目 20 至 28 mesh 的 15% 石灰液漿。若欲在直徑 20 ft 裝有一個六片，45° 角的渦輪槽中維持懸浮狀，試問 (a) 若 $D_a/D_t = \frac{1}{3}$ 且 $W/D_a = 0.2$，攪拌速度為何？(b) 假如 $D_a/D_t = 0.4$，攪拌速度與功率需求各是多少？

9.11. 有一直徑 1 ft，裝有一個 4 in.，六曲面葉片渦輪的試驗式反應器，用來研習生產結晶固體。當攪拌速度低於 600 r/min，往往在底部形成一種固體沈積物，這在商業反應器中必須避免。液體的密度是 70 lb/ft^3；黏度為 3 cP。試問 (a) 小型的試驗反應器的功率消耗為多少？若維持著幾何相似，對於一個 8,000 加侖容量的反應器的功率消耗又是多少？(b) 若改用不同類型或不同幾何形狀的攪拌器，可以節省多少功率消耗？

9.12. 在 110°C 與 3 atm 的絕對壓力下，欲在一渦輪式攪拌槽中，將乙烯 (C_2H_4) 氣體打散水中。槽的直徑為 3 米，最大的液深亦是 3 米，在程序條件下，乙烯的流速為 800 m^3/h。(a) 計算渦輪葉片的直徑大小與轉速。(b) 攪拌器帶動的功率是多少？(c) 在這種情況下，當水開始因汽化而泛溢 (flooding)，其流速為何？

9.13. 如例題 9.6 所述的直徑 6 ft 的槽，裝入一較大葉輪，其 $D_a/D_t = \frac{2}{3}$ 而不是 $\frac{1}{3}$，那麼在相同的輸入功率 2 hp/1,000 gal 之下，攪拌速度是多少？

9.14. 如果一個攪拌槽處理的是一種對剪切力敏感 (shear-sensitive) 的懸浮液，要將此槽放大到生產規模 (scaleup)，重要的一件事就是控制最大的剪切率在一個臨界值之下。(a) 如欲將此槽的直徑放大 10 倍，且單位體積耗用的功率與幾何比例維持恆定，則剪切率需做什麼改變？(b) 要如何設計才可以保持最大的剪切率不變？

9.15. 一個螺旋狀的靜態混合槽在低的雷諾數運轉。(a) 對於一條直管欲減小其有效的直徑，所增加的壓力降為多少？(b) 思考曲折的流體行徑與動能流失是否對壓力降造成影響？

9.16. 如習題 9.15，若雷諾數 Re > 2,000，各題的答案變成多少？

9.17. 有一直徑 2.4 m 裝有一個 0.8 m HE-3 葉輪的圓柱槽，液體的正常深度為 3.5 m，液體的密度為 980 kg/m^3，黏度是 25 P。當葉輪的轉速為 30 r/min，葉輪帶動的功率以及單位體積的功率是多少 kW/m^3？

9.18. 有一體積 2 L，裝有一六葉片渦輪的反應器，渦輪的參數分別為 $D_a/D_t = \frac{1}{3}$；$H/D_t = 1.2$，轉速設定為 2,000 r/min，裡面裝的液體是氯化苯 (chlorobenzene)，操作溫度為 50°C，計算摻合時間。

9.19. 假設葉輪的速度與懸浮液粒子的終端速度呈倍數或指數關係。試求臨界攪拌速度 (critical stirrer speed) 的關係式。考慮粒子極小和中等大小的兩種情況並將所得的

結果與 Zwietering 的經驗方程式 (9.35) 做比較。

9.20. 在一裝有擋板，直徑 12 cm，液體深度 15 cm 的實驗型反應器中，通入空氣氣泡，於有機溶液以進行部分氧化 (partial oxidation) 程序。攪拌器是轉速 1,500 r/min，直徑 6 cm 的六葉式渦輪。溶液的密度為 850 kg/m^3；黏度是 1.2 cP。(a) 試估計反應器的 P_o/V 值。(b) 假如對大反應器實際上的最大輸入功率是 2 kW/m^3，那麼實驗用的小反應器的轉速應為多少？(c) 如果 P_g/V 保持定值，則放大後 P_g/P_o 值會改變嗎？

9.21. 一直徑為 1.5 m，液體深度 1.8 m 的氫化攪拌反應器裝置了 0.5 m，六葉片的渦輪。液體黏度為 2.3 cP，密度是 950 kg/m^3。觸媒用蘭尼鎳粉 (Raney nickel)，其平均的粒子大小為 20 μm。粒子的孔隙度 (porosity) 為 55%。試問 (a) 觸媒粒子的終端速度是多少？(b) 若要固體粒子達到完全懸浮狀態，需要多少單位體積的功率？

■ 參考文獻 ■

1. Bakker, A., and L. E. Gates. *Chem. Eng. Prog.*, **91**(12):25 (1995).
2. Bakker, A., J. M. Smith, and K. J. Myers. *Chem. Eng.*, **101**(12):98 (1994).
3. Bates, R. L., P. L. Fondy, and R. R. Corpstein. *Ind. Eng. Chem. Proc. Des. Dev.*, **2**(4):310 (1963).
4. Berkman, P. D., and R. V. Calabrese. *AIChE J.*, **34**:602 (1988).
5. Bissell, E. S., H. C. Hesse, H. J. Everett, and J. H. Rushton. *Chem. Eng. Prog.*, **43**:649 (1947).
6. Botton, R., D. Cosserat, and J. C. Charpentier. *Chem. Eng. Sci.*, **35**:82 (1980).
7. Bowen, R. L., Jr. *AIChE J.*, **35**:1575 (1989).
8. Buurman, C., G. Resoort, and A. Plaschkes. *Chem. Eng. Sci.*, **41**:2865 (1986).
9. Calderbank, P. H., and M. B. Moo-Young. *Trans. Inst. Chem. Eng. Lond.*, **37**:26 (1959).
10. Chudacek, M. W. *Ind. Eng. Chem. Fund.*, **35**:391 (1986).
11. Clift, R., J. R. Grace, and M. E. Weber. *Bubbles, Drops, and Particles*. New York: Academic Press, 1978.
12. Connolly, J. R., and R. L. Winter. *Chem. Eng. Prog.*, **65**(8):70 (1969).
13. Cutter, L. A. *AIChE J.*, **12**:35 (1966).
14. Dickey, D. S., in M. Moo-Young (ed.). *Advances in Biotechnology*, vol. 1. New York: Pergamon Press, 1981, p. 483.
15. Einsele, A., and R. K. Finn. *Ind. Eng. Chem. Proc. Des. Dev.*, **19**:600 (1980).
16. Fasano, J. B., A. Bakker, and W. R. Penney. *Chem. Eng.*, **101**(8):110 (1994).
17. Fox, E. A., and V. E. Gex. *AIChE J.*, **2**:539 (1956).
18. Godleski, E. S., and J. C. Smith. *AIChE J.*, **8**:617 (1962).

19. Gray, J. B., in V. W. Uhl and J. B. Gray (eds.). *Mixing: Theory and Practice*, vol. 1. New York: Academic, 1969; (a) pp. 181-4, (b) pp. 207-8.
20. Harriott, P. *AIChE J.*, **8**:93 (1962).
21. Harriott, P. *Chemical Reactor Design*. New York: Marcel Dekker, 2003.
22. Hassan, I. T. M., and C. W. Robinson. *AIChE J.*, **23**:48 (1977).
23. Holmes, D. B., R. M. Voncken, and J. A. Dekker. *Chem. Eng. Sci.*, **19**:201 (1964).
24. Jacobs, L. J. Paper presented at *Eng. Found. Mixing Res. Conf.*, South Berwick, ME, Aug. 12–17, 1973.
25. Khang, S. J., and O. Levenspiel. *Chem. Eng.*, **83**(21):141 (1976).
26. Meister, B. J., and G. F. Scheele. *AIChE J.*, **15**:689 (1969).
27. Metzner, A. B., R. H. Feehs, H. L. Ramos, R. E. Otto, and J. D. Tuthill. *AIChE J.*, **7**:3 (1961).
28. Michel, B. J., and S. A. Miller. *AIChE J.*, **8**:262 (1962).
29. Middleman, S. *Ind. Eng. Chem. Proc. Des. Dev.*, **13**:78 (1974).
30. Miller, E., S. P. Foster, R. W. Ross, and K. Wohl. *AIChE J.*, **3**:395 (1957).
31. Mlynek, Y., and W. Resnick. *AIChE J.*, **18**:122 (1972).
32. Moo-Young, M., K. Tichar, and F. A. L. Dullien. *AIChE J.*, **18**:178 (1972).
33. Morrison, P. P., H. Olin, and G. Rappe. Chemical Engineering Research Report, Cornell University, June 1962 (unpublished).
34. Myers, K. J., A. Bakker, and D. Ryan. *Chem. Eng. Prog.*, **93**(6):28 (1997).
35. Norwood, K. W., and A. B. Metzner. *AIChE J.*, **6**:432 (1960).
36. Oldshue, J. Y. *Ind. Eng. Chem.*, **61**(9):79 (1969).
37. Oldshue, J. Y. *Fluid Mixing Technology*, Chemical Engineering, New York: McGraw-Hill, 1983, p. 32.
38. Oldshue, J. Y. *Chem. Eng. Prog.*, **85**(5):33 (1989).
39. Overcashier, R. H., H. A. Kingsley, Jr., and R. B. Olney. *AIChE J.*, **2**:529 (1956).
40. Perry, R. H., and D. W. Green (eds.). *Perry's Chemical Engineers' Handbook*, 7th ed., New York: McGraw-Hill, 1997, pp. **18**-16.
41. Pharamond, J. C., M. Roustan, and H. Roques. *Chem. Eng. Sci.*, **30**:907 (1975).
42. Rao, K. S. M. S. R., V. B. Rewatkar, and J. B. Joshi. *AIChE J.*, **34**:1332 (1988).
43. Rushton, J. H. *Ind. Eng. Chem.*, **44**:2931 (1952).
44. Rushton, J. H. *Chem. Eng. Prog.*, **50**:587 (1954).
45. Rushton, J. H., E. W. Costich, and H. J. Everett. *Chem. Eng. Prog.*, **46**:395, 467 (1950).
46. Rushton, J. H., and J. Y. Oldshue. *Chem. Eng. Prog.*, **49**(4):165 (1953).
47. Scheele, G. F., and B. J. Meister. *AIChE J.*, **14**:9 (1968).
48. Van't Riet, K., and John M. Smith. *Chem. Eng. Sci.*, **28**:1031 (1973).

49. Von Essen, J. *Chem. Eng.*, **105**(8):80 (1998).
50. Wichterle, K. *Chem. Eng. Sci.*, **43**:467 (1988).
51. Wilkens, R. J., C. Henry, and L. E. Gates, *Chem. Eng. Prog.* **99**(5):44 (2003).
52. Zwietering, Th. N. *Chem. Eng. Sci.*, **8**:244 (1957).

第3篇 熱傳遞及其應用

　　化學工程師所執行的各種實際操作都會產生或吸收能量。這些能量通常是以熱能的形式表現出來。那些掌管熱量傳遞的定律以及種種裝置因此變得極為重要。本書在這一篇中主要是討論熱傳遞的原理以及它在程序工程上的應用。

熱流的本質

　　當溫度不同的兩個物體互相接觸時，熱就會由高溫的物體向低溫的物體流動，其淨流動總是向著溫度下降的方向。熱量的流動方式有三種：傳導 (conduction)、對流 (convection) 和輻射 (radiation)。

傳導　在一連續相的物質內若具有溫度梯度，熱量可以在物質沒有任何可察覺的運動下產生流動。這種方式的熱流稱為傳導，且依據傳立葉定律 (Fourier's law)，熱通量與溫度梯度成正比，而正負號相反。對於一維的熱流，傳立葉定律為

$$\frac{dq}{dA} = -k\frac{dT}{dx} \tag{III.1}$$

其中　$q =$ 垂直於表面方向的熱流率

A = 表面積

T = 溫度

x = 垂直於表面的距離

k = 比例常數或導熱係數 (thermal conductivity)

由於金屬的熱傳導起源於自由電子的運動，所以金屬的導熱係數與導電係數具有密切的對應關係。導電不良的固體和大部分的液體其熱傳導來自於鄰近分子或原子之間的振動所產生的動量傳遞。氣體的熱傳導是由於分子的隨機運動產生的，而熱量由較熱的區域擴散到較冷的區域。

熱傳導最常見的例子就是在不透明固體中的熱流，例如在火爐壁磚內的熱流動或熱交換器的金屬管壁內的熱流動。在液體或氣體中的熱傳導常受流體的流動所影響，在此情況下，傳導和對流常結合在一起用對流來表示。

對流 對流是指熱流伴隨流體的流動，如同熱空氣由火爐進入室內，或是指由一熱表面將熱量傳遞到流動的流體。對於單元操作而言，第二種對流的意義較為重要，它包括由金屬壁、固體粒子及液體表面的熱傳。對流通量通常與固體表面與流體之間的溫差成正比，寫成牛頓冷卻定律

$$\frac{q}{A} = h(T_s - T_f) \qquad\qquad\text{(III.2)}$$

其中　T_s = 表面溫度

T_f = 遠離表面的流體平均溫度

h = 熱傳係數

注意，(III.1) 與 (III.2) 式均表示熱通量與溫度驅動力 $T_s - T_f$ 呈線性關係，只要將固體的導熱係數視為常數，並將 (III.1) 式積分即可得知。不像導熱係數，熱傳係數並非流體的固有性質，它與流體的流動形態以及流體的熱力性質有關。若 $T_f - T_s > 0$，熱將由流體傳遞至表面。

自然與強制對流 流體中的溫度梯度造成密度的差異，而密度的差異產生浮力形成對流，這種現象稱為自然對流。若對流與密度差無關，而由泵、攪拌器等機械裝置產生的對流稱為強制對流。強制對流仍具有浮力，只是影響效果較小。

輻射 輻射是藉由電磁波經過空間傳遞能量。如果輻射是通過空的空間，則它不會轉換成熱或任何其它形式的能量，也不會轉移路徑。但是在輻射路徑中若有物質出現，輻射將透過、反射或吸收。只有被吸收的能量變成熱，而此轉換是定量的。例如，熔融石英實際上能將撞擊到它的所有輻射全部透過；拋光的不透明表面或鏡面能將撞擊到它的大部分輻射予以反射；黑色或不光滑的表面能吸收其所接受的大部分輻射，並且以定量的形式將吸收的能量轉換成熱。

由黑體發射出的能量與絕對溫度的四次方成正比，

$$W_b = \sigma T^4 \tag{III.3}$$

其中 W_b = 單位面積輻射能量的放射速率
σ = 史蒂芬 - 波茲曼常數 (Stefan-Boltzmann constant)
T = 絕對溫度

對於熱輻射而言，單原子和大部分的雙原子氣體是屬於透明體，因此很容易就發現，熱流通過這種氣體時，除了輻射以外，還以傳導和對流的方式進行。例子包括散熱器 (radiator) 或沒有絕緣保護的蒸汽管散熱於室內的空氣中所造成的熱損失，以及火爐內和其它高溫氣體加熱裝置的熱傳遞。這兩種熱傳機構彼此間相互獨立且可以同時發生，因此其中之一的熱流可以被控制或變化而不受另外一種的影響。傳導 - 對流和輻射均占有重要地位時，可以將它們分開研究，再將其個別的效應相加即可。一般而言，輻射在高溫顯得重要，而且它和流體流動的環境無關。傳導 - 對流對流體的流動情況比較敏感，但相對地不受溫度高低的影響。

第 10 章處理固體和靜止流體的熱傳導，第 11 章至第 13 章研究流動流體的熱傳導和對流，第 14 章討論輻射熱傳遞。第 15 章和第 16 章是將上述各章發展出的原理應用於加熱、冷卻、冷凝和蒸發。

CHAPTER 10

熱傳導

考慮熱在一個均勻且等向 (isotropic) 的固體中的流動，就很容易理解熱傳導的本質，因為在固體中沒有對流而且輻射的效果可以忽略，除非這個固體對電磁波呈現半透明 (translucent) 的性質。首先討論傳導的一般定律，其次研究穩態熱傳導，亦即固體內的溫度分布不隨時間改變。最後討論非穩態熱傳導的一些簡單的例子，其中溫度分布隨著時間改變。

傳導的基本定律

熱傳導的基本關係為熱通量與溫度梯度之間的比例關係。此即著名的傅立葉定律 (Fourier's law)，[3] 它在 x 方向的一維穩態流，已顯示於 (III.1) 式。今再將此定律表示如下：

$$\frac{dq}{dA} = -k\frac{dT}{dx} \tag{10.1}$$

其中　$q =$ 垂直於表面方向的熱流率
　　　$A =$ 表面積
　　　$T =$ 溫度
　　　$x =$ 和表面垂直的距離
　　　$k =$ 導熱係數

對於等向性[†] (isotropic) 物質而言，熱在三個方向的流動，其傅立葉定律的一般表示式為

[†] 等向物質的導熱係數 k 在所有方向皆相同。對於流體及大多數均勻固體而言此為真；主要的非等向物質為非立方晶體且為薄片狀或纖維狀固體，如木材。[1]

$$\frac{dq}{dA} = -k\left(\frac{\partial T}{\partial x} + \frac{\partial T}{\partial y} + \frac{\partial T}{\partial y}\right) = -k\nabla T \tag{10.2}$$

(10.2) 式表示熱通量向量 dq/dA 與溫度梯度 ∇T 成正比,而方向相反。在等向物質中,傳導的熱流方向就是溫度下降最快的方向。

以圓柱座標表示則 (10.2) 式可寫成

$$\frac{\partial q}{\partial A} = -k\left(\frac{\partial T}{\partial r} + \frac{1}{r}\frac{\partial T}{\partial \theta} + \frac{\partial T}{\partial z}\right) = -k\nabla T \tag{10.3}$$

以球座標表示則為

$$\frac{\partial q}{\partial A} = -k\left(\frac{\partial T}{\partial r} + \frac{1}{r}\frac{\partial T}{\partial \theta} + \frac{1}{r\sin\theta}\frac{\partial T}{\partial \phi}\right) = -k\nabla T \tag{10.4}$$

導熱係數

比例常數 k 為物質的物理性質,稱為**導熱係數** (thermal conductivity)。它如同牛頓黏度 μ 是物質的輸送性質之一。此術語是基於 (3.4) 式與 (10.1) 式之間的相似性。(3.4) 式中 τ 為單位面積的動量流率,du/dy 為速度梯度,μ 為比例常數。在 (10.1) 式中,q/A 為單位面積的熱流率,dT/dx 為溫度梯度,k 為比例常數。在 (3.4) 式中,我們習慣上選擇力的向量方向是使得負的符號被省略。

在工程單位中,q 是以瓦特或 Btu/h 量測,dT/dx 以 °C/m 或 °F/ft 量測。導熱係數的單位則為 W/m·°C 或 Btu/ft²·h·(°F/ft),亦可寫成 Btu/ft·h·°F。

傅立葉定律敘述 k 值不因溫度梯度的變化而變,但未必和溫度本身無關。實驗已確認,在相當大的溫度梯度範圍內,k 值是常數,除非對於多孔性固體,後者由於粒子間存在輻射現象,這些輻射並不遵循線性的溫度定律,卻占了全體熱流很重要的比例。另一方面,k 為溫度的函數,但除了某些氣體外,k 不會隨溫度而有很大的改變。在小的溫度範圍內,k 可視為常數。對於大的溫度範圍,導熱係數通常可用下列的近似方程式來表示

$$k = a + bT \tag{10.5}$$

其中 a 與 b 為經驗常數。

金屬的導熱係數值範圍很廣,從不鏽鋼的 17 W/m·°C (10 Btu/ft·h·°F) 以及軟鋼 45 W/m·°C (26 Btu/ft·h·°F),到銅的 380 W/m·°C (220 Btu/ft·h·°F) 以及銀的 415 W/m·°C (240 Btu/ft·h·°F)。金屬的導熱係數通常近乎常數或隨

著溫度增加而稍微降低，而合金的導熱係數比純金屬低。玻璃與大多數的非多孔性物質，其導熱係數相當低，大約從 0.35 到 3.5 W/m·°C (0.2 到 2 Btu/ft·h·°F)；當溫度上升時，這些物質的 k 值不是增加就是減少。

大多數液體的 k 值低於固體，其典型的值約為 0.17 W/m·°C (0.1 Btu/ft·h·°F)，當溫度每上升 10°C，此 k 值就減少 3% 至 4%。水是一個例外，其 k 由 0.5 到 0.7 W/m·°C (0.3 到 0.4 Btu/ft·h·°F)。當溫度上升時，k 會經過一個極大值。

氣體的導熱係數低於液體一個數量級。對理想氣體而言，k 與分子的平均速度、平均自由徑以及莫耳熱容量成正比。對於單原子氣體，一個硬球模式得到的理論方程式為

$$k = \frac{0.0832}{\sigma^2}\left(\frac{T}{M}\right)^{1/2} \tag{10.6}$$

其中　　T = 溫度，K
　　　　M = 分子量
　　　　σ = 有效碰撞直徑，Å
　　　　K = 導熱係數，W/m·K

請注意估計簡單氣體的黏度的 (3.5) 與 (10.6) 式的相似性，兩式均含有 $T^{1/2}/\sigma^2$ 項，但對於動量傳遞而言的 (3.5) 式是隨著 $M^{1/2}$ 而變，而導熱係數卻是與 $M^{-1/2}$ 有關。

(10.6) 式通常低估多原子氣體的導熱係數，多原子氣體的熱容量大於單原子氣體是因為轉動與振動的自由度。高熱容量亦可使 k 隨著溫度快速增加。由 300 K 改變到 600 K 可使導熱係數增加 3 到 4 倍。Reid et al.[8] 評論關於氣體和氣體混合物預估 k 值的數種方法。氣體的導熱係數在 10 bars 以下幾乎與壓力無關；在高壓下，k 值隨壓力增加而稍微增加。附錄 6 及附錄 10 至 13 列有某些固體、液體和氣體的 k 值。在文獻中有許多完整的表可供利用。[8]

具有低導熱係數的固體可用於管路、容器及建築物的絕緣體。多孔性材料，如玻璃纖維做的墊子或高分子泡綿可用來包住空氣以去除對流。它們的 k 值可低到近乎空氣的 k 值，若在一密閉的發泡體內充填高分子量的氣體，則 k 值可以比空氣低。

穩態熱傳導

圖 10.1 顯示穩態熱傳導 (steady-state conduction) 的簡單例子。在圖 10.1a

單元操作
流力與熱傳分析

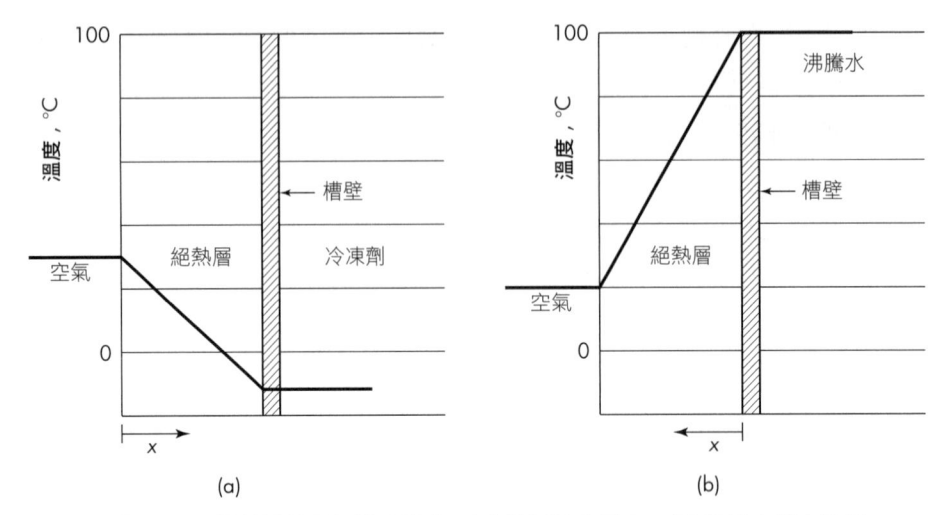

▲ 圖 10.1 絕熱槽外層的溫度梯度：(a) 熱量流入槽中；(b) 熱量由槽中流出

中，一含有冷凍劑絕熱槽的平板外壁為 −10°C，槽外的空氣為 28°C。當熱由空氣流向冷凍劑時，溫度跨過絕熱層以線性的方式下降。在稍後的章節我們可知，在介於大量空氣與絕緣層的外表面之間確實有溫度下降，但在圖 10.1a 假設可忽略不計。圖 10.1b 顯示一個類似的槽其中含有 100°C 的沸騰水，散失其熱量至 20°C 的空氣。如前例，絕緣層的溫度分布為線性，但熱流方向相反，而在 (10.1) 式中的 x 是由內表面向外量測。此外，在靠近槽壁的空氣其溫度可能會改變；仍然假設可以忽略。

假設 k 與溫度無關，熱流率可如下求得。因為在穩態下，平板內並無熱的累積也沒有消耗，q 在熱流路徑上為定值。若 x 為由熱的一邊算起的距離，(10.1) 式可寫成

$$dT = -\frac{q}{kA}dx$$

x 與 T 是此方程式中僅有的變數，將此式直接積分可得

$$\frac{q}{A} = k\frac{T_1 - T_2}{x_2 - x_1} = k\frac{\Delta T}{B} \tag{10.7}$$

其中 $x_2 - x_1 = B =$ 絕熱層的厚度
$T_1 - T_2 = \Delta T =$ 跨過絕熱層的溫度降

當導熱係數 k 依照 (10.5) 式隨溫度呈線性變化時，(10.7) 式仍可使用，只是

將 k 以平均值 $\bar{k}$ 取代，$\bar{k}$ 的值可取兩表面溫度 T_1 與 T_2 下的兩個 k 值的算術平均值，或取 T_1 與 T_2 的算術平均溫度下的 k 值。

(10.7) 式可寫成下列形式：

$$\frac{q}{A} = \frac{\Delta T}{R} \tag{10.8}$$

其中 R 為介於點 1 與 2 之間的固體熱阻。(10.8) 式為一般速率原理的一種表示法，此原理表明速率等於驅動力與阻力的比。在熱傳導中，q 為速率、ΔT 為驅動力。若 k 與溫度成線性關係，則以 $\bar{k}$ 取代 k，所得的 $B/\bar{k}$ 即為 (10.8) 式中的阻力 R。阻力的倒數為熱傳係數 h，如牛頓定律 [(III.2) 式] 中的 h。對於熱傳導，$h = \bar{k}/B$。R 和 h 與固體的尺寸以及導熱係數有關，是物質的一種性質。

例題 10.1

一厚 6 in. (152 mm) 的粉末軟木 (pulverized cork) 層在平板壁中作為絕熱層。軟木冷側的溫度為 40°F (4.4°C)，熱側的溫度為 180°F (82.2°C)。軟木在 32°F (0°C) 的導熱係數為 0.021 Btu/ft·h·°F (0.036 W/m·°C)，在 200°F (93.3°C) 為 0.032 (0.055)。平板壁的面積為 25 ft² (2.32 m²)。試問通過平板壁的熱流率為每小時多少 Btu (W)？

解

軟木層的算術平均溫度為 (40 + 180)/2 = 110°F。利用線性內插法，溫度 110°F 的導熱係數為

$$\bar{k} = 0.021 + \frac{(110-32)(0.032-0.021)}{200-32}$$
$$= 0.021 + 0.005 = 0.026 \text{ Btu/ft·h·°F}$$

此外，$A = 25 \text{ ft}^2$ $\Delta T = 180 - 40 = 140°F$ $B = \dfrac{6}{12} = 0.5 \text{ ft}$

代入 (10.7) 式，可得

$$q = \frac{0.026 \times 25 \times 140}{0.5} = 182 \text{ Btu/h (53.3 W)}$$

串聯式的複合熱阻

考慮一平板壁由多層串聯而成，如圖 10.2 所示。設各層的厚度分別為 B_A、B_B 和 B_C，而各層材料的平均導熱係數分別為 $\bar{k}_A$、$\bar{k}_B$ 和 $\bar{k}_C$。此外，複合平板壁的面與圖所示的平面垂直，其面積為 A。經過 A、B、C 各層的溫度降分別為 ΔT_A、ΔT_B、ΔT_C。再假設各層間的熱接觸良好，使得各層間的界面無溫度降存在。若 ΔT 為整個平板壁的總溫度降，則

$$\Delta T = \Delta T_A + \Delta T_B + \Delta T_C \tag{10.9}$$

首先要導出一個方程式來計算通過一串阻力的熱流率，其次說明熱流率如何可由總溫度降 ΔT 與平板壁的總阻力之比求得。

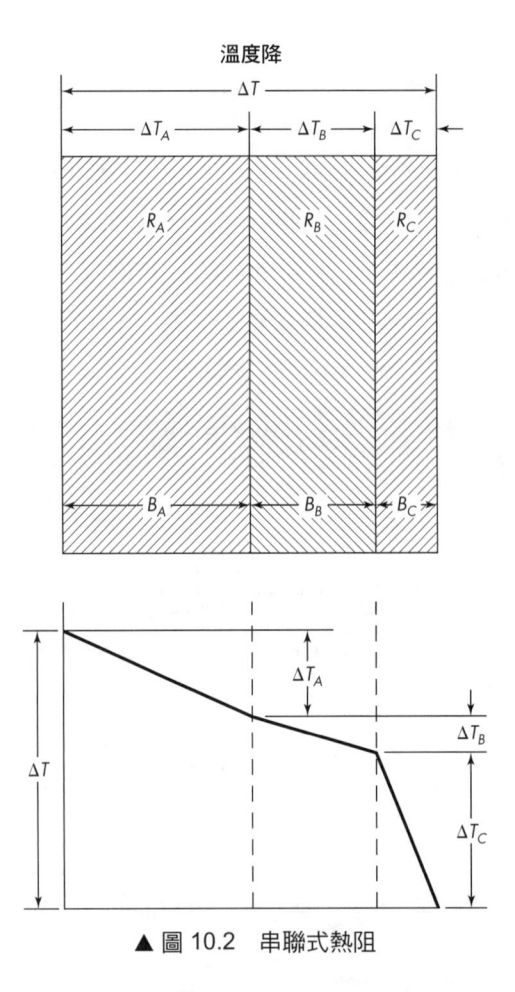

▲ 圖 10.2　串聯式熱阻

以 $\bar{k}$ 取代 k，對於各層，(10.7) 式可分別寫成

$$\Delta T_A = q_A \frac{B_A}{\bar{k}_A A} \qquad \Delta T_B = q_B \frac{B_B}{\bar{k}_B A} \qquad \Delta T_C = q_C \frac{B_C}{\bar{k}_C A} \qquad (10.10)$$

將 (10.10) 式中的各部分相加，可得

$$\Delta T_A + \Delta T_B + \Delta T_C = \frac{q_A B_A}{A\bar{k}_A} + \frac{q_B B_B}{A\bar{k}_B} + \frac{q_C B_C}{A\bar{k}_C} = \Delta T$$

因為是穩態熱流，所以通過第一個熱阻的所有熱流率必須全部通過第二個熱阻，然後再通過第三個，也就是 q_A、q_B 和 q_C 均相等，並均以 q 表示。利用這個事實，解出 q/A，得到

$$\frac{q}{A} = \frac{\Delta T}{B_A/\bar{k}_A + B_B/\bar{k}_B + B_C/\bar{k}_C} = \frac{\Delta T}{R_A + R_B + R_C} = \frac{\Delta T}{R} \qquad (10.11)$$

其中　　R_A, R_B, R_C = 各層的熱阻
　　　　R = 總熱阻

(10.11) 式顯示，當熱流通過一個串聯層時，其總熱阻等於各層的熱阻之和。

通過數個串聯的熱阻之熱流率相似於通過數個串聯的電阻之電流。在電路系統中，任一電阻的電位降與總電位降之比等於該電阻與總電阻之比。同理，在熱線路中的位勢降，亦即溫差，與總溫差之比等於個別熱阻與總熱阻之比。這些可用數學表示如下：

$$\frac{\Delta T}{R} = \frac{\Delta T_A}{R_A} = \frac{\Delta T_B}{R_B} = \frac{\Delta T_C}{R_C} \qquad (10.12)$$

圖 10.2 亦顯示溫度與溫度梯度的形態。由於各層溫度降與該層的厚度與導熱係數有關，因此各層溫度降在總溫度降中所占的比例可大可小；低導熱係數的薄層比高導熱係數的厚層有更大的溫度降和更陡峭的溫度梯度。

例題 10.2

一平板爐壁由 4.5 in. (114 mm) 厚的矽石 (Sil-o-cel) 磚構成，其導熱係數為 0.08 Btu/ft · h · °F (0.138 W/m · °C)，外側再覆以 9 in. (229 mm) 的普通磚，普通磚的導熱

係數為 0.8 Btu/ft·h·°F (1.38 W/m·°C)。爐壁內側面的溫度為 1,400°F (760°C)，外側面的溫度為 170°F (76.6°C)。(a) 通過爐壁的熱損失為多少？(b) 耐火磚與普通磚界面的溫度為多少？(c) 假設二磚間的接觸不良，而接觸熱阻為 0.50°F·h·ft²/Btu (0.088°C·m²/W)，則熱損失為多少？

解

(a) 考慮 $1\cdot\text{ft}^2$ 的爐壁 ($A = 1\cdot\text{ft}^2$)。矽石磚的熱阻為

$$R_A = \frac{4.5/12}{0.08} = 4.687$$

普通磚的熱阻為

$$R_B = \frac{9/12}{0.8} = 0.938$$

總熱阻為

$$R = R_A + R_B = 4.687 + 0.938 = 5.625°\text{F}\cdot\text{h}\cdot\text{ft}^2/\text{Btu}$$

總溫度降為

$$\Delta T = 1,400 - 170 = 1230°\text{F}$$

代入 (10.11) 式，1 ft² 爐壁的熱損失為

$$q = \frac{1,230}{5.625} = 219\,\text{Btu/h}\,(64.2\,\text{W})$$

(b) 在串聯熱阻中，各層溫度降與各層熱阻之比等於總溫度降與總熱阻之比，亦即

$$\frac{\Delta T_A}{4.687} = \frac{1,230}{5.625}$$

因此

$$\Delta T_A = 1,025°\text{F}$$

界面溫度為 $1,400 - 1,025 = 375°\text{F}\,(190.6°\text{C})$。

(c) 包含接觸熱阻的總熱阻為

$$R = 5.625 + 0.500 = 6.125$$

1 ft² 爐壁的熱損失為

$$q = \frac{1{,}230}{6.125} = 201 \text{ Btu/h (58.9 W)}$$

通過圓柱的熱流

考慮一長度為 L 的中空圓柱，內半徑為 r_i，外半徑為 r_o。圓柱是由導熱係數為 k 的材料構成。圓柱外表面的溫度為 T_o，內表面的溫度為 T_i，而 $T_i > T_o$。由中心到半徑 r 處的熱流率為 q，熱流通過的面積為 A。面積是半徑的函數；穩態時的熱流率為常數。由於熱流僅是在 r 方向，(10.3) 式變成

$$\frac{q}{A} = \frac{q}{2\pi r L} = -k\frac{dT}{dr} \tag{10.13}$$

整理 (10.13) 式，並且積分，可得

$$\int_{r_i}^{r_o} \frac{dr}{r} = \frac{2\pi L k}{q} \int_{T_o}^{T_i} dT$$

$$\ln r_o - \ln r_i = \frac{2\pi L k}{q}(T_i - T_o)$$

$$q = \frac{k(2\pi L)(T_i - T_o)}{\ln(r_o/r_i)} \tag{10.14}$$

(10.14) 式可用於計算通過厚壁圓柱的熱流率。可將此熱流率表示成如下更為便利的形式：

$$q = \frac{k\bar{A}_L(T_i - T_o)}{r_o - r_i} \tag{10.15}$$

除了 $\bar{A}_L$ 外，上式與熱流通過平板壁的通式 (10.7) 式相同。$\bar{A}_L$ 的選擇必須使上式正確。欲求 $\bar{A}_L$ 可令 (10.14) 式與 (10.15) 式的右側相等，解出 $\bar{A}_L$：

$$\bar{A}_L = \frac{2\pi L(r_o - r_i)}{\ln(r_o/r_i)} \tag{10.16}$$

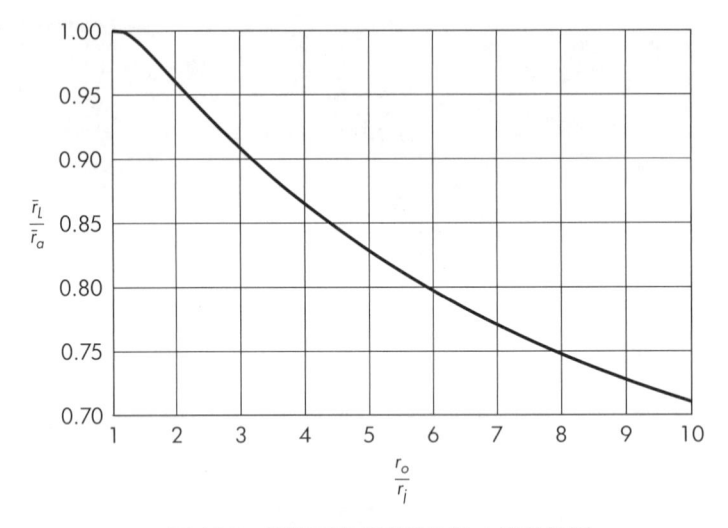

▲ 圖 10.3　對數平均與算術平均之間的關係

由 (10.16) 式可知，$\bar{A}_L$ 為長度是 L，半徑是 $\bar{r}_L$ 的圓柱面積，其中

$$\bar{r}_L = \frac{r_o - r_i}{\ln(r_o/r_i)} \tag{10.17}$$

(10.17) 式右側的形式是很重要的，要牢記。它稱為**對數平均** (logarithmic mean) 在 (10.17) 式的情況下，$\bar{r}_L$ 稱為**對數平均半徑** (logarithmic mean radius)。使用此對數平均半徑可求得通過厚壁圓柱的正確熱流率。

對數平均不如算術平均便利，對於 r_o/r_i 接近於 1 的薄管，使用算術平均不致於產生顯著的誤差。對數平均 $\bar{r}_L$ 與算術平均 $\bar{r}_a$ 之比是 r_o/r_i 的函數，如圖 10.3 所示。因此，當 $r_o/r_i = 2$ 時，對數平均為 $0.96\bar{r}_a$，用算術平均取代對數平均產生的誤差為 4%。當 $r_o/r_i = 1.4$ 時，誤差則為 1%。

例題 10.3

有一外徑 (OD) 為 60 mm (2.36 in.) 的管子用 50 mm (1.97 in.)，導熱係數為 0.055 W/m·°C (0.032 Btu/ft·h·°F) 的矽石綿 (silica foam) 做為絕熱層，其外層再覆以厚 40 mm (1.57 in.)，導熱係數為 0.05 W/m·°C (0.03 Btu/ft·h·°F) 的軟木，以達到絕熱的目的。若管的外表面溫度為 150°C (302°F)，軟木的外表面溫度為 30°C (86°F)，試計算每米管的熱損失為多少 W？

解

因為管外包裹層太厚，所以不可使用算術平均半徑，要用對數平均半徑。對於

矽石綿層而言，

$$\bar{r}_L = \frac{80-30}{\ln(80/30)} = 50.97 \text{ mm}$$

對於軟木層而言，

$$\bar{r}_L = \frac{120-80}{\ln(120/80)} = 98.64 \text{ mm}$$

以 A 表示矽石綿，以 B 表示軟木，則由 (10.15) 式可知

$$q_A = \frac{k_A \bar{A}_A (T_i - T_x)}{x_A} \qquad q_B = \frac{k_B \bar{A}_B (T_x - T_o)}{x_B}$$

其中 T_x 為介於矽石綿與軟木之間的界面溫度。由 (10.15) 與 (10.16) 式可得

$$\bar{A}_A = 2\pi(0.05097)L = 0.3203L \qquad \bar{A}_B = 2\pi(0.09864)L = 0.6198L$$

則

$$q_A = \frac{0.055 \times 0.3203L(T_i - T_x)}{0.050} = 0.3522L(T_i - T_x)$$

$$q_B = \frac{0.05 \times 0.6198L(T_x - T_o)}{0.040} = 0.7748L(T_x - T_o)$$

因此

$$\frac{2.839 q_A}{L} = T_i - T_x \qquad \frac{1.291 q_B}{L} = T_x - T_o$$

將這些式子相加，又因為 $q_A = q_B = q$，所以

$$\frac{4.13 q}{L} = T_i - T_o = 150 - 30 = 120$$

$$\frac{q}{L} = 29.1 \text{ W/m} \ (30.3 \text{ Btu/ft} \cdot \text{h})$$

非穩態熱傳導

　　非穩態熱傳導的完整論述，不在本書的範圍；參考文獻 2、6、7 和 9 有提供這方面的資料。本節涵蓋一維熱流偏微分方程式的推導，其中包含表面溫度是固定，或者是不固定，並且對於某些簡單形式的物體推導其方程式的積分的結果。本節並假設 k 與溫度無關。

表面溫度固定的一維熱流動

圖 10.4 顯示熱量通過一厚度為 $2s$ 的大型平板的一部分,平板的初溫為 T_a。開始加熱時,兩面溫度快速上升,然後維持在溫度 T_s。圖 10.4 所顯示的溫度形態是由加熱起經極短的時間 t_T 後的狀況。

將焦點集中在距離平板左側 x 處,厚度為 dx 的薄層。薄層的兩側均為等溫面。在某一特定瞬間,在 x 處的溫度梯度為 $\partial T/\partial x$,在 dt 的時間間隔,在 x 處輸入的熱量為 $-kA(\partial T/\partial x)\,dt$,其中 A 為與熱流垂直的平板面積,k 為固體的導熱係數。

在 $x + dx$ 處的梯度與在 x 處的稍有不同,可由下式表示:

$$\frac{\partial T}{\partial x} + \frac{\partial}{\partial x}\frac{\partial T}{\partial x}dx$$

在 $x + dx$ 處的輸出熱量為

$$-kA\left(\frac{\partial T}{\partial x} + \frac{\partial}{\partial x}\frac{\partial T}{\partial x}dx\right)dt$$

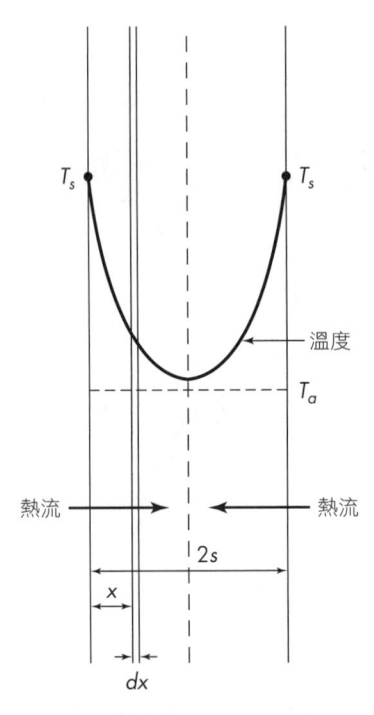

▲ 圖 10.4 固體平板的非穩態傳導

輸入熱量比輸出熱量多的值就是 dx 層內累積的熱量，亦即

$$-kA\frac{\partial T}{\partial x}dt + kA\left(\frac{\partial T}{\partial x} + \frac{\partial^2 T}{\partial x^2}dx\right)dt = kA\frac{\partial^2 T}{\partial x^2}dx\,dt$$

薄層內熱量的累積使得該層的溫度上升。若 c_p 與 ρ 分別為比熱與密度，則累積的熱量為質量 (體積乘以密度)、比熱和溫度增加之乘積，亦即 $(\rho A\,dx)\,c_p \cdot (\partial T/\partial t)\,dt$。由熱均衡，

$$kA\frac{\partial^2 T}{\partial x^2}dx\,dt = \rho c_p A\,dx\frac{\partial T}{\partial t}dt$$

上式除以 $\rho c_p A\,dx\,dt$，可得

$$\frac{\partial T}{\partial t} = \frac{k}{\rho c_p}\frac{\partial^2 T}{\partial x^2} = \alpha\frac{\partial^2 T}{\partial x^2} \tag{10.18}$$

(10.18) 式中的 α 稱為固體的**熱擴散係數** (thermal diffusivity)，為物質的性質。它的因次為面積除以時間。

對於某些形狀簡單的物體，如無限平板、無限長圓柱以及圓球，可得它們的非穩態熱傳導方程式之通解。例如，對於一已知厚度的無限平板，以恆溫的介質對平板兩側加熱或冷卻，則可得 (10.18) 式的快速收斂解為

$$\frac{T_s - T}{T_s - T_a} = \frac{4}{\pi}\left[e^{-a_1\text{Fo}}\sin\frac{\pi x}{2s} + \frac{1}{3}e^{-9a_1\text{Fo}}\sin\frac{3\pi x}{2s} + \frac{1}{5}e^{-25a_1\text{Fo}}\sin\frac{5\pi x}{2s} + \cdots\right] \tag{10.19}$$

其中　T_s = 平板表面的恆定溫度
　　　T_a = 平板的初始溫度
　　　T = 在位置 x 與時間 t_T 的局部溫度
　　　Fo = 傅立葉數，定義為 $\alpha t_T/s^2$
　　　α = 熱擴散係數
　　　t_T = 加熱或冷卻的時間
　　　s = 平板厚度的一半
　　　$a_1 = (\pi/2)^2$

在 (10.19) 式中，令 $x = s$，可求得中間平面的溫度 T_c。平均溫度可由 (10.19) 式積分而得

$$\frac{T_s - \bar{T}_b}{T_s - T_a} = \frac{8}{\pi^2}\left[e^{-a_1 \text{Fo}} + \frac{1}{9}e^{-9a_1 \text{Fo}} + \frac{1}{25}e^{-25a_1 \text{Fo}} + \cdots\right] \quad (10.20)$$

其中 $\bar{T}_b$ = 平板在時間 t_T 的平均溫度。

如果在平板的另一面沒有熱傳且在該面滿足 $\partial T/\partial x = 0$，那麼 (10.19) 式和 (10.20) 式亦可應用於只有一面被加熱的情況。此時 s 為全平板厚度。

半徑為 r_m 的無限長實心圓柱，其平均溫度 $\bar{T}_b$ 可由下式求得 [6]

$$\frac{T_s - \bar{T}_b}{T_s - T_a} = 0.692 e^{-5.78 \text{Fo}} + 0.131 e^{-30.5 \text{Fo}} + 0.0534 e^{-74.9 \text{Fo}} + \cdots \quad (10.21)$$

其中 $\text{Fo} = \alpha t_T / r_m^2$。半徑為 r_m 的圓球，所對應的方程式為 [2]

$$\frac{T_s - \bar{T}_b}{T_s - T_a} = 0.608 e^{-9.87 \text{Fo}} + 0.152 e^{-39.5 \text{Fo}} + 0.0676 e^{-88.8 \text{Fo}} + \cdots \quad (10.22)$$

當 Fo 的值約大於 0.1，則在 (10.20) 至 (10.22) 式中，只有級數的首項有意義，其它項均可忽略不計。在此情況下，於 (10.20) 式中，將級數首項以外的其它各項省略，整理後即可求得無限大平板的溫度由 T_a 變化到 $\bar{T}_b$ 所需的時間

$$t_T = \frac{1}{\alpha}\left(\frac{2s}{\pi}\right)^2 \ln \frac{8(T_s - T_a)}{\pi^2 (T_s - \bar{T}_b)} \quad (10.23)$$

對於無限長圓柱，其對應方程式可由 (10.21) 式求得，亦即

$$t_T = \frac{r_m^2}{5.78\alpha} \ln \frac{0.692(T_s - T_a)}{T_s - \bar{T}_b} \quad (10.24)$$

對於圓球，由 (10.22) 式，得到

$$t_T = \frac{r_m^2}{9.87\alpha} \ln \frac{0.608(T_s - T_a)}{T_s - \bar{T}_b} \quad (10.25)$$

圖 10.5 是 (10.20) 至 (10.22) 式的圖形。此圖的縱座標稱為**未完成的溫度變化** (unaccomplished temperature change)，亦即在任意時間，待完成的總溫度變化分率。

除了非常小的 Fo 值外，(10.23) 至 (10.25) 式在半對數圖上所繪的圖形都是直線。

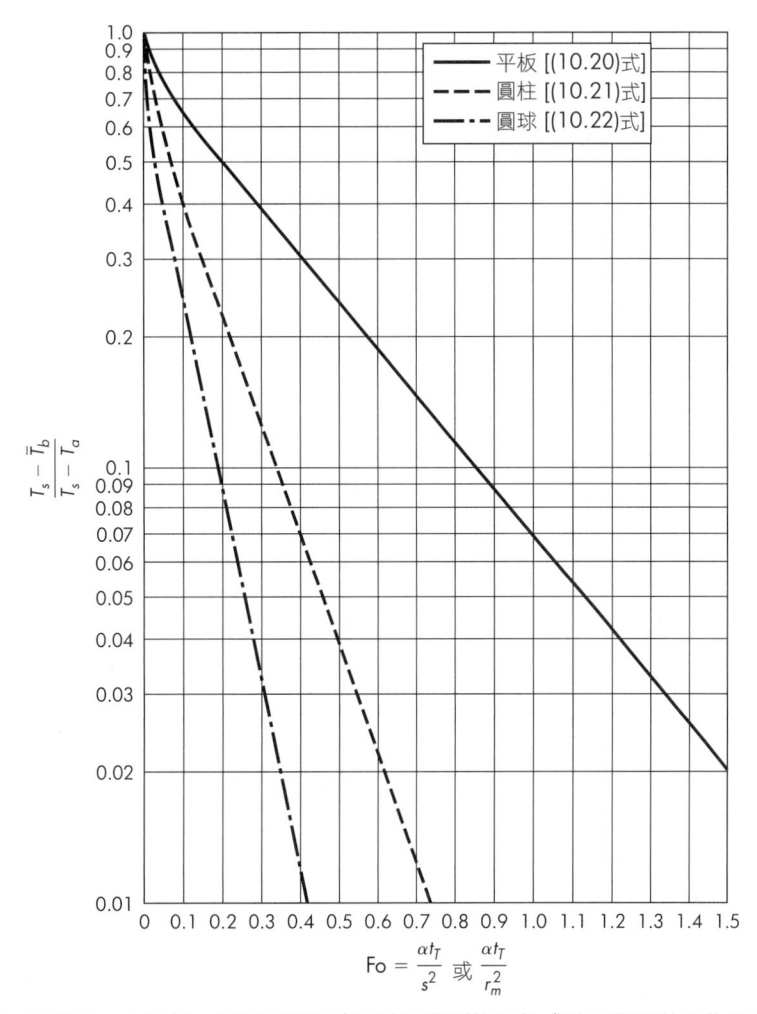

▲ 圖 10.5　大平板、無限長圓柱或圓球在非穩態加熱或冷卻期間的平均溫度

例題 10.4

一個 8 cm 厚的多孔陶瓷平板，初始溫度為 90°C，將水噴灑於平板的兩側使得表面溫度降到 30°C。固體的性質為：$\rho = 1{,}050 \text{ kg/m}^3$、$c_p = 800 \text{ J/kg} \cdot \text{K}$ 以及 $k = 1.8 \text{ W/m} \cdot \text{K}$。

(a) 經過 3 分鐘後，在中心以及由表面到中心的一半，溫度分別為多少？

(b) 經過 3 分鐘後，平均溫度為何？

解

(a)
$$\alpha = \frac{k}{\rho c_p} = \frac{1.8}{1{,}050 \times 800} = 2.14 \times 10^{-6}$$

$$s = 0.08/2 = 0.04$$

$$a_1 = (\pi/2)^2 = 2.467$$

在 3 min 或 180 s，

$$\text{Fo} = \alpha t_T/s^2 = \frac{2.14 \times 10^{-6}(180)}{0.04^2} = 0.2408$$

$$a_1 \text{Fo} = 0.594$$

由 (10.19) 式，當 $x = s$，

$$\frac{T_s - T}{T_s - T_a} = \frac{4}{\pi}\left[e^{-0.594}\sin\frac{\pi}{2} + \frac{1}{3}e^{-9(0.594)}\sin\frac{3\pi}{2}\right]$$

$$= \frac{4}{\pi}(0.552 - 1.58 \times 10^{-3}) = 0.701$$

$$T_s - T = 0.701(30 - 90) = -42$$

$$T = 30 + 42 = 72°C$$

當 $x = 0.5s$，

$$\frac{T_s - T}{T_s - T_a} = \frac{4}{\pi}\left[e^{-0.594}\sin\frac{\pi(0.5)}{2} + \frac{1}{3}e^{-9(0.594)}\sin\frac{3\pi(0.5)}{2}\right]$$

$$= \frac{4}{\pi}[0.390 + 1.12 \times 10^{-3}] = 0.498$$

$$T_s - T = 0.498(-60) = -29.9$$

$$T = 59.9°C$$

(b) 利用圖 10.5，Fo = 0.241，

$$\frac{T_s - \bar{T}_b}{T_s - T_a} = 0.45$$

$$\bar{T}_b = 57°C$$

表面溫度為變數的熱流

(10.19) 至 (10.25) 式僅適用於表面溫度為恆定的情況，當熱的源點或匯點是高導熱係數的金屬時，則此情況近乎真實。當固體曝露於熱氣體或液體時，在流體的熱阻通常是顯著的，而表面溫度隨時間改變，如圖 10.6 所示。在接近表面的流體，所顯示的溫度梯度為一直線，這表示熱傳以傳導的方式通過此薄靜止層而在此靜止層之外為完全混合的流體。當流體流經固體表面，實際的梯度是稍微彎曲；但以線性梯度表示是為了方便，並不影響後續的推導。在界面處

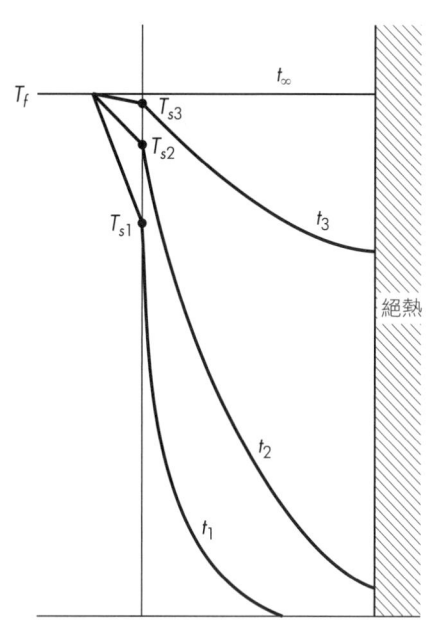

▲ 圖 10.6　平板一側被加熱，平板內及靠近平板處的溫度梯度

能量並無累積，因此傳到表面的熱通量等於進入固體內的熱通量，在界面處梯度的改變反映出導熱係數的不同。

在此例中，假設固體的導熱係數小於流體，則在固體內的溫度梯度較流體內陡峭。隨著時間的增加，由於經流體層傳送熱量只需要較低的驅動力，因此固體的溫度梯度和熱通量降低，而表面溫度上升。

當有外在阻力時，(10.18) 式仍適用於固體的熱傳導，但需要一個新的邊界條件。進入固體的熱通量等於通過流體層的熱傳速率，如同牛頓定律應用於對流熱傳

$$\frac{q}{A} = h(T_f - T_s) = -k\left(\frac{\partial T}{\partial x}\right)_{x=0} \tag{10.26}$$

解出 (10.26) 與 (10.18) 式可得到固體的溫度分布、固體的平均溫度以及總熱傳量。這些結果常以圖或表來表示，且以傅立葉數和畢歐數 (Biot number) 作為參數。傅立葉數是一無因次時間，而畢歐數，記做 Bi，為外部阻力與內部阻力的相對重要的量測。

對一平板，

$$\text{Bi} = \frac{hr_m}{k} \tag{10.27}$$

對一圓球或圓柱，

$$\text{Bi} = \frac{hr_m}{k} \tag{10.28}$$

M. P. Heisler[5] 及其它學者[4] 發展出可以顯示平板、圓柱以及圓球的局部與平均溫度的圖形，這些圖形在熱傳教科書和手冊[6, 7, 9] 也會有提供。圖 10.7 顯示畢歐數為中間值時，平板的平均溫度隨時間的變化。

圖 10.8 顯示對於圓球而言，類似於平板的圖形。當畢歐數很大時 (對於平板，Bi > 20；或對於圓球，Bi > 50)，外部阻力可忽略，當表面溫度恆定時，可應用 (10.19) 至 (10.25) 式。當畢歐數非常小時，內部阻力可忽略，整個固體假設是相同溫度，熱傳問題會有較簡單的解。此法稱為**集中電容法** (lumped capacitance method)。

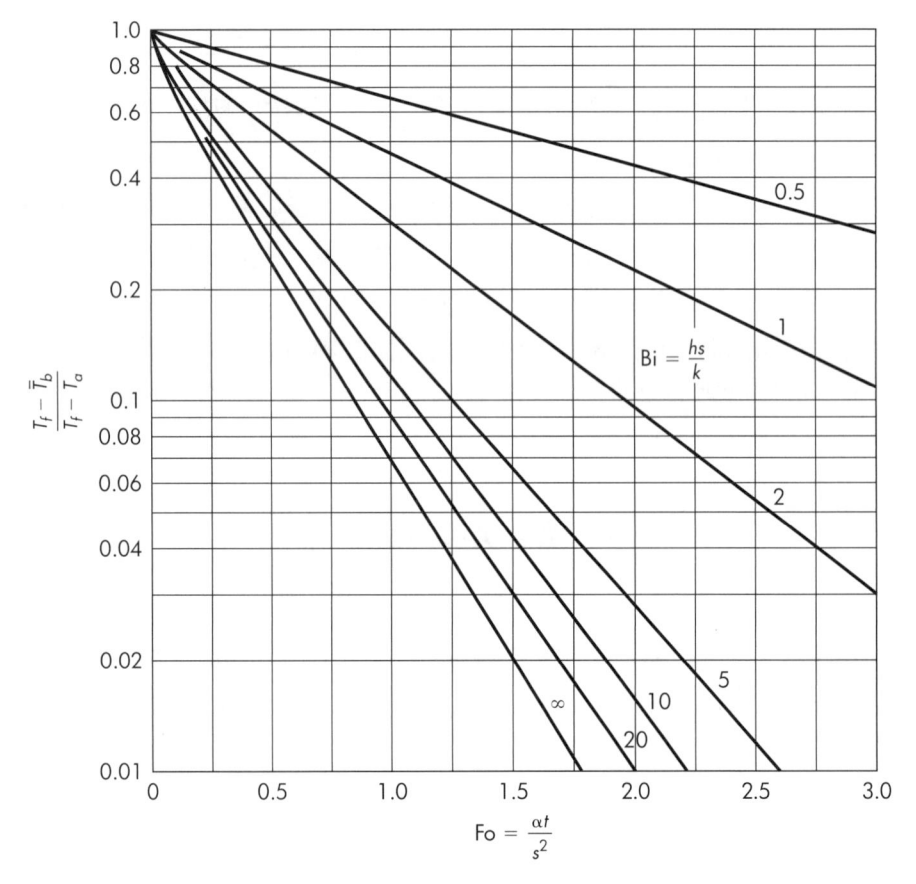

▲ 圖 10.7　具外部熱阻時，平板的平均溫度隨時間的變化

熱傳導 343

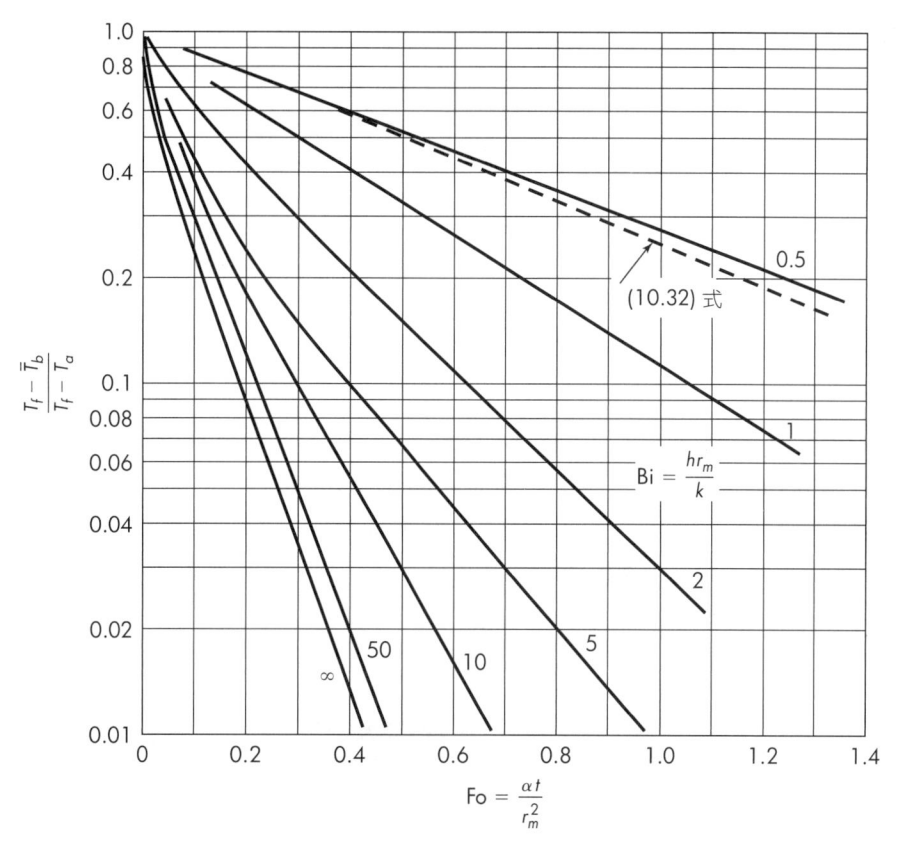

▲ 圖 10.8 具外部熱阻時，圓球的平均溫度隨時間的變化

對於中間偏低的畢歐數 (介於 0.1 至 1.0)，內部阻力不可忽略，對於固相，熱傳速率的近似計算可用集中固體電容以及利用有效熱傳係數。此係數與外部係數結合得到總熱阻和總係數可用於簡化熱均衡。對於平板而言，其有效係數為 $2k/s$，相當於平板厚度的 $\frac{1}{4}$ 的平均傳導距離。對一長圓柱，其有效係數為 $3k/r_m$，對一圓球，有效係數為 $5k/r_m$，相當於 $r_m/5$ 的平均傳導距離 (此厚度的殼層為半球體積)。

說明有效係數方法，考慮在低畢歐數時，一圓球的暫態傳導。非穩態熱平衡為

$$\rho c_p \left(\frac{4}{3}\pi r_m^3\right) \frac{d\bar{T}_b}{dt} = U\left(4\pi r_m^2\right)(T_f - \bar{T}_b) \tag{10.29}$$

其中
$$\frac{1}{U} \cong \frac{1}{h} + \frac{r_m}{5k} \tag{10.30}$$

將 (10.29) 式重新整理，

$$\frac{d\bar{T}_b}{T_f - \bar{T}_b} = \frac{3U\,dt}{\rho c_p r_m} \qquad (10.31)$$

積分後，可得

$$\ln\frac{T_f - \bar{T}_b}{T_f - T_a} = \frac{-3Ut}{\rho c_p r_m} \qquad (10.32)$$

將 (10.32) 式繪於圖 10.8 中，Bi = 0.5 的虛線。未完成溫度變化僅稍小於正確解，但對於高畢歐數，近似解所產生的誤差較為顯著，如例題 10.5 所示。

可發展出類似於 (10.32) 式，適用於低畢歐數，它種形體的熱傳近似值。若是對於一長圓柱，則 (10.32) 式中的 3 要改為 2，若是對一平板，則 (10.32) 式中的 $3/r_m$ 要改為 $1/s$。

例題 10.5

初溫為 80°C，大小為 5 mm 的塑膠球，在一流體化床中以 30°C 的空氣將其冷卻。固體的密度為 1,100 kg/m^3，導熱係數為 0.13 W/m·°C，且比熱為 1,700 J/kg·°C。若外部熱傳係數為 50 W/m^2·°C，則 (a) 此固體平均溫度達到 35°C，需要多少時間？(b) 外部膜占熱傳阻力的比例是多少？(c) 若表面溫度為 30°C 的恆溫，重複計算 (a)。

解

(a) 由 (10.30) 式，總熱阻為

$$\frac{1}{U} = \frac{1}{50} + \frac{2.5 \times 10^{-3}}{5 \times 0.13} = 0.0238$$

$$U = 41.9 \text{ W/m}^2 \cdot \text{°C}$$

由 (10.28) 式，

$$\text{Bi} = \frac{50(2.5 \times 10^{-3})}{0.13} = 0.96$$

$$\frac{T_f - \bar{T}_b}{T_f - T_a} = \frac{30 - 35}{30 - 80} = 0.1$$

由圖 10.8 以內插法可得

$$\text{Fo} \cong 1.06 = \frac{\alpha t}{r_m^2}$$

$$\alpha = \frac{k}{\rho c_p} = \frac{0.13}{1{,}100 \times 1{,}700} = 6.95 \times 10^{-8}$$

$$t = \frac{1.06(2.5 \times 10^{-3})^2}{6.95 \times 10^{-8}} = 95 \text{ s}$$

欲求近似解可將 (10.32) 式整理成適用於冷卻的情況。

$$\ln \frac{\bar{T}_b - T_f}{T_a - T_f} = \frac{-3Ut}{\rho c_p r_m}$$

由 (10.30) 式,

$$\frac{1}{U} = \frac{1}{50} + \frac{2.5 \times 10^{-3}}{5(0.13)} = 0.0238$$

$$U = 41.9 \text{ W/m}^2 \cdot {}^\circ\text{C}$$

$$t = -\ln\left(\frac{5}{50}\right) \frac{1{,}100(1.7 \times 10^3)(2.5 \times 10^{-3})}{3 \times 41.9} = 86 \text{ s}$$

(b) 外部阻力所占的分率為:

$$\frac{U}{h} = \frac{41.9}{50} = 0.84$$

(c) 由圖 10.5 或圖 10.8,對於 Bi = ∞ 和 Fo = 0.19,

$$t = \frac{0.19(2.5 \times 10^{-3})^2}{6.95 \times 10^{-8}} = 17 \text{ s}$$

總熱傳遞

在時間 t_T 內,通過單位面積的表面,傳遞至固體的總熱量 Q_T,通常是引人關注的。由平均溫度的定義,單位質量的固體,溫度由 T_a 上升至 $\bar{T}_b$ 所需的熱量為 $c_p(\bar{T}_b - T_a)$。對於一厚度為 $2s$,密度為 ρ 的平板,單位質量的總表面積 (兩側) 為 $1/s\rho$。因此每單位面積的總熱傳為

$$\frac{Q_T}{A} = s\rho c_p(\bar{T}_b - T_a) \tag{10.33}$$

對於無限長圓柱的對應方程式為

$$\frac{Q_T}{A} = \frac{r_m \rho c_p(\bar{T}_b - T_a)}{2} \tag{10.34}$$

對於圓球，則方程式為

$$\frac{Q_T}{A} = \frac{r_m \rho c_p(\bar{T}_b - T_a)}{3} \tag{10.35}$$

例題 10.6

初溫為 70°F (21.1°C) 的塑膠平板，置於溫度為 250°F (121.1°C) 的二壓板 (platen) 間。平板厚度為 1.0 in. (2.54 cm)。(a) 欲將此平板加熱至平均溫度為 210°F (98.9°C)，需要多少時間？(b) 在此時間內，每平方呎的表面有多少 Btu 的熱量傳遞至塑膠平板？固體的密度為 56.2 lb/ft³ (900 kg/m³)，導熱係數為 0.075 Btu/ft·h·°F (0.13 W/m·°C)，比熱為 0.40 Btu/lb·°F (1.67 J/g·°C)。

解

(a) 使用圖 10.5 時，所需的值為

$$k = 0.075 \text{ Btu/ft·h·°F} \qquad \rho = 56.2 \text{ lb/ft}^3 \qquad c_p = 0.40 \text{ Btu/lb·°F}$$

$$s = \frac{0.5}{12} = 0.0417 \text{ ft} \qquad T_s = 250°F \qquad T_a = 70°F \qquad \bar{T}_b = 210°F$$

因此

$$\frac{T_s - \bar{T}_b}{T_s - T_a} = \frac{250 - 210}{250 - 70} = 0.222 \qquad \alpha = \frac{k}{\rho c_p} = \frac{0.075}{56.2 \times 0.40} = 0.00335$$

由圖 10.5，對於溫差比為 0.222，可得

$$\text{Fo} = 0.52 = \frac{0.00335 t_T}{0.0417^2} \qquad t_T = 0.27 \text{ h} = 16 \text{ min}$$

(b) 代入 (10.33) 式,可得每總表面積的熱流為

$$\frac{Q_T}{A} = 0.0417 \times 56.2 \times 0.40(210 - 70) = 131 \text{ Btu/ft}^2 \text{ (1,487 kJ/m}^2)$$

半無限固體

有時固體被加熱或冷卻其產生的溫度變化是侷限於固體的某一邊。例如,考慮一非常厚的平坦壁煙囪,初溫為 T_a。假設壁的內表面突然被加熱至高溫 T_s,並保持在 T_s,此種現象或許可用突然讓熱煙道氣 (flue gas) 通過煙囪來描述。煙囪壁內側的溫度,隨時間變化,靠近內側的熱表面其溫度變化較快,越遠處變化較慢。如果煙囪壁非常厚,使得經過相當長的時間後,壁的外表面溫度仍不會有變化。在此情況下,可將熱視為「穿過」無限厚度的固體。圖 10.9 顯示此厚壁暴露於熱氣體後,在不同時間下的溫度形態,爐壁暴露於熱氣體後,在熱表面立即有很陡的溫度不連續性,以及隨後溫度在固體內部各點逐漸變化的情形。

對於這種狀況,在適當的邊界條件下,將 (10.18) 式積分,可得與熱表面距離為 x 的任意點之溫度方程式

$$\frac{T_s - T}{T_s - T_a} = \frac{2}{\sqrt{\pi}} \int_0^Z e^{-Z^2} dZ \tag{10.36}$$

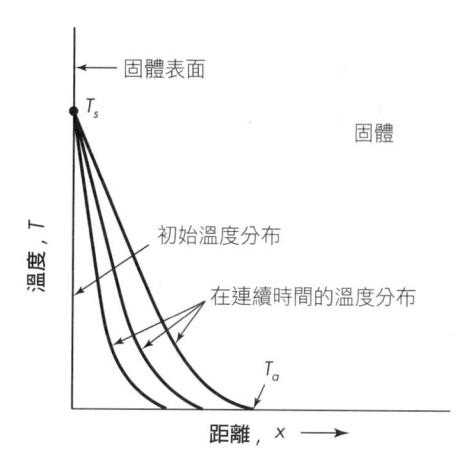

▲ 圖 10.9 非穩態加熱下,半無限固體的溫度分布

其中　$Z = x/2\sqrt{\alpha t}$，無因次
　　　α = 熱擴散係數
　　　x = 與熱表面的距離
　　　t = 表面溫度變化後經過的時間，h

(10.36) 式中的函數稱為**高斯誤差積分** (Gauss error integral) 或**機率積分** (probability integral)。圖 10.10 是 (10.36) 式的圖形。

(10.36) 式指出，在表面溫度改變後的任何時間，縱使是距離熱表面很遠的點，固體內所有點的溫度都會有某些改變。但是，距離熱表面很遠的點，其實際溫度變化很小，可以忽略不計。超過距離熱表面某一長度後，由於沒有足夠的穿透熱量，所以無法顯著地影響溫度。**穿透距離** (penetration distance) x_p 可定義為距離表面的某處，在該處的溫度變化為表面溫度變化的百分之一。亦即，$(T - T_a)/(T_s - T_a) = 0.01$ 或 $(T_s - T)/(T_s - T_a) = 0.99$。由圖 10.10 可知，當 $Z = 1.82$，機率積分為 0.99，而

$$x_p = 3.64\sqrt{\alpha t} \tag{10.37}$$

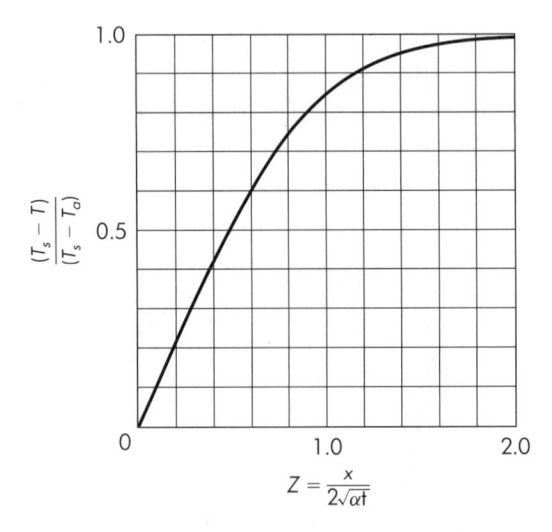

▲ 圖 10.10　半無限固體的非穩態加熱或冷卻

例題 10.7

突然來的冷氣流將大氣溫度降到 $-20°C$ ($-4°F$)，並維持 48 小時。(a) 若地面的初始溫度為 $5°C$ ($41°F$)，水管需埋入地下多深，以使管內的水沒有結冰的危險？(b) 在此狀況下的穿透距離是多少？土壤熱擴散係數為 $0.0011 \text{ m}^2/\text{h}$ ($0.0118 \text{ ft}^2/\text{h}$)。

解

(a) 假設地面迅速達到 $-20°C$，並保持在此溫度。除非水管所在位置的溫度低於 $0°C$，否則將無結冰的危險。使用圖 10.10 所需的值為

$$T_s = -20°C \qquad T_a = 5°C \qquad T = 0°C$$
$$t = 48 \text{ h} \qquad \alpha = 0.0011 \text{ m}^2/\text{h}$$
$$\frac{T_s - T}{T_s - T_a} = \frac{-20 - 0}{-20 - 5} = 0.80$$

由圖 10.10 知，$Z = 0.91$。因此深度為

$$x = 0.91 \times 2\sqrt{\alpha t} = 0.91 \times 2\sqrt{0.0011 \times 48} = 0.42 \text{ m } (1.38 \text{ ft})$$

(b) 由 (10.37) 式，穿透距離為

$$x_p = 3.64\sqrt{0.0011 \times 48} = 0.838 \text{ m } (2.74 \text{ ft})$$

在已知時間欲求傳遞到半無限固體的總熱量，則需求在熱表面的溫度梯度和熱通量。將 (10.36) 式微分，可求得表面的溫度梯度

$$\left(\frac{\partial T}{\partial x}\right)_{x=0} = -\frac{T_s - T_a}{\sqrt{\pi \alpha t}} \tag{10.38}$$

在表面的熱流率則為

$$\left(\frac{q}{A}\right)_{x=0} = -k\left(\frac{\partial T}{\partial x}\right)_{x=0} = \frac{k(T_s - T_a)}{\sqrt{\pi \alpha t}} \tag{10.39}$$

以 dQ/dt 替代 q，將 (10.39) 式積分，可得在時間 t_T，每單位面積的總熱傳量 Q_T/A 如下：

$$\frac{Q_T}{A} = \frac{k(T_s - T_a)}{\sqrt{\pi\alpha}} \int_0^{t_T} \frac{dt}{\sqrt{t}} = 2k(T_s - T_a)\sqrt{\frac{t_T}{\pi\alpha}} \qquad (10.40)$$

◾ 符號 ◾

- A ：面積，m^2 或 ft^2；$\bar{A}_L$，面積的對數平均
- a ：(10.5) 式中的常數
- a_1 ：$(\pi/2)^2$
- B ：平板的厚度，m 或 ft；B_A、B_B、B_C 分別為 A、B、C 層的厚度
- Bi ：畢歐數，無因次；平板的 Bi $= hs/k$；圓柱或圓球的 Bi $= hr_m/k$
- b ：(10.5) 式中的常數
- c_p ：定壓比熱，J/g·°C 或 Btu/lb·°F
- e ：自然對數的底，2.71828 ...
- Fo ：傅立葉數，無因次；平板為 $\alpha t_T/s^2$；圓柱或球體為 $\alpha t_T/r_m^2$
- h ：個別或表面熱傳係數，W/m·°C 或 Btu/ft^2·h·°F
- k ：導熱係數，W/m·°C 或 Btu/ft·h·°F；k_A、k_B、k_C 分別為 A、B、C 層的導熱係數；$\bar{k}$，平均導熱係數
- L ：圓柱長度，m 或 ft
- Q ：熱量，J 或 Btu；Q_T，輸送的總熱量
- q ：熱流率，W 或 Btu/h；q_A、q_B、q_C 分別為 A、B、C 層的熱流率
- R ：熱阻，m^2·°C/W 或 ft^2·°F·h/Btu；R_A、R_B、R_C 分別為 A、B、C 層的熱阻
- r ：徑向距離或半徑，m 或 ft；r_i，內半徑；r_m，實心圓柱或球體的半徑；r_o，外半徑；$\bar{r}_L$，半徑的對數平均；$\bar{r}_a$，半徑的算術平均
- s ：平板的一半厚度，m 或 ft
- T ：溫度，°C 或 °F；T_a，初始溫度；$\bar{T}_b$，在終點時間 t_T 的平均溫度；T_f，大量流體的溫度；T_i，內側表面溫度；T_o，外側表面溫度；T_s，表面溫度；T_x，在固 - 固界面的溫度；T_1、T_2，分別在點 1、點 2 的溫度
- t ：時間，s 或 h；t_T，加熱或冷卻所需的時間
- U ：總熱傳係數，W/m·°C 或 Btu/ft^2·h·°F
- x ：與表面的距離，m 或 ft；x_1、x_2，分別在位置 1 與位置 2 與表面的距離；x_p，半無限固體的穿透距離
- y ：距離，m 或 ft
- Z ：$x/2\sqrt{\alpha t}$，無因次

希臘字母

α ：熱擴散係數，$k/\rho c_p$，m^2/s 或 ft^2/h

ΔT：總溫度降；ΔT_A、ΔT_B、ΔT_C 分別為 A、B、C 層的溫度降

ρ ：密度，kg/m^3 或 lb/ft^3

習題

10.1. 一爐壁由 200 mm 厚的耐火磚、100 mm 厚的高嶺 (kaolin) 磚以及 6 mm 厚的鋼板構成。耐火磚靠近火的一側，其溫度為 1,150°C，而鋼板的外側溫度為 30°C。對整個火爐作正確的能量均衡，顯示爐壁的熱損失為 300 W/m²。已知磚和鋼板之間有空氣薄層。試問這些空氣層相當於多少毫米的高嶺磚？請參閱附錄 11 中的導熱係數。

10.2. 一標準 1 in. Schedule 40 號的鋼管輸送 250°F 的飽和水蒸氣。該管用 2 in. 厚的 85% 氧化鎂作為絕熱層，外面再覆以 $\frac{1}{2}$ in. 的軟木層。管壁內側溫度為 249°F，軟木的外側溫度為 90°F。鋼、鎂、軟木的導熱係數 (Btu/ft·h·°F) 分別為 26、0.034、0.03。試計算 (a) 管長 100 ft 的熱損失 (Btu/h)；(b) 金屬與氧化鎂的界面溫度以及氧化鎂與軟木的界面溫度。

10.3. 試導出內半徑為 r_1，外半徑為 r_2 的球殼的穩態熱傳方程式。整理此結果以便與厚壁圓柱的解做一比較。

10.4. 一非常長且寬的塑膠片厚 4 mm，開始時在 20°C，突然將兩側暴露在 102°C 的水蒸氣中。(a) 若水蒸氣與塑膠片表面之間的熱阻可忽略不計，欲使塑膠片中心線的溫度有顯著變化，需時多久？(b) 此時塑膠片整體的平均溫度為多少？對於塑膠而言，$k = 0.138$ W/m·°C 且 $\alpha = 0.00035$ m²/h。

10.5. 一直徑為 1 in. 的長鋼棒，開始時的均勻溫度為 1,200°F。突然將此棒浸入 150°F 的淬火油槽中。4 分鐘後，其平均溫度降到 250°F。(a) 若棒的直徑為 $2\frac{1}{2}$ in.，(b) 若直徑為 5 in.，則溫度由 1,200°F 降至 250°F 需時多久？對鋼而言，$k = 26$ Btu/ft·h·°F；$\rho = 486$ lb/ft³；$c_p = 0.11$ Btu/lb·°F。

10.6. 一直徑為 3 in. 的鋼球，加熱至 700°F 後，浸入 125°F 的油槽中冷卻。若油與鋼球表面間的熱阻可忽略不計，(a) 計算此鋼球在浸入後 10 s，1 min 以及 6 min 後的平均溫度。(b) 若要使未完成的溫度變化降至最初溫差的百分之一需要多少時間？鋼的熱性質如習題 10.5 中所示。

10.7. 如例題 10.6 所述的狀況，在 12 小時內，由土壤散熱至空氣，每單位面積的平均熱損失率為多少？土壤的導熱係數為 0.7 W/m·°C。

10.8. 對於相同的初始溫度 T_s 和 T_a 以及相同的傅立葉數，球體的平均溫度比圓柱或平板高或低？(參見圖 10.5)。是什麼樣的物理理由引導你預期如此？

10.9. 當高分子聚合的溫度是 50°C，水在套層 (jacket) 的溫度為 20°C，而熱傳遞速率對攪拌的高分子反應槽的套層為 7.4 kW/m^2。槽壁是由 12 mm 厚的不鏽鋼構成，槽壁留有前次操作時留下的薄層聚合物 ($k = 0.16$ W/m · °C)。(a) 金屬壁的溫度降為多少？(b) 累積的高分子層其厚度為多少，才可解釋其餘的溫差？(c) 若使用的反應器是由 3 mm 厚的不鏽鋼覆以 9 mm 厚的軟鋼殼，則熱通量將以多少倍數增加？

10.10. (a) 比較空氣和水在 100°F 時的導熱係數和熱擴散係數。(b) 在 50°F 及 1 atm 下，靜止空氣和水各曝露於 100°F 的熱金屬表面 10 s，計算各自的穿透距離。討論兩者的差異。

10.11. 某儲油槽壁為厚 20 mm 的鋼板，其外層包有 50 mm 的玻璃纖維絕熱層。如果油品溫度維持在 150°C，(a) 當槽外溫度為 20°C 且外部空氣係數為 20 W/m^2 · °C 時，熱損失率為多少？(b) 如果絕熱層的厚度增為 2 倍，熱損失可以減少多少？

10.12. 某焚化爐內壁為 $\frac{1}{2}$ in. 的鋼板，其外為 4 in. 的耐火磚用來保護鋼板，在其外部又包有 3 in. 的氧化鎂絕熱層。當氣體溫度為 1,400°F，且由光學高溫計 (pyrometer) 量測耐火磚牆內溫度為 1,200°F。(a) 鋼板壁面的溫度為多少？(b) 欲使耐火磚牆內溫度提升至 1,300°F，絕熱層的厚度應為多少？

10.13. 將粒徑約 50 μm 的煤粒，噴入 300°C 的空氣流，使氣流夾帶煤粒進入鍋爐中。求煤粒由 25°C 加熱至空氣溫度的 5°C 範圍內所需的時間。假設外部係數 h 是由 $hD_p/k = 2.0$ 所定義，其中 D_p 為粒徑。

10.14. 溫度 30°C，厚度 1.6 cm 的高分子平板置於表面溫度為 70°C 的鋼板之間加熱，固體的密度為 950 kg/m^3，導熱係數為 0.12 W/m · K，比熱為 1,600 J/kg · K。(a) 要多少時間才能使中心線溫度達到 60°C？(b) 此時平板的平均溫度是多少？

10.15. 一雙層玻璃窗由二片 3 mm 厚，相隔 1 cm 的玻璃板構成。如果玻璃板相隔的空間是充滿氬氣而非氮氣，則總熱傳係數的差異是多少？假設內部和外部薄膜係數均為 10 W/m^2 · K 且忽略氣體空間的對流。氬氣在 10°C 的導熱係數為 1.68×10^{-2} W/m · K，而玻璃為 0.7 W/m · K。

10.16. 證明對於一已知的畢歐數，(10.32) 式所示球體的近似未完成溫度變化可用 Fo 與 Bi 的函數來表示。對於 Bi = 0.5 與 Bi = 1.0，將方程式求出的值與圖 10.8 求出的值做一比較。

10.17. 直徑 1.2 mm 的圓球金屬珠製成的熱電偶，可用來量測流動氣流的溫度。金屬的性質為 $\rho = 8,000$ kg/m^3，$c_p = 450$ J/kg · K 和 $k = 25$ W/m · K。介於氣體和金屬之間的薄膜係數為 310 W/m^2 · K。若氣體溫度突然由 200°C 改變至 210°C，則熱電

偶達到 209°C 需要多久？

10.18. 將平板浸入流動液體中冷卻，繪出平板內和靠近平板處的溫度梯度，其中固體的導熱係數是液體的兩倍。顯示過程開始後不久的溫度梯度，以及固體達到熱平衡半途的溫度梯度。假設平板的每一點的初始溫度都是相同的。

■ 參考文獻 ■

1. Bird, R. B., W. E. Stewart, and E. N. Lightfoot. *Transport Phenomena*. New York: Wiley, 1960, p. 245.
2. Carslaw, H. S., and J. C. Jaeger. *Conduction of Heat in Solids*. New York: Wiley, 1969.
3. Fourier, J. *The Analytical Theory of Heat*, trans. by A. Freeman. New York: Dover, 1955.
4. Grober H., S. Erk, and U. Grigull. *Fundamentals of Heat Transfer*. New York: McGraw-Hill, 1961.
5. Heisler, M. P. *Trans. ASME*, **68**:493 (1946); **69**:227 (1947).
6. McAdams, W. H. *Heat Transmission*, 3rd ed. New York: McGraw-Hill, 1954.
7. Mills, A. F. *Heat Transfer*. Homewood, IL: Irwin, 1992.
8. Reid, R. C., J. M. Prausnitz, and B. E. Poling. *The Properties of Gases and Liquids*, 4th ed. New York: McGraw-Hill, 1987.
9. Thomas, L. C. *Heat Transfer*. Englewood Cliffs, NJ: Prentice-Hall, 1992.

CHAPTER 11

流體中熱流的原理

在化學工程上常看到的熱傳遞,通常是由較熱的流體將熱量透過分開兩種流體的固體壁傳遞至較冷的流體。其中的熱傳遞可能是有相變化的潛熱,如凝結或蒸發,也可能是無任何相變化的顯熱將流體溫度升高或降低。典型的例子是降低流體的溫度,傳遞顯熱至較冷流體,以升高其溫度;用冷水冷凝水蒸氣;以及藉著高壓下凝結水蒸氣所散發的熱,將定壓下溶液中的水蒸發。上述的各種例子均需要利用熱傳導和對流傳遞熱量。

■ 典型熱交換器裝置

研究進出流體的熱傳遞可以考慮一個像圖 11.1 所示的簡單管式冷凝器作為討論的基礎。冷凝器基本上包含一束平行管 A,管束的兩端延伸至管片 (tube sheet) B_1 和 B_2。管束位於圓柱狀的外殼 C 內,且其兩端有 D_1 和 D_2 兩通道,而兩通道以 E_1 和 E_2 覆蓋。水蒸氣或其它純蒸汽由噴嘴 F 注入殼內管外的空間,

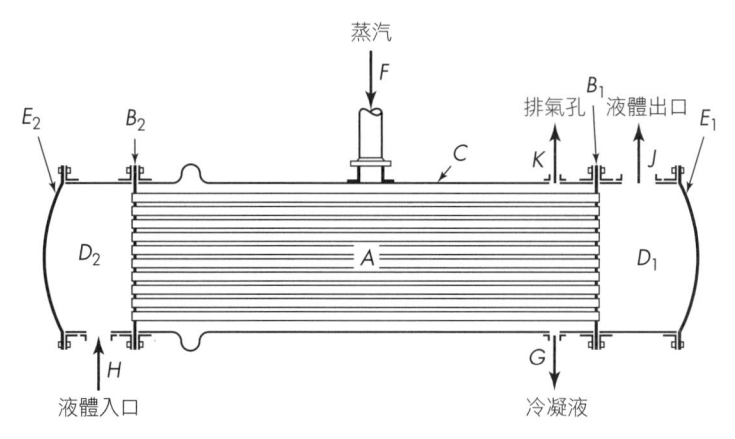

▲ 圖 11.1 單程管式冷凝器:A,管子;B_1、B_2 管片;C,殼;D_1、D_2,通道;E_1、E_2,通道蓋;F、蒸汽入口;G,冷凝液出口;H,冷液入口;J,溫液出口;K,不冷凝的氣體排氣孔

而由連接管 G 回收冷凝液，隨蒸汽進入的不冷凝氣體則從排氣孔 K 離開，連接管 G 導引至一收集器 (trap)，此裝置只允許液體流出而不讓蒸汽洩露。以泵將欲加熱的流體打入，經連接管 H 進入通道 D_2。流體經過管子流入另一個通道 D_1，再經由連接管 J 排放。兩流體是被薄金屬管壁隔離，但卻透過管壁進行熱接觸。冷凝蒸汽將熱經管壁傳給管內較冷的流體。

如果進入冷凝器的蒸汽是單一成分，而非混合物，且不是過熱蒸汽，冷凝液不會低於冷凝溫度呈現過冷狀態，則整個冷凝器殼內的溫度是恆定。原因是冷凝蒸汽的溫度是由殼內空間的壓力決定，該空間的壓力為定值。當流體流經管子時，管內流體的溫度持續地增加。

將冷凝蒸汽的溫度和液體的溫度對管長作圖，可得圖 11.2。圖中水平線表示冷凝蒸汽的溫度，水平線下方的曲線表示管內流體上升的溫度。T_{ca}、T_{cb} 分別為流體入口與出口的溫度。蒸汽的恆定溫度為 T_h。距離管子入口 L 處的流體溫度為 T_c，此處蒸汽與流體的溫度差為 $T_h - T_c$。此溫差稱為**點溫度差** (point temperature difference)，以 ΔT 表示。入口端的點溫度差為 $T_h - T_{ca}$，以 ΔT_1 表示，出口端的點溫度差為 $T_h - T_{cb}$，以 ΔT_2 表示。ΔT_1 和 ΔT_2 稱為**端點溫差** (approaches)。

流體的溫度改變值 $T_{cb} - T_{ca}$ 稱為**溫度範圍** (temperature range)，或簡稱範圍。冷凝器中只有一個範圍，就是冷流體被加熱的範圍。

本書中所用的符號 ΔT 只作為兩物體或兩流體的溫度差，它不是用做一流體的溫度變化。

簡單熱傳遞裝置的第二個例子為雙套管熱交換器，如圖 11.3 所示。此交換器由標準金屬管、標準化的回轉管和回轉頭裝配而成，回轉頭裝在充填箱內。一流

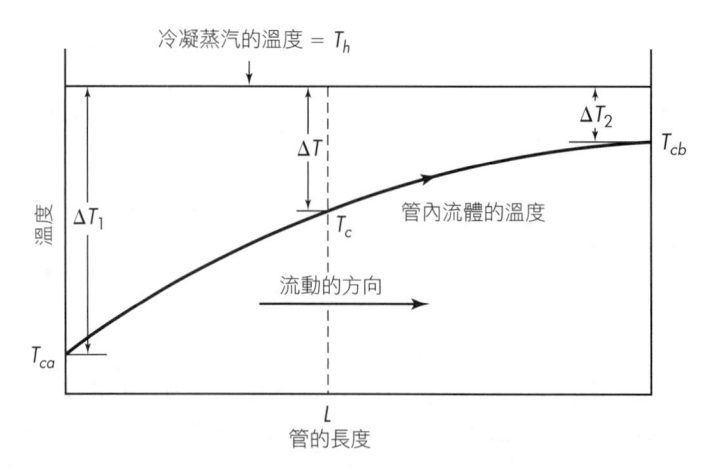

▲ 圖 11.2　冷凝器的溫度 - 長度曲線

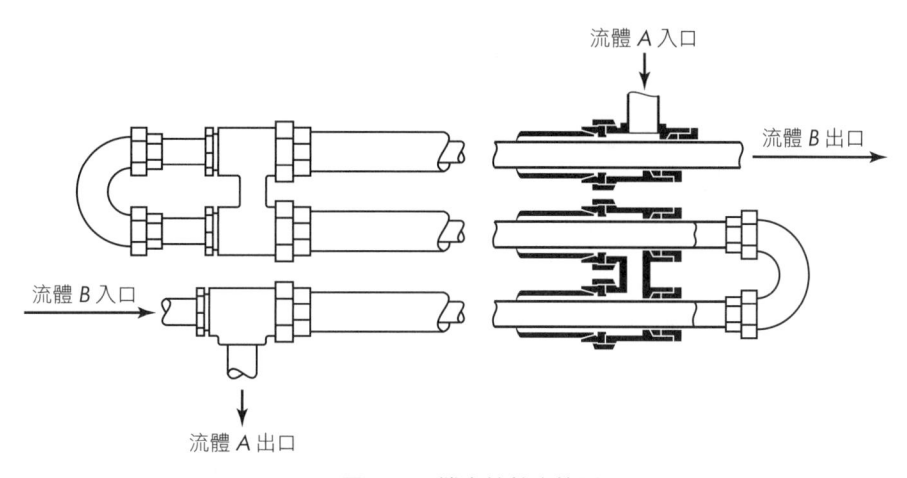

▲ 圖 11.3　雙套管熱交換器

體流經內管,另一流體流經外管與內管間的**環狀空間** (annular space),熱交換器的功能是增加較冷流體的溫度和降低較熱流體的溫度。典型的雙套管,內管為 $1\frac{1}{4}$ in.,外管為 $2\frac{1}{2}$ in.,兩者都是鐵管的尺寸 (IPS, Iron Pipe Size)。這種熱交換器可能是有好幾個進出口,排列成一個直立的方向。當熱傳面積不需要超過 100 至 150 ft^2 時,雙套管交換器十分有用。為了較大的容量,可採用更精緻的殼 - 管式熱交換器,其熱傳面積可高達數千平方呎。

逆向流與同向流

兩流體從熱交換器不同的端點流入,如圖 11.3 所示,並以相反的方向通過單元,這種常用的流動形式稱為**逆向流** (counterflow 或 countercurrent flow)。圖 11.4a 顯示此情況下的溫度 - 長度曲線。四個端點溫度表示如下:

熱流體的入口溫度 T_{ha}
熱流體的出口溫度 T_{hb}
冷流體的入口溫度 T_{ca}
冷流體的出口溫度 T_{cb}

端點溫差 (approach) 為

$$T_{ha} - T_{cb} = \Delta T_2 \text{ 和 } T_{hb} - T_{ca} = \Delta T_1 \tag{11.1}$$

熱流體與冷流體的溫度範圍分別為 $T_{ha} - T_{hb}$ 和 $T_{cb} - T_{ca}$。

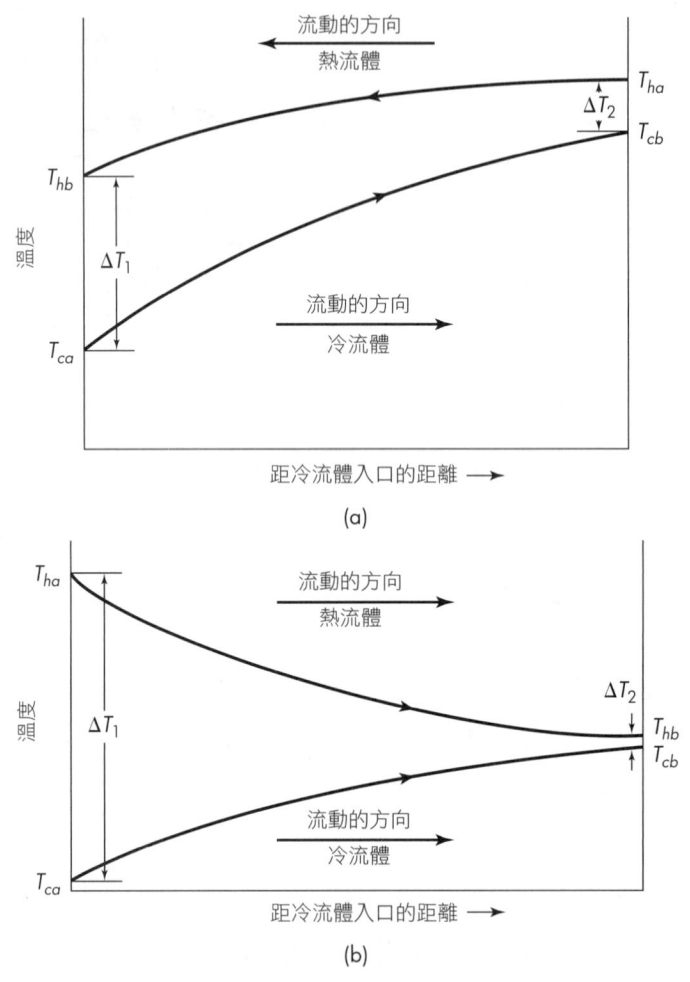

▲ 圖 11.4　溫度：(a) 逆向流；(b) 同向流

若兩流體從熱交換器的同一端進入，且以相同方向流至另一端，這種流動稱為**同向** (parallel)。圖 11.4b 顯示同向流的溫度 - 長度曲線。此外，下標 a 是指進入的流體，下標 b 表示流出的流體。端點溫差為 $\Delta T_1 = T_{ha} - T_{ca}$ 與 $\Delta T_2 = T_{hb} - T_{cb}$。

同向流很少用於如圖 11.3 所示的單程熱交換器，因為觀察圖 11.4a 和圖 11.4b 可知，同向流不可能使一流體的出口溫度趨近另一流體的入口溫度，而且它所能傳遞的熱量小於逆向流。在第 15 章所述的多程熱交換器中，通常採用逆向流，但在某些情況下，仍採用同向流。同向流可用於特殊的情況，例如，將一流體的溫度做非常迅速的改變是非常重要的，就如同由一化學反應器中，將熱流體驟冷以終止進一步的反應。

在某些熱交換器中，一流體以垂直於管軸方向橫跨管束流動，此稱為**交叉流** (crossflow)。汽車的水箱冷卻器以及家用冰箱的冷凝器是交叉流熱交換器的例子。

能量均衡

關於熱傳問題的定量研討是基於能量均衡與熱傳速率的估算。本章稍後將討論熱傳速率。許多，也許是多數，熱傳裝置的操作是在穩態狀況下進行，而此處僅考慮穩態操作。第 15 章將討論槽中流體加熱的暫態過程。

熱交換器中的焓平衡

在熱交換器中沒有軸功 (shaft work)，而且在能量均衡方程式中，機械能、勢能和動能都比其它種類的能量小。因此，對於流過熱交換器的一股流 (stream)，則有

$$\dot{m}(H_b - H_a) = q \tag{11.2}$$

其中　　$\dot{m}$ = 股流的流率
　　　　$q = Q/t =$ 進入股流的熱傳速率
　　　　$H_a, H_b =$ 單位質量的股流，分別在入口和出口處的焓

(11.2) 式適用於流過熱交換器的每一個股流。

使用熱傳速率 q 時，進一步的簡化是合理可行的。兩流體中，流經管外側的流體溫度，若低於或高於周圍的空氣溫度，則該流體與周圍空氣之間可藉由熱傳遞獲得或失去熱量。實際上，流體與周圍空氣的熱傳遞並非我們想要的，通常以適當的絕熱，可將此熱傳遞減至極小。此極小的熱量與通過管壁由熱流體傳給冷流體的熱量比較可忽略不計，因此 q 的簡化是理所當然的。

依據這些假設，對於熱流體，(11.2) 式可寫成

$$\dot{m}_h(H_{hb} - H_{ha}) = q_h \tag{11.3}$$

對於冷流體則為

$$\dot{m}_c(H_{cb} - H_{ca}) = q_c \tag{11.4}$$

其中　　$\dot{m}_c, \dot{m}_h =$ 分別為冷、熱流體的質量速率
　　　　$H_{ca}, H_{ha} =$ 分別為單位質量的冷、熱流體進入管內的焓值
　　　　$H_{cb}, H_{hb} =$ 分別為單位質量的冷、熱流體離開管內的焓值
　　　　$q_c, q_h =$ 分別為熱量加到冷、熱流體的速率

q_c 的符號為正，但 q_h 為負，因為熱流體放出熱量而非獲得熱量。熱流體放出的熱由冷流體獲得，亦即

$$q_c = -q_h$$

因此，由 (11.3) 和 (11.4) 式，可得

$$\dot{m}_h(H_{ha} - H_{hb}) = \dot{m}_c(H_{cb} - H_{ca}) = q \tag{11.5}$$

(11.5) 式稱為**總焓均衡** (overall enthalpy balance)。

　　如果只是傳遞顯熱，而且假設比熱為定值，則熱交換器的總焓均衡可寫成

$$\dot{m}_h c_{ph}(T_{ha} - T_{hb}) = \dot{m}_c c_{pc}(T_{cb} - T_{ca}) = q \tag{11.6}$$

其中　c_{pc} = 冷流體的比熱
　　　c_{ph} = 熱流體的比熱

冷凝器的焓均衡

　　對於冷凝器

$$\dot{m}_h \lambda = \dot{m}_c c_{pc}(T_{cb} - T_{ca}) = q \tag{11.7}$$

其中　$\dot{m}_h$ = 蒸汽的凝結速率
　　　λ = 蒸汽的蒸發潛熱

　　(11.7) 式的成立是基於蒸汽進入冷凝器為飽和蒸汽 (未過熱)，而且冷凝液在凝結溫度流出，並未過冷。如果這些顯熱的效應是重要的，(11.7) 式的左側需加一項。例如冷凝液以 T_{hb} 的溫度流出，而 T_{hb} 低於蒸汽的凝結溫度 T_h，則 (11.7) 式必須寫成

$$\dot{m}_h[\lambda + c_{ph}(T_h - T_{hb})] = \dot{m}_c c_{pc}(T_{cb} - T_{ca}) \tag{11.8}$$

其中 c_{ph} 為冷凝液的比熱。

熱通量和熱傳係數

　　熱傳遞的計算是基於加熱面的面積，並以 W/m^2 或 Btu/hr·ft^2 表示。每單位面積的熱傳速率稱為**熱通量** (heat flux)。許多類型的熱傳遞裝置，傳遞表面是

由薄管 (tube) 或厚管 (pipe) 構成。熱通量的計算可基於管的內側面積或外側面積。雖然可以任意選擇，但必須陳述清楚，因為兩者的熱通量大小並不相同。

流體股流的平均溫度

當流體被加熱或冷卻時，流體溫度在整個截面是不同的。若流體是被加熱，則在加熱面上的流體溫度最高，並向股流 (stream) 的中心方向溫度逐漸降低。若流體被冷卻，則在冷卻面上的流體溫度最低，並朝著中心方向溫度逐漸升高。因為在股流的截面上有溫度梯度，為了明確起見，有必要說明股流溫度指的是什麼。一般認為股流溫度可由下列方式獲得：若將流過截面的整個流體取出，並絕熱混合至一均勻溫度，則此均勻溫度為股流溫度。如此定義的溫度稱為**平均股流溫度** (average or mixing-cup stream temperature)。圖 11.4 中所指的溫度均為平均股流溫度。

總熱傳係數

如第 10 章的 (10.7) 式和 (10.11) 式所示，通過固體層串聯的熱通量正比於驅動力，亦即正比於總溫度差 ΔT。這也適用於通過液體層和固體串聯的熱流動。在熱交換器中的驅動力為 $T_h - T_c$，其中 T_h 為熱流體的平均溫度，T_c 為冷流體的平均溫度。$T_h - T_c$ 稱為**總局部溫度差** (overall local temperature difference) ΔT。由圖 11.4 可知，沿著管從一點到另一點，ΔT 變化很大；因為熱通量正比於 ΔT，因此熱通量也隨著管長而改變。我們必須以微分方程式作為起點，專注在微量面積 dA，而在局部驅動力 ΔT 下，有一微量的熱流 dq 通過 dA。局部通量為 dq/dA，與局部值 ΔT 的關係為

$$\frac{dq}{dA} = U \Delta T = U(T_h - T_c) \tag{11.9}$$

定義於 (11.9) 式的 U 是 dq/dA 與 ΔT 之間的比例常數，稱為**局部總熱傳係數** (local overall heat-transfer coefficient)。

為了使 U 在管式熱交換器的定義更為完整，有必要確定面積。若將 A 視為管的外側面積 A_o，則 U 為基於此面積的係數，寫成 U_o。同樣地，若選擇管的內側面積 A_i，則基於 A_i 的係數，以 U_i 表示。由於 ΔT 和 dq 與面積的選擇無關，因此，

$$\frac{U_o}{U_i} = \frac{dA_i}{dA_o} = \frac{D_i}{D_o} \tag{11.10}$$

其中 D_i 和 D_o 分別為管的內徑與外徑。

平板式熱交換器的兩面其面積均相同，因此只有一個 U 值。

對總表面積分：對數平均溫差

欲使 (11.9) 式應用於熱交換器的整個面積，必須將 (11.9) 式積分。當某些簡化的假設可以被接受的話，這通常是可行的。這些假設是 (1) 總係數 U 為常數，(2) 熱流體和冷流體的比熱為常數，(3) 與周圍空氣的熱交換可忽略不計，(4) 不論是同向或逆向流，均為穩態，如圖 11.4 所示。

這些假設中最有問題的是總係數為常數。事實上，此係數是隨流體的溫度而改變，它是隨溫度逐漸的變化，因此在適度的溫度範圍內，U 為常數的假設不會產生嚴重的誤差。

(2) 和 (4) 的假設意指：若 T_c 和 T_h 對 q 作圖，可得如圖 11.5 的直線。因為 T_c 和 T_h 隨 q 呈線性變化，所以 ΔT 亦與 q 呈線化變化，亦即 ΔT 對 q 的圖形其斜率，$d(\Delta T)/dq$ 為常數。因此

$$\frac{d(\Delta T)}{dq} = \frac{\Delta T_2 - \Delta T_1}{q_T} \tag{11.11}$$

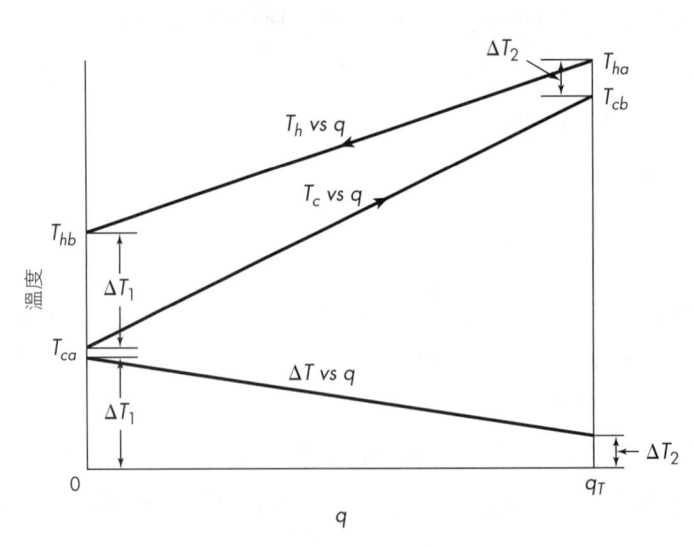

▲ 圖 11.5 逆向流中，溫度對熱流率

其中　$\Delta T_1, \Delta T_2$ = 端點溫差
　　　q_T = 總熱傳速率

由 (11.9) 和 (11.11) 式消去 dq，可得

$$\frac{d(\Delta T)}{U \Delta T\, dA} = \frac{\Delta T_2 - \Delta T_1}{q_T} \tag{11.12}$$

將變數 ΔT 和 A 分離，若 U 為常數，方程式可積分，A 由極限 0 積分至 A_T，ΔT 由極限 ΔT_1 積分至 ΔT_2，其中 A_T 為熱傳總面積。因此

$$\int_{\Delta T_1}^{\Delta T_2} \frac{d(\Delta T)}{\Delta T} = \frac{U(\Delta T_2 - \Delta T_1)}{q_T} \int_0^{A_T} dA$$

或

$$\ln \frac{\Delta T_2}{\Delta T_1} = \frac{U(\Delta T_2 - \Delta T_1)}{q_T} A_T \tag{11.13}$$

(11.13) 式可寫成

$$q_T = U A_T \frac{\Delta T_2 - \Delta T_1}{\ln(\Delta T_2/\Delta T_1)} = U A_T \overline{\Delta T_L} \tag{11.14}$$

其中

$$\overline{\Delta T_L} = \frac{\Delta T_2 - \Delta T_1}{\ln(\Delta T_2/\Delta T_1)} \tag{11.15}$$

　　(11.15) 式為**對數平均溫度差** (logarithmic mean temperature difference, LMTD) 的定義。此式與厚管壁的管子的對數平均半徑 (10.18) 式有相同的形式。當 ΔT_1 與 ΔT_2 幾乎相等時，算術平均可取代 $\overline{\Delta T_L}$，所得的精確度與 (10.17) 式的精確度相同，如圖 10.3 所示。如前所述的冷凝器中，若其中有一流體的溫度維持一定，則不論其流體為逆向流、同向流或多行程流，應用 (11.15) 式時均不會有差異存在。在逆向流中，熱端溫差 ΔT_2 小於冷端溫差 ΔT_1。在此情況下，為了消去負數，可將 (11.15) 式中的下標互相交換，得到

$$\overline{\Delta T_L} = \frac{\Delta T_1 - \Delta T_2}{\ln(\Delta T_1/\Delta T_2)} \tag{11.15a}$$

　　對於熱量傳送至流體或由流體傳出熱量，(11.14) 式是最重要的方程式之一。它可用於當 $\overline{\Delta T_L}$ 未知而需使用試誤法計算時，預估熱交換器的性能。在指

定的流量與端點溫差下，它亦可用於計算新熱交換器所需的面積。最後，它可依下列的式子，由所量測的 q_T 與 $\overline{\Delta T_L}$ 計算總熱傳係數：

$$U = \frac{q_T}{A_T \overline{\Delta T_L}} \tag{11.16}$$

可變的總熱傳係數

當總熱傳係數是規則的變化時，則可由 (11.17) 式預估熱傳速率，此式是基於假設在整個加熱面上，[1] U 隨溫度降呈線性變化：

$$q_T = A_T \frac{U_2 \, \Delta T_1 - U_1 \, \Delta T_2}{\ln(U_2 \, \Delta T_1 / U_1 \, \Delta T_2)} \tag{11.17}$$

其中　　$U_1, U_2 =$ 熱交換器兩端的局部總熱傳係數
　　　　$\Delta T_1, \Delta T_2 =$ 熱交換器的端點溫差

(11.17) 式是用 $U\Delta T$ 交叉乘積的對數平均值，其中交叉乘積是指熱交換器一端的總熱傳係數乘以另一端的端點溫差。此式的推導仍需要滿足前述 (2) 到 (4) 的假設。

LMTD 並非一定正確

使用 LMTD 作為平均溫度差並非一定正確。當 U 隨溫度有明顯的變化或 ΔT 並非 q 的線性函數時，就不能使用 LMTD。例如，考慮一用以冷卻和冷凝過熱蒸汽的熱交換器，其溫度圖如圖 11.6 所示。當過熱蒸汽被冷卻時，趨動力 ΔT 是 q 的線性函數，但在冷凝段，ΔT 則是 q 的另一個不同的線性函數。而且 U 在熱交換器中的兩部分是不同的。冷卻段和冷凝段必須使用不同的 q、U 和 LMTD 而不是用某種平均 U 值以及總 LMTD。

在一夾套反應器，當熱量傳送至反應流體或由反應流體傳出，使用 LMTD 也是不正確的。圖 11.7 顯示在一水冷卻反應器中，放熱反應的溫度分布——較下端的線表示冷卻劑 (coolant) 的溫度，上端的線為反應混合物的溫度曲線。因為反應產生熱量，所以在靠近反應器入口處，反應物溫度迅速上升，當反應減緩，反應物溫度下降。反應器入口及出口處的 ΔT 很小。顯然，平均溫度降非常大於反應器入口或出口處的溫度降，因此不能使用端點 ΔT 的對數平均來計算溫度差。

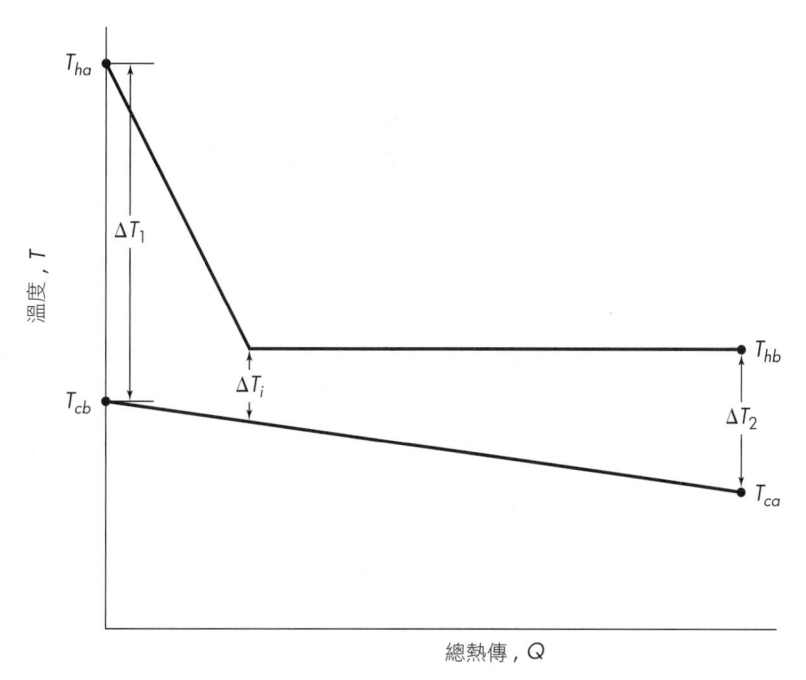

▲ 圖 11.6 將過熱蒸汽冷卻和冷凝的溫度分布

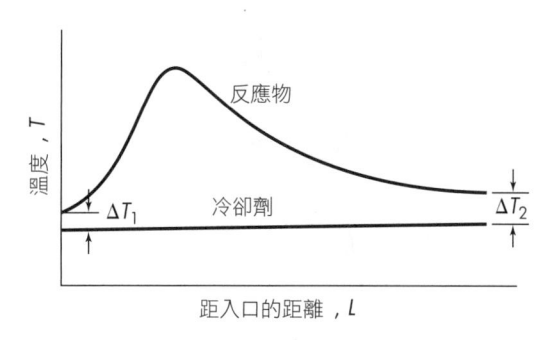

▲ 圖 11.7 夾套管式反應器的溫度分布

對於反應器的例子，或其它不符合第 362 頁所列四個假設中的一個或多個時，此時可以先算出熱交換器中幾個中間點的 U、ΔT 及 q 的局部值，以此將 (11.9) 式積分。以 $1/U\,\Delta T$ 對 q 作圖，用圖解法或數值法計算在零與 q_T 兩極限間圖形下的面積，即可求得所需的熱傳面積 A_T。

多程熱交換器

在多程管殼式熱交換器中，流體流動的形式很複雜，同向流、逆向流和交叉流都有。在這些情況下，即使總熱傳係數 U 為常數，仍然不能採用 LMTD。第 15 章將介紹多程熱交換器的計算過程。

個別熱傳係數

總熱傳係數與許多變數有關,其中包括流體與固體壁面的物理性質、流率以及熱交換器的大小。估計總熱傳係數的唯一邏輯方法是使用固體和流體層的個別熱傳阻力關聯式,將這些阻力相加,得到總阻力,此即總熱傳係數的倒數。考慮如圖 11.3 所示的雙套管熱交換器中,某一特定點的局部總熱傳係數,為了明確起見,假設熱流體在管的內部流動,而冷流體在環狀空間流動。假設兩種流體的雷諾數相當大可確定是亂流,且內管兩側都沒有積塵或積垢。若用圖形來表示,如圖 11.8,以溫度為縱座標,以垂直管壁的距離為橫座標,幾個重要的事實就變得很明顯。圖中,管的金屬壁將右側的熱流體和左側的冷流體隔離。$T_a T_b T_{wh} T_{wc} T_e T_g$ 表示隨距離變化的溫度曲線。溫度分布分成三個部分,兩流體中

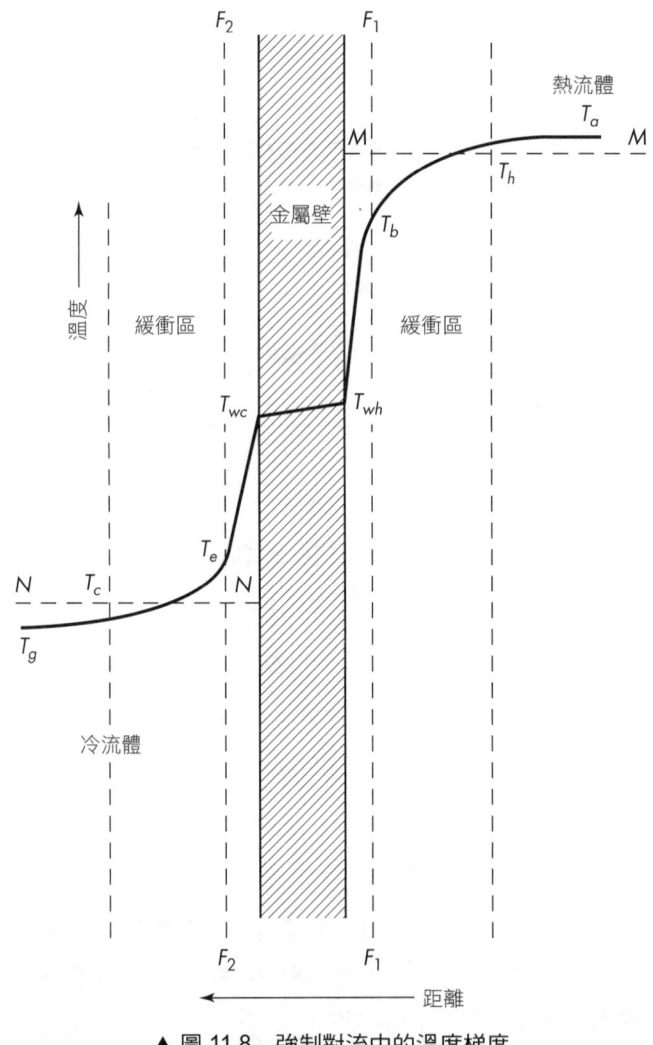

▲ 圖 11.8 強制對流中的溫度梯度

各有一部分，另一部分在金屬壁。因此，研究總效應需對這些個別部分加以探討。

在第 5 章已述及一亂流流經渠道時，即使它是單一流體，也會分成三個區域，所以研究單一流體本身的流動，也是頗複雜的。如圖 11.8 所示，每一種流體在管壁上都有一薄副層 (thin sublayer)，而亂流核心 (turbulent core) 占股流 (stream) 截面的大部分，緩衝區 (buffer zone) 則介於其間。第 5 章已有速度梯度的描述。靠近管壁的流體其速度梯度較大，亂流核心較小，而在緩衝區則呈現快速變化。我們發現被加熱或冷卻的流體若以亂流的方式流動，則溫度梯度遵循與速度梯度極為類似的情況。在金屬壁上及黏稠副層的溫度梯度較大，亂流核心則較小，緩衝區有急劇的溫度梯度變化。基本上，熱量在黏稠副層是以熱傳導的方式傳遞，由於大部分流體的導熱係數均小，所以產生陡峭的溫度梯度。然而在亂流核心中，快速流動的渦流則對亂流區域中的流體溫度產生均衡化的效果。緩衝區的渦流比亂流區少，但它們對熱傳導有顯著的加成作用。圖 11.8 中的虛線 F_1F_1 和 F_2F_2 表示黏稠副層和緩衝區的邊界。

熱流體的平均溫度 T_h 比最高溫度 T_a 略小，以水平線 MM 表示。同樣地，線 NN 表示冷流體的平均溫度 T_c。

熱由熱流體流向冷流體時，其總熱阻為三個分離熱阻串聯的結果。通常，如圖 11.8 所示，金屬壁的熱阻小於流體的熱阻。通常流體熱阻的計算是利用個別熱傳係數或薄膜係數的關聯式，它們都是熱阻的倒數。

熱流體的薄膜係數定義為

$$h = \frac{dq/dA}{T_h - T_{wh}} \tag{11.18}$$

對於冷流體則是將分母中的項變號，使得 h 為正，

$$h = \frac{dq/dA}{T_{wc} - T_c} \tag{11.19}$$

其中　dq/dA = 局部熱通量，基於與流體接觸的面積
T_h = 熱流體的局部平均溫度
T_c = 冷流體的局部平均溫度
T_{wc} = 冷面牆的溫度
T_{wh} = 熱面牆的溫度

通常 $T_{wh} - T_{wc}$ 很小，因此壁在兩面的溫度均設為 T_w。

這些係數的倒數，$1/h_h$ 與 $1/h_c$，為熱阻。對於通過固體的熱傳導，如厚度為 x_w 的金屬牆，導熱係數為 k，則其熱阻等於 x_w/k。若將熱傳面積做適當的修正，則個別熱阻可相加得到總熱阻 $1/U$。

h 的第二種表示法是假設熱傳遞是在非常接近壁面處且僅以熱傳導的方式發生，熱通量可由 (10.1) 式求得，但需注意垂直距離 x 改成垂直於管壁的距離 y，如圖 11.8 所示。因此

$$\frac{dq}{dA} = -k\left(\frac{dT}{dy}\right)_w \tag{11.20}$$

下標 w 表示溫度梯度是在金屬壁處求值。由 (11.19) 和 (11.20) 式消去 dq/dA，可得

$$h = -k\frac{(dT/dy)_w}{T - T_w} \tag{11.21}$$

在 (11.21) 式，T 為流體平均溫度，T_h 為熱流體平均溫度，T_c 為冷流體平均溫度。若為冷流體則將分母改為 $T_w - T$ 使得 h 為正。

將 (11.21) 式乘以任意長度與導熱係數的比，可得無因次形式。長度的選擇依情況而定。若熱傳發生在管的內表面時，則長度通常選擇管徑 D。將 (11.21) 式乘以 D/k，可得

$$\text{Nu} = \frac{hD}{k} = -D\frac{(dT/dy)_w}{T - T_w} \tag{11.22}$$

在管壁的冷流體側 $T < T_w$，(11.21) 與 (11.22) 式中的分母應改為 $T_w - T$。無因次群 hD/k 稱為**那塞數** (Nusselt number)，亦即 Nu 數。(11.22) 式中所示的是基於管徑的局部那塞數。Nu 數的物理意義可由 (11.22) 式的右側得知。分子 $(dT/dy)_w$ 是在管壁的溫度梯度。$(T - T_w)/D$ 可視為整個管的平均溫度梯度，而 Nu 數為兩梯度的比。

Nu 數另有一個詮釋，就是假如所有熱傳的阻力發生在一厚度為 x 的層流層 (laminar layer) 內，且傳導為唯一的熱傳方式，如此造成溫度梯度的存在。從 (10.1) 式和 (11.18) 式可得熱傳速率和熱傳係數如下：

$$\frac{dq}{dA} = \frac{k(T - T_w)}{x} \tag{11.23}$$

$$h = \frac{k}{x} \tag{11.24}$$

由 Nu 數的定義可知

$$\frac{hD}{k} = \text{Nu} = \frac{k}{x}\frac{D}{k} = \frac{D}{x} \tag{11.25}$$

Nu 數為管徑與層流層的相當厚度之比。有時 x 稱為薄膜厚度。由於在緩衝區有某些熱阻存在，因此薄膜厚度通常比層流邊界層的厚度稍微大一些。

當應用於圖 11.8 中的兩流體時，對管內的熱流體而言，(11.18) 式變成

$$h_i = \frac{dq/dA_i}{T_h - T_{wh}} \tag{11.26}$$

對管外的冷流體而言，由 (11.19) 式可得

$$h_o = \frac{dq/dA_o}{T_{wc} - T_c} \tag{11.27}$$

其中 A_i 和 A_o 分別為管的內部與外部的表面積。

當然，冷流體也可以在管的內部，而熱流體在管的外部。h_i 和 h_o 分別是指管的**內部** (inside) 和管的**外部** (outside) 的熱傳係數，而與流體的種類無關。

由個別熱傳係數計算總熱傳係數

總熱傳係數是以下列的方式，由個別熱傳係數和管壁的熱阻所組成。通過管壁的熱傳速率可由 (10.15) 式的微分式求得

$$\frac{dq}{d\bar{A}_L} = \frac{k_m(T_{wh} - T_{wc})}{x_w} \tag{11.28}$$

其中　$T_{wh} - T_{wc}$ = 管壁兩側的溫度差
　　　　k_m = 管壁的導熱係數
　　　　x_w = 管壁的厚度
　　$dq/d\bar{A}_L$ = 局部熱通量，基於管內、外側面積之對數平均

解出 (11.26) 至 (11.28) 式的溫度差，再將溫度差相加，得到下列的結果：

$$(T_h - T_{wh}) + (T_{wh} - T_{wc}) + (T_{wc} - T_c) = T_h - T_c = \Delta T$$
$$= dq \left(\frac{1}{dA_i h_i} + \frac{x_w}{d\bar{A}_L k_m} + \frac{1}{dA_o h_o} \right) \quad (11.29)$$

假設熱傳速率是基於外側面積，由 (11.29) 式解出 dq，再將方程式的兩邊除以 dA_o，可得

$$\frac{dq}{dA_o} = \frac{T_h - T_c}{\frac{1}{h_i}\left(\frac{dA_o}{dA_i}\right) + \frac{x_w}{k_m}\left(\frac{dA_o}{d\bar{A}_L}\right) + \frac{1}{h_o}} \quad (11.30)$$

由於
$$\frac{dA_o}{dA_i} = \frac{D_o}{D_i} \quad \text{且} \quad \frac{dA_o}{d\bar{A}_L} = \frac{D_o}{\bar{D}_L}$$

其中 D_o、D_i 和 $\bar{D}_L$ 分別為管子的外徑內徑和對數平均直徑。因此

$$\frac{dq}{dA_o} = \frac{T_h - T_c}{\frac{1}{h_i}\left(\frac{D_o}{D_i}\right) + \frac{x_w}{k_m}\left(\frac{D_o}{\bar{D}_L}\right) + \frac{1}{h_o}} \quad (11.31)$$

比較 (11.9) 式與 (11.31) 式，可知

$$U_o = \frac{1}{\frac{1}{h_i}\left(\frac{D_o}{D_i}\right) + \frac{x_w}{k_m}\left(\frac{D_o}{\bar{D}_L}\right) + \frac{1}{h_o}} \quad (11.32)$$

若選擇管子的內側面積為基準，將 (11.29) 式除以 dA_i，可得總熱傳係數

$$U_i = \frac{1}{\frac{1}{h_i} + \frac{x_w}{k_m}\left(\frac{D_i}{\bar{D}_L}\right) + \frac{1}{h_o}\left(\frac{D_i}{D_o}\right)} \quad (11.33)$$

總熱傳係數的熱阻形式

比較 (10.12) 式和 (11.32) 式可知，總熱傳係數的倒數可視為總熱阻，此總熱阻由三個熱阻串聯組成，亦即

$$R_o = \frac{1}{U_o} = \frac{D_o}{D_i h_i} + \frac{x_w}{k_m}\frac{D_o}{\bar{D}_L} + \frac{1}{h_o} \qquad (11.34)$$

(11.34) 式右側的個別項分別是兩種流體的個別熱阻以及金屬壁的熱阻。總溫度降與 $1/U$ 成正比，兩種流體和金屬壁的溫度降分別與它們的個別熱阻成正比，就 (11.34) 式而言

$$\frac{\Delta T}{1/U_o} = \frac{\Delta T_i}{D_o/D_i h_i} = \frac{\Delta T_w}{(x_w/k_m)(D_o/\bar{D}_L)} = \frac{\Delta T_o}{1/h_o} \qquad (11.35)$$

其中　ΔT = 總溫度降
　　　ΔT_i = 內側流體的溫度降
　　　ΔT_w = 管壁的溫度降
　　　ΔT_o = 外側流體的溫度降

利用 (11.35) 式求出 ΔT_i 或 ΔT_o，將 ΔT_i 或 ΔT_o 加上 T_i 或 T_o，或由 T_i 或 T_o 減去 ΔT_i 或 ΔT_o，可求出壁面溫度 T_{wh} 和 T_{wc}。

積垢因數

在實際的狀況，熱傳表面並非保持清潔。污垢、灰塵以及其它固體沈積物會在管子的一面或兩面形成，對熱流產生額外的阻力，降低了總熱傳係數。當考慮此沈積物的影響時，必須對每一種積垢，在 (11.29) 式的括號內加上一項 $1/(dA\, h_d)$。假設管子的內、外兩側都有污垢沈積，若將積垢的影響納入，則修正後的 (11.29) 式變成

$$\Delta T = dq\left(\frac{1}{dA_i h_{di}} + \frac{1}{dA_i h_i} + \frac{x_w}{d\bar{A}_L k_m} + \frac{1}{dA_o h_o} + \frac{1}{dA_o h_{do}}\right) \qquad (11.36)$$

其中 h_{di} 和 h_{do} 分別為管子內、外表面沈積污垢的**積垢因數** (fouling factor)。由 (11.36) 式，分別得到基於內、外面積的總熱傳係數方程式：

$$U_o = \frac{1}{D_o/D_i h_{di} + D_o/D_i h_i + (x_w/k_w)(D_o/\bar{D}_L) + 1/h_o + 1/h_{do}} \qquad (11.37)$$

和　$$U_i = \frac{1}{1/h_{di} + 1/h_i + (x_w/k_m)(D_i/\bar{D}_L) + D_i/D_o h_o + D_i/D_o h_{do}} \qquad (11.38)$$

(11.37) 式與 (11.38) 式中，略去了污垢沈積的厚度。

參考文獻 3 有積垢因數之值，其中對應指出：介於清洗積垢前後的合理服務時間內，熱交換器仍能保持令人滿意的正常操作性能。它們的範圍大約在 600 至 11,000 W/m² · °C (100 至 2,000 Btu/ft² · h · °F)。一般工業液體的積垢因數範圍落在 1,700 至 6,000 W/m² · °C (300 至 1000 Btu/ft² · h · °F) 之間。積垢因數通常有設定值，它也為設計提供了一個安全係數。

例題 11.1

流經雙套管熱交換器的內管的甲醇被流經夾套的水冷卻。內管是由 1 in. (25 mm) Schedule 40 號的鋼管製成。鋼的導熱係數為 26 Btu/ft · h · °F (45 W/m · °C)。個別熱傳係數和積垢因數列於表 11.1。基於內管的外側面積，求總熱傳係數。

▼ 表 11.1　例題 11.1 的數據

	熱傳係數 Btu/ft² · h · °F	W/m² · °C
甲醇熱傳係數 h_i	180	1,020
水熱傳係數 h_o	600	1,700
內側積垢因數 h_{di}	1,000	5,680
外側積垢因數 h_{do}	500	2,840

解

由附錄 3 可知，1 in. Schedule 40 號管的直徑和管壁厚度為

$$D_i = \frac{1.049}{12} = 0.0874 \text{ ft} \qquad D_o = \frac{1.315}{12} = 0.1096 \text{ ft} \qquad x_w = \frac{0.133}{12} = 0.0111 \text{ ft}$$

在 (10.17) 式中，以直徑取代半徑，可算出對數平均直徑 $\bar{D}_L$：

$$\bar{D}_L = \frac{D_o - D_i}{\ln(D_o/D_i)} = \frac{0.1096 - 0.0874}{\ln(0.1096/0.0874)} = 0.0983 \text{ ft}$$

由 (11.37) 式求得總熱傳係數：

$$U_o = \frac{1}{\dfrac{0.1096}{0.0874 \times 1,000} + \dfrac{0.1096}{0.0874 \times 180} + \dfrac{0.0111 \times 0.1096}{26 \times 0.0983} + \dfrac{1}{600} + \dfrac{1}{500}}$$

$$= 80.9 \text{ Btu/ft}^2 \cdot \text{h} \cdot °\text{F} \ (459 \text{ W/m}^2 \cdot °\text{C})$$

總熱傳係數的特例

雖然做為總熱傳係數的基準面積可以任意選擇，但是有時選擇某一個特定面積會比選擇其它面積較為便利。例如，假設個別熱傳係數 h_i 大於另一個 h_o，且積垢的影響可忽略不計。又假設金屬壁的熱阻比 $1/h_o$ 小，而 D_o/D_i 與 $D_o/\bar{D}_L$ 的比值較不具意義，故可略去，因此 (11.32) 式可由下列較簡化的式子來取代

$$U_o = \frac{1}{1/h_o + x_w/k_m + 1/h_i} \tag{11.39}$$

在此情況下，總熱傳係數以對應於最大熱阻或最小 h 值的面積為基準較為便利。

對於大管徑的薄管、平板或其它任何情形，若使用 A_i、$\bar{A}_L$ 和 A_o 的共同面積所引起的誤差可忽略時，則可利用 (11.39) 式計算總熱傳係數，而 U_i 和 U_o 相等。有時一熱傳係數，例如，若 h_o 與 k_m/x_w 以及另一係數 h_i 比較小很多，則 $1/h_o$ 與熱阻總和中的其它項比較必定大很多。若此為真，較大的熱阻稱為**控制熱阻** (controlling resistance)，此時若令小的個別熱傳係數等於總熱傳係數，亦即 $h_o = U_o$，則結果仍十分精確。

個別熱傳係數的分類

預估熱流由一流體透過管壁傳遞給另一流體的問題可化為預估整個過程中的流體的個別熱傳係數問題。在實際上會有許多個別的情況，而各種形式的現象都必須分別考慮。本書採用下列的方式分類：

1. 熱流入圓管內的流體或由圓管內的流體流出，流體無相的變化
2. 熱流入圓管外的流體或由圓管外的流體流出，流體無相的變化
3. 熱由凝結流體流出
4. 熱流入沸騰液體

熱傳係數的大小

熱傳係數 h 涵蓋的範圍甚廣，這和程序的特性有關。[2] 某些 h 的典型的範圍列於表 11.2 中。

▼ 表 11.2　熱傳係數的大小

程序類型	$W/m^2 \cdot °C$	$Btu/ft^2 \cdot h \cdot °F$
水蒸氣 (滴狀凝結)	30,000–100,000	5,000–20,000
水蒸氣 (薄膜式凝結)	6,000–20,000	1,000–3,000
沸騰水	1,700–50,000	300–9,000
有機蒸汽凝結	1,000–2,000	200–400
水 (加熱或冷卻)	300–20,000	50–3,000
油類 (加熱或冷卻)	50–1,500	10–300
水蒸氣 (過熱)	30–100	5–20
空氣 (加熱或冷卻)	1–50	0.2–10

欲將 $Btu/ft^2 \cdot h \cdot °F$ 轉換成 $W/m^2 \cdot °C$，須乘以 5.6783。

資料來源：經作者和出版者同意，取材自 *W. H. McAdams, Heat Transmission*, 3rd ed., p. 5. Copyright by author, 1954, McGraw-Hill Book Company.

■ 符號 ■

A ：面積，m^2 或 ft^2；A_T，熱傳面的總面積；A_i，圓管的內側面積；A_o，圓管的外側面積；$\bar{A}_L$，對數平均

c_p ：定壓比熱，$J/g \cdot °C$ 或 $Btu/lb \cdot °F$；c_{pc}，冷流體的定壓比熱；c_{ph}，熱流體的定壓比熱

D ：直徑，m 或 ft；D_i，圓管的內徑；D_o，圓管的外徑；$\bar{D}_L$，對數平均

H ：焓，J/g 或 Btu/lb；H_a，入口處的焓；H_b，出口處的焓；H_{ca}，H_{cb}，分別為冷流體在入口處及出口處的焓；H_{ha}，H_{hb}，分別為熱流體在入口處及出口處的焓

h ：個別或表面熱傳係數，$W/m^2 \cdot °C$ 或 $Btu/ft^2 \cdot h \cdot °F$；$h_i$，圓管內側熱傳係數；$h_o$，圓管外側熱傳係數

h_d ：積垢因數，$W/m^2 \cdot °C$ 或 $Btu/ft^2 \cdot h \cdot °F$；$h_{di}$，圓管內側積垢因素；$h_{do}$，圓管外側積垢因數

k ：導熱係數，$W/m \cdot °C$ 或 $Btu/ft \cdot h \cdot °F$；k_m，圓管壁的導熱係數

L ：長度，m 或 ft

LMTD：對數平均溫度差

$\dot{m}$ ：質量流率，kg/h 或 lb/h；$\dot{m}_c$，冷流體質量流率；$\dot{m}_h$，熱流體質量流率

Nu ： Nu 數，hD/k，無因次

Q ：熱量，J 或 Btu

q ：熱流率，W 或 Btu/h；q_T，熱交換器內之總熱流率；q_c，流入冷流體的熱流率；q_h，自熱流體流出之熱流率

R ：總熱阻，$1/U$，$m^2 \cdot °C/W$ 或 $ft^2 \cdot h \cdot °F/Btu$；$R_o$，基於外表面積

T ：溫度，℉ 或 ℃；T_a，在入口處或初值；T_b，在出口處；T_c，冷流體；T_{ca}，冷流體在入口處的溫度；T_{cb}，冷流體在出口處的溫度；T_h，熱流體；T_{ha}，熱流體在入口處的溫度；T_{hb}，熱流體在出口處的溫度；T_s，表面的溫度；T_w，管壁的溫度；T_{wc}，在冷流體側；T_{wh}，在熱流體側；$\bar{T}_b$，實心球體的平均整體溫度

t ：時間，h 或 s

U ：總熱傳係數，$W/m^2 \cdot ℃$ 或 $Btu/ft^2 \cdot h \cdot ℉$；U_i，基於內表面積；U_o，基於外表面積；U_1, U_2，熱交換器的端點的總熱傳係數

x ：薄膜厚度，m 或 ft [(11.23) 至 (11.25)式]

x_w ：管壁的厚度，m 或 ft

y ：流體於熱流方向，垂直於管壁的距離，m 或 ft

■ 希臘字母 ■

α ：熱擴散係數，$k/\rho c_p$，m^2/s 或 ft^2/h

ΔT：總溫度差 $T_h - T_c$，℃ 或 ℉；ΔT_i，管壁內側和管內側流體間的溫度差；ΔT_o，管壁外側和管外側流體間的溫度差；ΔT_w，經由管壁的溫度差；ΔT_1, ΔT_2，熱交換器端點的總溫度差；$\overline{\Delta T_L}$，對數平均溫度差

λ ：汽化熱，J/g 或 Btu/lb

■ 習題 ■

11.1. 基於圓管內側面積和外側面積，對下列各種情況，計算總熱傳係數。

情況 1　10℃ 的水流經一個 $\frac{3}{4}$ in. 16 BWG 的冷凝管，105℃ 的飽和水蒸氣在管外凝結。$h_i = 12 \ kW/m^2 \cdot ℃$。$h_o = 14 \ kW/m^2 \cdot ℃$。$k_m = 120 \ W/m \cdot ℃$。

情況 2　一大氣壓下，苯在一個 25 mm 鋼管外側凝結，15℃ 的空氣以 6 m/s 的速度流經管內。管壁的厚度為 3.5 mm。$h_i = 20 \ W/m^2 \cdot ℃$。$h_o = 1,200 \ W/m^2 \cdot ℃$。$k_m = 45 \ W/m \cdot ℃$。

情況 3　錶壓為 50 $lb_f/in.^2$ 的水蒸氣滴狀冷凝在 1 in. Schedule 40 號的鋼管外側，管內有 100℉ 的油。$h_o = 14,000 \ Btu/ft^2 \cdot h \cdot ℉$。$h_i = 130 \ Btu/ft^2 \cdot h \cdot ℉$。$k_m = 26 \ Btu/ft \cdot h \cdot ℉$。

11.2. 習題 11.1 的情況 1 到情況 3 中，計算金屬管的內表面和外表面之溫度。

11.3. 苯胺在雙套管熱交換器中由 200℉ 冷卻至 150℉，此熱交換器之總外表面積為 70 ft^2。為了冷卻起見，以 100℉ 且質量流率為 8,600 lb/h 的甲苯做為冷卻劑。交換器內管為 $1\frac{1}{4}$ in. Schedule 40 號管，外管為 2 in. Schedule 40 號管。苯胺的流率為

10,000 lb/h。(a) 若交換器內的流動為逆向流動，則甲苯的出口溫度、LMTD 和總熱傳係數為何？(b) 若為同向流動，結果為何？

11.4. 如習題 11.3 所描述的熱交換器，若總熱傳係數為 70 Btu/ft$^2 \cdot$ h $\cdot$ °F，則可冷卻苯胺多少？

11.5. 使用 20°C，13,500 kg/h 的冷卻水將 19,000 kg/h 的四氯化碳由 85°C 冷卻至 40°C。圓管外側的四氯化碳其薄膜熱傳係數為 1,700 W/m$^2 \cdot$ °C。管壁的熱阻可忽略不計，但在水側包括積垢因數的熱傳係數 $h_i = 11,000$ W/m$^2 \cdot$ °C。(a) 若熱交換器為逆向流，則所需的熱傳面積是多少？(b) 若欲使四氯化碳迅速冷卻而採用同向流，則熱傳面積將增加多少倍？

11.6. 某一漿液以雙套管熱交換器冷卻，總係數 U_i 為 1.84 kW/m$^2 \cdot$ °C。水流經 1 in. Schedule 40 號鋼管的內管；漿液流經 2 in. 的外管。基於已發表的亂流關聯式，管內熱傳係數的估計值為 4.8 kW/m$^2 \cdot$ °C。(a) 計算管外的熱傳係數以及管外薄層、管壁與管內薄層占總熱阻的百分比。(b) 假設 h_i 的可能誤差為 $\pm 10\%$ 且 U_i 的精確度僅 10%，則 h_o 的最大可能誤差為何？

11.7. 有一管式冷凝器是由 120 支，8 ft 長 $\frac{3}{4}$ in. BWG 16 的銅管所組成，使用 870 gal/min 的冷卻水，將 120°C，22,100 lb/h 的飽和蒸汽冷卻，經量測得知水的進出溫度分別為 20°C 與 46°C。(a) 熱均衡能否得到精確的結果？(b) 基於管的外表面積，總熱傳係數為何？

11.8. 在一逆向流熱交換器，熱流體由 120°C 冷卻至 30°C，而冷流體由 20°C 升溫至 60°C。若使用相同的熱交換器，改以同向流操作，則冷熱兩流體的出口溫度各為多少？

11.9. 在 80°C，1.2 atm 下，有一有機蒸汽在水冷式冷凝器中被冷凝，並在同一冷凝器中冷卻至 35°C。冷卻水為 25°C，水的出口溫度為 45°C。請繪出冷凝器的溫度分布，並說明如何計算所需的熱傳面積。

11.10. 使用一逆向流殼-管熱交換器將 2,500 kg/h 的油從 160°C 冷卻至 80°C 以下。冷卻水在 20°C 以 4,000 kg/h 的流率流進管內。熱交換器的預測總熱傳係數為 960 W/m$^2 \cdot$ °C，管的外側面積為 4.1 m^2。油的比熱為 0.72 cal/g $\cdot$ °C。在熱交換器中，油和水的出口溫度是多少？

11.11. 對於習題 11.10 的條件，若管的兩側有積垢因數 4,000 W/m$^2 \cdot$ °C，欲估計出口溫度。

11.12. 在一逆向流熱交換器中，以水將熱流體由 200°C 冷卻至 60°C，而水在 20°C 進入，55°C 離開。在熱交換器的熱端，總熱傳係數為 800 W/m$^2 \cdot$ °C，冷端則為 600 W/m$^2 \cdot$ °C。熱流率為 1.2×10^6 W。將利用 (11.17) 式求得所需的熱傳面積與基於對數

平均溫度差 $\overline{\Delta T_L}$ 所求得的做一比較。

11.13. 一水溶液其沸點高於水的沸點 3°C，將此水溶液在殼-管式交換器的管內加熱並部分蒸發。蒸汽在熱交換器的殼側為 1.70 atm 錶壓，且溶液入口溫度為 28°C。假設管內平均壓力為 1 atm（任何摩擦壓力降可忽略不計）且液體有 50% 蒸發，繪出熱交換器的溫度分布。對數平均溫差是多少？

11.14. 苯蒸氣在 100°C，1 大氣壓下冷卻且冷凝於殼-管熱交換器。冷卻水進入的溫度為 20°C，離開的溫度為 45°C。對於逆向流，計算熱流交換器的冷卻和冷凝段的 $\overline{\Delta T_L}$。在每一段傳遞的熱量占總熱量的分率是多少？苯的比熱為 0.35 cal/g·°C，蒸發熱為 165 cal/g。

11.15. 重複習題 11.14。在熱交換器中，採用同向流並且討論同向流和逆向流之間的差異。

參考文獻

1. Colburn, A. P. *Ind. Eng. Chem.*, **25**:873 (1933).
2. McAdams, W. H. *Heat Transmission*, 3rd ed. New York: McGraw-Hill, 1954, p. 5.
3. Perry, J. H. (ed.). *Chemical Engineers' Handbook*, 6th ed. New York: McGraw-Hill, 1984, p. **10**-43.

CHAPTER 12

無相變化的流體熱傳遞

在熱交換的許多應用中，熱量在無任何相變化的流體之間傳遞。這在熱回收操作中特別重要，例如，利用放熱反應器放出的熱將較冷進料予以預熱。其它的例子包括熱氣流將熱量傳遞給冷水，熱液體被空氣冷卻。在這種狀況，兩流體被金屬壁隔開，金屬壁形成了熱傳遞表面。這些表面可能是截面積不變的圓管或其它通道的表面，可能是平板或在噴射引擎和高級動力機械裝置的元件中，為了使最大傳遞面積堆集到小體積中而設計的特殊形狀表面。

大多數流體對流體的熱傳遞是在穩態設備中完成，但是尤其是在高溫熱傳遞時，熱再生器 (thermal regeneration) 仍被採用，其中固體床交替地被熱流體加熱，然後固體粒子用來加熱冷流體。再生器的性能將於第 15 章中討論。

邊界層

熱傳的狀態

被加熱或冷卻的流體，或許是以層流、亂流或者在層流與亂流之間的過渡範圍內流動；此外，流體可能以強制或自然對流流動。在某些情況下，相同流域可能出現多種流動形式。例如，在低速的層流中，自然對流或許會與強制對流相互疊加在一起。

流體的流動方向可能平行於加熱面，因此，邊界層的分離不會發生；若流動的方向與加熱面垂直或成一角度，則邊界層的分離就會常發生。

在一般的速度下，流體摩擦產生的熱量與流體間傳送的熱量相比，是微不足道的。在大多數的情況，摩擦產生的熱可以忽略。然而在極黏流體的操作中，如聚合物射出成型，摩擦熱可能就重要了。在阿拉斯加的輸油管道中，原油流動產生的摩擦熱有助於使原油溫度高於周遭溫度，降低黏度且減少泵送費用。

在高速氣流，馬赫數趨近於 1.0 時，摩擦熱變得相當可觀而不可忽略。在非常高的速度下，摩擦熱可能具有控制的重要性，例如太空船重新進入大氣層。

因為在管的入口處與入口處的下游，其流動狀況不同，所以速度場與相關的溫度場可能與距入口的距離有關。此外，在某些情況，流體先流經一般未被加熱或冷卻的初始長度，使得熱量被傳遞至流體前，速度場已發展完全，而溫度場在已存在的速度場內形成。

最後，流體的性質——黏度、導熱係數、比熱和密度——是熱傳的重要參數。當中的每一項，特別是黏度，均與溫度有關。因為流體進行熱傳遞，在流域中每一點的溫度均不同，選擇哪一個溫度作為計算性質的依據，就成了要解決的問題。如果加熱面與流體之間的溫度差很小以及溫度對黏度影響不大時，如何選擇溫度的問題就顯得不是很重要。但是對於高黏度的流體，例如重油或管壁與流體間溫度差很大時，流體性質會有很大的變化，計算熱傳速率的困難度就增加了。

由上述所提到的各種影響，無相變化的流體熱傳遞的整個主題相當複雜。而在實際應用上則是採用一系列特殊的情況處理，而不是用通俗的理論。本章考慮的各種狀況均有一共同的現象：所有熱邊界層的形成均與第 3 章敘述的流體動力普蘭特邊界層 (hydrodynamic Prandtl boundary layer) 類似；它對溫度場影響深遠，也因此控制了熱流率。

熱邊界層

考慮浸入一穩定流動的流體中的一平板，流體流動的方向與平板平行。假設流體接近平板時的速度為 u_0，溫度為 T_∞，平板面的溫度維持在定溫 T_w。假設 T_w 大於 T_∞，因此流體被平板加熱。如第 3 章所描述的，會形成一邊界層。而在層內，速度由平板壁的 $u = 0$ 變化至層外的 $u = u_0$，此邊界層稱為**流體動力邊界層** (hydrodynamic boundary layer)，如圖 12.1a 所示的 OA 線。由平板傳送到流體的熱量使得鄰近平板表面的流體的溫度發生變化，因此形成了溫度梯度。此溫度梯度也侷限在鄰近平板表面的邊界層，在此層內，溫度由平板壁的 T_w 變化到層外的 T_∞。此層稱為**熱邊界層** (thermal boundary layer)，如圖 12.1a 所示的 OB 線。由圖可知，對所有的 x 值而言，熱邊界層的厚度均比流體動力層薄，其中 x 是指距平板前端的距離。

普蘭特數

沿著平板的一已知點上，兩種邊界層厚度之關係與無因次**普蘭特數** (Prandtl

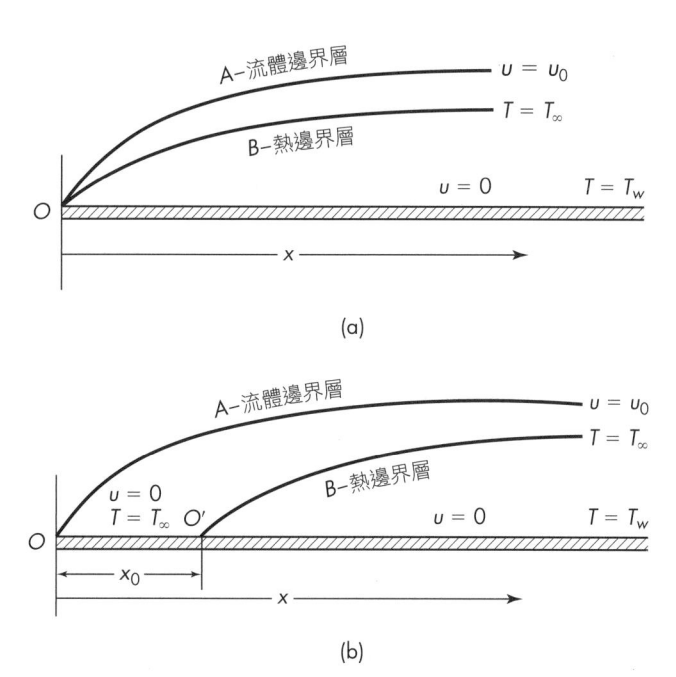

▲ 圖 12.1　平板的熱與流體邊界層。(a) 整個平板均加熱；(b) 未加熱的長度 ＝ x_0

number) 有關，普蘭特數是動量擴散係數 (diffusivity of momentum) v 或 μ/ρ 與熱擴散係數 α 或 $k/\rho c_p$ 之比。即

$$\Pr \equiv \frac{v}{\alpha} = \frac{c_p \mu}{k} \tag{12.1}$$

當普蘭特數大於 1 時，熱邊界層比流體動力邊界層薄，這是由於其具有相對低的熱傳導率。如圖 12.1a 所示，大部分的液體都是如此。

水在 70°C 時的普蘭特數約為 2.5；對於黏稠液體和高濃度溶液其值可能大到 600。大多數液體的普蘭特數隨著溫度的上升而減小，原因是黏度降低。對一高黏度的流體而言，流體動力邊界層會延伸而距平板表面很遠之處，這或許可由直覺上去瞭解。假想一平板在高黏度的液體如甘油中移動：在距離平板很遠的地方，流體仍會流動，這表示邊界層很厚。氣體的普蘭特數通常接近 1.0 (空氣為 0.69，水蒸氣為 1.06)，兩個邊界層的厚度大約相同。氣體的普蘭特數幾乎與溫度無關，因為當溫度增加時，氣體的黏度和導熱係數增加的速率大約相同。附錄 16 與 17 列有氣體與液體的普蘭特數。

液態金屬的普蘭特數很低，範圍大約是 0.01 至 0.04，因為它的導熱係數很高。溫度梯度的延伸遠遠超出流體動力邊界層，且需特別的關聯式來預估熱傳速率。

在圖 12.1a 中，假設整個板被加熱，且兩個邊界層都是由平板的前端開始。

若由平板的前端算起,有一段未被加熱且若與平板前端相距 x_0 處,才開始有熱傳,如圖 12.1b 所示的 $O'B$,在 x_0 處流體動力邊界層早已存在,而熱邊界層才開始形成。

為了清楚起見,圖 12.1 誇大了邊界層的厚度。實際的厚度通常比距平板前端距離的 1% 還小。

如第 3 章所述,流體流入管子時,流體動力邊界層隨著離開入口距離的增加而增厚,最後邊界層達到管的中心。如此發展完成的速度分布稱為**完全發展流** (fully developed flow),此速度分布不再隨管長的增加而改變。在加熱或冷卻管子內,在距管子加熱段入口的一定長度處,熱邊界層也會達到管的中心,在該點,溫度分布發展完全。但它不像速度分布,當管長增加時,溫度分布將變成平坦,且流體流經很長的管子後,整個流體溫度達到管壁的溫度,溫度梯度消失,熱傳遞停止。

層流中強制對流的熱傳遞

在層流中,由於沒有渦流以對流的方式穿過等溫面將熱量攜出,因此它的熱傳遞只有熱傳導的形式。這類問題是基於連續、動量和能量的偏微分方程式,可用數學分析的方式處理。數學解與邊界條件有關,而邊界條件建立於流體流動和熱傳遞。當流體接近加熱表面時,可能已有一發展完全的流體動力邊界層或部分發展的邊界層。或者,流體以均勻的速度接近加熱面,而兩個邊界層可能同時產生。一種簡單的流動情況是假設在所有截面及管長,速度均不變,這種流動稱為**柱狀流** (plug flow or rodlike flow)。與流動的條件無關,(1) 加熱面可能是等溫;(2) 在加熱面上的所有點的熱通量可能是相等的,那麼流體的平均溫度隨管長呈線性變化。其它邊界條件的組合也有可能。[6a] 各種特殊情況的基本微分方程式是相同的,但積分所得的最後關係式卻不同。

大部分簡單數學的推導是基於假設流體的性質不變且與溫度無關,流動為沒有交叉流及渦流的真實層流。當溫度變化和梯度很小,這些假設是成立的;但溫度變化很大時,這個簡單的模式就與實際不符。原因有二個:第一,管子截面上各點的黏度的不同,扭曲了層流的拋物線速度分布。若被加熱的流體是液體,則流體在管壁附近的黏度低於中心層,而且在管壁的速度梯度增大。朝向管壁形成了液體交叉流。如果液體是被冷卻,就產生相反的效應。第二,由於有溫度場所以產生密度梯度,造成自然對流,使得流體的流線扭曲。自然對流的影響可大可小,與許多因素有關,這些因素將在自然對流的章節中討論。

無相變化的流體熱傳遞

本節考慮層流中三種形式的熱傳遞：(1) 流體沿著平板流動的熱傳遞；(2) 管中柱狀流的熱傳遞；與 (3) 在管的入口處即已達到完全發展流動的熱傳遞。在所有的情況，平板或圓管的加熱長度的溫度均假設為定值，而且自然對流的效應可忽略不計。

平板的層流熱傳遞

考慮平板的熱流，如圖 12.1b 所示。假設的條件如下：

1. 接近平板的流體以及在邊界層 OA 的邊緣上和邊緣外的流體速度為：u_0。
2. 接近平板的流體以及在熱邊界層 O'B 的邊緣上和邊緣外的流體溫度為：T_∞。
3. 平板的溫度：由 $x = 0$ 到 x_0，$T = T_\infty$；$x > x_0$ 時，$T = T_w$，其中 $T_w > T_\infty$。
4. 下列流體的性質均為定值且與溫度無關：密度 ρ、導熱係數 k、比熱 C_p 和黏度 μ。

經過詳細的分析可得下式：[2]

$$\left(\frac{dT}{dy}\right)_w = \frac{0.332(T_w - T_\infty)}{\sqrt[3]{1-(x_0/x)^{3/4}}} \sqrt[3]{\frac{c_p \mu}{k}} \sqrt{\frac{u_0 \rho}{\mu x}} \tag{12.2}$$

其中 $(dT/dy)_w$ 為板壁的溫度梯度。由 (11.21) 式可知，與平板前端距離 x 處的局部熱傳係數 h_x 與板壁上的溫度梯度的關係為

$$h_x = \frac{k}{T_w - T_\infty}\left(\frac{dT}{dy}\right)_w \tag{12.3}$$

消去 $(dT/dy)_w$ 得到

$$h_x = \frac{0.332k}{\sqrt[3]{1-(x_0/x)^{3/4}}} \sqrt[3]{\frac{c_p \mu}{k}} \sqrt{\frac{u_0 \rho}{\mu x}}$$

將此式乘以 x/k，可得無因次形式如下：

$$\frac{h_x x}{k} = \frac{0.332}{\sqrt[3]{1-(x_0/x)^{3/4}}} \sqrt[3]{\frac{c_p \mu}{k}} \sqrt{\frac{u_0 x \rho}{\mu}} \tag{12.4}$$

由 (11.22) 式可知，上式左邊為對應於距離 x 的 Nu 數，或 Nu_x。第二個無因次群為普蘭特數，Pr，第三個無因次群為對應距離 x 的雷諾數，記做 Re_x。因此 (12.4) 式可寫成

$$\mathrm{Nu}_x = \frac{0.332}{\sqrt[3]{1-(x_0/x)^{3/4}}} \sqrt[3]{\mathrm{Pr}} \sqrt{\mathrm{Re}_x} \tag{12.5}$$

因為熱傳導經過厚度為 y 的邊界層中會得到一係數 k/y，所以局部 Nu 數可解釋為距離 x 與熱邊界層厚度的比。亦即

$$\mathrm{Nu}_x = \frac{h_x x}{k} = \frac{k}{y}\frac{x}{k} = \frac{x}{y} \tag{12.6}$$

當整個平板都加熱時，如圖 12.1a 所示，$x_0 = 0$ 且 (12.5) 式變成

$$\mathrm{Nu}_x = 0.332 \sqrt[3]{\mathrm{Pr}} \sqrt{\mathrm{Re}_x} \tag{12.7}$$

(12.7) 式可求得與平板前端距離為 x 的局部 Nu 值。實際上，Nu 的平均值更為重要，若平板的整段長度為 x_1，則平均值定義為

$$\mathrm{Nu} = \frac{h x_1}{k} \tag{12.8}$$

其中

$$h = \frac{1}{x_1}\int_0^{x_1} h_x\,dx$$

對於整個平板都加熱，由於 $x_0 = 0$，(12.4) 式可寫成

$$h_x = \frac{C}{\sqrt{x}}$$

其中除了 h_x 和 x 以外，C 為包括所有因子的常數。因此

$$h = \frac{C}{x_1}\int_0^{x_1}\frac{dx}{\sqrt{x}} = \frac{2C}{x_1}\sqrt{x_1} = \frac{2C}{\sqrt{x_1}} = 2 h_{x_1} \tag{12.9}$$

顯然，平均熱傳係數為平板末端局部熱傳係數的兩倍，由 (12.7) 式可知

$$\mathrm{Nu} = 0.664 \sqrt[3]{\mathrm{Pr}} \sqrt{\mathrm{Re}_{x_1}} \tag{12.10}$$

由於在推導過程中，假設熱邊界層不會比流體動力邊界層厚，因此這些方程式僅當普蘭特數等於或大於 1 時成立。但是，它們可應用於 $\mathrm{Pr} \approx 0.7$ 的氣體，產生的誤差很小。由於軸向熱傳導對厚的邊界層有顯著的影響，而軸向熱傳導在推導過程中卻被忽略不計，因此使用上述方程式也限於 Nu 數必須相當大，例如 Nu 數大於 10 或更高的情況。

管內層流的熱傳遞

下列情況是圓管內最簡單的層流熱傳遞。在整個圓管中及其任何截面上的所有點的流體速度為定值，因此 $u = u_0 = \bar{V}$，亦即，柱狀流；管壁溫度為定值；流體的性質與溫度無關。以數學的觀點，此模式等於熱量以熱傳導的方式流入表面溫度不變的固體圓柱，此時將流體的一個截面以速度 $\bar{V}$ 流過長度為 L 的管子所需的時間視為加熱時間。此時間為 $t_T = L/\bar{V}$。因此，(10.21) 式可用於柱狀流的流體，只要將傳立葉數中的 t_T 以 $L/\bar{V}$ 取代即可，此時傳立葉數變成

$$\mathrm{Fo} = \frac{\alpha t_T}{r_m^2} = \frac{4k t_T}{c_p \rho D^2} = \frac{4kL}{c_p \rho D^2 \bar{V}} \tag{12.11}$$

Graetz 和 Peclet 數

當處理流體的熱傳遞時，有兩種其它的無因次群常用來取代傳立葉數。**Graetz 數**定義為

$$\mathrm{Gz} \equiv \frac{\dot{m} c_p}{kL} \tag{12.12}$$

其中 $\dot{m}$ 為質量流率。由於 $\dot{m} = (\pi/4)\rho \bar{V} D^2$，因此

$$\mathrm{Gz} = \frac{\pi}{4} \frac{\rho \bar{V} c_p D^2}{kL} \tag{12.13}$$

Graetz 數亦可由雷諾數和普蘭特數以及 D/L 計算而得 [†]

$$\mathrm{Gz} = \frac{\pi}{4} \rho \bar{V} D^2 \frac{c_p}{kL} \frac{\mu}{\mu} = \frac{\pi}{4} \mathrm{Re}\, \mathrm{Pr}\, \frac{D}{L} \tag{12.14}$$

Pe (**Peclet 數**) 定義為雷諾數與普蘭特數的乘積，亦即

$$\mathrm{Pe} \equiv \mathrm{Re}\, \mathrm{Pr} = \frac{D\bar{V}\rho}{\mu} \frac{c_p \mu}{k} = \frac{\rho \bar{V} c_p D}{k} = \frac{D\bar{V}}{\alpha} \tag{12.15}$$

可以在這些無因次群中，做任意的選擇。它們之間的關係如下：

[†] 在某些參考文獻中，Graetz 數的定義為 $\mathrm{Gz} = (D/L)\,\mathrm{Pe}$，沒有 $\pi/4$ 的因數，因此當使用論文中所發表的關聯式時，必須審視定義。

$$\text{Gz} = \frac{\pi D}{4L}\text{Pe} = \frac{\pi}{\text{Fo}} \tag{12.16}$$

在下列的討論中，我們所採用的是 Graetz 數。

柱狀流的出口溫度

對柱狀流而言，(10.21) 式變成

$$\frac{T_w - \bar{T}_b}{T_w - T_a} = 0.692 e^{-5.78\pi/\text{Gz}} + 0.131 e^{-30.5\pi/\text{Gz}} + 0.0534 e^{-74.9\pi/\text{Gz}} + \cdots \tag{12.17}$$

其中 T_a 和 $\bar{T}_b$ 分別為流體的入口溫度和出口的平均溫度。

對牛頓流體而言，柱狀流不是真實的模式，但它可適用於高度擬塑性 (pseudoplastic) 液體 ($n' \approx 0$)，或適用於有高降伏應力 (yield stress) τ_0 的塑性液體。

完全發展的流動

牛頓流體在完全發展的流動中，由入口到加熱段的實際速度分布以及整個管子的理論分布均為拋物線型。在此情況下，適當的邊界條件可導出與 (12.17) 式相同形式的另一個理論方程式。亦即 [7d]

$$\frac{T_w - \bar{T}_b}{T_w - T_a} = 0.81904 e^{-3.657\pi/\text{Gz}} + 0.09760 e^{-22.31\pi/\text{Gz}} + 0.01896 e^{-53\pi/\text{Gz}} + \cdots \tag{12.18}$$

因為溫度對黏度和密度的影響，造成流動場的扭曲，所以利用 (12.18) 式計算無法得到正確的結果。熱傳速率通常大於 (12.18) 式所預估的，因此為了設計，就發展出經驗關聯式。這些關聯式均基於 Graetz 數，但是它們只能夠算出薄膜熱傳係數或 Nu 數而非溫度變化，不過我們可將一流體的熱阻與其它的熱阻合併而求出總熱傳係數。

在管內，流體熱傳遞的 Nu 數為薄膜熱傳係數乘以 D/k：

$$\text{Nu} \equiv \frac{h_i D}{k} \tag{12.19}$$

薄膜熱傳係數 h_i 為對管長而言的平均值，在管壁溫度不變的情況下，h_i 可由下式計算而得：

$$h_i = \frac{\dot{m}c_p(\bar{T}_b - T_a)}{\pi DL \overline{\Delta T_L}} \tag{12.20}$$

因為

$$\overline{\Delta T_L} = \frac{(T_w - T_a) - (T_w - \bar{T}_b)}{\ln[(T_w - T_a)/(T_w - \bar{T}_b)]} \tag{12.21}$$

$$h_i = \frac{\dot{m}c_p}{\pi DL} \ln[(T_w - T_a)/(T_w - \bar{T}_b)] \tag{12.22}$$

且

$$\text{Nu} = \frac{\dot{m}c_p}{\pi kL} \ln[(T_w - T_a)/(T_w - \bar{T}_b)] \tag{12.23}$$

或

$$\text{Nu} = \frac{\text{Gz}}{\pi} \ln[(T_w - T_a)/(T_w - \bar{T}_b)] \tag{12.24}$$

利用 (12.24) 和 (12.18) 式，可求出拋物線型流動的 Nu 數的理論值，這些值顯示於圖 12.2。在低的 Graetz 數，只有 (12.18) 式的第一項有意義，而 Nu 數趨近於極限值 3.66。在低的 Graetz 數，由於最後的溫度差很小，很難得到精確的熱傳係數。例如，當 Gz = 1.0 時，驅動力在出口與入口之比值僅為 8.3×10^{-6}。

當 Graetz 數大於 20 時，理論 Nu 數約隨 Gz 的 $\frac{1}{3}$ 次方增加而增加。空氣和中黏度液體的數據具有類似的趨勢，但其熱傳係數約大於理論預估值 15%。對於中等 Graetz 數 (大於 20) 的經驗式為

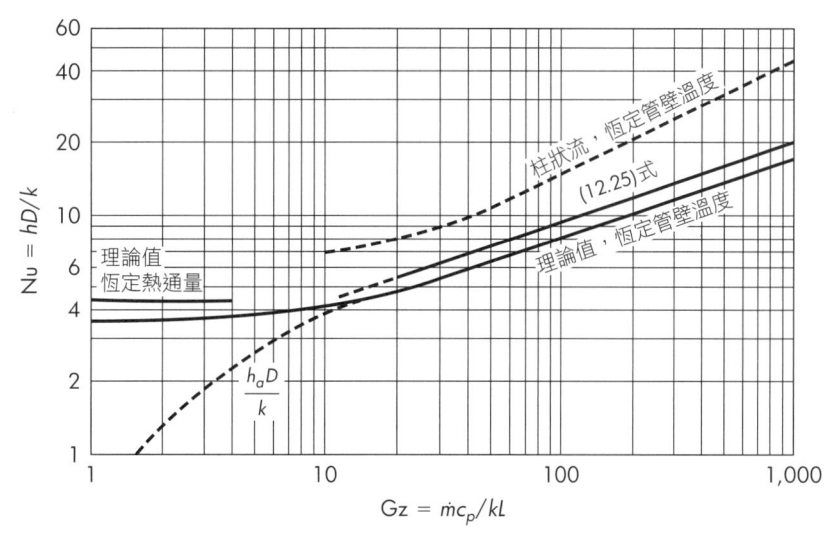

▲ 圖 12.2　速度分布是拋物線型的層流在管內的熱傳遞 (不包括自然對流或黏度梯度的效應)

$$\text{Nu} \cong 2.0\,\text{Gz}^{1/3} \text{ 或 } 1.85(\text{Re} \times \text{Pr} \times D/L)^{1/3} \tag{12.25}$$

薄膜熱傳係數隨著 Graetz 數增加或管長的減少而增加，原因是溫度分布形狀的改變。對於較短的管子，熱邊界層很薄，因此在較陡的溫度梯度下，有較大的局部熱傳係數。離管子的入口愈遠，熱邊界層變得愈厚，最後到達管的中心，得到一近似拋物線的溫度分布。由熱邊界層發展到管的中心的那一點開始，局部熱傳係數大約是一定值，但平均熱傳係數卻隨管長的增加而遞減，一直到最初高熱傳係數的效應可忽略不計為止。實際上，我們不是要計算隨管長變化的局部熱傳係數，而是要用管內某一長度的平均薄膜熱傳係數來得到總熱傳係數。

加熱或冷卻的修正

對於溫度降很大的黏稠液體，由於加熱或冷卻會產生差異，所以必須將 (12.25) 式加以修正。當液體被加熱時，靠近管壁黏度較低的流體使速度分布近似柱狀流，而靠近管壁有非常大的速度梯度，靠近管中心則速度梯度較小。這種現象導致高熱傳速率，此一事實可由將 (12.17) 和 (12.18) 式計算得到的端點溫差做一比較即可得知。當黏稠液體被冷卻時，在管壁的速度梯度減小，產生的熱傳速率較低。一個無因次，但經驗式的修正因子 ϕ_v 可用來修正加熱和冷卻產生的差異：

$$\phi_v \equiv \left(\frac{\mu}{\mu_w}\right)^{0.14} \tag{12.26}$$

將此因子加入 (12.25) 式，可得層流熱傳遞的最終方程式：

$$\text{Nu} = 2\left(\frac{\dot{m}c_p}{kL}\right)^{1/3}\left(\frac{\mu}{\mu_w}\right)^{0.14} = 2\,\text{Gz}^{1/3}\phi_v \tag{12.27}$$

在 (12.26) 式和 (12.27) 式中，μ 為流體在算術平均溫度 $(T_a + \bar{T}_b)/2$ 的黏度，μ_w 為在管壁溫度 T_w 的黏度。當液體被加熱時，對液體而言，$\mu_w < \mu$，且 $\phi_v > 1.0$，當液體被冷卻時，則 $\mu_w > \mu$，且 $\phi_v < 1.0$。

(12.19) 至 (12.27) 式中的熱傳係數是基於對數平均驅動力 $\overline{\Delta T_L}$。有些研究者推導的熱傳係數 h_a 的關聯式則是基於算術平均驅動力 $\overline{\Delta T_a}$。當 Graetz 數大於或等於 10，此時入口處與出口處驅動力的比值小於 2.0，因此 $\overline{\Delta T_L}$ 和 $\overline{\Delta T_a}$ 之間的差異或 h 和 h_a 之間的差異很小。但是，在低 Graetz 數時，端點溫差變得很小，熱傳係數 h_a 與 Graetz 數成反向的變化，如圖 12.2 所示。使用 h_a 沒有明顯的優

勢，建議在設計計算中使用，h。

到目前為止，所討論的方程式和實驗結果都是指恆定管壁溫度，因此僅適用於以冷凝蒸汽將流體加熱。如果使用逆向流熱交換器，則管壁溫將沿著熱交換器的長度而產生變化，這將影響層流的薄膜熱傳係數。

若熱交換器中的兩流體有相同的流率和比熱，則其溫度驅動力和熱通量幾乎是定值。對於恆定熱通量和拋物線流動而言，由理論方程式可得極限 Nu 數為 4.36，而對於恆定的管壁溫度 T_w 則為 3.66。在高 Graetz 數時，恆定的熱通量預估的熱傳係數大於恆定的管壁溫度，但是沒有足夠的實驗結果可以對恆定的熱通量提出一個單獨的方程式。

插入物對熱傳遞的影響

類似如圖 9.19a 所示的靜態混合器之螺旋磁帶，常用於改良黏稠液的熱傳。層流時，當接近管壁處的加熱流體移向中心與冷流體混合，此種裝置可能使熱傳係數增加 4 倍以上。亂流在管內通常已充分混合；因此如螺旋磁帶的插入物對亂流的影響較小，對層流的影響則較大。[10]

層流中非牛頓液體的熱傳遞

對於遵循冪律關係 (power law relation) [(3.7) 式] 的液體之熱輸入與輸出，可將 (12.27) 式修正為 [11]

$$\frac{h_i D}{k} = 2\delta^{1/3} \left(\frac{\dot{m} c_p}{kL}\right)^{1/3} \left(\frac{m}{m_w}\right)^{0.14} \tag{12.28}$$

其中　　$\delta = (3n' + 1)/4n'$

$m = K' 8^{n'-1}$，在算術平均溫度

$m_w = m$ 在 T_w 的值

$K' = $ 流動稠度指數 (flow consistency index)

$n' = $ 流動行為指數 (flow behavior index)

對於剪切稀化 (shear-thinning) 流體 ($n' < 1$)，其非牛頓式的行為使流體速度分布更像柱狀流，因此增加了熱傳係數。當 $n' = 0.1$，大 Graetz 數的熱傳係數約為拋物線流動 ($n' = 1.0$) 的 1.5 倍。對應於真實柱狀流 $n' = 0$，其熱傳係數為拋物線流動的兩倍，圖 12.2 中的虛線表示柱狀流的 Nu 數，當 Graetz 數高的時候，虛線的斜率接近 0.5。

亂流中強制對流的熱傳遞

在封閉的渠道中，尤其是圓管，亂流的熱流動或許是熱傳遞中最重要的情況。當雷諾數約大於 2,100 時，產生亂流，由於亂流的熱傳速率大於層流，因此大多數的設備都是在亂流範圍中操作。

對於這種情況，最初解決的方法是基於經驗關聯式，此式是以因次分析引導測試數據而得。由此方式得到的經驗式仍經常在設計中使用。隨後，則是以理論來研究此類問題。進一步瞭解亂流熱傳遞的機構後，所得到的改良方程式可適用於較大的範圍。

因次分析方法

流體在長的直圓管內以亂流的方式流動，由熱流的因次分析可得下列的無因次關係式

$$\frac{hD}{k} = \Phi\left(\frac{D\bar{V}\rho}{\mu}, \frac{c_p\mu}{k}\right) = \Phi\left(\frac{DG}{\mu}, \frac{c_p\mu}{k}\right) \tag{12.29}$$

其中，質量速度 G 等 $\bar{V}\rho$。將 (12.29) 式兩邊同除以 (DG/μ) $(c_p\mu/k)$ 得到另一關係式

$$\frac{h}{c_p G} = \Phi_1\left(\frac{DG}{\mu}, \frac{c_p\mu}{k}\right) \tag{12.30}$$

(12.29) 式的三個無因次群，分別為 Nu 數、雷諾數和普蘭特數。(12.30) 式左邊的無因次群稱為**史坦頓數** (Stanton number) St。四個無因次群的關係為

$$\text{St Re Pr} = \text{Nu} \tag{12.31}$$

因此，四個數中僅有三個是獨立。

經驗式

要應用 (12.29) 式或 (12.30) 式，必須知道函數 Φ 或 Φ_1。對於有銳緣入口 (sharp-edged entrance) 的長管，其經驗關聯式為 **Dittus-Boelter 方程式**：

$$\text{Nu} = \frac{h_i D}{k} = 0.023\, \text{Re}^{0.8}\, \text{Pr}^n \tag{12.32}$$

當流體被加熱時，n 的值為 0.4，當流體被冷卻時，n 的值為 0.3。

在 (12.32) 式中，使用不同的 n 值是流體被加熱較被冷卻時，求得較高熱傳係數的一種方式。然而，依據 (12.32) 式，加熱與冷卻的熱傳係數的比為 $Pr^{0.1}$，而與管壁的狀況無關。對於亂流[9]而言，較佳的關係式為 **Sieder-Tate 方程式**；如同層流，它使用修正因數 ϕ_v

$$\text{Nu} = \frac{h_i D}{k} = 0.023\, \text{Re}^{0.8}\, \text{Pr}^{1/3}\, \phi_v \tag{12.33}$$

對於低黏度液體，例如水，黏度比 ϕ_v 不是很重要，但對於黏稠油，其壁黏度與整體黏度可能相差 10 倍，對於加熱的熱傳係數可能是冷卻的兩倍。†

(12.33) 式的另一種形式是將方程式兩邊同除以 RePr，再經整理可得所謂的 Colburn 方程式。

$$\text{St}\, \text{Pr}^{2/3} = \frac{0.023\, \phi_v}{\text{Re}^{0.2}} \tag{12.34}$$

在使用這些方程式時，除 μ_w 外，流體的物理性質均在整體流體的溫度 T 下計值。對於氣體而言，其黏度隨溫度的增加而增加，但改變很小，因此在 (12.33) 式與 (12.34) 式的黏度項通常可忽略不計。這些方程式並不適用於雷諾數小於 6,000 或普蘭特數很低的熔融金屬。

管長的影響　在靠近圓管的入口，溫度梯度仍正在形成中，此處的局部熱傳係數 h_x 大於完全發展流動的 h_∞。在入口處，因尚未建立溫度梯度，其 h_x 為無限大。在短距離的管長範圍內，其值會迅速降至 h_∞。以因次而論，管長對熱傳係數的影響，可用另一個無因次群 x/D 來說明，其中 x 為與圓管入口的距離。當 x 增加時，局部熱傳係數漸近趨近於 h_∞，但實際上，當 x/D 約等於 50 時，局部熱傳係數就等於 h_∞。h_x 在整個管長的平均值以 h_i 表示。h_i 的值可由 h_x 對整個管長積分而得。因為當 $x \to \infty$ 時，$h_x \to h_\infty$，因此 h_i 與 h_∞ 之間的關係為 [6b]

$$\frac{h_i}{h_\infty} = 1 + \psi\left(\frac{L}{D}\right) \tag{12.35}$$

對於有銳緣入口的短圓管，則可使用

---

† 在 (12.33) 式中，有些作者使用 0.027 而不是 0.023，而黏度比 ϕ_v 的指數，當加熱時為 0.25，冷卻時為 0.11。[8]

$$\frac{h_i}{h_\infty} = 1 + \left(\frac{D}{L}\right)^{0.7} \tag{12.36}$$

其中對整個截面而言，入口速度是均勻的。當 L/D 的值約大於 50 時，管長對 h_i 的影響將逐漸消失。

亂流中 h_i 的平均值

由於流體的溫度從管的一端到另一端都有變化，且流體的性質 μ、k 與 c_p 均是溫度的函數，因此 h_i 的局部值也沿著管子逐點變化。這個變化與管長的影響無關。

假設 $\mu/\mu_w = 1$，流體性質的影響可由 (12.33) 式的減縮式得知

$$h_i = 0.023 \frac{G^{0.8} k^{2/3} c_p^{1/3}}{D^{0.2} \mu^{0.47}} \tag{12.37}$$

對氣體而言，溫度對 h_i 的影響較小。在已知圓管中，質量速度不變時，h_i 隨 $k^{2/3} c_p^{1/3} \mu^{-0.47}$ 而變化。隨著溫度的變化，導熱係數與熱容量的增加被黏度的增加抵消，使得 h_i 僅微量增加。例如，對空氣而言，當溫度由 50°C 升高至 100°C 時，h_i 的值增加約 6%。

對液體而言，由於增加溫度會使得黏度急速下降，因此溫度對液體的影響大於對氣體的影響。溫度對 (12.37) 式的 k、c_p 和 μ 的影響是一致的，但 h_i 隨溫度的改變而增加主要是由於溫度對黏度的影響。例如，對水而言，溫度由 50°C 增加到 100°C 時，h_i 增加約 50%。對黏稠油類而言，溫度增加 50°C，h_i 或許有兩倍或三倍的改變。

實際上，除非 h_i 在整個管長的變化約超過 2：1 外，h_i 均以平均值計算，且在計算總熱傳係數 U 時，將它視為定值。此法略去 U 在管長的變化，而允許以 LMTD 計算加熱表面的面積。h_i 的平均值可利用流體平均溫度下的性質 c_p、k 和 μ 計算而得，而流體平均溫度是指流體入口和出口溫度的算術平均。將這些平均溫度下的流體性質代入 (12.33) 式求出的 h_i 稱為平均熱傳係數。例如，假設流體的入口溫度為 30°C，出口溫度為 90°C，則平均流體溫度為 (30 + 90)/2 = 60°C，因此計算 h_i 的平均值所用的流體性質必須是在 60°C 下計值。

當 h_i 有較大的變化時，有二種方法可以利用：(1) 計算入口和出口處的 h_i。再求對應值 U_1 和 U_2，然後利用 (11.17) 式。此時，將 L/D 對入口處的 h_i 的影響予以忽略。(2) h_i 有較大的變化，因此 U 也有較大的變化，可將圓管分段，而求每一段的平均 U 值。然後，將每段的長度相加即為圓管的總長。

管壁溫度 T_w 的估算

為了計算管壁上流體的黏度 μ_w，必須求出 T_w。估算 T_w 需要基於熱阻方程式 (11.35) 的疊代計算。若可估算個別熱阻，則可利用此式將總溫度降 ΔT 分割成個別溫度降，管壁溫度的近似值即可求得。以此方式求 T_w 時，管壁熱阻 $(x_w/k_m)(D_O/\bar{D}_L)$ 通常可忽略不計，使用 (11.35) 式的方式如下。

由 (11.35) 式的前兩式，可知

$$\Delta T_i = \frac{D_o/D_i h_i}{1/U_o}\Delta T \tag{12.38}$$

將 (11.32) 式的 $1/U_0$ 代入，並忽略管壁熱阻項，可得

$$\Delta T_i = \frac{1/h_i}{1/h_i + D_i/D_o h_o}\Delta T \tag{12.39}$$

將 (12.39) 式寫成定性的形式

$$\Delta T_i = \frac{內部熱阻}{總熱阻}\Delta T$$

使用 (12.39) 式之前，需先估算熱傳係數 h_i 和 h_o。忽略 ϕ_v，利用 (12.33) 式估算 h_i。h_o 的計算將在後面的章節描述。管壁溫度 T_w 可由下列方程式得到：

加熱
$$T_w = T + \Delta T_i \tag{12.40}$$

冷卻
$$T_w = T - \Delta T_i \tag{12.41}$$

其中 T 為平均流體溫度。

若第一次得到的近似值不十分準確，可基於第一次的結果做第二次計算以求得 T_w。除非 ϕ_v 與 1 相差很大，否則沒有必要做第二次的近似值計算。

例題 12.1

甲苯在 230°F (110°C) 凝結於 $\frac{3}{4}$ in. (19 mm) BWG 16 的銅製冷凝管外側，而平均溫度為 80°F (26.7°C) 的冷卻水流經管內。表 12.1 所列為個別熱傳係數。若忽略管壁的熱阻，則管壁溫度為何？

解

由附錄 4 可知，$D_i = 0.620$ in.；$D_o = 0.750$ in.，因此由 (12.39) 式

$$\Delta T_i = \frac{1/700}{1/700 + 0.620/(0.750 \times 500)}(230 - 80) = 69.5°F$$

因為藉由冷凝甲苯而將水加熱，所以由 (12.40) 式可求得管壁溫度如下：

$$T_w = 80 + 69.5 = 149.5°F\ (65.3°C)$$

▼ 表 12.1　例題 12.1 的數據

	熱傳係數	
	Btu/ft²·h·°F	W/m²·°C
冷卻水 h_i	700	3,970
甲苯 h_o	500	2,840

非圓形的截面

對於非圓形的截面，使用 (12.33) 式或 (12.34) 式時，只需將需諾數與 Nu 數中的直徑 D，以相當直徑 D_e 取代，而相當直徑是指水力半徑 r_H 的 4 倍。此法與計算摩擦損失所用的方法相同。

例題 12.2

苯在雙套管熱交換器的內管中，由 141°F (60.6°C) 冷卻至 79°F (21.1°C)。65°F (18.3°C) 的冷卻水以逆向流入套管，流出時的溫度為 75°F (23.9°C)。熱交換器內管為 $\frac{7}{8}$ in. (22.2 mm) BWG 16 銅管，外管為 $1\frac{1}{2}$ in. (38.1 mm) Schedule 40 號鋼管。苯的線性速度為 5 ft/s (1.52 m/s)。略去管壁熱阻和積垢熱阻，並對雙套管而言，假設 $L/D > 150$，試求苯和水的薄膜熱傳係數，並求基於內管外側面積的總熱傳係數。

解

苯的平均溫度為 $(141 + 79)/2 = 110°F$；水的平均溫度為 $(65 + 75)/2 = 70°F$。表 12.2 列出在這些溫度下，流體的物理性質。內管的直徑為

▼ 表 12.2　例題 12.2 的數據

性質	在平均流體溫度的值	
	苯	水 [†]
密度 ρ、lb/ft^3	53.1	62.3
黏度、lb/ft·h	1.16[‡]	$2.42 \times 0.982 = 2.34$
導熱係數 k、Btu/ft·h·°F	0.089[§]	0.346
比熱 c_p、Btu/lb·°F	0.435[¶]	1.000

[†] 附錄 6。
[‡] 附錄 9。
[§] 附錄 13。
[¶] 附錄 15。

$$D_{it} = \frac{0.745}{12} = 0.0621 \text{ ft} \qquad D_{ot} = \frac{0.875}{12} = 0.0729 \text{ ft}$$

由附錄 3 得知，套管的內徑為

$$D_{ij} = \frac{1.610}{12} = 0.1342 \text{ ft}$$

環狀套管空間的相當直徑，求法如下：截面積為 $(\pi/4)(0.1342^2 - 0.0729^2)$ 或 0.00997 ft^2，沾濕周長為 $\pi(0.1342 + 0.729)$。因此水力半徑為

$$r_H = \frac{(\pi/4)(0.1342^2 - 0.0729^2)}{\pi(0.1342 + 0.0729)} = \frac{1}{4}(0.1342 - 0.0729) = \frac{1}{4} \times 0.0613 \text{ ft}$$

相當直徑 $D_e = 4\, r_H = 0.0613$ ft。

首先，水的速度必須由熱流量和水上升的溫度計算而得。欲求熱流量，必須先求苯的質量流率 $\dot{m}_b$，即

$$\dot{m}_b = \bar{V}_b \rho_b S$$

其中 S 為銅管的內截面積。由附錄 4，對於 $\frac{7}{8}$ in. BWG 16 的管子，$S = 0.00303$ ft^2，因此

$$\dot{m}_b = 5 \times 53.1 \times 0.00303 = 0.804 \text{ lb/s}$$

將質量流率乘以比熱和苯的溫度變化，即可求得熱流率 q，亦即

$$q = 0.804 \times 0.435(141 - 79)$$
$$= 21.68 \text{ Btu/s}$$

水的質量流率 $\dot{m}_w$ 為

$$\dot{m}_w = \frac{21.68}{1.000(75-65)} = 2.168 \text{ lb/s}$$

水的速度 $\bar{V}_w$ 為

$$\bar{V}_w = \frac{2.168}{0.00997 \times 62.3} = 3.49 \text{ ft/s}$$

各流體的雷諾數和普蘭特數計算如下：

苯：
$$\text{Re} = \frac{D_{it}\bar{V}\rho}{\mu} = \frac{0.0621 \times 5 \times 3{,}600 \times 53.1}{1.16} = 5.12 \times 10^4$$

$$\text{Pr} = \frac{c_p\mu}{k} = \frac{0.435 \times 1.16}{0.089} = 5.67$$

水：
$$\text{Re} = \frac{D_e\bar{V}\rho}{\mu} = \frac{0.0613 \times 3.49 \times 3{,}600 \times 62.3}{2.34} = 2.05 \times 10^4$$

$$\text{Pr} = \frac{1.00 \times 2.34}{0.346} = 6.76$$

略去黏度比的修正項，由 (12.34) 式求得熱傳係數的初步估算值：

苯：
$$h_i = \frac{0.023 \times 5 \times 3{,}600 \times 53.1 \times 0.435}{(5.12 \times 10^4)^{0.2} \times 5.67^{2/3}} = 344 \text{ Btu/ft}^2 \cdot \text{h} \cdot {}^\circ\text{F}$$

水：
$$h_o = \frac{0.023 \times 3.49 \times 3{,}600 \times 62.3 \times 1.000}{(2.05 \times 10^4)^{0.2} \times 6.76^{2/3}} = 691 \text{ Btu/ft}^2 \cdot \text{h} \cdot {}^\circ\text{F}$$

計算過程中，用到 $G = \bar{V}\rho$ 的關係式。

由 (12.39) 式知，苯熱阻上的溫度降為

$$\Delta T_i = \frac{1/344}{1/344 + 0.0621/(0.0729 \times 691)}(110 - 70) = 28.1\,{}^\circ\text{F}$$

$$T_w = 110 - 28.1 = 81.9\,{}^\circ\text{F}$$

在 T_w 時，液體的黏度為

$$\mu_w = \begin{cases} 1.45 \text{ lb/ft} \cdot \text{h} & \text{苯} \\ 0.852 \times 2.42 = 2.06 \text{ lb/ft} \cdot \text{h} & \text{水} \end{cases}$$

由 (12.26) 式知，黏度修正因數 ϕ_v 為

$$\phi_v = \begin{cases} \left(\dfrac{1.16}{1.45}\right)^{0.14} = 0.969 & \text{苯} \\ \left(\dfrac{2.34}{2.06}\right)^{0.14} = 1.018 & \text{水} \end{cases}$$

修正後的熱傳係數為

苯： $\qquad h_i = 344 \times 0.969 = 333 \text{ Btu/ft}^2 \cdot \text{h} \cdot \text{°F} \, (1{,}891 \text{ W/m}^2 \cdot \text{°C})$

水： $\qquad h_o = 691 \times 1.018 = 703 \text{ Btu/ft}^2 \cdot \text{h} \cdot \text{°F} \, (3{,}992 \text{ W/m}^2 \cdot \text{°C})$

因此，苯熱阻上的溫度降與管壁溫度為

$$\Delta T_i = \frac{1/333}{1/333 + 0.0621/(0.0729 \times 703)}(110 - 70) = 28.5\text{°F}$$

$$T_w = 110 - 28.5 = 81.5\text{°F}$$

此結果與前面計算所得的管壁溫度非常接近，因此不需要再做第二次的近似估算。

略去管壁的熱阻，由 (11.32) 式可求出總熱傳係數

$$\frac{1}{U_o} = \frac{0.0729}{0.0621 \times 333} + \frac{1}{703} = 0.00495$$

$$U_o = \frac{1}{0.00495} = 202 \text{ Btu/ft}^2 \cdot \text{h} \cdot \text{°F} \, (1{,}147 \text{ W/m}^2 \cdot \text{°C})$$

粗糙度的影響

對於相等的雷諾數而言，亂流在粗糙管的熱傳係數稍大於在光滑管的熱傳係數。粗糙度對熱傳遞的影響遠小於流體摩擦。以經濟上來講，使用平滑管將摩擦損失降到最低，比依賴粗糙度來產生較大的熱傳係數更為重要。在實際的計算過程中，粗糙度對 h_i 的影響可忽略不計。

高速下的熱傳遞

當流體以高速通過圓管時，即使沒有通過管壁的熱傳遞，即 $q = 0$，仍會產生溫度梯度。例如，在射出成型 (injection molding) 中，熔融的聚合物以非常快的速度流入空穴，黏稠液中因高的速度梯度而在流體中產生熱能，此熱能稱為**黏稠散失** (viscous dissipation)。高速的可壓縮氣體在管內流動時，由於與管壁的摩擦，造成流體在管壁的溫度高於流體的平均溫度。[4c] 管壁與流體間有溫度差，使得熱量由管壁流向流體。當管壁上由摩擦造成的熱生成速率等於流入流體的熱傳速率時，就達到穩態。此時達到的恆定管壁溫度稱為絕熱壁溫 (參閱第 6 章)。當馬赫數超過約 0.4 時，高速度的影響變得十分顯著，在此速度的範圍內，就必須用其它適當的公式來取代 (12.33) 式和 (12.34) 式。

亂流渦流的熱傳遞以及動量與熱量傳遞的類比

亂流流經一圓管的速度分布以及其伴隨生成的動量通量已在第 5 章中敘述過。並且認定在截面上有三個頗不明確的區域。第一個是鄰近管壁的區域，在此區域內很少渦流，動量的傳遞幾乎都是藉由黏度產生；第二個區域是結合黏稠和亂流動量傳遞的混合區域，而流域的主要部分是指占流域截面的大部分區域，在此區域內，只有由亂流的雷諾應力產生的動量流動是重要的。這三個區域分別稱為**黏稠副層** (viscous sublayer)、**緩衝區** (buffer zone)，以及**亂流中心** (turbulent core)。

管壁上若有熱量自流體輸入或輸出時，速度和動量通量的流體動力分析仍然存在。此外，還有溫度梯度疊加在亂流 - 層流的速度場中。以下的處理是假設兩種梯度均已完全發展，而管長的影響可忽略不計。

在流體的整個流域中，以熱傳導進行的熱流是依照下式：

$$\frac{q_c}{A} = -k\frac{dT}{dy} \tag{12.42}$$

其中　　q_c = 熱傳導速率
　　　　k = 導熱係數
　　　　A = 等溫面的面積
　　dT/dy = 通過等溫面的溫度梯度

等溫面是一個與管軸同心的圓筒，位於距管壁 y 處，或距管中心 r 處。由此可知 $r + y = r_w$，其中 r_w 為管子的半徑。

除了熱傳導外，亂流的渦流也以對流的方式橫過每一個等溫面將熱量攜出。雖然，只要有溫度梯度的存在 ($dT/dy \neq 0$)，這兩種熱流機制均可能發生，但是它們的相對重要性卻隨著與管壁的距離而有很大的變化。在管壁上幾乎沒有渦流，熱通量完全是由熱傳導的方式傳遞。於管壁處，(12.42) 式可寫成

$$\left(\frac{q}{A}\right)_w = -k\left(\frac{dT}{dy}\right)_w \tag{12.43}$$

其中　　$(q/A)_w$ = 管壁上的總熱通量
　　　　$(dT/dy)_w$ = 管壁上的溫度梯度

這些量與 (11.20) 式和 (11.21) 式中所表示的相同。

在黏稠副層內，熱流動主要還是以熱傳導的方式進行，但此區域並非完全沒有渦流，因此仍有一些對流會發生。與熱傳導熱通量比較，亂流熱通量的相

對重要性隨著與管壁距離的增加而快速增加。對一般的流體而言，當普蘭特數約超過 0.6 時，亂流核心的熱傳導就非常小，但在緩衝區，即使普蘭特數在 1 的附近，熱傳導仍可能顯著。當普蘭特數很大時，在此區域的熱傳導可忽略不計。

此情況與動量通量類似，在動量通量中，亂流剪切力對黏稠剪切力的相對重要性亦遵循相同方式。在某些理想的狀況下，熱流和動量流之間的對應是正確的，在任意確定值 r/r_w 處，由熱傳導造成的熱傳遞與由亂流造成的熱傳遞之比等於由黏滯力造成的動量通量與由雷諾剪切力造成的動量通量之比。然而，在一般情況下，這些對應只是近似而且可能會有大的誤差。研究整個流體的熱通量和動量通量之間的關係後，可導出**類比理論** (analogy theory)，由此推導得到的方程式稱為**類比方程式** (analogy equation)。關於這個理論的詳細研究，超出本書的範圍，我們只考慮較基本的關係式。

由於渦流由等溫面的兩側連續跨過等溫面，因此它們在等溫面兩側的各層間傳遞熱量，而各層有不同的平均溫度。一已知點的溫度對該點的恆定平均溫度快速波動，原因是熱或冷渦流行經該點所造成的。這種溫度的波動形成一個與時間和位置有關的模式。如同第 3 章所描述的速度和壓力波動。該點的瞬時溫度 T_i 可以分成兩個部分，即該點的恆定平均溫度 T 和波動或偏離溫度 T'，

$$T_i = T + T' \tag{12.44}$$

偏離溫度 T' 的時間平均值，以 $\bar{T}'$ 表示，其值為零，因此總瞬間溫度的時間平均值，以 $\bar{T}_i$ 表示，其值為 T。平均溫度 T 就是一般溫度計所量測的溫度。欲量測 T_i 進而求出 T'，則需要能跟隨快速溫度變化的特殊感測器。

熱量的渦流擴散係數

當等溫面的兩側無溫度梯度時，所有的渦流均具有相同的溫度，與起始點無關，此時 $dT/dy = 0$，沒有淨熱流產生。若有溫度梯度存在，則使用與推導 (3.17) 式相同的分析，可知渦流由高溫攜帶淨熱通量至低溫是依據下式：

$$\frac{q_t}{A} = -c_p \rho \overline{v'T'} \tag{12.45}$$

其中 v' 為跨越表面的偏離速度，而上面的橫線表示 $v'T'$ 的時間平均數。雖然就個別而言，時間平均 $\bar{v}'$ 與 $\bar{T}'$ 為零，但是它們乘積的平均並不為零，因為當 $dT/dy \neq 0$ 時，這些偏離量之間有關聯性存在，正如同當有速度梯度 du/dy 存在時，偏離速度 u' 和 $\bar{v}'$ 具有關聯性。

在第 3 章，我們定義了動量傳遞的渦流擴散係數 (eddy diffusivity) ε_M。對應的熱傳遞的渦流擴散係數可定義為

$$\frac{q_t}{c_p \rho A} \equiv -\varepsilon_H \frac{dT}{dy} = -\overline{v'T'} \tag{12.46}$$

下標 t 表示 (12.46) 式是應用於亂流對流熱傳遞。因為也會有熱傳導的發生，所以在一已知點的總熱通量，以 q/A 表示，可由 (12.42) 式與 (12.46) 式求得

$$\frac{q}{A} = \frac{q_c}{A} + \frac{q_t}{A} = -k \frac{dT}{dy} - c_p \rho \varepsilon_H \frac{dT}{dy}$$

或

$$\frac{q}{A} = -c_p \rho (\alpha + \varepsilon_H) \frac{dT}{dy} \tag{12.47}$$

其中 α 為熱擴散係數 $k/c_p\rho$。對應於 (12.47) 式的總動量通量的方程式為 (3.22) 式，可寫成

$$\frac{\tau}{\rho} = (\nu + \varepsilon_M) \frac{du}{dy} \tag{12.48}$$

其中 ν 為動黏度 μ/ρ。

渦流擴散係數

動量擴散係數 ν 和熱擴散係數 α 是流體的真正性質；這些值與溫度和壓力有關。普蘭特數是這兩個係數的比，因此也是流體的性質。動量和熱量的渦流擴散係數 (eddy diffusivities) ε_M 和 ε_H 都不是流體的性質，但它們均與流體的流動情況有關，尤其是與所有能影響亂流的因素有關。從簡單的類比而言，通常均假設 ε_M 和 ε_H 為相等的常數，但是以實際的速度和溫度的量測來決定時，得知二者均為雷諾數、普蘭特數和圓管截面上位置的函數。要精確量測渦流擴散係數是困難的，而且所有量測的報告並非一致。在一些標準的論文裡，[6c] 有提供這些結果。$\varepsilon_H/\varepsilon_M$ 的比值也是會改變的，但它比其單獨的數更接近常數。這個比值以 ψ 表示。對於 $\Pr > 0.6$ 的一般液體而言，通常在管壁上和邊界內，ψ 的值接近於 1，而在亂流的尾流，則趨近於 2。對液態金屬而言，ψ 在管壁上的值很小，而在 $y/r_w \approx 0.2$，達到極大值，其值約為 1，然後朝向管中心逐漸遞減。[7c]

雷諾類比

最簡單且最古老的類比方程式為雷諾類比 (Reynolds analogy) 方程式，它

是由直圓管中以高雷諾數流動推導出來的。經過數個假設後，由 (12.47) 式和 (12.48) 式亦可導出此類比方程式，大多數的假設是有問題的，但是對氣體而言，此類比方程式可視為最好的經驗式。

由 (5.53) 式的經驗關係式，得知

$$f = 0.046\,\text{Re}^{-0.2} \tag{12.49}$$

由 (12.34) 式，假設 Pr = 1.0 且 $\phi_v = 1.0$，可得

$$\text{St} = 0.023\,\text{Re}^{-0.2} \tag{12.50}$$

由這些方程式得到

$$\frac{h}{c_p G} \equiv \text{St} = \frac{f}{2} \tag{12.51}$$

這是雷諾類比方程式的一般式。在溫度降 $T_w - T$ 不大的情況下，此式與普蘭特數約等於 1 的大多數氣體的實驗數據十分吻合。

柯本類比：柯本 j 因子

比較 (12.49) 與 (12.34) 式可知

$$\text{St}\,\text{Pr}^{2/3}\,\phi_v^{-1} \equiv j_H = \frac{f}{2} \tag{12.52}$$

(12.52) 式為熱傳遞和流體摩擦之間柯本類比 (Colburn analogy) 的一種表示法。j_H 因子，定義為 $(h/c_p G)(c_p\mu/k)^{2/3}(\mu_w/\mu)^{0.14}$，稱為**柯本 j 因子** (Colburn j factor)。它用於許多其它的熱傳遞半徑驗式。雷諾類比 [(12.51) 式] 只適用於普蘭特數接近 1 的流體，而柯本類比 [(12.52) 式] 可應用在普蘭特數由 0.6 到約 100 的範圍。

(12.34) 式亦可用 j 因子的形式表示如下：

$$j_H = 0.023\,\text{Re}^{-0.2} \tag{12.53}$$

更精確的類比方程式

對於圓形管、平板和環狀空間而言，已經發表了許多結合摩擦和熱傳的更精確的類比方程式。它們比 (12.52) 式更適用於較大範圍的雷諾數和普蘭特數，其一般式為

$$\text{St} = \frac{f/2}{\Phi(\text{Pr})} \tag{12.54}$$

其中 $\Phi(\text{Pr})$ 是一種複雜的普蘭特數的函數。一個例子是，Friend 和 Metzner[3] 應用於平滑圓管中完全發展的流動，所用的式子為

$$\text{St} = \frac{f/2}{1.20 + 11.8\sqrt{f/2}(\text{Pr} - 1)(\text{Pr})^{-1/3}} \tag{12.55}$$

式中所用的摩擦係數 f 可以是 (12.49) 式，或對於雷諾數由 3,000 至 3×10^6 的大範圍者，則為 (5.54) 式

$$f = 0.00140 + \frac{0.125}{\text{Re}^{0.32}} \tag{12.56}$$

對於大的驅動力而言，(12.55) 式並不適用，因為它不包括黏度比的項且對加熱與冷卻都得到相同的熱傳係數。

對於具有非常高普蘭特數的亂流，(12.55) 式指出，其熱傳係數隨著雷諾數的 0.85 至 0.9 次方遞增，而不是 (12.32) 式或 (12.33) 式的 0.8 次方。雷諾數的 0.9 次方與在高 Schmidt 數的質傳 [(17.67) 式] 所描述的值一致。

所有結合 f 與 h 的類比方程式均有一個重要的限制。它們只適用於壁 (wall) 摩擦或表皮 (skin) 摩擦而不適用於有形態拖曳 (form drag) 的情況。

層流與亂流間的過渡區之熱傳遞

(12.34) 式僅適用於雷諾數大於 6,000 者，而 (12.27) 式僅適用於雷諾數小於 2,100 者。雷諾數介於 2,100 至 6,000 之間的範圍，稱為**過渡區** (transition region)，沒有簡單的方程式可應用於過渡區。因此只好採用圖解法。此法是基於以 L/D 為常數，將柯本 j 因子 (Colburn j factor) 對 Re 繪出 (12.27) 式和 (12.34) 式的圖形。欲求在層流範圍內的方程式，需將 (12.27) 式轉換成下列的形式。亦即利用 (12.15) 式和 (12.16) 式將 Graetz 數以 $(\pi D/4L)\text{RePr}$ 取代。結果為

$$\text{Nu} = 2\left(\frac{\pi D}{4L}\text{Re Pr}\right)^{1/3}\left(\frac{\mu}{\mu_w}\right)^{0.14}$$

上式乘以 $(1/\text{Re})(1/\text{Pr})$ 可得 j 因子。最後的方程式可寫成

$$\frac{h_i}{c_p G}\left(\frac{c_p \mu}{k}\right)^{2/3}\left(\frac{\mu_w}{\mu}\right)^{0.14} = j_H = 1.86\left(\frac{D}{L}\right)^{1/3}\left(\frac{DG}{\mu}\right)^{-2/3} \quad (12.57)$$

由 (12.57) 式可知，對每一長度與直徑的比 L/D 而言，(12.57) 式左側對 Re 作

對數圖，得到斜率為 $-\frac{2}{3}$ 的直線。圖 12.3 左側的直線即為此式在不同的 L/D 所繪出的圖形。這些直線都在雷諾數等於 2,100 處終止。

(12.57) 式不可用於 $L/D > 100$ 的情況，因為由它所給予的係數可能小於圖 12.2 所示的極限值。

對於長圓管的情形，將 (12.34) 式在同一座標上作圖，雷諾數大於 6,000 時，得到一斜率為 -0.20 的直線。此直線繪於圖 12.3 的右側區域。

雷諾數介於 2,100 至 6,000 之間的曲線表示在過渡區。此區域中，低雷諾數時，L/D 的影響較顯著，當雷諾數趨近於 6,000 時，影響則呈現衰退。

圖 12.3 為適用於雷諾數由 1,000 至 30,000 整個範圍的概括圖。若超出下限與上限之外，則可分別使用 (12.27) 與 (12.34) 式。

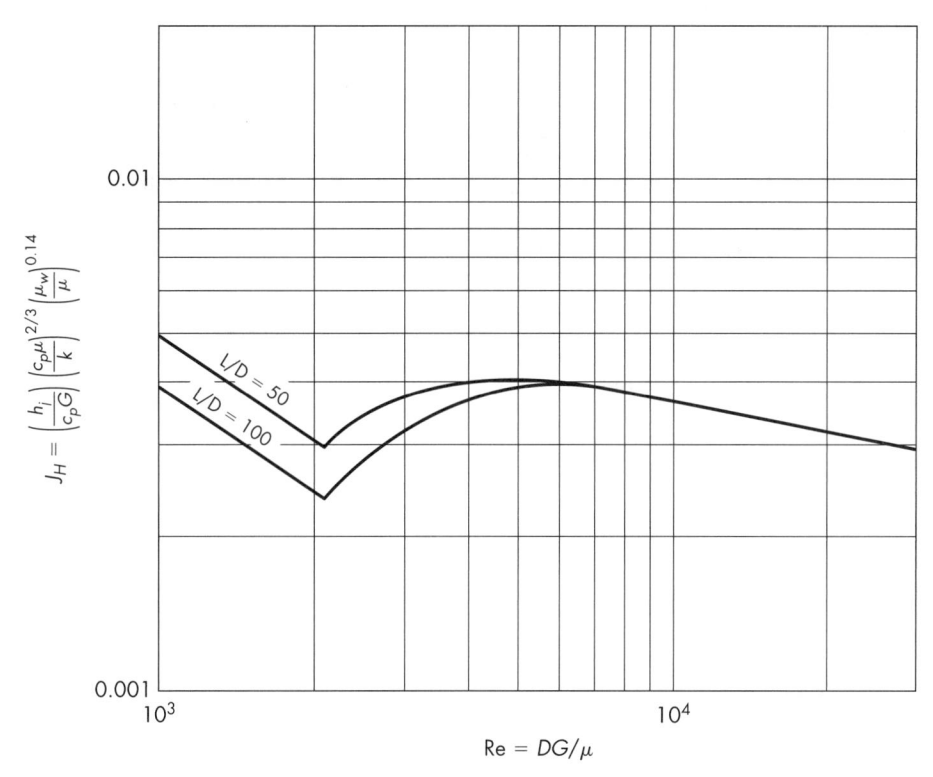

▲ 圖 12.3　過渡區的熱傳遞 (經作者與出版商同意，摘自 *W. H. McAdams, Heat Transmission, 3rd ed. Copyright by author,* 1954, *McGraw-Hill Book Company.*)

例題 12.3

某一輕機油的物性列於表 12.3。此機油通過一長 15 ft (4.57m) 的 $\frac{1}{4}$ in. (6.35 mm) Schedule 40 號的圓管，溫度由 150°F (65.5°C) 上升至 250°F (121.1°C)。管壁溫度為 350°F (176.7°C)。請問圓管內每小時可以加熱多少磅的機油？熱傳係數是多少？機油的性質如下：導熱係數為 0.082 Btu/ft · h · °F (0.142 W/m · °C)。比熱為 0.48 Btu/lb · °F (2.01 J/g · °C)。

▼ 表 12.3　例題 12.3 的數據

溫度		
°F	°C	黏度, cP
150	65.5	6.0
250	121.1	3.3
350	176.7	1.37

解

假設為層流，且假設 Graetz 數足夠大，可使用 (12.27) 式。需要代入 (12.27) 式的數據為

$$\mu = \frac{6.0 + 3.3}{2} = 4.65\,\text{cP} \qquad \mu_w = 1.37\,\text{cP} \qquad D = \frac{0.364}{12} = 0.0303\,\text{ft} \qquad (\text{附錄 3})$$

$$\phi_v = \left(\frac{\mu}{\mu_w}\right)^{0.14} = \left(\frac{4.65}{1.37}\right)^{0.14} = 1.187 \qquad k = 0.082 \qquad c_p = 0.48$$

由 (12.27) 式

$$\frac{0.0303 h}{0.082} = 2 \times 1.187 \left(\frac{0.48 \dot{m}}{0.082 \times 15}\right)^{1/3}$$

由此可得，$h = 4.69\, \dot{m}^{1/3}$。

需要代入 (12.20) 式的數據為

$$\overline{\Delta T_L} = \frac{350 - 150 - (350 - 250)}{\ln(200/100)} = 144°\text{F}$$

$$L = 15 \qquad D = 0.0303 \qquad \bar{T}_b - T_a = 250 - 150 = 100°\text{F}$$

由 (12.20) 式，得

$$h = \frac{0.48 \times 100 \dot{m}}{\pi\, 0.0303 \times 15 \times 144} = 0.233 \dot{m}$$

因此 $$4.69\dot{m}^{1/3} = 0.233\dot{m}$$

$$\dot{m} = \left(\frac{4.69}{0.233}\right)^{3/2} = 90.3 \text{ lb/h (41.0 kg/h)}$$

且 $$h = 0.233 \times 90.3 = 21.0 \text{ Btu/ft}^2 \cdot \text{h} \cdot °\text{F} \ (119 \text{ W/m}^2 \cdot °\text{C})$$

$$\text{Gz} = \frac{\dot{m}c_p}{kL} = \frac{90.3 \times 0.48}{0.082 \times 15} = 35.2$$

此 Gz 數足夠大，可使用 (12.27) 式。為了檢驗所做的假設是否正確，必須計算最大雷諾數，亦即圓管出口端的雷諾數。計算如下：

$$\text{Re} = \frac{DG}{\mu} = \frac{D\dot{m}}{\pi(D^2/4)\mu} = \frac{4 \times 90.3}{\pi \times 0.0303 \times 3.3 \times 2.42}$$
$$= 475$$

這完全在層流的範圍內。

液態金屬的熱傳遞

液態金屬是用在高溫熱傳遞，特別是在核反應器中。液態水銀、鈉以及鈉與鉀的混合物 NaK 常用來作為顯熱的載體 (carrier)。水銀蒸氣也用作潛熱的載體。使用此類金屬可得到 800°C 以上的溫度。熔融的金屬有低的黏度、高的導熱係數和非常低的普蘭特數。

(12.34) 式與 (12.55) 式不適用於普蘭特數低於 0.5 的情況，因為這種流體的亂流熱係數機構不同於具有一般普蘭特數的流體。在一般的流體中，黏稠副層內的傳熱方式主要是熱傳導，緩衝層內是以傳導和對流，而亂流層內則是以對流的方式進行。對於液態金屬而言，熱傳導在整個亂流核心是很重要的，在整個圓管中，主要是熱傳導，亦即熱傳導比對流占優勢。

近年來，提出許多有關液態金屬熱傳遞的研究報告。主要是它與核子反應器上的應用有所關聯。設計方程式都是基於熱－動量類比推導出來的，可用於圓管內、環狀管內、平板間和管簇 (bundles of tube) 外的流動。這些方程式均具有下列的形式：

$$\text{Nu} = \alpha + \beta(\bar{\psi} \text{ Pe})^\gamma \tag{12.58}$$

其中 α、β、γ 為常數或為幾何形狀的函數，且不論壁溫或熱通量是否為常數，而 $\bar{\psi}$ 為股流截面上的 $\varepsilon_H/\varepsilon_M$ 的平均值。對於圓管而言，$\alpha = 7.0$，$\beta = 0.025$，$\gamma = 0.8$。對於其它的形狀，則需要更複雜的函數。$\bar{\psi}$ 的關聯式可由下式得知 [1]

$$\bar{\psi} = 1 - \frac{1.82}{\Pr(\varepsilon_M/\nu)_m^{1.4}} \tag{12.59}$$

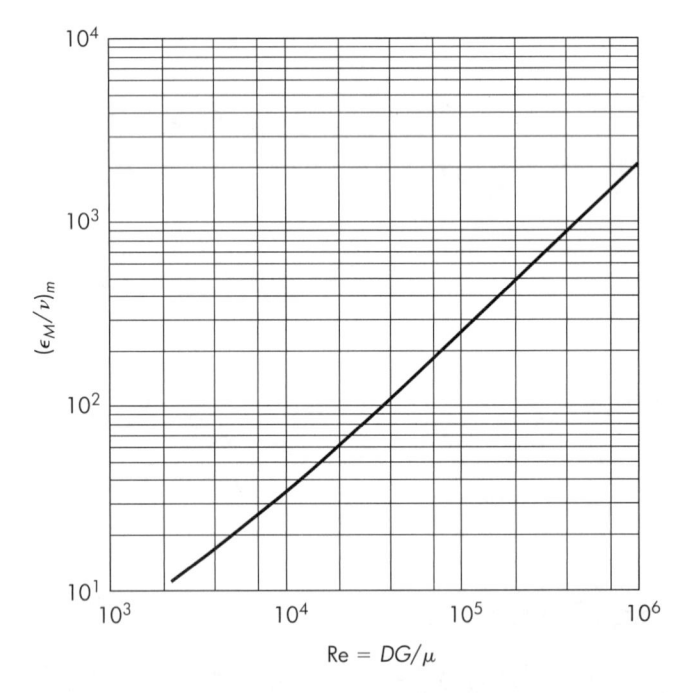

▲ 圖 12.4 液態金屬在圓管內的完全發展亂流的 $(\varepsilon_M/\nu)_m$ 值

$(\varepsilon_M/\nu)_m$ 為管中此比值的極大值，此極大值發生於 $y/r_w = \frac{5}{9}$ 處。因此 (12.58) 式變成

$$\mathrm{Nu} = 7.0 + 0.025\left[\mathrm{Pe} - \frac{1.82\,\mathrm{Re}}{(\varepsilon_M/\nu)_m^{1.4}}\right]^{0.8} \tag{12.60}$$

$(\varepsilon_M/\nu)_m$ 為雷諾數的函數，圖 12.4 顯示它們之間的關聯式。

臨界 Peclet 數

因為 $\mathrm{Pe} = \Pr\mathrm{Re}$，所以對於普蘭特數為已知的情況下，Pe 數與雷諾數成正比。在某一個 Pe 數時，(12.60) 式中的括號項為零。此情況所對應的點是由熱傳導控制，而渦流擴散對熱傳遞不再有影響。在臨界 Pe 數以下，僅需要 (12.60) 式中的第一項，亦即 Nu = 7.0。

對於均勻熱通量的層流而言，由數學分析得知 Nu = $\frac{48}{11}$ = 4.37。此結果已由實驗證實。

管外流體在強制對流下的加熱和冷卻

因為流體流動機制的不同，所以在強制對流下，熱流在管外的機制與在管內者不同。如第 3 章和第 5 章所說明的，在圓管內，除了入口端的一段短距離外，並沒有形態拖曳力的存在，所有的摩擦都是壁摩擦。因為缺乏形態摩擦，所以在已知圓周上不同點的局部熱傳是沒有變化的，而且摩擦與熱傳之間存在著類比關係。只要增加流體的速度，由於摩擦損耗增加，使得熱傳增加。此外，介於層流與亂流之間有顯著不同，因此對此兩種流動的熱傳關係要有不同的方式處理。

另一方面，如第 6 章至第 7 章所示，流體越過圓柱形的流動，會產生邊界層分離，而尾流 (wake) 的發展會造成形態拖曳。在層流與亂流之間沒有顯著的不同，不論是低的或高的雷諾數，都可使用一種共同的關聯式。此外，熱傳係數的局部值繞著管的周圍逐點變化。圖 12.5 為繞著圓管周圍的所有點以輻射狀

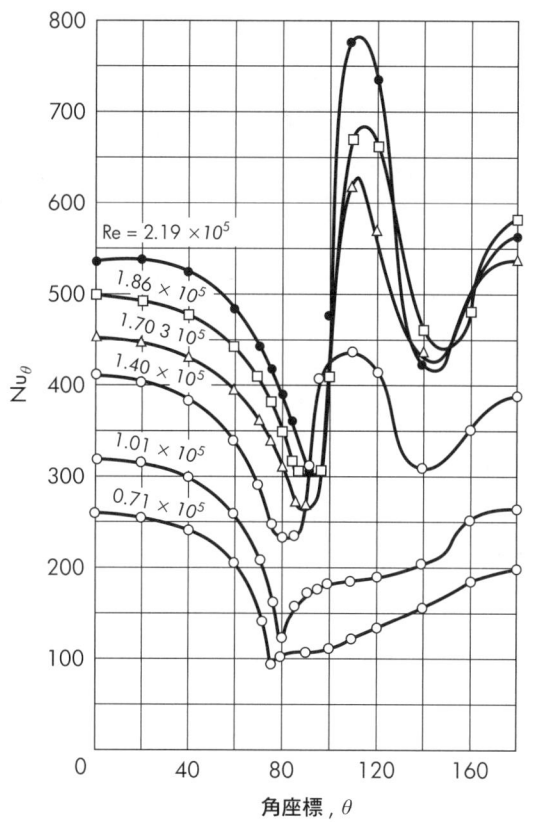

▲ 圖 12.5 垂直流向圓管的空氣之局部 Nu 數 (經許可，摘自 *W. H. Giedt, Trans. ASME,* 71:375, 1949.)

繪出 Nu 數局部值。在低雷諾數時，Nu_θ 在圓管的前、後為極大，在側邊為極小。實際上，局部熱傳係數 h_θ 的變化通常並不重要，一般所用的熱傳係數是整個圓周的平均值。

輻射對於管子外側表面的熱傳是重要的。管子內側的表面除了管子本身的內管壁外，不會再面對其它的表面，因此在管內並無因輻射而產生的熱流。但是，管子的外表面會面對外界的表面，這些表面不是在附近就是在較遠的地方，而外界表面可能遠比管壁溫度熱或冷。尤其當流體為氣體時，輻射造成的熱流比由傳導和對流產生的熱流顯著。因此總熱流為兩個獨立熱流的和，一個來自輻射，另一個則來自傳導和對流。本節中的其餘部分只是涉及有關於傳導和對流的關係，而輻射以及它和傳導與對流的組合將於第 14 章中討論。

流體垂直流過單一圓管

影響管外強制對流流體的熱傳係數之變數有：管子的外徑 D_o；流體在定壓下的比熱 c_p，流體黏度 μ，流體的導熱係數 k，以及流體接近管子的質量速度 G。由因次分析，可得與 (12.29) 式相同形式的方程式如下：

$$\frac{h_o D_o}{k} = \psi_0 \left(\frac{D_o G}{\mu}, \frac{c_p \mu}{k} \right) \tag{12.61}$$

然而，至此我們以管內流體的熱流與管外流體的熱流兩種程序之間的相似性作為結束，此兩種情況的函數關係並不相同。

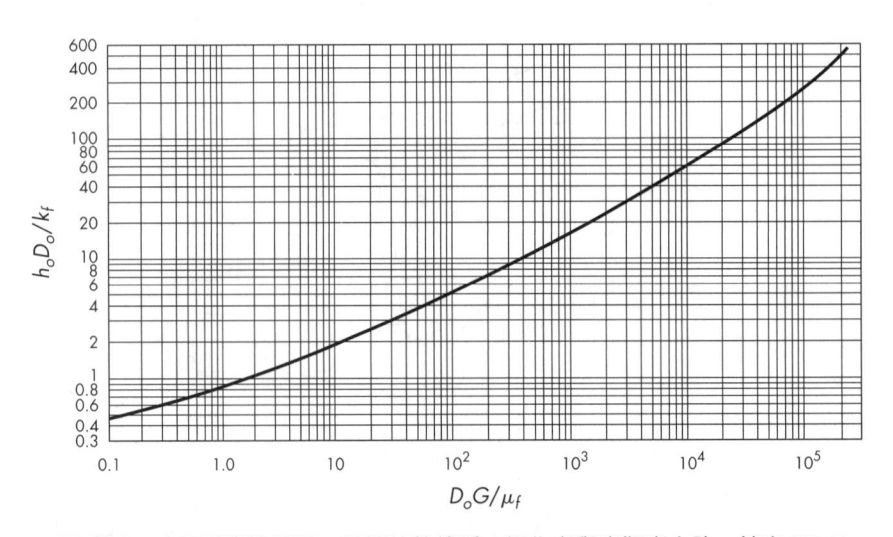

▲ 圖 12.6　空氣垂直流過單一圓管的熱傳遞（經作者與出版者允許，摘自 *W. H. McAdams, Heat Transmission, 3rd ed. Copyright by author*, 1954, *McGraw-Hill Book Company.*）

任何一種氣體若其普蘭特數幾乎與溫度無關，則其 Nu 數僅為雷諾數的函數。依此方式，將空氣的實驗數據繪於圖 12.6。輻射的影響不包含在此曲線內而必須分開計算。圖 12.6 中，當 Re 由 10 增加至 10^5 時，圖形的斜率由 0.4 增加至 0.7，並無簡單的指數函數可以滿足這些數據。

k_f 與 μ_f 中的下標表示在使用圖 12.6 時，這些項必須在平均薄膜溫度 T_f 計值，此溫度介於管壁溫度和流體的平均整體溫度 $\bar{T}$ 之間。因此，可將 T_f 寫成

$$T_f = \tfrac{1}{2}(T_w + \bar{T}) \tag{12.62}$$

圖 12.6 對於加熱或冷卻兩種情況均適用。

對於液體垂直流過單一圓管的加熱或冷卻情況，可用下式：[4a]

$$\frac{h_o D_o}{k_f}\left(\frac{c_p \mu_f}{k_f}\right)^{-0.3} = 0.35 + 0.56\left(\frac{D_o G}{\mu_f}\right)^{0.52} \tag{12.63}$$

上式亦適用於 Re = 1 至 Re = 10^4 的氣體，但在高雷諾數時，由此式得到的 Nu 數比由圖 12.6 得到的低。以 j 因子的形式將 (12.63) 式繪於圖 17.6，在第 17 章的章節將討論熱傳與質傳之間的類比。

垂直流過非圓形截面的管子或竿子的熱傳數據可在文獻中查得。[4b] 工業用的熱交換器中，常有流體橫跨管束 (tube banks) 的流動。有關管束的熱流問題將在第 15 章中討論。

流過單一球體

對於流動流體與單一球體的表面之間的熱傳遞，可使用下列的方程式：

$$\frac{h_o D_p}{k_f} = 2.0 + 0.60\left(\frac{D_p G}{\mu_f}\right)^{0.50}\left(\frac{c_p \mu_f}{k_f}\right)^{1/3} \tag{12.64}$$

其中 D_p 為球體的直徑。若流體為完全靜止，則 Nu 數 $h_o D_p/k_f$ 等於 2.0。(12.64) 式的圖形繪於圖 17.7。

充填床中的熱傳遞

以 Pr 取代 Sc 且以 Nu 取代 Sh，則流體與充填床中的粒子之間的熱傳遞數據可由圖 17.7 或 (17.78) 式得到。經由一充填床以及充填管反應器的壁面之熱傳遞將在第 15 章討論。

自然對流

舉一個自然對流的例子，考慮一熱且直立的平板與室內的空氣接觸。與平板接觸的空氣溫度將是平板的表面溫度，並且存在從平板出來到室內的溫度梯度。平板底部的溫度梯度比較陡峭，如圖 12.7 中，以標有 $Z = 10$ mm 的實線表示。距離平板上方的溫度梯度比較不陡，如圖 12.7 中，以標有 $Z = 240$ mm 的實線表示。在距離平板底部約 600 mm 的高度，溫度 - 距離曲線趨近於一漸近的狀況，也就是即使高度再增加，溫度也不會改變。

緊鄰平板被加熱的空氣密度小於遠離平板未被加熱的空氣密度，介於垂直的空氣層間，因密度的不同造成熱空氣浮力不平衡。這些不平衡的力會產生一種循環，使得鄰近平板的熱空氣上升，室內冷空氣則流向平板以補充上升的空氣流。於是靠近平板處產生速度梯度。因為在平板上和距離平板較遠處的空氣速度為零，所以在離平板壁某個距離處有速度的極大值。在距離平板表面幾個毫米處，速度達到極大值。圖 12.7 中的虛線所顯示的是在平板的底部上方高度為 10 mm 和 240 mm 的速度梯度。

平板表面與距平板一段距離的室內空氣之間的溫度差造成熱量的傳送，其傳送方式為，首先熱量以傳導傳送到鄰近板壁的氣流，隨後流動方向與平板平行的氣流，以對流的方式將熱量帶走。

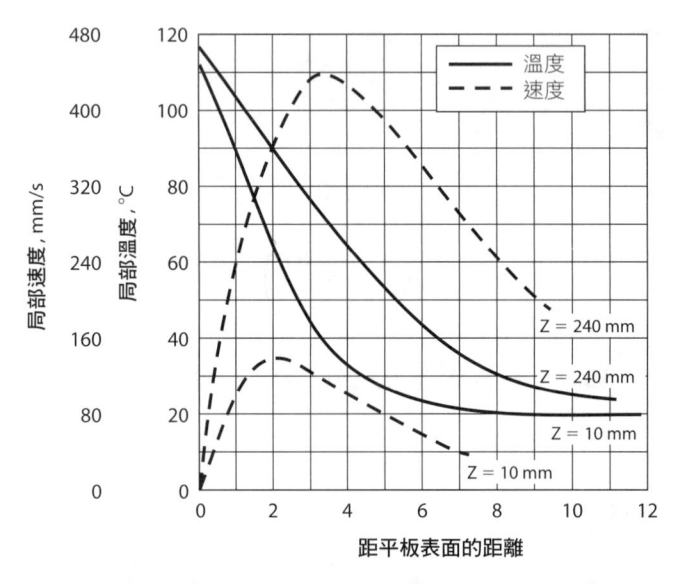

▲ 圖 12.7　被加熱的垂直平板產生的自然對流之速度梯度和溫度梯度 (經作者與出版商許可，摘自 *W. H. McAdams, Heat Transmission*, 3rd ed. Copyright by author, 1954, McGraw-Hill Book Company.)

環繞一熱的水平管的自然對流比環繞鄰近直立加熱平板的自然對流更為複雜，但程序上的機制是相似的。緊鄰管子底部和兩側的空氣層受熱而上升。沿著管子的兩側各有一個上升的熱空氣層，此空氣層在距圓管頂部中間不遠之處分離，而形成兩個獨立的上升氣流，在兩氣流之間有一停滯且未被加熱的區域。

因為熱的液體密度也是比冷的小，所以液體的自然對流遵循相同的方式。如同氣體，鄰近熱表面的熱液體層之浮力產生對流。

假設 h 與下列變數有關，這些變數為管徑、比熱、導熱係數、黏度、熱膨脹係數、重力加速度和溫度差，由因次分析，可得

$$\frac{hD_o}{k} = \Phi\left(\frac{c_p\mu}{k}, \frac{D_o^3\rho^2 g}{\mu^2}, \beta\,\Delta T\right) \tag{12.65}$$

因為 β 的效應與重力場的浮力有關，$g\beta\Delta T$ 可視為單一的因子，將上式最後兩項融合成一無因次群，稱為 **Grashof 數** Gr，定義為

$$\text{Gr} = \frac{D_o^3 \rho_f^2 \beta g\,\Delta T_o}{\mu_f^2} \tag{12.66}$$

對單一水平圓管，其熱傳係數可用包含三個無因次群的方程式來表示，亦即以 Nu 數、Pr 數以及 Gr 數來表示，明確而言，

$$\frac{hD_o}{k_f} = \Phi\left(\frac{c_p\mu_f}{k_f}, \frac{D_o^3 \rho_f^2 \beta g\,\Delta T_o}{\mu_f^2}\right) \tag{12.67}$$

其中　　h = 平均熱傳係數，基於整個管子的表面

　　　　D_o = 管子的外徑

　　　　k_f = 流體的導熱係數

　　　　c_p = 流體的恆壓比熱

　　　　ρ_f = 流體的密度

　　　　β = 流體的熱膨脹係數

　　　　g = 重力加速度

　　　ΔT_o = 圓管外側和距管壁較遠處流體之間的平均溫度差

　　　　μ_f = 流體的黏度

不同於管路中層流或亂流的方程式，此處 μ、ρ 和 k 是在平均溫度計值，流體的性質 μ_f、ρ_f 和 k_f 是在平均薄膜溫度 [(12.62) 式] 下計算而得。上式中，並不包含輻射。

熱膨脹係數 β 為流體的性質之一，定義為：在恆壓下，溫度每改變一度時，流體體積增加的分率，以數學式表示如下：

$$\beta = \frac{(\partial v/\partial T)_p}{v} \tag{12.68}$$

其中　　　$v =$ 流體的比容
　　　　$(\partial v/\partial T)_p =$ 恆壓下，比容對溫度的變化率

對液體而言，在一特定的溫度範圍內，β 可視為常數，因此 (12.68) 式可寫成

$$\beta = \frac{\Delta v/\Delta T}{\bar{v}} \tag{12.69}$$

其中 $\bar{v}$ 為平均比容。若以密度表示，則

$$\beta = \frac{1/\rho_2 - 1/\rho_1}{(T_2 - T_1)(1/\rho_1 + 1/\rho_2)/2} = \frac{\rho_1 - \rho_2}{\bar{\rho}_a(T_2 - T_1)} \tag{12.70}$$

其中　　$\bar{\rho}_a = (\rho_1 + \rho_2)/2$
　　　　$\rho_1 =$ 流體在溫度 T_1 的密度
　　　　$\rho_2 =$ 流體在溫度 T_2 的密度

對於理想氣體而言，因為 $v = RT/p$，所以

$$\left(\frac{\partial v}{\partial T}\right)_p = \frac{R}{p}$$

利用 (12.68) 式，可得

$$\beta = \frac{R/p}{RT/p} = \frac{1}{T} \tag{12.71}$$

理想氣體的熱膨脹係數等於絕對溫度的倒數。

基於 (12.67) 式，圖 12.8 顯示出一種關係，此關係與由單一水平圓管傳熱至液體或氣體的實驗數據十分吻合。圖 12.8 的單一曲線所涵蓋的變數範圍非常大。

log Gr Pr 的大小為 4 或更大時，圖 12.8 中的曲線幾乎遵循下列的經驗方程式 [7b]

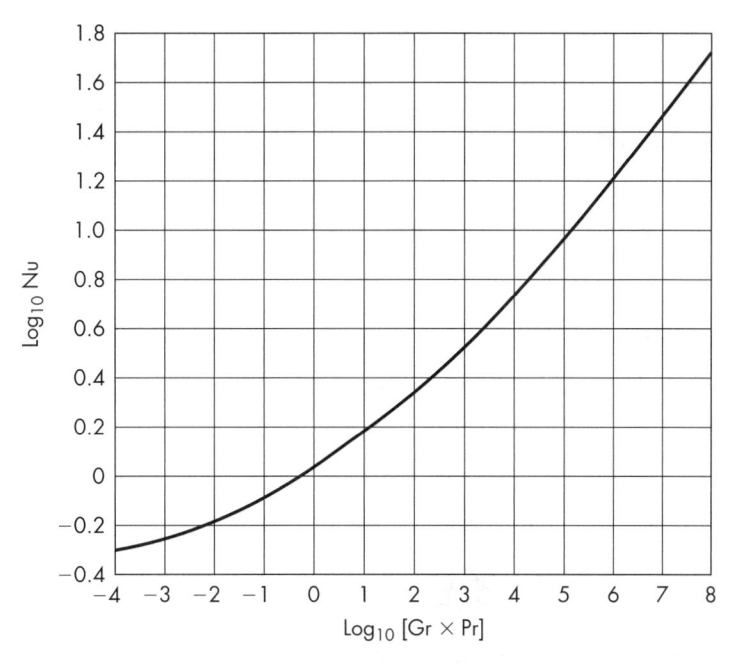

▲ 圖 12.8　單一水平圓管與流體之間自然對流的熱傳遞

$$\text{Nu} = 0.53(\text{Gr}\,\text{Pr})_f^{0.25} \tag{12.72}$$

由直立的物體和水平板至空氣的自然對流

介於流體和具有特定幾何形狀的固體之間，自然對流的熱傳方程式為[7a]

$$\frac{hL}{k_f} = b\left[\frac{L^3 \rho_f^2 g \beta_f \, \Delta T}{\mu_f^2}\left(\frac{c_p \mu}{k}\right)_f\right]^n \tag{12.73}$$

其中　$b, n =$ 常數

$L =$ 直立表面的高度或水平正方形表面的長度

流體的各種性質都是在平均薄膜溫度下估算。(12.73) 式可寫成

$$\text{Nu}_f = b(\text{Gr}\,\text{Pr})_f^n \tag{12.74}$$

▼ 表 12.4　(12.74) 式中的常數值

系統	Gr Pr 的範圍	b	n
直立平板，直立圓柱	10^4–10^9	0.59	0.25
	10^9–10^{12}	0.13	0.333
水平平板：			
加熱面向上或	10^5–2×10^7	0.54	0.25
冷卻面向下	2×10^7–3×10^{10}	0.14	0.333
冷卻面向上或			
加熱面向下	3×10^5–3×10^{10}	0.27	0.25

資料來源：經作者及出版者許可，摘自 W. H. McAdams, *Heat Transmission*, 3rd ed., pp. 172, 180. Copyright by author, 1954, McGraw-Hill Book Company。

表 12.4 列出不同狀況下的 b 和 n 的值。

自然對流在層流熱傳遞的影響

當層流在低速、大圓管，以及大溫度降時，自然對流的產生使得適用於層流熱傳遞的方程式必須修正。當流體在過渡和亂流狀態時，高流速的特性勝過緩慢的自然對流，使得圓管中的自然對流效應幾乎只有在層流中才會被發現。

當流體以層流通過一水平圓管時，需考慮自然對流對熱傳係數的影響，此時可將 (12.57) 式或圖 12.3 計算得到的熱傳係數 h_i，乘以下列的因子[5]

$$\phi_n = \frac{2.25(1 + 0.010\,\mathrm{Gr}^{1/3})}{\log \mathrm{Re}} \tag{12.75}$$

當流體在直立管內向上流動時，也會發生自然對流，使得熱流速率增加，這種現象只出現在層流。若 Gr 的值介於 10 與 10,000 之間，則自然對流對熱傳遞的影響顯著，影響的程度與 Gr Pr D/L 的大小有關。

例題 12.4

壓力為 1 atm 的空氣以 1.5 ft/s (0.457 m/s) 的速度通過一個 2 in. (51 mm) Schedule 40 號的水平鋼管，此鋼管外有一蒸汽套管，空氣的入口溫度為 68°F (20°C)。管壁的溫度為 220°F (104.4°C)。若空氣的出口溫度為 188°F (86.7°C)，則加熱段的管長為多少？

解

欲知流動的狀態，則必須計算基於平均溫度的雷諾數。計算雷諾數所需的量為

$$\bar{T} = \frac{68 + 188}{2} = 128°\text{F} \qquad D = \frac{2.067}{12} = 0.1723 \text{ ft} \qquad \text{(附錄 3)}$$

$$\mu(128°\text{F}) = 0.019 \text{ cP} \qquad \text{(附錄 8)}$$

$$\rho(68°\text{F}) = \frac{29}{359}\left(\frac{492}{68 + 460}\right) = 0.0753 \text{ lb/ft}^3$$

$$\bar{V}\rho = G = 1.5 \times 0.0753 \times 3{,}600 = 406.4 \text{ lb/ft}^2 \cdot \text{h}$$

$$\text{Re} = \frac{DG}{\mu} = \frac{0.1723 \times 406.4}{0.019 \times 2.42} = 1{,}522$$

因此流動為層流，適用 (12.27) 式。因為有自然對流的影響，因此需要將計算所得的結果利用 (12.75) 式予以修正。欲應用 (12.27) 式所需的數據為：

$$c_p(128°\text{F}) = 0.25 \text{ Btu/lb} \cdot °\text{F} \qquad \text{(附錄 14)}$$

$$k(128°\text{F}) = 0.0163 \text{ Btu/ft} \cdot \text{h} \cdot °\text{F} \qquad \text{(附錄 12)}$$

$$\mu_w(220°\text{F}) = 0.021 \text{ cP} \qquad \text{(附錄 8)}$$

圓管的內截面積為

$$S = 0.02330 \text{ ft}^2 \qquad \text{(附錄 3)}$$

質量流率為

$$\dot{m} = GS = 406.4 \times 0.02330 = 9.47 \text{ lb/h}$$

熱負載為

$$q = \dot{m}c_p(\bar{T}_b - T_a) = 9.47 \times 0.25(188 - 68) = 284.1 \text{ Btu/h}$$

對數平均溫度差為

$$\Delta T_1 = 220 - 188 = 32°\text{F} \qquad \Delta T_2 = 220 - 68 = 152°\text{F}$$

$$\overline{\Delta T_L} = \frac{152 - 32}{\ln(152/32)} = 77.0°\text{F}$$

熱傳係數 $h = q/A\overline{\Delta T_L}$。由附錄 3 知，2 in. Schedule 40 號鋼管，$A = 0.541L$。因此

$$h = \frac{284.1}{0.541L \times 77} = \frac{6.820}{L}$$

又由 (12.27) 式,可求得熱傳係數為

$$h = \frac{2k}{D}\left(\frac{\dot{m}c_p}{kL}\right)^{1/3}\left(\frac{\mu}{\mu_w}\right)^{0.14}$$

$$= \frac{2 \times 0.0163}{0.1723}\left(\frac{9.47 \times 0.25}{0.0163L}\right)^{1/3}\left(\frac{0.019}{0.021}\right)^{0.14} = \frac{0.9813}{L^{1/3}}$$

令 h 的兩個關係式相等,亦即

$$\frac{0.9813}{L^{1/3}} = \frac{6.820}{L}$$

由上式求出 $L = 18.32$ ft (5.58 m)。

由於有自然對流的影響,所以我們要利用 (12.75) 式將所得的結果予以修正。計算 Gr 數所需的數據為

$$\beta\,(128°F) = \frac{1}{460 + 128} = 0.0017°R^{-1}$$

$$\Delta T = 220 - 128 = 92°F \qquad \rho\,(128°F) = 0.0676\,\text{lb/ft}^3$$

因此 Gr 數為

$$\text{Gr} = \frac{D^3 \rho^2 g \beta\,\Delta T}{\mu^2}$$

$$= \frac{0.1723^3 \times 0.0676^2 \times 32.174 \times 0.0017 \times 92}{(0.019 \times 6.72 \times 10^{-4})^2} = 0.7192 \times 10^6$$

由 (12.75) 式,

$$\phi_n = \frac{2.25[1 + 0.01(0.7192 \times 10^6)^{1/3}]}{\log 1{,}522} = 1.34$$

此因子可用來修正 L 的值。因此 $L = 18.32/1.34 = 13.7$ ft (4.17 m)。

符號

- A ： 面積，m^2 或 ft^2
- b ： (12.73) 式的常數
- C ： 常數
- c_p ： 定壓比熱，$J/g \cdot °C$ 或 $Btu/lb \cdot °F$
- D ： 直徑，m 或 ft；D_e，相當直徑，$4r_H$；D_i，內徑；D_{ij}，套管的內徑；D_{it}，內管的內徑；D_o，外徑；D_{ot}，內管的外徑；D_p，圓球粒子的直徑；$\bar{D}_L$，對數平均直徑
- Fo ： 傅立葉數，$4kL/c_p\rho D^2 \bar{V}$，無因次
- f ： 范寧摩擦係數，無因次
- G ： 質量速度，$kg/m^2 \cdot s$, $lb/ft^2 \cdot s$ 或 $lb/ft^2 \cdot h$
- Gr ： Gr 數，$D^3\rho^2 g\beta\Delta T/\mu^2$，無因次
- Gz ： Gz 數，$\dot{m} c_p/kL$，無因次
- g ： 重力加速度，m/s^2 或 ft/s^2
- h ： 個別熱傳係數，$W/m^2 \cdot °C$ 或 $Btu/ft^2 \cdot h \cdot °F$；$h_a$，基於算術平均溫度降；$h_i$，圓管內表面的平均熱傳係數；$h_o$，圓管或粒子外表面的平均熱傳係數；$h_x$，局部值；$h_{x1}$，平板尾端的熱傳係數；$h_\infty$，長圓管內流動已完全發展的熱傳係數；$h_\theta$，圓管外的局部值
- j_H ： 柯本 j 因子，$\text{St}(\text{Pr})^{2/3}\phi_v^{-1}$，無因次
- K' ： 非牛頓流體的流體稠度指數
- k ： 導熱係數，$W/m \cdot °C$ 或 $Btu/ft \cdot h \cdot °F$；k_f，在平均薄膜溫度；k_m，圓管壁的導熱係數
- L ： 長度或高度，m 或 ft
- LMTD ： 對數平均溫度差
- m ： (12.28) 式中的參數 $K'8^{n'-1}$；m_w，在 T_w 溫度下的 m
- $\dot{m}$ ： 質量流率，kg/h 或 lb/h
- Nu ： Nu 數，hD/k，無因次；Nu_f，在平均薄膜溫度的 Nu 數；Nu_x，平板的局部 Nu 數；Nu_θ，圓管外表面上的局部 Nu 數
- n ： (12.32) 式與 (12.73) 式中的指數
- n' ： 非牛頓流體的流動行為指數，無因次
- Pe ： Pe 數，$\rho \bar{D} c_p D/k$，無因次
- Pr ： Pr 數，$c_p\mu/k$，無因次
- p ： 壓力，N/m^2 或 lb_f/ft^2
- q ： 熱流率，W 或 Btu/h；q_c，因熱傳導產生的熱流率；q_t，由亂流對流產生的熱流率
- R ： 氣體定律常數

Re : 雷諾數，DG/μ，無因次；Re_x，平板的局部值，$u_0\,x\rho/\mu$；Re_{x1}，在平板尾端的雷諾數

r : 半徑，m 或 ft；r_H，渠道的水力半徑；r_m，薄管的半徑；r_w，厚管的半徑

S : 管的截面積，m^2 或 ft^2

St : 史坦頓數，h/c_pG，無因次

T : 溫度，℃ 或 ℉；T_a，在入口；T_b，在出口；T_f，平均薄膜溫度；T_i，瞬間值；T_w，在壁或平板；T_∞，接近中的流體溫度；$\bar{T}$，管內的平均流體溫度；$\bar{T}_b$，流體在出口處的平均整體溫度；$\bar{T}_i$，瞬間值的時間平均；T'，波動分量；$\bar{T}'$，波動分量的時間平均

t_T : 加熱或冷卻的總時間，s 或 h

U : 總熱傳係數，$W/m^2\cdot℃$ 或 $Btu/ft^2\cdot h\cdot℉$；U_o，基於外側的面積；U_1、U_2，交換器端點的 U'

u : 流體速度，m/s 或 ft/s；u_0，接近中的流體速度；u'，波動分量

$\bar{V}$: 流體的平均速度，m/s 或 ft/s

v : 液體的比容，m^3/kg 或 ft^3/lb；氣體的比容，$m^3/kg\,mol$ 或 $ft^3/lb\,mol$；$\bar{v}$，平均值

v' : 速度在 y 方向的波動分量；$\bar{v}'$，時間平均值

x : 與平板前端或圓管入口處的距離，m 或 ft；x_w，管壁厚度；x_0，加熱段的起點；x_1，平板的長度

y : 離管壁的徑向距離，m 或 ft；邊界層厚度

Z : 高度，m 或 ft

■ 希臘字母 ■

α : 熱擴散係數，$k/\rho c_p$，m^2/h 或 ft^2/h；(12.58) 式中的常數

β : 體積膨脹係數，$1/°R$ 或 $1/K$；(12.58) 式中的常數；β_f，在平均薄膜溫度

γ : (12.58) 式中的常數

ΔT : 溫度降，℃ 或 ℉；ΔT_i，內管壁主流體的溫度差；ΔT_o，外管壁與距管壁較遠處的流體之溫度差；$\overline{\Delta T_a}$，算術平均溫度降；$\overline{\Delta T_L}$，對數平均溫度降

δ : (12.28) 式中的參數，$(3n'+1)/4n'$

ε : 亂流擴散係數，m^2/h 或 ft^2/h；ε_H，熱的 ε；ε_M，動量的 ε

θ : 圓管外的角位置

μ : 絕對黏度，$kg/m\cdot s$，$lb/ft\cdot s$ 或 $lb/ft\cdot h$；μ_f，在平均薄膜溫度下流體的黏度；μ_w，在壁溫度下流體的黏度

ν : 動黏度，m^2/h 或 ft^2/h

ρ	: 密度，kg/m^3 或 lb/ft^3；ρ_f，在平均薄膜溫度下流體的密度；$\bar{\rho}_a$，在算術平均溫度下的流體密度
τ	: 剪應力，N/m^2 或 lb$_f$/ft^2；τ_w，在管壁的剪應力；τ_0，塑性流體的降伏剪應力
Φ, Φ_1	: 函數
ϕ_n	: 自然對流因子 [(12.75) 式]
ϕ_v	: 黏度修正因子，$(\mu/\mu_w)^{0.14}$
ψ	: (12.35) 式中的函數；亂流擴散係數的比值，$\varepsilon_H/\varepsilon_M$；$\bar{\psi}$，亂流擴散係數的平均值
ψ_0	: (12.61) 式中的函數

■ 習題 ■

12.1. 甘油以 700 kg/h 的流率通過內徑為 30 mm 的管子。流體進入 2.5 m 長的加熱段，此加熱段管壁溫度為 115°C。甘油的入口溫度為 15°C。
(a) 若速度分布為拋物線狀，則甘油在加熱段出口處的溫度為何？
(b) 若為柱狀流，則甘油在加熱段出口處的溫度為何？
(c) 欲將甘油加熱至 115°C，需要多長的加熱段？

12.2. 50°F 的油在一長 60 ft，表面溫度為 120°F 的水平管內加熱，此水平管為 2 in. Schedule 40 號鋼管。在入口溫度下，油的流率為 150 gal/h。求油離開管子且混合後的溫度。平均熱傳係數是多少？油的性質列於表 12.5。

12.3. 油以 1 m/s 的速度通過內徑為 75 mm 的鐵管。蒸汽由管外將管加熱，蒸汽的薄膜係數為 11 kW/m$^2 \cdot$°C。在沿管路某一特定點，油的溫度為 50°C，密度為 880 kg/m^3，黏度為 2.1 cP，導熱係數為 0.135 W/m $\cdot$°C，比熱為 2.17 J/g $\cdot$°C。基於管內側面積，求該點的總熱傳係數。若蒸汽溫度為 120°C，基於管外側面積，求該點的熱通量。

12.4. 在殼管式熱交換器中，以熱水將煤油加熱。煤油在管內，熱水在管外。流動方向為逆向流。煤油的平均溫度為 110°F，平均線速度為 8 ft/s。煤油在 110°F 的性質為：比重 = 0.805，黏度 = 1.5 cP，比熱 = 0.583 Btu/lb $\cdot$°F，導熱係數 = 0.0875 Btu/ft $\cdot$ h $\cdot$°F。管子的外徑為 $\frac{3}{4}$ in. BWG 16 的低碳鋼管。在殼部分的熱傳係數為 300 Btu/ft$^2 \cdot$ h $\cdot$°F。計算基於管外側面積的總熱傳係數。

▼ 表 12.5　習題 12.2 的數據

	60°F	120°F
比重，60°F/60°F	0.79	0.74
導熱係數，Btu/ft $\cdot$ h $\cdot$°F	0.072	0.074
黏度，cP	18	8
比熱，Btu/lb $\cdot$°F	0.75	0.75

單元操作

流力與熱傳分析

12.5. 於習題 12.4 中，假設以 110°F 的水取代煤油，且水的流速為 8 ft/s。若管子表面保持清潔，則總熱傳係數增加的百分比是多少？

12.6. 習題 12.5 的管的內外面由於有水的沈積物而形成積垢，管內的積垢因子為 330，管外為 200，兩者單位均為 $Btu/ft^2 \cdot h \cdot °F$。由於管的積垢使總熱傳係數減少多少百分比？

12.7. 由 Colburn 類比，若以相同流體分別流經 1 in. Schedule 40 號鋼管以及 1 in. BWG 16 號銅管，且兩者的雷諾數均為 4×10^4，則兩管內的熱傳係數相差多少？

12.8. 在一簡單的雙套管熱交換器中，將水由 15°C 加熱至 50°C，而水的流率為 3,500 kg/h。水在管內流動，蒸汽於 110°C 在管外凝結。管壁的厚度很薄，使得其熱阻可忽略不計。假設蒸汽薄膜熱傳係數 h_0 為 11 $kW/m^2 \cdot °C$，若要將水加熱至所需的溫度，則最短熱交換器的長度是多少？水的平均性質如下：

$\rho = 993 \text{ kg/m}^3 \qquad k = 0.61 \text{ W/m} \cdot °C \qquad \mu = 0.78 \text{ cP} \qquad c_p = 4.19 \text{ J/g} \cdot °C$

提示：找出管子的最適直徑。

12.9. 因為空氣的普蘭特數以及比熱幾乎與溫度無關，由 (12.34) 式知，空氣的 h_i 隨 $\mu^{0.2}$ 遞增。(a) 解釋此反常現象，並利用 $h_i \propto T^n$，求 h_i 對溫度的關係式。(b) 以速度取代質量速度，若速度保持不變，則空氣的 h_i 如何隨溫度變化？

12.10. 空氣流經一以水蒸氣加熱的管狀加熱器，此時若與空氣的熱阻比較，則水蒸氣以及管壁的熱阻可忽略不計。假設其它的因數保持不變，依次改變下列的因素，對於每一個改變，求 $q/\overline{\Delta T_L}$ 的變化百分率。(a) 固定空氣的質量流率，將空氣的壓力加倍，(b) 空氣的質量流率加倍，(c) 將加熱器管子的個數加倍，(d) 將管子的直徑減半。

12.11. 為了冷卻，我們以鈉鉀合金 (78% K) 循環流經反應器核心內的管子，而管子的內徑為 $\frac{1}{2}$ in.。此液態金屬的入口溫度為 580°F，速度為 32 ft/s。若管長為 3 ft，內側表面溫度為 720°F，求冷卻劑上升的溫度以及每磅液態金屬所獲得的能量。NaK (78% K) 的性質如下：

$\rho = 45 \text{ lb/ft}^3 \qquad k = 179 \text{ Btu/ft} \cdot h \cdot °F \qquad \mu = 0.16 \text{ cP} \qquad c_p = 0.21 \text{ Btu/lb} \cdot °F$

12.12. 在一催化裂解再生器中，600°C 的觸媒粒子注入流體化床中 700°C 的空氣內。忽略化學反應，將一個 50 μm 的粒子加熱，使其溫度與空氣相差在 5°C 以內，需要多少時間？假設熱傳係數的值與圓球粒子終端速度的值相等。

12.13. 在一實驗工廠中，平均溫度為 30°C 的水流經套筒，將 1.0 in. 的套管內黏稠的油由 200°C 冷卻至 110°C，為了加速冷卻，以等長而較大內徑 (1.5 in.) 的管取代。(a) 若油在 1.0 in. 的管內以層流流動，則使用較大的熱交換器，油的出口溫度有何改善？(b) 重做 (a)，假設油以亂流流動。

12.14. 在一硝酸工廠，含 10% 氨的空氣通過一組 Pt/Rh 合金的細目篩網 (fine-mesh wire screens)。(a) 若 500°C 的空氣以 20 ft/s 的表面速度通過直徑為 0.5 mm 的篩網，求空氣的熱傳係數。(b) 若篩網的表面積為 3.7 cm^2/cm^2 截面積，求初始溫度為 500°C 的空氣流經一片篩網後的溫度變化。假設篩網的溫度為 900°C。

12.15. 15°C 的水以 1 m/s 的速度垂直流過外徑為 25 mm 且表面溫度為 120°C 的圓柱。(a) 由圓柱表面傳熱至水的熱通量多少 kW/m^2？(b) 若以表面溫度為 120°C，外徑為 25 mm 的圓球取代此圓柱，則熱通量為多少？

12.16. 有一內徑為 50 mm 且經水蒸氣加熱的水平管，管內的水由 15°C 加熱至 65°C，水蒸氣的溫度為 120°C。水的平均雷諾數為 450。水的個別熱傳係數為控制因素。在完全為層流的情況下，自然對流使總熱傳速率增加多少百分比？將你的答案與例 12.4 中的增加率比較。

12.17. 利用浸在大水槽內的水平水蒸氣管產生的自然對流，將水槽內的水加熱。管子為 3 in. Schedule 40 號鋼管。當水蒸氣的壓力為一大氣壓且水的溫度為 80°F 時，則每呎管長的熱傳速率為多少 Btu/hr？

12.18. (a) 由一溫度為 70°F 的室內將熱量經一垂直玻璃窗傳送到 0°F 的空氣，求總熱傳係數 U。假設方形玻璃窗的厚度為 $\frac{1}{8}$ in.，高為 4 ft。(b) 在兩玻璃窗之間有 $\frac{1}{2}$ in. 空氣空間，求雙層玻璃窗 (thermopane window) 的總熱傳係數 U。此玻璃的 $k = 0.4$ Btu/h·ft·°F。

12.19. 對於雙層玻璃窗的 U 與介於兩玻璃窗之間的空間而言，兩者間有何關係？

12.20. (a) 50°C 的水與油分別以 1 m/s 的速度流經管徑為 10 cm 的管子，試比較兩者的薄膜熱傳係數。假設油的性質列於表 12.5。(b) 證明 $h_\text{水}/h_\text{油}$ 的比是幾個因數乘積的比，這些因數是指流體的物理性質。

12.21. 1 atm，20°C 的空氣以 10 m/s 的速度經過表面溫度為 80°C 且長度為 1.6 m 的水平板。(a) 求平均熱通量 (W/m^2) 以及在平板排放端的局部熱通量。(b) 平板末端的熱邊界層厚度為多少？

12.22. (a) 若以 Sieder-Tate 方程式估算以亂流流動的空氣在 200°C 的熱傳係數，若 $\Delta T = 100$°C，則對於加熱與冷卻兩者熱傳係數的差異是多少？(b) 在估算加熱與冷卻之間熱傳係數的差異，除了黏度以外還有那些性質需要考慮？

12.23. 一有機液體以 25 cm/s 的速度流經管徑為 1.5 cm，長度為 15 cm 的加熱管。液體性質為：$\rho = 900$ kg/m^3, $\mu = 1.7$ cP, $k = 0.135$ W/m·°C 和 $c_p = 2.0$ J/g·°C。(a) 利用層流方程式計算 j_H 並與假設在相同雷諾數下的亂流所得的值比較。(b) 若由層流計算所得的熱傳係數大於亂流，則造成此差異的原因為何？應用層流方程式或亂流方程式到這些狀況，是否會產生誤差？

參考文獻

1. Dwyer, O. E. *AIChE J.*, **9**:261 (1963).
2. Eckert, E. R. G., and J. F. Gross. *Introduction to Heat and Mass Transfer*. New York: McGraw-Hill, 1963, pp. 110-4.
3. Friend, W. L., and A. B. Metzner. *AIChE J.*, **4**:393 (1958).
4. Gebhart, B. *Heat Transfer*, 2nd ed. New York: McGraw-Hill, 1971; (*a*) p. 272, (*b*) p. 274, (*c*) p. 283.
5. Kern, D. Q., and D. F. Othmer. *Trans. AIChE*, **39**:517 (1943).
6. Knudsen, J. G., and D. L. Katz. *Fluid Dynamics and Heat Transfer*. New York: McGraw-Hill, 1958; (*a*) pp. 361-90, (*b*) pp. 400-3, (*c*) p. 439.
7. McAdams, W. H. *Heat Transmission*, 3rd ed. New York: McGraw-Hill, 1954; (*a*) pp. 172, 180, (*b*) p. 177, (*c*) p. 215, (*d*) p. 230, (*e*) p. 234.
8. Mills, A. F. *Heat Transfer*. Boston: Irwin Press, 1992.
9. Sieder, E. N., and G. E. Tate. *Ind. Eng. Chem.*, **28**:1429 (1936).
10. Webb, R. L. *Principles of Enhanced Heat Transfer*. New York: Wiley, 1994.
11. Wilkinson, W. L. *Non-Newtonian Fluids*. London: Pergamon, 1960, p. 104.

CHAPTER 13

有相變化的流體熱傳遞

伴隨有相變化 (phase change) 的熱傳過程，比單純的流體間的熱交換更為複雜。在定溫或近於定溫之情況下，相變化會增加或減少大量的熱量。相變化的速率或許由熱傳速率所掌控，但它經常受到氣泡、液滴或結晶的成核速率以及會受到新相成形後的行為所影響。本章討論蒸汽的凝結和液體的沸騰現象，至於結晶則留待第 27 章討論。

▌冷凝蒸汽的熱傳遞

當水、碳氫化合物和其它揮發性物質的蒸汽進行程序操作時，讓它們在低於蒸汽的凝結溫度的管路表面凝結是重要的。本書後面的章節會討論蒸發 (evaporation)、蒸餾 (distillation) 和乾燥 (drying) 等單元操作。

凝結的蒸汽可能只是單一物質所組成，可能是可凝結與不凝結物質的混合物，亦有可能是兩種或更多種可凝結物質的混合物。冷凝器中的摩擦損失很小，所以凝結基本上可以看成是定壓過程。單一純物質的凝結溫度僅和壓力有關，因此純物質的凝結是一種等溫的過程。此外，凝結液 (condensate) 是一種純液體。在定壓下，混合物蒸汽在一個溫度範圍會凝結，在全部的混合蒸汽完全凝結之前，凝結液的組成一直隨著溫度變化著，直到混合液的組成等於最初未開始凝結的蒸汽組成。[†]

含有惰性氣體 (inert gas) 的冷凝，常見的例子有，由水蒸氣和空氣的混合物中，將水凝結出來，以及利用萃取或乾燥等方法將空氣趕走，從而回收碳氫化合物溶劑。

混合蒸汽之凝結與含有不冷凝氣體的凝結，在本章稍後有簡短的討論。下

[†] 這項陳述的例外是共沸混合物 (azeotropic mixture) 的凝結，因為在這種情形下，凝結液和蒸汽的平衡組成一直是相同的。

列的討論則侷限於單一揮發性的物質在冷卻管的凝結。

滴狀和膜狀冷凝

一種蒸汽可以用兩種方式在冷的表面上凝結，就是常見的**滴狀** (dropwise) 和**膜狀** (film type) 冷凝。膜狀冷凝比滴狀冷凝更常見，在膜狀冷凝中，所形成的薄膜或連續層的凝結液會藉著重力而沿著管子的表面流下。這層介於蒸汽與管壁之間的液體造成了熱流的阻力，也因此固定了熱傳係數的數值大小。

以滴狀冷凝的凝結液，開始是從微觀的成核位置上形成。典型的成核位置包括微小的凹點、刮痕以及粉塵斑點 (dust specks) 等。這些微小液滴逐漸增大，並與鄰近的液滴結合成目視可辨的小液滴，就像在一潮濕的房間的冷水瓶外部的冷凝水滴一樣。接著這些小液滴 (fine drops) 會集結成小水流，然後藉著重力沿著管子往下流，順便帶走管子表面那些凝結液，也就清理了管子的表面，提供了更多讓液滴可以凝結的空間。在滴狀冷凝的期間，管子表面的大部分面積會被熱阻可以忽略不計的液體薄膜所覆蓋，因為這樣，這些面積的熱傳係數變得非常大；一般滴狀冷凝的平均熱傳係數約是膜狀冷凝的 5 至 10 倍大。在長管子上的表面有一部分是薄膜凝結，其餘是滴狀凝結。

水蒸氣凝結是最重要且受到廣泛觀察的滴狀凝結，但對於乙二醇、甘油、硝基苯、異庚烷和其它有機蒸汽的滴狀凝結也已經被研究過。[26] 液態金屬通常以滴狀的形式凝結。滴狀凝結的外貌與液體是否會將表面沾濕有關，因此基本上，此現象屬於表面化學的範圍。今將水蒸氣滴狀凝結的實驗結果總結於下：[8]

1. 不論水蒸氣中是否有空氣，亦不論是在粗糙或拋光表面，只要水蒸氣和普通金屬管子為潔淨的，則在管的表面產生的是薄膜凝結。
2. 僅當冷卻的表面不被液體沾濕時，則會有滴狀凝結。在水蒸氣的凝結中，水蒸氣常會受到油滴的污染。光滑面比粗糙面更易維持滴狀凝結。
3. 造成滴狀凝結所需的污染物和促進劑的量是微小的，且顯然只需要一層單分子薄膜。
4. 有效滴狀凝結促進劑必須是可被表面強力吸附者，只是具有防止沾濕的物質是無效的。一些促進劑對某種金屬特別有效，例如，硫醇類 (mercaptans) 對於銅合金有效；其它促進劑，如油酸 (oleic acid)，一般而言是十分有效的。有些金屬，如鋼和鋁，則很難由處理而得到滴狀凝結。
5. 純滴狀凝結所得的平均熱傳係數可高達 115 kW/m^2 · °C (20,000 Btu/ft^2 · h · °F)。

雖然有時企圖以人為的方式產生滴狀凝結，由此獲得大的熱傳係數以實現實際利益，然而滴狀凝結非常不穩定，而且很難維持，所以採用此法並不普遍。

此外,即使是薄膜凝結,水蒸氣凝結液層的熱阻通常小於冷凝管內的熱阻,並且當產生滴狀凝結時,總熱傳係數的增加量相對很小。因此,對於正常的設計,均假定為薄膜凝結。

薄膜凝結的熱傳係數

薄膜凝結的基本熱傳速率方程式,是由 Nusselt 率先導出。[17, 21, 23] **Nusselt 方程式**是基於假設在液體邊界層外,蒸汽和液體達到熱力平衡,因此唯一的熱阻是由凝結液層所提供,而凝結液受重力的作用以層流向下流。又假設液體在管壁的速度為零,薄膜外側液體的速度不受蒸汽速度的影響,管壁和蒸汽的溫度為常數。蒸汽的過熱可忽略,凝結液假定是在凝結溫度下離開管子,液體的物理性質都是在平均薄膜溫度下取值。

直立管　Nusselt 理論指出:薄膜凝結時,凝結液的薄膜在管子的頂端開始形成,且膜的厚度在靠近管的頂端快速增加,而在其餘的管長中,增加得越來越慢。假設熱流只是以傳導的方式通過凝結液薄膜,則局部熱傳係數為

$$h_x = \frac{k_f}{\delta} \tag{13.1}$$

其中 δ 為局部薄膜厚度。

因此局部熱傳係數與薄膜厚度成反比。圖 13.1[17] 顯示 h_x 與 δ 隨著由管頂算起之距離而改變,圖中所示為液體甲醇的例子。

典型的薄膜厚度 δ 是管徑的百分之一或千分之一;不論是管內側或外側的流動,其值可由 (4.59) 式求得。因為薄膜內有溫度梯度,所以液體的性質是在平均薄膜溫度 T_f 下計算的值,由 (13.11) 式可求 T_f。對於直立面上的凝結,$\cos \phi = 1$,(4.59) 式變成

$$\delta = \left(\frac{3\Gamma\mu_f}{\rho_f^2 g}\right)^{1/3} \tag{13.2}$$

其中 Γ 為凝結液負載 (condensate loading),亦即每單位圓周長的質量流率。

將 δ 代入 (13.1) 式,可求得與直立表面頂端距離為 L 處的局部熱傳係數,如下列方程式所示。

$$h_x = k_f \left(\frac{\rho_f^2 g}{3\Gamma\mu_f}\right)^{1/3} \tag{13.3}$$

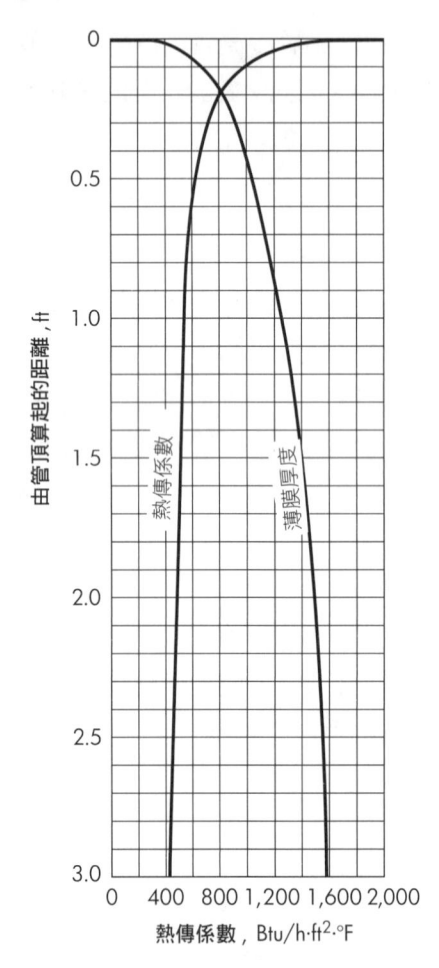

▲ 圖 13.1 甲醇的薄膜厚度與局部熱傳係數，凝結液的下降薄膜（經同意，摘自 *D. Q. Kern, Process Heat Transfer.* Copyright, 1950, McGraw-Hill Book Company.）

(13.3) 式適用於管內側或管外側的凝結。純蒸汽通常在管外側面凝結；在此情況下，對直立管而言，可由下式求出其局部熱傳係數：

$$h_x = \frac{dq}{\Delta T_o \, dA_o} = \frac{\lambda \, d\dot{m}}{\Delta T_o \, \pi D_o \, dL} \tag{13.4}$$

其中　λ = 蒸發熱

$\dot{m}$ = 凝結液的局部質量流率

由於 $\dot{m}/\pi D_o = \Gamma$，因此 (13.4) 式可寫成

$$h_x = \frac{\lambda \, d\Gamma}{\Delta T_o \, dL} \tag{13.5}$$

整個管子的**平均**熱傳係數 h，可由下式定義：

$$h \equiv \frac{q_T}{A_o \Delta T_o} = \frac{\dot{m}_T \lambda}{\pi D_o L_T \Delta T_o} = \frac{\Gamma_b \lambda}{L_T \Delta T_o} \tag{13.6}$$

其中　q_T = 總熱傳速率

$\dot{m}_T$ = 總凝結速率

L_T = 總管長

Γ_b = 管底的凝結液負載

由 (13.3) 式和 (13.5) 式消去 h_x，並解出 ΔT_o，得到

$$\Delta T_o = \left(\frac{3\Gamma\mu_f}{\rho_f^2 g}\right)^{1/3} \frac{\lambda}{k_f} \frac{d\Gamma}{dL} \tag{13.7}$$

將 (13.7) 式的 ΔT_o 代入 (13.6) 式，可得

$$h = \frac{\Gamma_b k_f}{L_T} \left(\frac{\rho_f^2 g}{3\mu_f}\right)^{1/3} \frac{dL}{\Gamma^{1/3} d\Gamma} \tag{13.8}$$

整理 (13.8) 式，並於上、下限之間積分

$$h \int_0^{\Gamma_b} \Gamma^{1/3} d\Gamma = \frac{\Gamma_b k_f}{L_T} \left(\frac{\rho_f^2 g}{3\mu_f}\right)^{1/3} \int_0^{L_T} dL$$

由上式得到

$$h = \frac{4k_f}{3} \left(\frac{\rho_f^2 g}{3\Gamma_b \mu_f}\right)^{1/3} \tag{13.9}$$

比較 (13.9) 式與 (13.3) 式可知若凝結液的流動為層流，一直立管的平均熱傳係數為管底局部熱傳係數的 $\frac{4}{3}$ 倍。

將 (13.9) 式重新整理以包含凝結液薄膜的雷諾數 $4\Gamma_b/\mu_f$。

$$h\left(\frac{\mu_f^2}{k_f^3 \rho_f^2 g}\right)^{1/3} = 1.47 \left(\frac{4\Gamma_b}{\mu_f}\right)^{-1/3} = 1.47\,\mathrm{Re}^{-1/3} \tag{13.10}$$

基於假設薄膜的溫度梯度為常數且 $1/\mu$ 隨溫度呈線性變化，則計算 μ_f、k_f 與 ρ_f 的參考溫度為 [21]

$$T_f = T_h - \frac{3(T_h - T_w)}{4} = T_h - \frac{3\Delta T_o}{4} \tag{13.11}$$

其中　T_f = 參考溫度
　　　T_h = 冷凝蒸汽的溫度
　　　T_w = 管壁外表面的溫度

(13.10) 式常以另一形式表示，亦即由 (13.6) 式與 (13.10) 式消去 Γ_b 項，得到

$$h = 0.943 \left(\frac{k_f^3 \rho_f^2 g \lambda}{\Delta T_o L \mu_f} \right)^{1/4} \tag{13.12}$$

(13.10) 式與 (13.11) 式的推導是基於假設凝結液的流動為層流，且僅當低雷諾數時，實驗數據與理論吻合。當雷諾數 $4\Gamma_b/\mu_f$ 大於 30，凝結液薄膜的表面出現漣漪或波浪且熱傳速率增加。平均薄膜厚度仍然符合層流理論，一直到 $Re \cong 1,200$，但是當 Re 再增加，熱傳係數會遠高於預估的值。當 Re 大於 1,800，薄膜流動變成亂流，且局部熱傳速率遠大於由 (13.3) 式所預估的值。

平均薄膜熱傳係數為管底雷諾數的函數，其關聯式顯示於圖 13.2。在雷諾數極低的情況下，圖形與 (13.10) 式一致。對於波浪層流及亂流區，其經驗式為[5]

$$\mathrm{Nu'} = \frac{h}{k_f} \left(\frac{\mu_f^2}{\rho_f^2 g} \right)^{1/3} = (\mathrm{Re}^{-0.44} + 5.82 \times 10^{-6}\, \mathrm{Re}^{0.8}\, \mathrm{Pr}^{1.3})^{1/2} \tag{13.13}$$

(13.13) 式的第二項可解釋為含有特性長度 $(\mu_f^2/\rho_f^2 g)^{1/3}$ 的一種 Nusselt 數，但此特性長度與薄膜厚度 δ 不同。

在層流區，(13.10) 式成立，普蘭特數對 h 無影響，因為經過薄膜的熱量僅是以傳導的方式進行，且熱容量不是影響因素。在波浪層流區小的漣漪會引起渦流，這會改良靠近液體表面處的熱傳，而普蘭特數具有微小的影響。在此區域中，Nu' 隨 $Re^{-0.2}$ 變動與真正層流的 $Re^{-1/3}$ 不同。在完全亂流區，平均熱傳係數隨 $Re^{0.4}$ 的增加而增加，且對 Pr 的依賴性大於圓管的亂流。$Pr^{0.65}$ 與實驗數據吻合，但可能反映出蒸汽速度的一些影響。

如果在向下流動方向有高蒸汽速度，因為在液體與蒸汽界面的剪應力使得凝結液薄膜變得較薄，熱傳速率增加。蒸汽與液體的逆向流有減低熱傳速率的傾向，且能導致管子的泛溢 (flooding) 現象。蒸汽速度對薄膜熱傳係數的影響已由 Dukler 預測得知。[9]

有相變化的流體熱傳遞　429

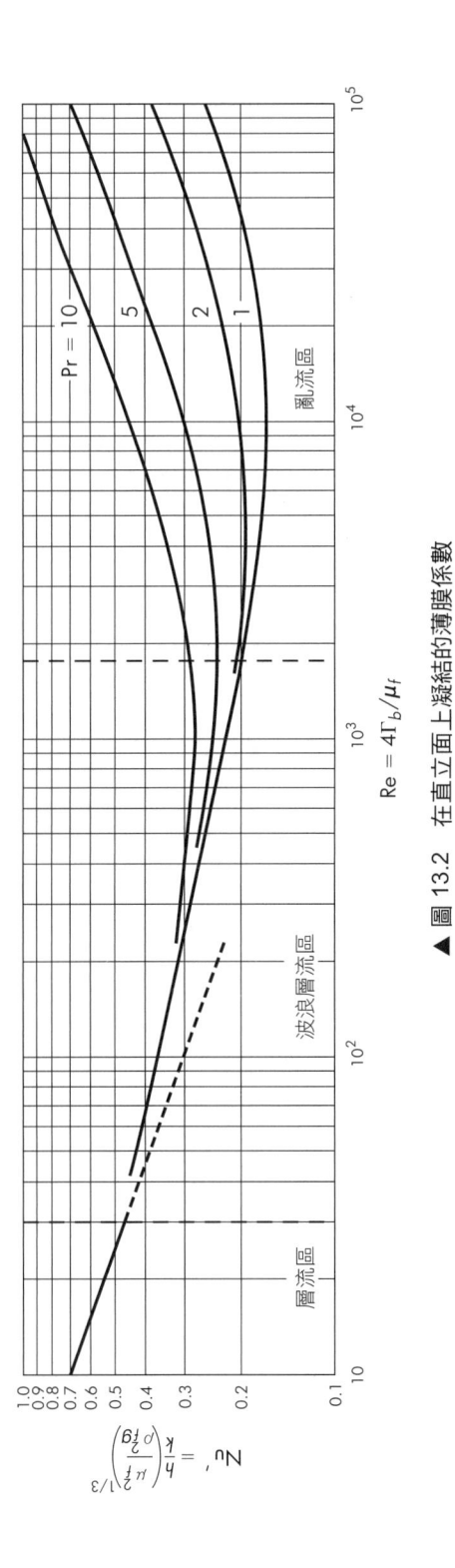

▲ 圖 13.2　在直立面上凝結的薄膜係數

水平管 對應於直立管的 (13.10) 式與 (13.12) 式,下列的式子可應用於單一的水平管:

$$h\left(\frac{\mu_f^2}{k_f^3 \rho_f^2 g}\right)^{1/3} = 1.51\left(\frac{4\Gamma'}{\mu_f}\right)^{-1/3} \tag{13.14}$$

且

$$h = 0.729\left(\frac{k_f^3 \rho_f^2 g \lambda}{\Delta T_o D_o \mu_f}\right)^{1/4} \tag{13.15}$$

其中 Γ' 為管子單位**長度**的冷凝液負荷 (condensate loading) $\dot{m}/L$,所有其它的符號如先前的定義。

對於水平管,典型的 Γ' 僅約為直立管的 $0.1\ \Gamma_b$,其凝結液的流動通常為層流,然而某些作者認為當 Re > 40,將 (13.14) 式的 h 增加 20%,就會有漣漪 (rippling) 出現。

Nusselt 方程式的實際用途

在缺乏高蒸汽速度的情況下,(13.14) 式和 (13.15) 式與實驗數據相當吻合,因此對於單一水平管的薄膜凝結,這兩個方程式可用來計算其熱傳係數。此外,(13.15) 式亦可應用在水平管子上的薄膜凝結,這些水平管子是垂直向上堆積,在這種狀況下,凝結液從一管累積後落在另一管,最後總凝結液由最底部的管子滴下。整個堆疊的管子的平均熱傳係數 h_N 小於單一的管子;兩者之關係如下所示[24a]

$$h_N = h_1 N^{-1/4} \tag{13.16}$$

其中　h_N = 整個堆疊的管子的平均熱傳係數
　　　h_1 = 整堆管子中最頂部管子的凝結係數
　　　N = 整堆的管數

對於一堆管子,(13.15) 式可轉換成 [14]

$$h_N = 0.729\left(\frac{k_f^3 \rho_f^2 g \lambda}{N \Delta T_o D_o \mu_f}\right)^{1/4} \tag{13.17}$$

除非管子非常短或很多的水平管子堆疊在一起,否則在其它條件類似的情

況下,通常在水平管上,薄膜凝結的係數要比直立管子來得大。當冷凝液需要明顯地過冷至低於其凝結溫度時,就優先採用直立管子。蒸汽和不凝結的氣體形成的混合物,通常是在直立管子內冷卻和凝結,以致這些惰性氣體不斷地被新進來的流體從熱傳的表面上被清除。

在普通的壓力範圍內,對於一已知物質的物理量,$(k_f^3 \rho_f^2 g/\mu_f^2)^{1/3}$ 是溫度的函數,將此物理量記做 Ψ_f,對一已知物質,若計算出 Ψ_f 且將 Ψ_f 畫成溫度的函數,則使用圖 13.2 有其便利之處。因為物理量 Ψ_f 和熱傳係數有相同的因次,所以圖 13.2 的縱座標和橫座標為無因次。附錄 6 是水在各種溫度下的 Ψ_f 值,若有需要,其它的物質也可以仿此做出類似的表。

例題 13.1

有一殼管式冷凝器,其管子是由直立式 $\frac{3}{4}$ in. (19 mm) BWG 16 的銅管製成,其中管長為 1.52 m。在一大氣壓下,有氯化苯凝結於殼側。氯化苯的凝結潛熱為 324.9 J/g。平均溫度為 79°C 的冷卻水流經管內,水側的熱傳係數為 4,540 W/m² · °C。(a) 試問凝結的氯化苯的熱傳係數為多少?(b) 若每個直立管架上平均有六根管子,現將此直立冷凝器改成水平冷凝器且管子個數完全相同,試問其熱傳係數為何?管的積垢因數以及管壁的熱阻均可忽略不計。

解

(a) 由於凝結液薄膜係數與雷諾數有關,而雷諾數又與凝結速率有關,因此需要使用試誤法求解。此外,必須預估管壁溫度以決定凝結液的物理性質。可直接確定的數據為

$$\lambda = 324.9 \text{ J/g} \quad g = 9.8 \text{ m/s}^2 \quad L = 1.52 \text{ m} \quad h_i = 4,540 \text{ W/m}^2 \cdot °C$$

凝結溫度 T_f 為 132°C,因此管壁溫度 T_w 必須位於 79°C 與 132°C 之間。因為有機凝結液的熱阻通常大於流動的水,因此 T_w 可能接近於 79°C。對於第一次近似,假設 $T_w = 90°C$。由 (13.11) 式

$T_f = 132 - 3/4(132 - 90) = 100°C$
$\rho = 1,106 \text{ kg/m}^3$ 在 20°C
$\rho_f = 1,018 \text{ kg/m}^3$ 在 100°C (假設每 10°C 減少 1%)
$k_f = 0.144 \text{ W/m} \cdot °C$ 在 10°C (附錄 13)
$k_f = 0.11 \text{ W/m} \cdot °C$ 在 100°C (假設每 10°C 減少 3%)
$\mu_f = 0.32 \text{ cP}$ 在 100°C $= 3.2 \times 10^{-4}$ Pa · s (附錄 9)
$c_p = 0.37 \text{ cal/g} \cdot °C$ 在 100°C $= 1,550 \text{ J/kg} \cdot °C$ (附錄 15)

因此
$$\text{Pr} = \frac{1{,}550(3.2 \times 10^{-4})}{0.11} = 4.51$$

對於第一次估算，假設 Re = 2,000，由圖 13.2 可知，

$$\text{Nu}' = \frac{h}{k_f}\left(\frac{\mu_f^2}{\rho_f^2 g}\right)^{1/3} = 0.23$$

[注意：將 Re 與 Pr 代入 (13.13) 式可驗證此結果，此時得到 Nu' = 0.231。] 因此

$$h = 0.23 \times 0.11\left[\frac{1018^2 \times 9.8}{(3.2 \times 10^{-4})^2}\right]^{1/3} = 1{,}171\ \text{W/m}^2 \cdot {}^\circ\text{C}$$

$$\frac{1}{U} = \frac{1}{1{,}171} + \frac{1}{4{,}540} = 1.07 \times 10^{-3}$$

$$U = 931\ \text{W/m}^2 \cdot {}^\circ\text{C}$$

利用 (12.38) 式驗證管壁溫度。

$$\Delta T_i = \frac{1/4{,}540}{1/931}(53) = 11{}^\circ\text{C}$$

$$T_w = 79 + 11 = 90{}^\circ\text{C} \qquad (與假設相同)$$

由附錄 4，可知每一管的面積為

$$A = 0.1963\ \text{ft}^2/\text{ft} \times 0.3048 \times 1.52 = 0.0909\ \text{m}^2$$

每一管的凝結液：

$$\frac{931 \times 0.0909(132 - 79)}{324.9} = 13.8\ \text{g/s}$$

$$\Gamma_b = \frac{13.8 \times 10^{-3}}{\pi(0.019)} = 0.231\ \text{kg/s} \cdot \text{m}$$

$$\text{Re} = \frac{4\Gamma_b}{\mu_f} = \frac{4 \times 0.231}{3.2 \times 10^{-4}} = 2{,}890$$

由圖 13.2 得知，Nu' 略大於 0.23。[解 (13.13) 式，其中 Re = 2,890，可得 Nu' = 0.233。] 各種方法均顯示最初估算的 Re 是十分接近前。[†]

[†] Nu' 的傳導距離為

$$\left(\frac{\mu_f^2}{\rho_f^2 g}\right)^{1/3} = \left[\frac{(3.2 \times 10^{-4})^2}{1{,}018^2 \times 9.8}\right]^{1/3} = 2.16 \times 10^{-5}\ \text{m} = 21.6\ \mu\text{m}$$

對應於 h 的厚度可由下式求得

$$h = \frac{k_f}{x} = 1{,}171\ \text{W/m}^2 \cdot {}^\circ\text{C}$$

相當厚度為

$$h = 1{,}171 \text{ W/m}^2 \cdot {}^\circ\text{C} \ (206 \text{ Btu/h} \cdot \text{ft}^2 \cdot {}^\circ\text{F})$$

(b) 對一水平冷凝器，利用 (13.17) 式並假設管壁的溫度大約為 90°C。對於 $N = 6$，

$$h = 0.729 \left(\frac{0.144^3 \times 1{,}018^2 \times 9.8 \times 324{,}900}{6 \times 53 \times 0.019 \times 3.2 \times 10^{-4}} \right)^{1/4}$$

$$= 1{,}095 \text{ W/m}^2 \cdot {}^\circ\text{C} \ (193 \text{ Btu/h} \cdot \text{ft}^2 \cdot {}^\circ\text{F})$$

此 h 值僅略小於直立管的 h 值，因此不需要調整管壁的溫度。

過熱蒸汽的凝結

若進入冷凝器的蒸汽是過熱狀態，則過熱部分的顯熱和凝結部分的潛熱都必須經由冷卻面進行熱的傳遞。對於水蒸氣，因為過熱蒸汽具有低的比熱和高的凝結潛熱，所以過熱所含的熱量比潛熱來得小。例如，過熱 50°C 的水蒸氣表示過熱部分僅為 100 J/g 的熱量，但潛熱部分卻近乎 2,300 J/g。在有機蒸汽的凝結中，例如石油的分餾，其過熱部分的熱量比起潛熱則是相當可觀的。當過熱蒸汽的熱量顯得重要時，則每磅蒸汽的總熱傳量可由過熱的度數與蒸汽的比熱之乘積加上潛熱求得，或是當有熱性質的表可供使用時，可以算出每磅蒸汽的總熱傳量，也就是用過熱蒸汽的焓扣除冷凝液的焓。

過熱對於熱傳速率的影響，與管子的表面溫度高於或低於蒸汽的凝結溫度有關。如果管子的溫度比蒸汽的凝結溫度低，則管子的表面將被凝結液沾濕，如同飽和蒸汽的凝結，此時外面凝結液的邊界層的溫度和裝置內的壓力下的蒸汽飽和溫度相同。如果過熱的蒸汽和凝結液薄膜外側之間出現了熱阻，以及過熱蒸汽在熱阻兩端所形成的溫度差，會使情況變得複雜很多。實際上，這些複雜性對熱傳遞的淨效應並不大，以致我們可以假設全部熱量的負載，其中包括過熱蒸汽和凝結的熱量，是經由凝結液膜傳遞；其溫度降為凝結液膜兩側的溫度差；而熱傳係數則是由圖 13.2 讀出的凝結蒸汽之平均熱傳係數。這整個步驟

$$x = \frac{0.11}{1{,}171} = 9.4 \times 10^{-5} \text{ m} = 94 \ \mu\text{m}$$

由 (4.59) 式，估算層流的薄膜厚度為

$$\delta = \left(\frac{3\mu\Gamma}{\rho^2 g \cos \beta} \right)^{1/3} = \left(\frac{3 \times 3.2 \times 10^{-4} \times 0.233}{1{,}018^2 \times 9.8 \times 1} \right)^{1/3} = 2.79 \times 10^{-4} \text{ m} = 279 \ \mu\text{m}$$

因此，亂流使 h 的值比經由層流薄膜傳導的 h 值大 3 倍以上。

可以歸納成下面的方程式：

$$q = hA(T_h - T_w) \tag{13.18}$$

其中　q = 總熱傳量，包括潛熱和過熱
　　　A = 和蒸汽接觸的熱傳表面積
　　　h = 由圖 13.2 求出的熱傳係數
　　　T_h = 蒸汽的飽和溫度
　　　T_w = 管壁溫度

當蒸汽是極過熱且冷卻流體的出口溫度接近蒸汽的凝結溫度時，則管壁溫度可能高於蒸汽的飽和溫度，此時凝結的現象就不會發生，於是管壁是乾燥的。管壁保持乾燥，直到過熱已經降溫到管壁溫度變得比蒸汽的凝結溫度更冷，因而產生凝結現象。這個裝置可視為具有兩段：一段為去過熱器 (desuperheater)，另一段為冷凝器。計算時，此兩段必須分開考慮。去過熱器本質上為氣體冷卻器。可使用對數平均溫度差，且熱傳係數為冷卻一固定氣體的熱傳係數，冷凝段可採用前面章節所敘述的方法來處理。

因為氣體的個別熱傳係數很低，所以在去過熱器段的總熱傳係數也小，而在此段內的加熱面積與熱移除的量相比就顯得很大。實際上，應避免這種狀況。消除過熱更經濟的方式是直接將液體噴灑注入過熱蒸汽中，由於小液滴蒸發非常快速，可使蒸汽冷卻到飽和溫度。過熱因此可消除，而且有高熱傳係數的冷凝發生。

混合蒸汽的凝結

如果蒸汽中含有兩種或更多種的揮發性成分 (除非它是一種共沸混合物)，那麼在一特定壓力下，其凝結溫度不再是常數。當沸點較高的成分趨向於冷凝，蒸汽相與液相都會出現濃度梯度，此時蒸汽相會含有較多沸點較低的物質。如果冷卻劑 (coolant) 溫度足夠低，所有的蒸汽或許將全部被冷凝，那麼冷凝液的組成將和原來蒸汽的組成完全一樣。在其它的情況下，某些低沸點物質可能不會冷凝而必須由冷凝器排放出去。

因為在蒸汽中存在著濃度梯度，使得高沸點成分經由不凝結蒸汽的低沸點成分對冷凝液表面產生質傳。[†] 這種現象與當蒸汽冷卻時，由蒸汽移除顯熱的熱傳同時發生。一般熱傳與質傳的速率，以及其對應的熱傳與質傳係數，在整個

[†] 質量傳遞將於第 17 章至第 19 章討論。

有相變化的流體熱傳遞　　435

冷凝器都會有變化，必須由好幾個點來估算。冷凝所需的面積可由疊代法求得。對於雙成分系統，Colburn 與 Drew 已發展出一種設計方法。[6] 對於在蒸汽中熱傳和質傳的控制阻力是由冷蒸汽移除顯熱的情況，其過程在參考文獻 24b 中有概述。

不冷凝的影響

當一個多成分的混合物，其中含有一不凝結的氣體時，則整體的凝結速率會嚴重地減小。在一可凝結的蒸汽混合物中，其蒸汽相會發生一個或多個成分的質傳現象；但冷凝分子必須擴散通過不凝結的氣體的薄膜，而後者不會移向冷凝液的表面。當冷凝持續進行時，惰性氣體在蒸汽相中的相對含量會呈現明顯地增加。

冷凝蒸汽的分壓小於總壓時，它會降低平衡的冷凝溫度。此外，在冷凝液表面，冷凝蒸汽的分壓必須小於它在蒸汽相中的分壓，以便提供它經過氣體薄膜的質傳的驅動力。這進一步降低了冷凝溫度，並且質傳在溫度上造成的變化通常大於在平衡溫度上造成的變化。

即使是少量氣體也可以對冷凝速率造成大的影響。水蒸氣中含低於 1% 的空氣就會使冷凝速率的降低超過 50%。[4] 而水蒸氣中若含有 5% 的惰性氣體會使水蒸氣冷凝速率降低 5 倍。[18] 每當在進料中有空氣或其它不凝結氣體，有一部分的進入氣體必須經由冷凝器排放出去。假如蒸汽進入一無排氣孔的冷凝器，例如，含有 0.1% 的空氣和 99% 的蒸汽被冷凝，則剩餘的蒸汽會含有 10% 的空氣，並且冷凝速率在冷凝器的末段會很低。

圖 13.3 顯示有不凝結的氣體存在的冷凝器中，溫度與分壓的分布。凝結溫度下降與氣體 - 蒸汽混合物的組成有關，因此其露點隨凝結的進行而改變。解一般問題的嚴格方法是基於在任意點上，流入凝結液表面的熱量等於流出該表面的熱量。它包括以試誤法求凝結液表面的點溫度，由此可估算該點的熱通量 $U\Delta T$。以每一點的 $1/(U\Delta T)$ 對該點的熱傳量作圖，則冷凝器表面的面積可由數值積分求得。[7]

用於蒸汽和不凝結氣體混合物之冷凝器，請參閱第 15 章的圖 15.16。

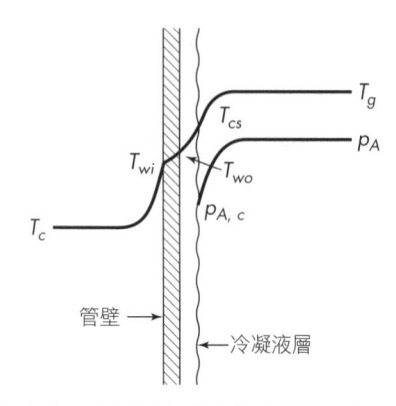

▲ 圖 13.3 有不凝結的氣體存在時，冷凝器中溫度與分壓的分布：p_A，氣相中，可凝蒸汽的分壓；$p_{A,c}$，凝結液層的表面上的分壓；T_g，氣體的溫度；T_{cs}，凝結液表面上的溫度；T_{wi}，內管壁的溫度；T_{wo}，外管壁的溫度；T_c，冷卻劑的溫度

沸騰液體的熱傳遞

在蒸發、蒸餾和水蒸氣的製造，將熱量傳送到待沸騰的液體是一個必要的步驟，它也可以用來控制化學反應器的溫度。待沸騰的液體置於加熱面是由水平或直立的管子構成的容器內，由此可將水蒸氣或其它蒸汽凝結或將熱流體循環，以供應待沸騰液體所需的熱。或者，待沸騰的液體可以用自然或強制對流的方式在加熱管內流動。這種管內沸騰的一種重要應用是將溶液中的水蒸發，此為第 16 章所要討論的內容。

當以沈浸在液體的熱表面完成沸騰時，在裝置內的壓力下，大部分液體的溫度與液體的沸點相同。蒸汽的氣泡在加熱面上生成，通過液體而上升，然後由液體表面逸出。蒸汽在液體上方的蒸汽空間累積；一旦蒸汽形成，蒸汽空間內的蒸汽立即由蒸汽出口逸出。因為離開液體的蒸汽與在沸點的液體達到平衡，因此這種類型的沸騰稱為**飽和液體的池沸騰** (pool boiling of saturated liquid)。

在自然循環下，當一液體在直立的管內沸騰時，較冷的液體流向管底，且其以低速向上流動而被加熱。液體在管內上升至某一高度時，其溫度升高至該高度處的壓力下的沸點。此時開始蒸發，氣 - 液二相混合物的向上移動速度急劇的增加。引起的壓力降使得沸點下降，當混合物繼續上升，則蒸發現象繼續發生。液體和氣體以非常快的速度出現於管的上端。

液體以強制循環通過水平或直立管子時，它可能是以相當低的溫度進入管子，然後被加熱到沸點，而在接近管子的排放端轉變為蒸汽。有時在管子的排放線外裝一流動控制閥，使得管內被加熱的液體其溫度遠高於下游壓力下的沸點。在這些情況下，管內沒有沸騰發生；液體只是被加熱到高溫，當它通過閥時，驟沸 (flash) 成蒸汽。自然與強制循環的沸騰器稱為**排管式** (calandrias) 沸騰器，

稍後將會討論。

在某些型式的強制循環裝置中,大部分液體的溫度低於其沸點,但加熱面的溫度卻遠高於液體的沸點。此時,在加熱面上形成氣泡,但離開表面後即被大部分液體吸收。縱使離開熱交換器的流體完全是液體,這種型式的熱傳稱為**過冷沸騰** (subcooled boiling)。

飽和液體的池沸騰

考慮一個含有沸騰液體的容器,其中浸有一水平電熱線。假設我們要量測熱通量 q/A,以及電熱線表面溫度 T_w 與沸騰液體溫度 T 之間的溫度差 ΔT。由非常低的溫度降 ΔT 開始,現在升高 T_w 而逐步增加溫度降,量測每一階段的 q/A 和 ΔT,直到 ΔT 很大為止。在對數座標上,將 q/A 對 ΔT 作圖,可得如圖 13.4 中所示的曲線,此曲線可分割成四個部分。第一部分屬於低溫度差,AB 為直線,其斜率為 1.25。此直線與自然對流關聯式 [(12.72) 式] 相符,所對應的方程式為

$$\frac{q}{A} = a\,\Delta T^{1.25} \tag{13.19}$$

其中 a 為常數。第二部分,BC 線也是近似直線,但其斜率大於 AB 線。BC 線的斜率與特定實驗有關,通常介於 3 到 4 之間。第二部分終止於具有極大熱通量的特定點,亦即圖 13.4 中的 C 點。對應於 C 點的溫度差稱為**臨界溫度差** (critical temperature drop),而在 C 點的熱通量稱為**尖峰熱通量** (peak flux)。第三部分為圖 13.4 中的 CD 線,當溫度差上升而熱通量下降且在 D 點達到極小值。D 點稱為 **Leidenfrost 點**。最後的部分,DE 線,熱通量又隨 ΔT 增加而增加,且當溫度差很大時,超過前面 C 點的極大值。

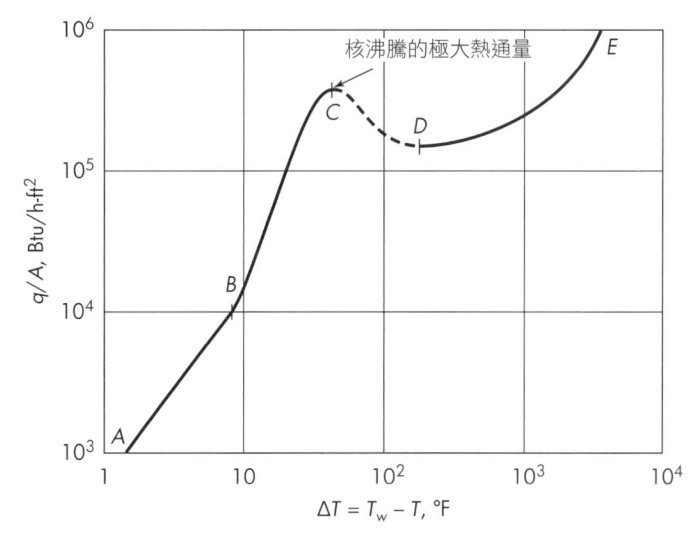

▲ 圖 13.4　熱通量對溫度差作圖,在電熱線上的沸騰水溫度為 212°F:AB,自然對流;BC,核沸騰;CD,過渡沸騰;DE,薄膜沸騰 (摘自 McAdams et al.[22])

因為由定義知 $h = (q/A)/\Delta T$，所以圖 13.4 很容易轉換成 h 對 ΔT 的圖。可得如圖 13.5 所示的曲線。熱傳係數的極大值與極小值均明顯地顯示於圖 13.5 中，但是產生極大、極小熱傳係數的 ΔT 與圖 13.4 中產生極大、極小熱通量的 ΔT 不同。產生極大熱傳係數的 ΔT 略低於產生尖峰熱通量的 ΔT；產生極小熱傳係數的 ΔT 比產生 Leidenfrost 點的 ΔT 高很多。圖 13.5 中第一部分的直線，其熱傳係數與 $\Delta T^{0.25}$ 成正比；而在第二部分，熱傳係數與 ΔT^2 至 ΔT^3 之間成正比。

圖 13.5 中的四個部分，每個部分都對應一特定的沸騰機構。第一個部分是在低的溫度差下，以自然對流的方式將熱量傳送給液體，且其 h 隨 ΔT 的變化符合 (12.72) 式。氣泡在加熱器表面形成，並由加熱器表面離開，上升到液體的表面，進入蒸汽空間；但是它們的量太少而無法明顯擾亂自然對流的正常流動。

如圖 13.5 所示，位於 9 到 45°F (5 到 25°C) 之間的較大溫度差範圍內，氣泡的生成速率已大到足以使通過液體向上移動的氣泡流增加大部分液體的循環流之速度，因此其熱傳係數變得比未受干擾的自然對流大。當 ΔT 增加，形成氣泡的速率增加並且熱傳係數快速增加。

當溫度差小於臨界溫度差時，由於在加熱面上有微小氣泡或蒸發核形成，所以稱為**核沸騰** (nucleate boiling)。在核沸騰期間，每次氣泡只占加熱面的一小部分，大部分的表面都直接與液體接觸。氣泡是在局部的活性位置上產生，此位置通常位於加熱面上的凹處或有刮痕的地方。當溫度差上升，更多的位置變得有活性，使液體的攪拌獲得改善，因此增加了熱通量和熱傳係數。

然而，最後因為產生了許多氣泡，這些氣泡相互聚集，形成絕熱蒸汽層，覆蓋了加熱面的一部分。這個蒸汽層具有高度不穩定的表面，而表面上的極小型爆炸將蒸汽噴流由加熱元件注入液體的本體。這種型式的沸騰稱為**過渡沸騰** (transition boiling)。在此區域內，亦即對應於圖 13.4 中的 CD 部分，增加溫度差

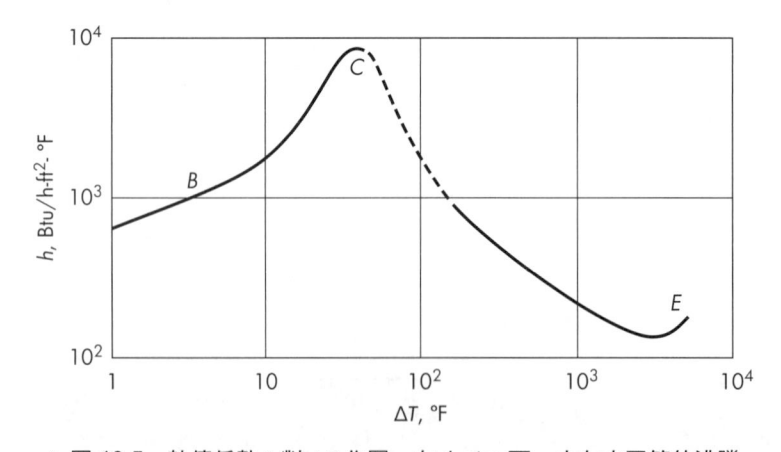

▲ 圖 13.5　熱傳係數 h 對 ΔT 作圖，在 1 atm 下，水在水平管的沸騰

蒸汽膜的厚度也隨著增加，且在一已知的時間內，減少了發生爆炸的次數。當溫度差升高時，則熱通量和熱傳係數均降低。

在 Leidenfrost 點附近，熱傳機構發生另一種不同的變化。加熱表面覆蓋著一層靜止的蒸汽膜，此時熱量通過蒸汽膜以傳導和輻射 (在極高的溫度差) 的方式傳遞。過渡沸騰的隨機爆炸特性消失，取而代之的是氣泡在液體和熱蒸汽膜的界面，以緩慢而有秩序的方式形成。這些氣泡離開界面並且經過液體而上升。幾乎所有熱阻都是由覆蓋於加熱元件的蒸汽膜所提供。當溫度差增加時，熱通量由起初的緩慢上升到後來由於輻射熱傳遞變得重要而快速上升。此區域的沸騰稱為**薄膜沸騰** (film boiling)。

由於這樣大的溫度差，產生的熱傳速率卻很小，使得在商業的裝置中，通常不採用薄膜沸騰。熱傳裝置的設計和操作應該使沸騰液體膜的溫度差小於臨界溫度差，雖然這對於低溫液體是不可行的。

核沸騰的效率，主要與氣泡是否很容易在加熱表面上形成和離去有關。鄰近加熱表面的液體層與加熱器的壁接觸形成過熱。而過熱的液體傾向於自發性的形成蒸汽，因此將過熱釋放出來。過熱的液體有急速形成蒸汽的傾向，可作為提供沸騰過程的推動力。按自然法則，在形成小氣泡時，急驟蒸發只有在形成蒸汽 - 液體界面上才會發生。然而，在過熱液體中形成一個小氣泡是不容易的，這是因為在凹面的蒸汽壓小於正常值，氣泡愈小，影響愈大。一個非常小的氣泡可以和過熱液體平衡存在，而且氣泡愈小，愈易達到平衡，而急驟蒸發的傾向愈小。若能小心的預防，從液體中除去所有氣體和其它雜質，並且防止震盪，則可能將水過熱華氏數百度而不會有氣泡的形成。

如果形成的氣泡不容易由表面離開，則次要的困難將會出現。液體和加熱表面間的界面張力為控制氣泡脫離速率的重要因素。若界面張力大時，氣泡趨向於沿著表面散布而覆蓋熱傳面積，而不離開表面讓出空間給其它氣泡，如圖 13.6c 所示；若液體和固體間的界面張力小，氣泡極易脫離加熱面，如圖 13.6a 所示，中等界面張力的例子顯示於圖 13.6b。

核沸騰的高熱傳遞率，主要是由於液體中氣泡的動力作用產生亂流的結果。[11]

在核沸騰期間所得的熱傳係數，對許多變數而言是敏感的，這些變數包括液體的本質、加熱表面的類型和狀況、液體的組成和純度、是否有攪拌以及溫度或壓力。一些變數的微小變化，在熱傳係數上會引起大的改變。驗證實驗的重現性很差。

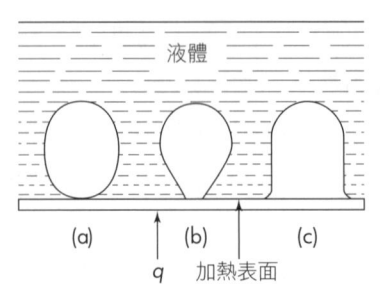

▲ 圖 13.6　介於液體和加熱表面的界面張力對氣泡形成的影響 (摘自 Jakob and Fritz.[15])

　　定性而言，考慮沸騰的機構，可預測一些影響沸騰的變數，粗糙的表面可提供核中心，而光滑表面則無法提供。因此粗糙表面通常比光滑表面具有較大的熱傳係數。然而，此效果部分原因是由於在相同的投影面積下，粗糙管的總表面積大於光滑表面。一個非常薄的積垢層可能會增加沸騰液體的熱傳係數，但即使是極薄的積垢，也會降低總熱傳係數，這是因為由積垢產生的熱阻造成的總熱傳係數的降低比沸騰液體對熱傳係數的增加為大。吸附在加熱器表面的氣體或空氣，或在表面的污染物，常因形成或放出氣泡而使沸騰易於進行。經過清洗後的表面，其熱傳係數比在操作一段時期後而達到穩定狀況的同一表面為高或低。這種影響和加熱表面狀況的改變有關，攪拌可以增加液體通過加熱面的速度，並且幫助掃除氣泡，因此增加了熱傳係數。

　　當研究一水平管的池沸騰 (pool boiling)，雖然其臨界溫度差及 Leidenfrost 點可能對於小管徑的線而言並不相同，但可得與圖 13.4 和圖 13.5 類似的曲線。

極大熱通量和臨界溫度差

　　極大熱通量 $(q/A)_{max}$ 主要與沸騰液體的本質和壓力有關，而與加熱表面的類型有些相關。由於蒸發熱和其它物理性質的差異，水的極大熱通量為大多數有機液體的好幾倍。對於水和有機液體，當絕對壓力約為熱力學臨界壓力 p_c 的 $\frac{1}{3}$ 時，$(q/A)_{max}$ 本身達到極大值，當壓力非常低或趨近於臨界壓力時，$(q/A)_{max}$ 趨近於零。若將極大熱通量除以沸騰物質的臨界壓力，則可得如圖 13.7 的曲線，此曲線對於許多純物質和混合物而言，幾乎是相同。對應臨界溫度差 (勿與臨界溫度混淆) 亦隨壓力變化，在低壓時較大到接近臨界壓力則極小。當然，壓力和溫度超過臨界值時，液相和氣相之間並無區別，因此「蒸發」就不具意義。在大氣壓下，水的臨界溫度差通常介於 30 至 50°C (54 至 90°F) 之間。對有機液體而言，可能較高或較低，此與操作溫度和熱力學臨界溫度的接近程度有關。

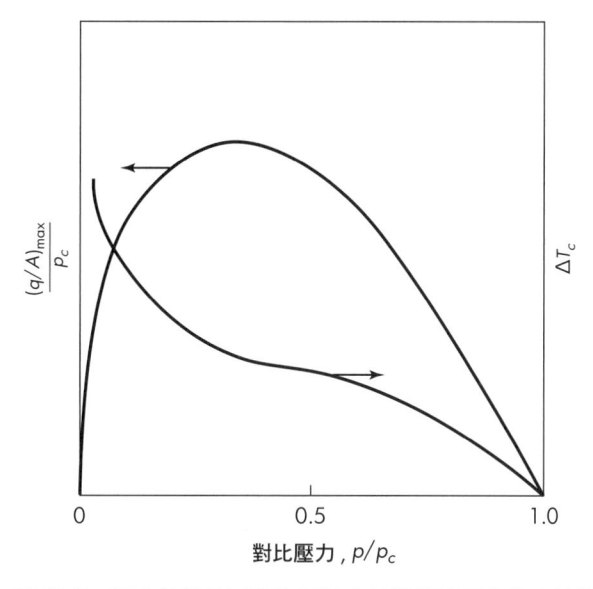

▲ 圖 13.7　極大熱通量以及臨界溫度差與對比壓力的定性變化

除非採取預防措施，在工業沸騰器中，臨界溫度差會被超過。如果熱源為另一種流體，如凝結水蒸氣或熱液體，則超過臨界溫度差會使熱通量降到尖峰和 Leidenfrost 點之間。若熱是由電熱器供應，則超過臨界溫度差，加熱器會燒壞，原因是：在高的溫度差下，沸騰液體無法立刻吸收熱量，使得加熱器瞬間變得很熱。

在臨界溫度降的尖峰熱通量是很大的。對水而言，其值介於 350 至 1,250 kW/m² ($\sim$ 100,000 至 400,000 Btu/ft²·h) 之間，而與水的純度、壓力和加熱面的類型和狀況有關。對於有機液體，尖峰熱通量位於 125 至 400 kW/m² (40,000 至 130,000 Btu/ft²·h) 的範圍。這些極限適用於**在一大氣壓下**，水平管或平坦的水平表面的沸騰。

基於各種物理現象的模式，學者已經提出許多由流體的性質來估算尖峰熱通量的關聯式。其中一種模式是，假定在臨界溫度差附近，核沸騰特性的氣泡流，逐漸被脫離熱傳面的蒸汽噴射流取代。當然，這些必伴隨著液體流向加熱面。在熱通量的尖峰值，蒸汽和液體的逆向流達到一極限的狀況，使程序變得不穩定，蒸汽噴射流坍縮成蒸汽層。此現象與第 18 章中所描述的充填塔中的溢流 (flooding) 類似。[29] Zuber[28] 基於此模式導出了方程式，並由 Lienhard 與 Dhir[19] 修正後導出計算平板最大熱通量的方程式如下：

$$(q/A)_{\max} = 0.15 \lambda \rho_V^{1/2} [\sigma g (\rho_L - \rho_V)]^{1/4} \tag{13.20}$$

其中 σ 為液體和蒸汽間的界面張力，ρ_L 與 ρ_V 分別為液體和蒸汽的密度，而其它

的符號均與它們通常所代表的意義相同。

對於水平圓柱，[25](13.20) 式中的常數 0.15 應改為 0.12。

尖峰熱通量隨 λ 與 ρ_v 的增加而增加，因為較高的蒸發熱或較高的密度表示對相同的熱傳量有較小的蒸汽體積。若壓力增加，則較大蒸汽密度的效應會被蒸發熱和界面張力的降低抵消，這些均隨著溫度上升而降低，且最後得到較低的熱通量，如圖 13.7 所示。

釜式再沸器

如圖 13.8 所示的典型釜式再沸器 (kettle reboiler)，其中包含一沈浸於液體的水平管束 (bundle of tubes) 且置於最低管與再沸器殼層的空隙間。蒸汽於管束較低處產生，然後上升且從上層管束影響熱傳速率。在核沸騰區的 ΔT 很小，管束的平均熱通量大於單一管，因為蒸汽流動的增加使得液體與蒸汽混合物通過管子的速度增快。無論如何，管束對於蒸汽的干擾發生於較低溫差，且最大熱通量遠低於單一管。對一正烷類的沸騰曲線而言，單一管與管束的比較顯示於圖 13.9，此圖是基於熱傳研究所 (Heat Transfer Research Institute) 的數據。[10] 注意管束的最大熱通量僅約為單一管的 $\frac{1}{4}$。由於僅量測總溫度差，雖然實際的 ΔT_c 為未知，但管束的臨界溫度差也會較小。

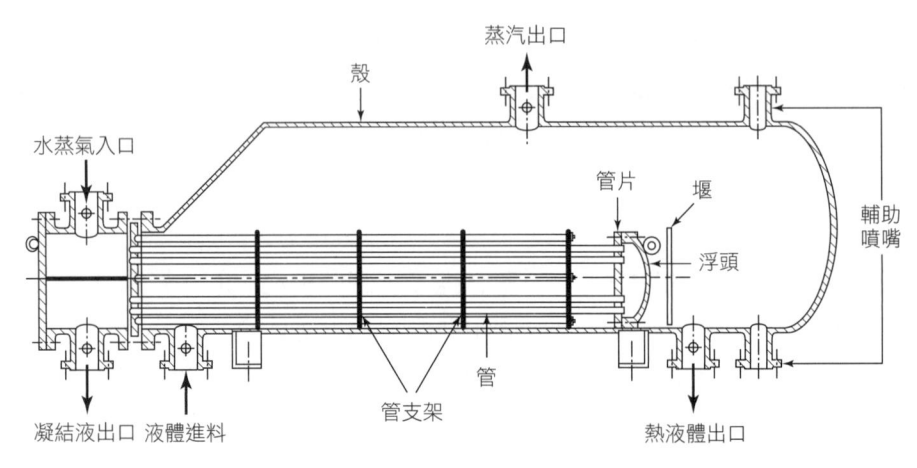

▲ 圖 13.8　釜式再沸器

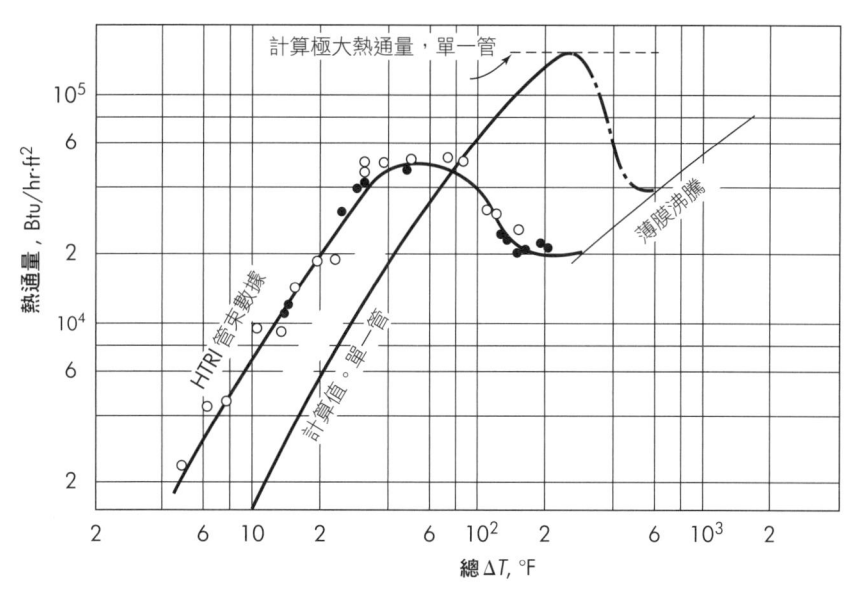

▲ 圖 13.9　沸騰熱通量，單一管對管束 (摘自 *Fair and Klip*.[10])

例題 13.2

於大氣壓下，苯在具有水平管的釜式再沸器內沸騰。(a) 計算苯在單一管的極大熱通量，苯的物理性質列於表 13.1。(b) 估算壓力為 0.2 atm 和 5 atm 時的極大熱通量。

解

(a) 在 80°C (353 K)，ρ_V 可由理想氣體定律求得

$$\rho_V = \frac{Mp}{RT} = \frac{78.1 \times 1.0}{0.082056 \times 353} = 2.70 \text{ kg/m}^3$$

由線性內插，得到 $\sigma = 21.5$ dyn/cm $= 21.5 \times 10^{-3}$ N/m。

對於水平圓柱管而言，(13.20) 式中的係數為 0.12 且 $\rho_L - \rho_V = 816 - 3 = 813$ kg/m³

$$\left(\frac{q}{A}\right)_{max} = 0.12(395 \times 10^3)(2.70)^{1/2}(2.15 \times 10^{-3} \times 9.8 \times 813)^{1/4}$$
$$= 2.82 \times 10^5 \text{ W/m}^2 \ (8.9 \times 10^4 \text{ Btu/h} \cdot \text{ft}^2)$$

(b) 在 0.2 atm 以及 35°C (308 K)

$$\rho_V = \frac{78.1 \times 0.2}{0.82056 \times 308} = 0.618 \text{ kg/m}^3$$

$$\rho_L - \rho_V = 863 \text{ kg/m}^3$$

▼ 表 13.1　苯的性質

p', atm	0.2	1	2	5	10
T, °C	35	80	104	142	179
ρ_L, kg/m³	864	816	788	740	690
λ, kJ/kg	429	395	379	349	314

在 0°C 時，$\sigma = 31.7$ dyn/cm，在 20°C 時，$\sigma = 29.0$，在 100°C，$\sigma = 18.8$

$$\lambda = 429 \times 10^3 \text{ J/kg}$$

$$\sigma = 27.4 \times 10^{-3} \text{ N/m}$$

$$\left(\frac{q}{A}\right)_{max} = 0.12(429 \times 10^3)(0.618)^{1/2}(27.4 \times 10^{-3} \times 9.8 \times 863)^{1/4}$$

$$= 1.58 \times 10^5 \text{ W/m}^2 \ (5.0 \times 10^4 \text{ Btu/h} \cdot \text{ft}^2)$$

在 5 atm 以及 142°C (415 K)

$$\lambda = 349 \times 10^3 \text{ J/kg}$$

$$\rho_V = 11.5 \text{ kg/m}^3$$

$$\rho_L - \rho_V = 740 - 11.5 = 728.5 \text{ kg/m}^3$$

由外插法得到

$$\sigma \cong 13.7 \times 10^{-3} \text{ N/m}$$

$$\left(\frac{q}{A}\right)_{max} = 0.12(349 \times 10^3)(11.5)^{1/2}(13.7 \times 10^{-3} \times 9.8 \times 728.5)^{1/4}$$

$$= 4.48 \times 10^5 \text{ W/m}^2 \ (1.42 \times 10^5 \text{ Btu/h} \cdot \text{ft}^2)$$

當壓力由 0.2 atm 上升到 1.0 atm，極大熱通量增加 1.78 倍，而由 1.0 atm 上升到 5 atm，則增加 1.59 倍。進一步計算得知，在壓力大約為 10 atm 時，極大熱通量為 4.8×10^5 W/m²，此為臨界壓力 p_c 的 0.21 倍。外插時，σ 的不確定性，限制了結果的準確性。

極小熱通量和薄膜沸騰

當達到薄膜沸騰時，在液體和蒸汽間的界面處形成一特性波長的波動，這些波動長成氣泡，而氣泡在規則的時間間隔離開界面。氣泡的直徑約為波動波長的一半。考慮此過程的動力學，可導出在水平板上形成穩定薄膜沸騰所需的極小熱通量方程式如下：[12]

$$\left(\frac{q}{A}\right)_{\min} = \frac{\pi \lambda \rho_V}{24} \left[\frac{\sigma g(\rho_L - \rho_V)}{(\rho_L + \rho_V)^2}\right]^{1/4} \tag{13.21}$$

其中 $(q/A)_{\min}$ 為極小熱通量。

薄膜沸騰比核沸騰或過渡沸騰更有秩序且已進行相當多的理論分析。由於熱傳速率完全由蒸汽薄膜控制，因此加熱面的本質對薄膜沸騰並無影響。對於沈浸的水平管上的薄膜沸騰，可應用下列方程式，此式在範圍很廣的條件下，仍具有相當的精確度。[2]

$$h_o \left[\frac{\lambda_c \mu_V \Delta T}{k_V^3 \rho_V (\rho_L - \rho_V) \lambda' g}\right]^{1/4} = 0.59 + 0.069 \frac{\lambda_c}{D_o} \tag{13.22}$$

其中　　$h_o =$ 熱傳係數
　　　　$\mu_V =$ 蒸汽的黏度
　　　　$\Delta T =$ 橫跨蒸汽薄膜的溫度差
　　　　$k_V =$ 蒸汽的導熱係數
　　　　$\rho_L, \rho_V =$ 分別為液體和蒸汽的密度
　　　　$D_o =$ 加熱管的外徑

在 (13.22) 式中，λ' 為液體與過熱蒸汽間焓的平均差，其值可由下式表示，此式為 Hsu 及 Westwater 對 Bromley 近似解的修正[13]。[3]

$$\lambda' = \lambda \left(1 + \frac{0.34 c_p \Delta T}{\lambda}\right)^2 \tag{13.23}$$

其中　$\lambda =$ 蒸發潛熱
　　　$c_p =$ 恆壓下蒸汽的比熱

(13.22) 式中的 λ_c 為平面水平界面上能增長幅度的最小波的波長，它與流體性質的關係為

$$\lambda_c = 2\pi \left[\frac{\sigma}{g(\rho_L - \rho_V)}\right]^{1/2} \tag{13.24}$$

其中 σ 為液體和蒸汽間的界面張力。(13.22) 式並不包含輻射熱傳遞的影響。

(13.20) 式到 (13.24) 式中的蒸汽性質是以管壁溫度和液體的沸點之算術平均溫度來計算其值，液體的性質 ρ_L、λ 及 σ 在沸點計算其值。

注意，薄膜沸騰的 (13.22) 式與層流冷凝的 (13.15) 式之間的相似性。在兩種情況下，h 與導熱係數的 $\frac{3}{4}$ 次方、蒸發潛熱的 $\frac{1}{4}$ 次方以及薄膜黏度和溫度差的 $-\frac{1}{4}$ 次方成正比。

對於沈浸直立管子的薄膜沸騰，也發展出一些方程式，[13] 但它們在廣義的正確性上不如 (13.22) 式。蒸汽脫離直立表面比脫離水平表面複雜，因此過程的理論分析也相對地較為困難。

熱虹吸再沸器

排管式 (calandria)、自然循環或熱虹吸再沸器 (thermosiphon reboiler) 均為熟知的殼管式裝置，在蒸餾和蒸發操作中，它們常是最經濟的蒸發器。不像到目前為止所討論的鍋爐，它們不包含沸騰液體池；而是液體直接進入裝置的底部且部分蒸發。由於密度的降低造成蒸汽 - 液體混合物上升，並引入額外的液體進料。液體和蒸汽均以高速自裝置的頂端離開；然後彼此分離，液體則迴流。每一行程 (per pass) 就有 10% 到 30% 的液體被蒸發。

熱虹吸再沸器含有液體在管內蒸發的垂直管或液體在管外沸騰的水平管。

典型的垂直裝置排管式再沸器如圖 13.10 所示。液體進入管內的速度通常為 1 m/s。熱傳速率與蒸發液體的性質有關，特別是對比壓力 p/p_c。表 13.2 列出水蒸氣加熱的排管式再沸器的典型總熱傳係數。當絕對壓力為 1 atm 或大於 1 atm，總熱傳係數不受如圖 13.10 所示的液體**驅動高差** (driving head) 的影響。此高差定義為由底部管板至塔內液面的距離。在此壓力下，塔內液面通常保持在大約與頂部管板的液面等高之處，以確保熱傳面完全被沾濕且建立合理的高循環速率。

▼ 表 13.2　排管式再沸器之典型總熱傳係數

被處理的物質	總熱傳係數 U	
	W/m² · °C	Btu/ft² · h · °F
重有機化學品	570 – 900	100 – 160
輕碳氫化合物	900 – 1,250	160 – 220
水，水溶液	1,250 – 2,000	220 – 350

有相變化的流體熱傳遞　447

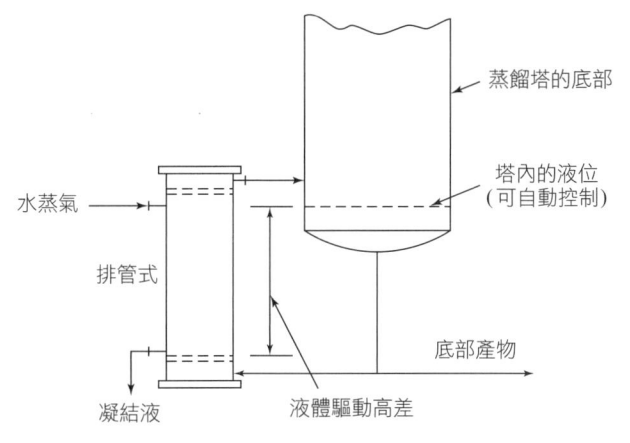

▲ 圖 13.10　排管式再沸器

然而，在真空下操作，再沸器的功能對液體驅動高差的改變很敏感，特別是在多成分混合物的蒸餾。真空下操作，最佳液面為介於管板的中間，此時每一行程均有 50% 的液體蒸發。[16]

在水平熱虹吸再沸器，液體由一具有水平加熱管的槽之底部中心進入，且在橫向擋板下以水平流向槽的末端。部分蒸發的混合物上升經過擋板末端而進入槽的頂部，此處有較多蒸汽形成。混合物流向中心且由槽頂的出口處離開。對於垂直和水平熱虹吸再沸器的熱傳速率與設計程序已由 Fair 和 Klip 提出廣泛的研究。[10]

強制循環再沸器

有時液體的沸騰，尤其是黏稠液體，是由機械泵將液體由內管流經再沸器使其沸騰。在這種強制循環裝置中，液體的沸騰受到大量的抑制，過熱的液體由再沸器頂離開，然後由減壓造成突沸 (部分蒸發)。強制循環蒸發器將在第 16 章討論。

過冷沸騰：尖峰熱通量的增強

過冷沸騰可以描述如下：以泵將一不含氣體的液體流經一直立的環狀空間，此空間外側為透明管，內側為加熱元件，並且逐漸增加熱通量和加熱元件的溫度，觀察其對液體的影響。由觀察得知，當元件的溫度超過依照實驗狀況而定的一個定值時，就會如核沸騰一樣，產生氣泡，然後這些氣泡在鄰近的冷液體中凝結。在這些狀況下，微小的溫度差變化，就會造成熱通量大量增加。熱通量大於 150×10^6 W/m² (50×10^6 Btu/ft²·h) 的數據已經被提出。[12] 欲在小的空間

內，得到大容量熱通量的熱傳裝置中，過冷沸騰是相當重要的。

欲得到高的熱通量使其超過池沸騰中的正常尖峰熱通量，所採用的方法包括在加熱面上使用多孔性塗料，[1] 在各種設計中，使用有散熱片的管子，[27] 對於低導電度的液體，可採用高電壓電場。[20]

■ 符號 ■

- A ： 面積，m^2 或 ft^2；A_o，管的外側面積
- a ： (13.19) 式的常數
- c_p ： 定壓下比熱，$J/g \cdot °C$ 或 $Btu/lb \cdot °F$
- D ： 直徑，m 或 ft；D_i，管的內徑；D_o，管的外徑
- g ： 重力加速度，m/h^2 或 ft/h^2
- h ： 個別熱傳係數，$W/m^2 \cdot °C$ 或 $Btu/ft^2 \cdot h \cdot °F$；$h_N$，管束的平均熱傳係數；$h_o$，管外側熱傳係數；$h_x$，局部熱傳係數；$h_1$，管架頂端管的熱傳係數
- k ： 導熱係數，$W/m \cdot °C$ 或 $Btu/ft \cdot h \cdot °F$；k_V，蒸汽的導熱係數；k_f，凝結液薄膜的導熱係數
- L ： 長度，m 或 ft；L_T，管子的總長度
- M ： 沸騰物質的分子量
- $\dot{m}$ ： 質量流率，kg/h 或 lb/h；$\dot{m}_T$，管束的凝結液的總質量流率
- N ： 直立管架上的管數
- Nu′： Nusselt 數，由 (13.13) 式定義，無因次
- Pr ： 冷凝液體的普蘭特數，無因次
- p ： 壓力，atm 或 $lb_f/in.^2$；p_c，臨界壓力；p'，蒸汽壓
- q ： 熱傳速率，J/s 或 Btu/h；q_T，在冷凝器內的總熱傳速率
- R ： 氣體定律常數，$0.082056\ m^3 \cdot atm/kg\ mol \cdot K$
- Re ： 凝結液膜的雷諾數，$4\Gamma/\mu_f$，無因次
- T ： 溫度，°C 或 °F；T_f，凝結液膜的平均溫度；T_h，蒸汽的飽和溫度；T_w，壁或表面的溫度
- U ： 總熱傳係數，$W/m^2 \cdot °C$ 或 $Btu/ft^2 \cdot h\ °F$
- x ： 冷凝薄膜的相當厚度，由熱傳係數求得，μm

■ 希臘字母 ■

- β ： 與垂直線的夾角
- Γ ： 凝結液負載，$kg/m \cdot h$ 或 $lb/ft \cdot h$；Γ_b，直立管底部的凝結液負載；Γ'，水平管每單

位長度的凝結液負載

ΔT : 溫度差，°C 或 °F；ΔT_o，橫跨凝結液膜的溫度差，$T_h - T_w$；ΔT_c，臨界溫度差

δ : 凝結液膜的厚度，m 或 ft

λ : 蒸發熱，J/g 或 Btu/lb；λ'，沸騰液體與過熱蒸汽之間的焓的平均差，其定義為 (13.23) 式

λ_c : 平坦水平面上所能產生的最小波之波長，m 或 ft [(13.24) 式]

μ : 絕對黏度，P 或 lb/ft·h；μ_V，蒸汽的絕對黏度；μ_f，凝結液薄膜的絕對黏度

ρ : 密度，kg/m³ 或 lb/ft³；ρ_L，液體的密度；ρ_v，蒸汽的密度；ρ_f，凝結液薄膜的密度

σ : 液體和蒸汽間的界面張力，N/m 或 lb$_f$/ft

Ψ_f : 凝結參數，$(k_f^3 \rho_f^2 g/\mu_f^2)^{1/3}$，W/m²·°C 或 Btu/ft²·h·°F

■ 習題 ■

13.1. 長度為 3 m 的 1 in. BWG 14 銅製冷凝管，在一大氣壓下將乙醇冷凝，管內的冷卻水使得金屬表面保持 25°C 的恆溫。(a) 若冷凝管為直立管，則每小時有多少仟克的蒸汽凝結？(b) 若為水平管，則有多少蒸汽凝結？

13.2. 一垂直管狀冷凝器用來凝結 2,100 kg/h 的乙醇，而乙醇是在一大氣壓下進入冷凝器。冷卻水以 30°C 的平均溫度流經管子。管的外徑為 31 mm，內徑為 27 mm。水側的熱傳係數為 2,800 W/m²·°C。積垢因數和管壁的熱阻可忽略不計。若供應的管長為 3 m，則需多少根管子？有關數據如下：

乙醇的沸點： $T_h = 78.4°C$
汽 化 熱： $\lambda = 856$ J/g
液體密度： $\rho_f = 769$ kg/m³

13.3. 一水平殼管式冷凝器用來凝結絕對壓力為 145 lb$_f$/in.² ($T_h = 82°F$) 的飽和氨蒸氣。冷凝器有 19 根 14 呎長 (外徑為 1.5 in.，內徑為 1.3 in.) 的鋼管，其中冷卻水在管內流動。這些管子排成六邊形，每根管子軸心間的距離為 2 in.，氨的潛熱為 500 Btu/lb。冷卻水的入口溫度為 70°F。在此情況下，求冷凝器的容量。

13.4. 在單管冷凝器中，由凝結水蒸氣將熱量傳給冷卻水的研究結果包括潔淨管和積垢管。對於每一個管的總熱傳係數，可由水的流速來決定，其實驗結果可用下列的經驗式來表示：

$$\frac{1}{U_o} = \begin{cases} 0.00092 + \dfrac{1}{268\bar{V}^{0.8}} & \text{積垢管} \\ 0.00040 + \dfrac{1}{268\bar{V}^{0.8}} & \text{潔淨管} \end{cases}$$

其中 U_o = 總熱傳係數，Btu/ft²·h·°F

$\bar{V}$ = 水的速度，ft/s

管子的內徑為 0.902 in.，外徑為 1.000 in.，管子是以航海用的金屬製成，其導熱係數 k = 63 Btu/ft · h ·°F。由這些數據計算 (a) 蒸汽薄膜係數 (基於蒸汽側的面積)，(b) 水的速度為 1 ft/s 時的水薄膜係數 (基於水側的面積)，(c) 假設潔淨管上無沈積物，求積垢管上污垢的 h_{do}。

13.5. 一個 1 in. 的水平管其表面溫度為 213°F，其外側有 212°F 及 1 atm 的水，求水的自然對流熱傳係數為多少？將此結果與圖 13.5 比較，並說明兩者間的差異。

13.6. 在一氣壓下，使用一外徑為 25 mm 的銅管使水沸騰。(a) 當銅管表面溫度增加時，估算所能得到的極大熱通量。(b) 若銅管表面溫度為 210°C，求沸騰薄膜係數及熱通量，溫度超過 80°C 時，水的界面張力為

$$\sigma = 78.38(1 - 0.0025T)$$

其中　σ = 界面張力，dyn/cm
　　　T = 溫度，°C

13.7. 在一大氣壓下，含有 2% 空氣的水蒸氣在 25 mm 的管內凝結，而這些管位於以水為冷卻劑之冷凝器中。這些直立管的管長為 3 m；冷卻水的熱傳係數與溫度分別為 2,500 W/m² · °C 和 30°C。若水蒸氣中不含空氣，求其凝結速率，並利用此值估算水蒸氣在管的入口處之雷諾數。若有 96% 的水蒸氣凝結，則水蒸氣在管的出口處之雷諾數為多少？計算水蒸氣在出口處的平衡凝結溫度，並說明在冷凝器內蒸汽 - 液體交界面的實際溫度為何會低於此值。

13.8. (a) 1 atm 下，在管徑為 $\frac{1}{2}$、1 和 2 in. 的沈浸水平管內，當表面溫度為 180°C 時，計算水的薄膜沸騰之熱傳係數。(b) 試比較管徑對薄膜沸騰的影響與管徑對水蒸氣冷凝的影響。(c) 比較水平管中薄膜沸騰與薄膜冷凝的方程式，並指出其相似及相界點。

13.9. 苯蒸氣於大氣壓下，在一具有水平 $\frac{7}{8}$ in. BWG 16 銅管的殼管式冷凝器中被冷凝，試估算最上一列管子的薄膜係數與 10 支管的平均薄膜係數。

13.10. 在低總溫差 ΔT 的情況下，一管束 (tube bundle) 的沸騰熱通量約為單一管子的 4 倍，但是在高 ΔT 的情況下，管束的熱通量遠低於單一管，請對此差異給予合理的解釋。

13.11. 飽和水蒸氣於 1.2 lb$_f$/in.² 在 $\frac{3}{4}$ in. 水平鋼管的外側冷凝。冷卻水以 6 ft/s 的速度進入管內，入口溫度為 60°F，出口溫度為 75°F。求第一列管子的薄膜係數和總熱傳係數。

13.12. 對於一正烴類在單一水平管的核沸騰，檢視圖 13.9 的數據。(a) 對於幾個 ΔT 的值，計算其熱傳係數，並將溫度差的影響與圖 13.4 與圖 13.5 所示之水的沸騰做

一比較。(b) 為什麼水的熱傳係數會這麼高？討論三種可能的原因。(c) 為什麼正烷類的臨界 ΔT 會這麼高？

13.13. 一工廠使用甲基異丁酮 (MIBK) 作為溶劑且在 70°C 及 1 atm 下排放含有 0.25% MIBK 的氣體。MIBK 的熔點為 −85°C。(a) 若氣體大部分是空氣，將氣體冷卻至 −10°C，則可移除 MIBK 多少分率？(b) 若移除率為 99%，則所需的溫度為多少？

13.14. 回答如習題 13.13 的問題，為什麼需要知道冷凝物質的熔點？

參考文獻

1. Bergles, A. E., and M.-C. Chyu. *AIChE Symp. Series*, **77**(208):73 (1981).
2. Breen, B. P., and J. W. Westwater. *Chem. Eng. Prog.*, **58**(7):67 (1962).
3. Bromley, L. A. *Ind. Eng. Chem.*, **44**:2966 (1952).
4. Cengel, Y. A. *Heat Transfer—A Practical Approach*. New York: McGraw-Hill, 1998, p. 478.
5. Chen, S. L., F. A. Gerner, and C. L. Tien. *Exp. Heat Transfer,* **1**:93 (1987).
6. Colburn, A. P., and T. B. Drew. *Trans. AIChE*, **33**:196 (1937).
7. Colburn, A. P., and O. A. Hougen. *Ind. Eng. Chem.*, **26**:1178 (1934).
8. Drew, T. B., W. M. Nagle, and W. Q. Smith. *Trans. AIChE*, **31**:605 (1935).
9. Dukler, A. E. *Chem. Eng. Prog. Symp. Ser.*, **56**(30):1 (1960).
10. Fair, J. R., and A. Klip. *Chem. Eng. Prog.*, **79**(3):86 (1983).
11. Forster, H. K., and N. Zuber. *AIChE J.*, **1**:531 (1955).
12. Gebhart, B. *Heat Transfer*, 2nd ed. New York: McGraw-Hill, 1971, pp. 424-6.
13. Hsu, Y. Y., and J. W. Westwater. *Chem. Eng. Prog. Symp. Ser.*, **56**(30):15 (1960).
14. Incropera, F. P., and D. P. DeWitt. *Fundamentals of Heat Transfer*. New York: Wiley, 1981, p. 492.
15. Jakob, M., and W. Fritz. *VDI-Forschungsh.*, **2**:434 (1931).
16. Johnson, D. L., and Y. Yukawa. *Chem. Eng. Prog.*, **75**(7):47 (1979).
17. Kern, D. Q. *Process Heat Transfer*. New York: McGraw-Hill, 1950, pp. 313ff.
18. Lienhard, J. H. *A Heat-Transfer Textbook*. Englewood Cliffs, NJ: Prentice-Hall, 1981, p. 403.
19. Lienhard, J. H., and V. K. Dhir. NASA Cr-2270, July 1973.
20. Markels, M. Jr., and R. L. Durfee. *AIChE J.*, **10**:106 (1964).
21. McAdams, W. H. *Heat Transmission*, 3rd ed. New York: McGraw-Hill, 1954, pp. 330ff.
22. McAdams, W. H., J. N. Addoms, P. M. Rinaldo, and R. S. Day. *Chem. Eng. Prog.*, **44**:639 (1948).

23. Nusselt, W. *VDIZ.*, **60**:541, 569 (1916).
24. Perry, R. H., and D. W. Green (eds.). *Perry's Chemical Engineers' Handbook*, 7th ed. New York: McGraw-Hill, 1997; (*a*) p. **5**-20, (*b*) p. **11**-12.
25. Sun, K. H., and J. H. Lienhard. *Int. J. Heat Mass Transfer*, **13**:1425 (1970).
26. Welch, J. F., and J. W. Westwater. *Proc. Int. Heat Transfer Conf. Lond.*, 1961-1962, p. 302 (1963).
27. Yilmaz, S., and J. W. Westwater. *AIChE Symp. Ser.*, **77**(208):74 (1981).
28. Zuber, N. *Trans. ASME*, **80**:711 (1958).
29. Zuber, N., J. W. Westwater, and M. Tribus. *Proc. Int. Heat Transfer Conf. Lond., 1961-1962*, p. 230 (1963).

CHAPTER 14

輻射熱傳遞

以各種方式產生的輻射,均可視為以光速通過空間的能量流。某些種類的物質,當遭遇如電子撞擊、放電或一定波長的輻射等外力時,就會放出輻射。由這些因素產生的輻射將不在這裡討論。所有物質在絕對零度以上都會放出輻射,而此輻射與外力無關。僅由溫度效應而產生的輻射稱為熱輻射 (thermal radiation),本章討論的輻射僅限於這種形式的輻射。

有關輻射的基本事實

輻射是以直線或光束的形式穿過空間,只有被輻射體看到的物質才能攔截來自該輻射體的輻射。落在物體上的輻射中,被反射的分率稱為**反射率** (reflectivity) ρ,被吸收的分率稱為**吸收率** (absorptivity) α,被穿透的分率稱為**穿透率** (transmissivity) τ。這些分率的和必須等於 1,亦即

$$\alpha + \rho + \tau = 1 \tag{14.1}$$

輻射本身並不發熱,當它被吸收時則轉變成熱,而不再是輻射。然而,事實上被反射或被穿透的輻射,通常會落在其它的吸收體上,而且或許經過多次連續反射後,最終均轉變成熱。

如果一物體能將入射到它的所有輻射予以吸收而無反射或穿透,則該物體的最大可能吸收率為 1。若一物體能吸收所有入射的輻射,則該物體稱為**黑體** (blackbody)。

近年來,關於熱輻射傳遞的複雜問題已經獲得大量的研究,而且涵蓋在許多教科書中[6, 8, 10]。以下的簡介是針對下列主題:輻射的放射;不透明固體的吸收;面與面之間的輻射;半透明物質接受輻射或放射輻射;以及傳導、對流與輻射組合的熱傳遞。

輻射的放射

由任何已知的物體所放射的輻射，與該物體看到或接觸到的其它物體所放射的輻射無關。一物體獲得或失去的淨能為此物體放射的能量與吸收由其它物體輻射至該物體之能量的差。當輻射發生時，傳導和對流產生的熱流或許也會發生而它們與輻射無關。

當不同溫度的物體置於一密閉室內，物體彼此均能看到對方，較熱物體由於輻射而損失能量，其速率比吸收較冷物體輻射出的能量快，因此較熱物體的溫度下降。同時，較冷物體由較熱物體處吸收能量，其速率比它們所放出能量的速率快，因此較冷物體的溫度上升。如同由傳導和對流產生的熱流，當所有的物體達到相同溫度時，程序就達到平衡。由於吸收而將輻射轉變為熱以及由輻射的傳送使溫度達到平衡，因此，我們在實用上通常稱輻射為**熱** (heat)。

輻射的波長

已知電磁波輻射的波長所涵蓋的範圍很廣，從短波長約 10^{-11} cm 的宇宙線，到長波長 1,000 m 或更長的長波廣播波。

單一波長的輻射稱為**單波** (monochromatic) 輻射。熱輻射的光束不是單波，它的波長分布很廣，如圖 14.1 所示。介於 0.1 和 100 μm 的範圍對於由輻射產生的熱流是重要的，而可見光的波長範圍很窄，約由 0.39 到 0.78 μm。一般工業溫度下的熱輻射，其波長在紅外線光譜內，而此光譜包括可見光中的最長波長。當溫度超過 500°C 時，熱輻射在可見光譜變得重要，**赤熱** (red heat) 和**白熱** (white heat) 就是指這個事實。輻射體的溫度愈高，則所發射的熱輻射的主要波長愈短。

在一已知溫度下，熱輻射率隨物質的聚集狀態以及分子結構而變。單原子和雙原子氣體，如氧、氫及氮，即使在高溫，它們的輻射也很微弱。在工業條件下，這些氣體既不放射也不吸收可觀的輻射量。多原子氣體，包括水蒸氣、二氧化碳、氨、二氧化硫和碳氫化合物，在某些波長下，進行放射輻射和吸收輻射，並且在選擇性的波長下，紅外線吸收可用來分析此類氣體。由多原子氣體吸收紅外輻射對我們的氣候有重大影響，因為由地球表面輻射出來的大量能量在低的大氣層被這些氣體吸收。氣體濃度低，使得每單位體積的吸收很小，但在大氣的幾公里處仍有吸收發生。即使是超過短的距離，在非常高溫下，CO_2 和水蒸氣吸收輻射的能力很強，這個短的距離在熔爐的設計上是要納入考慮的。

固體和液體，除了薄層外，在整個光譜吸收且放射輻射。氣體是半透明的體積放射體和吸收體，而大多數固體和液體對輻射是不透明的，且放射和吸收

輻射熱傳遞 455

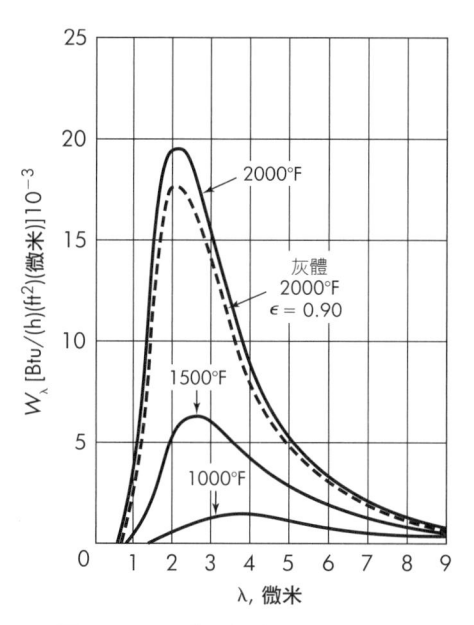

▲ 圖 14.1　黑體和灰體光譜的能量分布

與暴露的表面積有關。以下的討論主要是處理由表面放射與吸收,以及表面間的輻射。

放射功率

由一輻射表面放射的單波能,與表面的溫度和輻射波長有關。在恆定表面溫度下,圖中曲線顯示能量放射的速率是波長的函數。典型的這種曲線如圖 14.1 所示。每一條曲線陡峭地上升至極大值,且在波長很長時,逐漸趨近於零。量測單波輻射所選擇的單位乃基於以下的事實,亦即由一輻射表面的小面積所放射的能量向所有的方向傳播,它通過以該輻射面積為中心的任何半球。以這種方式之輻射,在單位時間、由單位面積所放射的單色輻射除以波長稱為**單色輻射功率** (monochromatic radiating power) W_λ。圖 14.1 的縱軸為 W_λ 的值。

對於由一表面輻射的整個光譜而言,總輻射功率 W 為此表面所有單色輻射的和,以數學式表示如下:

$$W = \int_0^\infty W_\lambda \, d\lambda \tag{14.2}$$

以圖形而言,W 為圖 14.1 中,波長由零至無限大之任何曲線下的整個面積。以物理意義而言,總輻射功率是所有波長的總輻射,此總輻射是指在單位時間內,由單位面積向所有方向放射,通過以輻射面積為中心的半球。

黑體輻射；放射率

在任何溫度下，黑體被定義為具有最大放射功率的理想放射器，它吸收所有入射輻射，且為其它輻射體的參考標準。一物體的總放射功率 W 與黑體的總放射功率 W_b 的比值，稱為該物體的**放射率** (emissivity) ε，亦即

$$\varepsilon \equiv \frac{W}{W_b} \tag{14.3}$$

單色放射率 ε_λ 為單色放射功率與同波長黑體放射功率的比值，亦即

$$\varepsilon_\lambda \equiv \frac{W_\lambda}{W_{b,\lambda}} \tag{14.4}$$

若一物體的單色放射率對所有波長而言均相同，則此物體稱為**灰體** (gray body)。

固體的放射率

固體的放射率列表於標準參考文獻中。[7, 9] 拋光金屬的放射率低，其範圍在 0.02 至 0.10 之間，且放射率隨溫度的增加而增加。大部分氧化金屬的放射率範圍為 0.6 至 0.85；非金屬如耐火材料、紙、木板和建築材料的放射率為 0.65 至 0.95；鋁漆以外的漆類，其放射率為 0.8 至 0.96。

黑體輻射的實際來源

雖然有些物質，如某種等級的碳黑確實近似黑色，但沒有一種實際的物質為黑體。含有一窺視小孔的恆溫封閉空間，在實驗上可看成與黑體相當。從小孔向封閉空間的內壁看，其效果如同看一個黑體。由內壁放射的輻射或接收由外界通過小孔的輻射，經過連續反射後，全部被內壁吸收，因此內表面的總吸收率為 1。

黑體輻射定律

黑體輻射的基本關係式為 **Stefan-Boltzmann 定律**，它說明黑體的總放射功率與絕對溫度的四次方成正比，

$$W_b = \sigma T^4 \tag{14.5}$$

其中 σ 為通用常數，僅與 T 和 W_b 的單位有關。Stefan-Boltzmann 定律是由熱力學和電磁學定律獲得的精確結果。

黑體在光譜上的能量分布已精確地得知，它可由**蒲朗克定律** (Planck's law) 獲得。

$$W_{b,\lambda} = \frac{2\pi \mathbf{h} c^2 \lambda^{-5}}{e^{\mathbf{h}c/\mathbf{k}\lambda T} - 1} \tag{14.6}$$

其中　$W_{b,\lambda}$ = 黑體的單色放射功率
　　　$\mathbf{h}$ = 蒲朗克常數 (Planck's constant)
　　　c = 光速
　　　λ = 輻射的波長
　　　$\mathbf{k}$ = 波茲曼常數 (Boltzmann's constant)
　　　T = 絕對溫度

(14.6) 式可寫成

$$W_{b,\lambda} = \frac{C_1 \lambda^{-5}}{e^{C_2/\lambda T} - 1} \tag{14.7}$$

其中 C_1 與 C_2 為常數。(14.5) 和 (14.6) 式中各種量的單位和常數的大小均列入本章末的符號表中。

由 (14.6) 式，以 $W_{b,\lambda}$ 對 λ 作圖。可得圖 14.1 的實線，該實線分別表示溫度在 1,000、1,500 和 2,000°F 的黑體輻射，虛線表示溫度為 2,000°F 時，放射率為 0.9 的灰體的單色輻射功率。

將 (14.6) 式中的 $W_{b,\lambda}$ 代入 (14.2) 式並積分，可證明蒲朗克定律與 Stefan-Boltzmann 定律是一致的。

於任意已知的溫度，在某特定波長可獲得極大單色輻射功率，此波長以 λ_{max} 表示。**維恩位移定律** (Wien's displacement law) 說明 λ_{max} 與絕對溫度成反比，亦即

$$T\lambda_{max} = C \tag{14.8}$$

當 λ_{max} 的單位是微米，T 的單位是 K 時，常數 C 的值為 2,890，若 T 的單位為 °R 時，則 C 的值為 5,200。

維恩定律亦可由蒲朗克定律 [(14.6) 式] 導出，亦即將該式對 λ 微分，再令此導數等於零，解出 λ_{max}。

不透明固體的輻射吸收

當輻射照射到一固體物時,一個定分率 ρ 的輻射可能被反射,而其餘進入固體的分率 $1-\rho$ 不是穿透固體就是被固體吸收。大多數的固體(除了玻璃、某種塑膠、石英和一些礦石外)很容易吸收所有波長的輻射,除了穿透率 τ 為零的薄片,其所有不被反射的輻射完全被固體的表面薄層吸收。因此不透明固體的輻射吸收是一種表面現象,而不是容積現象,固體的內部是不吸收輻射的。由吸收輻射而產生的熱,以傳導方式流入或穿透不透明固體的內部。

不透明固體的反射率和吸收率

由於不透明固體的穿透率為零,因此反射率與吸收率的和為 1,而且影響反射率的因素,在相反的意義上影響吸收率。通常,不透明固體的反射率與溫度、表面的特性、構成表面的材料、入射輻射的波長以及入射角有關。反射的兩種主要類型為鏡射 (specular) 和漫射 (diffuse)。前者是光滑表面的特性,如拋光的金屬;後者發生於粗糙面或鈍表面的反射。在鏡射中,反射光束和表面形成一定的角度,亦即入射角等於反射角。這些表面的反射率趨近於 1,而吸收率趨近於零。粗糙或鈍的面則向所有的方向漫射,沒有一定的反射角,而且吸收率趨近於 1。對於粗糙的表面而言,其粗糙的尺度比入射輻射的波長大,因此是漫射,即使個別粗糙單位的輻射為鏡射。粗糙表面的反射率大小,與物質本身的反射特性有關。工業上,與化學工程師有關的大部分表面都是漫射,處理實際情況時,簡化中所做的重要假設通常是假設反射率與吸收率和入射角無關。此假設相當於**餘弦定律** (cosine law) [參閱 (14.15) 式],此定律敘述一完全漫射的表面,其離開表面的輻射強度(在可見光的情況下為亮度)和對該表面的視角無關。無論是由此種表面放射的**漫射輻射** (diffuse radiation) 或由此表面反射的**漫射反射** (diffuse reflection),餘弦定律均為正確。

反射率可能隨入射輻射的波長而變,因此整個光束的吸收率則是單色吸收率的加權平均 (weighted average) 且與入射輻射的整個光譜有關。

灰體的吸收率,如同放射率,對所有的波長均相同。若灰體的表面為漫射輻射或反射,其單色吸收率亦與輻射光束的入射角無關。總吸收率等於單色吸收率且亦與入射角無關。

柯希荷夫定律

關於物質的輻射功率之一個重要推廣為柯希荷夫 (kirchhoff) 定律，它敘述在溫度平衡時，任何物體的總輻射功率與其吸收率之比僅與物體的溫度有關。因此，在具有共同周遭的情況下，考慮溫度平衡的任意兩物體，由柯希荷夫定律知

$$\frac{W_1}{\alpha_1} = \frac{W_2}{\alpha_2} \tag{14.9}$$

其中　　$W_1, W_2 =$ 兩物體的總輻射功率
　　　　$\alpha_1, \alpha_2 =$ 兩物體的吸收率

此定律適用於單波和總輻射。

若 (14.9) 式中的第一個物體為黑體，$\alpha_1 = 1$，即

$$W_1 = W_b = \frac{W_2}{\alpha_2} \tag{14.10}$$

其中 W_b 為黑體的總輻射功率。因此

$$\alpha_2 = \frac{W_2}{W_b} \tag{14.11}$$

但是，由定義知，第二個物體的放射率 (emissivity) ε_2 為

$$\varepsilon_2 = \frac{W_2}{W_b} = \alpha_2 \tag{14.12}$$

因此，當任何物體與其周遭處於溫度平衡時，其放射率等於吸收率。這種關係可視為柯希荷夫定律的另一種陳述。通常，除了黑體或灰體，若物體與周遭未處於熱平衡，則吸收率與放射率不相等。

無論是單波輻射或總輻射，黑體的吸收率與放射率均等於 1。對所有波長和入射角而言，黑體的反射率等於零，所以餘弦定律亦適用於黑體。

柯希荷夫定律可應用於物體的容積與表面。由於不透明固體的吸收侷限於表面的薄層，因此由物體表面放射的輻射也是來自於相同的表層。輻射體吸收它們本身的輻射，由固體內部物質放射的輻射也在內部被吸收而不會到達表面。

因為入射輻射的能量分布與原表面的溫度和性質有關，所以接受表面的吸收率也與原表面的這些性質有關。因此柯希荷夫定律並非總是可以應用於非平衡輻射。但是，如果接受表面是灰體，因其吸收率和波長無關，因此入射輻射的固定分率會被接受面吸收，且不論放射面與接收面是否同溫，柯希荷夫定律均能適用。

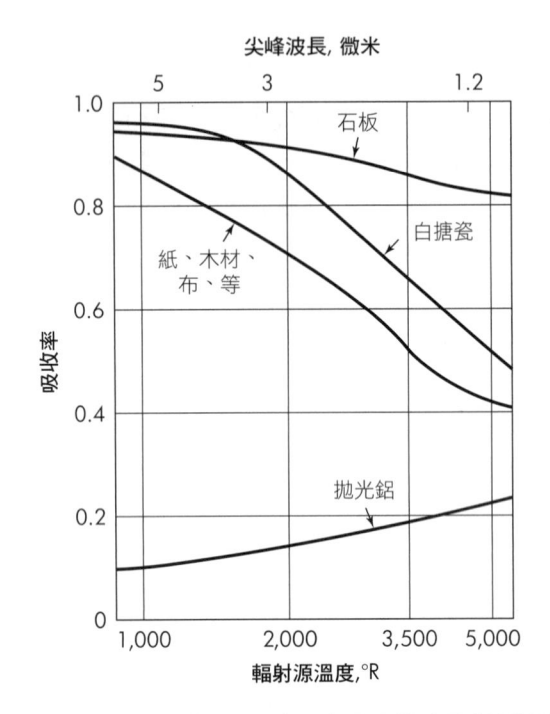

▲ 圖 14.2 各種固體的吸收率與輻射源溫度及入射輻射的尖峰波長之關係（經作者與出版商許可，摘自 *H. C. Hottel, p. 62 in W. H. McAdams, Heat Transmission. Copyright by author, 1954, McGraw-Hill Book Company.*）

不幸的是，大部分工業上所用的表面均非灰體，而且它們的吸收率隨入射輻射的本質強烈改變。圖 14.2 顯示各種固體的吸收率如何隨入射輻射的尖峰波長改變，同時也顯示與輻射源的溫度關係。[5a] 還有一些固體，如板岩 (slate)，幾乎是真正的灰體，而且它們的吸收率幾乎固定不變。拋光金屬表面的吸收率 α_2 隨著輻射源的絕對溫度 T_1 以及表面的絕對溫度 T_2 的增加而增加，亦即依據下列方程式：

$$\alpha_2 = k_1 \sqrt{T_1 T_2} \tag{14.13}$$

其中 k_1 為常數。但是，大多數的表面其吸收率係遵循如圖 14.2 所示的曲線，即紙、木材、布等的曲線。這些表面對於由輻射源低於約 1,000°F (540°C) 時放出的長波輻射具有高的吸收率；當輻射源的溫度升高，超過 1,000°F，吸收率下降，有時下降非常顯著。當輻射源溫度很高時，有一些物質的吸收率會再度升高。

面與面之間的輻射

面積為 A_1，放射率為 ε_1，絕對溫度為 T_1 的不透明物體，其單位面積的總輻射為

$$\frac{q}{A_1} = \sigma \varepsilon_1 T_1^4 \tag{14.14}$$

然而，在不同溫度下，大多數的表面能放射輻射亦能接受其它表面的輻射。這些進來的輻射有些被吸收，而其吸收的量由輻射能的總通量決定。例如在室內的一蒸汽管，被該室的壁、地板、天花板圍繞，所有這些物體都對管子輻射，雖然蒸汽管失去的能量比由周遭吸收的能量多，但是輻射的淨損失，小於由 (14.14) 式計算所得的值。即使當表面向清澈的夜空輻射，也有部分的輻射能被大氣中的水和二氧化碳吸收，而這些被吸收的能量的一部分會輻射回原來的表面。

在燃燒爐和其它高溫設備，輻射是特別重要，通常的目標是要在稱為**源點** (source) 的一個或多個熱表面與稱為**匯點** (sink) 的一個或多個冷表面之間，獲得可控制的淨熱交換速率。在許多情況下，火焰為熱表面，但在這些表面發生的能量交換是很平常的，火焰可以看成是一種半透明表面的特殊形式。以下的討論是侷限於不透明表面之間的輻射能傳遞，而這些表面之間沒有任何吸收介質。

兩個表面之間發生輻射的最簡單形式為每一個只能看到另一個表面，例如，這二個表面是很大的平行平面，如圖 14.3a 所示，且二表面均為黑體。由第一個平面每單位面積放射出來的能量為 σT_1^4，而由第二個平面放射出來的為 σT_2^4，假設 $T_1 > T_2$。來自每一個表面的輻射均落在另一個表面上，且完全被吸收。

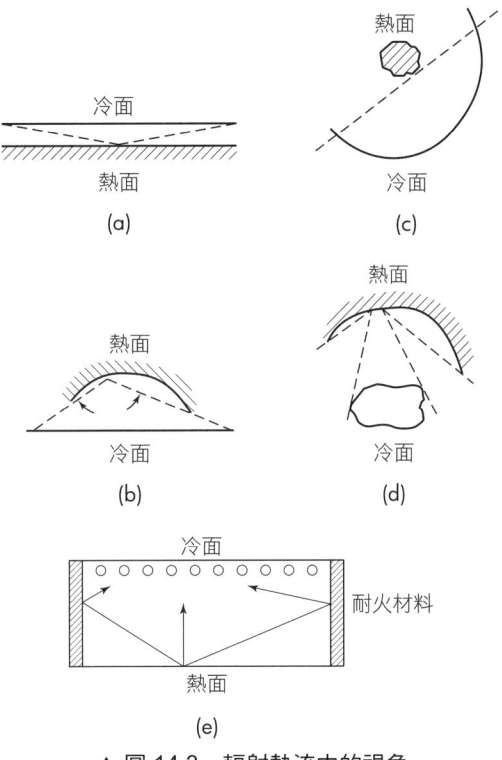

▲ 圖 14.3　輻射熱流中的視角

由於兩個表面的面積相等，因此第一個平面每單位面積的能量淨損失與第二個平面的能量淨獲得為 $\sigma T_1^4 - \sigma T_2^4$ 或 $\sigma(T_1^4 - T_2^4)$。

實際工程問題不同於這種簡單的情況有下列諸點：(1) 一個或兩個被討論的表面除了可互相看到對方外，也會看到其它的面。事實上，在凹面積的表面能夠看到本身的一部分。(2) 沒有實際的表面是完全黑體，表面的放射率必須考慮。

視角

定性而言，一有限大小的表面，當它攔截由另一表面上的單位面積放射的輻射時，可以用視角 (angle of vision) 的觀點來考慮，所謂視角就是指發射體表面的發射單元所面對的有限表面的立體角。一個半圓球所對的立體角為 2π 立體弧度 (steradian, sr)，這是任意面積單元與相對平面的最大視角。任一面積單元的總輻射功率均採取這一事實而進行探討。若視角小於 2π sr，則來自放射體的面積單元的輻射，只有一部分被接受面攔截，而其餘的輻射被剩餘的立體角所能看見的其它表面所接受。凹面上任一單元的一些半球面視角會面對自身表面。

圖 14.3 顯示幾個典型的輻射表面。圖 14.3a 表示在兩大平行平面，每一平面上的面積單元均以 2π 立體弧度的立體角面對另一平面。任一平面的輻射，都不能避免被另一平面攔截。圖 14.3b 熱體上的點，只能看到冷面，因此其視角為 2π 立體弧度。然而，冷面的單元所看到的，大部分是冷面自身的其它部分，因此對熱體的視角是小的。這種自身吸收的效應亦顯示於圖 14.3c，其中熱面上的單元對冷面的視角是相對為小的情況。圖 14.3d 顯示冷面與熱面均以小角度相對，如此，來自熱面大量的輻射，都射入某些未知的物體。圖 14.3e 顯示一具有絕熱耐火壁的簡單火爐，來自熱底部亦即源點的輻射，一部分被橫跨爐頂的列向管束所攔截，形成匯點，部分被耐火壁以及管後之耐火爐頂攔截。在這種裝配上的耐火材料，均假設沒有相等的吸收能量和放射能量的速率，因此耐火材料上的淨能量效應為零。耐火爐頂將通過管子的能量吸收後，再輻射至管子的背面。

距離的平方效應

當能量由小的曲面放射而被大的曲面攔截，在接受面上每單位面積所接受的能量與曲面間之距離的平方成反比，今討論如下。

輻射熱傳遞

$dA_2 = 2\pi r^2 \sin\phi\, d\phi$

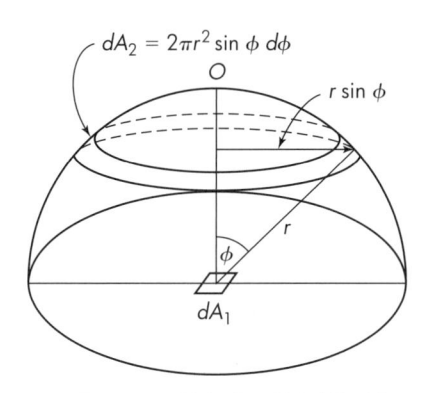

▲ 圖 14.4　對半球面的漫射輻射

接受面上每單位面積所接受的能量之速率稱為輻射強度，以 I 表示。對於漫射輻射，我們可以利用餘弦定律求得輻射強度如何隨放射面到接受面間之距離和方位的變化關係。考慮如圖 14.4 所示的放射面單元 dA_1，它位於以 r 為半徑的半球面 A_2 的中心。接受面上的環形單元 dA_2 的面積為 $2\pi r^2 \sin\phi\, d\phi$，其中 ϕ 為 dA_1 上的法線與連接 dA_1 和 dA_2 的半徑之間的夾角。在 dA_1 垂直上方之點的強度，以 dI_o 表示；而在 A_1 上方任意其它點的強度則以 dI 表示。由漫射輻射的餘弦定律知

$$dI = dI_0 \cos\phi \tag{14.15}$$

放射面的放射功率 W_1 與輻射強度之間的關係，可由下列步驟求得。由 (14.15) 式可求得面積 dA_2 的能量吸收率 dq_{dA_2} 為

$$dq_{dA_2} = dI\, dA_2 = dI_0 \cos\phi_2\, dA_2 \tag{14.16}$$

因為 $dA_2 = (2\pi r)(r \sin\phi)\, d\phi$，所以

$$dq_{dA_2} = dI_0\, 2\pi r^2 \sin\phi \cos\phi\, d\phi \tag{14.17}$$

因為所有由面積 dA_1 放射的輻射均落在 A_2 的某一部分上，所以 dA_1 的放射率必須等於總面積 A_2 的能量接受率。A_2 的接受率可由 dq_{dA_2} 對面積 A_2 積分而得，因此

$$\begin{aligned}W_1\, dA_1 &= \int_{A_2} dq_{dA_2} = \int_0^{\pi/2} 2\pi\, dI_0\, r^2 \sin\phi \cos\phi\, d\phi \\ &= \pi\, dI_0\, r^2\end{aligned} \tag{14.18}$$

因此
$$dI_0 = \frac{W_1}{\pi r^2}\, dA_1 \tag{14.19}$$

代入 (14.15) 式,得

$$dI = \frac{W_1}{\pi r^2} dA_1 \cos\phi \tag{14.20}$$

黑體表面間的輻射定量計算

上述的討論可用定量的方式處理,對於兩基本面積之間的淨輻射,建立一微分方程式,然後再依曲面的排列類型,將微分方程式積分。如圖 14.5 的兩個平面面積單元 dA_1 和 dA_2,它們之間的距離為 r,在兩面可用一直線連結的情況下,可將兩面以任意方位放置。換句話說,dA_1 必須看到 dA_2;至少由 dA_1 輻射的某一部分必須落在 dA_2。ϕ_1 和 ϕ_2 分別為 dA_1 與 dA_2 的法線及其連線之間的夾角。

如圖 14.5 所示,由於面積單元的連結線不垂直於 dA_2,因此由 dA_1 放射的輻射而由 dA_2 接受的能量速率為

$$dq_{dA_1 \to dA_2} = dI_1 \cos\phi_2 \, dA_2 \tag{14.21}$$

其中 dI_1 為面積 dA_1 輻射至面積 dA_2 的強度。因為 dA_1 為黑體,所以由 (14.20) 式和 (14.21) 式可得

$$\begin{aligned} dq_{dA_1 \to dA_2} &= \frac{W_1}{\pi r^2} dA_1 \cos\phi_1 \cos\phi_2 \, dA_2 \\ &= \frac{\sigma T_1^4}{\pi r^2} \cos\phi_1 \cos\phi_2 \, dA_1 \, dA_2 \end{aligned} \tag{14.22}$$

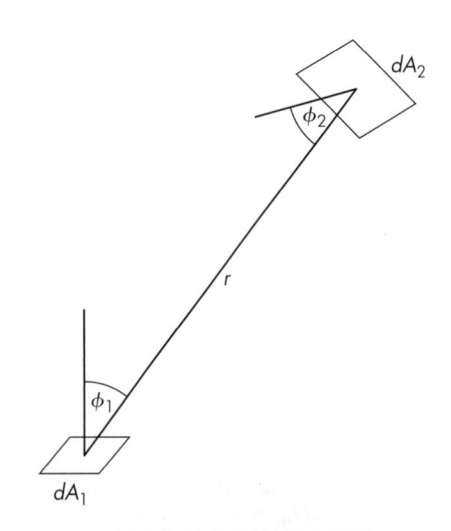

▲ 圖 14.5　輻射的微分面積

同理，由 dA_2 輻射而落在 dA_1 的量為

$$dq_{dA_2 \to dA_1} = \frac{\sigma T_2^4}{\pi r^2} \cos\phi_1 \cos\phi_2 \, dA_1 \, dA_2 \tag{14.23}$$

兩面積單元間的淨熱傳速率 dq_{12} 可由 (14.22) 式與 (14.23) 式之差求得

$$dq_{12} = \sigma \frac{\cos\phi_1 \cos\phi_2 \, dA_1 \, dA_2}{\pi r^2} \left(T_1^4 - T_2^4\right) \tag{14.24}$$

對於所予有限表面的組合，(14.24) 式的積分通常是冗長的重積分，而此重積分是基於兩個平面的幾何形狀和它們彼此間的關係。對於任何情況的結果，其方程式均可寫成下列的形式

$$q_{12} = \sigma AF\left(T_1^4 - T_2^4\right) \tag{14.25}$$

其中 q_{12} = 兩個面之間的淨輻射
　　A = 兩個面中任一個面的面積，可以任意選擇
　　F = 無因次幾何因數

因數 F 稱為視因數 (view factor) 或角因數 (angle factor)；它與兩表面的幾何形狀、彼此的空間關係和選擇哪一個面為 A 有關。

若選擇 A_1 面為 A，則 (14.25) 式可寫成

$$q_{12} = \sigma A_1 F_{12}\left(T_1^4 - T_2^4\right) \tag{14.26}$$

若選擇 A_2 面，則

$$q_{12} = \sigma A_2 F_{21}\left(T_1^4 - T_2^4\right) \tag{14.27}$$

比較 (14.26) 式和 (14.27) 式，可得

$$A_1 F_{12} = A_2 F_{21} \tag{14.28}$$

因數 F_{12} 可以看成是離開面積 A_1 而被面積 A_2 攔截的輻射分率。若 A_1 面只能看到 A_2 面，則其視因數 F_{12} 為 1。若 A_1 面可以看到許多其它面，且整個半球視角均被這些面所包圍，則

$$F_{11} + F_{12} + F_{13} + \cdots = 1.0 \tag{14.29}$$

因數 F_{11} 包括面對 A_1 的其它部分的視角。若 A_1 面無法看到本身的任何部分，則 F_{11} 為零。與 F_{11} 因數相關的淨輻射，當然也是零。

在某些情況下，可以簡單算出視因數。例如，考慮一個沒有凹面而面積為 A_2 的小黑體，被一個面積為 A_1 的大黑體表面所包圍。因為面積 A_2 只能看到面

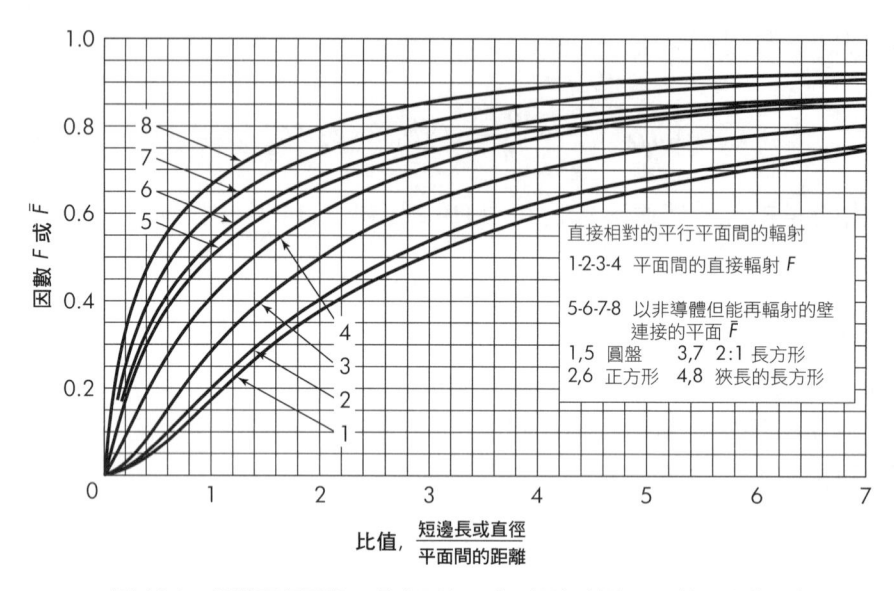

▲ 圖 14.6　相對平行圓盤、長方形和正方形間輻射的視因數和交換因數

積 A_2，所以因數 F_{21} 為 1。由 (14.28) 式可知，因數 F_{12} 為

$$F_{12} = \frac{F_{21}A_2}{A_1} = \frac{A_2}{A_1} \tag{14.30}$$

由 (14.29) 式，可得

$$F_{11} = 1 - F_{12} = 1 - \frac{A_2}{A_1} \tag{14.31}$$

Hottel[3] 已求出許多重要特殊狀況的視因數 F。圖 14.6 顯示出直接相對的相等平行平面的 F 因數。線 1 是圓盤，線 2 是正方形，線 3 是長寬比為 2：1 的長方形，線 4 是狹長的長方形。在所有的情況下，因數 F 為平面的邊長或直徑與平面間距離之比的函數。

耐火面的餘量

如圖 14.3e 所示，當源點和匯點以耐火壁相連，因數 F 可以用類似的**交換因數** (interchange factor) $\bar{F}$ 取代，而 (14.26) 式與 (14.27) 式可寫成

$$q_{12} = \sigma A_1 \bar{F}_{12}(T_1^4 - T_2^4) = \sigma A_2 \bar{F}_{21}(T_1^4 - T_2^4) \tag{14.32}$$

對於某些簡單的情況，交換因數 $\bar{F}$ 已被精確地求出。[4] 圖 14.6 的線 5 到線 8 為以耐火壁連接的直接相對之平行平面的 $\bar{F}$ 值。線 5 適用於圓盤，線 6 適用於正方形，線 7 適用於 2：1 的長方形，而線 8 適用於狹長的長方形。

以 F 表示 $\bar{F}$ 的近似方程式為

$$\bar{F}_{12} = \frac{A_2 - A_1 F_{12}^2}{A_1 + A_2 - 2A_1 F_{12}} \tag{14.33}$$

(14.33) 式適用於只有一個源點和一個匯點的情況，並且面積 A_1 與 A_2 都看不到本身的任何部分。此式是基於假設耐火面的溫度為常數，這是一個簡化的假設，因為耐火材料的局部溫度通常是在源點與匯點的溫度間變化。

非黑體表面

在一般情況下，非黑體表面間的輻射，因為吸收率和放射率不相等，而且兩者均與波長和入射角有關，所以在處理上顯然是複雜的。但是，一些重要的特殊情況可以簡單地處理。

簡單的例子是一非黑的小物體被一個黑體表面所圍繞。假設此非黑體和圍繞表面的面積分別為 A_1 和 A_2，且它們的溫度分別為 T_1 和 T_2。由 A_2 面輻射落在 A_1 面的輻射為 $\sigma A_2 F_{21} T_2^4$，被 A_1 面吸收的分率為 α_1，亦即 α_1 為面積 A_1 的吸收率，其餘則被反射回黑體的周圍，然後再完全被面積 A_2 吸收。A_1 面放射的輻射量為 $\sigma A_1 \varepsilon_1 T_1^4$，其中 ε_1 為 A_1 面的放射率，所有這些 A_1 的輻射均被 A_2 面吸收，而沒有再反射回來。因為兩個表面不具有相同的溫度，所以通常放射率 ε_1 與吸收率 α_1 並不相等。A_1 面的淨能量損失為

$$q_{12} = \sigma \varepsilon_1 A_1 T_1^4 - \sigma A_2 F_{21} \alpha_1 T_2^4 \tag{14.34}$$

但是由 (14.28) 式知 $A_2 F_{21} = A_1$，消去 $A_2 F_{21}$ 後，(14.34) 式變成

$$q_{12} = \sigma A_1 (\varepsilon_1 T_1^4 - \alpha_1 T_2^4) \tag{14.35}$$

若 A_1 面為灰體，則 $\varepsilon_1 = \alpha_1$，可得

$$q_{12} = \sigma A_1 \varepsilon_1 (T_1^4 - T_2^4) \tag{14.36}$$

通常，對灰體表面而言，(14.26) 和 (14.27) 式可寫成

$$q_{12} = \sigma A_1 \mathscr{F}_{12}(T_1^4 - T_2^4) = \sigma A_2 \mathscr{F}_{21}(T_1^4 - T_2^4) \tag{14.37}$$

其中 $\mathscr{F}_{12}$ 和 $\mathscr{F}_{21}$ 稱為**總交換因數** (overall interchange factors)，為 ε_1 和 ε_2 的函數。σ 的值為 5.672×10^{-8} W/m²·K⁴ 或 0.1713×10^{-8} Btu/ft²·h·°R⁴。

兩大平行平面 在簡單的情況下，因數 $\mathscr{F}$ 可由考慮連續反射和再吸收的反射光

束之路徑計算而得。對於放射率 ε_1 和 ε_2 不相等的兩個大平行平板,總交換因數為

$$\mathscr{F}_{12} = \frac{1}{1/\varepsilon_1 + 1/\varepsilon_2 - 1} \tag{14.38}$$

一灰體表面被另一灰體表面完全包圍 設 A_1 為被包圍物的面積,A_2 為包圍物的面積。在此情況下的總交換因數為

$$\mathscr{F}_{12} = \frac{1}{1/\varepsilon_1 + (A_1/A_2)[(1/\varepsilon_2) - 1]} \tag{14.39}$$

(14.39) 式適用於同心圓球或同心圓柱,但亦可應用於其它形狀,而不會產生太大的誤差。對於一灰體被一黑體所包圍的狀況,可視為 (14.39) 式的特例,亦即令 (14.39) 式中的 $\varepsilon_2 = 1.0$。在這些狀況下,$\mathscr{F}_{12} = \varepsilon_1$。

通常,下列近似方程式可用來計算灰體表面的總交換因數:

$$\mathscr{F}_{12} = \frac{1}{1/\bar{F}_{12} + [(1/\varepsilon_1) - 1] + (A_1/A_2)[(1/\varepsilon_2) - 1]} \tag{14.40}$$

其中 ε_1 和 ε_2 分別為源點和匯點的放射率。如果耐火材料不存在,則用 F 取代 $\bar{F}$。

由灰體表面包圍的範圍內,若有兩個以上的輻射面,則 Gebhart[1a] 提出一個直接計算 $\mathscr{F}$ 的方法。文獻中有討論涉及非灰體表面的問題。[5b]

例題 14.1

一片大張的鋁片在室內做熱固化 (heat-curing) 處理,鋁片兩側漆成黑色,且垂直通過相距 150 mm 的兩塊鋼板之間。其中一塊鋼板溫度為 300°C,另外一塊則暴露在 25°C 的大氣中。(a) 試求漆黑鋁片的溫度是多少?(b) 達到熱平衡時,兩板之間的熱傳遞是多少?忽略對流的效應,鋼板的放射率為 0.56;漆黑鋁片的放射率為 1.0。

解

(a) 令下標 1 表示熱鋼板,下標 2 表示漆黑鋁片,而下標 3 表示冷鋼板:

$$\varepsilon_1, \varepsilon_3 = 0.56 \qquad \varepsilon_2 = 1.0$$
$$T_1 = 573\,\text{K} \qquad T_3 = 298\,\text{K}$$

由 (14.37) 式
$$q_{12} = \sigma A_1 \mathscr{F}_{12}(T_1^4 - T_2^4)$$
$$q_{23} = \sigma A_2 \mathscr{F}_{23}(T_2^4 - T_3^4)$$

達到熱平衡時 $q_{12} = q_{23}$。由 (14.38) 式

$$\mathscr{F}_{12} = \frac{1}{1/0.56 + 1/1.0 - 1} = 0.56 = \mathscr{F}_{23}$$

因為 $A_1 = A_2$，

$$\left(\frac{T_1}{100}\right)^4 - \left(\frac{T_2}{100}\right)^4 = \left(\frac{T_2}{100}\right)^4 - \left(\frac{T_3}{100}\right)^4$$

$$5.73^4 - \left(\frac{T_2}{100}\right)^4 = \left(\frac{T_2}{100}\right)^4 - 2.98^4$$

$$T_2 = 490.4\,\text{K} = 217.4°\text{C}$$

(b) 由 (14.37) 式，熱通量為

$$\frac{q_{12}}{A} = 5.672 \times 0.56(5.73^4 - 4.904^4) = 1,587\,\text{W/m}^2\,(503\,\text{Btu/h}\cdot\text{ft}^2)$$

核對：

$$\frac{q_{23}}{A} = 5.672 \times 0.56(4.904^4 - 2.98^4)$$
$$= 1,587\,\text{W/m}^2$$

注意：假如漆黑平板被移動，$q_{13} = 3.174\,\text{W/m}^2\,(1,006\,\text{Btu/h}\cdot\text{ft}^2)$。

半透明物質的輻射

形如玻璃和潔淨塑膠膜的固體稱為半透明，因為它們僅將它們吸收的能量做部分的傳送。它們的穿透率和吸收率與輻射的波長和物質的厚度有關。吸收輻射的能力可由**吸收係數** (absorption coefficient) μ_λ 或**吸收長度** (absorption length) L_λ 來鑑定。假設光束的衰減與強度 I_λ 成正比，亦即

$$-\frac{dI_\lambda}{dx} = \mu_\lambda I_\lambda \tag{14.41}$$

其中 μ_λ 為波長 λ 的輻射吸收係數，x 為距接受面的距離。將上式積分可得

$$\frac{I_\lambda}{I_{o,\lambda}} = e^{-\mu_\lambda x} \tag{14.42}$$

吸收長度為輻射強度衰減到 $1/e$ 的 x 值，亦即

$$L_\lambda = \frac{1}{\mu_\lambda} \tag{14.43}$$

如果物質的厚度比 L_λ 大很多，很少輻射可穿透，因此為不透明物質。如果厚度等於或小於 L_λ，則物質為透明或半透明。

普通玻璃對可見光和短波輻射是透明的，但對較長的波長，則為不透明。玻璃圍繞的密閉室，暴露於陽光之下，室內變得比室外更熱，這是**溫室效應** (green house effect) 產生的原因。太陽表面的溫度約 5,500 K，大多數由太陽放射的輻射，很容易穿過玻璃，但在溫度約為 30°C 的密閉室內，屬於紅外線區域的室內輻射一部分被玻璃吸收而一部分再輻射回密閉室的內部，造成室內溫度上升，直到對流產生的熱損失等於傳入室內的輻射能為止。

如前所述，類似的溫室效應也會影響地球的氣候，此時半透明介質不是玻璃而是地球的大氣。增加二氧化碳和其它多原子分子的數量無法阻止陽光到達地球，它們只是吸收大量來自地球的長波能量，然後再將這些能量輻射回地球表面。

吸收氣體的輻射

單原子和雙原子氣體，如氫、氧、氦、氬和氮，對紅外線而言，是屬於透明的物體。較複雜的多原子分子，包括水蒸氣、二氧化碳和有機蒸汽，對輻射的吸收是強烈的，特別是特定波長的輻射。由一已知量的氣體或蒸汽吸收入射輻射的分率與輻射路徑的長度和所遇到的分子數有關，亦即與氣體或蒸汽的密度有關。因此，一已知氣體的吸收率是其分壓的強函數，而是其溫度的弱函數。

若吸收氣體被加熱過，則其以有利於吸收的相同波長，向較冷的周遭輻射。此氣體的放射率亦為溫度和壓力的函數。由於路徑長度的影響，氣體的放射率和吸收率可任意地由特定的幾何形狀定義。二氧化碳和水蒸氣在 1 atm 的放射率以及它們因壓力改變的修正圖已由 Hottel 提供。[5c] 當二氧化碳與水蒸氣均存在時，由於每一種氣體對另一種氣體的輻射呈現稍微不透明，因此總輻射小於由兩種氣體分別計算所得的輻射。對於這種交互作用所需的修正圖，已有文獻可供參考。[5c]

◼ 結合傳導 - 對流和輻射的熱傳遞

由一熱物體至周遭的總熱量損失通常包括以傳導 - 對流和輻射產生的熱損失。例如，在一室內的熱管線，其熱損失是以兩種熱傳機構進行，且各熱損失幾乎相等。由於這兩種類型的熱傳遞同時發生，假設周遭為黑體，則總熱損失為

$$\frac{q_T}{A} = \frac{q_c}{A} + \frac{q_r}{A} = h_c(T_w - T) + \sigma \varepsilon_w (T_w^4 - T^4) \tag{14.44}$$

其中　q_T/A = 總熱通量
　　　q_c/A = 傳導 - 對流的通量
　　　q_r/A = 輻射的熱通量
　　　h_c = 對流熱傳係數
　　　ε_w = 表面的放射率
　　　T_w = 表面溫度
　　　T = 周遭溫度

有時，(14.44) 式可以寫成

$$\frac{q_T}{A} = (h_c + h_r)(T_w - T) \tag{14.45}$$

其中 h_r 稱為**輻射熱傳係數** (radiation heat-transfer coefficient)，定義為

$$h_r \equiv \frac{q_r}{A(T_w - T)} \tag{14.46}$$

此係數強烈地與 T_w 的絕對值有關，而在某些程度上與溫度差 $T_w - T$ 有關。但是，當溫差很小時，h_r 的值可以用僅含一溫度的簡單方程式近似求得。將 (14.44) 式的四次方項展開，可得

$$\frac{q_r}{A} = \sigma \varepsilon_w (T_w^4 - T^4) = \sigma \varepsilon_w (T_w^2 + T^2)(T_w + T)(T_w - T) \tag{14.47}$$

若 $T_w - T$ 很小，則除了 (14.47) 式中的一項外，均可用 T_w 取代 T，亦即

$$\frac{q_r}{A} \approx \sigma \varepsilon_w (2T_w^2)(2T_w)(T_w - T) = \sigma \varepsilon_w (4T_w^3)(T_w - T) \tag{14.48}$$

由 h_r 的定義，(14.46) 式，得到

$$h_r \approx 4\sigma \varepsilon_w T_w^3 \tag{14.49}$$

若溫度差 $T_w - T$ 超過少許度數，但仍小於絕對溫度 T_w 的 20%，則使用 T_w 和 T 的算術平均值可提高 (14.49) 式的精確度。

(14.44) 式和 (14.49) 式適用於一小面積完全被一很大面積所圍繞，因此，只有小面積的放射率會影響熱通量。對於面積幾乎相等的表面，ε_w 應該以 $1/[(1/\varepsilon_1) + (1/\varepsilon_2) - 1]$ 取代，如 (14.39) 式所示。

薄膜沸騰中的輻射

在非常熱的表面進行薄膜沸騰，熱傳遞的發生主要是由於表面至液體的輻射。如前面所討論的，因為周遭液體的吸收率為 1，所以 (14.44) 式適用於此情況。當輻射很有活力時，覆蓋在加熱單元的蒸汽膜比沒有輻射時的蒸汽膜厚，而對流熱傳係數較低。在沈浸的水平管表面上的薄膜沸騰，沒有輻射的熱傳係數 h_o，可由 (13.22) 式預估。當輻射存在時，對流係數變為 h_c，必須以試誤法利用下式求出 [1b]

$$h_c = h_o \left(\frac{h_o}{h_c + h_r} \right)^{1/3} \qquad (14.50)$$

其中 h_o 可由 (13.22) 式求出，而 h_r 由 (14.46) 式或 (14.49) 式求得。將 h_c 和 h_r 代入 (14.45) 式，則沸騰液體的總熱傳率即可求得。

■ **符號** ■

A ：面積，m^2 或 ft^2；A_1，表面 1 的面積；A_2，表面 2 的面積

C ：(14.8) 式中的常數，2,890 $\mu m \cdot K$ 或 5,200 $\mu m \cdot °R$；C_1，(14.7) 式中的常數，$3.742 \times 10^{-16} W \cdot m^2$；$C_2$，(14.7) 式中的常數，$1.439 \, cm \cdot K$

c ：光速，2.998×10^8 m/s 或 9.836×10^8 ft/s

D ：直徑，立方體邊長，或兩面間的距離，m 或 ft

F ：視因數或角因數，無因次；F_{11}, F_{12}, F_{13}，分別為從表面 1 向表面 1、2、3 輻射的視因數；F_{21}，表面 2 向表面 1 輻射的視因數

$\bar{F}$ ：涉及耐火表面之系統的交換因數，無因次；$\bar{F}_{12}$，由表面 1 向表面 2 輻射的交換因數；$\bar{F}_{21}$，由表面 2 向表面 1 輻射的交換因數

$\mathscr{F}$ ：總交換因數，無因次；$\mathscr{F}_{12}$，由表面 1 向表面 2 輻射的總交換因數；$\mathscr{F}_{21}$，由表面 2 向表面 1 輻射的總交換因數

h ：蒲朗克常數，6.626×10^{-34} J·S

h ：個別熱傳係數，$W/m^2 \cdot °C$ 或 $Btu/ft^2 \cdot h \cdot °F$；$h_c$，有輻射時的個別熱對流係數；$h_r$，

輻射熱傳遞　473

輻射熱傳係數；h_o，無輻射時的沸騰液體熱傳係數

I : 輻射強度，W/m² 或 Btu/ft²·h；I_0，輻射表面垂線上的點的輻射強度；I_1，由表面 1 向表面 2 的輻射強度

I_λ : 吸收物質內的單波輻射強度，W/m² 或 Btu/ft²·h；$I_{0,\lambda}$，物質表面的單波輻射強度

k : 波茲曼常數，1.380×10^{-23} J/K

k_1 : (14.13) 式中的常數

L : 物質的厚度，半球的半徑，m 或 ft

L_λ : 吸收長度，m 或 ft

q : 熱流率，W 或 Btu/h；q_T，總熱流率；q_c，傳導 - 對流的熱流率；q_r，輻射的熱流率；q_{12}，表面 1 和表面 2 之間的淨熱交換率

r : 半球的半徑或連接輻射表面之面積單元的直線長度，m 或 ft

T : 溫度，K 或 °R；T_w，壁或表面的溫度；T_1，表面 1 的溫度；T_2，表面 2 的溫度

W : 總輻射功率，W/m² 或 Btu/ft²·h；W_b，黑體的總輻射功率；W_1，表面 1 的總輻射功率；W_2，表面 2 的總輻射功率

W_λ : 單波輻射功率，W/m²·μm 或 Btu/ft²·h·μm；$W_{b,\lambda}$，黑體的單波輻射功率

x : 與吸收物質表面的距離，m 或 ft

y : 變數，令其值等於 $(1-\varepsilon_1)(1-\varepsilon_2)$

■ 希臘字母 ■

α : 吸收率，無因次；α_1，表面 1 的吸收率；α_2，表面 2 的吸收率；α_λ，波長為 λ 的吸收率

ε : 放射率，無因次；ε_w，壁的放射率；ε_1，表面 1 的放射率；ε_2，表面 2 的放射率

ε_λ : 單波放射率，無因次

λ : 波長，μm；λ_{max}，當 $W_{b,\lambda}$ 為極大值時的波長

μ_λ : 吸收係數，m⁻¹ 或 ft⁻¹

ρ : 反射率，無因次

σ : 史蒂芬 - 波茲曼常數，5.672×10^{-8} W/m²·K⁴ 或 0.1713×10^{-8} Btu/ft²·h·°R⁴

τ : 穿透率，無因次

ϕ : 與表面的法線所夾的角；ϕ_1，與表面 1 的法線所夾的角；ϕ_2，與表面 2 的法線所夾的角

■ 習題 ■

14.1. 若二表面 A 與 B 的溫度分別為 500 和 200°C，放射率分別為 0.90 和 0.25，二表面均為灰體。求下列各情況下，A 與 B 之間的輻射淨熱傳量，以面積 B 的每平方

米瓦特為單位。(a) A、B 為相距 3 m 的無限大平行平面。(b) A 為直徑為 3 m 的球殼，B 的直徑為 0.3 m，且與 A 為同心球殼。(c) A、B 為 2×2 m 平行正方形面，一面恰位於另一面的上方，兩者相距 2 m。(d) A、B 為同心圓管的表面，直徑分別為 300 和 275 mm。(e) A 為無限大的平面，B 為一具有無限根管的列，每根管的外徑為 100 mm，管與管的中心距離為 200 mm。(f) 除了管中心線上方 200 mm 處另有一放射率為 0.90 的無限大平板外，其餘與 (e) 部分相同。(g) 除了表面 B 改成外徑為 100 mm 的兩列，而中心距離均為 200 mm 的管列，其餘與 (f) 部分相同。(e) 部分的 $F = 0.66$；(f) 部分的 $F = 0.88$；(g) 部分的 $F = 0.98$。

14.2. 對太陽的輻射而言，大樓的黑色平面屋頂的放射率為 0.9，吸收率為 0.8。太陽在正午的輻射強度為 300 Btu/ft$^2 \cdot$ h。(a) 若空氣與周遭的溫度為 68°F，風速可忽略不計，且無熱量穿透屋頂，求屋頂的平衡溫度。傳導-對流的熱傳速率可利用下式計算，即 $q/A = 0.38(\Delta T)^{1.25}$，其中 ΔT 為屋頂與空氣的溫度差，單位為 °F。(b) 由於輻射，屋頂的熱損失分率是多少？

14.3. 習題 14.2 的屋頂塗以鋁漆，其對太陽輻射的放射率為 0.9，吸收率為 0.5。求塗漆屋頂的平衡溫度。

14.4. 3 in. Schedule 40 號的鐵管，輸送 6 atm gauge 的水蒸氣。管線未絕熱，長度為 70 ft。周遭的空氣溫度為 25°C，管壁的放射率為 0.70，則每小時有多少公斤的水蒸氣凝結？由傳導-對流產生的熱損失占多少百分比？

14.5. 長 18 ft、寬 18 ft、高 8 ft 的房間，在其石膏天花板 (plaster ceiling) 上安裝一輻射加熱系統。混凝土地板的溫度維持在 65°F。假設沒有熱流通過塗有可再輻射的物質之牆壁。通過房間的空氣溫度維持在 65°F。若地板所需的熱量為 3,500 Btu/h，試求天花板表面的溫度。每小時有多少 Btu 的熱量傳入空氣？石膏的放射率為 0.93；混凝土的吸收率為 0.63。天花板與空氣之間的對流熱傳係數可由下式求得：$h_c = 0.20(\Delta T)^{1/4}$，其中 h_c 的單位為 Btu/ft$^2 \cdot$ h $\cdot$ °F。

14.6. 在晴朗的夜晚，天空的有效黑體溫度為 -70°C，空氣溫度為 15°C，且所含水蒸氣的分壓等於 0°C 的冰或液體水的壓力。一極薄的水膜，初始溫度為 15°C，置於一非常淺且絕熱良好的盤中，而此盤置於避風又完全面對天空的地方。若 $h_c = 2.6$ W/m$^2 \cdot$ °C，則水是否會結冰？請以適當的計算來支持你的結論。

14.7. 空氣約在 300°C 和 1.5 atm 的狀況下離開熱交換器，而溫度是用熱電偶量測，熱電偶置於一直徑為 $\frac{1}{2}$ in. 的套管 (thermowell) 內，安裝套管使其與空氣的流動方向垂直。若空氣速度為 25 ft/s，管壁溫度為 270°C，則輻射對溫度量測所造成的誤差是多少？(忽略沿熱電偶套管軸向的熱傳導)

14.8. 在一未絕熱的屋子內，有 90 mm 的氣隙 (air gap) 位於石膏壁與木壁板之間。若內壁溫度為 18°C，外壁溫度為 -9°C，則由輻射和自然對流造成的熱損失為多少 W/m^2？若內壁覆蓋鋁箔，則使熱損失減少的因素是什麼？若將鋁箔置於兩壁的

中間,是否較佳?(由垂直面自然對流的關聯式可知,每一壁面的薄膜係數均為 3.9 W/m² · °C)

14.9. 利用表面溫度為 410°F 的不鏽鋼管,在 1 atm 下將水煮沸。不計輻射時,熱傳係數 h 為 32 Btu/h · ft² · °F。若不鏽鋼的放射率為 0.8,則輻射是否會增加沸騰的速率 (亦即,是否會超過 5%)?假設對輻射而言,蒸汽薄膜是透明體,沸騰水為不透明體。

14.10. 一溫室長 20 m,寬 15 m 且有高於地面 3 m 的平頂。當太陽直射頭頂,日光通量為 1,000 W/m²。若玻璃頂的放射率為 0.9 且對流損失為輻射損失的 0.8 倍,則溫室的溫度是多少?

14.11. 在習題 14.10 中,若太陽照射方向與垂直方向成 45°,求溫室的溫度。

14.12. 兩個大平行板其溫度分別為 $T_1 = 500$ K 和 $T_2 = 300$ K。它們的放射率分別為 $\varepsilon_1 = 0.85$ 與 $\varepsilon_2 = 0.90$。求介於兩平行板間的輻射通量。

14.13. 一拋光的鋁片置於習題 14.12 的平行板間作為輻射屏蔽。鋁的放射率為 0.1。求輻射屏蔽將熱通量降低多少?

14.14. 管狀反應器外層的觸媒粒子以輻射以及對流的方式與管壁進行熱交換。(a) $\frac{1}{4}$ in. 的觸媒粒子溫度為 390°C,而管壁溫度為 380°C,則對於輻射熱傳而言,有效熱傳係數為何?(b) 利用第 15 章的關聯式:

$$\frac{h_w D_p}{k_g} = 1.94 \, \text{Re}_p^{0.5} \, \text{Pr}^{0.33} \tag{15.36}$$

估算對流熱傳係數 h_w。假設氣體具有空氣的性質且 $\text{Re}_p = 500$。

參考文獻

1. Gebhardt, B. *Heat Transfer*, 2nd ed. New York: McGraw-Hill, 1971; (a) pp. 150ff., (b) p. 421.
2. Grober, H., S. Erk, and U. Grigull. *Fundamentals of Heat Transfer*, 3rd ed. New York: McGraw-Hill, 1961, p. 442.
3. Hottel, H. C. *Mech. Eng.*, **52:**699 (1930).
4. Hottel, H. C. *Notes on Radiant Heat Transmission*, rev. ed. Cambridge, MA: Department of Chemical Engineering, Massachusetts Institute of Technology, 1951.
5. Hottel, H. C., in W. H. McAdams. *Heat Transmission*, 3rd ed. New York: McGraw-Hill, 1954; (a) p. 62, (b) pp. 77ff, (c) p. 86.
6. Hottell, H. C., and A. F. Sarofim. *Radiative Transfer*. New York: McGraw-Hill, 1967.
7. McAdams, W. H. *Heat Transmission*, 3rd ed. New York: McGraw-Hill, 1954, pp. 472ff.

8. Mills, A. F. *Heat Transfer*. Homewood, IL: Irwin, 1992, p. 487.
9. Perry, R. H., and D. W. Green (eds.). *Perry's Chemical Engineers' Handbook*, 7th ed. New York: McGraw-Hill, 1997, p. **5**-28.
10. Siegel, R., and J. R. Howell. *Thermal Radiation Heat Transfer*, 3rd ed. New York: McGraw-Hill, 1992.

CHAPTER 15

熱交換裝置

在工業製程中，熱能以各種方式傳遞，包括電阻加熱器中的傳導；熱交換器、沸騰器、冷凝器的傳導 - 對流；燃燒爐和輻射熱乾燥器的輻射；以及如介電加熱 (dielectric heating) 的特殊方法。這些裝置通常是在穩定狀態下操作，但有許多製程是循環式的操作，例如再生爐和攪拌製程容器。

本章討論製程工程師最感興趣的裝置：管狀和板式熱交換器；表面延伸的裝置；機械式輔助的熱傳裝置；冷凝器和蒸發器；充填床反應器或再生器。第16章討論蒸發器。對於熱交換裝置所有類型的資訊均列在工程教科書和手冊中。[22, 23, 26, 38]

熱交換器的一般設計

實用熱交換器的設計與測試是基於第11章至第14章的一般原理。由物料和能量的均衡，可算出所需的熱傳速率。然後利用總熱傳係數與平均溫度差 ΔT，即可求出所需的熱傳面積，並且在循環的裝置，計算出循環時間。在簡單的裝置中，可以很容易計算出這些量而且精確性很高，但對於複雜的製程單元，除了在計算會產生困難，而且還會有極高的不確定性。基於工程的考量，最後的設計幾乎是採取折衷的方式。

有時熱交換器的設計還會受到與熱傳沒有多大關係的因素所影響，例如裝置所使用的空間或在流體中所能容許的壓力降。通常，管狀熱交換器是依據各種標準和規格設計的，如管狀熱交換器製造商協會 (TEMA)[36] 的標準和 ASME-API 不升火壓力容器規格。[1]

設計一熱交換器必須做許多決定，以確定建造材料的規格，而其中有些決定是任意的，規格包括管徑、管長、擋板間隔、管的路徑數等。妥協方案也是必須要做的。例如，小管內流體的高速度導致熱傳係數的改良，但摩擦損失和泵流體的費用也隨之增加。一單獨的熱交換器設計可藉由正式的程序均衡熱傳

面積而達到最適化，[27b] 亦即以設備的價格和固定成本對泵送流體的能量成本做最適化，但是，在加工廠中，熱交換器是熱交換設備的複雜網路的一部分，它是網路，不是個別單元，經由最適化後可得最低投資和操作成本。

殼管式熱交換器

管狀熱交換器在製程工業上非常重要且大量地被使用，因此它們的設計已有高度的發展。由 TEMA 制定和認可的標準中，可供採用的包括詳細的材料、構造方式、設計的技巧和熱交換器的尺寸。[36] 在以下的章節中將描述較重要型式的熱交換器，內容涵蓋它們的工程、設計和操作的基本概念。

單程 1-1 熱交換器

當流率很大時，只用少許的管子來處理是有困難的，圖 11.3 所示的簡單型雙套管熱交換器並不適用於流率很大的情況。若平行使用幾個雙套管，則其外管所需的金屬重量比圖 15.1 所示的殼管式熱交換器大很多，殼管式熱交換器只需要一個殼就可以提供許多管子使用，因此較為經濟。圖 15.1 所示的熱交換器，因為流體在殼的部分只有一個通道，在管的部分也只有一個通道，因此是 1-1 熱交換器。

在一熱交換器中，殼側 (shell-side) 和管側 (tube-side) 的熱傳係數是同等重要，若要得到滿意的總熱傳係數，此兩係數之值均必須大一些。殼側的液體與管側的流體的速度和亂度均具有相同的重要性。在殼內加裝擋板，以促進交錯流 (crossflow) 和提高殼側流體的平均速度。如圖 15.1 所示的構造中，擋板 A 由一邊被切除的金屬圓盤片所構成。通常切除的弧形部分其高度等於殼內徑的四分之一。這種擋板稱為 **25% 擋板** (25 percent baffles)。為了上下流或旋轉 90° 以提供側邊到側邊的流動，擋板的切緣必須要水平。擋板上穿有許多孔來放置管子。為了減低洩漏至最小值，應該使擋板與殼、管之間的間隙變得很小。擋板由一個或多個導引棒 (guide rods) C 支撐，而以螺絲將導引棒鎖緊在管片 D 和 D' 之

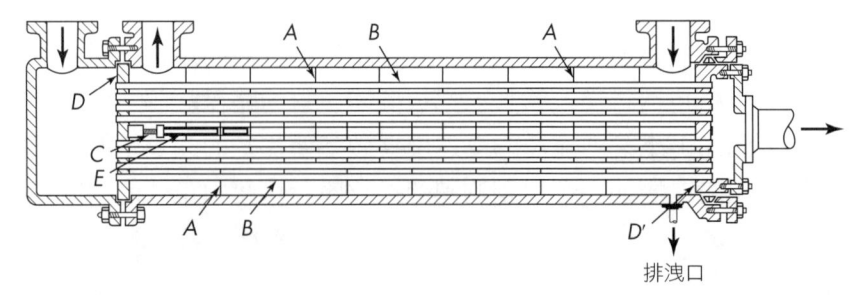

▲ 圖 15.1　單程 1-1 逆流式熱交換器：A，擋板；B，管子；C，引導棒；D、D'，管片；E，擋板定位杆 (只顯示兩個)

間。在擋板之間有短片段的 E 管在 C 棒上滑動,將擋板的位置固定。安裝這種熱交換器,必須先裝管片、支撐棒、隔離管和擋板,然後再裝管子。充填箱在圖 15.1 的右端,可提供膨脹空間。這些構造只對小殼者才實用。

管子和管片 如第 8 章所述,抽管到一定的管壁厚,則可用 BWG 和真實外徑 (OD) 來表示,對所有一般的金屬均有提供此兩項數據。附錄 4 列有標準管尺寸的表。熱交換器中的標準管長為 8、12、16 和 20 呎。管子的排列方式有三角形和正方形,即**三角間距** (triangular pitch) 或**正方形間距** (square pitch) (間距是指鄰近兩管中心的距離)。因為在已知直徑的殼中,三角間距比正方形間距可得較大的熱傳面積,除非殼部分常會形成嚴重的污垢,否則管子均採用三角間距排列。如果管與管的中心距離太小,就會使得三角間距的管子無法以刷子伸入管列清洗,而正方形間距的管子反而容易清洗。此外,正方形間距在殼側的壓力降比三角間距小。

TEMA 標準規定,三角間距的最小間距為管外徑的 1.25 倍。對於正方形間距,最小要有 $\frac{1}{4}$ in.,以便提供清洗路徑。

殼和擋板 殼直徑已標準化。依照 ASTM (American Society for Testing and Materials) 管子的標準。對於直徑 23 in. 以下的殼都已固定。標準內徑為 8、10、12、$13\frac{1}{4}$、$15\frac{1}{4}$、$17\frac{1}{4}$、$19\frac{1}{4}$、$21\frac{1}{4}$ 和 $23\frac{1}{4}$ in.,然後為 25、27 in. 等等,以 2 in. 為增量。[15d] 這些外殼是由軋製鋼板 (rolled plate) 構成。

擋板中心與中心的距離稱為**擋板間距** (baffle pitch) 或擋板空間。它不可小於殼直徑的 $\frac{1}{5}$,也不可大於殼的內徑。

管子安裝在管片的方法是在管片四周挖槽洞,然後旋轉錐形的心軸將管的一端軋製進入孔洞,由於管的金屬切應力超過彈性極限,因此金屬會嵌入槽內。在高壓熱交換器中,管子經軋製後再焊接到管片。

替代設計

具有分隔擋板的殼管式熱交換器,當流體以高速橫跨管子時,會造成震動問題。由 Phillips 石油公司發展出的 **ROD 擋板熱交換器**是以金屬棒替代金屬片擋板來支撐管子,而流體主要以平行於管軸在殼內流動。管子以正方形間距排列,而金屬棒的直徑等於管列的間隙,並以水平和垂直方向置於管列與管列的間隙。標準金屬棒的直徑為 $\frac{1}{4}$ in.,每一根管子沿著熱交換器在四面都有支撐點,如圖 15.2 所示。

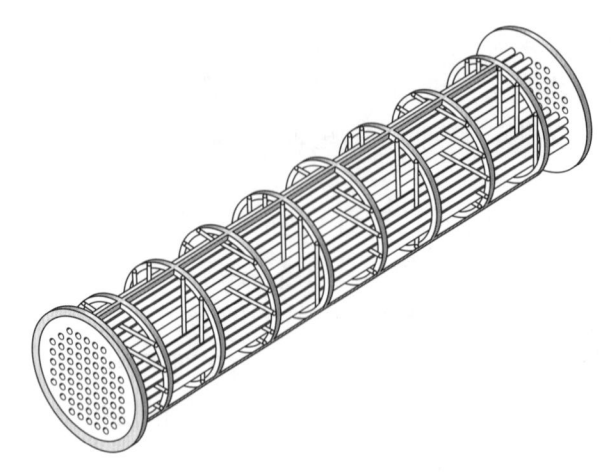

▲ 圖 15.2　ROD 擋板熱交換器的剖視圖 (Phillips 石油公司。)

　　管外薄膜係數的關聯式已發展完成，係採用水力直徑於雷諾數和 Nu 數中，同時考量擋板間距和管束洩漏造成的影響。流體越過金屬棒會產生渦流，在相同雷諾數下，亂流的薄膜係數為使用 Dittus-Boelter 方程式 [(12.32) 式] 所估算的 1.5 倍。此係數不如分隔擋板熱交換器的高，而此熱交換器具有密閉擋板間距，但減低壓力降以及降低震動故障使得 ROD 擋板熱交換器在許多應用上較受歡迎。[11]

　　另一種不用擋板的設計是將管子扭轉成具有卵形截面的螺旋形，使得每一管子全長的支撐是靠鄰近管子的多個接觸點，而其末端仍然保持圓形才可安裝於標準管片上。扭轉的管子可得到較佳的管內及管外熱傳係數，因為它具有較大的亂流，減少所需的熱傳面積，彌補每平方呎較高的成本。這種設計可消除管子的震動以及減少產生污垢的速率。

　　使用扭轉的管子和 ROD 擋板熱交換器，殼部分的流動分布在大直徑單位是一個問題，使用單一入口管路，接近入口處的流速會比平均流速高，而在入口端的反向，熱交換器末端流體的流速會較小。流動分布的改良可藉由擴大熱交換器末端的殼，以形成環狀區 (annular zone)，而此處流體以較低的流速沿徑向進出。

多行程熱交換器

　　1-1 熱交換器有很多限制，因為當管部分的流動被均勻分散在所有的管子中，流速就變很低，使得熱傳係數降低。如果減少管子的數目，增加管長使得

速度增快，則所需的管長可能不實際。使用具有二、四或更多管行程的多行程 (multipass) 構造，允許使用標準管長的管子以確保高流速和管側有高熱傳係數。多行程熱交換器的缺點為：(1) 交換器的結構稍微複雜；(2) 在熱交換器的某些區段會有同向流，使得溫距 (temperature approach)，亦即端點溫差受到限制；(3) 摩擦損失大量增加。例如，在相同管數，相同管的大小且操作在相同液體流率下，四行程熱交換器的管內流體平均速度為單程熱交換器的四倍。四行程熱交換器中，管的部分之熱傳係數約為單程熱交換器的 $4^{0.8} = 3.03$ 倍，或甚至更大，如果單程熱交換器的管內速度低到產生層流時。在四行程熱交換器中，每單位長度的壓力降增大 $4^{1.8}$ 倍，而其長度則增加 4 倍，因此總摩擦損失為單程熱交換器的 $4^{2.8} = 48.5$ 倍，其中並不包括截面積放大與縮小的損失。最經濟的設計，要求因流速的增加而使泵功率成本的增加需由降低裝置成本來抵消。

在多行程熱交換器中，採用的管行程數為偶數。殼行程可以是單程或雙行程。一般的結構為 1-2 同向。逆向流熱交換器，其中殼側其液體的流動是單程，而管側其液體的流動為二行程。圖 15.3 所顯示的就是這種交換器。在多行程熱交換器中，常用浮頭 (floating head) 式裝置，而不需要如圖 11.1 冷凝器中凸出的外殼以及圖 15.1 中的充填箱 (stuffing box)。管側流體由熱交換器的同側空間流進和流出，而此空間內有一擋板將流進和流出的流體分開。

1-2 熱交換器通常安排冷流體與熱流體在熱交換器的同一側的端點進入，在第一管行程，兩者為同向流，而在第二管行程，則為反向流，若與第二管行程為同向比較，這種流動方式在熱交換器出口端可獲得較近的端點溫差。

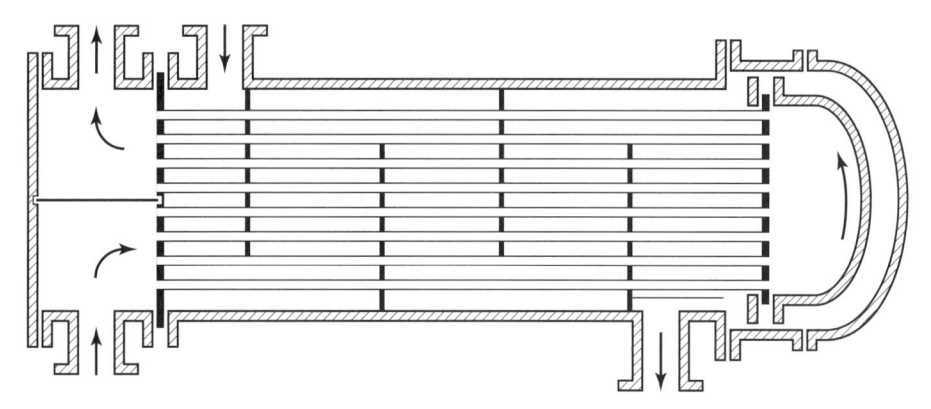

▲ 圖 15.3　1-2 同向 - 逆向流動的熱交換器

2-4 熱交換器

1-2 熱交換器有重要的限制。由於是同向流，使得熱交換器無法將一流體的出口溫度非常接近於另一流體的入口溫度。對此限制的另一種說法則是，1-2 熱交換器的熱回收有其先天不良之處。

欲得好的熱回收，可增加一縱向擋板 (longitudinal baffle) 使殼部分的流體流動實為二行程。這種 2-2 熱交換器，非常近似雙套管熱交換器的性能，即使殼側具有兩個行程，但總管長可能仍不足以獲得良好的熱傳。更普遍的為 2-4 熱交換器，其中殼側，其流體流動有兩個行程，而管側其流體流動有四個行程。在相同的流率下，此類型的熱交換器比管側具有兩個行程的 1-2 熱交換器可得較高的流速和較大的總熱傳係數。2-4 熱交換器的一個例子顯示於圖 15.4。

多行程熱交換器中的溫度模式

使用下列的溫度名稱，將 1-2 熱交換器的溫度 - 長度曲線繪於圖 15.5a：

熱流體的入口溫度 T_{ha}
熱流體的出口溫度 T_{hb}
冷流體的入口溫度 T_{ca}
冷流體的出口溫度 T_{cb}
冷流體的中間溫度 T_{ci}

T_{ha}-T_{hb} 為流體在殼側的曲線，並假設熱流體在殼側流動。T_{ca}-T_{ci} 為管側液體在第一個行程的曲線，而 T_{ci}-T_{cb} 為管側液體在第二個行程的曲線。圖 15.5a 中的曲線 T_{ha}-T_{hb} 與 T_{ca}-T_{ci} 為對應於同向流熱交換器，曲線 T_{ha}-T_{hb} 與 T_{ci}-T_{cb} 為對應於逆向流熱交換器。圖 15.5b 為 2-4 熱交換器的曲線。虛線是指殼側的流體，實線是指管側的流體。此外，假設熱流體在殼內流動。殼側流體的較熱的行程和管側

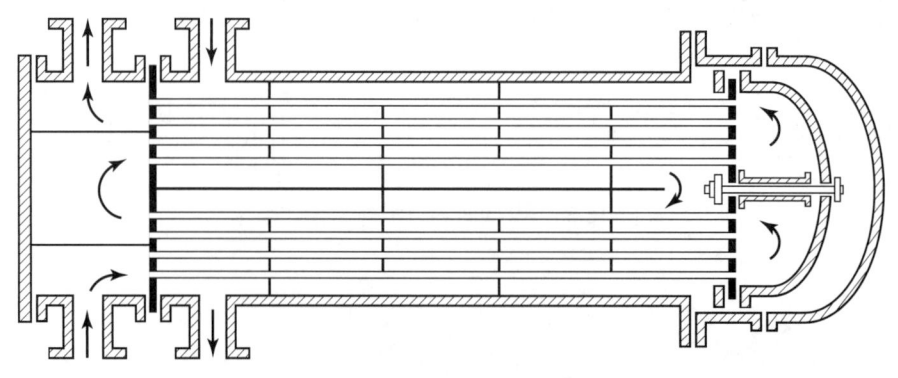

▲ 圖 15.4　2-4 熱交換器

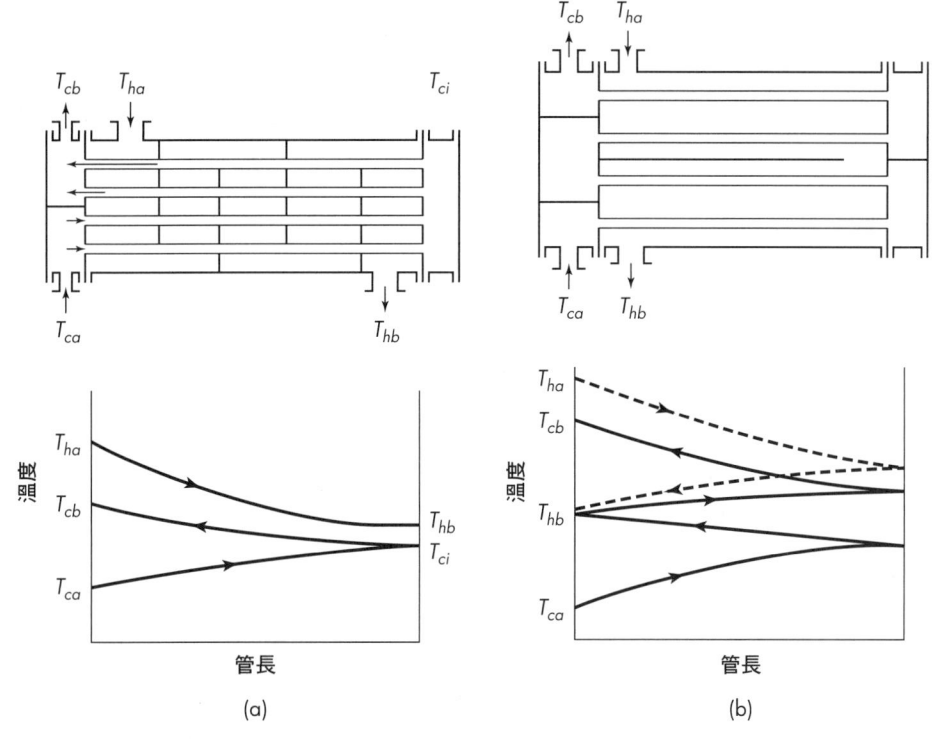

▲ 圖 15.5　溫度-長度曲線：(a) 1-2 熱交換器；(b) 2-4 熱交換器

流體的兩個最熱的行程發生熱的接觸，而殼側流體的較冷的行程和管側流體的兩個最冷的行程進行熱的接觸。總而言之，這種熱交換器比 1-2 熱交換器更接近逆向流熱交換器。

多行程熱交換器 LMTD 的修正

整體而言，(11.15) 式的 LMTD 不適用於熱交換器，也不適用於個別管行程中，以 $(T_{hb} - T_{ci})$ 做為 LMTD 的驅動力之一。原因是對每一管行程而言，ΔT 不是熱傳的線性函數，而在 (11.15) 式的推導中，我們假設 ΔT 與熱傳成線性關係。習慣上定義一個修正因素 F_G，將 F_G 乘以 LMTD 就可獲得正確的平均驅動力。若總熱傳係數和比熱為常數，則通過熱交換器的所予流體的所有單元均具有相同的熱經歷，F_G 可由下式求得 [15a]

$$F_G = \frac{(Z^2+1)^{1/2} \ln\left(\dfrac{1-\eta_H}{1-Z\eta_H}\right)}{(Z-1)\ln\left(\dfrac{2-\eta_H(Z+1-(Z^2+1)^{1/2})}{2-\eta_H(Z+1+(Z^2+1)^{1/2})}\right)} \tag{15.1}$$

其中
$$Z = \frac{T_{ha} - T_{hb}}{T_{cb} - T_{ca}}$$

$$\eta_H = \frac{T_{cb} - T_{ca}}{T_{ha} - T_{ca}}$$

因數 Z 為熱流體的溫度降與冷流體溫度上升之比。它也等於冷、熱流體的流率乘以熱容量之乘積的比，即

$$Z = \frac{\dot{m}_c c_{pc}}{\dot{m}_h c_{ph}} \tag{15.2}$$

因數 η_H 稱為**加熱有效性** (heating effectiveness)，亦即冷流體實際的溫度上升與可能的最大溫度上升之比，此最大溫度上升是基於逆向流中，當熱端端點溫差為零時得到的。η_H 和 Z 對於 F_G 的影響顯示於圖 15.6a。當 $Z = 1.0$ 且 $\eta_H = 0.5$，則 $F_G = 0.80$，若 η_H 增加，則 F_G 快速下降。當 F_G 小於 0.8 時，熱交換器應該重新設計，使其具有兩個殼行程或較大的溫度差；否則熱傳面會被無效率地使用。

雖然 (15.1) 式是由兩個管行程導出，對於一個殼行程以及四個、六個或任何偶數個管行程而言，因數 F_G 幾乎都相同，因此 (15.1) 式可適用於這些情況。當有兩個殼行程和四個管行程時，如圖 15.6b 所示，熱交換器的操作接近逆向流，如圖 15.6b 中，以 F_G 因數來說明。例如，當 $Z = 1.0$ 和 $\eta_H = 0.5$ 時，$F_G = 0.95$（與 1-2 熱交換器的 $F_G = 0.80$ 比較），且當 $Z = 1.0$ 和 $\eta_H = 0.67$ 時，$F_G = 0.80$。殼側行程和管側行程的其它組合有時也會用到，對於這些情況，文獻中有圖示可供採用，[15c] 但 1-2 和 2-4 型的熱交換器最為常見。

例題 15.1

如圖 15.5a 所示的 1-2 熱交換器，溫度的值為 $T_{ca} = 70°C$；$T_{cb} = 120°C$；$T_{ha} = 240°C$；$T_{hb} = 120°C$，則此熱交換器的正確平均溫度降為何？

解

由 (15.1) 式或圖 15.6a 可得修正因數 F_G。在此情況下，

$$\eta_H = \frac{120 - 70}{240 - 70} = 0.294 \qquad Z = \frac{240 - 120}{120 - 70} = 2.4$$

$$(Z^2 + 1)^{1/2} = (2.4^2 + 1)^{1/2} = 2.60$$

$$F_G = \frac{2.6 \ln\left(\dfrac{1 - 0.294}{1 - (2.4 \times 0.294)}\right)}{1.4 \ln\left(\dfrac{2 - 0.294(3.4 - 2.6)}{2 - 0.294(3.4 + 2.6)}\right)} = 0.807$$

由圖 15.6a 可知 $F_G = 0.82 \pm 0.01$。溫度降為

在殼入口處：$\Delta T = 240 - 120 = 120°C$

在殼出口處：$\Delta T = 120 - 70 = 50°C$

$$\overline{\Delta T}_L = \frac{120 - 50}{\ln(120/50)} = 80°C$$

正確的平均溫度差為 $\overline{\Delta T} = 0.81 \times 80 = 65°C$。

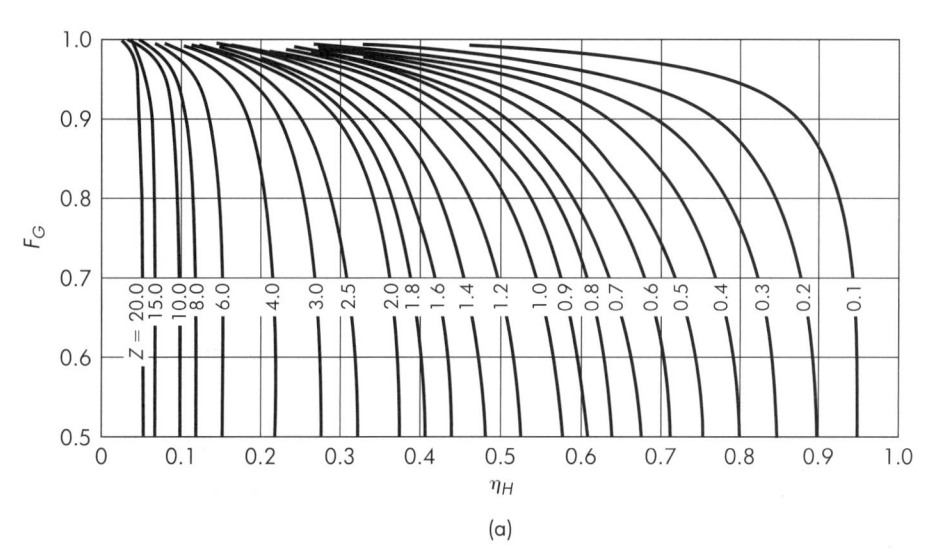

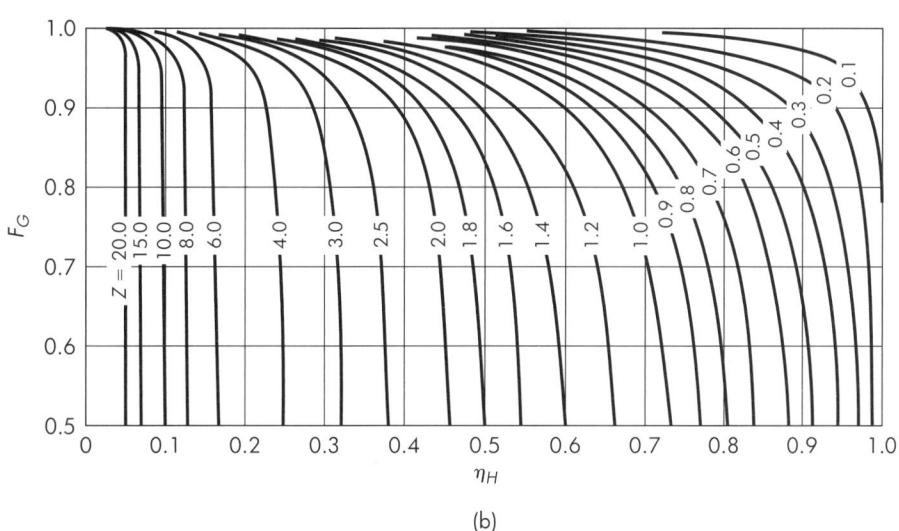

▲ 圖 15.6　LMTD 的修正：(a) 1-2 熱交換器；(b) 2-4 熱交換器 (摘自 R. A. Bowman, A. C. Mueller, and W. M. Nagle, Trans. ASME, **61**:283, 1940. Courtesy of American Society of Mechanical Engineers.)

例題 15.2

有一個 2-4 熱交換器,其入口和出口操作溫度與例 15.1 相同,則其正確的平均溫度差為何?

解

對於 2-4 熱交換器而言,當 $\eta_H = 0.294$,$Z = 2.4$,由圖 15.6b 知,修正因數 $F_G = 0.96$。$\overline{\Delta T_L}$ 與例 15.1 相同。因此正確的平均溫度差為 $\overline{\Delta T} = 0.96 \times 80 = 77°C$。

殼管式熱交換器的熱傳係數

在一殼管式熱交換器中,管側流體的熱傳係數 h_i 可由 (12.33) 式或 (12.34) 式求得。但對於殼側的熱傳係數 h_o 則不能如此簡易的計算,因為殼側流體的流動方向有一部分與管子平行,有一部分穿越管子,並且因為當流體在殼內來回穿過管束時,股流 (stream) 的截面積和股流的質量速度會產生變化。此外,擋板與殼之間以及擋板與管之間的洩漏,使得部分殼側液體短路,而降低熱交換器的效率。對於預估殼側熱傳係數,一個近似而有用的方程式為 **Donohue 方程式**[6] [(15.6) 式],此式乃基於流動方向與管子平行的流體和穿越管子的流體的質量速度的加權平均值 G_e。與管子平行的流體的質量速度 G_b 為質量流率除以擋板窗口 (baffle window) 內可供流體流動的面積 S_b (擋板窗口是指殼截面上未被擋板占據的部分)。此面積為擋板窗口的總面積減去被管子占據的面積,亦即

$$S_b = f_b \frac{\pi D_s^2}{4} - N_b \frac{\pi D_o^2}{4} \tag{15.3}$$

其中　f_b = 擋板窗口占殼的截面積的分率 (對於 25% 的擋板而言,$f_b = 0.1955$)
　　　D_s = 殼的內徑
　　　N_b = 在擋板窗口內的管數
　　　D_o = 管的外徑

在交叉流 (crossflow) 中,每次流體經過一列管子時,其質量速度會達到一個局部極大值。為了關聯性的目的,對於交叉流而言,質量速度 G_c 是基於熱交換器的中心線上或最接近中心線的管束間可供橫流 (transverse flow) 的面積 S_c。在一個大的熱交換器內,S_c 可由下式估算

$$S_c = PD_s\left(1 - \frac{D_o}{p}\right) \tag{15.4}$$

其中　p = 管中心線間的距離

　　　P = 擋板間距

因此質量速度為

$$G_b = \frac{\dot{m}}{S_b} \quad 和 \quad G_c = \frac{\dot{m}}{S_c} \tag{15.5}$$

Donohue 方程式為

$$\frac{h_o D_o}{k} = 0.2\left(\frac{D_o G_e}{\mu}\right)^{0.6}\left(\frac{c_p \mu}{k}\right)^{0.33}\left(\frac{\mu}{\mu_w}\right)^{0.14} \tag{15.6}$$

其中 $G_e = \sqrt{G_b G_c}$。此式傾向於得到低的 h_o 值，特別是在低的雷諾數時，文獻上提供了估算殼側熱傳係數更精細的方法。[26b] 若以 j 因數 (j-factor) 的形式來表示，則 (15.6) 式可寫成

$$\frac{h_o}{c_p G_e}\left(\frac{c_p \mu}{k}\right)^{2/3}\left(\frac{\mu_w}{\mu}\right)^{0.14} = j_H = 0.2\left(\frac{D_o G_e}{\mu}\right)^{-0.4} \tag{15.7}$$

若個別熱傳係數為已知，則可用類似於 (11.14) 式的方程式，由總熱傳係數求出所需的總熱傳面積。如先前的討論，為了防止偏離真實的逆向流，LMTD 必須時常修正。

例題 15.3

內徑為 35 in. (889 mm) 的管狀熱交換器，含有 828 支外徑為 $\frac{3}{4}$ in. (19 mm) 的管子，每支管長為 12 ft (3.66 mm)，相鄰管子的中心排列成正方形，邊長為 1 in. (25 mm)。標準 25% 的擋板，其間距為 12 in. (305 mm)。平均整體溫度為 60°F (15.6°C) 的液體苯流經熱交換器的殼側而被加熱，其流率為 100,000 lb/h (45,360 kg/h)。若管外側的溫度為 140°F (60°C)，求苯的個別熱傳係數。

解

由 Donohue 方程式 [(15.6) 式] 求出殼側係數。首先由 (15.3) 式與 (15.4) 式求可

供流動的截面積，所需的數據為

$$D_o = \frac{0.75}{12} = 0.0625 \text{ ft} \qquad D_s = \frac{35}{12} = 2.9167 \text{ ft}$$

$$p = \frac{1}{12} = 0.0833 \text{ ft} \qquad P = 1 \text{ ft}$$

由 (15.4) 式，交叉流的截面積為

$$S_c = 2.9167 \times 1\left(1 - \frac{0.0625}{0.0833}\right) = 0.7292 \text{ ft}^2$$

在擋板開口處的管數等於開口的面積分率 f 乘以管的總數。對於 25% 的擋板，$f = 0.1955$。因此

$$N_b = 0.1955 \times 828 = 161.8，即 161 支管$$

由 (15.3) 式，在擋板開口處可供流體流動的面積為

$$S_b = 0.1955 \frac{\pi \times 2.9167^2}{4} - 161 \frac{\pi \times 0.0625^2}{4} = 0.8123 \text{ ft}^2$$

由 (15.5) 式，質量速度為

$$G_c = \frac{100,000}{0.7292} = 137,137 \text{ lb/ft}^2 \cdot \text{h} \qquad G_b = \frac{100,000}{0.8123} = 123,107 \text{ lb/ft}^2 \cdot \text{h}$$

$$G_e = \sqrt{G_b G_c} = \sqrt{137,137 \times 123,107} = 129,933 \text{ lb/ft}^2 \cdot \text{h}$$

要代入 (15.6) 式，還需要下列數據：

$$\mu \text{ 在 } 60°F = 0.70 \text{ cP} \qquad \mu \text{ 在 } 140°F = 0.38 \text{ cP} \qquad \text{(附錄 9)}$$
$$c_p = 0.41 \text{ Btu/lb} \cdot °F \qquad \text{(附錄 15)}$$
$$k = 0.092 \text{ Btu/ft} \cdot \text{h} \cdot °F \qquad \text{(附錄 13)}$$

由 (15.6) 式

$$\frac{h_o D_o}{k} = 0.2 \left(\frac{0.0625 \times 129,933}{0.70 \times 2.42}\right)^{0.6} \left(\frac{0.41 \times 0.70 \times 2.42}{0.092}\right)^{0.33} \left(\frac{0.70}{0.38}\right)^{0.14}$$

$$= 68.59$$

因此

$$h_o = \frac{68.59 \times 0.092}{0.0625} = 101 \text{ Btu/ft}^2 \cdot \text{h} \cdot °F \ (573 \text{ W/m}^2 \cdot °C)$$

管側流體的選擇

在殼管式熱交換器中，必須考慮一些因數以決定何種流體要放在管內以及何種流體要放在殼內。[24] 如果其中有一種流體極具腐蝕性，它就應該放在由抗腐蝕的金屬或合金製成的管子內而不是放在由貴重材料製成的殼和管內。若腐蝕不是問題只是不清潔的流體似乎要在管壁形成污垢，則流體應置入管內，因為清洗管的內側較清洗管的外側容易。非常熱的流體要置於管內，原因是為了安全和熱的經濟考量。最後，所做的決定必須基於可以獲得較高的總熱傳係數或較低的壓力降。非常黏稠的液體通常放在殼側，因為穿越管子的流動能提升一些亂流，且比放在管內形成層流可以得到較佳的熱傳效果。

交叉流熱交換器

在某些熱交換器，如空氣加熱器，它的殼為矩形且每列的管數都相同。流動是直接穿越管子，且不需擋板。圖 15.7 顯示交叉流熱交換器的因數 F_G，它是在流體流經熱交換器時，本身並無混合的假設下導出的。[5] Z 與 η_H 可由 (15.1) 式和 (15.2) 式求出，如先前 F_G 的定義，當 F_G 乘以逆向流的 LMTD 時，其乘積為正確的平均溫度降。

對於交叉流熱交換器的殼側熱傳係數，我們推薦下列的方程式。[3]

$$\frac{h_o D_o}{k} = 0.287 \left(\frac{D_o G}{\mu}\right)^{0.61} \left(\frac{c_p \mu}{k}\right)^{0.33} F_a \tag{15.8}$$

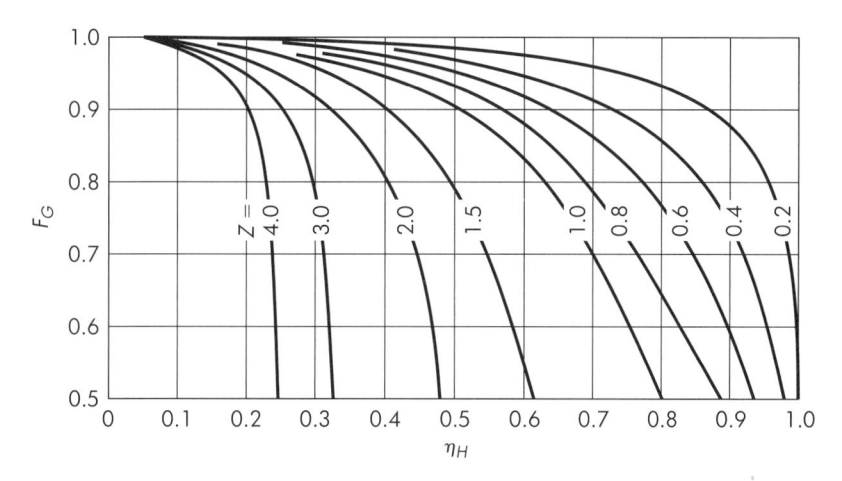

▲ 圖 15.7　交叉流 LMTD 的修正值 (摘自 *R. A. Bowman, A. C. Mueller, and W. M. Nagle, Trans. ASME,* **61**:283, 1940. *Courtesy of American Society of Mechanical Engineers.*)

其中 G 為管外的質量速度，係以任一列管子中，可供流體通過的最小面積為基準，而 F_a 是管子排列的修正因數，亦即排列因數 (arrangement factor)，其值與 Re 及管子間隔 p 有關。其它的符號與 (15.6) 式相同。典型的 F_a 值列於表 15.1 中。

▼ 表 15.1　具有正方形間距之交叉流的排列因數 F_a[†]

p/D_o	F_a			
	Re = 2,000	Re = 8,000	Re = 20,000	Re = 40,000
1.25	0.85	0.92	1.03	1.02
1.5	0.94	0.90	1.06	1.04
2.0	0.95	0.85	1.05	1.02

† 參考文獻 3。

熱傳單元

描述熱交換器性能的一種方法是決定熱傳單元的數目 (number of heat-transfer units) N_H。對於兩種流體的逆向流熱交換器，N_H 定義為一流體的溫度變化除以在熱交換器的平均溫度差或驅動力。傳送單元可基於任一流體，但通常選擇較低容量 (流率乘以比熱) 的流體。溫度變化通常是取正數。當比熱與總熱傳係數皆為常數，則平均驅動力即為對數平均溫度差 $\overline{\Delta T_L}$。若冷流體具有較低的容量，因此有較大的溫度變化，N_H 定義為

$$N_H = \frac{T_{cb} - T_{ca}}{\overline{\Delta T_L}} \tag{15.9}$$

因為 $Q = \dot{m}_c c_{pc}(T_{cb} - T_{ca}) = UA\,\overline{\Delta T_L}$，另一個定義為

$$N_H = \frac{UA}{\dot{m}_c c_{pc}} \tag{15.10}$$

在多通道或交叉流熱交換器，其有效平均驅動力通常小於對數平均溫度差，因此 (15.9) 式右邊的分母必須含有 F_G 項。

當 N_H 很大時，具有低容量流體的溫度可能會非常接近另一流體的入口溫度。最簡單的例子發生在當一側的溫度為恆定的情況，就如同管內流體被凝結在管外的水蒸氣加熱一樣。欲求溫度變化為 N_H 的函數式，可將熱傳的基本方程式積分如下：

$$\dot{m}_c c_{pc} dT_c = U \, dA \, (T_h - T_c)$$

$$\int_{T_{ca}}^{T_{cb}} \frac{dT_c}{T_h - T_c} = \int_0^A \frac{U \, dA}{\dot{m}_c c_{pc}}$$

$$\ln \frac{T_h - T_{cb}}{T_h - T_{ca}} = -\frac{UA}{\dot{m}_c c_{pc}} = -N_H$$

$$T_h - T_{cb} = (T_h - T_{ca})e^{-N_H} \tag{15.11}$$

因此，若 $N_H = 3.0$，冷流體溫度會達到水蒸氣溫度與冷流體溫度之間最初溫度的 5% 以內。

另一個極限的例子發生於熱流體與冷流體具有相同的容量，因此 $\dot{m}_c c_{pc} = \dot{m}_h c_{ph}$。於是驅動力為常數且等於 $T_{ha} - T_{cb}$。

$$N_H = \frac{T_{cb} - T_{ca}}{T_{ha} - T_{cb}} \tag{15.12}$$

(15.12) 式經運算後，可求出冷流體的溫度上升為入口溫度的函數。

$$T_{cb} - T_{ca} = (T_{ha} - T_{ca})\left(\frac{N_H}{1 + N_H}\right) \tag{15.13}$$

熱交換器的效率 ε，其定義為實際溫度差除以最大可能溫度差。

$$\varepsilon = \frac{T_{cb} - T_{ca}}{T_{ha} - T_{ca}} = \frac{N_H}{1 + N_H} \tag{15.14}$$

若 $N_H = 3$ 且容量相等，則冷流體的溫度可能上升至熱流體入口溫度的 75%。

當兩流體的溫度變化量不同，則其效率被定義為具有較低容量的流體之溫度變化除以最大可能的溫度變化，且效率與熱傳單元的數目與容量比 R_c 有關：

$$R_c = \frac{\dot{m}c_p \ (較低容量流體)}{\dot{m}c_p \ (較高容量流體)}$$

圖 15.8 是 ε 對 N_H 而以 R_c 為參數的圖形。$R_c = 0$ 的線對應於以水蒸氣加熱之熱交換器的情況，其中 $\varepsilon = 1 - e^{-N_H}$。$R_c = 1.0$ 的線是基於 (15.14) 式。而其它 R_c 值的圖形，在不使用試誤法，即可估算 1-1 逆向流熱交換器的出口溫度。

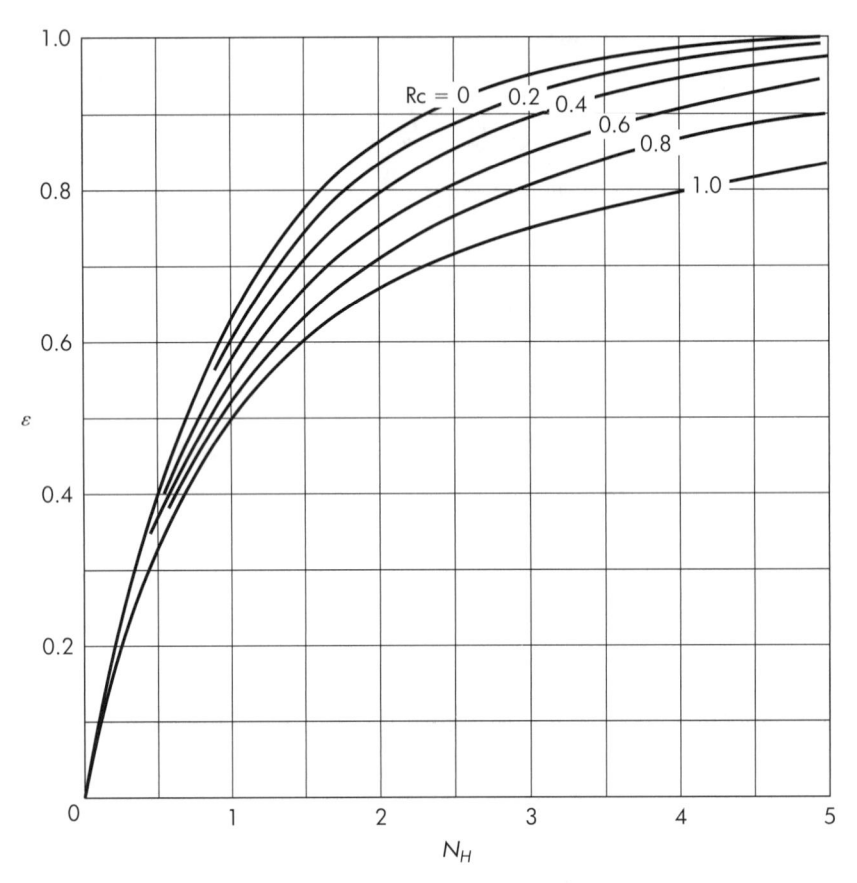

▲ 圖 15.8　1-1 逆向流熱交換器的效率 ε 與熱傳單元數 N_H 之關係圖

例題 15.4

具有一個管行程和一個殼行程的逆向流熱交換器可用來從溫度為 110°C 的油流 (oil stream) 回收熱量。熱交換器和流體性質如下所示。試估算油的出口溫度。

$$\dot{m}_h = 3{,}000 \text{ kg/h} \qquad T_{ha} = 110°\text{C} \qquad c_{ph} = 2{,}300 \text{ J/kg} \cdot °\text{C}$$
$$\dot{m}_c = 2{,}400 \text{ kg/h} \qquad T_{ca} = 25°\text{C} \qquad c_{pc} = 4{,}180 \text{ J/kg} \cdot °\text{C}$$
$$UA = 1.65 \times 10^7 \text{ W/°C}$$

解

$$R_c = \frac{3{,}000(2{,}300)}{2{,}400(4{,}180)} = 0.688$$

$$N_H = \frac{UA}{\dot{m}_h c_{ph}} = \frac{1.65 \times 10^7}{6.9 \times 10^6} = 2.39$$

由圖 15.8 可知 $\varepsilon \cong 0.78$

$$T_{ha} - T_{hb} = 0.78(110 - 25) = 66.3°C$$
$$T_{hb} = 110 - 66.3 = 43.7°C$$

驗證：

$$Q = 3,000(2,300)(66.3) = 4.57 \times 10^8 \text{ W}$$
$$T_{cb} = 25 + \frac{Q}{2,400 \times 4,180} = 70.6°C$$
$$\Delta T_1 = 43.7 - 25 = 18.7°C$$
$$\Delta T_2 = 110 - 70.6 = 39.4°C$$
$$\overline{\Delta T_L} = 27.8°C$$

$Q = UA \cdot \overline{\Delta T_L} = 1.65 \times 10^7 (27.8) = 4.58 \times 10^8$ W，已十分接近

■ 板式熱交換器

在中等溫度和壓力下，對於許多應用，墊片式板式熱交換器 (gsaketed plate exchanger) 可替代殼管式熱交換器，板式熱交換器是由許多波浪型不鏽鋼片構成，此鋼片以聚合物墊片分離且固定在鋼架上。在流體入口處和墊片間的空隙，導引冷熱流體在板之間進行熱交換。波浪板誘導出亂流以促進熱傳，每一個板是靠與鄰近板的多個接合點來支撐。此鄰近板具有不同的形態或波浪角度。板之間的距離等於波浪深度，通常為 2 到 5 mm。圖 15.9 是典型的板式熱交換器設計。

對於液體 - 液體熱交換器，通常流體速度是 0.2 至 1.0 m/s，且因為空隙較小，所以雷諾數常小於 2,100。但是波浪型板使得雷諾數在 100 至 400 之間的流體具有亂流的特性，此與板的設計有關。證據顯示，對亂流而言，熱傳係數隨流率的 0.6 至 0.8 次方改變，而壓力降隨流率的 1.7 至 2.0 次方改變。對於普通的平板設計，熱傳關聯式為 [2]

$$\text{Nu} = \frac{hD_e}{k} = 0.37 \, \text{Re}^{0.67} \, \text{Pr}^{0.33} \tag{15.15}$$

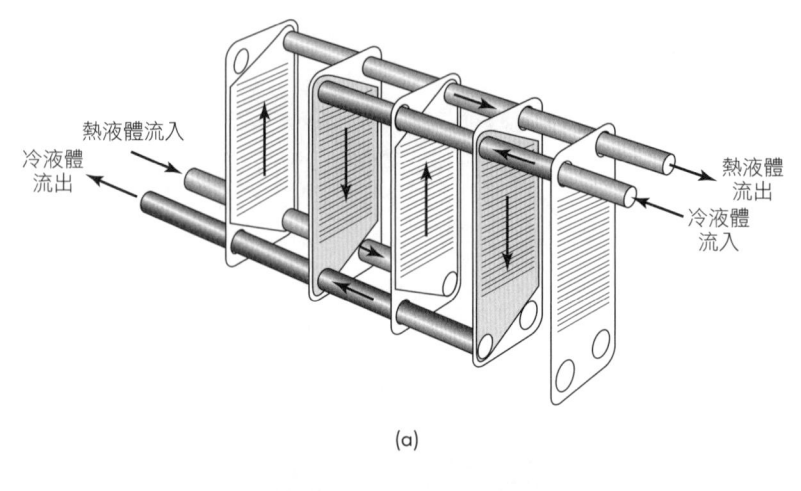

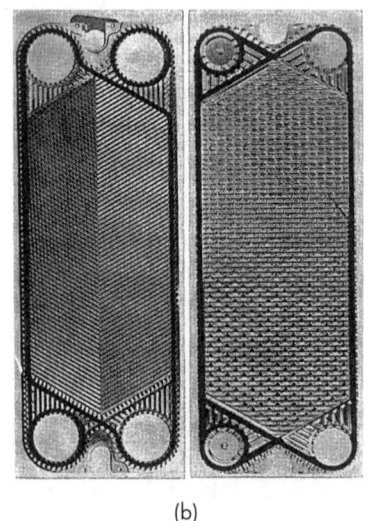

▲ 圖 15.9　板式熱交換器：(a) 一般配置；(b) 平板的細部設計

壓力降可由范寧方程式 (Fanning equation) 與下列的摩擦係數求得：

$$f = 2.5 \, \text{Re}^{-0.3} \tag{15.16}$$

在 (15.15) 式，h 是基於波浪型板的公稱面積 (其它關聯式可能是基於波浪板面積。) 相當直徑為水力半徑的四倍，對大多數熱交換器而言，水力半徑為板間距的兩倍。如果冷熱流體的流量相等，且由板的相反端進入，則可得到功能近似於真正的逆流式熱交換；在末端區流體被加熱或冷卻僅由一側完成，因此效率略為降低，而且曲折的波動路徑與理想流動形態亦有偏差。當熱傳單位數增加時，其修正因數會降低。[21] 當 $N_H = 3.0$ 時，修正因數約為 0.95。當流量非均衡時，對於較低流率的流體可使用兩個或多個行程；此時熱交換器的某些區段是平行流而某些是逆向流，且其 LMTD 修正因數 F_G 可能是 0.7 至 0.9。

熱交換裝置　495

在熱交換器兩側使用水或水溶液，對一清潔的板式熱交換器其總熱傳係數可能為 3,000 至 6,000 W/m² · K (500 至 1,000 Btu/h · ft² · °F)，是殼管式熱交換器正常值的數倍，這是因為高剪切率，使得積垢因數大幅低於殼管式熱交換器的緣故，且設計者可能僅增加 10% 的容許產生積垢的熱傳面積。[16] 此裝置單元可以很容易地拆開進行徹底情況。

板式熱交換器廣泛使用於乳品和食品加工業，因為它們具有高的總熱傳係數且易於清潔或消毒。具有不同熱負荷的幾個熱交換器可以群聚在一個單元。例如，巴氏殺菌奶 (pasteurizing milk) 的高溫短時 (HTST) 程序使用的是三個或四個部分的板式熱交換器。在第一或再生部分，原料奶藉由與熱巴氏殺菌奶交換而被加熱到 68°C。在第二部分，熱水將奶溫升高到 72°C，此為熱巴氏殺菌溫度。該熱牛奶在外部呈螺旋或曲折的固定管內至少保持 15 秒後，然後再回到再生器。最後的部分冷凍的鹽水迅速將產物冷卻到 4°C。在某些工廠，再生器有兩部分，在回到再生器的第二部分之前，先將加熱至 55°C 的牛奶送去離心以去除一些油脂。巴氏殺菌奶的壓力保持高於其它流體的壓力，以防止如果針孔洩漏所造成的污染。

緊緻式熱交換器 (compact exchanger) 在化學工業以及熱回收網路上有許多其它的應用。[30] 因為幾乎理想逆向流是可以實現的，所以其加熱效率可能高於多行程殼管式熱交換器。新的設計和更好的墊圈允許操作條件高達 200°C 和 25 atm。熱交換器平板面積為 2 m²，總熱傳面積可達 1,500 m²。

例題 15.5

在康乃爾大學以湖水作為冷卻水來源的計畫中，使用很多個板式熱交換器以產生空調系統所需的冷卻水。在每一單元，高達 4,000 gal/min 的水由 60°F 冷卻至 44°F，使用等量的 41°F Gayuga 湖水。(a) 若平板間隔為 3 mm 且水流速度為 0.5 m/s，則對乾淨的熱交換器而言，總熱傳係數為多少？(b) 此熱交換器有多少熱傳單元？且每一個平板的熱傳段的高度為何？(c) 估算流體流經平板熱交換器的壓力降。(d) 若平板寬度為 1 m，則需多少平板數？

解

(a) 使用 50°F 作為每一側的平均水溫。由附錄 6 可知

$\rho = 62.42$ lb/ft³ $= 1,000$ kg/m³
$\mu = 1.31$ cP $= 1.31 \times 10^{-3}$ Pa·s
$k = 0.333$ Btu/h · ft · °F $= 0.576$ W/m · K

$$c_p = 1.00 \text{ Btu/lb} \cdot °F = 4{,}184 \text{ J/kg} \cdot K$$

$$D_e = 2 \times \text{spacing} = 6 \times 10^{-3} \text{ m}$$

$$\text{Re} = \frac{6 \times 10^{-3}(0.5)(1{,}000)}{1.31 \times 10^{-3}} = 2{,}290$$

$$\text{Pr} = \frac{4{,}184(1.31 \times 10^{-3})}{0.576} = 9.52$$

$$\text{Nu} = 0.37(2{,}290)^{0.67}(9.52)^{0.33} = 139$$

$$h_i \cong h_o = \frac{139(0.576)}{6 \times 10^{-3}} = 1.33 \times 10^4 \text{ W/m}^2 \cdot K \ (2{,}350 \text{ Btu/h} \cdot \text{ft}^2 \cdot °F)$$

假設 0.7 mm 厚的不鏽鋼平板具有 $k_m = 9.4$ Btu/h·ft·°F 或 $k_m = 16.3$ W/m·K。

$$h_{\text{wall}} = \frac{16.3}{7 \times 10^{-4}} = 2.33 \times 10^4 \text{ W/m} \cdot K$$

$$\frac{1}{U} = \frac{2}{1.33 \times 10^4} + \frac{1}{2.33 \times 10^4}$$

$$U = 5.17 \times 10^3 \text{ W/m}^2 \cdot K \ (911 \text{ Btu/h} \cdot \text{ft}^2 \cdot °F)$$

(b) 對熱股流：

$$T_{ha} - T_{hb} = 60 - 44 = 16°F$$

對冷股流：

$$T_{cb} - T_{ca} = 57 - 41 = 16°F$$

$$N_H = \int \frac{dT}{\Delta T} = \frac{16}{3} = 5.33$$

這是非常大的熱傳單元數，且其 LMTD 修正因數 F_G 約為 0.9。[21]

對於一寬度為 w，而長度為 L 的熱傳段，其每一通道的熱傳面積為

$$A = 2wL$$

每一行程的冷流體為

$$\dot{m}_c = (0.5 \text{ m/s})(3 \times 10^{-3} w)(1{,}000) = 1.5w \text{ kg/s}$$

$$Q = 1.5wc_p(T_{cb} - T_{ca}) = U(2wL)(0.9 \Delta T)$$

$$L = \frac{1.5(4{,}184)}{2(0.9)(5.17 \times 10^3)} \left(\frac{16}{3}\right) = 3.6 \text{ m}$$

由於標準熱交換器的最大板高度約為 4 m，包括進出口的行程，若使用較低的流

速或將熱交換器串聯,保持逆向流的排列,則每一熱傳段的高度將只剩一半。

$$修正的 \quad L = \frac{3.6}{2} = 1.8 \text{ m}$$

考慮進出口通道所占用的面積,總平板高度約為 3 m。

(c) 壓力降:

$$\frac{\Delta p}{L} = 2f \frac{u^2 \rho}{D_e}$$

$$f = \frac{2.5}{(2,290)^{0.3}} = 0.245$$

$$\Delta p = \frac{2(0.245)(0.5)^2(1,000)(3.6)}{6 \times 10^{-3}} = 7.35 \times 10^4 \text{ N/m}^2 \text{ (10.6 lb/in.}^2\text{)}$$

由於進料和排放管的摩擦損失,總壓力降會更大。

(d) 冷流體:

$$\dot{m}_c = \frac{4,000 \text{ gal/min}}{264.7 \times 60} = 0.252 \text{ m}^3/\text{s}$$

對 $w = 1$ m,每一行程的流量為 1.5×10^{-3} m^3/s。

$$行程數 = \frac{0.252}{1.5 \times 10^{-3}} = 147$$

$$總行程數 \; n = 2 \times 147 = 294$$

$$平板數 \; n + 1 = 295$$

若兩熱交換器串聯以保持總平板高度小於 4 m,則每一單元的總平板數為 $2 \times 295 = 590$。

擴展表面裝置

當兩流體中有一流體其熱傳係數遠低於另一流體時,則會引起熱交換的困難。典型的例子為以水蒸氣的冷凝將固定的氣體 (如空氣) 加熱。水蒸氣的個別熱傳係數為空氣的 100 至 200 倍;因此,實質上,總熱傳係數等於空氣的個別熱傳係數,這使得加熱表面的單位面積的容量降低,為了提供合理的容量就必

須將管長增加許多米或呎。因為層流的熱傳速度低，所以在加熱或冷卻黏稠液體或處理低流率的流體時，也會遇到這類問題，只是形式不同而已。

在這些情況下，為了保留空間且降低裝置的成本，已發展出某種類型的熱交換表面，稱為**擴展表面** (extended surfaces)，此表面是以翅片 (fin)、釘狀物、圓盤和其它附加物將管子的外表面積增倍或擴展，使得與流體接觸的外表面積遠大於內表面積。具較低熱傳係數的流體與擴展表面接觸，並且在管外流動，而另一具有高熱傳係數的流體則在管內流動。擴展外表面的定量效果可由下列所寫的總熱傳係數的形式看出，式中略去了管壁的阻力。

$$U_i = \frac{1}{1/h_i + A_i/A_o h_o} \tag{15.17}$$

由 (15.17) 式可知，若 h_o 小且 h_i 大，則 U_i 值小；但若使面積 A_o 遠大於 A_i，則阻力 $A_i/A_o h_o$ 變小而 U_i 增大，此結果與增加 h_o 相同，亦即增加了每單位管長或每單位內表面積的容量。

擴展表面的型式

圖 15.10 所示為兩種常見可供使用的擴展表面型式。當流體流動的方向與管軸平行時，可採用縱向翅片 (longitudinal fin)；當流體流動的方向橫越管子時，則採用橫向翅片 (transverse fin)。此外亦有使用長釘式、釘式、螺柱式或脊柱式的擴展表面，而具有這些擴展表面的管子可適用於任何方向的流動。在所有的型式中，翅片與管子緊密接合是很重要的，這是因為結構的因素以及確保翅片基部與管壁之間有良好的熱接觸。

翅片效率

安裝有翅片的管子其外表面積包括兩部分，亦即翅片面積以及未被翅片基部覆蓋的裸管面積。翅片表面每單位面積的熱傳並不如裸管表面每單位面積的

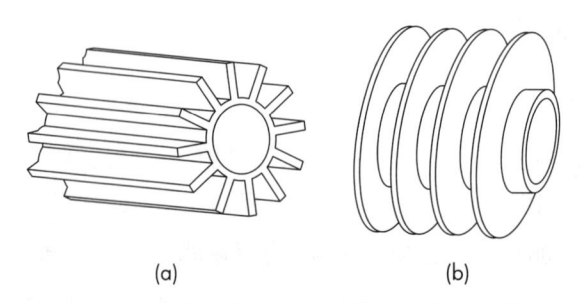

▲ 圖 15.10　擴展表面的型式：(a) 縱向翅片；(b) 橫向翅片

熱傳有效，這是因為以傳導通過翅片到管子的熱流，會產生額外的熱阻。因此，考慮圓管上的單一縱向翅片，如圖 15.11 所示，假設熱量由翅片周遭的流體流向圓管。令流體的溫度為 T，圓管裸露部分的溫度為 T_w。翅片底部的溫度也是 T_w。圓管裸露部分對熱傳的溫度差為 $T - T_w$，或以 ΔT_o 表示。考慮傳送至翅片尖端的熱量，此尖端是指離管壁最遠的點。熱量欲達到管壁，必須以傳導的方式由尖端通過整個翅片長度而到達底部。其它進入介於翅片尖端與底部之間各點的熱量也必須通過一部分的翅片長。因此，由翅片尖端至底部必須有溫度梯度，並且尖端比底部熱。若 T_F 為距離底部為 x 的翅片溫度，則熱量由流體傳至該點的溫度差為 $T - T_F$。因為 $T_F > T_w$，$T - T_F < T - T_w = \Delta T_o$，所以遠離翅片底部，任何單位面積的熱傳效率都比裸管的單位面積之熱傳效率低。翅片底部的 $T - T_F$ 與 ΔT_o 之差為零，而在翅片尖端有最大差值。基於整個翅片面積，令 $T - T_F$ 的平均值以 $\overline{\Delta T_F}$ 表示，則翅片效率定義為 $\overline{\Delta T_F}$ 與 ΔT_o 的比值，以 η_F 表示。就溫度差而論，效率為 1 表示翅片上每單位面積的熱傳遞與裸管每單位面積的熱傳遞有相同的效果。任何實際翅片的效率都是小於 100%。

擴展表面熱交換器的計算

考慮以單位面積的圓管為基準。令 A_F 為翅片的面積，A_b 為裸管的面積。令 h_o 為翅片與圓管周遭流體的熱傳係數。假設 h_o 對翅片與圓管而言內側面積 A_i，總熱傳係數可寫成

$$U_i = \frac{1}{A_i/[h_o(\eta_F A_F + A_b)] + x_w D_i/k_m \bar{D}_L + 1/h_i} \tag{15.18}$$

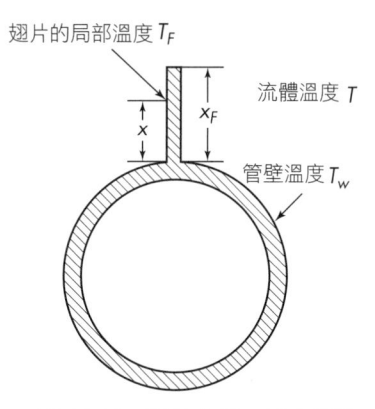

▲ 圖 15.11　圓管和單一軸向翅片

使用 (15.18) 式時，必須知道翅片效率 η_F 以及個別熱傳係數 h_i 和 h_o 的值。熱傳係數 h_i 可用一般的方法計算而得。熱傳係數 h_o 的計算稍後會討論。

對於各種型式的翅片其效率 η_F，在某些合理的假設下可由數學方式求出。[10]例如，縱向翅片的效率顯示於圖 15.12，圖中將 η_F 繪成 $a_F x_F$ 的函數，其中 x_F 為由底部至尖端的翅片高度，而 a_F 的定義如下：

$$a_F = \sqrt{\frac{h_o L_p / S}{k_m}} \tag{15.19}$$

其中　h_o = 管外側的熱傳係數
　　　k_m = 金屬翅片的導熱係數
　　　L_p = 翅片的周長
　　　S = 翅片的截面積

乘積 $a_F x_F$ 為無因次。

對於其它類型的擴展表面，也有翅片效率可供使用。[10] 圖 15.12 顯示當 $a_F x_F < 0.5$ 時，翅片效率接近 1。若熱傳係數 h_o 很大時，擴展表面既無效率也無必要。此外，翅片增加壓力降。

計算裸管熱傳係數的方程式無法精確地計算熱傳係數 h_o。因為翅片會改變流體的流動特性，所以擴展表面的熱傳係數與平滑管表面的熱傳係數不同。擴展表面的個別係數必須由實驗來決定而且每一類型的表面都有關聯式，而這些關聯式是由管子的製造商所提供。圖 15.13 為縱向翅片管的典型關聯式圖。於圖中，D_e 為相當直徑，通常定義為 4 倍的水力半徑，此水力半徑為翅片的截面積除以翅片和管子被沾濕的總周長，其計算方式如例題 15.6 中所示。

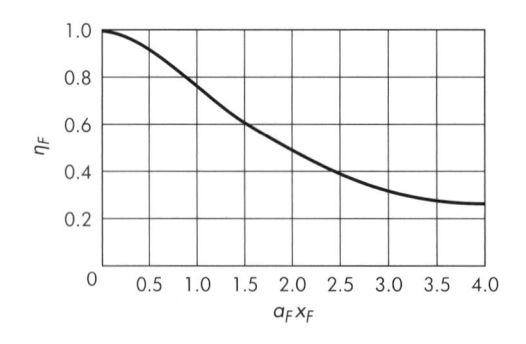

▲ 圖 15.12　縱向翅片的效率

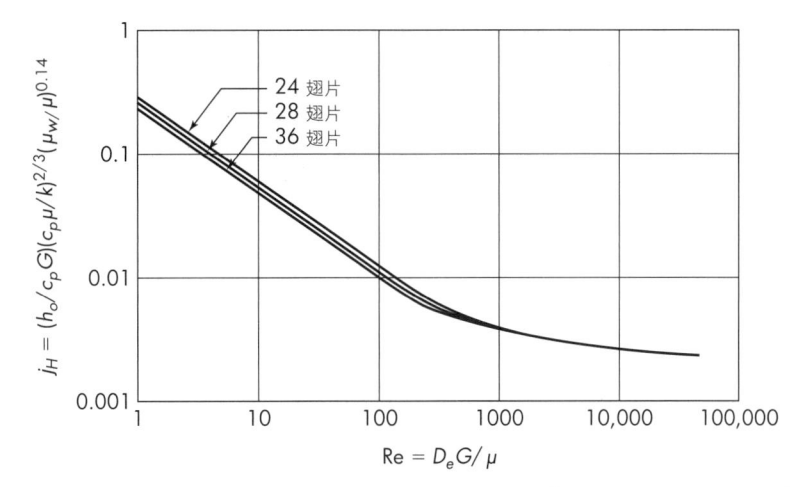

▲ 圖 15.13　縱向翅片管的熱傳係數；3 in. IPS 殼內包含具有 $\frac{1}{2} \times 0.035$ in. 翅片的 $1\frac{1}{2}$ in. IPS 圓管 (*Brown Fintube Co.*)

例題 15.6

在一有擴展表面的熱交換器之殼內將空氣加熱。內管為 $1\frac{1}{2}$ in. IPS Schedule 40 的圓管，裝有 28 片 $\frac{1}{2}$ in. 高和 0.035 in. 厚的縱向翅片。殼為 3 in. Schedule 40 號鋼管。每呎內管的外側暴露面積 (未被翅片覆蓋的面積) 為 0.416 ft^2；翅片和圓管的總表面積為 2.830 ft^2/ft。水蒸氣於 250°F 在內管的內側冷凝，其薄膜熱傳係數為 1,500 Btu/ft$^2 \cdot$h$\cdot$°F。鋼的導熱係數為 26 Btu/ft$\cdot$h$\cdot$°F。內管的管壁厚度為 0.145 in.。若空氣的質量速度為 5,000 lb/h$\cdot$ft^2 且其平均溫度為 130°F，求基於內管內側面積的總熱傳係數。積垢因數可忽略不計。

解

空氣的薄膜熱傳係數 h_o 可由圖 15.13 得到。為了使用此關聯式圖，需先計算空氣的雷諾數如下。空氣在 130°F 的黏度為 0.046 lb/ft$\cdot$h (附錄 8)。殼空間的相當直徑為

$$\text{殼內徑 (附錄 3)} = \frac{3.068}{12} = 0.2557 \text{ ft}$$

$$\text{內管外徑 (附錄 3)} = \frac{1.900}{12} = 0.1583 \text{ ft}$$

殼空間的截面積為

$$\frac{\pi(0.2557^2 - 0.1583^2)}{4} - \frac{28 \times 0.5 \times 0.035}{144} = 0.0282 \text{ ft}^2$$

空氣空間的周長為

$$\pi 0.2557 + 2.830 = 3.633 \text{ ft}$$

水力半徑為

$$r_H = \frac{0.0282}{3.633} = 0.00776 \text{ ft}$$

相當直徑為

$$D_e = 4 \times 0.00776 = 0.0310 \text{ ft}$$

因此，空氣的雷諾數為

$$\text{Re} = \frac{0.0310 \times 5{,}000}{0.046} = 3.37 \times 10^3$$

由圖 15.13 可知，熱傳因數為

$$j_H = \frac{h_o}{c_p G} \left(\frac{c_p \mu}{k}\right)^{2/3} \left(\frac{\mu}{\mu_w}\right)^{-0.14} = 0.0031$$

欲求 h_o 所需的數據為

$$c_p = 0.25 \text{ Btu/lb} \cdot °\text{F} \quad (\text{附錄 14})$$
$$k = 0.0162 \text{ Btu/ft} \cdot \text{h} \cdot °\text{F} \quad (\text{附錄 12})$$

計算 μ_w 時，管壁熱阻和蒸汽薄膜熱阻均忽略不計，因此 $T_w = 250°\text{F}$ 且 $\mu_w = 0.0528 \text{ lb/ft} \cdot \text{h}$：

$$\left(\frac{\mu}{\mu_w}\right)^{0.14} = \left(\frac{0.046}{0.0528}\right)^{0.14} = 0.981 \quad \text{Pr} = \frac{c_p \mu}{k} = \frac{0.25 \times 0.046}{0.0162} = 0.710$$

$$h_o = \frac{0.0031 \times 0.25 \times 5{,}000 \times 0.981}{0.710^{2/3}} = 4.78 \text{ Btu/ft}^2 \cdot \text{h} \cdot °\text{F}$$

對於矩形翅片，不考慮翅片兩端的周長，則 $L_p = 2L$，且 $S = L y_F$，其中 y_F 為翅片厚度，L 為翅片長度。則由 (15.19) 式，

$$a_F x_F = x_F \sqrt{\frac{h_o(2L/L y_F)}{k_m}} = x_F \sqrt{\frac{2h_o}{k_m y_F}} = \frac{0.5}{12}\sqrt{\frac{2 \times 4.78}{26(0.035/12)}} = 0.467$$

由圖 15.12 知，$\eta_F = 0.93$。

由 (15.18) 式求總熱傳係數。所需的額外數據為

$$D_i = \frac{1.610}{12} = 0.1342 \text{ ft} \quad \text{(附錄 3)}$$

$$\bar{D}_L = \frac{0.1583 - 0.1342}{\ln(0.1583/0.1342)} = 0.1454 \text{ ft}$$

$$A_i = \pi(0.1342) \times 1.0 = 0.422 \text{ ft}^2/\text{lin ft}$$

$$A_F + A_b = 2.830 \text{ ft}^2/\text{lin ft}$$

$$A_F = 2.830 - 0.416 = 2.414 \text{ ft}^2/\text{lin ft}$$

$$x_w = \frac{1.900 - 1.610}{2 \times 12} = 0.0121 \text{ ft}$$

$$U_i = \frac{1}{\dfrac{0.422}{4.78(0.93 \times 2.414 + 0.416)} + \dfrac{0.0121 \times 0.1342}{26 \times 0.1454} + \dfrac{1}{1,500}}$$

$$= 29.2 \text{ Btu/ft}^2 \cdot \text{h} \cdot °\text{F} \,(166 \text{ W/m}^2 \cdot \text{C})$$

基於內管小的內側面積，總熱傳係數可能遠大於基於擴展表面面積的空氣薄膜係數。

空氣冷卻式熱交換器

當冷卻水變得稀少且污染控制越來越嚴格的時候，就會增加空氣冷卻式 (air-cooled) 熱交換器的使用率。這些熱交換器是由水平翅片管束所組成，典型的管徑為 25 mm (1 in.)，長度為 2.4 至 9 m (8 至 30 ft)。大風扇使空氣在管內循環。管內溫度為 100 至 400°C (212 至 750°F) 或比此溫度更高的熱流體可被冷卻到約 20°C，高於空氣的乾球溫度 (dry-bulb temperature)。基於管的外側表面，熱傳面積的範圍為 50 至 500 m² (500 至 5,000 ft²)；翅片面積的範圍為此值的 7 至 20 倍。流動於圓管間的空氣其速度為 3 至 6 m/s (10 至 20 ft/s)。壓力降和功率消耗低，但有時欲降低風扇的噪音至可接受的程度，風扇的速率必須比最大效率低。在空氣冷卻式冷凝器中的管子通常是傾斜的。在文獻中有敘述詳細的設計過程，[13, 19] 但熱傳係數可利用計算 h_o 的 (15.8) 式來求其近似值以及可利用圖 15.12 做為求橫向翅片的翅片效率的圖形。

熱管

熱管 (heat pipes) 是利用密封管內的揮發性流體將熱量由源點 (source) 傳送到匯點 (sink) 的裝置。流體吸收熱量並在熱端蒸發，而蒸汽流至冷端，在該處冷

凝且釋放熱量。液體藉由重力或毛細作用返回到熱端，其中若管壁上有多孔塗層或其它形式的燈芯則可利用毛細作用。

圖 15.14a 顯示由熱煙道氣回收能量並將預熱的空氣輸送到大鍋爐的熱管。管子 (只顯示出一個) 的直徑為數個厘米，長度為數米長，這些管子凸出於通道壁而將氣體和空氣流分離。每支管含有少量水或有機液體且真空密封以隔離空氣。操作時，內部溫度 T_i 調整到介於 T_h 和 T_c 之間的值，使得以驅動力 ($T_h - T_i$) 將熱氣體的熱量傳出的速率與以驅動力 ($T_i - T_c$) 將熱量傳遞至空氣的速率相等。液體在 T_i 的蒸汽壓等於內壓。事實上由於蒸汽流動產生摩擦壓力降，因此在管內有很小的溫度梯度，但端點對端點的溫差遠小於 ($T_h - T_i$) 或 ($T_i - T_c$)。管子的放置與水平成一傾斜角使得液體易於回流，有時這種稱為重力輔助 (gravity-assisted) 熱管或熱虹吸 (thermosiphon)。在其它的設計，管子是垂直的，其中加熱段在底部。

與旋轉或固定床再生器比較，對於能量回收而言，熱管的好處是保養費低，易於清洗且無空氣洩露。

將熱氣體傳遞能量至中間流體，然後再傳遞到冷氣體的兩階段過程，其效率似乎比在殼管或交叉流熱交換器中的熱量直接由熱氣體傳遞到冷氣氣體為差。但是，在熱管的熱端的沸騰熱傳係數是相當高的，因此總熱傳係數與翅片管的外側薄膜係數大約相同。類似地，因為冷凝熱傳係數很高，所以在冷端的總熱傳係數與外側熱傳係數約略相同。因此總面積與其它類型的氣體 - 氣體熱交換器大致相同。

在熱管的許多其它應用，是以毛細作用或燈芯作用 (wicking action) 使液體回流到熱端，如圖 15.14b 所示。這使得熱管可用於任何方位以及無重力的太空船。通常這個目的是要將靈敏度高的設備，如電腦或其它電子元件，使其散熱，而非回收能量。熱管在重量上是輕的，且比鋁或銅棒有較高的有效導熱係數。在直徑為 1 mm 或更小的截面上的小單元可以是正方形或矩形。

用於熱管的許多類型的工作流體已經被提出，包括水、有機液體、液化氣體以及熔融金屬。主要的要求是在操作溫度範圍內要有合理的蒸汽壓、良好的導熱係數、低液體和蒸汽黏度、高表面張力以及燈芯與管壁材料的潤濕性。[8a] 在 350 到 500 K，水是優於大多數其它液體，但在空間應用中通常是用乙醇，因為水可能會凍結。熱管最大的裝置之一是在阿拉斯加 (Alaska)，其中成千上萬含氨的熱管被用來防止支撐阿拉斯加油管的永凍層 (permafrost) 解凍。

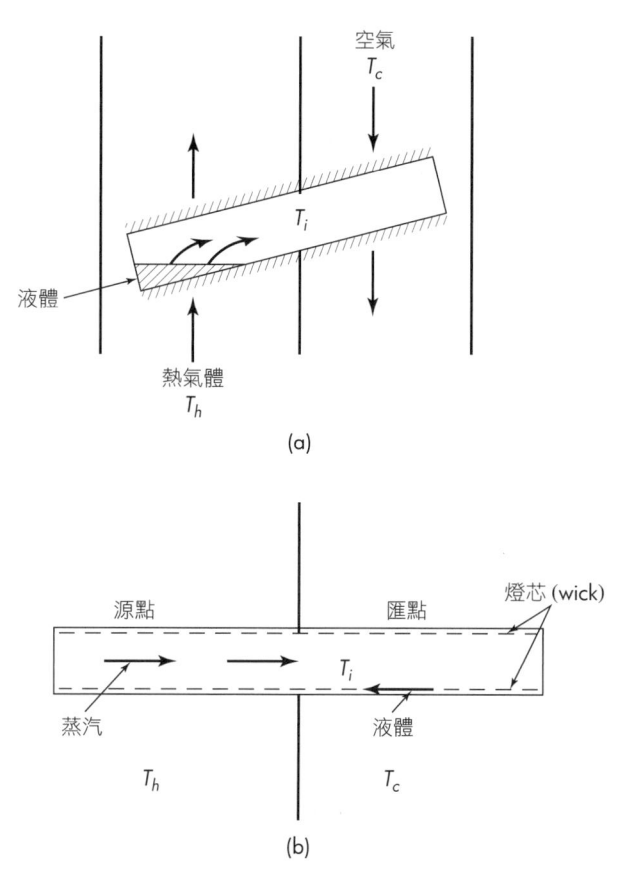

▲ 圖 15.14　(a) 重力輔助熱管；(b) 毛細管作用的熱管

■ 刮面式熱交換器

將熱量傳給黏稠液體或由黏稠液體移出熱量，尤其是食品和其它熱敏感的液體，通常是使用刮面式 (scraped-surface) 熱交換器來完成。典型的這種交換器為雙套管交換器，其中心管的直徑相當大，約為 100 至 300 mm (4 至 12 in.)，套層內有水蒸氣或冷卻流體。中心管的內表面被安裝在旋轉軸的兩個或更多的縱向葉片刮淨。

黏稠液體以低速流經中心管。鄰近熱傳面的部分液體，除了被刮刀刮除時造成擾動外，基本上是靜止的。熱量以非穩態傳導的方式傳送至黏稠液體。如果擾動之間的時間很短，通常都是如此，則熱量只能滲入靜止液體的一小段距離，此過程恰類似於半無限固體的非穩態熱傳。

刮面式熱交換器的熱傳係數 [14]

假設在熱交換器的某位置，液體的整體溫度為 T，熱傳表面的溫度為 T_w。假設目前 $T_w > T$。考慮熱傳表面上剛被刮過的一個微小面積單元。任何原先在這個表面單元的液體已被刮刀移除，而用溫度為 T 的其它液體取代。在 t_T 的時間間隔中，熱量由表面流到液體，此時間間隔亦為下一次刮刀經過此表面單元，除去液體後，而讓新液體再沈積於表面所需的時間。

由 (10.40) 式，於時間間隔 t_T，總熱傳量為

$$\frac{Q_T}{A} = 2k(T_w - T)\sqrt{\frac{t_T}{\pi \alpha}}$$

其中　$k =$ 液體的導熱係數
　　　$\alpha =$ 液體的熱擴散係數
　　　$A =$ 熱傳表面的面積

由定義知，在每一時間間隔內的平均熱傳係數為

$$h_i \equiv \frac{Q_T}{t_T A(T_w - T)} \tag{15.20}$$

將 (10.40) 式代入 (15.20) 式，且由 $\alpha = k/\rho c_p$ 可得

$$h_i = 2\sqrt{\frac{k\rho c_p}{\pi t_T}} \tag{15.21}$$

刮刀連續通過一已知面積單元的時間間隔為

$$t_T = \frac{1}{nB} \tag{15.22}$$

其中　$n =$ 攪拌速度，r/h
　　　$B =$ 轉軸上的刮刀數

將 (15.21) 式與 (15.22) 式合併，可得熱傳係數為

$$h_i = 2\sqrt{\frac{k\rho c_p nB}{\pi}} \tag{15.23}$$

(15.23) 式顯示刮面上的熱傳係數與液體的熱性質和攪拌器的速度有關，而與液體的黏度或通過熱交換器的液體速度無關。事實上，雖然在很多情況下，

(15.23) 式可得一良好的近似值，但它有點過度簡化。在熱傳表面上的液體，特別是黏稠液體，並不是全部與大量流體有良好的混合，而是有一部分會再沈積在刮刀面的後面。因此黏稠液體的熱傳係數低於由 (15.23) 式所預估的值，且稍微受到液體黏度改變的影響；它也是流體的縱向速度與熱交換器的直徑和長度的函數。將這些變數合併可得一個熱傳係數的經驗式如下：[33]

$$\frac{h_j D_a}{k} = 4.9 \left(\frac{D_a \bar{V} \rho}{\mu}\right)^{0.57} \left(\frac{c_p \mu}{k}\right)^{0.47} \left(\frac{D_a n}{\bar{V}}\right)^{0.17} \left(\frac{D_a}{L}\right)^{0.37} \quad (15.24)$$

其中　$\bar{V}$ = 流體的平均縱向速度
　　　L = 熱交換器的長度
　　　D_a = 刮刀的直徑 (也等於殼的內徑)

(15.24) 式可應用於以 Votator 聞名的小而高速的單元。在大而低速的熱交換器中的層流熱傳的數據可於參考文獻 31 中得到。蒸發黏稠液體所使用的刮面式設備將於第 16 章討論。

冷凝器與蒸發器

如同第 11 章與第 13 章所討論的，用於除去蒸汽中的潛熱使蒸汽液化的熱傳裝置稱為**冷凝器** (condenser)。潛熱被冷液體吸收而去除，此冷液體稱為**冷卻劑** (coolant)。在冷凝器中，冷卻劑的溫度明顯增加，此單元彷彿是加熱器；但從其功能而言，冷凝作用才是最重要的，由其名稱反映出這個事實。冷凝器可分為二類：第一類稱為殼管式冷凝器，以管狀熱傳表面將冷凝蒸汽和冷卻劑分開；第二類稱為接觸式冷凝器，冷卻劑和蒸汽，兩者通常為水，經混合後以單一流體離開冷凝器。

在工業的應用上，液體是在釜式再沸器或排管式加熱器被蒸發，如同第 13 章所述，蒸發熱最常由冷凝蒸汽所提供。

殼管式冷凝器

圖 11.1 所示的冷凝器是單程單元 (single-pass unit)，因為冷卻液體的整個股流以平行的方式通過所有管子。在大的冷凝器中，這種類型的流動有嚴重的限制。由於管子的數目太多，使得在單程的流動中，通過管子的速度太慢，而無法產生適當的熱傳係數，造成冷凝器單元很大，不符合經濟效益。此外，因為

低熱傳係數，在合理且大的溫度範圍內，若欲將冷流體加熱則需長的管子，而這種長管並不切實際。

欲得較快的速度，較高的熱傳係數與較短的管子，應用在熱交換器的多行程原理也可以應用在冷凝器中的冷卻劑。在多行程冷凝器中，不需要使用修正因數 F_G，因為套層溫度是常數(對應於 $Z = 0$)且管內流動方向對驅動力無影響。雙行程冷凝器的一個例子顯示於圖 15.15。

熱膨脹的預防 由於在冷凝器中有溫度差，會造成非常嚴重的膨脹應變(expansion strain)使得管子彎曲或管子由管片鬆開。要避免因膨脹造成的損害，最常用的方法就是使用浮頭(floating-head)結構，其中管片之一(因此是管的一端)在結構上與殼分離。圖 15.15 的冷凝器採用此原理。此圖顯示管子不論膨脹或收縮，均與外殼無關。蒸汽入口處裝有一多孔板，以避免管路被蒸汽攜帶的液滴切斷。

除濕冷凝器

圖 15.16 所顯示的是蒸汽和不凝結氣體混合物的冷凝器。它是垂直置放而不是水平置放，大多數用來冷凝不含不凝結氣體的蒸汽的冷凝器均以水平置放；此外，蒸汽在管內凝結，而非管外，冷卻劑流經殼側。這可使蒸汽-氣體混合物正向掃過管面，避免惰性氣體形成一停滯氣袋(stagnant pocket)而覆蓋熱傳面。採用改良型超大型冷凝器，亦即較低的高差(lower head)壓力，可將凝結液自未凝結蒸汽與氣體中分離。

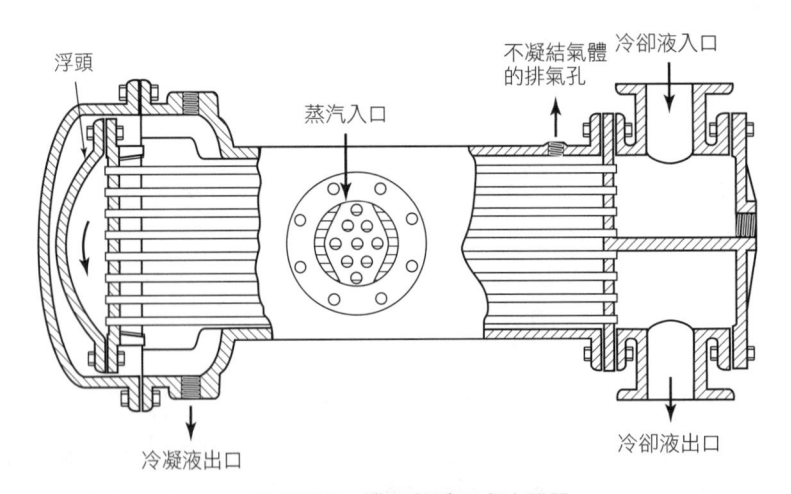

▲ 圖 15.15 雙行程浮頭式冷凝器

熱交換裝置　509

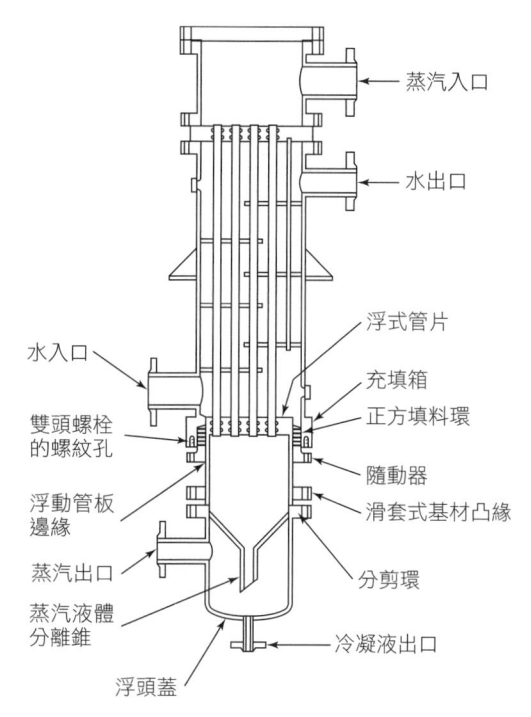

▲ 圖 15.16　外包裝除濕冷卻器 - 冷凝器

接觸式冷凝器

圖 15.17 所示為接觸式冷凝器 (contact condenser) 的一個例子。接觸式冷凝器比表面冷凝器 (surface condenser) 小很多且便宜。如圖 15.17 所示的設計，在接近蒸汽入口處有部分冷卻水被噴灑入蒸汽流中，其餘則直接噴射入排放的喉部以完成冷凝。當殼管式冷凝器在真空下操作時，凝結液通常是以泵抽出，但也可用氣壓真空柱 (barometric leg) 移除。將長約 10 m (34 ft) 的直立管以凝結液接收槽封住其底部。在操作過程中，管內液位的高度會自動調整使得管與槽的液位高差對應大氣和冷凝器內蒸汽的壓力差。當蒸汽一冷凝，凝結液立即由管內流下，而不會破壞真空。在直接接觸式冷凝器內，來自噴射入口的下游區的壓力恢復通常是足夠的，可以不需要使用氣壓真空柱。

蒸發器

如圖 13.8 所示的釜式再沸器，其中水平殼內含有相當小的管束 (tube bundle)，以及兩個管行程、浮頭和管片。管束浸於沸騰液體槽中，液位的深度由溢流堰 (overflow weir) 的高度控制。進料由液體槽的底部進入。蒸汽由殼頂逸出；任何未蒸發的液體由堰溢出而由殼底排出。加熱流體，通常是水蒸氣，其

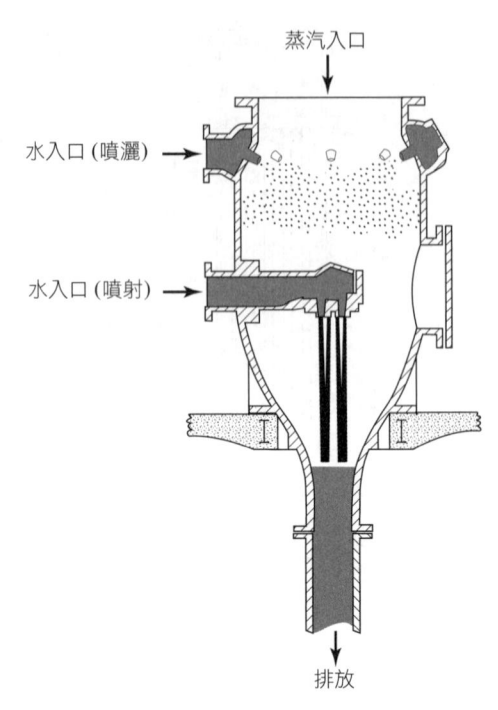

▲ 圖 15.17　接觸式冷凝器 (*Schutte and Koerting Div., Ketema, Inc.*)

進入管的路徑如圖所示；水蒸氣凝結液經由集水器 (trap) 移除。圖 13.8 所示的輔助噴嘴可用來觀察、排水或插入儀器感測元件。

　　直立式的殼管式蒸發器的設計與操作，如排管式、自然循環或熱虹吸再沸器已於第 13 章討論，並於圖 13.10 中予以說明。

攪拌槽中的熱傳遞

　　熱傳表面常用於如第 9 章所述的攪拌槽中，其形式可能是加熱或冷卻用的套層或浸於液體中的螺旋管。

熱傳係數

　　如第 9 章所示的攪拌槽，無因次群 $D_a^2 n\rho/\mu$ 是一個雷諾數，它在功率消耗的關聯數據上非常有用。對於攪拌槽的套層或螺旋管的熱傳遞，使用此無因次群做為一關聯變數時，可得令人滿意的結果。下列是為達到此目的所提出的典型方程式。

　　液體在一具有螺旋管、渦輪葉輪以及有擋板的圓柱攪拌槽中加熱或冷卻，

$$\frac{h_c D_c}{k} = 0.17 \left(\frac{D_a^2 n \rho}{\mu}\right)^{0.67} \left(\frac{c_p \mu}{k}\right)^{0.37} \left(\frac{D_a}{D_t}\right)^{0.1} \left(\frac{D_c}{D_t}\right)^{0.5} \left(\frac{\mu}{\mu_w}\right)^b \qquad (15.25)$$

其中 h_c 為螺旋管表面和液體間的個別熱傳係數。對於黏度比的指數 b 而言，薄層液體高於黏稠油，[25] 此 b 值建議採用 0.24 以便與下列套層的熱傳係數方程式一致。在相同直徑下，傾斜渦輪 (pitched turbine) 的螺旋管係數是標準渦輪的 0.85 倍，並且是螺旋管的 0.7 倍。[17]

若採用標準渦輪於一有擋板的槽中，則下列方程式適用於槽中套層的熱傳。[35]

$$\frac{h_j D_t}{k} = 0.76 \left(\frac{D_a^2 n \rho}{\mu}\right)^{2/3} \left(\frac{c_p \mu}{k}\right)^{1/3} \left(\frac{\mu}{\mu_w}\right)^{0.24} \qquad (15.26)$$

其中 h_j 為槽中液體與套層內表面間的熱傳係數。對於傾斜渦輪的套層係數為標準渦輪的 0.9 倍，並且是螺旋槳的 0.6 倍。[17] 但是，標準渦輪的功率消耗非常高。

若液體非常黏稠，則需使用錨形攪拌器，它以非常低的速度掃過整個熱傳表面而得到清潔面。錨形攪拌器的數據可由下式得知 [37b]

$$\frac{h_j D_t}{k} = K \left(\frac{D_a^2 n \rho}{\mu}\right)^a \left(\frac{c_p \mu}{k}\right)^{1/3} \left(\frac{\mu}{\mu_w}\right)^{0.18} \qquad (15.27)$$

其中若 $10 < \text{Re} < 300$，則 $K = 1.0$，$a = \frac{1}{2}$；若 $300 < \text{Re} < 40{,}000$，則 $K = 0.36$，$a = \frac{2}{3}$。

這種類型的方程式通常不適用於與推導此方程式有顯著不同的情況，各種攪拌器和熱傳表面的排列，其方程式在文獻中有記載。[37a]

使用錨式攪拌器，有時在錨臂上裝有刮刀，以避免液體與加熱表面接觸後產生劣化現象。這對於食物產品以及類似熱敏感物質特別有用。當攪拌槽中為牛頓液體時，使用刮刀可適度增加熱傳係數，若為非牛頓液體時，則熱傳係數可提升 5 倍。[37b] 利用 (15.23) 式可計算刮面式熱交換器的熱傳係數。

在一攪拌槽中，藉由套層中的蒸汽冷凝將液體加熱，其熱傳係數可由圖 13.2 中的薄膜冷凝關聯式求得。若使用水蒸氣將液體加熱，則控制熱阻通常是槽中的液體。但是，當加熱或冷卻的液體流經套層時並無相的變化，則其薄膜熱傳很低，熱阻控制在套層側。使用簡單開放式套層，液體的速度很低 (通常低於 0.1 ft/s)，使得熱傳主要是靠自然對流。對於 100°F 的冷卻水，使用 $\Delta T = 100°F$ 以及 5 ft 高的開放式套層，所估算的自然對流熱傳係數僅為 90 Btu/h·ft²·°F (500 W/m²·K)。由自然對流所引起的混合也會使套層內的平均溫度與出口溫度

相近，因此在出口處的溫度差應使用 ΔT 而不是對數平均。

有幾種方法可用來增加套層中液體的熱傳係數。經由數個噴嘴以高速將液體噴入套層，所有噴嘴都指向同一方向，以誘導套層中的液體產生渦流 (圖 15.18a)。典型的渦流速度為 1 到 4 ft/s (0.3 到 1.2 m/s) 且熱傳係數可由噴嘴速度和套層大小估算。[4, 18] 若渦流速度為 2 ft/s，套層寬度為 3 in. 時，水在 100°F 的薄膜熱傳係數為 450 Btu/h·ft²·°F (2,500 W/m²·K)，此值可由 (12.32) 式估算求出。另一種方法是加入套層前，在攪拌槽外側銲接螺旋擋板 (圖 15.18b)。流體則在一矩形截面以螺旋路徑流動，且其熱傳係數比開放套層所能得到的熱傳係數高出數倍。但是，介於擋板與套層的外壁之間的間隙會有一些洩漏或介於迴路間有支流 (by pass) 的流動，這些會降低流體沿壁面的流動以及熱傳速率。

對於具有較高壓力及流動模式控制良好的套層，可採用在攪拌槽外壁銲接一個半管式螺旋管 (half-pipe coil) (如圖 15.18c)。此時直接熱交換的面積減少了，但有些熱傳可沿槽外壁銲接的螺旋管進行熱傳導。[9] 套層可分成兩個或多個區域，其中入口與出口分離，在不增加壓力降的情況下，獲得較高的速度及較佳的熱傳。[34] 圖 15.18d 所示的凹坑式套層 (dimple jacket) 反應器，可用於高壓下操作，但其摩擦壓力降大於其它型式的套層設計且熱傳數據不容易獲得。

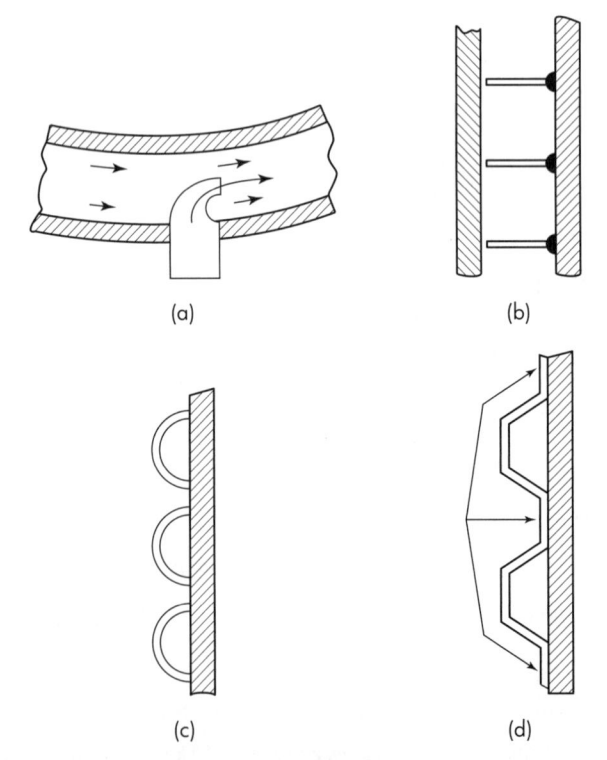

▲ 圖 15.18　套層設計：(a) 攪拌噴嘴；(b) 螺旋擋板；(c) 半管式螺旋管；(d) 凹坑式套層

攪拌槽中的暫態加熱或冷卻

考慮一攪拌良好的槽,其中含有比熱為 c_p 的 m kg 或 lb 液體。它含有被恆溫介質加熱的熱傳表面積 A,此恆溫介質如溫度為 T_s 的冷凝水蒸氣。若液體的初始溫度為 T_a,則在任何時間 t_T,其溫度 T_b 可由下列的方法求得。非穩態熱傳遞的基本關係式為

能量的累積率 = 輸入的能量 − 輸出的能量

若為批式 (batch) 反應,則槽內無液體流入或流出,且無化學反應,則輸入的能量僅為通過面積 A 的熱量,且無能量輸出。累積項 (accumulation term) 為槽中液體的焓變化率:

$$mc_p \frac{dT}{dt} = UA(T_s - T) \tag{15.28}$$

若 U 為常數 (通常這是合理的假設),介於極限 $t = 0$、$T = T_a$ 與 $t = t_T$,$T = T_b$,將 (15.28) 式積分,可得

$$\ln \frac{T_s - T_a}{T_s - T_b} = \frac{UAt_T}{mc_p} \tag{15.29}$$

若求得由已知質量的液體加熱所需的時間,則可利用 (15.29) 式求總熱傳係數。

若熱傳介質不是恆溫,而是比熱為 c_{pc} 的液體 (如冷卻水),其進入槽內的溫度為 T_{ca},且以恆定質量流率 $\dot{m}_c$ 流動,則對液體溫度的方程式為

$$\ln \frac{T_a - T_{ca}}{T_b - T_{ca}} = \frac{\dot{m}_c c_{pc}}{mc_p} \frac{K_1 - 1}{K_1} t_T \tag{15.30}$$

其中

$$K_1 = \exp \frac{UA}{\dot{m}_c c_{pc}} \tag{15.31}$$

對於涉及暫態熱傳遞的其它情形的方程式可參考在文獻中獲得。[15b]

充填床中的熱傳

許多觸媒反應都在類似於殼管式熱交換器的多管式反應器中進行。固體觸媒粒子充填在管內,反應氣體由反應器端點的集管 (header) 進出。若為放熱反

應，則反應熱由殼側循環的冷卻液或沸騰的流體去除。若為吸熱反應，則殼側的熱流體將反應所需的能量傳給管內的觸媒粒。熱傳係數的限制通常是在管側，並且常選擇管子的大小和質量流率以確保反應溫度幾乎不變或防止觸媒的最高溫度超過安全值。以下的討論是以放熱反應為例子，因為放熱反應較為普遍，而且太低的總熱傳係數會導致反應器的溫度不可控的上升或引起失控 (runaway) 反應。

溫度和速度分布

圖 15.19a 為充填管內放熱反應的徑向溫度分布曲線。在鄰近管內壁的溫度梯度較為陡峭，其餘觸媒床部分的溫度分布幾乎是拋物線。因為充填在靠近管壁的粒子比管內其它部分鬆散，所以速度分布在該處有尖峰。空管內的亂流和均勻反應其溫度和速度梯度幾乎都發生在靠近管壁的地方。

熱傳係數

處理簡單一維的充填管時，熱傳係數是基於氣體的徑向平均溫度，$\bar{T}$ 為流經管內某一已知距離的所有氣體經混合後的溫度，因此

$$dq = U\,dA\,(\bar{T} - T_j) \tag{15.32}$$

其中 $dA = \pi D_i\,dL$，且

$$\frac{1}{U} = \frac{1}{h_i} + \frac{1}{h_o D_o/D_i} + \frac{x_w}{k_m \bar{D}_L/D_i}$$

即使是放熱反應，觸媒粒子的溫度高於周遭氣體，我們在這個簡單的處理過程中，均假設氣體和固體溫度相同。氣體和固體間的溫度差可利用第 17 章的關聯

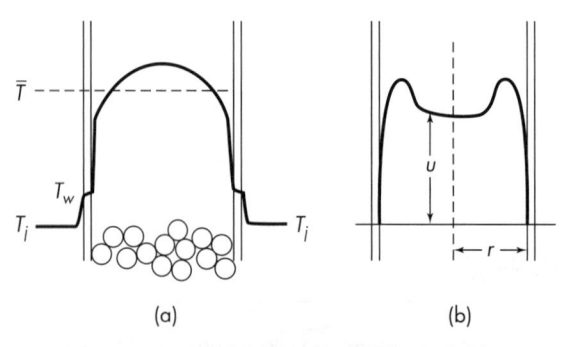

▲ 圖 15.19　充填管反應器內的溫度和速度分布

式求出；此溫度差與 20 至 30°C 的典型驅動力 $\bar{T} - T_j$ 相比，通常只有幾度。

由於粒子間實際氣體速度高達表面速度的數倍，因此在相同的流率下，固體粒子的存在使得內側熱傳係數遠大於空管內的熱傳係數。空氣在充填圓球形粒子的管內，其熱傳係數為在空管內的 5 至 10 倍。充填管內的熱傳係數約隨流率的 0.6 次方增加而增加，且隨著管的尺寸增加而降低的量比空管大。

如圖 15.20 所示，當 D_p/D_i 的比值約為 0.15 至 0.2 時，充填管內的熱傳係數為最高。對於非常小的粒子，充填床內的亂流混合作用減低，因此在管中心區域有大的熱傳阻力，使得該區域的溫度分布與層流類似。對於非常大的粒子，管的中心區域有快速的混合，因此該區域幾乎無溫度梯度，但是在鄰近管壁處有高空隙率的厚形區域；在此狀況下，大部分的熱傳阻力都是在此區域。曲線在 $D_p/D_i \approx 0.3$ 有最低點，這是由於空隙率的增加。[28]

為了估算在不同粒子和管子大小，不同氣體流率和不同氣體性質下的熱傳速率，將熱傳係數 h_i 分成兩部分，來說明非常鄰近管內壁區域的熱阻和其餘充填床區域的熱阻：

$$\frac{1}{h_i} = \frac{1}{h_{\text{bed}}} + \frac{1}{h_w} \tag{15.33}$$

充填床的熱傳係數可由有效導熱係數 k_e 求得。若充填床內的溫度分布為拋物線，則可應用下列方程式：

$$h_{\text{bed}} = \frac{4k_e}{r} \tag{15.34}$$

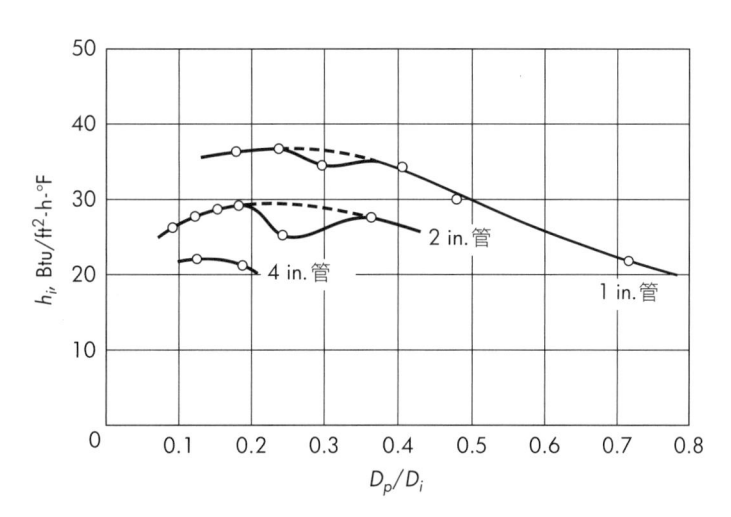

▲ 圖 15.20 以礬土 (alumina) 球充填的管的熱傳係數。空氣流，3,000 lb/ft² · h (4.07 kg/m² · s)

有效充填床導熱係數為一靜態或零流動項，當粒子為如礬土 (alumina)、矽膠 (silica gel) 之多孔性無機物質或浸漬觸媒 (impregnated catalyst) 時，有效導熱係數通常約為 $5k_g$，其中 k_g 為氣體的導熱係數。亂流對導熱係數的影響與質量流率和粒子直徑成正比，而下列方程式中的係數 0.1 與充填床內的亂流擴散理論相符。[20]

$$\frac{k_e}{k_g} \approx 5 + 0.1\mathrm{Re}_p\,\mathrm{Pr} \tag{15.35}$$

注意，計算 (15.35) 式的雷諾數時用到粒子直徑，但計算普蘭特數，則僅用到氣體的性質。利用 (15.35) 式和氣體導熱係數可得 k_e，然後由 (15.34) 式求得充填床熱傳係數 h_{bed}。

熱傳係數 h_w 可由下列經驗式估算，此熱傳係數是由量測所得的總熱阻減去計算所得的充填床熱阻而得。[29]

$$\mathrm{Nu}_w \equiv \frac{h_w D_p}{k_g} = 1.94(\mathrm{Re}_p)^{0.5}(\mathrm{Pr})^{0.33} \tag{15.36}$$

將 (15.36) 式與計算 h_{bed} 的方程式結合，可說明為何 D_p/D_i 介於 0.1 與 0.2 時，結合的熱傳係數 h_i 會通過一極大值。當 D_p/D_i 很小時，充填床熱阻就變得重要，且 Re_p 與 h_{bed} 隨 D_p 的增加而增加。當 D_p/D_i 很大時，此時為管壁薄膜控制，D_p 的增加會降低 h_w 與 h_i，如 (15.36) 式所示，h_w 隨 $D_p^{-0.5}$ 而改變。(15.36) 式是基於充填物為球形得到的結果，但是它也適用於圓柱和環形充填物的數據。[29] 若充填管在 200°C 或更高的溫度操作，則粒子間以及由粒子至管壁的輻射就變成顯著，因此估算的總熱傳係數應該對此效應加以修正。[32]

再生器

在再生器中，兩股流之間的熱傳遞是在冷流體與熱流體交替通過的固體粒子床中完成，而此固體床具有可觀的熱儲存容量。熱流體釋放熱量給固體，使固體逐漸變熱，在未達到平衡時，流動被切換，冷流體由固體床將熱量移除。在某一種再生器中，使用兩個相同的床體，如同吸附-脫附系統 (參考圖 25.1)。第二種再生器使用一粗大轉輪的旋轉床體，冷流體以軸向流動通過床體的扇形區 (通常為 180°)，而熱流體由相反方向通過另一扇形區。在旋轉再生器中，床體通常為一棒狀陣列、篩網或波浪板，由此可得較大的表面積並且有較高空隙率和比粒子床為低的壓力降。

與殼管式熱交換相比,再生器具有每單位體積較高的表面積和較低成本的優勢。它們亦易於清洗,且充填料易於更換。主要問題是旋轉單元在分離熱流體與冷流體扇形的擋板下面有少許流體洩漏。因為在空隙間的某些流體會越過擋板進入另一扇形區,造成股流間有一些混合。以熱的燃燒氣來預熱空氣時,會有燃燒氣少量洩漏到空氣中,反之亦然,這不是一個主要的問題。旋轉再生器廣泛用於電力工廠中,也用於焚化爐、鼓風爐和氣 - 渦輪引擎。因為在孔中液體的熱容量相當於固體陣列的熱容量,所以再生器通常不適用於液體的熱交換。

再生器的效率與熱傳單位數和循環時間有關。對於相等流動容量以及忽略在固體的熱阻 (小的 Bi 數),可將薄膜係數合併,得到有效總熱傳係數 U。

$$\frac{1}{U} = \frac{1}{h_c} + \frac{1}{h_h} \tag{15.37}$$

傳送單位的個數是基於兩床體或旋轉輪的總表面積。

$$N_H = \frac{UA}{C} \tag{15.38}$$

其中 $C = \dot{m}_c c_{pc} = \dot{m}_h c_{ph}$。固體的熱容量 (固體的質量乘以比熱 c_s) 除以 t,而 t 為固體在加熱或冷卻所需的時間 (循環時間的一半),此時可得與股流的流動容量相同的熱容量。

$$C_R = \frac{mc_s}{t} \tag{15.39}$$

因此容量比值 R_R 與 N_H 一起用於表示功能的特色。

$$R_R = \frac{C_R}{C} \tag{15.40}$$

計算一理想再生器 (無洩漏、無混合、無軸向熱傳導) 所得的效率顯示於圖 15.21。[22] 對於非常短的循環時間,$R_R \to \infty$ 的極限情況,固體的溫度僅為軸向位置的函數而非時間的函數。因此其效率與理想的 1-1 逆向流熱交換器 (參閱圖 15.8) 相同。當 $R_R = 1$,則在 t 秒內固體恰有足夠的容量吸收所有來自熱氣體的熱量。沒有低於 $R_R = 1$ 的操作點,典型的再生器設計其 $R_R = 1.5$ 至 5.0。

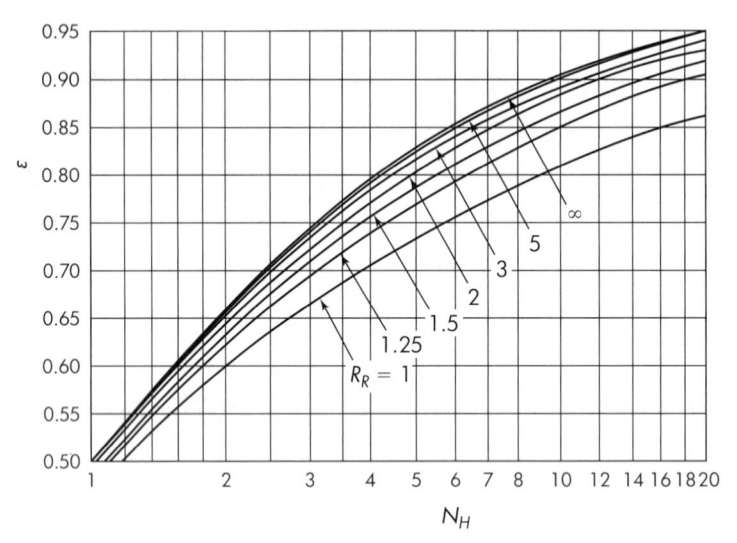

▲ 圖 15.21　均衡逆向流再生器的效率 (摘自 Mills。[23])

■ 符號 ■

- A ： 面積，m² 或 ft²；A_F，散熱片面積；A_b，裸管面積；A_i，管內側面積；A_0，管外側面積
- a ： (15.27) 式中的指數
- a_F ： 散熱片因數 [(15.19) 式]
- B ： 刮刀片數
- Bi ： Biot 數，無因次；對球形粒子為 $h\, r_m/k$
- b ： (15.25) 式中的指數
- C ： 再生器氣體的熱容量；C_R，再生器固體的熱容量
- c_p ： 定壓比熱，J/g · °C 或 Btu/lb · °F；c_{pc}，冷卻液體的定壓比熱；c_{ph}，熱液體的定壓比熱
- D ： 直徑，m 或 ft；D_a，葉輪直徑或刮刀直徑；D_c，螺旋管外徑；D_e，非圓形渠道的相當直徑；D_i，管的內徑；D_o，管的外徑；D_p，粒子直徑；D_s，熱交換器殼的內徑；D_t，攪拌槽的直徑；$\bar{D}_L$，管內徑與外徑的對數平均
- F_a ： 交叉流的管子排列因數 [(15.8) 式]
- F_G ： 交叉流或多通道熱交換器的平均溫度差的修正因素，無因次
- f ： 范寧摩擦因數，無因次
- f_b ： 擋板開口占殼截面積的分率
- G ： 質量速度，kg/m² · s 或 lb/ft² · h；G_b，擋板開口處的質量速度；G_c，交叉流的質量速度；G_e，熱交換器的有效值，$\sqrt{G_b G_c}$

熱交換裝置　519

h	:	個別熱傳係數，W/m² · °C 或 Btu/ft² · h · °F；h_c，較冷側的熱傳係數，盤管外側的熱傳係數；h_h，較熱側的熱傳係數；h_i，管內側熱傳係數；h_o，管外側熱傳係數；h_w，近管壁處氣體薄膜熱傳係數；h_{bed}，充填床熱傳係數
j_H	:	j 因數，無因次，殼側熱傳的 j 因數
K	:	(15.27) 式中的係數；K_1，(15.30) 式中的係數
k	:	導熱係數，W/m · °C 或 Btu/ft · h · °F；k_e，充填床的有效值；k_g，氣體的導熱係數；k_m，管壁的導熱係數
L	:	散熱片或交換器的長度，m 或 ft；L_p，散熱片的周長
LMTD	:	對數平均溫度差，$\overline{\Delta T_L}$
m	:	液體的質量，kg 或 lb
$\dot{m}$	:	流率，kg/h 或 lb/h；$\dot{m}_c$，冷卻流體的流率；$\dot{m}_h$，熱流體的流率
N_b	:	擋板開口處的管數
N_H	:	熱傳單位的個數
Nu	:	Nusselt 數，$h D_e / k$，無因次
n	:	平板交換器通道的個數；葉輪或刮片的速率，r/s 或 r/h
P	:	擋板間距，m 或 ft
Pr	:	普蘭特數，$c_p \mu / k$，無因次
p	:	管與管中心間的距離，m 或 ft；此外，壓力，N/m² 或 lb$_f$/ft²
Q	:	熱的數量，J 或 Btu；Q_T，在時間間隔 t_T 傳遞的總量
q	:	熱傳速率，W 或 Btu/h
R_C	:	熱容量比；R_R，再生器
Re	:	雷諾數，DG/μ 或 $D_a^2 n\rho/\mu$；Re$_p$，充填床的雷諾數，$D_p G/\mu$
r_H	:	水力半徑，m 或 ft
S	:	截面積，m² 或 ft²；S_b，擋板開口流動的面積；S_c，在交換器殼交叉流的面積
T	:	溫度，°C 或 °F；T_F，與散熱片底部相距 x 的溫度；T_a，初始溫度；T_b，最終溫度；T_{ca}，冷卻流體入口溫度；T_{cb}，冷卻流體出口溫度；T_{ci}，冷卻流體中間溫度；T_{ha}，熱流體入口溫度；T_{hb}，熱流體出口溫度；T_j，套層內流體的溫度；T_r，對比溫度；T_s，加熱流體定溫下的溫度；T_w，散熱管表面或裸部分的溫度；$\overline{T}$，充填床的平均溫度
t	:	時間，s 或 h；t_T，時間間隔的長度
U	:	總熱傳係數，W/m² · °C 或 Btu/ft² · h · °F；U_i，基於內側面積
u	:	流體速度，m/s 或 ft/s
$\overline{V}$	:	流體的縱向平均速度，m/s 或 ft/s
w	:	平板交換器的平板寬度

x_F ：散熱片高度，m 或 ft；x_w，管壁的厚度

y_F ：散熱片厚度，m 或 ft

Z ：交叉流或多行程交換器溫度範圍的比，無因次 [(15.1) 式]

■ 希臘字母 ■

α ：熱擴散係數，m^2/h 或 ft^2/h

Δp ：壓力降，N/m^2 或 lb_f/ft^2

ΔT ：溫度差，°C 或 °F；ΔT_o，翅片管壁和流體間的溫度差；$\overline{\Delta T}$，經校正的總平均溫度差；$\overline{\Delta T_F}$，流體和翅片間的平均溫度差；$\overline{\Delta T_L}$，對數平均值

ε ：熱交換器的效率，無因次

η_F ：翅片效率，$\overline{\Delta T_F}/T_o$

η_H ：加熱效率，無因次 [(15.2) 式]

μ ：絕對黏度，cP 或 lb/ft·h；μ_w，管壁或表面溫度下的流體絕對黏度

ρ ：密度，kg/m^3 或 lb/ft^3

■ 習題 ■

15.1. 空氣以 3 m^3/s (在 0°C 及 1 atm 下測得) 的流率垂直吹向寬為 10 根管子和 10 個間隔，深為 10 列管子的管束。每根管的長度為 3.5 m。管位於三角形中心，並且中心到中心的距離為 75 mm。若在一大氣壓下，欲將空氣由 20°C 加熱至 40°C，則必須使用多少水蒸氣壓力？管子為 25 mm OD 的鋼管。

15.2. 與蒸餾塔底部產品熱交換後，質量流率為 150,000 kg/h 的原油由 20°C 被加熱至 57°C，而 129,000 kg/h 的產品由 146°C 冷卻至 107°C。此熱交換可採用裝有鋼管且殼內徑為 $\frac{1}{4}$ in. 的管式熱交換器，其中有一個殼行程和二個管行程。交換器內有 324 根 $\frac{3}{4}$ in. OD, BWG 14，12 ft 長的管，這些管以 1 in. 正方形間距的方式排列，且由具有 25% 切割的擋板支撐，擋板間距為 9 in.。請問此熱交換器是否適用；亦即可容許的積垢因數為何？表 15.2 列出流體的平均性質。

▼ 表 15.2　習題 15.2 的數據

	產品，管外側	原油，管內側
c_p, J/g·°C	2.20	1.99
μ, cP	5.2	2.9
ρ, kg/m^3	867	825
k, W/m·°C	0.119	0.137

15.3. 一直立管式雙行程加熱器用來加熱氣油 (gas oil)。100 lb$_f$/in.^{2} gauge 的飽和水蒸氣被用作加熱介質。管為 1 in. OD, BWG 16 的軟鋼 (mild steel) 管。油的入口溫度為 60°F, 出口溫度為 150°F。黏度與溫度的關係式為指數函數。油在 60°F 的黏度為 5.0 cP, 在 150°F 的黏度為 1.8 cP。油在 60°F 為 37° API (比重 = 0.840)。油的流率為 150 bbl/h (1 bbl = 42 gal)。假設蒸汽凝結為薄膜凝結。油的導熱係數為 0.078 Btu/ft·h·°F, 比熱為 0.480 Btu/lb·°F。油在管內的速度約為 4 ft/s。求此加熱器所需的管長。

15.4. 一具有如表 15.3 所列性質的石油, 在一水平多行程加熱器中被 60 lb$_f$/in.^{2} gauge 的水蒸氣加熱。管為 $\frac{3}{4}$ in. OD, BWG 16 的鋼管, 其最大長度為 15 ft。石油的入口溫度為 100°F, 出口溫度為 180°F, 進入管內的速度均為 4 ft/s, 總流率為 200 gal/min。假設經過每一行程後, 石油均有完全的混合, 則此熱交換器需要多少行程？

▼ 表 15.3 習題 15.4 的數據

溫度 °F	導熱係數 Btu/ft·h·°F	動黏度 10^5 ft^2/s	密度 lb/ft^3	比熱 Btu/lb·°F
100	0.0739	36.6	55.25	0.455
120	0.0737	21.8	54.81	0.466
140	0.0733	14.4	54.37	0.477
160	0.0728	10.2	53.92	0.487
180	0.0724	7.52	53.48	0.498
200	0.0719	5.70	53.03	0.508
220	0.0711	4.52	52.58	0.519
240	0.0706	3.67	52.13	0.530
260	0.0702	3.07		0.540

15.5. 將 Donohue 方程式 [(15.6) 式] 估算的熱傳係數與 (12.63) 式求出的流體垂直流過單一圓管的熱傳係數做一比較。若考慮熱交換器殼側的最大與平均質量速度, 則其誤差是否會一致？

15.6. 在一殼管式熱交換器中, 以 20°C 的冷卻水, 將一水溶液股流由 95°C 冷卻至 30°C。若冷卻水的流率為水溶液的兩倍, 欲得一較高的總熱傳係數, 則冷卻水應在管內或殼側內？

15.7. 設計一水蒸氣加熱的自然循環排管式加熱器, 在一大氣壓下, 將 5,000 kg/h 的氯苯加熱。(a) 大約需要多少熱傳遞表面？(b) 若在排管式加熱器中的平均絕對壓力為 0.5 atm, 請問需要多少熱傳面積？氯苯的正常沸點為 132.0°C, 其臨界溫度為 359.2°C。

15.8. 60°C 的液態苯乙烯在一直徑為 2 m 的水蒸氣套層鍋中加熱, 鍋內裝有六葉片的標準渦輪攪拌器。(a) 若攪拌器的轉速為 140 r/min, 請計算套層內壁的薄膜係數 h_j。(b) 在相同的功率輸入下, 若採用傾斜葉片渦輪 (pitched-blade turbine), 而與標準渦輪比較, 傾斜葉片渦輪的熱傳係數是多少？

15.9. 直徑為 2 m 的一渦輪攪拌槽，含有 5,500 kg 的稀水溶液。攪拌器的直徑為 $\frac{2}{3}$ m，轉速為 140 r/min。該槽外加套層，而 110°C 水蒸氣冷凝於其內；熱傳面積為 12 m²。槽的鋼壁厚度為 10 mm。若水溶液的溫度為 40°C 且冷凝水蒸氣的熱傳係數為 10 kW/m²·°C，則水蒸氣與液體間的熱傳速率是多少？

15.10. 在習題 15.9 的情況下，將槽中的液體 (a) 由 20°C 加熱至 60°C，(b) 由 60°C 加熱至 100°C，各需要多少時間？

15.11. 一氣相放熱反應在一多管式反應器中進行，觸媒充填於反應器內的 1 in. 管，且沸騰水在套層中。進料溫度與套層溫度為 240°C，在距入口一小段距離處的平均反應器溫度上升至 250°C，然後逐漸降低至 241°C，此為反應器的出口溫度。充填床與管壁薄膜的熱傳阻力約略相等。若管徑增加至 1.5 in. 且使用相同的觸媒欲使反應器中的尖峰溫度為 250°C，則套層的溫度應為多少？畫出此二情況下的溫度分布。對於這兩種情況，產生的蒸汽壓力各為多少？

15.12. 為了試驗工廠 (pilot-plant) 反應器的需要，空氣通過一個 50 mm 外裹電熱器的管。若管內充填 12 mm 礬土粒子，則總熱傳係數將以何種因數增加？空管時的雷諾數為 12,000。

15.13. 以下所給的熱管數據其設計是用於預熱鍋爐的空氣。[8b](a) 核對單元的熱平衡且計算單一管的平均熱傳速率 (kW)。(b) 假設空氣薄膜與煙道氣薄膜的阻力約略相同，試估算熱交換器冷端與熱端的工作流體溫度。(c) 基於管的外側面積，求 U 的值，且不計算翅片的面積，求 U 的值。

煙道氣的流率：36,700 kg/h。空氣流率：34,500 kg/h

煙道氣入口溫度：260°C；出口溫度：177°C

空氣入口溫度：27°C；出口溫度：120°C

熱管：144 支，直徑為 5.1 cm，長度為 4.57 m

15.14. 含有兩行程管的殼管式熱交換器，其中利用殼內的水蒸氣於 230°F 冷凝，將乙醇由 60°F 加熱至 140°F。[27a] BWG 14 鋼管的外徑為 $\frac{3}{4}$ in.。假設積垢熱傳係數為 1,000 Btu/h·ft²·°F 且水蒸氣薄膜係數為 1,800 Btu/h·ft²·°F，則設計的總熱傳係數 (內側面積) 為 196 Btu/h·ft²·°F。(a) 若採用四行程管，則新的總熱傳係數為何？(b) 若管長不變，估算新的壓力降且對於兩行程管，其 Δp 為 140 lb$_f$/ft²。

15.15. 含有 1 in. BWG 14 管的殼管式熱交換器，利用 25°C 的冷卻水將重油由 120°C 冷卻至 50°C。油的性質為

	120°C	50°C
ρ, kg/m³	710	780
μ, cP	3.1	12
k, W/m·°C	0.104	0.104
c_p, J/g·°C	2.1	2.1

(a) 將油在管內以 30 cm/s 流動的油 - 膜係數與油在管外以相同速度流動的油 - 膜係數做一比較，以決定何種流體應置於管內。假設殼側流動的 $G_b = G_c$。(b) 在 (a) 中，速度的選擇對油 - 膜係數的比較有何影響？

15.16. 利用 (15.1) 式，計算 1-2 熱交換器的 F_G 值，其中 $Z = 1.0$ 且 $\eta_H = 0.50$，並與圖 15.6 的值比較。

15.17. 對於典型的 Re 與 Pr 值，試比較交叉流熱交換器的外側熱傳係數 [(15.8) 式] 與由 Donohue 方程式 [(15.6) 式] 所估算的熱傳係數做一比較。為何由 Donohue 方程式求出的值會這麼低？

15.18. 在一平板式熱交換器中，碳氫油從 120°C 冷卻到 60°C，且其性質列於習題 15.15 中。30°C 的冷卻水進入熱交換器且其質量流率為油的二倍。若油的速度為 1.0 ft/s，估算熱交換器的總熱傳係數。

參考文獻

1. American Society of Mechanical Engineers. *Boiler and Pressure Vessel Code*. New York: ASME, 1995.
2. APV Corporation. *Heat Transfer Handbook*. Goldsboro, NC: 2000.
3. Babcock and Wilcox Co. *Steam—Its Generation and Use*, 40th ed. New York: Babcock and Wilcox, 1992.
4. Bollinger, D. H. *Chem. Eng.*, **89**(19):95 (1982).
5. Bowman, R. A., A. C. Mueller, and W. M. Nagle. *Trans. ASME*, **62**:283 (1940).
6. Donohue, D. A. *Ind. Eng. Chem.*, **41**:2499 (1949).
7. Douglas, J. M. *Conceptual Design of Chemical Processes*. New York: McGraw-Hill, 1988, chap. 8.
8. Dunn, P. D., and D. A. Reay, *Heat Pipes*, 4th ed., Oxford, New York: Pergamon, 1994; (*a*) p. 107; (*b*) p. 305.
9. Fogg, R. M., and V. W. Uhl. *Chem. Eng. Prog.*, **69**(7):76 (1973).
10. Gardner, K. A. *Trans. ASME*, **67**:621 (1945).
11. Gentry, C. C., R. K. Young, and W. M. Small. *AIChE Symp. Ser.*, **80**(236):104 (1984).
12. Gentry, C. C. *Chem. Eng. Prog.*, **86**(7):48 (1990).
13. Gianolio, E., and F. Cuti. *Heat Trans. Eng.*, **3**(1):38 (1981).
14. Harriott, P. *Chem. Eng. Prog. Symp. Ser.*, **29**:137 (1959).
15. Kern, D. Q., *Process Heat Transfer*, New York: McGraw-Hill, 1950; (*a*) p. 144; (*b*) pp. 626-37; (*c*) p. 830; (*d*) p. 841.
16. Kerner, J. *Chem. Eng.*, **100**(11):177 (1993).

17. Kung, D. M., and P. Harriott. *Ind. Eng. Chem. Res.*, **26:**1654 (1987).
18. Lehrer, I. H. *Heat Trans. Eng.*, **2**(3-4):95 (1981).
19. Lerner, J. E. *Hydrocarbon Proc.*, **51**(2):93 (1972).
20. Li, C. H., and B. A. Finlayson. *Chem. Eng. Sci.*, **32:**1055 (1977).
21. Marriott, J. *Chem. Eng.*, **78**(8):127 (1971).
22. McAdams, W. H. *Heat Transmission*, 3rd ed. New York: McGraw-Hill, 1954.
23. Mills, A. F. *Heat Transfer*, Homewood, IL: Irwin, 1992, p. 751.
24. Mukherjee, R., *Chem. Eng. Progr.*, **94**(3):35 (1998).
25. Oldshue, J. Y., and A. T. Gretton. *Chem. Eng. Prog.*, **50:**615 (1954).
26. Perry, R. H., and D. W. Green (eds.). *Perry's Chemical Engineers' Handbook*, 7th ed. New York: McGraw-Hill, 1997; (*a*) p. **11**-4ff, (*b*) p. **11**-9.
27. Peters, M. S., K. D. Timmerhaus, and R. E. West. *Plant Design and Economics for Chemical Engineers*, 5th ed. New York: McGraw-Hill, 2003; (a) p. 666; (b) pp. 738–44.
28. Peters, P. E., M. S. thesis, Cornell University, Ithaca, NY, 1982.
29. Peters, P. E., R. S. Schiffino, and P. Harriott. *Ind. Eng. Chem. Res.*, **27:**226 (1988).
30. Polley, G., and C. Haslego, *Chem. Eng. Progr.*, **98**(10):48 (2002); **98**(11):47 (2002).
31. Ramdas, V., V. W. Uhl, M. W. Osborne, and J. R. Ortt. *Heat Trans. Eng.*, **1**(4):38 (1980).
32. Schotte, W. *AIChE J.*, **6:**63 (1960).
33. Skelland, A. H. P. *Chem. Eng. Sci.*, **7:**166 (1958).
34. Steve, E. H. *Chem. Eng.*, **105**(1):92 (1998).
35. Strek, F., and S. Masiuk. *Intl. Chem. Eng.*, **7:**693 (1967).
36. Tubular Exchangers Manufacturers Association. *Standards of the TEMA*, 8th ed. New York: TEMA, 1999.
37. Uhl, V. W., and J. B. Gray. *Mixing*, vol. 1. New York: Academic, 1966; (*a*) p. 284; (*b*) pp. 298-303.
38. Walas, F. M. *Chemical Process Equipment*, Stoneham, MA: Butterworths, 1988, chap. 8.

CHAPTER 16

蒸發

在第 13 章中,對於沸騰液體的熱傳遞已做了一般性的討論,有一個特殊的情況經常發生,因此常把它視為個別的操作,這就是本章所要討論的**蒸發** (evaporation)。

蒸發的目的是把一個由非揮發性的溶質和揮發性溶劑組成的溶液加以濃縮。在大多數的蒸發過程中,溶劑通常是水。蒸發就是將部分的溶劑氣化掉,留下濃稠的溶液。和乾燥不同的是,蒸發的剩餘物是液體——大多數是高黏度的液體——而不是固體;蒸發與蒸餾 (distillation) 也不一樣,就是它的蒸汽通常是單一組成,即使蒸汽是一種混合物,在蒸發的過程中,也無企圖將蒸汽分離 (即分餾)。蒸發也與結晶 (crystallization) 不同,前者著重於將溶液濃縮而不是像結晶的製程以形成和建構晶體為主。在某些場合,例如,蒸發海水生產食鹽,蒸發和結晶的界線便不會那麼明顯。蒸發有時候會在飽和的母液 (mother liquor) 中產生晶體漿液 (slurry of crystals)。在本書中,類似的製程在第 27 章的結晶中會討論。

蒸發在正常狀況下,留下來的黏稠液體是較有價值的產品,蒸汽在冷凝之後丟棄,然而在特別的情況下,則進行反向操作。含礦物質的水經過蒸發的過程,得到不含固體成分的產物,作為鍋爐的進料、作為特殊製程的需求,或做為人類的消耗之用。這種技術一般稱為**水蒸餾** (water distillation),但實際上稱為蒸發更加合適。大規模的蒸發製程已開發成功,可用來從海水中提供飲用水,此處冷凝水是所要的產物,這僅占海水回收的一部分,其實大部分仍不能飲用,必須回歸海中。

液體的特性

有關蒸發問題的實際解決方法深深地受到被濃縮液體的特性所影響。這液體的特性變化相當廣泛 (在設計和操作蒸發時,需有判斷能力與經驗),以致於

這種操作從簡單的熱傳遞演變成單一的技術。一些關於蒸發液最重要的特性列舉如下：

濃度　進入蒸發器的稀薄液體可能被充分稀釋過，所以在物性上與水極為近似，但是當蒸發開始後，濃度逐漸增加，溶液也變得有自己的個性似的。此時密度與黏度因固體含量而增加，直到溶液達到飽和或變得太黏稠影響了熱量的傳遞。讓飽和溶液持續沸騰，恐將析出結晶，若不把這些晶體移除，恐怕它們會塞住管路。如果溶液的固體含量增加，則溶液的沸點恐會大幅上升，因此在相同的壓力下，濃縮液的沸騰溫度遠高於水的沸點。

發泡　有些材料，尤其是有機物質，在蒸發過程中容易起泡。一穩定的泡沫離開蒸發器時，會伴隨著蒸汽，形成嚴重的夾帶 (heavy entrainment) 現象。

溫度　很多精細化學品、藥品和食品一旦加熱到中等溫度，即使時間並不長，也會遭到破壞。在濃縮這類東西時，必須採用特殊的技術以降低液體的溫度與減少加熱時間。

積垢　某些溶液在加熱的表面會沈積污垢，整個熱傳係數會因此逐漸變小，直到整個蒸發器暫停使用，將管子清洗乾淨。

建構材料　儘可能的話，蒸發器是以某種鋼質材料建構而成。可是有許多溶液會侵襲鐵系金屬或被它們污染，因此特殊的材料，像銅、鎳、不鏽鋼、鋁、非滲透性石墨 (impervious graphite) 和鉛也被採用。由於這種特殊材料比較昂貴，使得高熱傳速率變成特別需要，以降低裝置的最初成本。

　　蒸發器的設計師還需考慮液體的許多其它的特性，諸如：比熱、濃縮熱、凝固點、沸騰時氣體的釋出性、毒性、爆炸危害、放射性以及無菌操作的必要性。因為液體性質的多樣性，很多不同的蒸發器設計已被開發出來。針對特定問題所做的選擇，主要還是決於液體的特性。

單效和多效操作

　　大部分要加熱蒸發器是藉由水蒸氣在金屬管外的凝結。除了某些特殊的水平管蒸發器外，[10] 被蒸發的材料直接流經管中。通常水蒸氣以低壓進行操作，低於3 atm，絕對壓力。沸騰液體則在中度真空之下，壓力大的0.05 atm，絕對壓力。降低液體的沸點，就是增加了水蒸氣和沸騰液體之間的溫度差，如此就會增加蒸發器的熱傳速率。

當我們使用單一的蒸發器時，沸騰液體釋放的蒸汽會被冷凝後丟棄，這種方法稱為**單效蒸發** (single-effect evaporation)，雖然簡單，它卻不能有效地利用蒸汽。欲從溶液中蒸發掉 1 kg 的水，需使用 1 到 1.3 kg 的水蒸氣。如果將一個蒸發器的蒸汽導入第二個蒸發器的水蒸氣櫃 (steam chest)，然後此時產生的蒸汽被送入冷凝器，這種操作就是雙效 (double-effect) 蒸發。原先蒸發器的水蒸氣可以再使用於第二個蒸發器，所以被導入第一個蒸發器的單位質量水蒸氣，近乎加倍了蒸發效果。以此類推，額外的效果可以據此增加。一般增加每公斤水蒸氣蒸發量的方法就是在水蒸氣供應和冷凝器之間使用一連串的蒸發器，此稱為**多效蒸發** (multiple-effect evaporation)。

蒸發器型態

水蒸氣加熱的管狀蒸發器主要分為兩大類：

1. 直立長管式蒸發器
   a. 上升流 (爬升膜)
   b. 下降流 (降落膜)
   c. 強制循環
2. 攪動膜蒸發器

單次通過與循環式蒸發器

蒸發器的操作方式可以是單次通過 (once-through) 單元或在整個單元內循環。在單次通過的操作，進料的液體通過管子僅此一次，釋放出蒸汽變成濃液離開蒸發的單元，所有的蒸發動作在一次單純的通過中完成。由於蒸發和進料的比率受限於單次的通過，這些蒸發器被調適為多效操作 (multiple-effect operation)，濃縮液總量可以分布於數效中完成。攪拌膜蒸發器總是在單次通過的操作下完成；至於降落膜和爬升膜蒸發器也可以採用此種方式來操作。

單次通過蒸發器對於熱敏材料 (heat-sensitive material) 特別適用。在高度真空之下，液體可以保持在低溫操作，當溶液單次快速通過管子時，其濃縮液在短時間達到蒸發溫度，一旦它離開蒸發器時，便能夠快速冷卻。

在循環蒸發器中，總是有多種來源不同的液體相混於蒸發器的一個液槽中。進料會混著這個液槽 (pool) 的液體形成另一種混合物流經管子。未蒸發的液體會從管中排放出來回到液槽使得只有一部分的總蒸發量流經整個蒸發器。所有強制循環的蒸發器都遵循這種模式；爬升膜蒸發器通常是循環式單元。

循環式蒸發器的濃縮液是由液槽取得。所以在液槽中的液體一直是在最高濃度下，因為進入管子的液體可能包含一份進料與數份的濃縮液，它是高黏度與低熱傳係數的液體。

循環式蒸發器不完全適合於濃縮熱敏感性的液體。在一合理的真空情況下，溶液的溫度可能不具破壞性，但是溶液在循環的過程中一再地接觸到熱管，其中一些液體可能呈現過度高溫的現象。雖然液體在加熱區的平均滯留時間不長，但有部分液體在蒸發器停留相當長的時間。對於熱敏感性材料，像食物，即使只有一小部分加熱過久，可能就毀了整個產品。

但是，循環式蒸發器可操作的濃度範圍很廣，它在一個單元內完成介於進料與濃溶液之間的操作，因此適合單效蒸發。循環式蒸發器可藉密度的差異進行自然循環的管內流動，或強制循環的操作，藉由泵帶動流體的流動。

上升流的長管式蒸發器

一個典型的直立長管式上升流蒸發器如圖 16.1a 所示。它主要是由三部分構成：(1) 一個管狀熱交換器，水蒸氣通過殼內而被濃縮的液體流經管內；(2) 移除被蒸汽夾帶的液體所需的分離器或蒸汽留存空間 (vapor space)；(3) 循環操作時，將自分離器回收的液體送到熱交換器底端的回流管。入口處係進料水和水蒸氣進入之處，出口處則提供做為蒸汽、濃縮液、水蒸氣凝結液和水蒸氣中不凝結氣體的排出口。

管式加熱器和第 13 章所述之自然循環排管 (calandria) 式之加熱器的操作手法一樣，可是它比排管式之尺寸要大，它一般的尺寸是直徑 25 至 50 mm (1 到 2 in.)，長度從 3 至 10 m (10 到 32 ft)。稀釋的進料進入系統然後和分離器排出的液體相混合。濃縮液從加熱器的底部被抽出，剩餘的液體向上流經管子時有一部分蒸發掉，這些往上流的液體和氣體的混合物由管子頂端流入分離器，此時混合物的流速大大地降低。為了幫助消除液滴，在離開分離器之前，蒸汽會撞擊且繞行通過擋板。圖 16.1a 所示的蒸發器僅能用於循環式操作。

直立的長管蒸發器對於容易起泡的濃縮液特別有效。當液體和蒸汽的混合物高速撞擊擋板時，氣泡就會被擊破。

降落膜蒸發器[8, 11]

濃縮高度熱敏感性物質，像果汁和牛奶，需要在加熱面上暴曝露的時間最短，這就可以利用通過一次的降落膜蒸發器 (falling-film evaporator) 來完成。此時液體自管頂進入，順著加熱管往下流，形成一薄膜，再從管的底部流出。通常這

蒸發　529

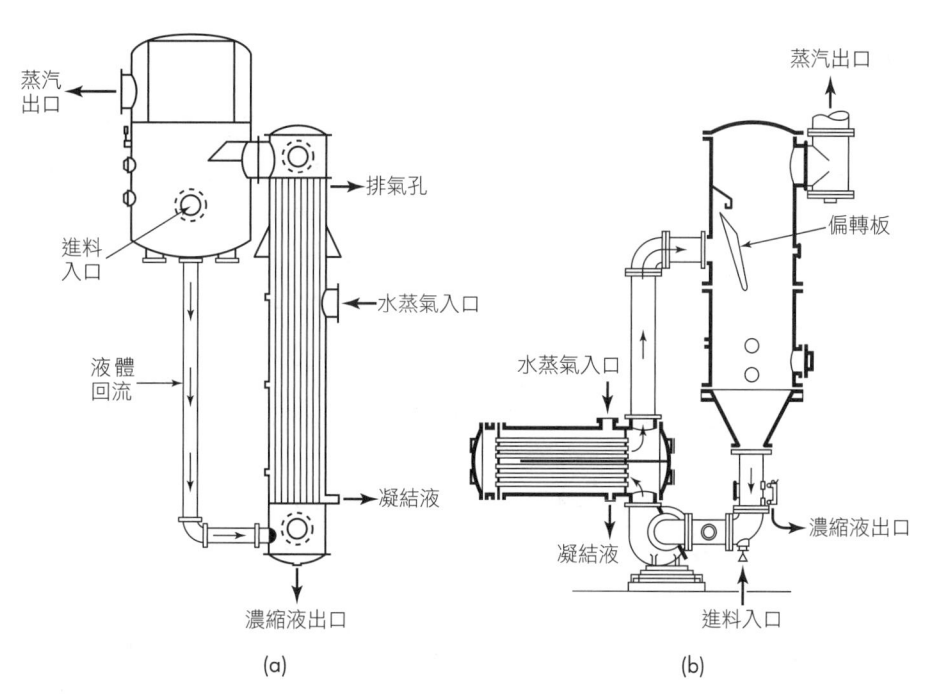

▲ 圖 16.1　蒸發器：(a) 爬升膜，直立長管單元；(b) 具有分離式雙行程水平加熱元件的強制循環單元

種加熱管大約是直徑 50 到 250 mm (2 至 10 in.) 左右。由液體釋出的蒸汽通常隨著液體向下流，由底部流出。外觀上，這種蒸發器和直立的長管熱交換器類似，它的液體 - 蒸汽分離器置於底部，而頂端則有液體的分布器 (distributor)。

　　降落膜蒸發器的主要問題是如何使液體在管中均勻地分布，形成一薄膜。此問題可用下列的方法解決，亦即在一經仔細安排的平整管片上，將管端插入一組金屬穿孔板上，使得液體均勻地流入每一根管內，或使用具有徑向臂的蛛網式分布器 (spider distributor)，將進料以穩定的速率噴灑到各管的內側表面。還有其它解決的方法，亦即使用每個管內的個別噴嘴。

　　當不破壞液體流動的情況下而允許其再循環時，適度讓液體迴流到管子的頂端可使液體在管子的分配變得容易些。這可使通過管子的體積流率遠比一次流過的方式要來得大。在蒸發過程當中，當液體向下流動時，液體的量會逐漸減少，但是過量減少會在靠近管子底部有些地方出現乾燥現象 (dry spot)。因此在單一行程，濃縮量是受到限制的。滯留時間短暫且不能再循環的降落膜蒸發器，可用來處理用其它方法無法濃縮的熱敏感產品。它們也非常適用於濃縮黏稠性液體。

強制循環蒸發器

在自然循環蒸發器[2]中,液體進入管中的速度大約在 0.3 到 1.2 m/s (1 到 4 ft/s)。當蒸汽在管中逐漸形成時,液體的線性速度大大地增加,通常熱傳速率也令人滿意。可是對於黏稠液體,這種自然循環的總熱傳係數,低到不符合經濟效益。較高的熱傳係數可來自強制循環蒸發器 (forced-circulation evaporator),如圖 16.1b 所示的例子。離心泵可以加速液體以 2 到 5.5 m/s (6 到 18 ft/s) 的速度進入管子。這些管子在充分的靜壓差下,確保管內不有沸騰的情形;當液體從加熱器流到蒸汽室時,因靜壓差減少,而變得過熱,然後在離開熱交換器進入蒸發器本體之前急速蒸發變成蒸汽和噴霧的混合物。此液體和蒸汽的混合物撞擊在蒸汽室的擋板上,液體回到泵的入口處,在該處和進料會合;蒸汽離開蒸發器頂端進入冷凝器或準備進入下一個蒸發器,部分離開分離器的液體,一直被抽出作為濃縮液。

由圖 16.1b 所示的設計,熱交換器由水平管所構成,管與殼均有雙行程 (two-pass)。在其它的地方,則使用直立式單程 (single-pass) 的熱交換器。在這兩種型式,熱傳係數都很高,特別是對於稀薄的液體。但相對於自然循環蒸發器而言,其最大的改良在於,對黏稠液體亦可得到高的熱傳係數。對於稀薄液體,採用強制循環尋求改善,並不能保證增加的啟動成本是值得的。但對於黏稠的物質,此附加的成本或是合理,特別是使用昂貴的金屬材料。苛性鈉 (caustic soda) 的濃縮必須在鎳製的裝置中完成就是一個例子。用多效蒸發器產生黏稠的最後濃縮液,其第一個通常使用自然循環式單元,但愈往後,處理愈黏稠的液體,就會使用強制循環的單元。在強制循環蒸發器中,由於液體的速度非常快,使得液體在管中的滯留時間很短,大約 1 至 3 秒,所以一般對熱有中度敏感的液體可用這種裝置來濃縮。它們亦適用於蒸發鹽液 (salting liquor) 或易於起泡的液體。

攪拌膜蒸發器

在一蒸發器中,從水蒸氣至沸騰液體的總熱傳阻力,主要是在液體這一邊。減少這阻力的一種方法,特別對於黏稠的液體,是將液體薄膜進行機械式攪拌,如圖 16.2 所示。這是一具經過改良的降落膜蒸發器,單一的套管內含攪拌裝置。進料自套層區的頂端進入,然後被攪拌器的直立葉片打成像亂流的一片薄膜。濃縮液從套層區的底部離去,蒸汽自蒸發區上升進入無套層的分離器,其直徑比蒸發管要稍微大一些。在分離器內,攪拌器的葉片會把夾帶進來的液體

蒸發 531

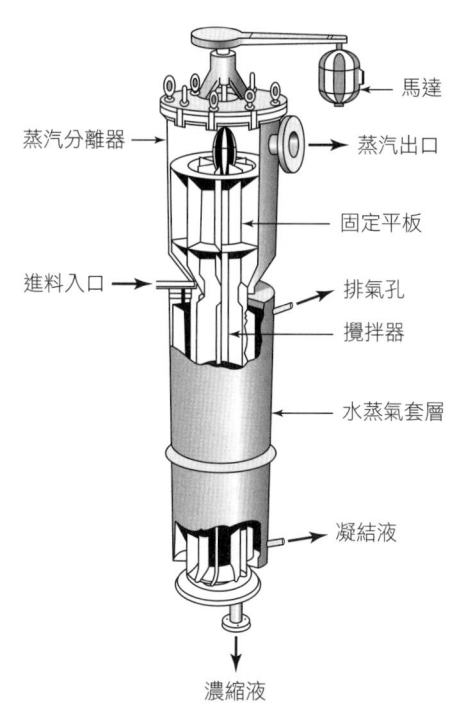

▲ 圖 16.2 攪拌膜蒸發器

(entrained liquid) 擲向固定的直立平板上。停在平板上的液滴聚集後再回到蒸發區。不含液體的蒸汽則從此單元的頂端出口逸出。

攪拌膜蒸發器 (agitated-film evaporator) 的主要優點是它可以提供黏稠液體高的熱傳速率。產品在蒸發溫度可能有高達 1,000 P 的黏度。對於中等黏稠的液體，其熱傳係數可從 (15.23) 式估算出來。如同其它型式的蒸發器，當黏度增加時，總熱傳係數會往下降，但這種類型的蒸發器，其下降是比較緩慢的。對於非常黏稠的物質，其熱傳係數明顯地比在強制循環蒸發器的大，要是和自然循環單元的相比較，就大得更多。這種攪拌膜蒸發器對黏稠的熱敏感產品，像動物膠 (gelatin)、橡膠乳膠 (rubber latex)、抗生素與果汁特別有效。它的缺點是成本高，內部移動的零阻件需要較多的維修保養；且單一單元的蒸發能力小，遠低於多管式蒸發器。

管狀蒸發器的性能

量度以水蒸氣加熱管狀蒸發器的性能，主要是其容量和經濟效益。**容量** (capacity) 的定義是每小時有多少公斤的水被蒸發。**經濟效益** (economy) 是指進入單元每公斤的水蒸氣所能氣化的公斤數。對等效的蒸發器，其經濟效益總是

小於 1，但在多數的裝置中，它可能是相當大的值。水蒸氣消耗量，以每小時多少公斤計量，也是很重要的，它等於蒸發能力除以經濟效益。

蒸發器的容量

經過一個蒸發器的加熱表面的熱傳速率 q，等於三項因素的乘積：熱傳遞面積 A、總熱傳係數 U [參閱 (11.9) 式] 以及總溫度差 ΔT，亦即

$$q = UA \, \Delta T \qquad (16.1)$$

如果進入蒸發器的進料溫度是對應於蒸汽空間內絕對壓力下的沸點，幾乎所有通過加熱表面的熱都用做蒸發之用，於是容量就和熱傳速率 q 成正比。在蒸發進行時，沸點上升，需要顯熱，但顯熱與蒸發熱比較通常是很小。若進料是冷的，則將其加熱到沸騰所需的熱量可能非常的大。因為用來加熱進料的熱量不夠拿來做蒸發用，所以對於一既定的 q 值，所給的容量則將大幅減少。反之，若進料溫度高於蒸汽空間內的沸點，則由於欲與蒸汽空間的壓力達到絕熱平衡，而有一部分的進料會自行蒸發，此時容量超過對應的 q 值。這過程稱為**急驟蒸發** (flash evaporation)。

跨過加熱表面的實際溫度差與蒸發液本身、水蒸氣櫃 (steam chest) 和沸騰液上方的蒸汽空間之間的壓力差，以及加熱表面上方的液體深度有關。對某些蒸發器，由於管內的摩擦損失增加了液體的有效壓力 (effective pressure)，所以管內的液體速度也會影響溫度降。當溶液具有像純水般的特性時，如果壓力已知，它的沸點可以自水蒸氣表讀知，如同冷凝水蒸氣的溫度一般。在實際的蒸發器，溶液的沸點受兩個因素的影響，就是沸點上升和液體高差。

沸點上升和杜林規則

在同溫下，水溶液的蒸汽壓低於水的蒸汽壓。因此，在已知的壓力下，溶液的沸點比純水的沸點高。這種超過純水的沸點的量稱為溶液的**沸點上升** (boiling-point elevation, BPE)。對於稀薄溶液以及有機膠體的溶液，其沸點上升很小，但對於高濃度的無機鹽類溶液，則可高達 80°C (144°F)。BPE 必須由水蒸氣表中所預估的溫度降中扣除。

濃溶液的 BPE 最好是由**杜林規則** (Dühring's rule) 求得，此實驗規則是說：在同壓下，一已知溶液的沸點為純水沸點的線性函數。因此，在同壓下，如果溶液的沸點對水的沸點作圖，可得一直線。對於不同的濃度，所得到的直線也

不同。在大的壓力範圍內，此規則並不正確，而在中度的壓力範圍內，雖然這些線幾乎是直線，但未必是平行。圖 16.3 為氫氧化鈉水溶液的一組杜林線。[7] 用一個例子來說明使用此圖的方法。若於某壓力下有一 40% 的氫氧化鈉溶液，且在此壓力下水於 200°F (93.3°C) 沸騰，則由 x 軸上讀取 200°F，並向上對至 40% 溶液的線，然後水平移向 y 軸，可知在此壓力下，溶液的沸點為 250°F (121.1°C)。因此在此壓力下，此溶液的 BPE 為 50°F (27.8°C)。

液體高差和摩擦對溫度降的影響

若液體在蒸發器中的深度很顯著，則對應於在蒸汽空間中的壓力下的沸點只是液體表面層的沸點。在液面下 Z 米處的液體其壓力為蒸汽空間的壓力加上 Z 米的液高差，因此在該處有較高的沸點。此外，當液體的速度大時，管內的摩擦損失進一步增加液體的平均壓力。因此，在任何的實際蒸汽器中，管內液體的平均沸點比對應於在蒸汽空間中的壓力下的沸點高。此沸點上升降低了水蒸氣和

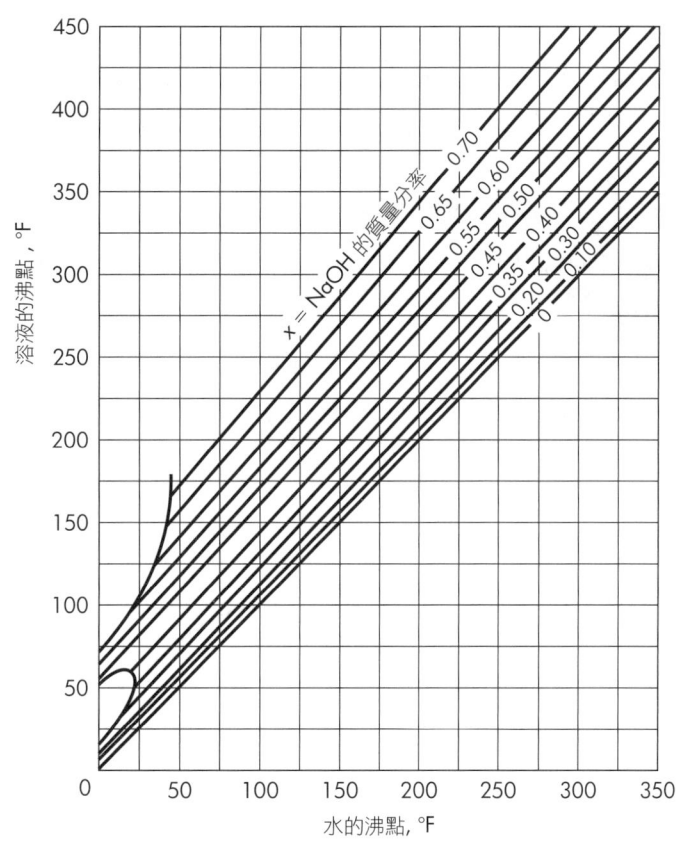

▲ 圖 16.3 氫氧化鈉 - 水系統的杜林線

液體間的平均溫度降,且降低了容量。此減少的量無法以定量的方式精準地估算,但是液高差在定性上的影響,特別是在高液面和高液體速度下的影響不應被忽略。

圖 16.4 為蒸發器內的溫度與由管底量起沿著管子的距離之關係。此圖適用於直立長管式蒸發器,其中液體是向上流動。水蒸氣由環繞管子的蒸汽套層頂端進入蒸發器,然後向下流動。進入的水蒸氣溫度 T_h 可能稍微過熱。此過熱的熱量立即釋出,蒸汽降低至飽和溫度 T_s。加熱面的大部分都是這個溫度。凝結液離開水蒸氣空間以前,它可能稍微被冷卻到 T_c。

圖 16.4 中的 abc 和 $ab'c$ 表示管內液體的溫度歷程。前者適用於約 1 m/s 的低速度,而後者適用於高於 3 m/s 的高速度。二種速度均基於進入管底的流動。[1] 假設進料大約是在液體於蒸汽空間壓力下的沸點 T 進入蒸發器。則不論流動是一次通過或循環式,液體都是以溫度 T 進入管內。若液體以高速進入,則實際上,管中的流體到達管的末端時仍然維持是液體,只是在管子的最後數吋,才急驟成液體和蒸汽的混合物。液體在 b' 點有最高的溫度,如圖 16.4 所示,而最高溫度的點幾乎是在管的出口處。

若液體以低速進入,液體在接近管子中央的某點急驟蒸發,且達到最高的溫度,如圖 16.4 中的 b 點所示。b 點將管分成兩段,b 點以下為未沸段,而在 b 點以上為沸騰段。

在高速或低速下,蒸汽和濃縮液均在蒸汽空間中的壓力下達到平衡。若液體有顯著的 BPE,則其沸點 T 比純水在蒸汽空間中的壓力下的沸點 T' 大。T 和 T' 之間的差為 BPE。

對 BPE 修正後的溫度降為 $T_s - T$。對沸點上升和靜高差修正後的真實溫度降,可由 T_s 和可變液體溫度之間的平均差表示。雖然有些關聯式可用來由操作

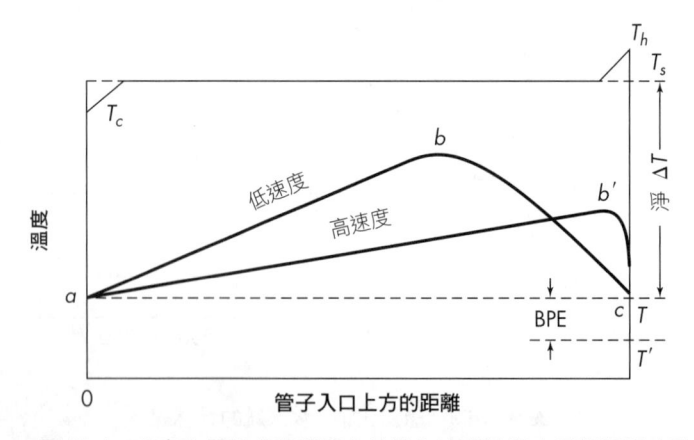

▲ 圖 16.4 在直立長管式蒸發器中的管內液體的溫度歷程與溫度降

狀況求真實溫度降，但對於設計者而言，通常此量無法採用，僅能採用對 BPE 修正後的淨溫度降。

壓力變化

當蒸發器管中液體的速度達到使它在管中開始沸騰時，液體在管中非沸騰區段的移動會緩慢下來，此時受到摩擦引起的壓力降不大。在沸騰區段，液體與蒸汽的混合物因為速度高，摩擦的損失就比較大。總之，在管子下面的區段，也就是在非沸騰區，壓力會逐漸降下來，而在上面的區段，速度比較快，壓力迅速下降。

熱傳係數

如 (16.1) 式所示，熱通量和蒸發器的容量都受到溫度降和總熱傳係數變化的影響。溫度降是由水蒸氣和沸騰液體的性質而設定，它除了受到靜高差的影響外，不是蒸發器結構的函數。另一方面，總熱傳係數是受到蒸發器的設計和操作的方法所影響。

如第 11 章 [(11.37) 式] 所示，水蒸氣和沸騰液體之間熱傳的總熱阻為五個個別熱阻的和：水蒸氣膜熱阻、管內外側兩個積垢熱阻、管壁熱阻以及來自沸騰液體的熱阻。總熱傳係數為總熱阻的倒數。對於大部分的蒸發器，冷凝水蒸氣的積垢因數以及管壁的熱阻都非常小，它們通常在蒸發器的計算時可以忽略。不過對於攪拌膜蒸發器，因為管壁的厚度相當厚，所以它的熱阻在總熱阻中顯得舉足輕重。

水蒸氣膜熱傳係數 即使冷凝以膜狀呈現，本質上，水蒸氣膜的熱傳係數就是高。有時會把促進劑加入水蒸氣中以形成滴狀冷凝，以保持較高的熱傳係數。因為不凝結氣體的存在會大大地減小水蒸氣膜的熱傳係數，所以必須做好防備，將水蒸氣櫃內的不凝結氣體排出，並且當水蒸氣壓力小於大氣壓力時，防止空氣向內滲漏到水蒸氣櫃。

液側熱傳係數 液體這一端的熱傳係數受到液體在加熱表面上的速度很大的影響。對於大部分的蒸發器，特別是處理黏稠物質的蒸發器，液側的熱阻控制了對沸騰液體的總熱傳速率。在自然循環的蒸發器中，對於稀釋的水溶液，液側熱傳係數介於 1,500 到 3,000 W/m$^2 \cdot$ °C (250 到 500 Btu/ft$^2 \cdot$ h $\cdot$ °F)。

單元操作
流力與熱傳分析

對於下降膜蒸發器，其內部熱傳係數大約和直立表面上的膜狀冷凝相同。常使用低溫度降，此時加熱表面有一些氣泡生成，並且很快地成長在液體薄膜上面，但它們對熱傳係數的影響並不大。大部分的蒸發在液體 - 蒸汽的界面上發生。薄膜係數對於純粹的層流比較大，並可使用圖 13.2 來估算，此圖為冷凝之薄膜係數與波狀層流或亂流間的關係圖。

因為非沸騰區段的速度提高了，而且在沸騰區產生了強烈的亂流，所以強制循環可以提高液側的熱傳係數。預測沸騰的起始點以及蒸發器的總熱傳係數仍然是困難的。

例題 16.1

濃縮牛奶是將牛奶在一降落膜蒸發器加以蒸發而成。蒸發器所含的管子為直徑 32 mm，長度 6 m 的不鏽鋼管。蒸發的溫度為 60°C，剛好是牛奶在 2.7 lb_f/$in.^2$ 絕對壓力下的沸點，使用的水蒸氣為 70°C。在 60°C 時，牛奶的進料率為每根管子 40 kg/h。[3] (a) 估算內部的熱傳係數 h_i 以及總熱傳係數 U。(b) 每根管子的蒸發速率為多少？(c) 如果生奶的成分是含脂率為 13.5% 加固體物，則濃縮牛奶的濃度為多少？(d) 試計算牛奶在蒸發器的平均滯留時間。牛奶在 60°C 的性質如下：[4]

	μ, cP	ρ, kg/m³	k, W/m·K	λ, J/g
生奶	0.94	1010	0.62	2357
25% 固體物	1.6	1030	0.55	2357

解

在 70°C，蒸汽冷凝液膜係數 h_o：

$$k = 0.662 \text{ W/m·K} \qquad \mu = 0.406 \text{ cP}$$

基於內部面積，猜測 $U = 2,000$ W/m²·K。

$$\text{在 70°C，} \lambda = 2,331 \text{ J/g} \qquad \Delta T = 10°C$$

$$\dot{m} = \left(\frac{UA\,\Delta T}{\lambda}\right) = \frac{2,000 \times 10 \times \pi(0.032 \times 6)}{2,331} = 5.17 \text{ g/s}$$

$$\Gamma = \frac{5.17 \times 10^{-3}}{\pi(0.032)} = 5.14 \times 10^{-2} \text{ kg/s·m}$$

由 (4.51) 式，

$$\text{Re} = \frac{4\Gamma}{\mu} = \frac{4(5.14 \times 10^{-2})}{4.06 \times 10^{-4}} = 506$$

$$\text{Pr} = \frac{c_p \mu}{k} = \frac{4,184(4.06 \times 10^{-4})}{0.662} = 2.57$$

由圖 13.2，$\text{Nu}' = 0.27 = \dfrac{h_o}{k}\left(\dfrac{\mu_f^2}{\rho_l^2 g}\right)^{1/3}$。利用 70°C 水的性質，

$$h_o = 0.27(0.662)\left[\left(\frac{978}{4.06 \times 10^{-4}}\right)^2 \times 9.8\right]^{1/3} = 6.87 \times 10^3 \text{ W/m}^2 \cdot \text{K}$$

管壁熱傳係數 若管壁厚度為 2 mm 且 $k_m = 16.3$ W/m·K，則

$$h_w = \frac{16.3}{2 \times 10^{-3}} = 8.15 \times 10^3 \text{ W/m}^2 \cdot \text{K}$$

牛奶膜熱傳係數，h_i 每根管的進料率 $= 40/3{,}600 = 1.11 \times 10^{-2}$ kg/s

$$\text{Re} = (4 \times 0.110)/(0.94 \times 10^{-3}) = 468$$

在管的頂端，

$$\Gamma = \frac{1.11 \times 10^{-2}}{\pi(0.032)} = 0.110 \times 10^{-2} \text{ kg/s} \cdot \text{m}$$

Pr 近似於水的 Pr 的兩倍，故 $\text{Pr} \cong 5$。

由圖 13.2，在 60°C 計算性質，$\text{Nu}' = 0.28$。

$$h_i = 0.28(0.62)\left[\left(\frac{1{,}010}{9.4 \times 10^{-4}}\right)^2 \times 9.8\right]^{1/3} = 3.90 \times 10^3 \text{ W/m}^2 \cdot \text{K}$$

基於內部面積計算總熱傳係數，利用 (13.33) 式：

$$\frac{1}{U} = \frac{1}{3{,}900} + \frac{1}{8{,}150}\left(\frac{3.2}{3.4}\right) + \frac{1}{6{,}870}\left(\frac{3.2}{3.6}\right)$$

$$U = 1.99 \times 10^3 \text{ W/m}^2 \cdot \text{K}$$

在管的底部，流率減小，液體較黏稠。

猜測平均 $U = 1{,}900$，求蒸發率 r。

$$r = \frac{1,900(10)\pi(0.032 \times 6)}{2,357} = 4.86 \text{ g/s}$$

生成物流率：$11.1 - 4.9 = 6.2$ g/s

固體含量：$13.5(11.1/6.2) = 24.2\%$

在管的底部，

$$\Gamma = \frac{6.2 \times 10^{-3}}{\pi(0.032)} = 6.17 \times 10^{-2} \text{ kg/s} \cdot \text{m}$$

$$\text{Re} = \frac{4(6.17 \times 10^{-2})}{1.6 \times 10^{-3}} = 154$$

$\text{Pr} \cong 8$（精確值並不重要）

由圖 13.2，$\text{Nu}' = 0.33$

$$h_i = 0.33(0.55)\left[\left(\frac{1,030}{1.6 \times 10^{-3}}\right)^2 \times 9.8\right]^{1/3} = 2.90 \times 10^3 \text{ W/m}^2 \cdot \text{K}$$

平均：

$$\bar{h}_i = \frac{3,900 + 2,900}{2} = 3,400 \text{ W/m}^2 \cdot \text{K}$$

$$\frac{1}{U} = \frac{1}{3,400} + \frac{1}{8,660} + \frac{1}{7,730}$$

$$U = 1.86 \times 10^3 \text{ W/m}^2 \cdot \text{K}$$

(b) 修正後的蒸發率

$$r = 4.86 \left(\frac{1,860}{1,900}\right) = 4.76 \text{ g/s}$$

(c) 固體含量

$$13.5\left(\frac{11.1}{11.1 - 4.76}\right) = 23.6 \cong 24\%$$

(d) 利用 (4.59) 式估算膜的厚度，此式在 $\text{Re} \cong 1,000$ 以下為近似正確。

在頂端的膜厚度：$\delta = \left(\dfrac{3\mu\Gamma}{\rho^2 g}\right)^{1/3} = \left(\dfrac{3 \times 9.4 \times 10^{-4} \times 0.110}{1,010^2 \times 9.8}\right)^{1/3} = 3.14 \times 10^{-4}$ m

在底部的膜厚度：$\delta = \left(\dfrac{3 \times 1.6 \times 10^{-3} \times 0.0617}{1,030^2 \times 9.8}\right)^{1/3} = 3.05 \times 10^{-4}$ m

在頂端的膜速度：$u = \dfrac{0.110/1,010}{3.14 \times 10^{-4}} = 0.347$ m/s

在底部的膜速度：$u = \dfrac{0.0627/1,030}{3.05 \times 10^{-4}} = 0.213$ m/s

平均速度：$\bar{u} = 0.28$ m/s

平均滯留時間：$\bar{t} = 6/0.28 = 21$ s

總熱傳係數

在蒸發器中，量度高的個別薄膜熱傳係數是件困難的工作，一般實驗結果都以總熱傳係數來表示。這些總熱傳係數是基於修正了沸點上升之後的淨溫度降。當然，影響個別熱傳係數的因素也會影響總熱傳係數；但是假如一個熱阻(例如，液體薄膜)是熱傳係數的控制因素，那麼其它的熱阻對總熱傳係數不會有太大的影響。

表 16.1 列出各種類型蒸發器的典型總熱傳係數。[6, 9] 這些係數適用於各種蒸發器在一般的操作情況下使用。少量的管中積垢會使熱傳係數略為降低，其值約占乾淨管子的少量比率。處理黏度 100 P 的液體，一個攪拌膜蒸發器，雖然給予低的熱傳係數，但此係數比起其它處理此種黏稠液體的蒸發器所能提供的熱傳係數還要高很多。

蒸發器的經濟效益

影響蒸發器系統的經濟效益，主要因素視其效數 (number of effects) 而定。經由適當的設計，進入第一效的水蒸氣蒸發所需的焓可以再次或多次加以利用，其使用次數視其效數而定。蒸發器的經濟效益也受到進料溫度的影響。假如在

▼ 表 16.1　蒸發器中的典型總熱傳係數

類型	總熱傳係數 U	
	W/m²·°C	Btu/ft²·h·°F
直立長管式蒸發器		
自然循環	1,000–2,500	200–500
強制循環	2,000–5,000	400–1,000
攪拌膜蒸發器，牛頓液體，黏度		
1 cP	2,000	400
1 P	1,500	300
100 P	600	120

第一效進料溫度低於其沸點，則水蒸氣的蒸發焓一部分用在熱負載，而只剩下一部分作為蒸發用；若進料的溫度高於沸點，則伴隨的急驟，對液體蒸發的貢獻超過水蒸氣的蒸發焓。就定量而言，蒸發器的經濟效益整體上是焓的均衡。

單效蒸發器的焓均衡

在單效蒸發器，水蒸氣冷凝的潛熱，經由加熱表面將沸騰溶液裡的水蒸發出來。這裡需處理兩個焓的平衡：一個是對水蒸氣；另一個是對蒸汽或液體。

圖 16.5 顯示一直立管式單效蒸發器。水蒸氣和冷凝液的流率為 $\dot{m}_s$，稀薄溶液或進料的流率為 $\dot{m}_f$，濃溶液的流率為 $\dot{m}$。假設沒有固體從濃溶液沈澱，則流入冷凝器的蒸汽流率為 $\dot{m}_f - \dot{m}$。此外，令 T_s 表示水蒸氣的凝結溫度，T 為蒸發器中液體的沸點，T_f 為進料的溫度。

假設沒有洩漏及被蒸汽夾帶進入 (entrainment) 系統的液體，不凝結氣體的流動可忽略不計，以及不考慮蒸發器的熱流失。進入水蒸氣櫃的水蒸氣可能是過熱的，而從水蒸氣櫃流出的凝結液稍微過冷至沸點以下。但這個過熱的水蒸氣和過冷的凝結液的量很小，所以在焓平衡的時候，將它們忽略是可以被接受的。這種忽略造成的小小誤差，大約可和忽略水蒸氣櫃的熱量損失互相抵消。

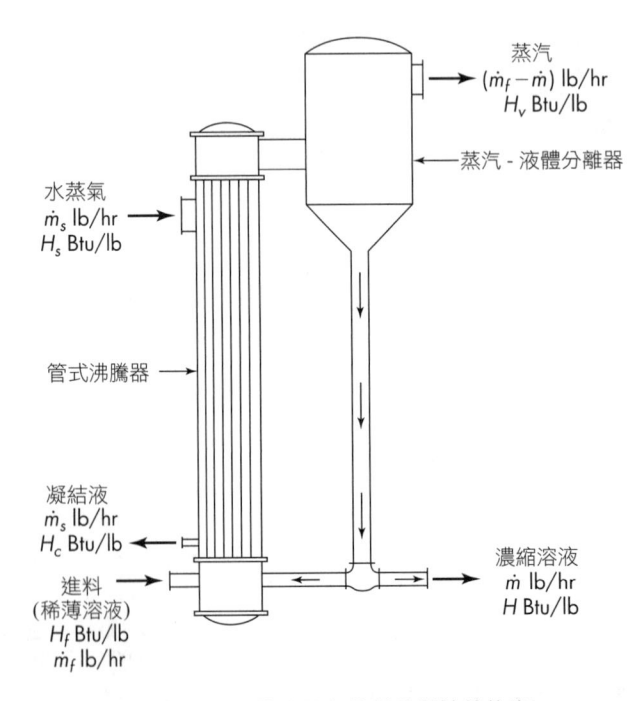

▲ 圖 16.5　蒸發器中的質量與焓的均衡

在這些假設的條件下，水蒸氣和凝結液之間的焓差為 λ_s，也就是水蒸氣的凝結潛熱。水蒸氣側的焓均衡為

$$q_s = \dot{m}_s(H_s - H_c) = \dot{m}_s \lambda_s \tag{16.2}$$

其中　q_s = 水蒸氣通過加熱面的熱傳速率
　　　H_v = 水蒸氣的比焓
　　　H_c = 凝結液的比焓
　　　λ_s = 水蒸氣的凝結潛熱
　　　$\dot{m}_s$ = 水蒸氣的質量速率

溶液側的焓均衡為

$$q = (\dot{m}_f - \dot{m})H_v - \dot{m}_f H_f + \dot{m}H \tag{16.3}$$

其中　q = 加熱面到液體的熱傳速率
　　　H_v = 蒸汽的比焓
　　　H_f = 稀薄溶液的比焓
　　　H = 濃溶液的比焓

在沒有熱量損失下，從水蒸氣傳送至管子的熱量，等於從管子傳送至溶液的熱量，亦即 $q_s = q$。合併 (16.2) 式和 (16.3) 式，可得

$$q = \dot{m}_s \lambda_s = (\dot{m}_f - \dot{m})H_v - \dot{m}_f H_f + \dot{m}H \tag{16.4}$$

溶液側的比焓 H_v、H_f 和 H 均與濃縮溶液的特性有關。大部分的溶液，在恆溫下混合或稀釋，不會有很多的熱效應發生。對於有機溶液和中等濃度的無機溶液，這樣的敘述是正確的。因此糖、鹽和紙廠的各種溶液都沒有明顯的稀釋和混合熱。另一方面，硫酸、氫氧化鈉和氯化鈣，特別是濃的溶液，在它們稀釋時，釋放大量的熱，因此它們都有顯著的稀釋熱。當這些物質的稀薄溶液被濃縮至高密度時，除了氣化所需的潛熱之外，還得提供等同於稀釋熱的熱量。

可忽略稀釋熱的焓均衡

對於稀釋熱可以忽略的溶液，在單效蒸發器中，焓均衡可從溶液的比熱與溫度計算。在溶液側的熱傳效率 q 包括 q_f 和 q_v 兩部分，q_f 就是將稀薄溶液從溫度 T_f 提升至沸點 T 所需的熱，q_v 就是完成蒸發所需的熱。亦即

$$q = q_f + q_v \tag{16.5}$$

若稀薄溶液的比熱在 T_f 到 T 之間的溫度範圍為常數，則

$$q_f = \dot{m}_f c_{pf}(T - T_f) \tag{16.6}$$

同時，
$$q_v = (\dot{m}_f - \dot{m})\lambda_v \tag{16.7}$$

其中　　c_{pf} = 稀薄溶液的比熱
　　　　λ_v = 濃溶液的蒸發潛熱

假若濃溶液的沸點上升可以忽略不計，則 $\lambda_v = \lambda$，其中 λ 為水在蒸汽空間的壓力下的蒸發潛熱。當沸點上升十分顯著，離開溶液的蒸汽變得過熱，其過熱的度數等於沸點上升的度數，此時 λ_v 與 λ 僅有稍微的差異。然而，實際上，直接由水蒸氣表 (見附錄 7) 讀取 λ 值來做計算，結果就足夠精確。

將 (16.6) 式和 (16.7) 式代入 (16.5) 式，就可得到稀釋熱可以忽略時的單效蒸發器的焓均衡方程式如下：

$$q = \dot{m}_f c_{pf}(T - T_f) + (\dot{m}_f - \dot{m})\lambda \tag{16.8}$$

若稀薄溶液的溫度 T_f 大於 T，則 $c_{pf} \dot{m}_f (T - T_f)$ 為負，這就是稀薄溶液帶入蒸發器的淨焓，此稱為**急驟蒸發** (flash evaporation)。若稀薄溶液進入蒸發器的溫度 T_f 小於 T，則 $\dot{m}_f c_{pf}(T - T_f)$ 為正值，亦即對一已知的蒸發器，需提供更多的水蒸氣來補足此焓。所以 $\dot{m}_f c_{pf}(T - T_f)$ 稱為加熱負載，換言之，(16.8) 式說明了水蒸氣冷凝放出的熱量被用來 (1) 蒸發溶液中的水和 (2) 將進料加熱至沸點；若進料溫度高於蒸發器中的沸點，則部分的蒸發來自於急驟蒸發。

有顯著稀釋熱的焓均衡；焓 - 濃度圖

若被濃縮的溶液的稀釋熱大到不能被忽略不計，一個焓 - 濃度圖可用來求取 (16.4) 式中的 H_f 和 H 值。在焓 - 濃度圖中，焓的單位是 Btu/lb 或焦耳 / 克的溶液，溶液的濃度則以溶質的質量分率或重量百分率來表示。[7] 圖中的等溫線表示恆溫下，焓為濃度的函數。

圖 16.6 為一氫氧化鈉的水溶液的焓 - 濃度關係圖。濃度的單位為氫氧化鈉的質量分率，溫度是華氏度數，焓的單位是 Btu/lb。水的焓和水蒸氣表用的基礎一樣，都是以 32°F (0°C) 的水為基礎溫度，因此當計算過程中有液態水和水蒸氣時，此圖可和水蒸氣表一起使用。在利用 (16.4) 式計算時，H_f 和 H 值可由圖 16.6 求得，而 H_v 係指蒸汽離開蒸發器的焓，可得自水蒸氣表。

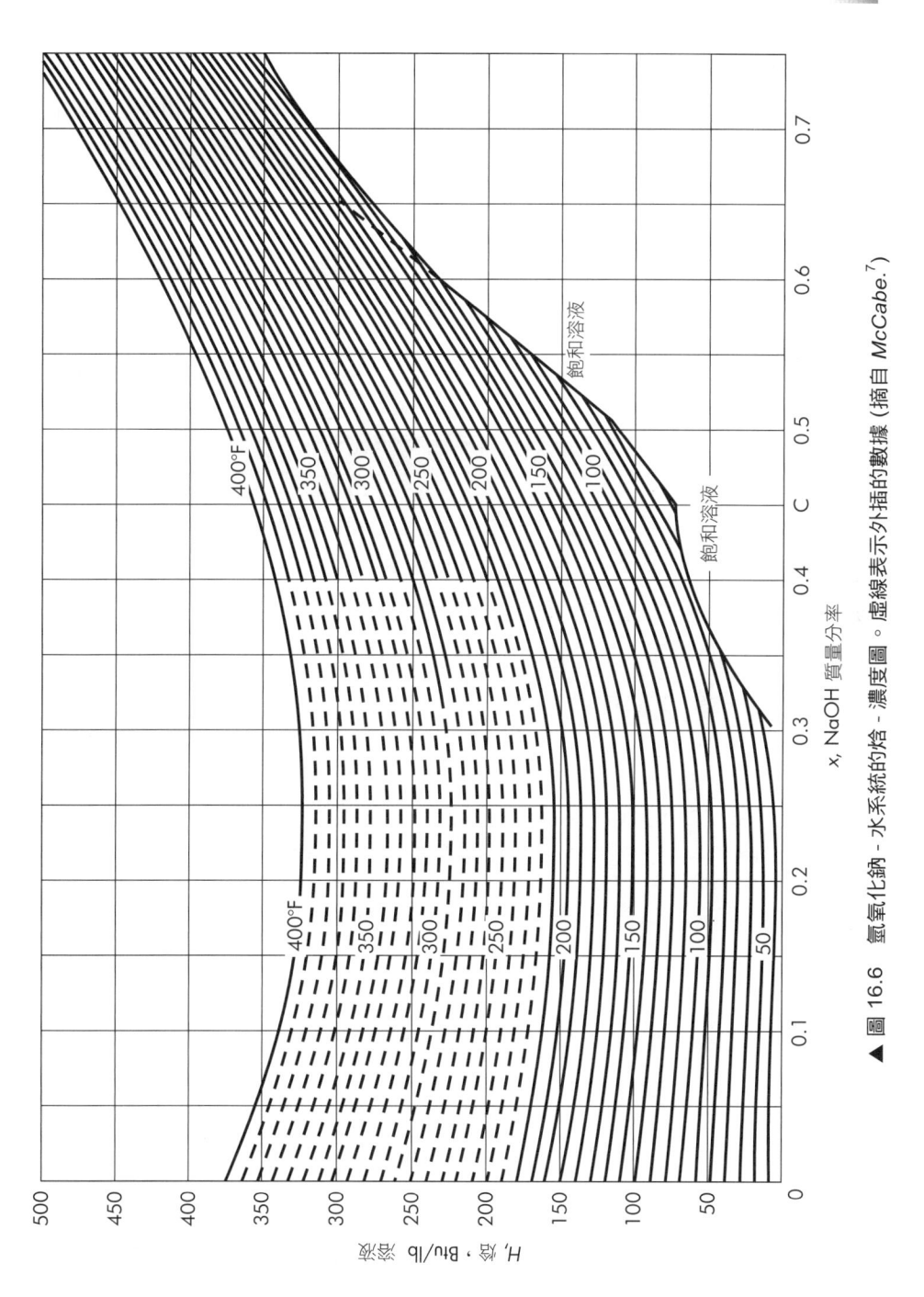

▲ 圖 16.6 氫氧化鈉-水系統的焓-濃度圖。虛線表示外插的數據 (摘自 McCabe.[7])

　　圖 16.6 有一邊界曲線係各等溫曲線的終點串聯而成，這些終點代表固相形成時溫度和濃度的條件。這些固相形成物是各種氫氧化鈉的固態水合物 (solid hydrates)。所有單相氫氧化鈉水溶液的焓均在這條邊界線的上方，焓-濃度圖也可延伸到包含固相。

單元操作
流力與熱傳分析

對於沒有稀釋熱的系統，其焓-濃度圖上的等溫線都是直線，當然，對於稀釋熱可以忽略的溶液，也可以繪製它的焓-濃度圖，可是從上一節所敘述的比熱法的簡單性來看，似乎是沒有必要。

單效蒸發器的計算

在單效蒸發器的設計上，利用質量平衡、焓平衡以及容量方程式 (16.1)，在例 16.2 中加以說明。

例題 16.2

一個單效蒸發器被用來濃縮 20% 的氫氧化鈉溶液使成為 50% 固體含量的溶液，進料的速度 20,000 lb/h (9,070 kg/h)。水蒸氣的表壓 (gauge pressure) 為 20 lb_f/in.^{2} (1.37 atm)；水蒸氣空間的絕對壓力為 100 mm Hg (1.93 lb_f/in.^{2})。總熱傳係數估計大約 250 Btu/ft^2·h·°F (1,400 W/m^2·°C)，進料溫度為 100°F (37.8°C)，試計算水蒸氣的消耗量、經濟效益以及所需要的加熱面積。

解

水蒸發的量可由質量均衡求得，進料含有 $\frac{80}{20} = 4$ lb 水 /lb 固體；濃溶液中含有 $\frac{50}{50} = 1$ lb 水 /lb 固體。每磅固體所蒸發的水量 $= 4 - 1 = 3$ lb，或

$$3 \times 20,000 \times 0.20 = 12,000 \text{ lb/h}$$

濃溶液的質量流率 $\dot{m}$ 為

$$20,000 - 12,000 = 8,000 \text{ lb/h (3,630 kg/h)}$$

水蒸氣的消耗量　因為濃氫氧化鈉溶液的稀釋熱不可忽略不計，因此熱傳速率可由 (16.4) 式和圖 16.6 求得。在 100 mm Hg 的壓力下，50% 溶液的蒸發溫度可如下求得。

水在 100 mm Hg 的沸點 = 124°F (附錄 7)

溶液的沸點 = 197°F (圖 16.3)

沸點上升 = 197 − 124 = 73°F

進料和濃溶液的焓可由圖 16.6 得知：

進料，20% 固體，100°F：$H_f = 55$ Btu/lb

濃溶液，50% 固體，197°F：$H = 221$ Btu/lb

離開蒸發器的蒸汽焓可由水蒸氣表得知。在 197°F 和 1.93 lb_f/in.^{2} 的過熱水蒸氣焓為 1,149 Btu/lb；亦即 (16.4) 式的 H_v。此 H_v 亦可由飽和蒸汽的值 (附錄 7) 加上過

熱乘以蒸汽熱容量 (附錄 14)，或 $1,116 + 0.45(73) = 1,149$ Btu/lb。

由附錄 7 得知，表壓為 20 $lb_f/in.^2$ 的水蒸氣蒸發熱 λ_s 為 939 Btu/lb。

熱傳速率和水蒸氣消耗量可由 (16.4) 式求得

$$q = (20,000 - 8,000)(1,149) + 8,000 \times 221 - 20,000 \times 55 = 14,456,000 \text{ Btu/h}$$

$$\dot{m}_s = \frac{14,456,000}{939} = 15,400 \text{ lb/h (6,990 kg/h)}$$

經濟效益　經濟效益為 $12,000/15,400 = 0.78$。

加熱表面積　水蒸氣的凝結溫度為 259°F，因此所需的加熱表面積為

$$A = \frac{14,456,000}{250(259 - 197)} = 930 \text{ ft}^2 \ (86.4 \text{ m}^2)$$

多效蒸發器

　　圖 16.7 所示，將三根長管連接到自然循環蒸發器所形成一個三效蒸發系統，連接的方法使某一效蒸發器所產生的蒸汽能做為下一效蒸發器的加熱介質。一個冷凝器和空氣噴射器連接在第三效的蒸發器，藉以在其中建立真空，並且從其中將不冷凝的氣體抽出在多效蒸發器系統中，第一個是進料用的，其蒸汽壓力也是最高的，最後一個的蒸汽壓力是最小的，在這種安排下，水蒸氣和冷凝器之間的壓力差會分布於第二個和其它的蒸發器之間，每一個蒸發器自上一個蒸發器獲得水蒸氣，再將生成的水蒸氣供應給下一個。因此其壓力比前一個小，而比後一個大。以此類推，每一個蒸發器和單效的蒸發器一樣，對應於壓力降經過加熱面會有一個溫度降，所有迄今對單效蒸發器所有的陳述適用於多效蒸發器系統中每一個單元。將一系列的蒸汽器安排成多數的系統只安排連接管路的問題，而與個別單元的建構無太大的關聯。蒸發器的編號與溶液進料的順序無關，它的編號依著壓力減小的方向次第排列。以圖 16.7 為例，稀薄溶液進入第一個蒸發器，於是部分液體被蒸發而濃縮，進入第二個蒸發器被進一步濃縮，然後進入第三個蒸發器作最後的濃縮，最後的濃縮液藉泵由此帶出。

　　在穩定操作下，流率與蒸發率就是指溶劑或溶質不會在任何一個蒸發器累積或耗盡的量。當進料的溫度、濃度和流率是固定的，水蒸氣入口壓力和冷凝器的壓力隨之確認，那麼個別蒸發器的溶液液面也隨之保持不變，各蒸發器內的濃度、流率、壓力和溫度就由程序本身的操作保持恆定，只有在改變進料的流動速率的情況下，才能改變濃溶液的濃度。如果最後的濃溶液還是太稀薄，

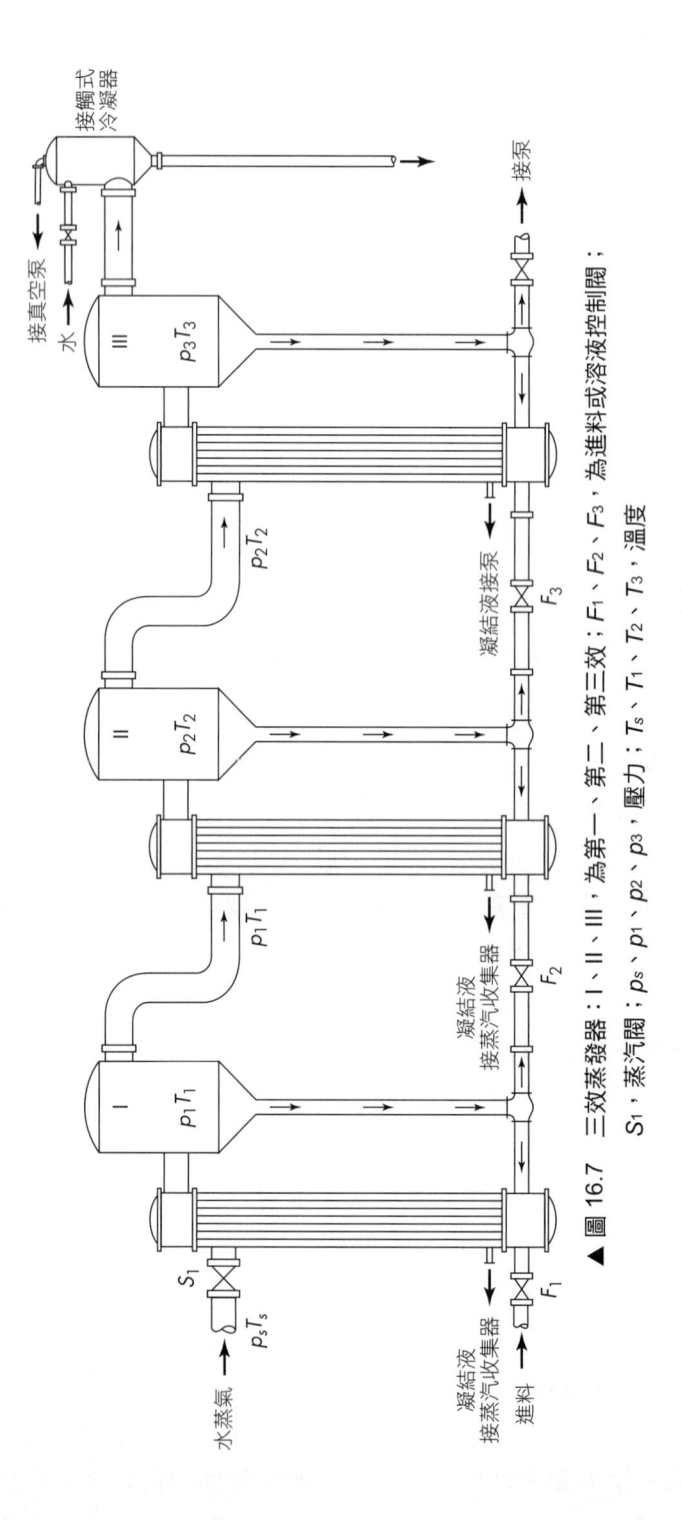

▲ 圖 16.7 三效蒸發器；I、II、III，為第一、第二、第三效；F_1、F_2、F_3，為進料或溶液液位控制閥；S_1，蒸汽閥；p_s、p_1、p_2、p_3，壓力；T_s、T_1、T_2、T_3，溫度

那麼對第一個蒸發器進料速度就要減少；反之，如果濃溶液太濃，速度就得增加。遲早最後一個蒸發器的溶液濃度和由它釋放出來的濃溶液之間會在所要的濃度下達成一個新的穩定狀態。

在第一效中，每小時經過加熱面而傳遞一定量的熱量，可由下式求得

$$q_1 = A_1 U_1 \Delta T_1 \tag{16.9}$$

目前如果在此熱量中用來將進料溫度加熱至沸點的熱量可忽略不計，則實際上，所有離開第一效的蒸汽中的熱量均為潛熱。離開第二效的凝結液溫度與第一效內沸騰液體的蒸汽溫度 T_1 非常接近。因此，實際上在穩定操作時，由第一效產生的蒸汽在第二效冷凝時，在第一效中產生蒸汽所消耗的所有熱量又會被放出。但是在第二效中所傳送的熱量可由下式求得

$$q_2 = A_2 U_2 \Delta T_2 \tag{16.10}$$

如上所述，q_1 和 q_2 幾乎相等，因此

$$A_1 U_1 \Delta T_1 = A_2 U_2 \Delta T_2 \tag{16.11}$$

大致上，同理可證，

$$A_1 U_1 \Delta T_1 = A_2 U_2 \Delta T_2 = A_3 U_3 \Delta T_3 \tag{16.12}$$

應該理解的是，(16.11) 式和 (16.12) 式只是近似方程式，必須加上其它項來修正，但是所加的項和上式中的各項比較起來是很小的。

在一般的操作，多效蒸發器中各效的加熱面積是相等的。這是為了符合構造上的經濟原則，因此，因為 $q_1 = q_2 = q_3 = q$，故由 (16.12) 式，可得

$$U_1 \Delta T_1 = U_2 \Delta T_2 = U_3 \Delta T_3 = \frac{q}{A} \tag{16.13}$$

由此可知，多效蒸發器的溫度降大約與熱傳係數成反比。

例題 16.3

以三效蒸發器濃縮沸點上升並不顯著的液體。進入第一效的水蒸氣溫度為 108°C，最後一效溶液的沸點為 52°C。總熱傳係數 (W/m² · °C) 在第一效為 2,500，第二效為 2,000，第三效為 1,500。(隨著溶液變得更加濃縮，黏度增加且總熱傳係數降

低。) 則在第一和第二效內液體的沸點各為多少？

解

總溫度降為 108 − 52 = 56°C。如 (16.13) 式所示，在多效蒸發器中，溫度降約與熱傳係數成反比。因此

$$\Delta T_1 = \frac{\frac{1}{2,500}}{\frac{1}{2,500}+\frac{1}{2,000}+\frac{1}{1,500}} 56 = 14.3°C$$

以相同的方式，可得 $\Delta T_2 = 17.9°C$ 和 $\Delta T_3 = 23.8°C$。於是第一效的沸點為 108 − 14.3 = 93.7°C，第二效為 75.8°C。

進料方法

多效蒸發器通常的進料方法，是將稀薄液體泵入第一效，然後依序通過其它各效，如圖 16.8a 所示。這種方式稱為**前向進料** (forward feed)。液體的濃度由第一效增加到最後一效，這種液體流動的方式最為簡單。由於第一效通常在大氣壓下操作，所以需要一個泵將稀薄溶液送入第一效，最後一效也需要一個泵將濃溶液取出。然而，由於溶液流動的方向是朝壓力漸減的方向，所以各效間的溶液輸送不需要泵，但在輸送線上卻需要控制閥。

另一種常用的方法為**反向進料** (backward feed)，其法是將稀薄液體送入最後一效，然後通過連續效泵送到第一效，如圖 16.8b 所示。因為此法的流動是由低壓到高壓，所以除了濃溶液泵外，在各效之間都需要一個泵。當濃溶液為黏稠的，反向進料通常比前向進料具有較高的容量，但若進料液體是冷的，則反向進料的經濟效益低於前向進料。

有時進料也採用其它模式。**混合進料** (mixed feed) 中，稀薄液體由中間效進入，前向流至此系列的末端，再泵回成反向，直至第一效得到最後的濃縮液為止，如圖 16.8c 所示。此法可以省去一些在反向進料所需的泵數，並允許最後的蒸發在最高的溫度下完成。在結晶蒸發器中，要提取晶體和母液的漿液，此時可將進料直接加到各效中，即所謂的**平行進料** (parallel feed)，如圖 16.8d 所示。在平行進料中，沒有液體從一效傳遞到另一效。

多效蒸發器的容量和經濟效益

採用多效蒸發器可以使經濟效益增加,但其代價則是使容量 (capacity) 降低。一般認為,只要提供數倍的加熱表面就可增加蒸發容量,但事實並非如此。若一單效蒸發器的加熱表面等於多效蒸發器中的一效之加熱表面,且它們都在同一端點條件下操作,則多效蒸發器的總容量通常不大於單效蒸發器的容量,而且當有顯著的沸點上升時,多效的容量通常相當小。當沸點上升可以忽略不計時,有效的總 ΔT 等於每一效的 ΔT 之和,N 效多效蒸發器的**每單位表面積**的水之蒸發量約為單效的 $1/N$。這可由下列的分析得知。

若熱負載和稀釋熱可忽略不計,則蒸發器的容量與熱傳速率成正比。圖 16.7 所示的三效之熱傳速率分別為

$$q_1 = U_1 A_1 \Delta T_1 \qquad q_2 = U_2 A_2 \Delta T_2 \qquad q_3 = U_3 A_3 \Delta T_3 \tag{16.14}$$

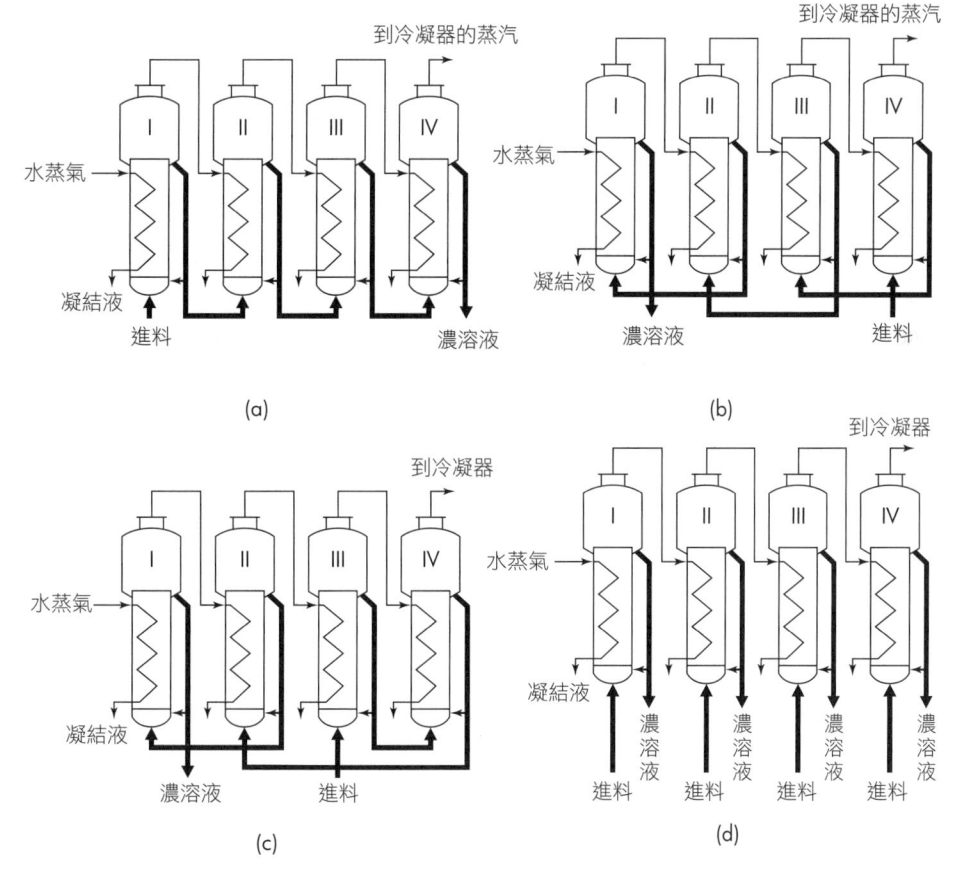

▲ 圖 16.8　多效蒸發器中溶液流動的方式:(a) 前向進料;(b) 反向進料;(c) 混合進料;(d) 平行進料。(———) 溶液流。(———) 水蒸氣和蒸汽凝結液流

總容量正比於總熱傳速率 q_T，而 q_T 可由這些式相加而得。

$$q_T = q_1 + q_2 + q_3 = U_1 A_1 \Delta T_1 + U_2 A_2 \Delta T_2 + U_3 A_3 \Delta T_3 \tag{16.15}$$

假設在每一效中的表面積 A 以及總熱傳係數 U 均相等，並且沸點上升可以忽略不計，則 (16.15) 式可寫成

$$q_T = UA(\Delta T_1 + \Delta T_2 + \Delta T_3) = UA\,\Delta T \tag{16.16}$$

其中 ΔT 為第一效的水蒸氣和最後一效的蒸汽間的總溫度降。

現在假設有一表面積為 A 的單效蒸發器，在相同的總溫度降之下操作。若總熱傳係數與三效蒸發器中的每一效的總熱傳係數相等，則此單效蒸發器的熱傳速率為

$$q_T = UA\,\Delta T$$

此式恰與多效蒸發器的方程式相同。因此無論使用多少效，只要總熱傳係數相同，且單效的加熱面積等於多效單元中的每一效的加熱面積，則多效的容量將不大於單效。沸點上升傾向於使得多效蒸發器的容量小於對應的單效蒸發器的容量。為了彌補多效蒸發器小的容量可改變其總熱傳係數。例如，以單效蒸發器產生 50% NaOH，對此黏稠液體其總熱傳係數 U 很小。在三效蒸發器，最後一效的總熱傳係數與單效相同；但在其它效，其 NaOH 溶液濃度遠低於 50%，所以它們的總熱傳係數較大，因此三效蒸發器的平均熱傳係數比單效大。在某些情況下，這掩蓋了沸點上升的效應，使得多效蒸發器的容量確實是大於單效的容量。

液體高差和沸點上升的影響　液體高差 (liquid head) 和沸點上升對多效蒸發器容量的影響大於對單效。如前所述，液體高差所引起的容量降低無法以定量估算。液體高差如同沸點上升，會減少多效蒸發器中各效內的溫度降。

考慮一蒸發器濃縮具有高沸點上升的溶液。來自於此沸騰溶液的蒸汽具有溶液的溫度，因此蒸汽過熱的量即為沸點上升的量。如第 13 章所討論的，當過熱水蒸氣作為加熱介質時，本質上相當於同壓下的飽和水蒸氣。因此在任何一效中的溫度降都是在水蒸氣櫃的壓力下，由飽和水蒸氣的溫度計算而得，而不是由前一效沸騰溶液的溫度來計算。這表示在任何一效中的沸點上升從可利用的總溫度降中失去。這種損失發生在多效蒸發器的每一效中，且會造成容量的下降。

蒸發　551

　　這些溫度降的減少對多效蒸發器的容量的影響顯示於圖 16.9。圖中的三個圖分別表示單效、雙效、三效蒸發器的溫度降。端點條件在三種情況中都相同；亦即，在三個蒸發器中，第一效的水蒸氣壓力均相同，而由最後一效釋出的蒸汽其飽和溫度也相同。每一效含有沸點上升的液體。圖中每一行的總高度表示總溫度分布，亦即由進入第一效的水蒸氣溫度至最後一效流出的蒸汽的飽和溫度。

　　考慮單效蒸發器。181° 的總溫度降中，斜線部分表示由於沸點上升造成的溫度降損失。其餘的溫度降 105°，是熱傳遞的實際驅動力，以空白的部分表示。雙效蒸發器的圖顯示兩個斜線部分，這是因為兩效中的每一效都有一個沸點上升，且剩餘總共 85° 的空白部分小於單效圖中的空白部分。在三效蒸發器的圖中，因為三效中的每一效均有溫度降的損失，所以有三個斜線部分，且總淨有效溫度降 79°，相對而言，其值較小。

　　在效數很多或沸點上升很高的極端情況下，蒸發器內沸點上升的總和可能會大於有效總溫度降。在這種情況下操作是不可能的，蒸發器的設計或操作條件必須修正，以減少效數或增加總溫度降。

　　如果微小因素，如進料溫度和蒸發熱的改變，可以忽略，則多效蒸發器的經濟效益不受沸點上升的影響。一公斤的水蒸氣在第一效中冷凝，產生約一公斤的蒸汽，而此蒸汽在第二效中冷凝，產生另一公斤的蒸汽，由此類推。多效蒸發器的**經濟效益** (economy) 與熱量均衡有關而與熱傳速率無關。另一方面，**容量** (capacity) 因沸點上升而降低。濃縮具有沸點上升的溶液時，雙效蒸發器的容量通常小於兩個單效蒸發器的容量的一半。而此兩個單效蒸發器中的每一個都

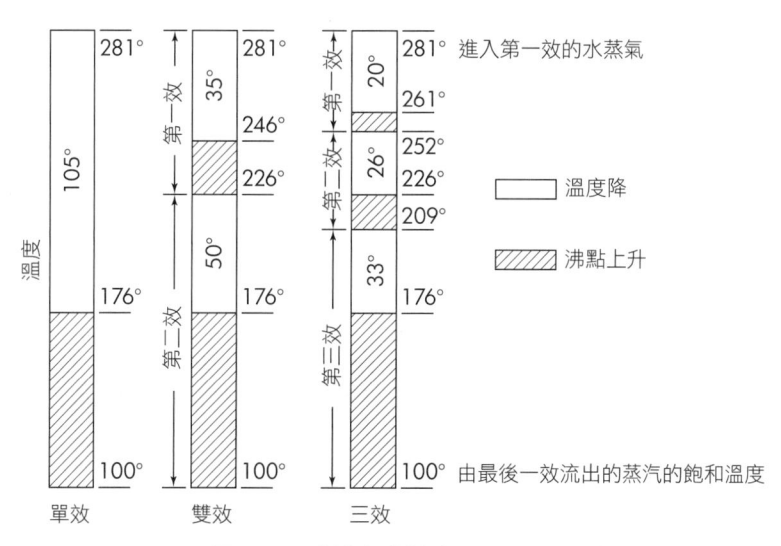

▲ 圖 16.9　沸點上升對蒸發器容量的影響

在相同的總溫度降之下操作。在相同的端點溫度下，三效蒸發器的容量通常小於三個單效蒸發器的容量的 $\frac{1}{3}$。

最適效數　蒸發器每一效中，每平方米或每平方呎表面的成本為其總面積的函數，且隨總面積的增加而減少。對於非常大的設備，則函數趨近於一漸近線。因此，N 效蒸發器的投資額約為相同容量的單效蒸發器投資額的 N 倍。蒸發器的最適效數必須從節約多效操作獲得的水蒸氣與多效所需增加的投資額之間的經濟均衡求得。

多效蒸發器的計算

在設計多效蒸發器時，通常期望的結果是水蒸氣的消耗量、所需的加熱表面的面積、各效中的近似溫度和離開最後一效的蒸汽量。如單效蒸發器，這些量可由質量均衡、焓均衡以及容量方程式 (16.1) 求得。但是，在多效蒸發器的計算過程中，將以試誤法取代直接代數解。

例如，考慮一個三效蒸發器。可寫出七個方程式：每一效都有一個焓均衡方程式，每一效都有一個容量方程式以及已知的總蒸發量，亦即稀薄溶液與濃溶液間的流率差。若假設每一效加熱表面的量相等，則在這些方程式中共有七個未知數：(1) 進入第一效的水蒸氣流量；(2) 至 (4) 為由每一效流出的流率；(5) 第一效的沸點；(6) 第二效的沸點；(7) 每一效的加熱表面。可以針對七個未知數求解這些方程式，但此方法過於冗長且複雜。另一種計算的方法如下：

1. 假設第一效和第三效的沸點。
2. 由焓均衡求水蒸氣的流率和各效間的溶液流量。
3. 由容量方程式計算每一效蒸發器所需的加熱表面積。
4. 若求出的各效加熱面積不是幾乎相等，則重新估計新的沸點，重複上述的第 2 和第 3 項，直到加熱表面積相等為止。

實際上，這些計算可由計算機完成。典型計算的結果顯示於以下的例題中。

例題 16.4

一個三效強制循環蒸發器，在 180°F (82.2°C) 的溫度下，其進料為 60,000 lb/h (27,215 kg/h) 的 10% 苛性蘇打溶液。濃縮後的溶液為 50% NaOH，使用絕對壓力為 50 lb_f/in.^{2} (3.43 atm) 的飽和水蒸氣，由第三效釋出的蒸汽凝結溫度為 100°F (37.8°C)。進料的順序為 II，III，I。輻射和凝結液的過冷現象可忽略。由於沸點上

升而修正後的總熱傳係數列於表 16.2。計算 (a) 假設每一效的加熱面積相等，每一效所需要的加熱面積，(b) 水蒸氣消耗量，(c) 水蒸氣的經濟效益。

▼ 表 16.2

效	總熱傳係數 Btu/ft^2·h·°F	W/m^2·°C
I	700	3,970
II	1,000	5,680
III	800	4,540

解

假設流經蒸發器時固體沒有流失，則可由總質量均衡計算總蒸發速率 (結果列於表 16.3)。

經由重複的計算得到溫度、焓及流率均列於表 16.4。注意，進入第 I 效的水蒸氣最終成為由第 I 效流出的凝結液，由第 I 效排放而進入第 II 效的蒸汽最終成為由第 II 效流出的凝結液，而由第 II 效排放的蒸汽最終成為第 III 效流出的凝結液。由這些結果，可得本題的答案為

(a) 每一效的熱傳面積：719 ft^2 (66.8 m^2)
(b) 水蒸氣消耗量：19,370 lb/h (8,786 kg/h)
(c) 經濟效益：48,000/19,370 = 2.48

▼ 表 16.3

物質	流率，lb/h 總流率	固體	水
進料溶液	60,000	6,000	54,000
濃溶液	12,000	6,000	6,000
被蒸發的水	48,000		48,000

▼ 表 16.4　例題 16.4 的溫度、焓和流率

股流	溫度，°F	飽和溫度 °F	濃度 重量分率	焓 Btu/lb	流率 lb/h
水蒸氣	281	281		1,174	19,370
I 的進料	113		0.228	68	26,300
由 I 排放的蒸汽	245	170		1,170	14,300
由 I 流出的凝結液	281			249	19,370
由 I 流出的濃溶液	246		0.50	249	12,000
II 的進料	180		0.10	135	60,000
由 II 排放的蒸汽	149	142		1,126	16,340
由 II 流出的液體	149		0.137	101	43,660
由 II 流出的凝結液	170			138	14,300
由 III 排放的蒸汽	114	100		1,111	17,360
由 III 流出的凝結液	142			110	16,340

蒸汽再壓縮

假如在期望產生熱傳遞的方向有溫度降，則由沸騰溶液中放出的蒸汽其能量可用來蒸發更多的水。在多效蒸發器中，此溫度降的產生是以逐漸降低一系列蒸發器中溶液的沸點達成的，而使用較低的絕對壓力可將溶液的沸點降低。我們利用機械再壓縮或熱再壓縮來增加蒸發器釋出的蒸汽壓力（因此提高了蒸汽的凝結溫度），也可以獲得所希望的驅動力。經過再壓縮的蒸汽回到原來的蒸發器的水蒸氣櫃中冷凝。

機械再壓縮

蒸汽的機械再壓縮可用圖 16.10 說明。冷進料與熱溶液經過熱交換後，冷進料被預熱幾乎到它的沸點然後被泵入加熱器，如同一般強制循環蒸發器一樣。然而，釋出的蒸汽不被冷凝；而是以正排量式 (positive-displacement) 或離心壓縮機將其壓縮至較高的壓力，而變成進入加熱器的水蒸氣。因為被壓縮蒸汽的飽和溫度高於進料的沸點，所以熱量由蒸汽流到溶液，而產生更多的蒸汽，也許可能需要補充少量的水蒸氣。對典型的系統，最適的溫度降約為 5°C。這種系統

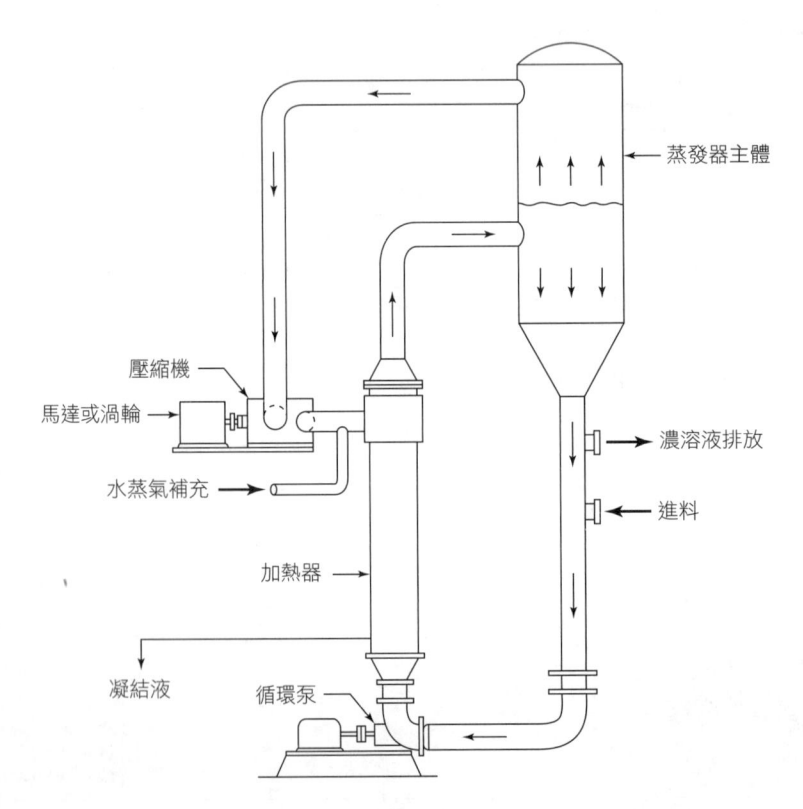

▲ 圖 16.10　用於強制循環蒸發器的機械再壓縮

的能量利用非常好：基於驅動壓縮機所需功率的水蒸氣相當量，其經濟效益相當於含有 10 到 15 效的蒸發器。機械壓縮蒸發器的重要應用包括由海水中製造蒸餾水，在造紙工業中蒸發黑溶液，[5] 熱敏感物質的蒸發，例如果汁等，以及具有逆轉溶解度曲線之鹽的結晶 [4] (參閱第 27 章)。

降落膜蒸發器特別適用於使用蒸汽再壓縮系統的操作。[12]

熱再壓縮

在熱再壓縮系統中，蒸汽被噴射器的高壓水蒸氣壓縮。此結果造成水蒸氣的量比使溶液沸騰所需要的量還多，因此過剩的水蒸氣必須排出或冷凝。動力水蒸氣與溶液釋出的蒸汽比值與蒸發壓力有關；對於許多低溫的操作，則使用 8 至 10 atm 壓力的水蒸氣，所需的水蒸氣量與被蒸發的水的質量比約為 0.5。

由於水蒸氣噴射器可以處理大量體積的低密度蒸汽，所以對真空蒸發而言，熱再壓縮比機械再壓縮更適合使用。噴射器比送風機和壓縮機便宜且易於維護。熱再壓縮的主要缺點為噴射器的效率低，而且系統在改變操作條件時較缺乏彈性。

■ 符號 ■

A　：熱傳表面的面積，m^2 或 ft^2；A_1、A_2、A_3，分別為 I、II、III 效的熱傳面積

BPE：沸點上升，°C 或 °F

c_p　：定壓比熱，J/g·°C 或 Btu/lb·°F；C_{pf}，進料的恆定比熱

H　：濃溶液的焓，J/g 或 Btu/lb；H_c，凝結液的焓；H_f，進料的焓；H_s，飽和水蒸氣的焓；H_v，蒸汽或過熱水蒸氣的焓

$\dot{m}$　：質量流率，kg/h 或 lb/h；離開單效蒸發器之溶液的質量流率；$\dot{m}_f$，進料的質量流率；$\dot{m}_s$，水蒸氣和水蒸氣凝結液的質量流率

N　：蒸發器的效數

p　：壓力，atm 或 lb_f/ft^2；p_s，水蒸氣壓力；p_1、p_2、p_3，分別為 I、II、III 效蒸汽空間的壓力

q　：熱傳速率，W 或 Btu/h；q_T，總熱傳速率；q_f，輸入稀薄溶液的熱傳速率；q_s，水蒸氣的熱傳速率；q_v，蒸發的熱傳速率；q_1、q_2、q_3，I、II、III 效中的熱傳速率

T　：溫度，°C 或 °F；在單效蒸發器中的沸點和離開單效蒸發器的溶液之溫度；T_c，凝結液的溫度；T_f，進料的溫度；T_h，進入的水蒸氣溫度；T_s，飽和水蒸氣的溫度；T，蒸汽空間壓力下水的沸點；T_1、T_2、T_3，I、II、III 效內的沸點和離開 I、II、III 效溶液的溫度

U ：總熱傳係數，W/m² · ℃ 或 Btu/ft² · h · ℉；U_1、U_2、U_3，I、II、III 效的總熱傳係數

x ：溶質的質量分率

Z ：液面下的距離，m 或 ft

■ **希臘字母** ■

Γ ：管上的液體負載，kg/h · 每 m 周長或 lb/h · 每 ft 周長

ΔT ：溫度降，℃ 或 ℉；對所有各效，修正後的溫度降；ΔT_1、ΔT_2、ΔT_3，I、II、III 效的溫度降

λ ：潛熱，J/g 或 Btu/lb；λ_s，蒸汽的凝結潛熱；λ_v，濃溶液蒸發的潛熱

μ ：絕對黏度，cP 或 lb/ft · h

■ **習題** ■

16.1. 有一單效蒸發器，將一有機膠體水溶液的固體含量由 8% 濃縮至 45%。使用表壓為 1.03 atm (120.5℃) 的水蒸氣，蒸汽空間的絕對壓力維持在 102 mm Hg。蒸發器的進料率為 20,000 kg/h，總熱傳係數為 2,800 W/m² · ℃。溶液的沸點上升和稀釋熱均可忽略不計。若進料的溫度分別為 (a) 51.7℃，(b) 21.1℃，(c) 93.3℃，試計算水蒸氣消耗量、經濟效益和所需的加熱面積。進料溶液的比熱為 3.77 J/g · ℃，水的蒸發潛熱視為此溶液的蒸發潛熱。輻射熱損失可以忽略不計。

16.2. 有一個直立管式蒸發器，將一有機膠體溶液的固體含量由 15% 濃縮至 50%。溶液的沸點上升可忽略不計，且進料的比熱為 0.93。使用絕對壓力為 0.8 atm 的飽和水蒸氣，冷凝器的絕對壓力為 100 mm Hg。進料溫度為 15℃，總熱傳係數為 1,700 W/m² · ℃。此蒸發器每小時必須蒸發 25,000 kg 的水。試問需要的熱傳面積為多少平方米？水蒸氣的消耗量為每小時多少 kg？

16.3. 一強制循環蒸發器使用 3 atm 的水蒸氣將 60,000 kg/h 的 44% NaOH 水溶液濃縮至 65%。進料溫度和冷凝溫度均為 40℃，進料溶液的密度為 1,450 kg/m³。若總熱傳係數為 2,000 W/m² · ℃，計算 (a) 每小時所需的水蒸氣量為多少 kg？(b) 熱傳所需的面積為多少？

16.4. 在通過一次的降落膜蒸發器中，採用直徑為 100 mm，長 6 m 的直立管來濃縮稀薄水溶液。每根管的流率為 3,000 kg/h，溶液在初沸點的黏度為 2.5 cP。(a) 若無發生蒸發，液體在管內的平均滯留時間為多少？(b) 若總 ΔT 為 90℃，總熱傳係數為 3,500 W/m² · ℃，則有多少分率的水被蒸發？(c) 若在相同大小的向上流蒸發器 (upflow evaporator) 中，可得相同的蒸發分率，則平均滯留時間為多少？(假

設管內流體有 $\frac{2}{3}$ 為液體，$\frac{1}{3}$ 為蒸汽)

16.5. 長管式三效蒸發器用來濃縮 35,000 gal/h 的溶液，溶液濃度由 17% 的溶解固體含量濃縮至 38%。進料溫度為 60°F，首先通過三個串聯的殼管式加熱器 a、b、c，然後依序通過 II、III、I 三效蒸發器。加熱器 a 是以第三效與冷凝器間蒸汽管內的蒸汽加熱，加熱器 b 是以第二效和第三效間蒸汽管內的蒸汽加熱，而加熱器 c 是以第一效和第二效間蒸汽管內的蒸汽加熱。在每一個加熱器熱端的端點溫差為 10°F。其它數據如下且列於表 16.5 中。

▼ 表 16.5

濃度固體，%	比重	比熱，Btu/lb·°F
10	1.02	0.98
20	1.05	0.94
30	1.10	0.87
35	1.16	0.82
40	1.25	0.75

進入 I 效的水蒸氣，230°F，乾的且飽和。

III 效的真空度，28 in.，相對於 30 in. 的大氣壓力計。

凝結液在冷凝溫度下離開水蒸氣櫃。

沸點上升：II 效為 1°F，III 效為 5°F，I 效為 15°F。

經過沸點上升修正後的熱傳係數，單位為 Btu/ft²·h·°F，I 效為 450，II 效為 700，III 效為 500。

所有各效的加熱面積均相等。

計算 (a) 每小時需要的水蒸氣磅數，(b) 每一效所需的加熱面積，(c) 經濟效益，以每磅水蒸氣蒸發的磅數表示，(d) 冷凝器內被移除的潛熱。

16.6. 內徑為 120 mm 的攪拌膜蒸發器，含有四葉片攪拌器，以 400 rpm 之旋轉。自平均黏度 100 cP 的聚合物溶液蒸發出二氯乙烷 (ethylene dichloride)。液體膜的性質為：$k = 0.15$ Btu/h·ft·°F；$\rho = 60$ lb/ft³；$c_p = 0.3$ Btu/lb·°F。(a) 估算攪拌液體膜的熱傳係數。(b) 將結果與表 16.1 中的數據進行比較，並對差異 (如果有) 進行評論。

16.7. 以三效蒸發器將含有 25% NaOH 的進料濃縮至 50% NaOH 溶液。使用的水蒸氣溫度為 320°F，由最後階段出來的蒸汽在 120°F 冷凝。採用後向進料的方式。(a) 若每一效移除的水量相等，則中間效 (intermediate effects) 的濃度、每一效的沸點上升，以及使用於熱傳遞的淨溫差各為多少？(b) 若在相同的端點溫度下且多於三效，則可以採用的最大效數為多少？

16.8. 一個三效標準直立管式蒸發器，每效均有 140 m² 的加熱面，此蒸發器將溶液中的固體含量由 4% 濃縮至 35%，該溶液的沸點上升可以忽略不計。採用前向進料

方法。使用的水蒸氣為 120°C，對應於最後一效真空度的沸點為 40°C，總熱傳係數分別為 2,950 (I 效)、2,670 (II 效)、1,360 (III 效)，單位為 $W/m^2 \cdot °C$；所有的比熱均為 $4.2\ J/g \cdot °C$；輻射可忽略不計。凝結液在凝結溫度流出。進入蒸發器的進料溫度為 90°C。計算 (a) 每小時可濃縮 4% 溶液的公斤數。(b) 每小時水蒸氣消耗的公斤數。

16.9. 一個蒸汽再壓縮式蒸發器濃縮一極稀的水溶液。進料率為 30,000 lb/h；蒸發速率為 20,000 lb/h。蒸發器在大氣壓力下操作，蒸汽經過機械壓縮，除了改用自然循環排管式加熱器外，其餘如圖 16.10 所示。若水蒸氣的成本為 \$8/1,000 lb，電力成本為每瓩小時 3 分，加熱器中每平方呎的熱傳面積成本為 70。計算蒸汽經壓縮後的最佳壓力。壓縮機的總效率為 72%。假設所有的其它成本與壓縮蒸汽的壓力無關。此蒸發器相當於多少效的蒸發器？

16.10. 有一降落膜蒸發器，將 10% 的膠體溶液濃縮至 20%，蒸發器內管的直徑為 50 mm，長度為 8 m。每支管在 65°C 的進料率為 140 kg/h，而 65°C 為在蒸發器壓力的初始沸點。溶液的黏度為含 10% 固體的水的 2.0 倍以及含 20% 固體的水的 4.5 倍。(a) 估算在管的頂端的內側薄膜係數 h_i。(b) 假設 U 的平均值為初始 h_i 的一半，估算每支管的蒸發速率。是否可在單程管將溶液濃縮至 20%？

16.11. 操作在 1 atm 的一個蒸汽再壓縮蒸發器，產生沸點上升 10°F 的溶液。(a) 若欲供蒸發器 15°F 的驅動力，則壓縮機出口壓力為多少？(b) 假設 75% 的等熵壓縮機效率以及蒸汽管線到壓縮機的摩擦壓力降為 $0.5\ lb_f/in.^2$，估算每磅蒸汽所需的能量。

16.12. 使用具有五效的多效蒸發器，將溶液中的固體含量由 4% 濃縮至 20%，沸點上升與濃度成正比，對含 20% 固體的溶液其沸點上升為 25°F。(a) 假設在每一階段有等量的水被蒸發，求每一效的濃度和沸點上升。(b) 若使用的水蒸氣溫度為 270°F 且最後一效產生飽和溫度為 100°F 的蒸汽，則由於沸點上升，可用的溫度驅動力減少多少？

■ 參考文獻 ■

1. Boarts, R. M., W. L. Badger, and S. J. Meisenburg. *Trans. AIChE*, **33**:363 (1937).
2. Foust, A. S., E. M. Baker, and W. L. Badger. *Trans. AIChE*, **35**:45 (1939).
3. Kessler, H. G. *Food and Bio Process Engineering—Dairy Technology*, 5th ed. Munich: V. A. Kessler, 2002.
4. King, R. J. *Chem. Eng. Prog.*, **80**(7):63 (1984).
5. Logsdon, J. D. *Chem. Eng. Prog.*, **79**(9):36 (1983).
6. McAdams, W. H. *Heat Transmission*, 3rd ed. New York: McGraw-Hill, 1954, pp. 398ff.

7. McCabe, W. L. *Trans. AIChE*, **31:**129 (1935).
8. Moore, J. G., and W. E. Hesler. *Chem. Eng. Prog.*, **59**(2):87 (1963).
9. Perry, J. H. (ed.). *Chemical Engineers' Handbook*, 6th ed. New York: McGraw-Hill, 1984, p. **10**-35.
10. Perry, R. H., and D. W. Green (eds.). *Perry's Chemical Engineers' Handbook*, 7th ed. New York: McGraw-Hill, 1997, p. **11**–109.
11. Sinek, J. R., and E. H. Young. *Chem. Eng. Prog.*, **58**(12):74 (1962).
12. Weimer, L. D., H. R. Dolf, and D. A. Austin. *Chem. Eng. Prog.*, **76**(11):70 (1980).

附錄
APPENDIX

■ 附錄 1　轉換因數和自然常數

由此轉換	轉換成	乘以 †
英畝 (acre)	ft^2	43,560*
	m^2	4,046.85
大氣壓 (atm)	N/m^2	1.01325* × 10^5
	lb$_f$/in.^{2}	14.696
亞佛加得羅數 (Avogadro's number)	個數 /g mol	6.022169 × 10^{23}
桶 (bbl) (石油)	ft^3	5.6146
	gal (U.S.)	42*
	m^3	0.15899
巴 (bar)	N/m^2	1* × 10^5
	lb$_f$/in.^{2}	14.504
波茲曼 (Boltzmann) 常數	J/K	1.380622 × 10^{-23}
Btu	cal$_{IT}$	251.996
	ft·lb$_f$	778.17
	J	1,055.06
	kWh	2.9307 × 10^{-4}
Btu/lb	cal$_{IT}$/g	0.55556
Btu/lb·°F	cal$_{IT}$/g·°C	1*
Btu/ft^2·h	W/m^2	3.1546
Btu/ft^2·h·°F	W/m^2·°C	5.6783
	kcal/m^2·h·K	4.882
Btu·ft/ft^2·h·°F	W·m/m^2·°C	1.73073
	kcal/m·h·K	1.488
cal$_{IT}$	Btu	3.9683 × 10^{-3}
	ft·lb$_f$	3.0873
	J	4.1868*
cal	J	4.184*
cm	in.	0.39370
	ft	0.0328084
cm^3	ft^3	3.531467 × 10^{-5}
	gal (U.S.)	2.64172 × 10^{-4}
cP (厘泊)	kg/m·s	1* × 10^{-3}
	lb/ft·h	2.4191
	lb/ft·s	6.7197 × 10^{-4}
cSt (厘史托克)	m^2/s	1* × 10^{-6}
法拉第	C/g mol	9.648670 × 10^4

(續下頁)

由此轉換	轉換成	乘以†
ft	m	0.3048*
ft·lb$_f$	Btu	1.2851×10^{-3}
	cal$_{IT}$	0.32383
	J	1.35582
ft·lb$_f$/s	Btu/h	4.6262
	hp	1.81818×10^{-3}
ft^2/h	m^2/s	2.581×10^{-5}
	cm^2/s	0.2581
ft^3	m^3	0.0283168
	gal (U.S.)	7.48052
	L	28.31684
ft^3·atm	Btu	2.71948
	cal$_{IT}$	685.29
	J	2.8692×10^3
ft^3/s	gal (U.S.)/min	448.83
gal (U.S.)	ft^3	0.13368
	in.^{3}	231*
氣體常數，R，見表 1.2		
重力常數	N·m^2/kg^2	6.673×10^{-11}
重力加速度，標準的	m/s^2	9.80665*
h	min	60*
	s	3,600*
hp	Btu/h	2,544.43
	kW	0.74624
hp/1,000 gal	kW/m^3	0.197
in.	cm	2.54*
in.^{3}	cm^3	16.3871
J	erg	$1^* \times 10^7$
	ft·lb$_f$	0.73756
kg	lb	2.20462
kWh	Btu	3,412.1
L	m^3	$1^* \times 10^{-3}$
lb	kg	0.45359237*
lb/ft^3	kg/m^3	16.018
	g/cm^3	0.016018
lb$_f$/in.^{2}	N/m^2	6.89473×10^3
lb mol/ft^2·h	kg mol/m^2·s	1.3562×10^{-3}
	g mol/cm^2·s	1.3562×10^{-4}
光速	m/s	2.997925×10^8
m	ft	3.280840
	in.	39.3701
m^3	ft^3	35.3147
	gal (U.S.)	264.17
N	dyn	$1^* \times 10^5$
	lb$_f$	0.22481
N/m^2	lb$_f$/in.^{2}	1.4503×10^{-4}

(續下頁)

由此轉換	轉換成	乘以
Planck 常數	J·s	6.626196×10^{-34}
標準強度 (U.S.)	% 酒精	0.5
噸 (長)	kg	1,016
	lb	2,240*
噸 (短)	lb	2,000*
噸 (米制)	kg	1,000*
	lb	2,204.6
碼 (yd)	ft	3*
	m	0.9144*

† 依定義，值的尾端有 * 表示精確值。

附錄 2　無因次群

符號	名稱	定義	
Bi	畢特數 (Biot number)	$\dfrac{hs}{k}$	平板
		$\dfrac{hr_m}{k}$	圓柱或球形
C_D	拖曳係數	$\dfrac{2F_{Dc}}{\rho u_0^2 A_p}$	
Fo	傅立葉數 (Fourier number)	$\dfrac{\alpha t}{r^2}$	
Fr	福勞得數 (Froude number)	$\dfrac{u^2}{gL}$	
f	范寧摩擦係數	$\dfrac{\Delta p_{sc} D}{2L\rho \bar{V}^2}$	
Gr	葛拉修夫數 (Grashof number)	$\dfrac{L^3 \rho^2 \beta g \Delta T}{\mu^2}$	
Gz	葛瑞茲數 (Graetz number)	$\dfrac{\dot{m} c_p}{kL}$	
Gz′	葛瑞茲數 (Graetz number) (質傳)	$\dfrac{\dot{m}}{\rho D_v L}$	
j_H	熱傳因數	$\dfrac{h}{c_p G}\left(\dfrac{c_p \mu}{k}\right)^{2/3}\left(\dfrac{\mu_w}{\mu}\right)^{0.14}$	
j_M	質傳因數	$\dfrac{k\bar{M}}{G}\left(\dfrac{\mu}{D_v \rho}\right)^{2/3}$	
Ma	馬赫數 (Mach number)	$\dfrac{u}{a}$	
N_{Ae}	通氣數 (Aeration number)	$\dfrac{q_g}{nD_a^3}$	
N_P	功率數 (Power number)	$\dfrac{P_c}{\rho n^3 D^5}$	
N_Q	流動數 (Flow number)	$\dfrac{q}{nD_a^3}$	
Nu	納塞數 (Nusselt number)	$\dfrac{hD}{k}$	
Pe	皮克列數 (Peclet number)	$\dfrac{D\bar{V}}{\alpha}$ 或 $\dfrac{Du_o}{D_v}$	
Pr	普蘭特數 (Prandtl number)	$\dfrac{c_p \mu}{k}$	
Re	雷諾數 (Reynolds number)	$\dfrac{DG}{\mu}$	

(續下頁)

符號	名稱	定義
N_s	分離數 (Separation number)	$\dfrac{u_t u_0}{g D_p}$
Sc	史密特數 (Schmidt number)	$\dfrac{\mu}{D_v \rho}$
Sh	許伍德數 (Sherwood number)	$\dfrac{k_c D}{D_v}$
We	韋伯數 (Weber number)	$\dfrac{D \rho \bar{V}^2}{\sigma}$

附錄 3　標準鋼管的因次、流量和重量[†]

管子的大小, in.	外徑, in.	Schedule no.	管厚度, in.	內徑, in.	金屬的截面積, in.²	內截面積, ft²	周圍 ft，或單位長度的表面積 ft²/ft 外邊	周圍 ft，或單位長度的表面積 ft²/ft 內邊	在 1 ft/s 的速度下的流量 U.S. gal/min	在 1 ft/s 的速度下的流量 水, lb/h	管子重量, lb/ft
$\frac{1}{8}$	0.405	40	0.068	0.269	0.072	0.00040	0.106	0.0705	0.179	89.5	0.24
		80	0.095	0.215	0.093	0.00025	0.106	0.0563	0.113	56.5	0.31
$\frac{1}{4}$	0.540	40	0.088	0.364	0.125	0.00072	0.141	0.095	0.323	161.5	0.42
		80	0.119	0.302	0.157	0.00050	0.141	0.079	0.224	112.0	0.54
$\frac{3}{8}$	0.675	40	0.091	0.493	0.167	0.00133	0.177	0.129	0.596	298.0	0.57
		80	0.126	0.423	0.217	0.00098	0.177	0.111	0.440	220.0	0.74
$\frac{1}{2}$	0.840	40	0.109	0.622	0.250	0.00211	0.220	0.163	0.945	472.0	0.85
		80	0.147	0.546	0.320	0.00163	0.220	0.143	0.730	365.0	1.09
$\frac{3}{4}$	1.050	40	0.113	0.824	0.333	0.00371	0.275	0.216	1.665	832.5	1.13
		80	0.154	0.742	0.433	0.00300	0.275	0.194	1.345	672.5	1.47
1	1.315	40	0.133	1.049	0.494	0.00600	0.344	0.275	2.690	1,345	1.68
		80	0.179	0.957	0.639	0.00499	0.344	0.250	2.240	1,120	2.17
$1\frac{1}{4}$	1.660	40	0.140	1.380	0.668	0.01040	0.435	0.361	4.57	2,285	2.27
		80	0.191	1.278	0.881	0.00891	0.435	0.335	3.99	1,995	3.00
$1\frac{1}{2}$	1.900	40	0.145	1.610	0.800	0.01414	0.497	0.421	6.34	3,170	2.72
		80	0.200	1.500	1.069	0.01225	0.497	0.393	5.49	2,745	3.63
2	2.375	40	0.154	2.067	1.075	0.02330	0.622	0.541	10.45	5,225	3.65
		80	0.218	1.939	1.477	0.02050	0.622	0.508	9.20	4,600	5.02
$2\frac{1}{2}$	2.875	40	0.203	2.469	1.704	0.03322	0.753	0.647	14.92	7,460	5.79
		80	0.276	2.323	2.254	0.02942	0.753	0.608	13.20	6,600	7.66
3	3.500	40	0.216	3.068	2.228	0.05130	0.916	0.803	23.00	11,500	7.58
		80	0.300	2.900	3.016	0.04587	0.916	0.759	20.55	10,275	10.25
$3\frac{1}{2}$	4.000	40	0.226	3.548	2.680	0.06870	1.047	0.929	30.80	15,400	9.11
		80	0.318	3.364	3.678	0.06170	1.047	0.881	27.70	13,850	12.51
4	4.500	40	0.237	4.026	3.17	0.08840	1.178	1.054	39.6	19,800	10.79
		80	0.337	3.826	4.41	0.07986	1.178	1.002	35.8	17,900	14.98
5	5.563	40	0.258	5.047	4.30	0.1390	1.456	1.321	62.3	31,150	14.62
		80	0.375	4.813	6.11	0.1263	1.456	1.260	57.7	28,850	20.78
6	6.625	40	0.280	6.065	5.58	0.2006	1.734	1.588	90.0	45,000	18.97
		80	0.432	5.761	8.40	0.1810	1.734	1.508	81.1	40,550	28.57
8	8.625	40	0.322	7.981	8.396	0.3474	2.258	2.089	155.7	77,850	28.55
		80	0.500	7.625	12.76	0.3171	2.258	1.996	142.3	71,150	43.39
10	10.75	40	0.365	10.020	11.91	0.5475	2.814	2.620	246.0	123,000	40.48
		80	0.594	9.562	18.95	0.4987	2.814	2.503	223.4	111,700	64.40
12	12.75	40	0.406	11.938	15.74	0.7773	3.338	3.13	349.0	174,500	53.56
		80	0.688	11.374	26.07	0.7056	3.338	2.98	316.7	158,350	88.57

[†] 根據 ANSI B36.10-1959 經 ASME 許可。

附錄 4　冷凝器與熱交換器管的數據[†]

外徑, in.	壁厚 BWG no.	壁厚 in.	內徑, in.	金屬的截面積, in.²	內截面積, ft²	周圍 ft，或單位長度的表面積 ft²/ft 外邊	周圍 ft，或單位長度的表面積 ft²/ft 內邊	速度 ft/s，對於 1 U.S. gal/min	在 1 ft/s 速度下的流率 U.S. gal/min	在 1 ft/s 速度下的流率 水, lb/h	重量, lb/ft[‡]
5/8	12	0.109	0.407	0.177	0.000903	0.1636	0.1066	2.468	0.4053	202.7	0.602
	14	0.083	0.459	0.141	0.00115	0.1636	0.1202	1.938	0.5161	258.1	0.479
	16	0.065	0.495	0.114	0.00134	0.1636	0.1296	1.663	0.6014	300.7	0.388
	18	0.049	0.527	0.089	0.00151	0.1636	0.1380	1.476	0.6777	338.9	0.303
3/4	12	0.109	0.532	0.220	0.00154	0.1963	0.1393	1.447	0.6912	345.6	0.748
	14	0.083	0.584	0.174	0.00186	0.1963	0.1529	1.198	0.8348	417.4	0.592
	16	0.065	0.620	0.140	0.00210	0.1963	0.1623	1.061	0.9425	471.3	0.476
	18	0.049	0.652	0.108	0.00232	0.1963	0.1707	0.962	1.041	520.5	0.367
7/8	12	0.109	0.657	0.262	0.00235	0.2291	0.1720	0.948	1.055	527.5	0.891
	14	0.083	0.709	0.207	0.00274	0.2291	0.1856	0.813	1.230	615.0	0.704
	16	0.065	0.745	0.165	0.00303	0.2291	0.1950	0.735	1.350	680.0	0.561
	18	0.049	0.777	0.127	0.00329	0.2291	0.2034	0.678	1.477	738.5	0.432
1	10	0.134	0.732	0.364	0.00292	0.2618	0.1916	0.763	1.310	655.0	1.237
	12	0.109	0.782	0.305	0.00334	0.2618	0.2047	0.667	1.499	750.0	1.037
	14	0.083	0.834	0.239	0.00379	0.2618	0.2183	0.588	1.701	850.5	0.813
	16	0.065	0.870	0.191	0.00413	0.2618	0.2278	0.538	1.854	927.0	0.649
1 1/4	10	0.134	0.982	0.470	0.00526	0.3272	0.2571	0.424	2.361	1,181	1.598
	12	0.109	1.032	0.391	0.00581	0.3272	0.2702	0.384	2.608	1,304	1.329
	14	0.083	1.084	0.304	0.00641	0.3272	0.2838	0.348	2.877	1,439	1.033
	16	0.065	1.120	0.242	0.00684	0.3272	0.2932	0.326	3.070	1,535	0.823
1 1/2	10	0.134	1.232	0.575	0.00828	0.3927	0.3225	0.269	3.716	1,858	1.955
	12	0.109	1.282	0.476	0.00896	0.3927	0.3356	0.249	4.021	2,011	1.618
	14	0.083	1.334	0.370	0.00971	0.3927	0.3492	0.229	4.358	2,176	1.258
2	10	0.134	1.732	0.7855	0.0164	0.5236	0.4534	0.136	7.360	3,680	2.68
	12	0.109	1.782	0.6475	0.0173	0.5236	0.4665	0.129	7.764	3,882	2.22

[†] 摘自 J. H. Perry (ed.), *Chemical Engineers' Handbook*, 5th ed., p.**11**-12. Copyright © 1973, McGraw-Hill Book Company, New York.
[‡] 對於鋼及銅，需乘以 1.14；對於黃銅，則乘以 1.06。

附錄 5　泰勒標準篩制

這些篩網刻度尺的底部開孔為 0.0029 in.，該開孔是由國家標準局採用的 200 篩孔 0.0021 in. 絲網的開孔，此為標準篩。

篩孔	精確開孔，in.	精確開孔，mm	近似開孔，in.	網線直徑，in.
	1.050	26.67	1	0.148
†	0.883	22.43	$\frac{7}{8}$	0.135
	0.742	18.85	$\frac{3}{4}$	0.135
†	0.624	15.85	$\frac{5}{8}$	0.120
	0.525	13.33	$\frac{1}{2}$	0.105
†	0.441	11.20	$\frac{7}{16}$	0.105
	0.371	9.423	$\frac{3}{8}$	0.092
$2\frac{1}{2}$†	0.312	7.925	$\frac{5}{16}$	0.088
3	0.263	6.680	$\frac{1}{4}$	0.070
$3\frac{1}{2}$†	0.221	5.613	$\frac{7}{32}$	0.065
4	0.185	4.699	$\frac{3}{16}$	0.065
5†	0.156	3.962	$\frac{5}{32}$	0.044
6	0.131	3.327	$\frac{1}{8}$	0.036
7†	0.110	2.794	$\frac{7}{64}$	0.0328
8	0.093	2.362	$\frac{3}{32}$	0.032
9†	0.078	1.981	$\frac{5}{64}$	0.033
10	0.065	1.651	$\frac{1}{16}$	0.035
12†	0.055	1.397		0.028
14	0.046	1.168	$\frac{3}{64}$	0.025
16†	0.0390	0.991		0.0235
20	0.0328	0.833	$\frac{1}{32}$	0.0172
24†	0.0276	0.701		0.0141
28	0.0232	0.589		0.0125
32†	0.0195	0.495		0.0118
35	0.0164	0.417	$\frac{1}{64}$〈無〉	0.0122
42†	0.0138	0.351		0.0100
48	0.0116	0.295		0.0092
60†	0.0097	0.246		0.0070
65	0.0082	0.208		0.0072
80†	0.0069	0.175		0.0056
100	0.0058	0.147		0.0042
115†	0.0049	0.124		0.0038
150	0.0041	0.104		0.0026
170†	0.0035	0.088		0.0024
200	0.0029	0.074		0.0021
270	0.0021	0.053		
325	0.0017	0.044		

† 為了更緊密的尺寸，這些篩網係插入通常被認為是標準系列的尺寸之間。包括這些篩網，在兩個連續篩網中的開孔直徑比為 1：$\sqrt[4]{2}$ 而不是 1：$\sqrt{2}$。

附錄 6　液態水的性質

溫度 T, °F	黏度[†] μ, cP	導熱係數[‡] k, Btu/ft·h·°F	密度[§] ρ, lb/ft³	$\psi_f = \left(\dfrac{k^3 \rho^2 g}{2}\right)^{1/3}$
32	1.794	0.320	62.42	1,410
40	1.546	0.326	62.43	1,590
50	1.310	0.333	62.42	1,810
60	1.129	0.340	62.37	2,050
70	0.982	0.346	62.30	2,290
80	0.862	0.352	62.22	2,530
90	0.764	0.358	62.11	2,780
100	0.682	0.362	62.00	3,020
120	0.559	0.371	61.71	3,530
140	0.470	0.378	61.38	4,030
160	0.401	0.384	61.00	4,530
180	0.347	0.388	60.58	5,020
200	0.305	0.392	60.13	5,500
220	0.270	0.394	59.63	5,960
240	0.242	0.396	59.10	6,420
260	0.218	0.396	58.53	6,830
280	0.199	0.396	57.94	7,210
300	0.185	0.396	57.31	7,510

[†]　摘自 *International Critical Tables*, vol. 5, McGraw-Hill Book Company, New York, 1929.
[‡]　摘自 E. Schmidt and W. Sellschopp, *Forsch. Geb. Ingenieurw.*, **3:**277 (1932).
[§]　由 J. H. Keenan and F. G. Keyes, *Thermodynamic Properties of Steam*, John Wiley & Sons., Inc., New York, 1937 計算而得。

附錄 7　飽和水蒸氣和水的性質 [†]

溫度 T, °F	蒸氣壓 p_A, $lb_f/in.^2$	比容，ft^3/lb 液體，v_x	比容，ft^3/lb 飽和蒸氣，v_y	焓，Btu/lb 液體，H_x	焓，Btu/lb 蒸發，λ	焓，Btu/lb 飽和蒸氣，H_y
32	0.08859	0.016022	3,305	0	1,075.4	1,075.4
35	0.09992	0.016021	2,948	3.00	1,073.7	1,076.7
40	0.12166	0.016020	2,445	8.02	1,070.9	1,078.9
45	0.14748	0.016021	2,037	13.04	1,068.1	1,081.1
50	0.17803	0.016024	1,704.2	18.06	1,065.2	1,083.3
55	0.2140	0.016029	1,431.4	23.07	1,062.4	1,085.5
60	0.2563	0.016035	1,206.9	28.08	1,059.6	1,087.7
65	0.3057	0.016042	1,021.5	33.09	1,056.8	1,089.9
70	0.3632	0.016051	867.7	38.09	1,054.0	1,092.0
75	0.4300	0.016061	739.7	43.09	1,051.1	1,094.2
80	0.5073	0.016073	632.8	48.09	1,048.3	1,096.4
85	0.5964	0.016085	543.1	53.08	1,045.5	1,098.6
90	0.6988	0.016099	467.7	58.07	1,042.7	1,100.7
95	0.8162	0.016114	404.0	63.06	1,039.8	1,102.9
100	0.9503	0.016130	350.0	68.05	1,037.0	1,105.0
110	1.2763	0.016166	265.1	78.02	1,031.4	1,109.3
120	1.6945	0.016205	203.0	88.00	1,025.5	1,113.5
130	2.225	0.016247	157.17	97.98	1,019.8	1,117.8
140	2.892	0.016293	122.88	107.96	1,014.0	1,121.9
150	3.722	0.016343	96.99	117.96	1,008.1	1,126.1
160	4.745	0.016395	77.23	127.96	1,002.2	1,130.1
170	5.996	0.016450	62.02	137.97	996.2	1,134.2
180	7.515	0.016509	50.20	147.99	990.2	1,138.2
190	9.343	0.016570	40.95	158.03	984.1	1,142.1
200	11.529	0.016634	33.63	168.07	977.9	1,145.9
210	14.125	0.016702	27.82	178.14	971.6	1,149.7
212	14.698	0.016716	26.80	180.16	970.3	1,150.5
220	17.188	0.016772	23.15	188.22	965.3	1,153.5
230	20.78	0.016845	19.386	198.32	958.8	1,157.1
240	24.97	0.016922	16.327	208.44	952.3	1,160.7
250	29.82	0.017001	13.826	218.59	945.6	1,164.2
260	35.42	0.017084	11.768	228.76	938.8	1,167.6
270	41.85	0.017170	10.066	238.95	932.0	1,170.9
280	49.18	0.017259	8.650	249.18	924.9	1,174.1
290	57.53	0.017352	7.467	259.44	917.8	1,177.2
300	66.98	0.017448	6.472	269.73	910.4	1,180.2
310	77.64	0.017548	5.632	280.06	903.0	1,183.0
320	89.60	0.017652	4.919	290.43	895.3	1,185.8
340	117.93	0.017872	3.792	311.30	879.5	1,190.8
350	134.53	0.017988	3.346	321.80	871.3	1,193.1
360	152.92	0.018108	2.961	332.35	862.9	1,195.2
370	173.23	0.018233	2.628	342.96	854.2	1,197.2
380	195.60	0.018363	2.339	353.62	845.4	1,199.0
390	220.2	0.018498	2.087	364.34	836.2	1,200.6
400	247.1	0.018638	1.8661	375.12	826.8	1,202.0
410	276.5	0.018784	1.6726	385.97	817.2	1,203.1
420	308.5	0.018936	1.5024	396.89	807.2	1,204.1
430	343.3	0.019094	1.3521	407.89	796.9	1,204.8
440	381.2	0.019260	1.2192	418.98	786.3	1,205.3
450	422.1	0.019433	1.1011	430.2	775.4	1,205.6

[†] 摘自 *Steam Tables*, by Joseph H. Keenan, Frederick G. Keyes, Philip G. Hill, and Joan G. Moore, John Wiley & Sons, New York, 1969, 經出版商許可。

附錄 8　氣體的黏度 [†]

號碼	氣體	X	Y	號碼	氣體	X	Y
1	醋酸 (Acetic acid)	7.7	14.3	29	Freon-113	11.3	14.0
2	丙酮 (Acetone)	8.9	13.0	30	氦 (Helium)	10.9	20.5
3	乙炔 (Acetylene)	9.8	14.9	31	己烷 (Hexane)	8.6	11.8
4	空氣 (Air)	11.0	20.0	32	氫 (Hydrogen)	11.2	12.4
5	氨 (Ammonia)	8.4	16.0	33	$3H_2 + N_2$	11.2	17.2
6	氬 (Argon)	10.5	22.4	34	溴化氫 (Hydrogen bromide)	8.8	20.9
7	苯 (Benzene)	8.5	13.2	35	氯化氫 (Hydrogen chloride)	8.8	18.7
8	溴 (Bromine)	8.9	19.2	36	氰化氫 (Hydrogen cyanide)	9.8	14.9
9	丁烯 (Butene)	9.2	13.7	37	碘化氫 (Hydrogen iodide)	9.0	21.3
10	1-丁烯或 2-丁烯 (Butylene)	8.9	13.0	38	硫化氫 (Hydrogen sulfide)	8.6	18.0
11	二氧化碳 (Carbon dioxide)	9.5	18.7	39	碘 (Iodine)	9.0	18.4
12	二硫化碳 (Carbon disulfide)	8.0	16.0	40	汞 (Mercury)	5.3	22.9
13	一氧化碳 (Carbon monoxide)	11.0	20.0	41	甲烷 (Methane)	9.9	15.5
14	氯 (Chlorine)	9.0	18.4	42	甲醇 (Methyl alcohol)	8.5	15.6
15	氯仿 (Chloroform)	8.9	15.7	43	氧化氮 (Nitric oxide)	10.9	20.5
16	氰 (Cyanogen)	9.2	15.2	44	氮 (Nitrogen)	10.6	20.0
17	環己烷 (Cyclohexane)	9.2	12.0	45	亞硝醯氮 (Nitrosyl chloride)	8.0	17.6
18	乙烷 (Ethane)	9.1	14.5	46	一氧化二氮 (Nitrous oxide)	8.8	19.0
19	乙酸乙酯 (Ethyl acetate)	8.5	13.2	47	氧 (Oxygen)	11.0	21.3
20	乙醇 (Ethyl alcohol)	9.2	14.2	48	戊烷 (Pentane)	7.0	12.8
21	氯乙烷 (Ethyl chloride)	8.5	15.6	49	丙烷 (Propane)	9.7	12.9
22	乙醚 (Ethyl ether)	8.9	13.0	50	丙醇 (Propyl alcohol)	8.4	13.4
23	乙烯 (Ethylene)	9.5	15.1	51	丙烯 (Propylene)	9.0	13.8
24	氟 (Fluorine)	7.3	23.8	52	二氧化硫 (Sulfur dioxide)	9.6	17.0
25	Freon-11	10.6	15.1	53	甲苯 (Toluene)	8.6	12.4
26	Freon-12	11.1	16.0	54	2,3,3,-三甲基丁烷 (2,3,3-Trimethylbutane)	9.5	10.5
27	Freon-21	10.8	15.3	55	水 (Water)	8.0	16.0
28	Freon-22	10.1	17.0	56	氙 (Xenon)	9.3	23.0

用於下一頁圖形的座標

[†] 摘自 J. H. Perry (ed.), *Chemical Engineers' Handbook*, 5th ed., pp.**3**-210 and 3-211. Copyright © 1973, McGraw-Hill Book Company, New York.

單元操作

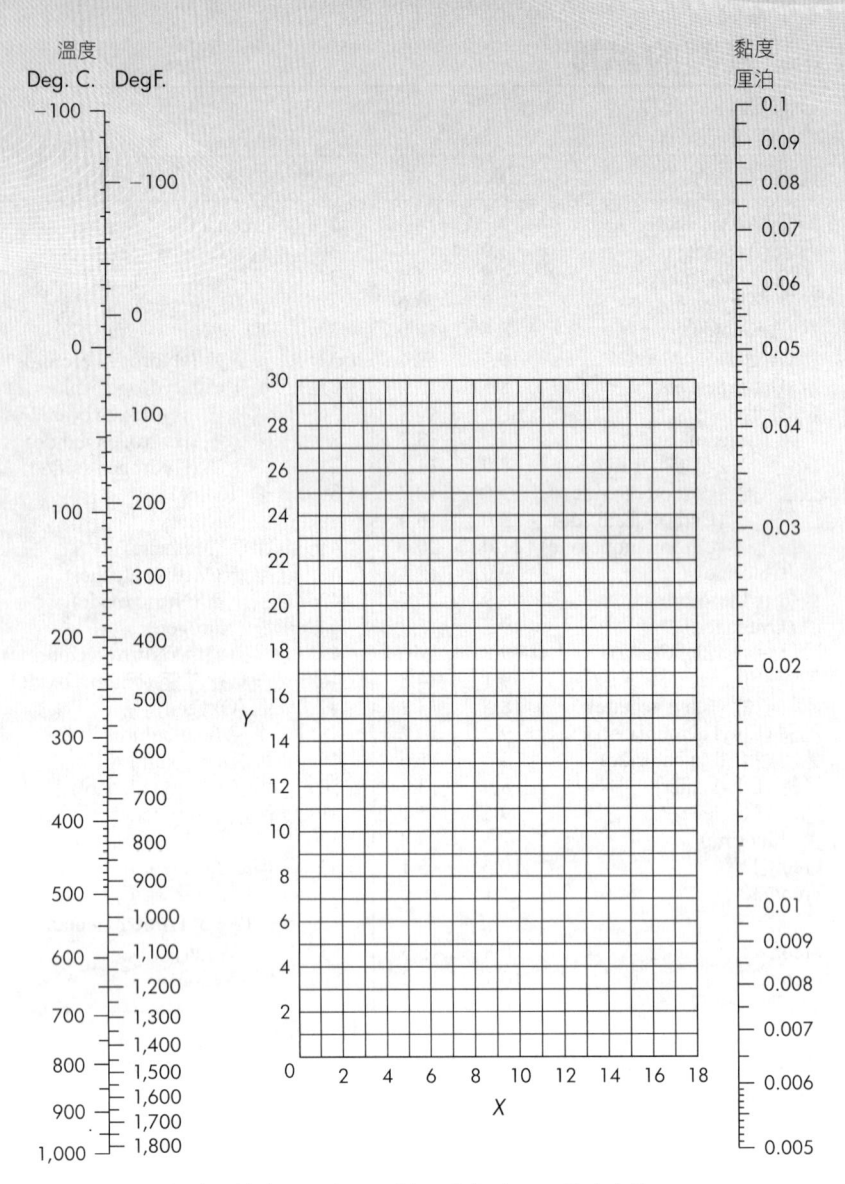

572　流力與熱傳分析

在 1 atm 下，氣體和蒸汽的黏度；座標，請參閱上一頁的表格。

附錄 9　液體的黏度

號碼	液體	X	Y	號碼	液體	X	Y
1	乙醛 (Acetaldehyde)	15.2	4.8	32	氯乙烷 (Ethyl chloride)	14.8	6.0
2	醋酸，100% (Acetic acid, 100%)	12.1	14.2	33	乙醚 (Ethyl ether)	14.5	5.3
3	醋酸酐 (Acetic anhydride)	12.7	12.8	34	甲酸乙酯 (Ethyl formate)	14.2	8.4
4	丙酮 (Acetone, 100%)	14.5	7.2	35	碘乙烷 (Ethyl iodide)	14.7	10.3
5	氨，100% (Ammonia, 100%)	12.6	2.0	36	乙二醇 (Ethylene glycol)	6.0	23.6
6	氨，26% (Ammonia, 26%)	10.1	13.9	37	甲酸 (Formic acid)	10.7	15.8
7	乙酸戊酯 (Amyl acetate)	11.8	12.5	38	Freon-12	16.8	5.6
8	戊醇 (Amyl alcohol)	7.5	18.4	39	甘油，100% (Glycerol, 100%)	2.0	30.0
9	苯胺 (Aniline)	8.1	18.7	40	甘油，50% (Glycerol, 50%)	6.9	19.6
10	苯甲醚 (Anisole)	12.3	13.5	41	庚烷 (Heptane)	14.1	8.4
11	苯 (Benzene)	12.5	10.9	42	己烷 (Hexane)	14.7	7.0
12	二苯 (Biphenyl)	12.0	18.3	43	氫氯酸，31.5% (Hydrochloric acid, 31.5%)	13.0	16.6
13	鹽 (Brine)，$CaCl_2$, 25%	6.6	15.9	44	異丁醇 (Isobutyl alcohol)	7.1	18.0
14	鹽 (Brine)，NaCl, 25%	10.2	16.6	45	異丙醇 (Isopropyl alcohol)	8.2	16.0
15	溴 (Bromine)	14.2	13.2	46	煤油 (Kerosene)	10.2	16.9
16	乙酸丁酯 (Butyl acetate)	12.3	11.0	47	亞麻仁油，生的 (Linseed oil, raw)	7.5	27.2
17	丁醇 (Butyl alcohol)	8.6	17.2	48	汞 (Mercury)	18.4	16.4
18	二氧化碳 (Carbon dioxide)	11.6	0.3	49	甲醇，100% (Methanol, 100%)	12.4	10.5
19	二硫化碳 (Carbon disulfide)	16.1	7.5	50	乙酸甲酯 (Methyl acetate)	14.2	8.2
20	四氯化碳 (Carbon tetrachloride)	12.7	13.1	51	氯甲烷 (Methyl chloride)	15.0	3.8
21	氯苯 (Chlorobenzene)	12.3	12.4	52	丁酮 (Methyl ethyl ketone)	13.9	8.6
22	氯仿 (Chloroform)	14.4	10.2	53	萘 (Napthalene)	7.9	18.1
23	間甲酚 (m-Cresol)	2.5	20.8	54	硝酸，95% (Nitric acid, 95%)	12.8	13.8
24	環己醇 (Cyclohexanol)	2.9	24.3	55	硝酸，60% (Nitric acid, 60%)	10.8	17.0
25	1,2-二氨乙烷 (Dichloroethane)	13.2	12.2	56	硝基苯 (Nitrobenzene)	10.6	16.2
26	二氯甲烷 (Dichloromethane)	14.6	8.9	57	硝基甲苯 (Nitrotoluene)	11.0	17.0
27	乙酸乙酯 (Ethyl acetate)	13.7	9.1	58	辛烷 (Octane)	13.7	10.0
28	乙醇，100% (Ethyl alcohol, 100%)	10.5	13.8	59	辛醇 (Octyl alcohol)	6.6	21.1
29	乙醇，95% (Ethyl alcohol, 95%)	9.8	14.3	60	戊烷 (Pentane)	14.9	5.2
30	乙醇，40% (Ethyl alcohol, 40%)	6.5	16.6	61	酚 (Phenol)	6.9	20.8
31	乙苯 (Ethyl benzene)	13.2	11.5	62	鈉 (Sodium)	16.4	13.9

(續下頁)

號碼	液體	X	Y	號碼	液體	X	Y
63	氫氧化鈉，50% (Sodium hydroxide, 50%)	3.2	25.8	70	甲苯 (Toluene)	13.7	10.4
64	二氧化硫 (Sulfur dioxide)	15.2	7.1	71	三氯乙烷 (Trichloroethylene)	14.8	10.5
65	硫酸，98% (Sulfuric acid, 98%)	7.0	24.8	72	乙酸乙烯酯 (Vinyl acetate)	14.0	8.8
66	硫酸，60% (Sulfuric acid, 60%)	10.2	21.3	73	水 (Water)	10.2	13.0
67	四氯乙烷 (Tetrachloroethane)	11.9	15.7	74	鄰二甲苯 (o-Xylene)	13.5	12.1
68	四氯乙烯 (Tetrachloroethylene)	14.2	12.7	75	間二甲苯 (m-Xylene)	13.9	10.6
69	四氯化鈦 (Titanium tetrachloride)	14.4	12.3	76	對二甲苯 (p-Xylene)	13.9	10.9

用於下一頁圖形的座標

† 摘自 J. H. Perry (ed.), *Chemical Engineers' Handbook*, 5th ed., **3**-212 and **3**-213. Copyright © 1973, McGraw-Hill Book Company, New York.

溫度
Deg. C.　Deg. F.

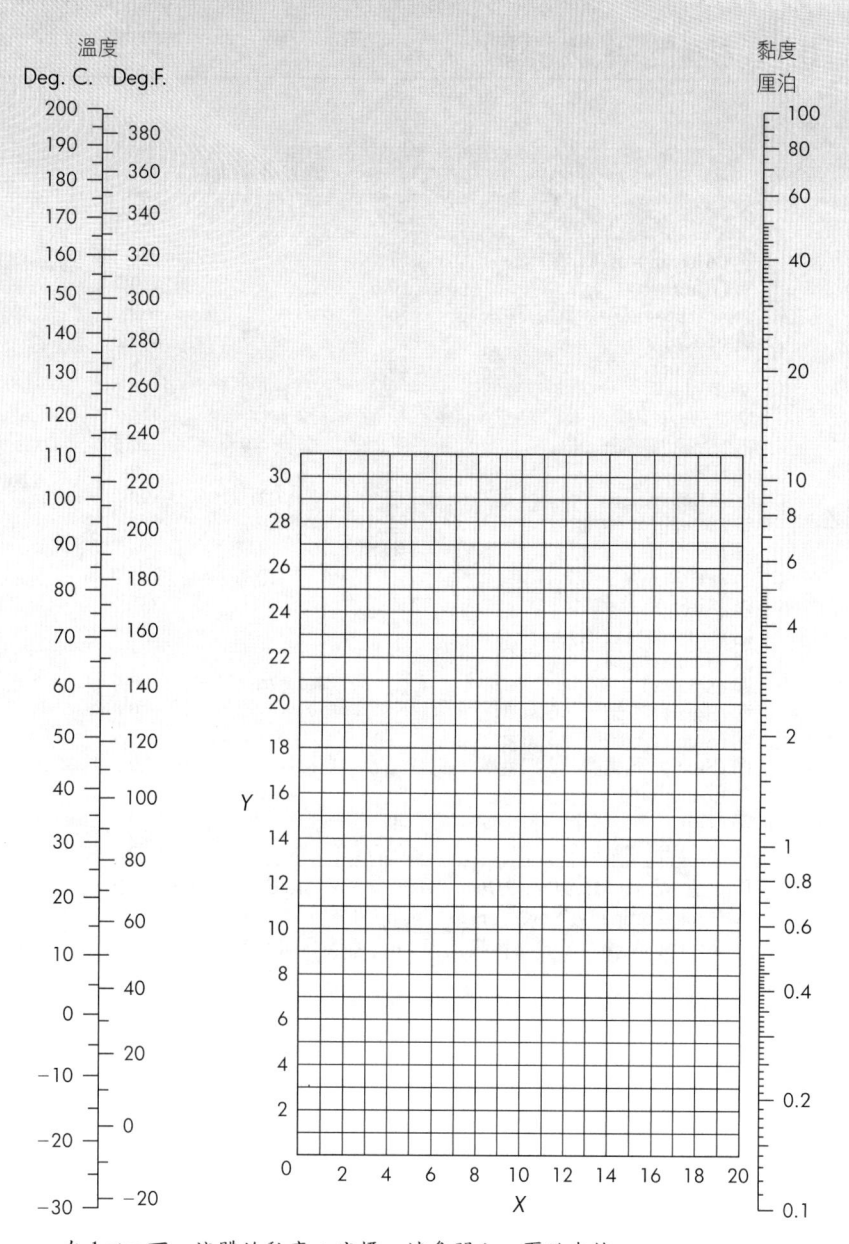

黏度
厘泊

在 1 atm 下，液體的黏度；座標，請參閱上一頁的表格。

附錄 10　金屬的導熱係數

金屬	導熱係數 k‡ 32°F	64°F	212°F
鋁 (Aluminum)	117		119
銻 (Antimony)	10.6		9.7
黃銅 (Brass) (70% 銅，30% 鋅)	56		60
鎘 (Cadmium)		53.7	52.2
銅 (Copper) (純)	224		218
金 (Gold)		169.0	170.0
鐵 (Iron) (鑄鐵)	32		30
鐵 (Iron) (鍛鐵)		34.9	34.6
鉛 (Lead)	20		19
鎂 (Magnesium)	92	92	92
汞 (Mercury) (液體)	4.8		
鎳 (Nickel)	36		34
鉑 (Platinum)		40.2	41.9
銀 (Silver)	242		238
鈉 (Sodium) (液體)			49
鋼 (Steel) (軟鋼)			26
鋼 (Steel) (1% 碳)		26.2	25.9
鋼 (Steel) (不銹鋼，304 型)			9.4
鋼 (Steel) (不銹鋼，316 型)			9.4
鋼 (Steel) (不銹鋼，347 型)			9.3
鈦 (Tantalum)		32	
錫 (Tin)	36		34
鋅 (Zinc)	65		64

† 摘自 W. H. McAdams, *Heat Transmission*, 3rd ed., McGraw-Hill Book Company, New York, 1954, pp. 445-447.

‡ k = Btu/ft · h · °F。欲轉換成 W/m · °C，需乘以 1.73073。

附錄 11　各種固體與絕熱材料的導熱係數[†]

物質	視密度 ρ, lb/ft³	溫度 T, °C	導熱係數 k, Btu/h·ft²·(°F/ft)
石綿 (Asbestos)	29	−200	0.043
	36	0	0.087
	36	400	0.129
磚形物 (Bricks)			
鋁 (Alumina)	—	1,315	2.7
建築用 (Building brickwork)	—	20	0.4
碳 (Carbon)	96.7	—	3.0
耐火土 (Missouri)	—	200	0.58
	—	1,000	0.95
	—	1,400	1.02
高嶺絕熱耐火磚	19	200	0.050
	19	760	0.113
碳化矽，再結晶	129	600	10.7
	129	1,000	8.0
	129	1,400	6.3
卡紙板，瓦楞紙	—	—	0.37
混凝土 (Concrete)			
煤渣 (Clinker)	—	—	0.20
石塊 (Stone)	—	—	0.54
1：4 乾燥 (1:4 dry)	—	—	0.44
軟木，地板 (Cork, ground)	9.4	30	0.025
玻璃 (Glass)			
硼矽 (Borosilicate)	139	30-75	0.63
窗 (Window)	—	—	0.3-0.61
花崗石	—	—	1.0-2.3
冰	57.5	0	1.3
絕熱材料			
玻璃纖維棉[‡]	6	20	0.019
	6	150	0.027
	6	200	0.035
	9	20	0.018
	9	150	0.023
木絲棉	0.88	20	0.020
聚苯乙烯泡沫[§]	1	20	0.023
	2-5	20	0.020
聚氨脂泡沫[§]	1.3-3.0	—	0.014
(以碳氟氣體製造)	4-8	—	0.018
聚氨脂泡沫[§]	1.3-3.0	—	0.018
(以 CO_2 製造)			
牆板	14.8	21	0.028
氧化鎂，粉末	49.7	47	0.35
紙張	—	—	0.75
瓷	—	200	0.88
軟質橡膠	—	21	0.075-0.092
雪	34.7	0	0.27

(續下頁)

物質	視密度 ρ, lb/ft^3	溫度 T, °C	導熱係數 k, Btu/h·ft^2·(°F/ft)
木材（橫斷紋路）			
橡樹	51.5	15	0.12
楓樹	44.7	50	0.11
白松木	34.0	15	0.087
木材（平行紋路）			
松木	34.4	21	0.20

[†] 摘自 J. H. Perry (ed.), *Chemical Engineers' Handbook*, 6th ed., McGraw-Hill, New York, p.**3**-260, 除非另有說明。

[‡] 摘自 *Heat Transfer and Fluid Data Book*, vol. 1, Genium Publishing Corp., Schenectady, NY, 1984, sect. 515.24, p. 1.

[§] 摘自 *Modern Plastics Encyclopedia*, vol. 65, no. 11, McGraw-Hill Book Co., New York, 1988, p. 657.

附錄 12　氣體和蒸汽的導熱係數 [†]

物質	導熱係數 k [‡] 32°F	212°F
丙酮 (Acetone)	0.0057	0.0099
乙炔 (Acetylene)	0.0108	0.0172
空氣 (Air)	0.0140	0.0184
氨 (Ammonia)	0.0126	0.0192
苯 (Benzene)		0.0103
二氧化碳 (Carbon dioxide)	0.0084	0.0128
一氧化碳 (Carbon monoxide)	0.0134	0.0176
四氯化碳 (Carbon tetrachloride)		0.0052
氯 (Chlorine)	0.0043	
乙烷 (Ethane)	0.0106	0.0175
乙醇 (Ethyl alcohol)		0.0124
乙醚 (Ethyl ether)	0.0077	0.0131
乙烯 (Ethylene)	0.0101	0.0161
氦 (Helium)	0.0818	0.0988
氫 (Hydrogen)	0.0966	0.1240
甲烷 (Methane)	0.0176	0.0255
甲醇 (Methyl alcohol)	0.0083	0.0128
氮 (Nitrogen)	0.0139	0.0181
一氧化二氮 (Nitrous oxide)	0.0088	0.0138
氧 (Oxygen)	0.0142	0.0188
丙烷 (Propane)	0.0087	0.0151
二氧化硫 (Sulfur dioxide)	0.0050	0.0069
水蒸氣 (Water vapor) (在 1 atm 絕對壓力)		0.0136

[†] 摘自 W. H. McAdams, *Heat Transmission*, 3rd ed., McGraw-Hill Book Company, New York, 1954, pp. 457-458.

[‡] $k = $ Btu/ft · h · °F。欲轉換成 W/m · °C，需乘以 1.73073。

附錄 13　水以外液體的導熱係數

液體	溫度，°F	$k^{\ddagger}$
醋酸 (Acetic acid)	68	0.099
丙酮 (Acetone)	86	0.102
氨 [(Ammonia) (無水)]	5–86	0.29
苯胺 (Aniline)	32–68	0.100
苯 (Benzene)	86	0.092
正丁醇 (n-Butyl alcohol)	86	0.097
二硫化碳 (Carbon bisulfide)	86	0.093
四氯化碳 (Carbon tetrachloride)	32	0.107
氯苯 (Chlorobenzene)	50	0.083
乙酸乙酯 (Ethyl acetate)	68	0.101
乙醇 (絕對的) [Ethyl alcohol (absolute)]	68	0.105
乙醚 (Ethyl ether)	86	0.080
乙二醇 (Ethylene glycol)	32	0.153
汽油 (Gasoline)	86	0.078
甘油 (Glycerine)	68	0.164
正庚烷 (n-Heptane)	86	0.081
煤油 (Kerosene)	68	0.086
甲醇 (Methyl alcohol)	68	0.124
硝基苯 (Nitrobenzene)	86	0.095
正辛烷 (n-Octane)	86	0.083
二氧化硫 (Sulfur dioxide)	5	0.128
硫酸 (Sulfuric acid) (90%)	86	0.21
甲苯 (Toluene)	86	0.086
三氯乙烷 (Trichloroethylene)	122	0.080
間二甲苯 (o-Xylene)	68	0.090

[†] 摘自 W. H. McAdams, *Heat Transmission*, 3rd ed., McGraw-Hill Book Company, New York, 1954, pp. 455-456.

[‡] $k = $ Btu/ft·h·°F。欲轉換成 W/m·°C，需乘以 1.73073。

附錄 14　氣體的比熱[†]

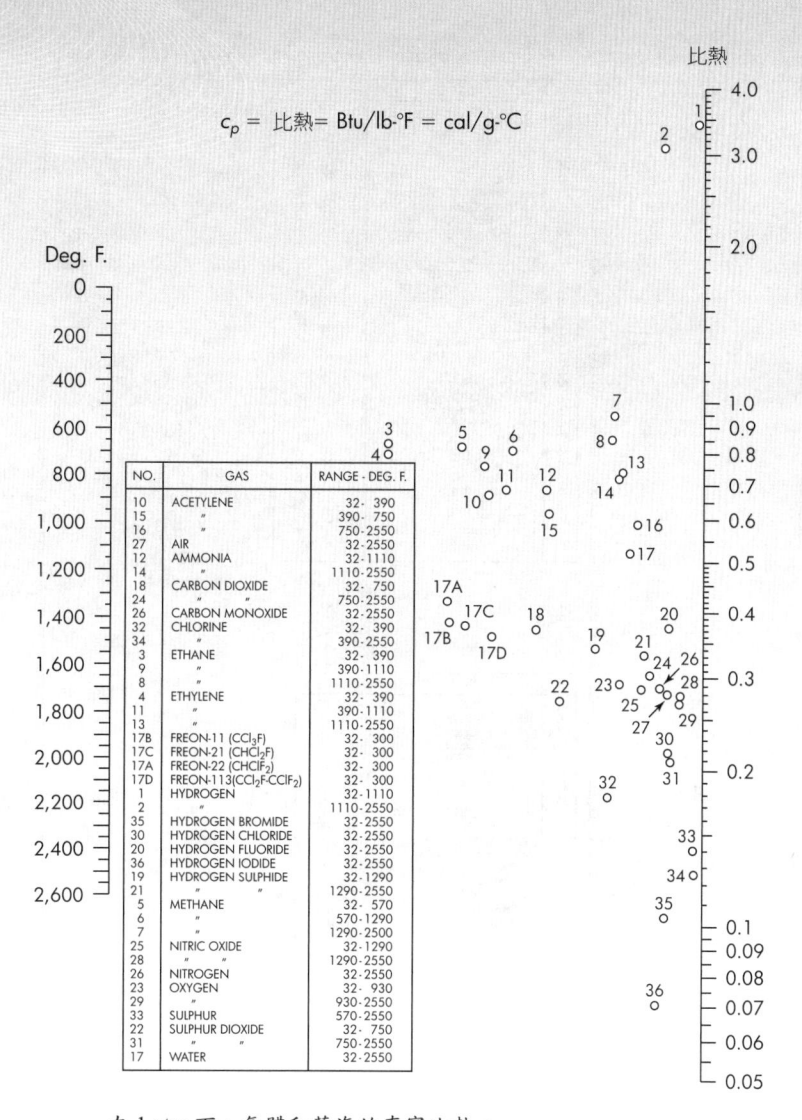

c_p = 比熱 = Btu/lb-°F = cal/g-°C

NO.	GAS	RANGE - DEG. F.
10	ACETYLENE	32- 390
15	"	390- 750
16	"	750-2550
27	AIR	32-2550
12	AMMONIA	32-1110
14	"	1110-2550
18	CARBON DIOXIDE	32- 750
24	"	750-2550
26	CARBON MONOXIDE	32-2550
32	CHLORINE	32- 390
34	"	390-2550
3	ETHANE	32- 390
9	"	390-1110
8	"	1110-2550
4	ETHYLENE	32- 390
11	"	390-1110
13	"	1110-2550
17B	FREON-11 (CCl_3F)	32- 300
17C	FREON-21 ($CHCl_2F$)	32- 300
17A	FREON-22 ($CHClF_2$)	32- 300
17D	FREON-113 (CCl_2F-$CClF_2$)	32- 300
1	HYDROGEN	32-1110
2	"	1110-2550
35	HYDROGEN BROMIDE	32-2550
30	HYDROGEN CHLORIDE	32-2550
20	HYDROGEN FLUORIDE	32-2550
36	HYDROGEN IODIDE	32-2550
19	HYDROGEN SULPHIDE	32-1290
21	"	1290-2550
5	METHANE	32- 570
6	"	570-1290
7	"	1290-2500
25	NITRIC OXIDE	32-1290
28	"	1290-2550
26	NITROGEN	32-2550
23	OXYGEN	32- 930
29	"	930-2550
33	SULPHUR	570-2550
22	SULPHUR DIOXIDE	32- 750
31	"	750-2550
17	WATER	32-2550

在 1 atm 下，氣體和蒸汽的真實比熱 c_p

[†] 經 *T. H. Chilton* 許可。

附錄 15　液體的比熱[†]

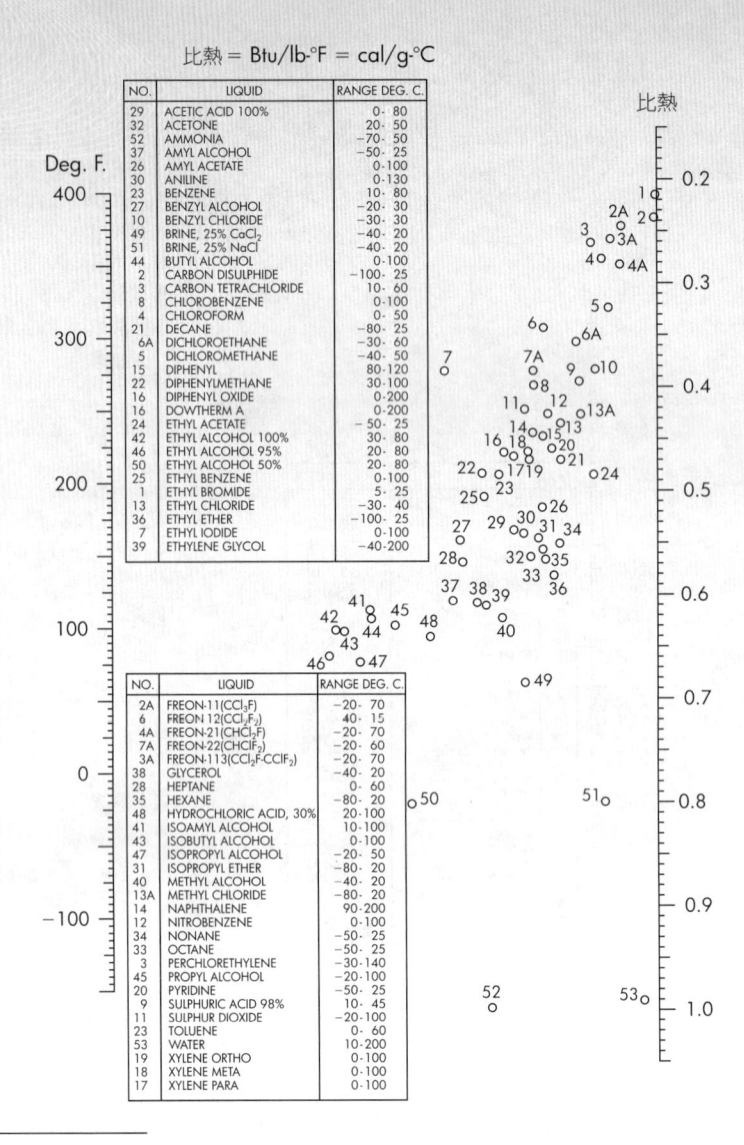

比熱 = Btu/lb-°F = cal/g-°C

NO.	LIQUID	RANGE DEG. C.
29	ACETIC ACID 100%	0- 80
32	ACETONE	20- 50
52	AMMONIA	−70- 50
37	AMYL ALCOHOL	−50- 25
26	AMYL ACETATE	0-100
30	ANILINE	0-130
23	BENZENE	10- 80
27	BENZYL ALCOHOL	−20- 30
10	BENZYL CHLORIDE	−30- 30
49	BRINE, 25% $CaCl_2$	−40- 20
51	BRINE, 25% NaCl	−40- 20
44	BUTYL ALCOHOL	0-100
2	CARBON DISULPHIDE	−100- 25
3	CARBON TETRACHLORIDE	10- 60
8	CHLOROBENZENE	0-100
4	CHLOROFORM	0- 50
21	DECANE	−80- 25
6A	DICHLOROETHANE	−30- 60
5	DICHLOROMETHANE	−40- 50
15	DIPHENYL	80-120
22	DIPHENYLMETHANE	30-100
16	DIPHENYL OXIDE	0-200
16	DOWTHERM A	0-200
24	ETHYL ACETATE	−50- 25
42	ETHYL ALCOHOL 100%	30- 80
46	ETHYL ALCOHOL 95%	20- 80
50	ETHYL ALCOHOL 50%	20- 80
25	ETHYL BENZENE	0-100
1	ETHYL BROMIDE	5- 25
13	ETHYL CHLORIDE	−30- 40
36	ETHYL ETHER	−100- 25
7	ETHYL IODIDE	0-100
39	ETHYLENE GLYCOL	−40-200

NO.	LIQUID	RANGE DEG. C.
2A	FREON-11(CCl_3F)	−20- 70
6	FREON 12(CCl_2F_2)	−40- 15
4A	FREON-21($CHCl_2F$)	−20- 70
7A	FREON-22($CHClF_2$)	−20- 60
3A	FREON-113(CCl_2F-$CClF_2$)	−20- 70
38	GLYCEROL	−40- 20
28	HEPTANE	0- 60
35	HEXANE	−80- 20
48	HYDROCHLORIC ACID, 30%	20-100
41	ISOAMYL ALCOHOL	10-100
43	ISOBUTYL ALCOHOL	0-100
47	ISOPROPYL ALCOHOL	−20- 50
31	ISOPROPYL ETHER	−80- 20
40	METHYL ALCOHOL	−40- 20
13A	METHYL CHLORIDE	−80- 20
14	NAPHTHALENE	90-200
12	NITROBENZENE	0-100
34	NONANE	−50- 25
33	OCTANE	−50- 25
3	PERCHLORETHYLENE	−30-140
45	PROPYL ALCOHOL	−20-100
20	PYRIDINE	−50- 25
9	SULPHURIC ACID 98%	10- 45
11	SULPHUR DIOXIDE	−20-100
23	TOLUENE	0- 60
53	WATER	10-200
19	XYLENE ORTHO	0-100
18	XYLENE META	0-100
17	XYLENE PARA	0-100

[†] 經 T. H. Chilton 許可。

附錄 16　在 1 atm 和 100°C 下，氣體的普蘭特 (Prandtl) 數[†]

氣體	$\mathrm{Pr} = \dfrac{c_p \mu}{k}$
空氣 (Air)	0.69
氨 (Ammonia)	0.86
氬 (Argon)	0.66
二氧化碳 (Carbon dioxide)	0.75
一氧化碳 (Carbon monoxide)	0.72
氦 (Helium)	0.71
氫 (Hydrogen)	0.69
甲烷 (Methane)	0.75
一氧化氮 (Nitric oxide)	0.72
氧化亞氮 (Nitrous oxide)	0.72
氮 (Nitrogen)	0.70
氧 (Oxygen)	0.70
水蒸氣 (Water vapor)	1.06

[†] 摘自 W. H. McAdams, *Heat Transmission*, 3rd ed., McGraw-Hill Book Company, New York, 1954, p. 471.

附錄 17　液體的普蘭特 (Prandtl) 數[†]

液體	$\mathrm{Pr} = \dfrac{c_p \mu}{k}$ 61°F	212°F
醋酸 (Acetic acid)	14.5	10.5
丙酮 (Acetone)	4.5	2.4
苯胺 (Aniline)	69	9.3
苯 (Benzene)	7.3	3.8
正丁醇 (*n*-Butyl alcohol)	43	11.5
四氯化碳 (Carbon tetrachloride)	7.5	4.2
氯苯 (Chlorobenzene)	9.3	7.0
乙酸乙酯 (Ethyl acetate)	6.8	5.6
乙醇 (Ethyl alcohol)	15.5	10.1
乙醚 (Ethyl ether)	4.0	2.3
乙二醇 (Ethylene glycol)	350	125
正庚烷 (*n*-Heptane)	6.0	4.2
甲醇 (Methyl alcohol)	7.2	3.4
硝基苯 (Nitrobenzene)	19.5	6.5
正辛烷 (*n*-Octane)	5.0	3.6
硫酸 (Sulfuric acid) (98%)	149	15.0
甲苯 (Toluene)	6.5	3.8
水 (Water)	7.7	1.5

[†] 摘自 W. H. McAdams, *Heat Transmission*, 3rd ed., McGraw-Hill Book Company, New York, 1954, p. 470.

附錄 18 在 0°C 和 1 大氣壓下，氣體在空氣中的擴散係數和史密特 (Schmidt) 數 [†]

氣體	體積擴散係數 D_v, ft²/h [¶]	$Sc = \dfrac{\mu}{\rho D_v}$ [‡]
醋酸 (Acetic acid)	0.413	1.24
丙酮 (Acetone)	0.32[§]	1.60
氨 (Ammonia)	0.836	0.61
苯 (Benzene)	0.299	1.71
正丁醇 (n-Butyl alcohol)	0.273	1.88
二氧化碳 (Carbon dioxide)	0.535	0.96
四氯化碳 (Carbon tetrachloride)	0.26[§]	1.97
氯 (Chlorine)	0.43[§]	1.19
氯苯 (Chlorobenzene)	0.24[§]	2.13
乙烷 (Ethane)	0.49[§]	1.04
乙酸乙酯 (Ethyl acetate)	0.278	1.84
乙醇 (Ethyl alcohol)	0.396	1.30
乙醚 (Ethyl ether)	0.302	1.70
氫 (Hydrogen)	2.37	0.22
甲烷 (Methane)	0.74[§]	0.69
甲醇 (Methyl alcohol)	0.515	1.00
萘 (Naphthalene)	0.199	2.57
氮 (Nitrogen)	0.70[§]	0.73
正辛烷 (n-Octane)	0.196	2.62
氧 (Oxygen)	0.690	0.74
光氣 (Phosgene)	0.31[§]	1.65
丙烷 (Propane)	0.36[§]	1.42
二氧化硫 (Sulfur dioxide)	0.44[§]	1.16
甲苯 (Toluene)	0.275	1.86
水蒸氣 (Water vapor)	0.853	0.60

[†] 經許可摘自 T. K. Sherwood and R. L. Pigford, *Absorption and Extraction*, 2nd ed., p. 20. Copyright 1952, McGraw-Hill Book Company, New York.

[‡] 對於純空氣，μ/ρ 的值為 0.512 ft²/h。

[§] 利用 (17.28) 式求得。

[¶] 將 ft²/h 轉換成 cm²/s，需乘以 0.2581。

附錄 19　碰撞積分與 Lennard-Jones 作用力常數[†]

碰撞積分 Ω_D

$\dfrac{kT}{\varepsilon_{12}}$	Ω_D	$\dfrac{kT}{\varepsilon_{12}}$	Ω_D	$\dfrac{kT}{\varepsilon_{12}}$	Ω_D
0.30	2.662	1.65	1.153	4.0	0.8836
0.35	2.476	1.70	1.140	4.1	0.8788
0.40	2.318	1.75	1.128	4.2	0.8740
0.45	2.184	1.80	1.116	4.3	0.8694
0.50	2.066	1.85	1.105	4.4	0.8652
0.55	1.966	1.90	1.094	4.5	0.8610
0.60	1.877	1.95	1.084	4.6	0.8568
0.65	1.798	2.00	1.075	4.7	0.8530
0.70	1.729	2.1	1.057	4.8	0.8492
0.75	1.667	2.2	1.041	4.9	0.8456
0.80	1.612	2.3	1.026	5.0	0.8422
0.85	1.562	2.4	1.012	6	0.8124
0.90	1.517	2.5	0.9996	7	0.7896
0.95	1.476	2.6	0.9878	8	0.7712
1.00	1.439	2.7	0.9770	9	0.7556
1.05	1.406	2.8	0.9672	10	0.7424
1.10	1.375	2.9	0.9576	20	0.6640
1.15	1.346	3.0	0.9490	30	0.6232
1.20	1.320	3.1	0.9406	40	0.5960
1.25	1.296	3.2	0.9328	50	0.5756
1.30	1.273	3.3	0.9256	60	0.5596
1.35	1.253	3.4	0.9186	70	0.5464
1.40	1.233	3.5	0.9120	80	0.5352
1.45	1.215	3.6	0.9058	90	0.5256
1.50	1.198	3.7	0.8998	100	0.5130
1.55	1.182	3.8	0.8942	200	0.4644
1.60	1.167	3.9	0.8888	400	0.4170

Lennard-Jones 作用力常數

化合物	ε/k (K)	σ (Å)
丙酮 (Acetone)	560.2	4.600
乙炔 (Acetylene)	231.8	4.033
空氣 (Air)	78.6	3.711
氨氣 (Ammonia)	558.3	2.900
氬氣 (Argon)	93.3	3.542
苯 (Benzene)	412.3	5.349
溴 (Bromine)	507.9	4.296
正丁烷 (n-butane)	310	5.339
異丁烷 (i-butane)	313	5.341
二氧化碳 (Carbon dioxide)	195.2	3.941
二硫化碳 (Carbon disulfide)	467	4.483
一氧化碳 (Carbon monoxide)	91.7	3.690
四氯化碳 (Carbon tetrachloride)	322.7	5.947
硫化羰 (Carbonyl sulfide)	336	4.130
氯氣 (Chlorine)	316	4.217
三氯甲烷 (Chloroform)	340.2	5.389
氰 (Cyanogen)	348.6	4.361
環己烷 (Cyclohexane)	297.1	6.182
環丙烷 (Cyclopropane)	248.9	4.807
乙烷 (Ethane)	215.7	4.443
乙醇 (Ethanol)	362.6	4.530
乙烯 (Ethylene)	224.7	4.163
氟氣 (Fluorine)	112.6	3.357
氦氣 (Helium)	10.22	2.551
正己烷 (n-Hexane)	339.3	5.949
氫氣 (Hydrogen)	59.7	2.827
氰化氫 (Hydrogen cyanide)	569.1	3.630
氯化氫 (Hydrogen chloride)	344.7	3.339
碘化氫 (Hydrogen iodide)	288.7	4.211
硫化氫 (Hydrogen sulfide)	301.1	3.623
碘 (Iodine)	474.2	5.160
氪氣 (Krypton)	178.9	3.655
甲烷 (Methane)	148.6	3.758
甲醇 (Methanol)	481.8	3.626
二氯甲烷 (Methylene chloride)	356.3	4.898
氯甲烷 (Methyl chloride)	350	4.182
汞 (水銀) (Mercury)	750	2.969
氖 (Neon)	32.8	2.820
氧化氮 (Nitric oxide)	116.7	3.492
氮氣 (Nitrogen)	71.4	3.798
一氧化二氮 (氧化亞氮) (Nitrous oxide)	232.4	3.828
氧氣 (Oxygen)	106.7	3.467
正戊烷 (n-Pentane)	341.1	5.784
丙烷 (Propane)	237.1	5.118
正丙醇 (n-Propyl alcohol)	576.7	4.549
丙烯 (Propylene)	298.9	4.678
二氧化硫 (Sulfur dioxide)	335.4	4.112
水 (Water)	809.1	2.641

† 資料來源：J. O. Hirschfelder, C. F. Curtiss, and R. B. Bird, *Molecular Theory of Gases and Liquids*, New York: Wiley, 1954.

索引
INDEX

25% 擋板　25 percent baffles　478
bar　9
Btu　British thermal unit　12
Burke-Plummer　180
coefficiem　246
Dittus-Boelter 方程式　390
Donohue 方程式　486
film type　424
Graetz 數　385
Grashof 數　411
Leidenfrost 點　437
Nusselt 方程式　425
Peclet 數　385
Sieder-Tate 方程式　391
Stefan-Boltzmann 定律　456

一劃
一維流動　one-dimensional flow　48

二劃
二維運動　two-dimensional motion　182

三劃
三角間距　triangular pitch　479

四劃
不可壓縮　incompressible　33
中間區　neutral zone　42
內部　inside　369
分離點　separation point　136
分類號碼　schedule number　212

切線速度為零的線　line of zero tangential velocity　136
反向進料　backward feed　548
反射率　reflectivity　453
巴斯卡　pascal, Pa　9
文氏係數　venturi
水力平滑　hydraulically smooth　122
水蒸餾　water distillation　525
牛頓　newton, N　7
牛頓定律　Newton's law　186

五劃
加熱有效性　heating effectiveness　484
卡　calorie, cal　10
可壓縮　compressible　33
史托克斯定律　Stokes' law　172
史托克斯定律　Stokes' law　173
史坦頓數　Stanton number　390
外部　outside　369
平行進料　parallel feed　548
平均自由徑　mean free path　53
平均股流溫度　average or mixing-cup stream temperature　361
平均整體溫度　mean bulk temperature　128
未完成的溫度變化　unaccomplished temperature change　338
正方形間距　square pitch　479
正方形螺距　square pitch　267
瓦特　watt, W　7
白熱　white heat　454

六劃
交叉流　crossflow　358

交換因數　interchange factor　466
全口徑流量計　full-bore meter　244
同向　parallel　358
因次　dimensional　239
因次　dimension　18
因次分析　dimensional analysis　17
因次方程式　dimensional equations　17
多效蒸發　multiple-effect evaporation　527
尖峰熱通量　peak flux　437
收縮損失係數　contraction loss coefficient　132
次音速　subsonic　143
灰體　gray body　456
自由沈降　free settling　185
自由亂流　free turbulence　57

七劃

位勢流　potential flow　47
冷卻劑　coolant　507
冷凝器　condenser　507
吸收長度　absorption length　469
吸收係數　absorption coefficient　469
吸收率　absorptivity　453
呎·磅力　foot-pound force, ft·lb$_f$　12
完全發展流　fully developed flow　382
完全發展流動　fully developed flow　65
尾流　wake　66
局部總熱傳係數　local overall heat-transfer coefficient　361
形狀因數　shape factor　279
形態拖曳力　form drag　169
形態摩擦　form friction　95
杜林規則　Duhring's rule　532
角動量　angular momentum　89
赤熱　red heat　454
那塞數　Nusselt number　368

八劃

受阻沈降　hindered settling　185
延伸管　extension　253

拖曳力　drag　169
拖曳係數　drag coefficient　170
放射率　emissivity　456
沸點上升　boiling-point elevation, BPE　532
沸騰床　boiling bed　197
狀態方程式　equations of state　22
盲凸緣　blind flange　213
空氣泵　air pump　232
表皮摩擦　skin friction　108
表皮摩擦　skin friction　95

九劃

前向進料　forward feed　548
厚管　pipe　211
急驟蒸發　flash evaporation　532
急驟蒸發　flash evaporation　542
星號狀態　asterisk condition　147
柯本 j 因子　Colburn j factor　401
柱狀流　plug flow or rodlike flow　382
流動行為指標　flow behavior index　55
流動稠度指標　flow consistency index　55
流量數　flow number　275
流凝性　rheopectic　51
流體力學　fluid mechanics　31
流體化　fluidization　193
流體化床　fluidized bed　193
流體化的兩相理論」　two-phase theory of fluidization　197
流體動力學　fluid dynamics　31
流體靜力學　fluid statics　31
相當直徑　equivalent diameter　108
穿透率　transmissivity　453
穿透距離　penetration distance　348
范寧摩擦係數　Fanning friction factor　107
重力常數　gravitational constant　7
重力單位的牛頓定律比例因數　Newton's law proportionality factor for the gravitational force unit　12
面積流量計　area meter　252
音速　sonic　143

十劃

容量　capacity　531
容量　capacity　551
容積效率　volumetric efficiency　224
庫埃特　Couette　84
庫埃特流　circular Couette flow　84
徑向流葉輪　radial-flow impeller　267
核沸騰　nucleate boiling　438
氣泡流體化　bubbling fluidization　197
氣壓方程式　barometric equation　35
浮子流量計　rotameter　252
特性曲線　characteristic curve　230
真空泵　vacuum pump　232
真空泵　vacuum pump　241
紊亂流體化　turbulent fluidization　197
能力範圍　rangeability　244
逆向流　counterflow 或 countercurrent flow　357
陡峭物體　bluff bodies　175
馬力　horsepower, hp　12
高差　head　35
高差-容量　head-capacity　229
高斯誤差積分　Gauss error integral　348
被空氣束縛　airbound　232

十一劃

偏差速度　deviating velocity　58
停滯焓　stagnation enthalpy　148
剪切率　shear rate　49
剪切率漸厚　shear rate-thickening　50
剪切率漸薄　shear rate-thinning　50
剪應力　shear stress　49
動量力矩　moment of momentum　89
動量通量　momentum flux　52
動黏度　kinematic viscosity　54
國際水蒸氣表卡　international steam table calorie, calIT　10
基本單位　base unit　6
排管式　calandrias　436
接近中的速度　velocity of approach　246

接近中的速度　velocity of approach　248
控制面　control surface　24
控制熱阻　controlling resistance　373
控制體積　control volume　25
斜管壓力計　inclined manometer　38
液體負載量　liquid loading　88
淨正吸入高差　net positive suction head, NPSH　221
混合進料　mixed feed　548
理想氣體定律　ideal gas law　23
粒子流體化　particulate fluidization　197
粗糙度參數　roughness parameter　122
終端速度　terminal velocity　184
通量　flux　71
連續方程式　equation of continuity　72
連續流體化　continuous fluidization　203
連體力學　continuum mechanics　31

十二劃

單色放射率 $\varepsilon\lambda$　456
單色輻射功率　monochromatic radiating power　455
單位一致　consistent units　16
單波　monochromatic　454
單效蒸發　single-effect evaporation　527
循環流體床　circulating fluid bed　198
插入式流量計　insertion meter　244
散度　divergence　72
渦流擴散率　eddy diffusivity of momentum　62
無孔凸緣　blank flange　213
無因次方程式　dimensionless equations　16
無因次群　dimensionless group　16
焦耳　joule, J　7
腔縮截面　vena contracta　131
視黏度　apparent viscosity　69
超音速　supersonic　143
軸功　shaft work　24
軸向流葉輪　axial-flow impeller　267
集中電容法　lumped capacitance method　342

順勢納入　entrainment　292
黑體　blackbody　453

十三劃

匯點　sink　461
奧斯瓦－德沃爾　Ostwald–de Waele　55
源點　source　461
溫室效應　green house effect　470
溫度範圍　temperature range　356
經濟效益　economy　551
經濟效益　economy　531
葉輪　impeller　226
跟隨運動的導數　derivative following the motion　73
過冷沸騰　subcooled boiling　437
過渡沸騰　transition boiling　438
過渡長度　transition length　65
過渡區　transition region　402
過渡區　transition region　56
達因　dyne　10
達西定律　Darcy's law　179
零高差流率　zero-head flow rate　229
雷諾數　Reynolds number　56
雷諾應力　Reynolds stresses　61
飽和液體的池沸騰　pool boiling of saturated liquid　436
亂流　turbulent flow　55
亂流中心　turbulent core　398
亂流核心　turbulent core　116

十四劃

實質導數　substantial derivative　73
對數平均　logarithmic mean　334
對數平均半徑　logarithmic mean radius　334
對數平均溫度差　logarithmic mean temperature difference, LMTD　363
滴狀　dropwise　424
漩渦　vortices　66
漫射反射　diffuse reflection　458
漫射輻射　diffuse radiation　458

爾岡　Ergun　180
端點溫差　approaches　356
維里方程式　virial equation　22
維恩位移定律　Wien's displacement law　457
聚集流體化　aggregative fluidization　197
蒲朗克定律　Planck's law　457
蒸發　evaporation　525
賓漢塑膠　Bingham plastics　50
齊因次方程式　dimensionally homogeneous equations　16

十五劃

噴嘴　nozzle　150
層流　laminar flow　48
標準大氣壓力 [standard atmosphere atm　9
標準立方呎」　standard cubic feet　233
熱　heat　454
熱化學卡　thermochemical calorie, cal　10
熱通量　heat flux　360
熱擴散係數　thermal diffusivity　337
磅力　pound force, lb_f　11
緩衝區　buffer zone　398
緩衝層　buffer layer　116
質量速度　mass velocity　153
銳孔計係數　orifice coefficient　248
餘弦定律　cosine law　458

十六劃

冪律流體　power law fluids　55
壁拖曳力　wall drag　169
壁面亂流　wall turbulence　57
導熱係數　thermal conductivity　326
導熱係數　thermal conductivity　52
擋板間距　baffle pitch　479
整體黏度　bulk viscosity　80
機率積分　probability integral　348
燈籠環　lantern ring　215
積垢因數　fouling factor　371
膨脹性流體　dilatant fluid　50

輻射熱傳係數　radiation heat-transfer coefficient　471
遲滯　slugging　197

十七劃

儲氣槽　reservoir　148
儲氣槽狀態　reservoir conditions　148
壓力降　pressure drop　106
擬塑膠流體　pseudoplastic fluid　50
環狀空間　annular space　357
總交換因數　overall interchange factors　467
總局部溫度差　overall local temperature difference　361
總高差　total head　220
總焓均衡　overall enthalpy balance　360
聲速　acoustical velocity　145
臨界速度　critical velocity　55
臨界溫度差　critical temperature drop　437
臨界壓力比　critical pressure ratio　150
臨界壓力比　critical pressure ratio　153
臨界點　criticial point　257
薄管　tubing　211
薄膜沸騰　film boiling　439
螺距　pitch　267
黏稠副層　viscous sublayer　398
黏稠副層　viscous sublayer　115

黏稠散失　viscous dissipation　397
黏稠損耗　viscous dissipation　57
點溫度差　point temperature difference　356

十八劃

擴大損失係數　expansion loss coefficient　130
擴展表面　extended surfaces　498
擴散率　diffusivity　52

十九劃

邊界層　boundary layer　47
類比方程式　analogy equation　399
類比理論　analogy theory　399
類似性定律　affinity law　230
穩態流　steady flow　48

二十劃

蠕動　creeping flow　173
觸變性　thixotropic　51
驅動高差　driving head　446

二十三劃

體積通量　flux of volume　75